U0931581

职业教育课程改革规划新教材

机电类专业教学与考工用书

Mastercam X7数控铣削加工基础教程

主　编　吴光明

副主编　黄　富　刘惠强

参　编　郭沃辉

主　审　胡松涛

机械工业出版社

全书共分16章，详细地介绍了Mastercam X7的CAD功能、Mastercam X7的CAM功能，以及列举了几个实际生产中的加工实例，详细讲述了使用Mastercam X7软件进行设计及加工编程的方法。

本书从实际工作需要出发，由浅入深，循序渐进，从容易上手和快速掌握的实用角度通过实例对设计及加工中所遇到的问题进行了综合介绍。各部分内容都结合典型实例进行讲解，并对实例的每一步操作目的和参数设置进行了详细的分析，读者只要按照本书的实例，一步步地操作练习，就能掌握Mastercam X7软件的精髓。

本书通俗易懂，内容全面，以图文对照形式编写，适合中职、高职、技工院校模具、数控类专业作为专业教材和国家职业技能鉴定考工培训使用。

图书在版编目（CIP）数据

Mastercam X7 数控铣削加工基础教程 / 吴光明主编 . — 北京：机械工业出版社，2015.9（2018. 2 重印）

职业教育课程改革规划新教材 . 机电类专业教学与考工用书

ISBN 978-7-111-51615-6

Ⅰ . ① M… Ⅱ . ①吴… Ⅲ . ①数控机床 – 铣削 – 计算机辅助设计 – 应用软件 – 职业教育 – 教材 Ⅳ . ① TG547-39

中国版本图书馆 CIP 数据核字（2015）第 221976 号

机械工业出版社（北京市百万庄大街 22 号 邮政编码 100037）

策划编辑：汪光灿 责任编辑：黎 艳

版式设计：霍永明 责任校对：丁丽丽

责任印制：李 洋

三河市国英印务有限公司印刷

2018 年 2 月第 1 版第 3 次印刷

184mm × 260mm·19.5 印张·479 千字

标准书号：ISBN 978-7-111-51615-6

定价：44. 80 元

凡购本书，如有缺页、倒页、脱页，由本社发行部调换

电话服务	网络服务
服务咨询热线：010-88379833	机 工 官 网：www.cmpbook.com
读者购书热线：010-88379649	机 工 官 博：weibo.com/cmp1952
	教育服务网：www.cmpedu.com
封面无防伪标均为盗版	金 书 网：www.golden-book.com

前　言

Mastercam 是美国 CNC Software 公司研制与开发的一套计算机辅助设计和制造的 CAD/CAM 一体化软件，是目前在机械加工行业中使用普及率最高的软件之一。Mastercam 软件集二维绘图、三维曲面设计、数控编程、刀路模拟及加工真实感模拟等功能于一身，对系统运行环境要求较低。它把计算机辅助设计 (CAD) 和辅助制造功能（CAM）结合在一起，从图形设计、模具分模设计、铜电极设计到编制刀路，通过后处理器转换为机床数控系统能识别的 NC 程序，并能模拟刀路验证 NC 程序，然后通过计算机传输到数控机床上，选用适合工件的刀具即可完成工件的加工。

Mastercam X7 是该软件最新版本，在保留原来特色的基础上，增加了新的功能和模块，与主流软件的用户界面保持一致，更加便于用户学习和掌握。

本书的最大特点是实例丰富，每个知识点都设计安排有一个或多个实例，通过实例的讲解和练习，读者能迅速掌握各知识点的核心知识。

本书编者有着 20 多年的 CAD/CAM 设计与数控编程加工工作经验。编写本书时，从实际工作需要出发，由浅入深，循序渐进，从容易上手和快速掌握的实用角度，列举实际生产中的加工实例，对设计及加工中所遇到的问题进行了综合介绍。各部分内容都结合典型实例进行讲解，并对实例的每一步操作目的和参数设置进行了详细的分析，读者只要按照本书的实例，一步步地操作练习，就一定能掌握 Mastercam X7 软件的精髓。

本书由东莞市职业技能鉴定指导中心吴光明任主编，胡松涛任主审。刘惠强编写了第 2～5 章，黄富编写了第 7～9 章，郭沃辉编写了第 16 章，其余章节由吴光明编写。全书由吴光明统稿。在编写过程中，东莞市高技能公共实训中心、东莞市技师学院、东莞理工学校、东莞理工学院、东莞理工学院城市学院、东莞职业技术学院及东莞模具制造相关企业给予了大力支持，在此一并表示衷心的感谢。

限于编者的水平，书中难免有错误和不妥之处，恳请广大读者批评指正。

编者

目　录

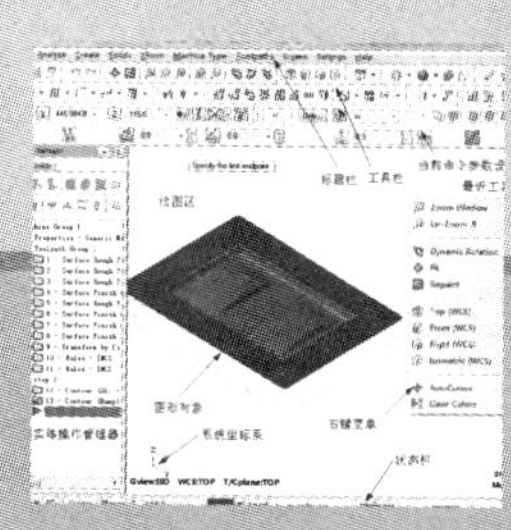

第 1 章 Mastercam X7 概述

1.1 Mastercam X7 的运行环境

为提高使用效率，使用 Mastercam X7 建议采用以下软硬件配置：

1）Win 7 或更新的操作系统，需安装 NET 2.0 framework DirectX 9.0c。

2）采用 P4 2.0GB 或以上的 CPU，1GB 内存或更高，硬盘空间至少 2GB 或更大空间，至少 64MB 显存且支持 3D 图形加速的显示卡，1024×768 或更高分辨率的显示器，鼠标及数字化仪。

1.2 Mastercam X7 的显示界面

X 版本的 Mastercam 采用全新的设计界面，使设计人员能更高效率地进行设计开发，操作界面是一个完全可自定义的模块，X 版本加强对历史记录的操作，允许用户建立适合自身的 Mastercam 开发设计风格。启动 Mastercam X7 后显示的界面，如图 1-1 所示。

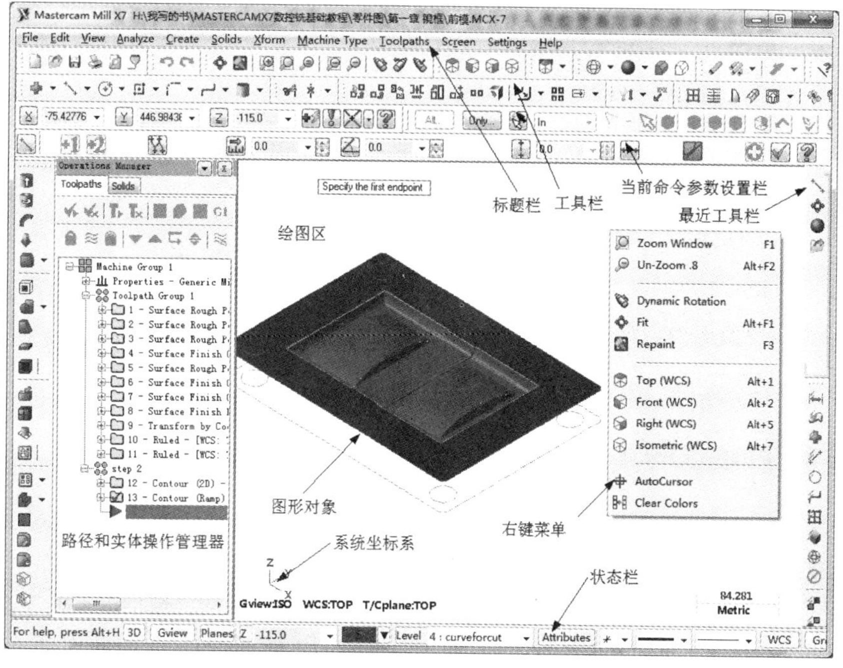

图 1-1　显示界面

1.3 Mastercam X7 规划

Mastercam X7 规划是对 Mastercam 的各类属性进行预先设置，如屏幕设置、公差设置等。通过该选项卡（主题）可以进行 Mastercam 的系统规划及优化系统的默认设置，如图 1-2 所示。

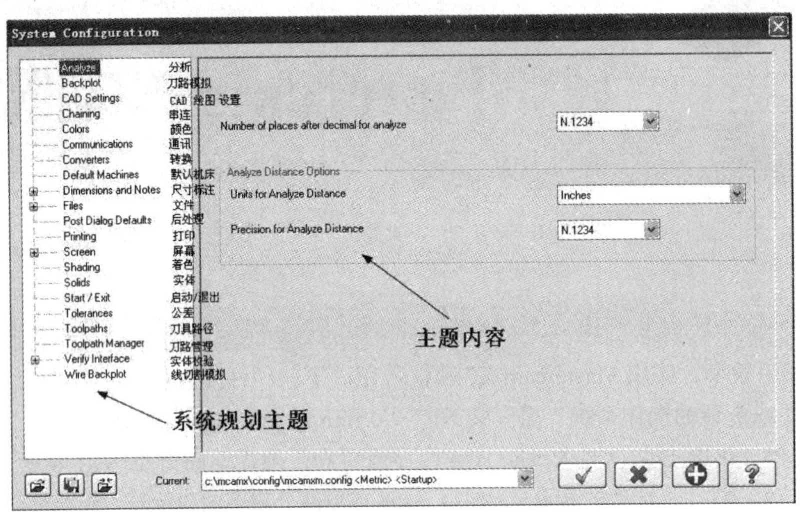

图 1-2　Mastercam X7 规划选项卡

1.3.1 刀路模拟设置选项（Back plot）

刀路模拟设置用于设置控制刀路模拟时有关显示效果的一些参数，如速度、颜色等，如图 1-3 所示。

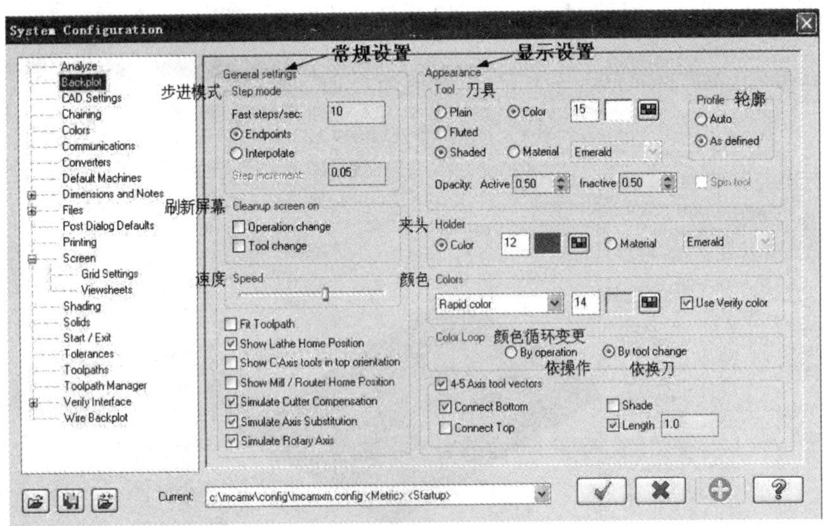

图 1-3　刀路模拟设置

1.3.2 CAD 绘图设置选项（CAD Settings）

CAD 绘图设置主要用于绘图时的一些相关设置，如图 1-4 所示，包括以下四项。

1）自动产生中心线（Automatic center lines）。

2）图素的默认属性 (Default attributes)。

3）曲线 / 曲面的构建形式 (Spline/surface creation type)。

4）转换选项 (Xform)。

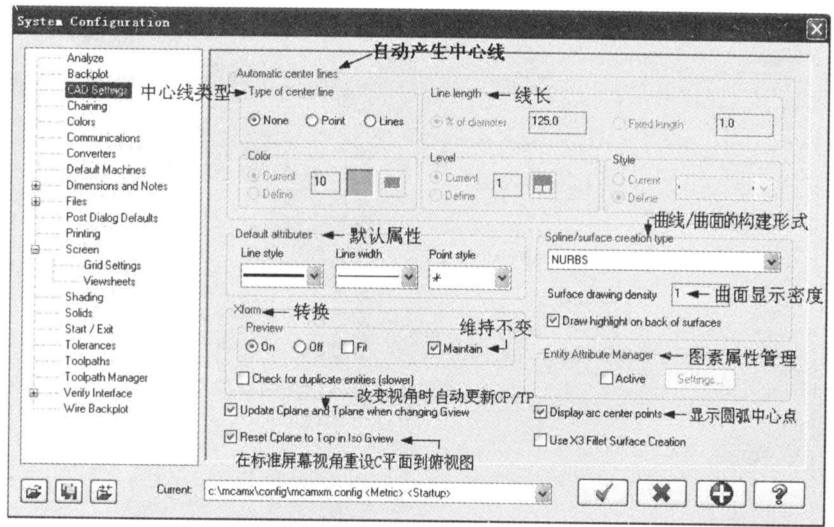

图 1-4　CAD 绘图设置

1.3.3　串连选项 (Chaining)

串连选项用于设置串连操作时的一些参数，如图 1-5 所示。

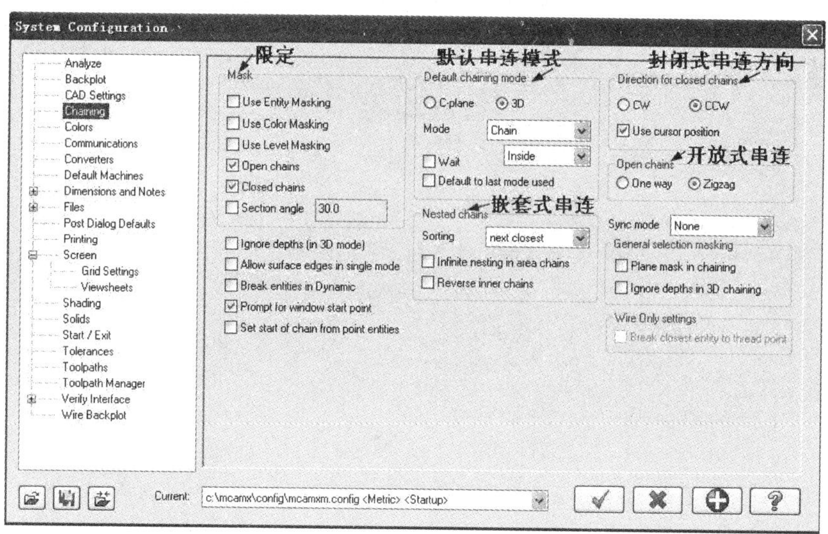

图 1-5　串连选项

1.3.4　颜色选项 (Colors)

颜色选项用于设置 Mastercam 界面和图形的各种默认颜色，如绘图区的背景颜色、栅格颜色、激活图素的颜色、默认群组颜色等，如图 1-6 所示。

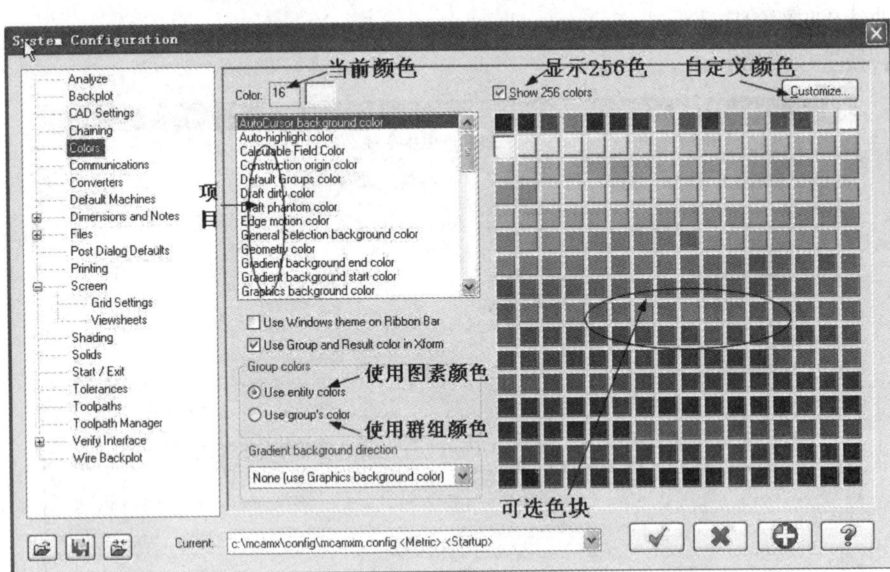

图 1-6　颜色选项

1.3.5　转换选项 (Converters)

转换选项用于设置系统输入 / 输出不同类型文件时默认的初始化参数，如图 1-7 所示。

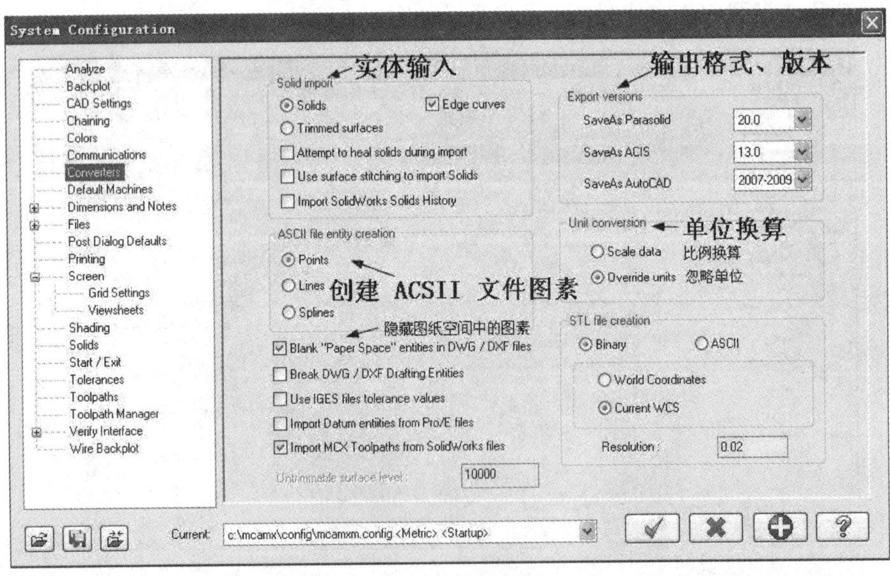

图 1-7　转换选项

1.3.6　尺寸标注选项 (Dimension S and Notes)

与尺寸标注相关的参数包括标注属性设置（Dimension Attributes）、标注文本设置（Dimension Text）、注解文本设置（Note Text）、尺寸标注设置（Dimension Settings）和引导线 / 延伸线设置（Leaders/Witness），如图 1-8 ~ 图 1-12 所示。

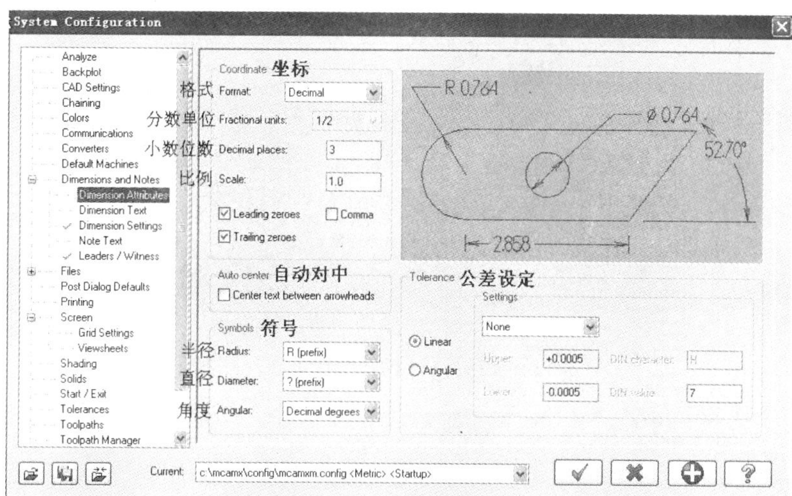

图 1-8　标注属性设置

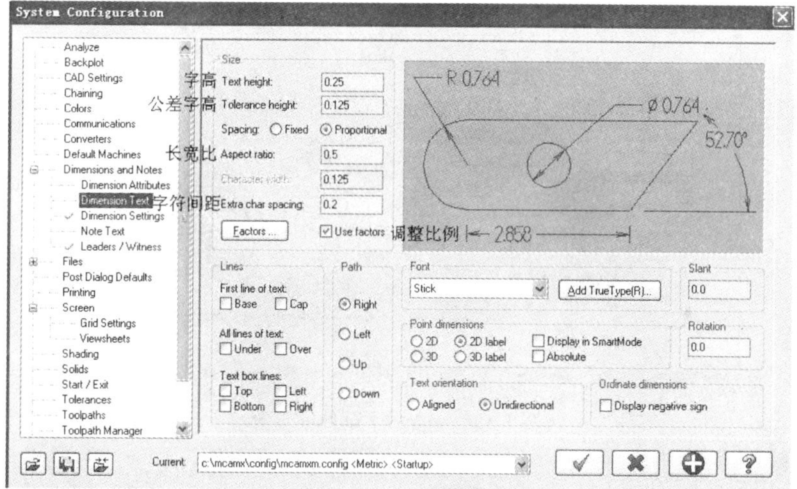

图 1-9　标注文本设置

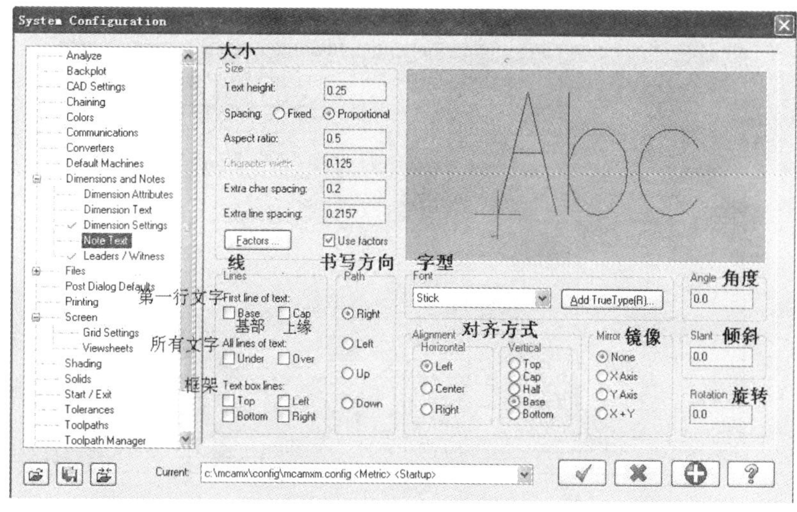

图 1-10　注解文本设置

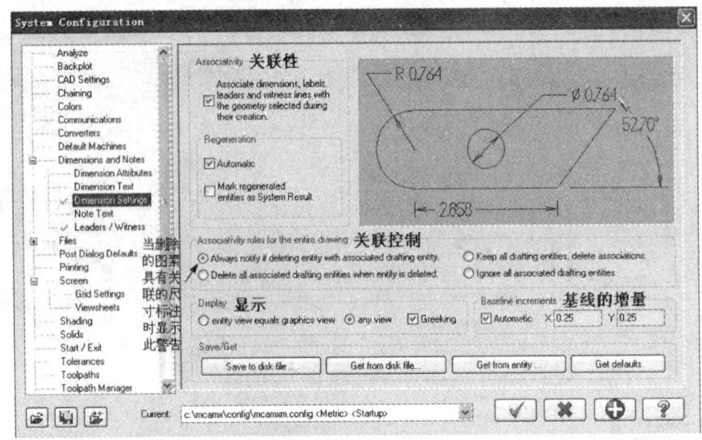

图 1-11　尺寸标注设置

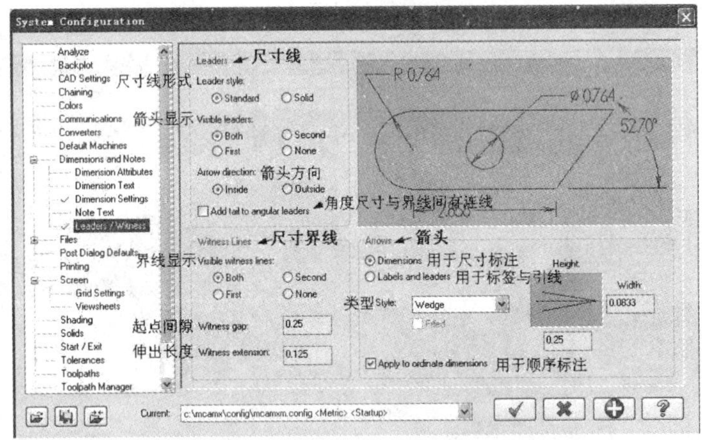

图 1-12　引导线 / 延伸线设置

1.3.7　文件选项 (Files)

文件选项用于设定 Mastercam 不同类型文件的默认存储路径和默认文件名称等，也可以设置文件的自动保存功能，以避免文件丢失，如图 1-13、图 1-14 所示。

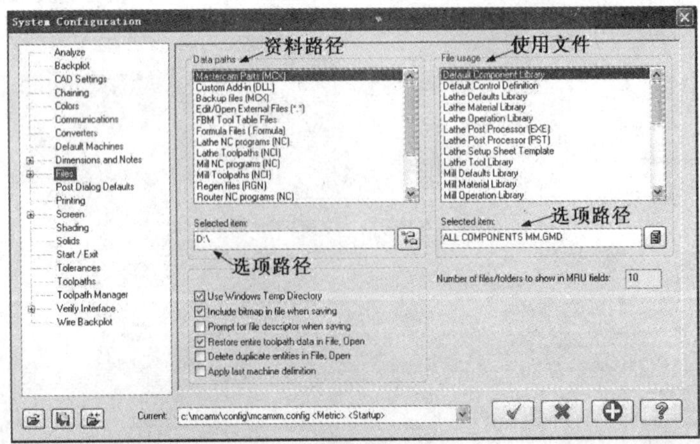

图 1-13　文件选项 1

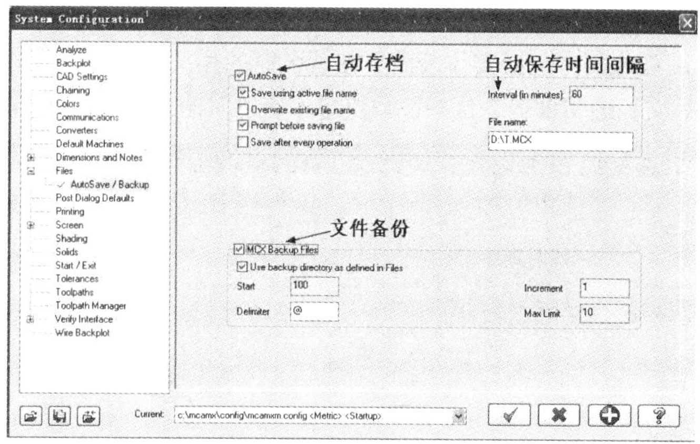

图 1-14　文件选项 2

1.3.8　后处理选项（Post Dialog Defaults）

后处理选项用于设置运行后处理程序的一些参数，如生成 NC 程序后，是否打开 Mastercam X Editor 编辑器、是否直接发送到数控机床等，如图 1-15 所示。

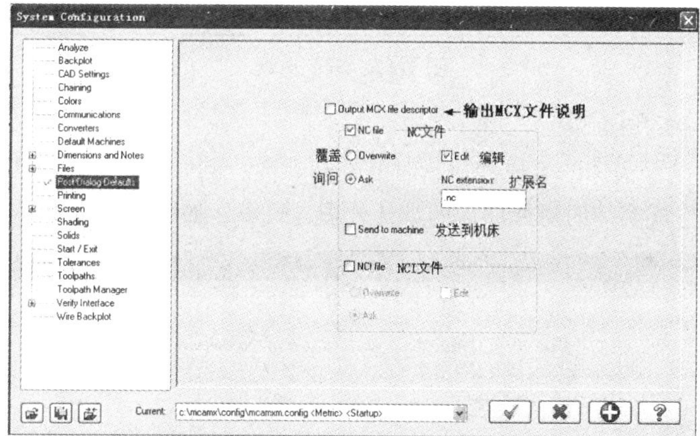

图 1-15　后处理选项

1.3.9　屏幕选项（Screen）

屏幕选项用于设置 Mastercam 系统的操作方式和显示外观，如图 1-16 所示。

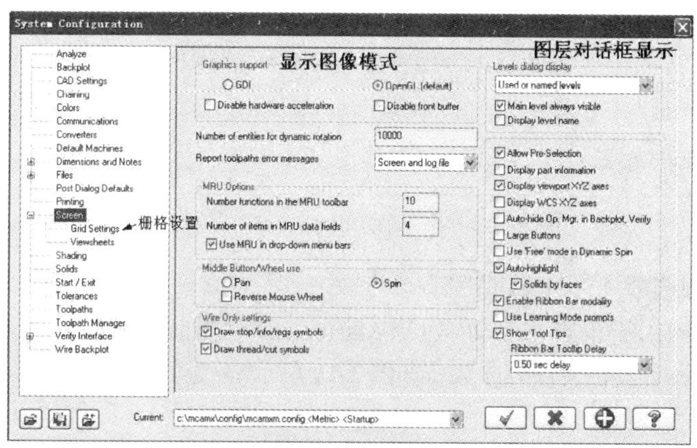

图 1-16　屏幕选项

1.3.10 着色选项（Shading）

着色选项用于设置曲面（包括实体表面）在着色时的相关参数，如光源、照射角度、光的强度、光的颜色、材质和透明度等，这些参数决定了着色时的效果，如图 1-17 所示。

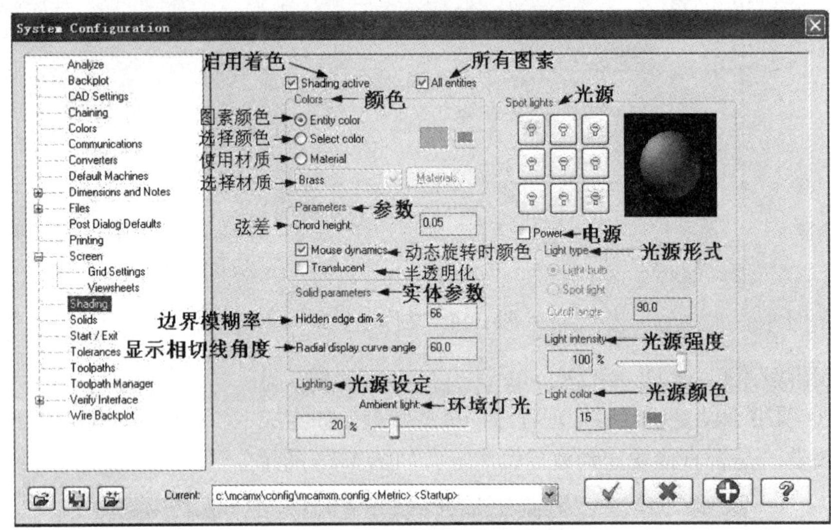

图 1-17　着色选项

1.3.11 实体选项（Solids）

实体选项用于设置实体的生成和显示时的控制参数。例如，设置新的实体操作在实体管理器中的位置，曲面生成实体时对原曲面的默认处理方式等，如图 1-18 所示。

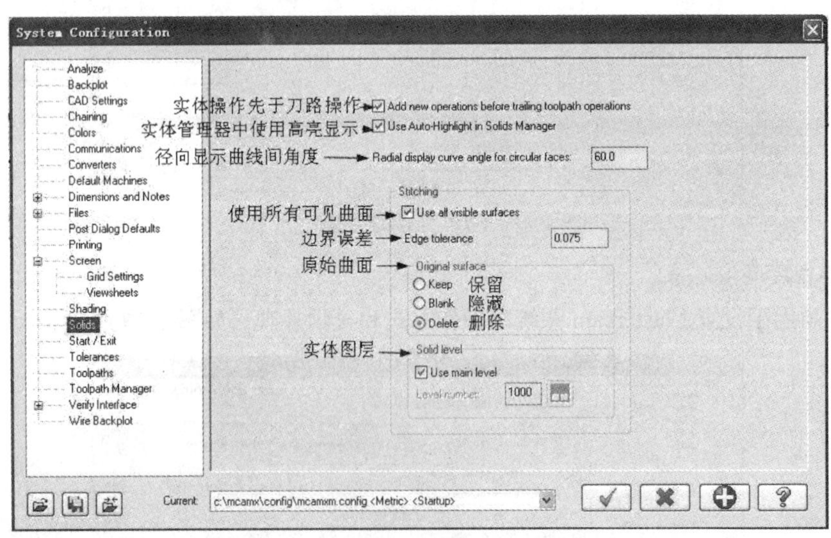

图 1-18　实体选项

1.3.12 启动 / 退出选项（Start/Exit）

启动 / 退出选项用于设置在启动 / 退出 Mastercam 时当前默认的单位、默认的构图平面、默认的快捷键文件和工具栏文件等参数，如图 1-19 所示。

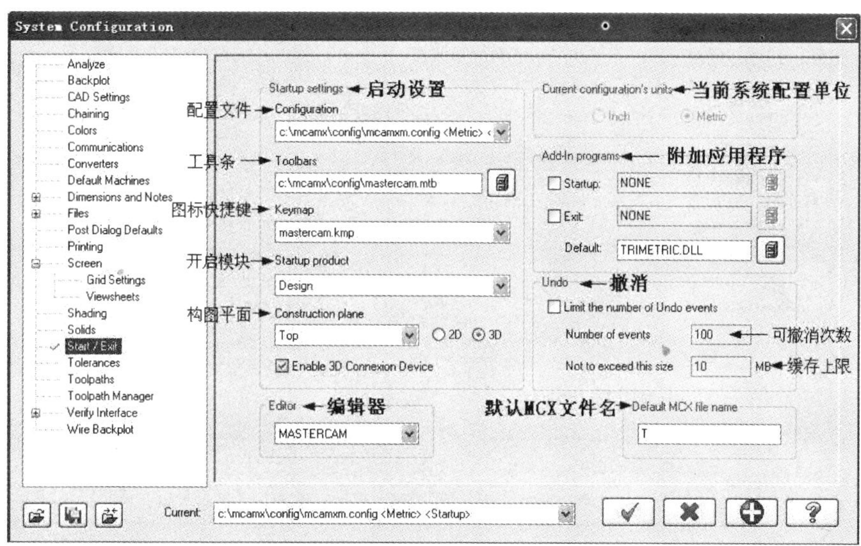

图 1-19　启动 / 退出

1.3.13　公差选项（Tolerances）

公差选项用于设定曲线和曲面的公差值以控制曲线与曲面的光滑程度，如图 1-20 所示。

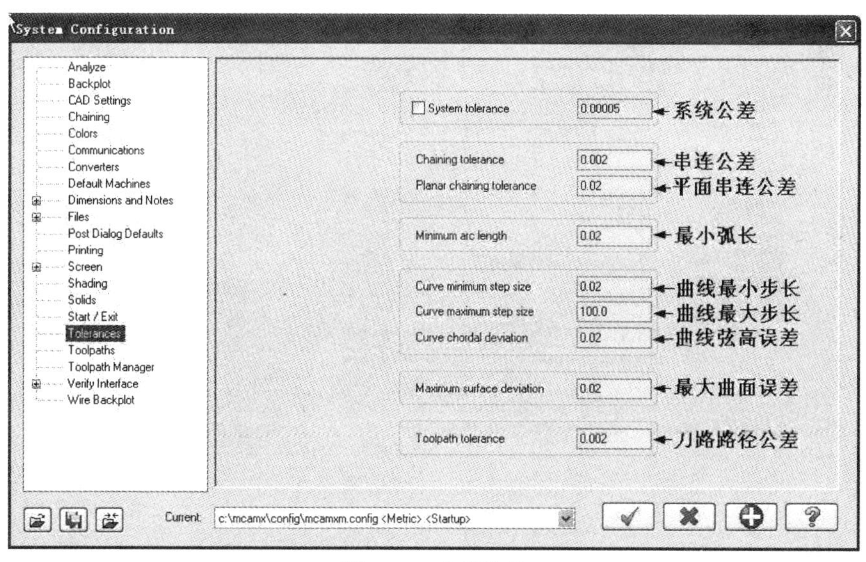

图 1-20　公差选项

1.3.14　刀路选项（Toolpaths）

刀路选项用于设置刀路生成和显示时的一些控制参数，如图 1-21 所示。

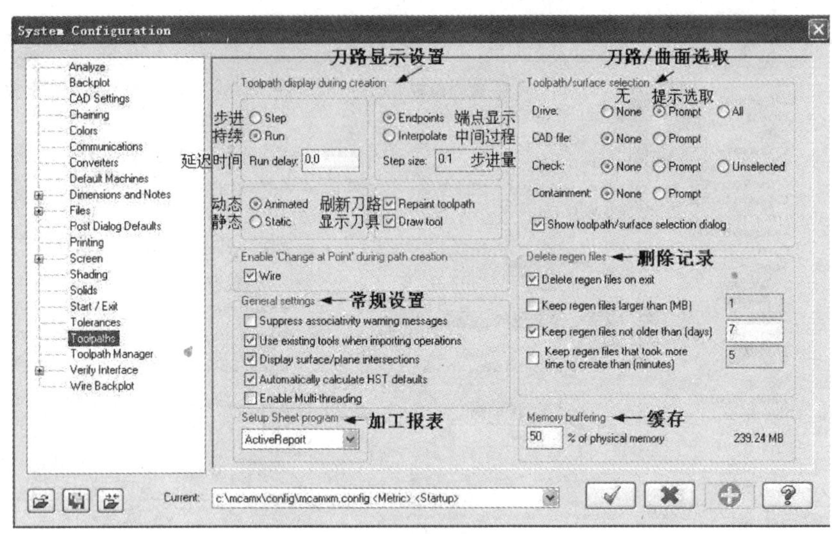

图 1-21 刀路选项

1.3.15 刀路管理选项（Toolpath Manager）

刀路管理选项主要用于设置机床群组、刀路群组、NC 文件的初始值，如图 1-22 所示。

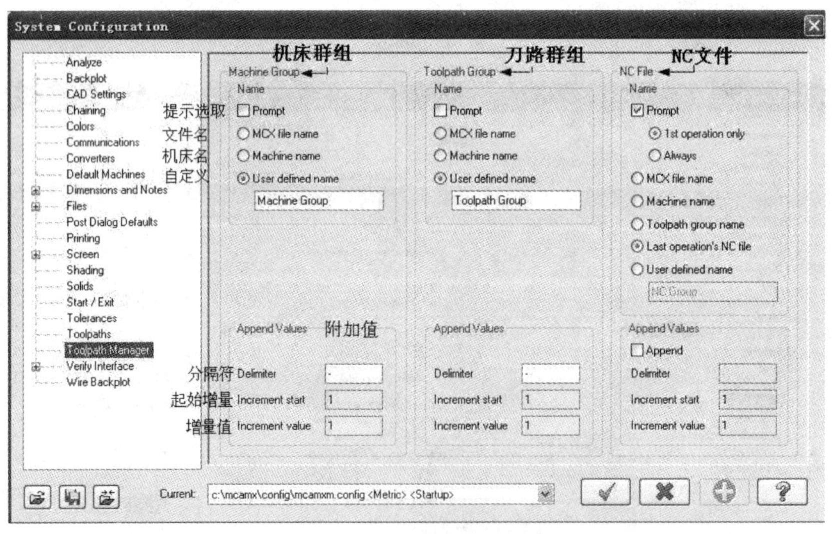

图 1-22 刀路管理

1.3.16 实体校验选项（Verify Interface）

实体校验选项主要用于设置实体校验时的初始化参数，如设置工件的形状、工件尺寸来源、刀具轮廓的显示和模拟加工时的相关颜色等，如图 1-23、图 1-24 所示。

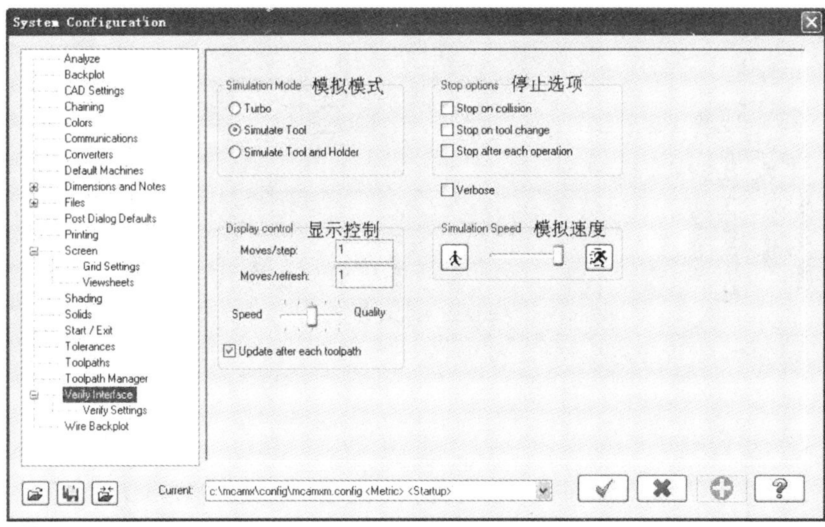

图 1-23 实体校验 1

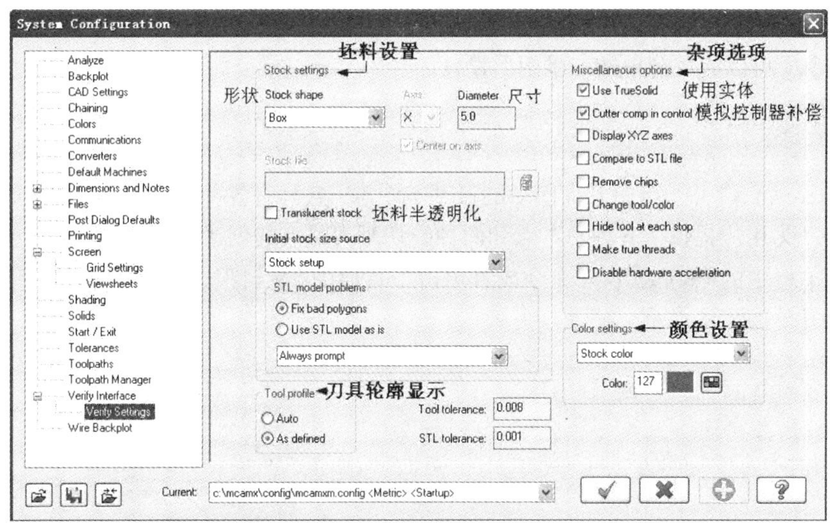

图 1-24 实体校验 2

第 2 章 二维基本绘图

Mastercam X7 不仅具有强大的 CAM 功能，而且还具有很好的 CAD 功能。因为有时将外部文件调入进来的时候，会丢失一些关键的曲面，所以必须在 Mastercam X7 里面对文件直接进行修补完整，才能很好地编制加工程序。因此，学会 CAD 功能显得非常重要。本章所讲的二维设计是 CAD 应用的基础，其内容包括点、线、圆、矩形、多边形、椭圆等图素，综合运用这些绘图命令，可以完成简单的二维图形设计。

2.1 点

在 Mastercam X7 中，点是几何图形的最基本图素，点具有各种属性，同时可以编辑其属性。Mastercam X7 为用户提供了 6 种基本点和两种线切割刀路点的创建方式。要启动点的绘制功能，可以选择菜单栏中的 Create/Point 命令或者单击工具栏中 图标的下拉按钮，选择要创建点的方法，如图 2-1 所示。

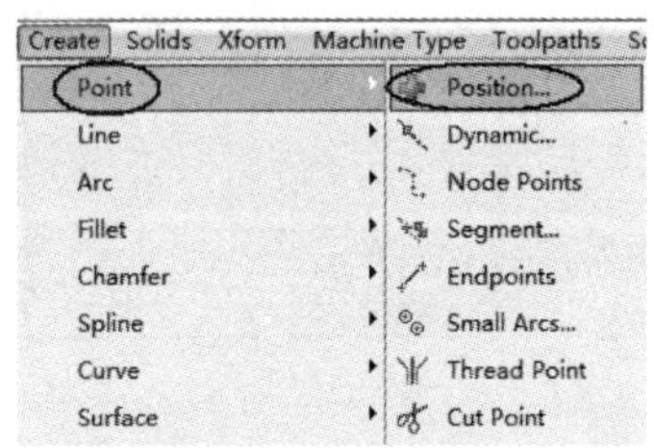

a）绘图子菜单

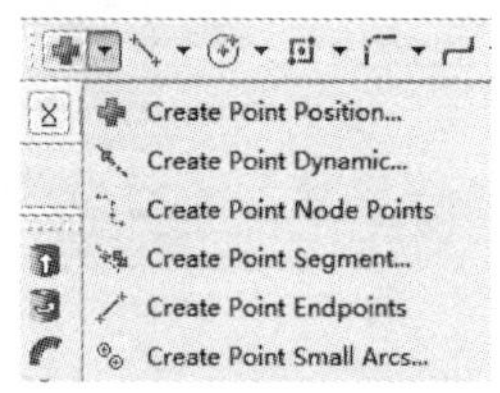

b）点绘制子菜单

图 2-1　点的绘制

2.1.1　指定位置点

选择 Create/Point/Position 命令或者单击 按钮，在 Ribbon Bar 中会弹出图 2-2 所示的工具栏。

绘制指定位置点有两种方法。

图 2-2　“指定位置点”工具栏

1. 输入坐标法

用户可以在图 2-2 中的 X、Y、Z 坐标里直接输入点的坐标值来创建位置点；或者单击图 2-2 中的 按钮，此时在坐标输入位置呈现空白，在空白处直接输入 X、Y、Z 的坐标值也可以创建位置点。

2. 指定图素点

单击图标中的下拉按钮，系统将弹出图 2-3 所示的下拉菜单，先选择将要创建点的方式，再选择相应的图素，如图 2-4 所示创建圆心点、线段的端点等。

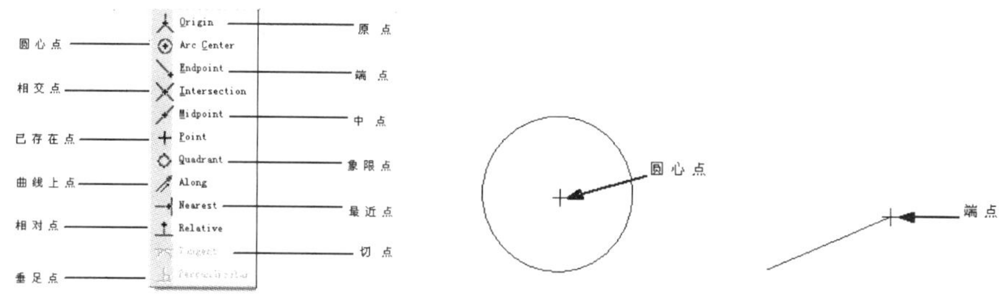

图 2-3　指定图素点　　　　图 2-4　创建的点

如果绘制好一个指定图素点以后，才发现这个点不是所需要的点，此时可以单击 Ribbon Bara 工具栏左边的按钮继续改变点的位置，如图 2-5 所示。

图 2-5　“改变点的位置”工具栏

2.1.2　动态绘制点

动态绘制点命令用于在线、圆、圆弧或曲线等几何图形上，通过鼠标移动来生成点。

操作步骤：

1）选择 Create/Point/Dynamic 命令或者单击按钮里的 Create Point Dynamic，在 Ribbon Bar 中会弹出图 2-6 所示的工具栏，此时系统会提示选择要创建动态绘制点的几何图形。

图 2-6　“动态绘制点”工具栏

2）单击绘图区已有的几何图形，在图形上呈现出一个箭头，用鼠标左键来确定点的位置，确定好一个点以后用户还可以继续移动鼠标来确定第二个点、第三个点、…，如图 2-7 所示。

图 2-7　动态绘制点

3）单击工具栏中的“确定”按钮，或退出动态绘制点的命令。

2.1.3　曲线节点

曲线节点是控制曲线抛物程度的控制点。

选择 Create/Point/Node Points 命令或者单击按钮里的 Create Point Node Points，系统会提示：“选择参数式曲线” Select a spline，在绘图区单击已有的参数式曲线，在曲线的附近将产生几个节点，如图 2-8 所示。

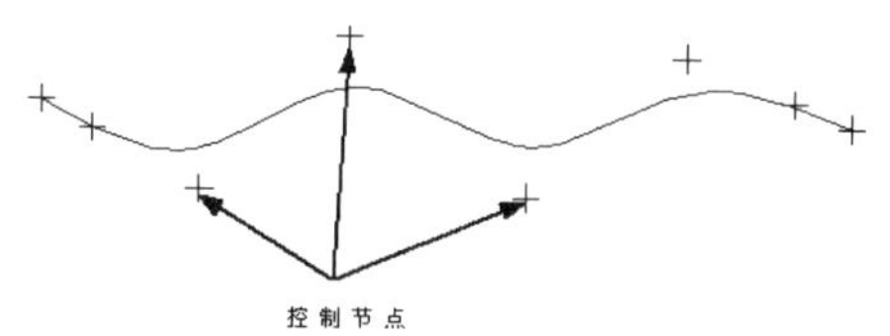

图 2-8　产生的曲线节点

2.1.4　等分点

绘制等分点有两种模式：第一种是将已有线、圆、圆弧或曲线等几何图形平均分成几等分，在每个分段处创建点；第二种是将已有线、圆、圆弧或曲线等几何图形按照一定的距离创建点。

操作步骤：

第一种：将图素按照总长平均分成几等分，在等分段处创建点。

1）选择 Create/Point/Segment 命令或者单击 按钮里的 Create Point Segment...，在 Ribbon Bar 中会弹出图 2-9 所示的工具栏，系统会提示：“选择一个图素” Create point along an entity: Select an entity。

图 2-9 “等分绘点”工具栏

2）选择图 2-10a 所示的线段 P1，在图 2-11 所示的工具栏输入等分点数：6，按〈Enter〉键确认，单击按钮确定，结果如图 2-10b 所示，在线段 P1 上完成绘制 6 个点（即将线段分为等距离的 5 等分）。

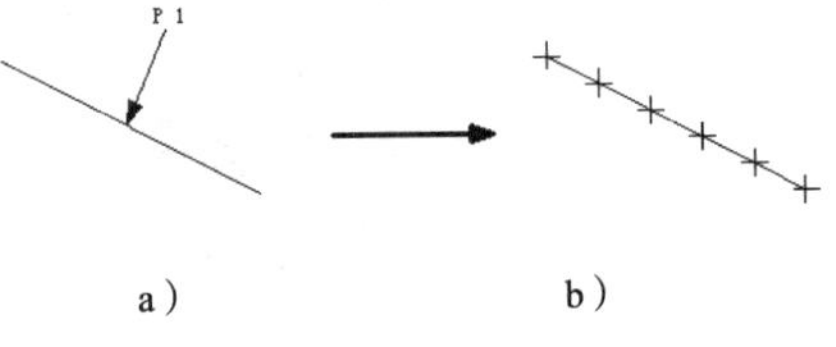

图 2-10 绘制等分点

第二种：在图素上一端指定一定的距离创建点。

1）选择 Create/Point/Segment 命令或者单击 按钮里的 Create Point Segment...，在 Ribbon Bar 中会弹出图 2-9 所示的工具栏，系统会提示：“选择一个图素” Create point along an entity: Select an entity。

图 2-11 “输入等分点数”工具栏

2）选择图 2-12a 所示的线段 P1，在图 2-13 所示的工具栏输入长度：10，按〈Enter〉键确认，单击按钮确定，结果如图 2-12b 所示，在线段 P1 上以长度为 10 为间距产生等分点，直到最后一段的长度小于 10 为止。

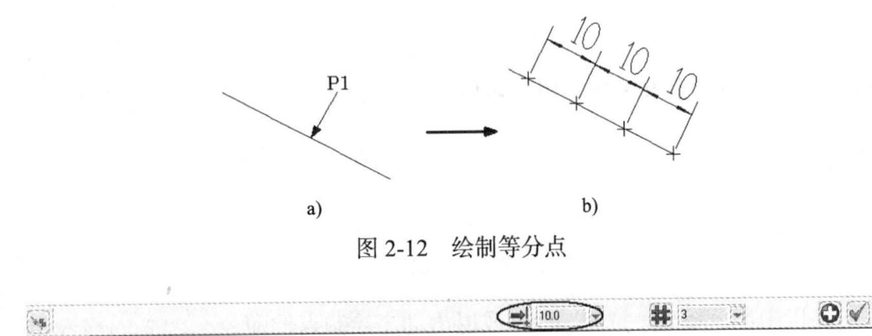

图 2-12 绘制等分点

图 2-13 “输入长度”工具栏

2.1.5 端点

选择 Create/Point/Endpoints 命令或者单击 按钮里的 Create Point Endpoints，系统会在绘图区所见的线、圆、圆弧或曲线的端点上产生点，如图 2-14 所示。注意：圆和椭圆也是有端点的。

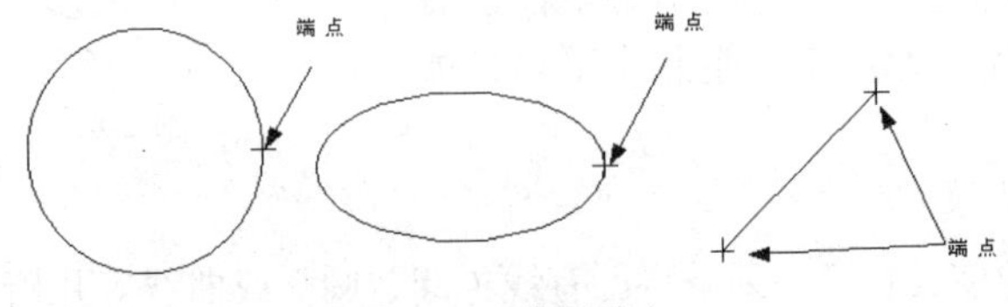

图 2-14 绘制端点

2.1.6　小弧圆心点

小弧圆心点是指小于或者等于指定半径的圆或者弧的圆心点。

操作步骤：

1）选择 Create/Point/Small Arcs 命令或者单击按钮里的 Create Point Small Arcs...，在 Ribbon Bar 中会弹出图 2-15 所示的工具栏，系统会提示："选择一个圆或者圆弧" Select arcs/circles, press Enter when done. 。

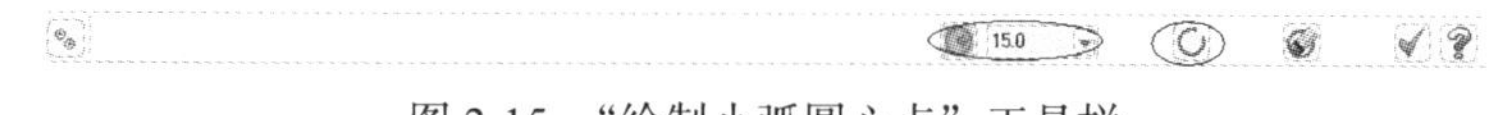

图 2-15　"绘制小弧圆心点"工具栏

2）在图 2-15 所示的工具栏输入半径"15"，按〈Enter〉键确认；系统提示选择几何图素，选择图 2-16a 所示的 Y1、Y2 和 Y3，单击工具栏中的按钮确定，结果如图 2-16b 所示，产生两个圆心点由于圆 Y 3 的半径值大于输入半径值"15"，所以未能创建出其圆心点。

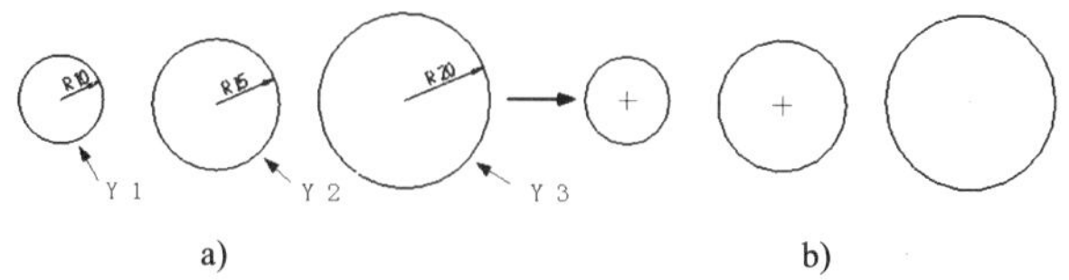

a)　　b)

图 2-16　绘制小于和等于指定半径值的圆心点

2.1.7　线切割刀路点

在线切割刀路操作时选择 Create/Point/Thread Point 命令和 Create/Point/Cut Point 命令，利用鼠标即可选择刀路起始点和刀路中断点。（此功能一般很少使用，即适合线切割编程需要。）

2.2　直线

在 Mastercam X7 中，线也是几何图形的基本图素，同样具有其属性，绘制完成以后同样可以针对其编辑属性，Mastercam X7 为用户提供了六种创建线的方式，启动绘制线的方式可选择菜单栏中的 Create/Line 命令或者单击工具栏中图标的三角按钮，如图 2-17a、b 所示。

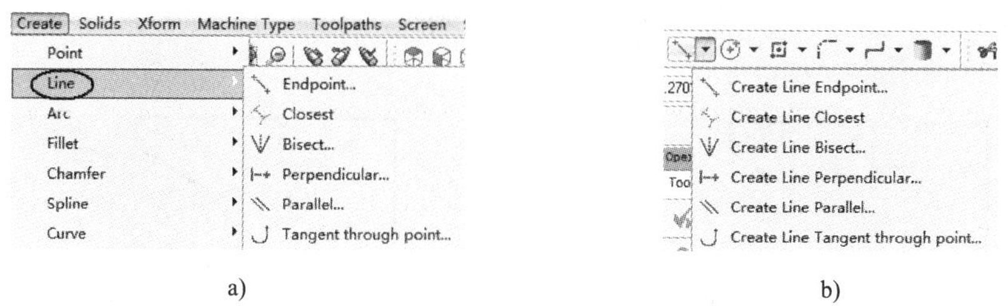

a)　　b)

图 2-17　"绘制直线"子菜单

2.2.1　端点画线

该命令是通过两点间的距离来绘制直线。选择 Create/Line/Endpoint 命令或者单击图标里的 Create Line Endpoint... 按钮，在 Ribbon Bar 中会弹出图 2-18 所示的工具栏，在弹出的工具栏里单击按钮即可绘制连续画线、单击按钮即可绘制垂直线、单击按钮即可绘制水平线、单击按钮即可绘制切线。在绘图区绘制好所选线操作后，单击按钮即应用，在此模式下用户还可以继续单击所要绘制线的按钮来绘制直线，绘制完成后单击按钮确认。

图 2-18 “端点画线”工具栏

【例 2-1】 利用两点绘制线的方法，绘制图 2-19 所示的几何图形。

操作步骤：

1）选择 Create/Line/Endpoint 命令或者单击图标里的 Create Line Endpoint... 按钮，启动端点画线工具栏。

2）在 Ribbon Bar 工具栏中，单击按钮，利用鼠标在绘图区任意位置绘制一段竖直线，在 100.0 里输入“100”，再单击按钮，即绘制出长度 100 的竖直线，如图 2-20 所示。

3）在 Ribbon Bar 工具栏中，单击按钮，鼠标即抓取到上一线段的端点，绘制一条和第一条直线首尾相连的水平线，在 50.0 里输入“50”，再单击按钮，绘制出长度 50 的水平线。

4）按照步骤 2 和步骤 3 的方法绘制图 2-20 所示的图形，线段长度分别为 50、30、30、30、100 和 20。

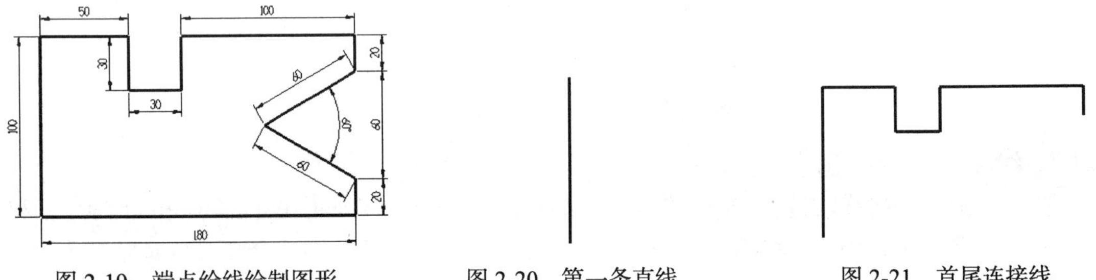

图 2-19 端点绘线绘制图形　　图 2-20 第一条直线　　图 2-21 首尾连接线

5）将鼠标移至绘制绘图起点，任意绘制一条直线，在工具栏 60.0、 -150.0 中输入“60”、“－150”，单击按钮；直接将鼠标移至绘图起点，任意绘制一条直线，在工具栏 60.0、 -30.0 中输入“60”、“－30”，单击按钮确认，即在原来的基础上绘制出两条相交线，如图 2-22 所示。

6）按照步骤 2 和步骤 3 的方法绘制余下的两条线段，线段长度分别为 20、180，图例绘制完毕，如图 2-23 所示。

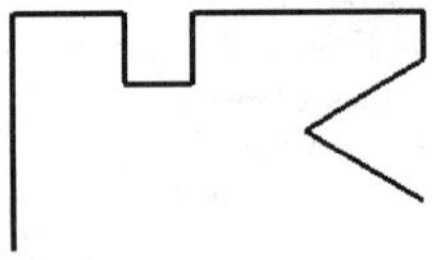

图 2-22 绘制两条相交线 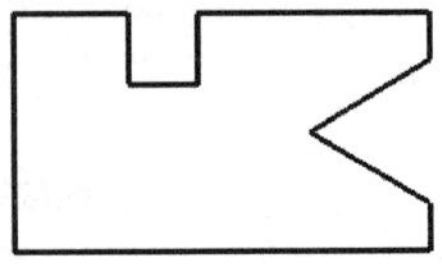　　图 2-23 绘制完整图形

2.2.2 最近距离线

最近距离线指在两个图素之间创建最近的连线。

操作步骤：

1）选择 Create/Line/Closest 命令或者单击按钮里的 Create Line Closest 按钮，即启动了绘制最近距离线方式。

2）系统提示用户：“选择两个图素” Select line, arc, or spline，再创建两个图素之间的最近距离线。用户利用鼠标在绘图区选择两个已有的图素，在两个图素之间即产生一条线段，如图 2-24 所示。

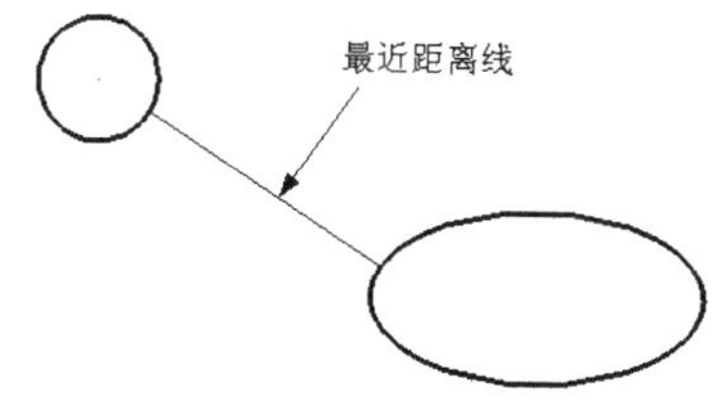

图 2-24　绘制最近距离线

2.2.3　平分角度线

平分角度线是在两条相交线之间创建角平分线。

操作步骤：

1）选择 Create/Line/Bisect 命令或者单击按钮里的 Create Line Bisect... 按钮，在 Ribbon Bar 中会弹出图 2-25 所示的工具栏。

图 2-25　平分角度线工具栏

2）系统提示用户："选择两条永不平行的直线" Select two lines to bisect，用户选择绘图区已有的两线段 L1 和 L2，此时在两条线段交点处出现一条线段 L3，如图 2-26 所示。

3）由于两直线相交，形成四个夹角，用户需确定在哪个角度区间创建角度平分线，即用鼠标选择形成夹角的两条线段，如图 2-27 所示。

4）产生角度线以后，可以在工具栏 25.0 文本框中输入角度线的长度。

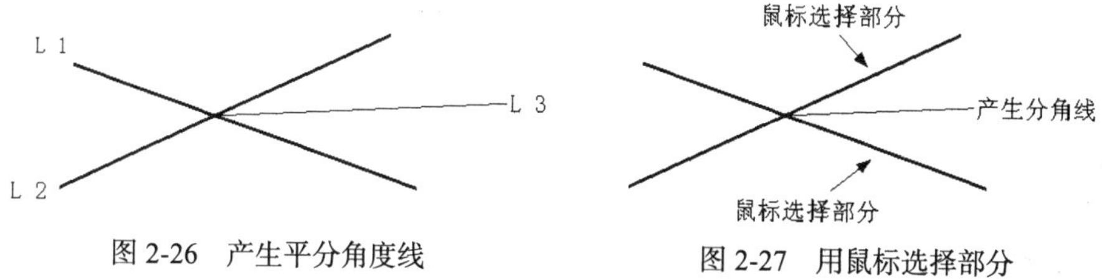

图 2-26　产生平分角度线　　图 2-27　用鼠标选择部分

5）单击按钮确认，完成平分角度线。

2.2.4　法线（垂线）

法线是经过某图素上的一点，与图素在该点的切线相互垂直的线。

操作步骤：

1）选择 Create/Line/Perpendicular 命令或者单击按钮里的 Create Line Perpendicular... 按钮，在 Ribbon Bar 中会弹出图 2-28 所示的工具栏。

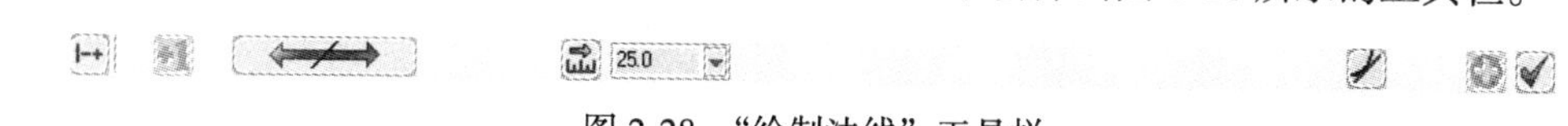

图 2-28　"绘制法线"工具栏

2）系统提示用户："选择一条直线、圆弧或曲线" Select line, arc or spline，当用户选择图 2-29 所示的 T1 直线后，系统提示选择垂线通过的点，用户再选择 T2 圆的圆心点。

3）此时在界面上产生出 T3 直线，用户可以在 20.0 文本框里输入创建法线的长度，再单击按钮确认，完成绘制法线。

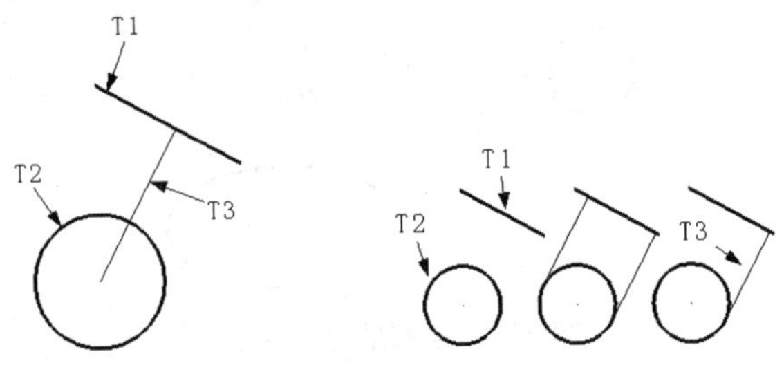

图 2-29　法线绘制实例

2.2.5　平行线

平行线是在已有直线的基础上，绘制一条与之平行的直线。

操作步骤：

1）选择 Create/Line/Parallel 命令或者单击按钮里的 Create Line Parallel... 按钮，在 Ribbon Bar 中会弹出图 2-30 所示的工具栏。

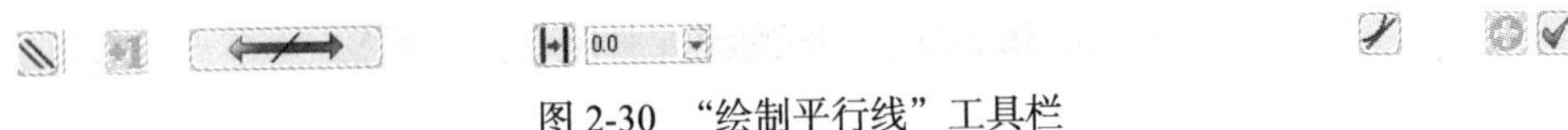

图 2-30　“绘制平行线”工具栏

2）系统提示用户：“选择一条直线” Select a line，用户选择一条直线后，系统提示通过鼠标选择一点，便会过此点绘制一条与被选中直线平行的直线。

3）如果用户不是通过选点的方式来创建平行线，也可以在 Ribbon Bar 工具栏 0.0 文本框中输入两条直线间的距离，再通过按钮来选择平行线在被选择直线的哪一侧。

4）单击按钮，系统会提示用户选择一条直线，然后再选择一个圆或一条弧，系统将会创建一条和圆或弧相切的平行线，如图 2-31 所示。

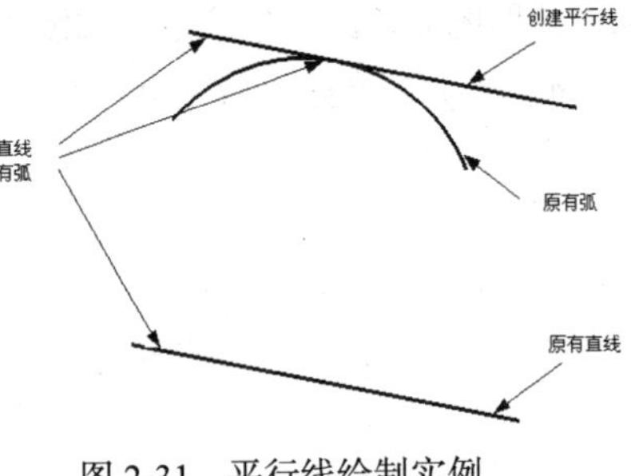

图 2-31　平行线绘制实例

5）单击按钮确认，完成绘制平行线。

2.2.6　切线

切线是在已有圆弧或曲线上，通过指定的某点与其相切的直线。

操作步骤：

1）选择 Create/Line/Tangent through point 命令或者单击按钮里的 Create Line Tangent through point... 按钮，在 Ribbon Bar 中会弹出图 2-32 所示的工具栏。

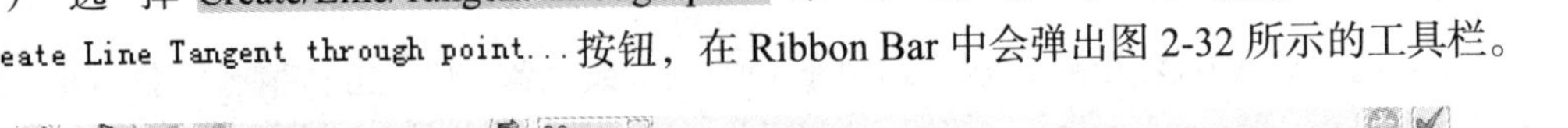

图 2-32　“绘制切线”工具栏

2）系统提示用户：“选择一个圆弧或一条曲线” Select an arc or spline，用户选择绘图区的某一个圆弧或曲线后，系统提示：“选择在其上面的一点” Select a tangent point on the arc or spline (First endpoint)，便会过此点绘制一条与之相切的直线，如图 2-33 所示。

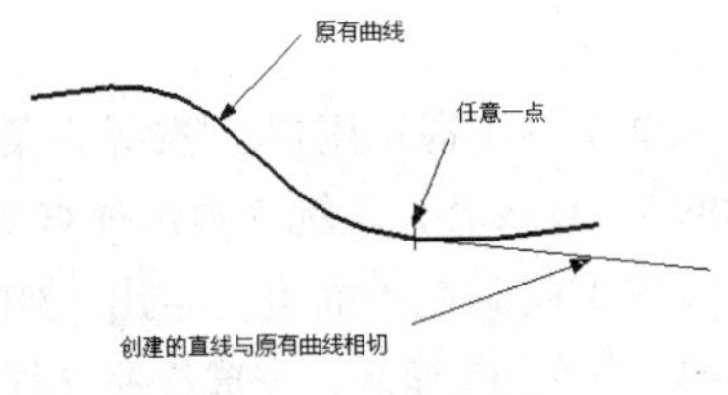

图 2-33　切线绘制实例

3）用户可以在 Ribbon Bar 工具栏中的 0.0

文本框中输入创建切线的长度。

4）单击按钮✓确认，完成绘制切线。

2.3 圆和弧

在 Mastercam X7 中，圆弧也是几何图形的基本图素，相对来说也是比较难绘制的几何图形，快速准确地绘制出圆弧是图形设计中的关键环节。Mastercam X7 向用户提供了七种圆和弧的绘制方法。启动绘制圆弧的方式可选择菜单栏中的 Creat/Arc 命令或者单击工具栏中图标的三角按钮，如图 2-34 所示。

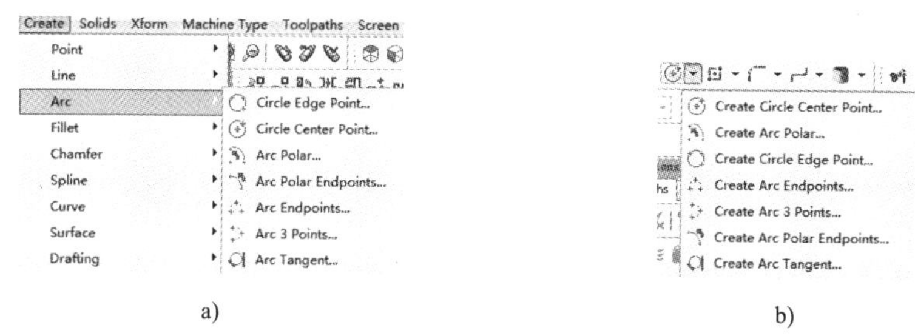

图 2-34 “绘制圆弧”子菜单

2.3.1 三点画圆

通过三点画圆是指定不在同一条直线上的 3 个点来绘制一个圆。

操作步骤：

1）选择 Create/Arc/Circle Edge Point 命令或者单击按钮里的 Create Circle Edge Point... 按钮，在 Ribbon Bar 中会弹出图 2-35 所示的工具栏。

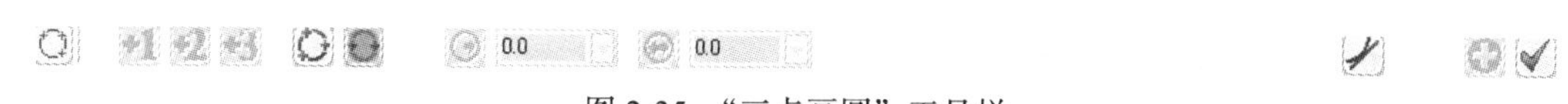

图 2-35 “三点画圆”工具栏

2）用户依次选择 3 个点，系统自动绘制一个圆。

3）在 Ribbon Bar 工具栏中，单击按钮，将通过鼠标指定一条直径的两端点来绘制圆；单击按钮，将通过 3 点来绘制圆；单击按钮，系统将会提示用户选择两个以上的图素，然后用户需要在 0.0 或 0.0 文本框内输入半径或者直径，系统将会绘制出一个与选择图素相切的圆。

2.3.2 圆心画圆

圆心画圆是通过指定圆心和圆上一点，或者圆心和半径来绘制一个圆。

操作步骤：

1）选择 Create/Arc/Circle Center Point 命令或者单击按钮里的 Create Circle Center Point... 按钮，在 Ribbon Bar 中会弹出图 2-36 所示的工具栏。

图 2-36 “圆心画圆”工具栏

2）系统提示用户：“在绘图区内选择一个点作为圆心” Enter the center point。

3）然后选择圆上的一点绘制圆，或者在 0.0 或 0.0 文本框中输入相应的半径或直径来创建圆。

4）单击按钮，系统会提示用户：“首先选择一点作为圆心，然后选择一条已存在的直线或圆弧”。系统将自动绘制出一个与选择图素相切的圆。

5）单击按钮确认，完成圆心画圆。

2.3.3 极坐标圆心画弧

极坐标圆心画弧是通过指定圆心点、半径、起始和终止角度来绘制一段弧。

操作步骤：

1）选择 Create/Arc/Arc Polar 命令或者单击按钮里的 Create Arc Polar... 按钮，在 Ribbon Bar 中会弹出图 2-37 所示的工具栏。

图 2-37 “极坐标圆心画弧”工具栏

2）系统提示用户：“在绘图区内选择一个点作为圆心” Enter the center point。

3）然后可以直接利用鼠标依次选取弧的起始点和终止点，也可以在 Ribbon Bar 工具栏 0.0 或 0.0 文本框中输入相应的半径或直径，或者在 0.0 和 0.0 文本框内输入弧的起始角度和终止角度。单击按钮，系统将改变弧的绘制方向。如图 2-38 所示的实例，选择（0，0，0）点为圆弧的圆心，半径为 25，起始角度和终止角度分别为 45° 和 135°。

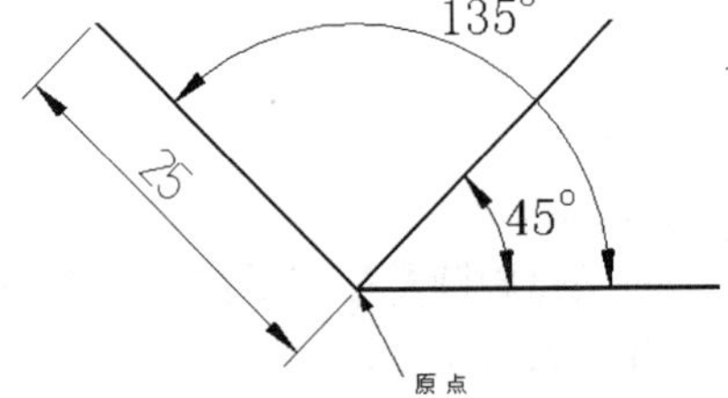

图 2-38 极坐标圆心画弧实例

4）单击按钮确认，完成极坐标圆心画弧。

2.3.4 极坐标端点画弧

极坐标端点画弧是通过指定弧的端点、半径、起始角度和终止角度来绘制一段弧。

操作步骤：

1）选择 Create/Arc/Arc Polar Endpoints 命令或者单击按钮里的 Create Arc Polar Endpoints... 按钮，在 Ribbon Bar 中会弹出图 2-39 所示的工具栏。

图 2-39 “极坐标端点画弧”工具栏

2）系统提示用户：“选中一点作为弧的起始点和终止点” Enter the start point。

3）系统提示用户：“在工具栏中进行参数设计” Enter a radius, start, and end angle。单击按钮选择起始点，单击按钮选择终止点；在 0.0 或 0.0 文本框中输入半径或者直径；在 0.0 和 0.0 文本框中输入弧的起始角度和终止角度。系统便按照指定的参数自动创建出圆弧。

4）单击按钮确认，完成极坐标端点画弧。

2.3.5 端点画弧

端点画弧是通过指定弧的两个端点和弧上任意另一点来创建一段弧。

操作步骤：

1）选择 Create/Arc/Arc Endpoints 命令或者单击按钮里的 Create Arc Endpoints... 按钮，在 Ribbon Bar 中会弹出图 2-40 所示的工具栏。

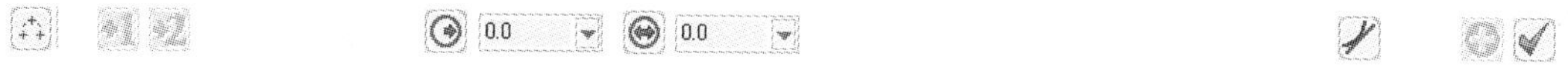

图 2-40 “端点画圆弧”工具栏

2）系统依次提示用户“首先选择圆弧的两个端点，然后选择圆弧上的任意一点”，或者在 0.0 或 0.0 文本框中输入半径或者直径来创建圆弧，如图 2-41 所示。

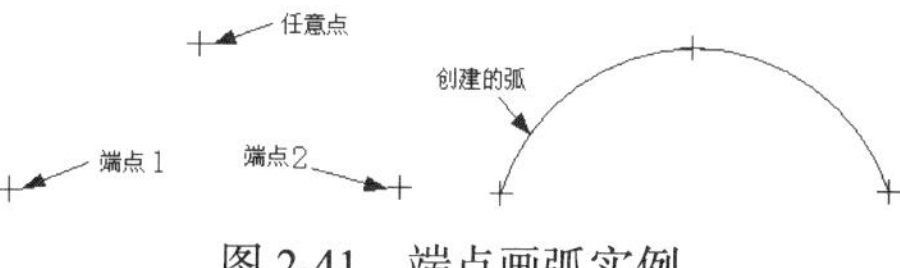

图 2-41 端点画弧实例

3）单击按钮确认，完成端点画弧。

2.3.6 三点画弧

三点画弧是通过任意的三个点创建一段圆弧。

操作步骤：

1）选择 Create/Arc/Arc 3 Points 命令或者单击按钮里的 Create Arc 3 Points... 按钮，在 Ribbon Bar 中会弹出图 2-42 所示的工具栏。

图 2-42 “三点画弧”工具栏

2）系统提示用户“利用鼠标指定弧上的任意 3 个点，将自动创建出一段过这 3 点的弧”。

3）单击确认，完成三点画弧。

2.3.7 相切画圆或弧

相切画圆或弧是创建出与某一图素相切的一个圆或者弧。

操作步骤：

1）选择 Create/Arc/Arc Tangent 命令或者单击按钮里的 Create Arc Tangent... 按钮，在 Ribbon Bar 中会弹出图 2-43 所示的工具栏。

图 2-43 “相切画圆或弧”工具栏

2）用户根据需要可以在 25.0 或 50.0 文本框中输入半径或者直径。

3）在 Mastercam X7 中，系统根据用户需要安排了几种画相切圆或弧的方法，用户可以单击相应的按钮来选择画相切圆或弧。

■ 切点弧

所谓切点弧，是通过指定切点创建与所选图素相切的圆弧。系统将依次提示用户选择图素以及图素上的切点，然后用户选择需要保留的一段弧后，创建完成一段与之相切的弧，如图 2-44 所示。

切点法绘制圆弧时，如果选择的切点不在图素上，系统会自动按其法线（垂直距离）方向投射到图素上作为切点。

■ 端点弧

所谓端点弧，是通过指定弧的一个端点绘制与所选图素相切的圆弧。系统将依次提示用户选择图素以及圆弧的端点，然后用户选择需要保留的一段弧后，创建完成一段与之相切的弧，如图 2-45 所示。

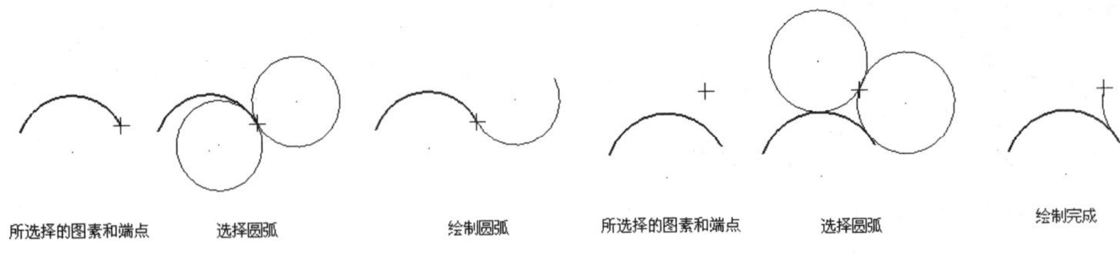

图 2-44 切点弧实例　　　　图 2-45 端点弧实例

端点法创建圆弧时，输入的半径值必须大于或等于点到图素法线距离的一半，否则，系统将会提示错误。

■ 圆心圆

所谓圆心圆，是通过指定圆心在一条选定直线上，做出与直线相切的圆。系统提示用户选择相切的直线，然后提示选择圆心所在直线，系统根据指定的半径或直径大小，自动找到圆心创建相切圆，如图 2-46 所示。

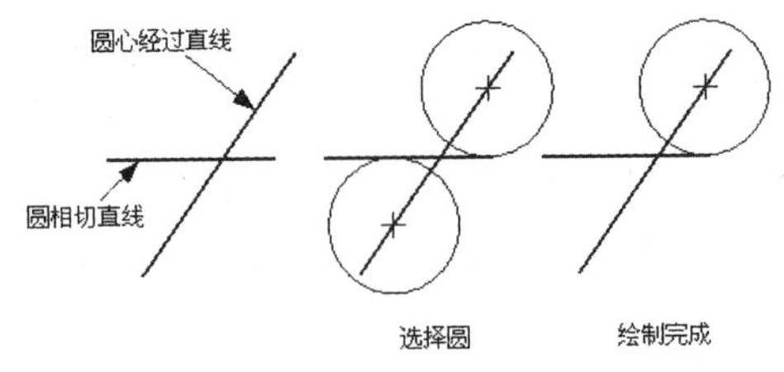

图 2-46 圆心圆实例

■ 动态弧

动态弧是直接拖动鼠标来创建切弧。系统首先提示用户选择相切的图素，用户选择某图素后，在图素上会出现一个箭头，用户根据需要来选择切点的位置，以确定切点。然后再移动鼠标动态式创建圆弧，如图 2-47 所示。

■ 三切画弧

三切画弧是任意选取三个永不平行的图素，系统将自动创建一段弧，如图 2-48 所示。

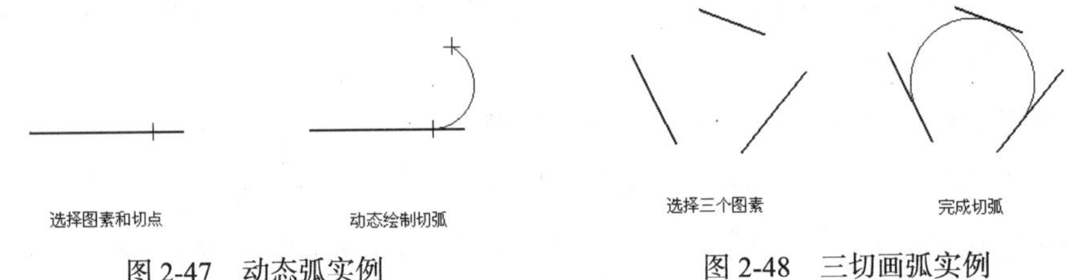

图 2-47 动态弧实例　　　　图 2-48 三切画弧实例

■ 三切画圆

三切画圆是任意选取三个永不平行的图素，系统将自动创建一个圆，如图 2-49 所示。

■ 二切画弧

二切画弧是任意选取两个永不平行的图素，系统将自动创建一段弧，用户可以在 40.0 或 80.0 文本框中输入半径或者直径，如图 2-50 所示。

图 2-49 三切画圆实例　　　　图 2-50 二切画圆实例

【例 2-2】 绘制图 2-51 所示的几何图例。

操作步骤：

1）选择 Create/Arc/Circle Center Point 命令或者单击按钮里的 Create Circle Center Point... 按钮，在 0.0 文本框中输入直径“60”，绘制图 2-52 所示的圆。

2）选择 Create/Arc/Arc Polar Endpoints 命令或者单击按钮里的 Create Arc Polar Endpoints... 按钮，在 Ribbon Bar 中会弹出图 2-53 所示的工具栏。

3）在 10.0、0.0、0.0 文本框中输入“X10，Y0,Z0”；在 10 文本中输入半径“10”；在 -90.0、90 文本框中输入起始角度“－90°”、终止角度“90°”。按应用键，将创建图 2-54 所示的圆弧。

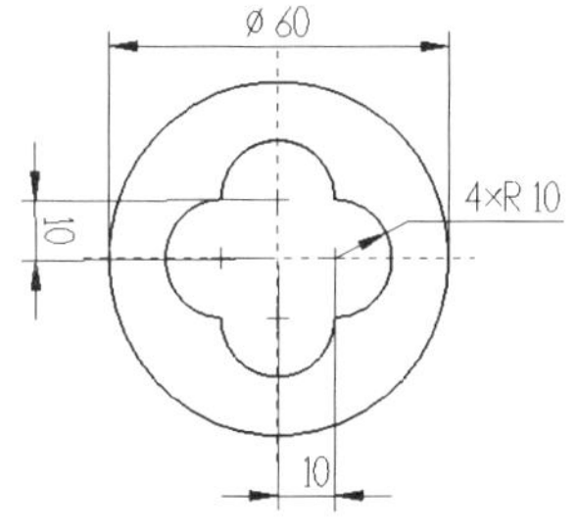

图 2-51　圆弧绘制实例

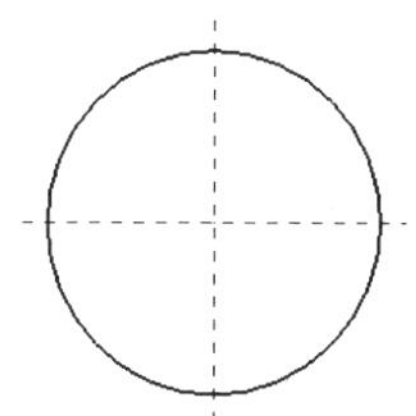

图 2-52　绘制直径为 60 的圆

图 2-53　“极坐标端点画弧”工具栏

4）按照步骤 3 的方法，在 0.0、10.0、0.0 文本框中输入“X0，Y10,Z0”；在 10 文本框中输入半径“10”；在 0.0、180.0 文本框中输入起始角度“0”、终止角度“180°”。按应用键。

5）按照步骤 4 的方法，在 -10.0、0.0、0.0 文本框中输入“X-10，Y0,Z0”；在 10 文本框中输入半径“10”；在 90.0、270 文本框中输入起始角度“90°”、终止角度“270°”。按应用键。

6）按照步骤 5 的方法，在 0.0、-10.0、0.0 文本框中输入“X0，Y-10，Z0”；在 10 文本框中输入半径“10”；在 -180.0、0.0 文本框中输入起始角度“－180”、终止角度“0”。

7）单击按钮确认，完成实例绘制，如图 2-55 所示。

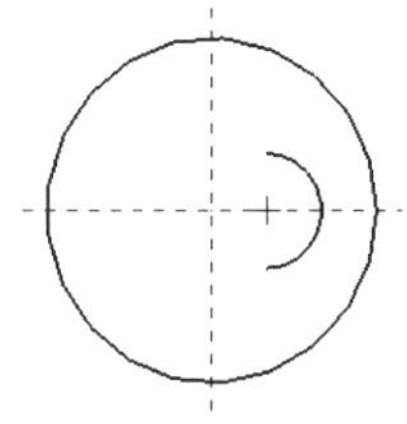

图 2-54　绘制半径为 10 的弧

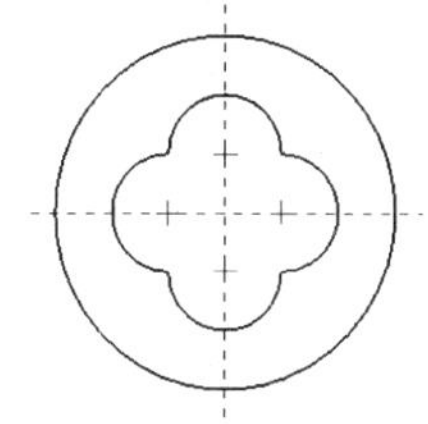

图 2-55　绘制完成几何图例

2.4　矩形

在 Mastercam X7 系统中，绘制矩形是常见的操作，用户可以根据需要绘制矩形或者矩形平面。

操作步骤：

1）选择 Create/Rectangle 命令或者单击按钮里的 Create Rectangle... 按钮，在 Ribbon Bar 中会弹出图 2-56 所示的工具栏。

图 2-56 “绘制矩形”工具栏

2）在 0.0 和 0.0 文本框中输入矩形的长和宽，系统提示：“选择放置矩形的位置点” Select position of first corner，用户可以在 0.0、0.0、0.0 文本框中输入矩形的放置点或者利用鼠标在绘图区抓取点。

3）单击按钮确认，完成矩形绘制。

系统默认的绘制矩形方法是对角线绘制，即指定矩形对角的两点进行绘制。如果用户单击按钮，系统将采用中心点绘制的方法。两者的区别如图 2-57 所示。

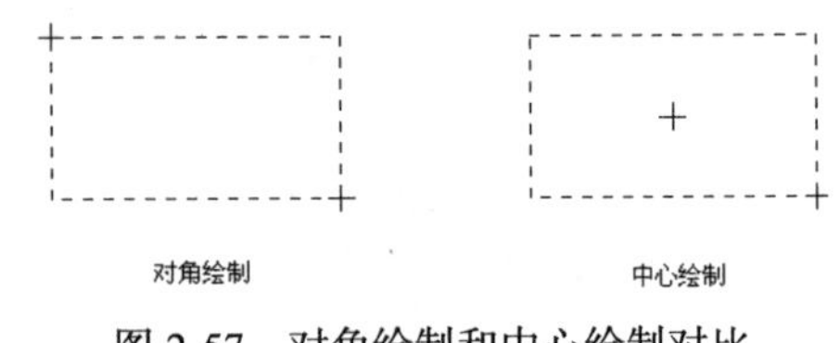

图 2-57 对角绘制和中心绘制对比

用户单击按钮，系统将创建一个矩形和一张矩形平面。

Mastercam X7 还提供了几种变形矩形的绘制方法。选择 Create/Rectangular Shapes 命令或者单击按钮里的 Create Rectangular Shapes... 按钮，在 Ribbon Bar 中会弹出图 2-58 所示的对话框。

【例 2-3】 绘制图 2-59 所示的几何图例。

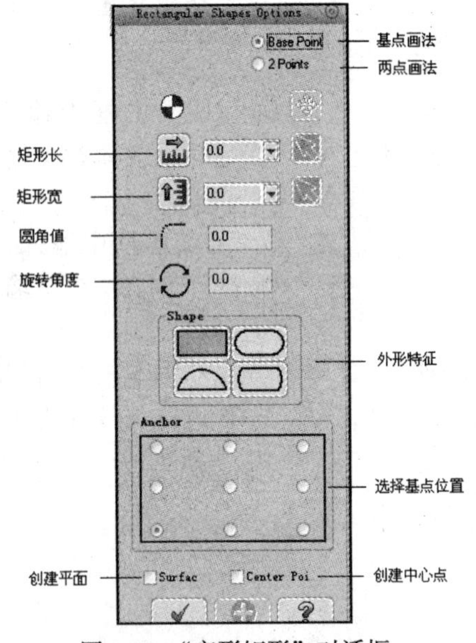

图 2-58 “变形矩形”对话框

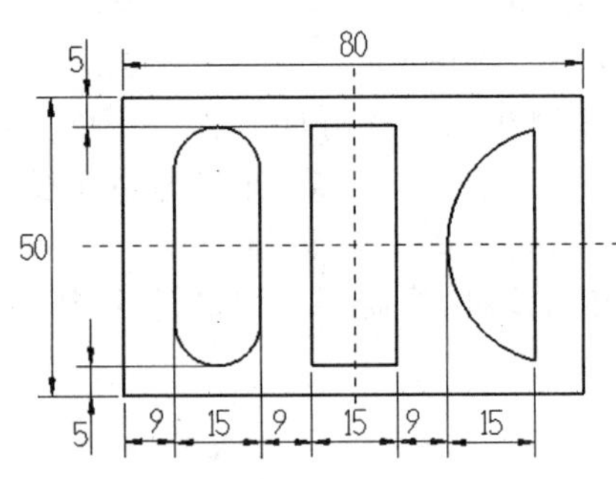

图 2-59 绘制矩形实例

操作步骤：

1）选择 Create/Rectangle 命令或者单击按钮里的 Create Rectangle... 按钮，先单击按钮以中心点放置形式；在 0.0、0.0、0.0 文本框中输入“X0、Y0、Z0”，单击〈Enter〉键确认；在 80.0、50 文本框中输入矩形的长“80”、宽“50”，单击〈Enter〉键确认；单击按钮确认，完成绘制矩形，如图 2-60 所示。

2）按照步骤 1 的方式，先单击按钮以中心点放置形式；在 0.0、0.0、0.0 文本框中输入“X0、Y0、Z0”，单击〈Enter〉键确认；在 15.0、40

文本框中输入矩形的长“15”、宽“40”，单击〈Enter〉键确认；单击按钮确认，完成绘制矩形，如图 2-61 所示。

3）选择 Create/Rectangular Shape 命令或者单击按钮里的 Create Rectangular Shapes... 按钮，输入长“15”、宽“40”，并且在外形特征中选择环形，如图 2-62 所示；在 -24.0、0.0、0.0 文本框中输入“X-24、Y0、Z0”；单击〈Enter〉键确认，完成环形的绘，如图 2-63 所示。

4）选择 Create/Rectangular Shapes 命令或者单击按钮里的 Create Rectangular Shapes... 按钮，输入长“15”、宽“40”，并且在外形特征中选择弧形，如图 2-64 所示；在 24.0、0.0、0 文本框中输入“X24、Y0、Z0”；单击〈Enter〉键确认，完成弧形的绘制，如图 2-65 所示。

图 2-60　绘制第一个矩形

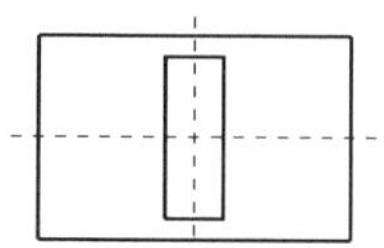

图 2-61　绘制第二个矩形

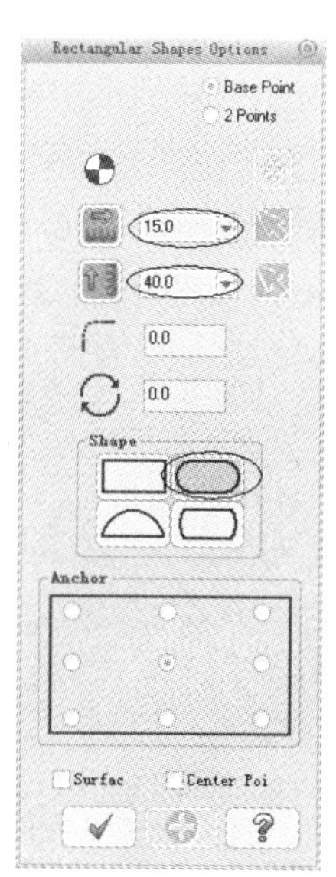

图 2-62　“环形参数设置”对话框

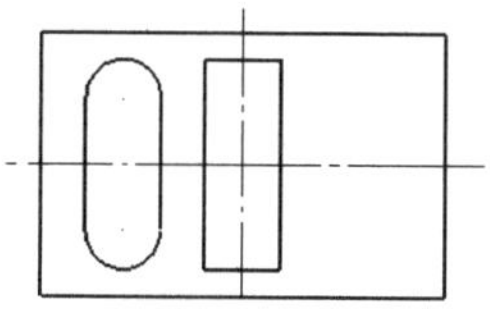

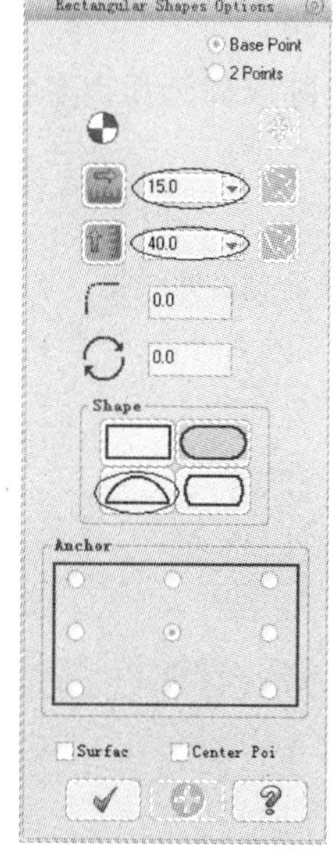

图 2-63　环形绘制

图 2-64　“弧形参数设置”对话框

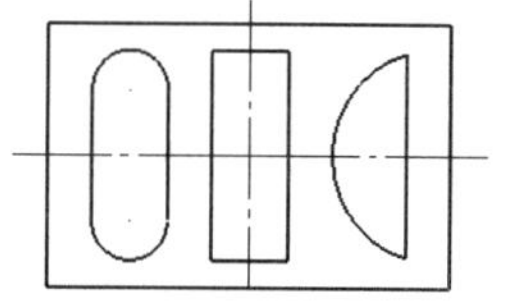

图 2-65　弧形绘制

5）单击“确认”按钮，完成几何图例绘制。

2.5 多边形

在 Mastercam X7 中，绘制多边形也是比较常见的操作，用户可以根据需要绘制不同形状的多边形。

操作步骤：

1）选择 Create/Polygon 命令或者单击按钮里的 Create Polygon... 按钮，系统会弹出图 2-66 所示的对话框。

2）系统提示用户：“选择多边形的中心点位置” Select position of base point，利用鼠标在绘图区选择所放多边形的位置点。

3）在图 2-66 所示的对话框中输入需要的参数。绘制多边形有外接和内切两种情况，如图 2-67 所示。

4）单击“确认”按钮，完成多边形绘制。

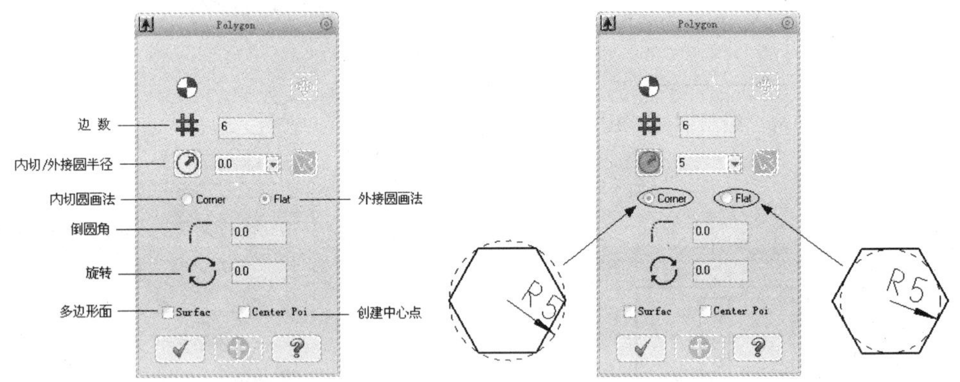

图 2-66 “多边形”对话框　　图 2-67 绘制多边形实例

2.6 椭圆和椭圆弧

在 Mastercam X7 系统中，绘制椭圆或椭圆弧也是比较常见的操作。它主要是通过指定长轴半径、短轴半径和中心点来创建。

操作步骤：

1）选择 Create/Ellipse 命令或者单击按钮里的 Create Ellipse... 按钮，系统会弹出图 2-68 所示的对话框。

2）系统提示用户：“选择绘制椭圆的中心点位置” Select position of base point，利用鼠标在绘图区选择所放椭圆的位置点。

3）在图 2-68 所示的对话框中输入需要的参数。

4）单击按钮确认，完成椭圆绘制，如图 2-69 所示。

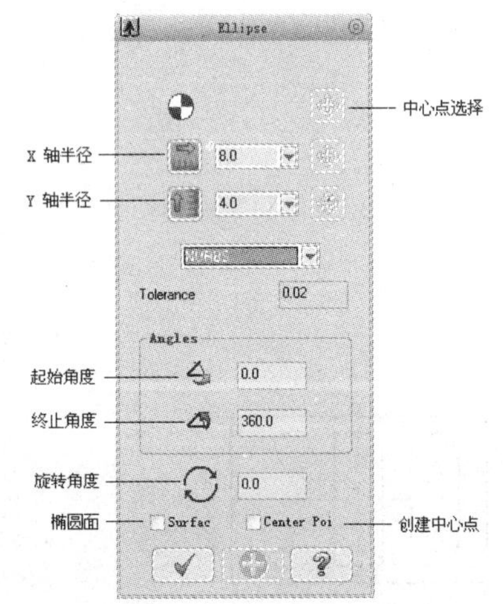

图 2-68 “椭圆”对话框

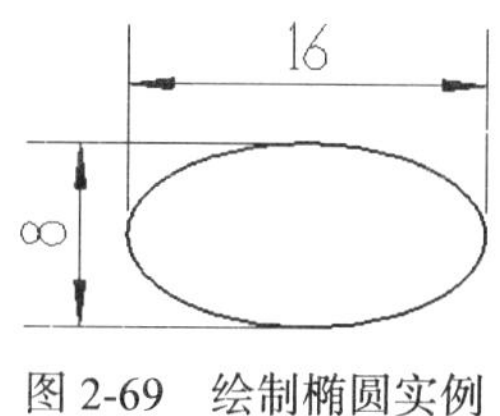

图 2-69　绘制椭圆实例

2.7　旋绕线

在 Mastercam X7 中提供了绘制旋绕线的方法。使用旋绕线可以快捷创建出各种不同形状的弹簧。

操作步骤：

1）选择 Create/Spiral 命令或者单击按钮里的 Create Spiral... 按钮，系统会弹出图 2-70 所示的对话框。

2）系统提示用户："选择绘制旋绕线的中心点位置" Enter the center point，利用鼠标在绘图区选择所放旋绕线的位置点。

3）在图 2-70 所示的对话框中输入需要的参数。

4）单击按钮确认，完成旋绕线绘制，如图 2-71 所示。

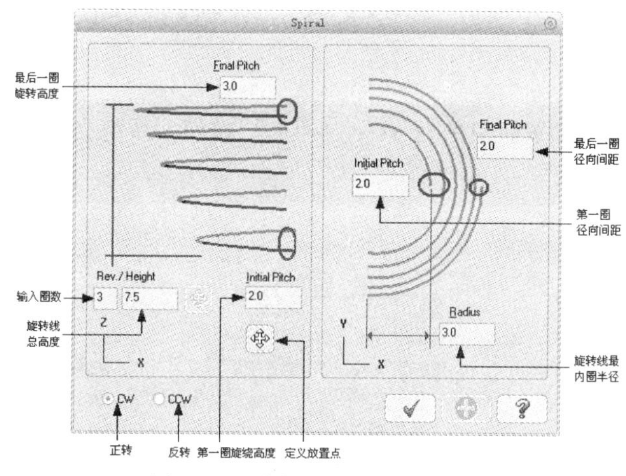

图 2-70　"旋绕线"对话框

图 2-71　绘制旋绕线实例

2.8　螺旋线

在 Mastercam X7 中提供了绘制螺旋线的方法。使用螺旋线可以快捷创建出各种不同形状的等距弹簧和螺纹。

操作步骤：

1）选择 Create/Helix 命令或者单击按钮里的 Create Helix... 按钮，系统会弹出图 2-72 所示的对话框。

2）系统提示用户："选择绘制螺旋线的中心点位置" Enter the center point，利用鼠标在绘图区选择所放螺旋线的位置点。

3）在图 2-72 所示的对话框中输入需要的参数。

4）单击按钮确认，完成螺旋线绘制，如图 2-73 所示。

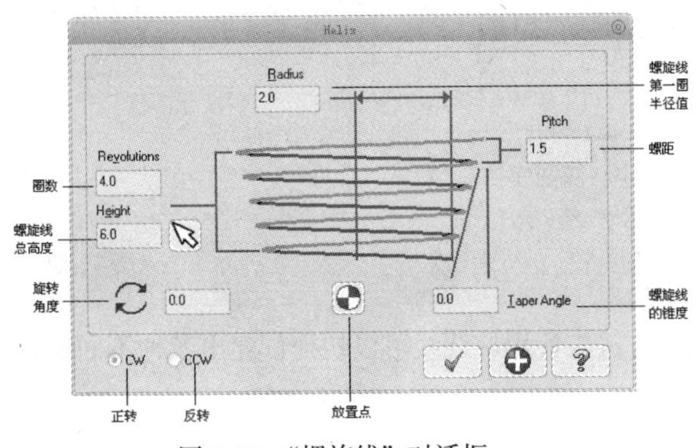

图 2-72 “螺旋线”对话框

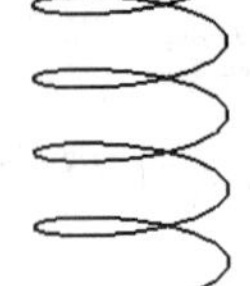

图 2-73 绘制螺旋线实例

Spiral 旋绕线与 Helix 螺旋线的区别在于：第一，Spiral 旋绕线的各圈是不等距的，而 Helix 螺旋线是等距的，如果设置的参数一致，都可以绘制出圆柱形螺旋线；第二，Spiral 旋绕线的每一圈为一个单独的图素，而 Helix 螺旋线是一个整体的图素。

2.9 文字

在 Mastercam X7 中提供了绘制文字的方法。文字主要用于产品的外观装饰、产品名称、生产标记等。

操作步骤：

1）选择 Create/Letters 命令或者单击按钮里的 Create Letters... 按钮，系统会弹出图 2-74 所示的对话框。

图 2-74 “文字”对话框

2）在对话框内输入文字以后，用户可以单击对话框中的“字体”按钮 TrueType (R) ...，确认文字的字体，如图 2-75 所示。

3）设置好相关的参数以后，用户单击按钮确认后，系统提示用户：“确认文字放置的起始位置” Enter starting location of letters。

4）文字呈现在绘图区，结果如图 2-76 所示。

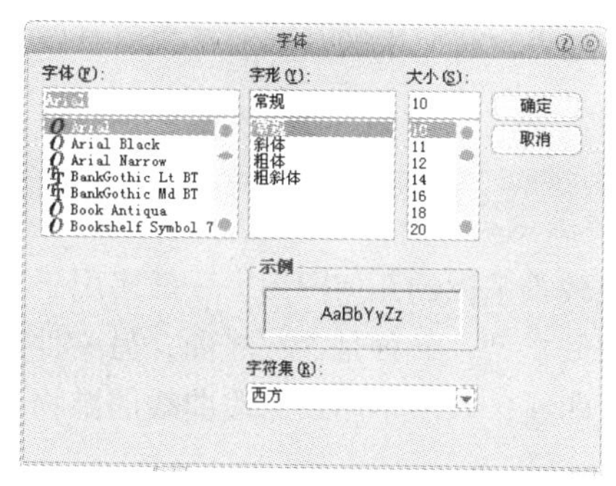

图 2-75　“字体”对话框

水平放置　竖直放置　顶圆弧放置　底圆弧放置

图 2-76　绘制文字实例

2.10　边界盒

在 Mastercam X7 中，绘制边界盒是将选中的图素用一个“盒子”装起来，“盒子”可以是一个矩形，也可以是一个圆柱形。在运用中，使用户很容易确定加工的边界、工件的中心点、工件或者产品的外形尺寸等。

操作步骤：

1）选择 Create/Bounding 命令或者单击按钮里的 Create Bounding Box... 按钮，系统会弹出图 2-77 所示的对话框。

2）填写好对话框里的相关参数后，用户单击按钮确认，边界盒呈现在绘图区，如图 2-78 所示。

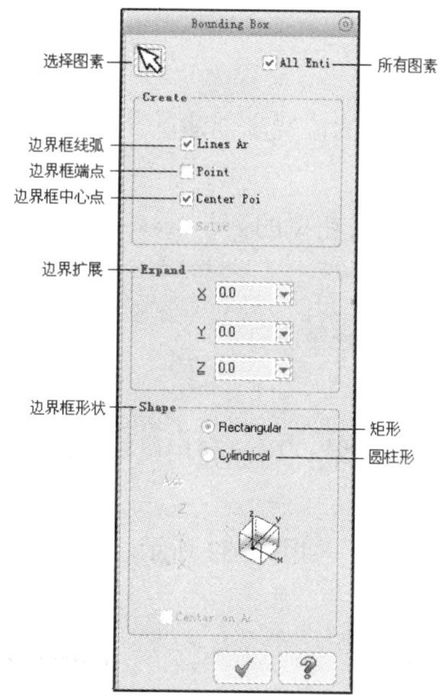

图 2-77　“边界盒”对话框

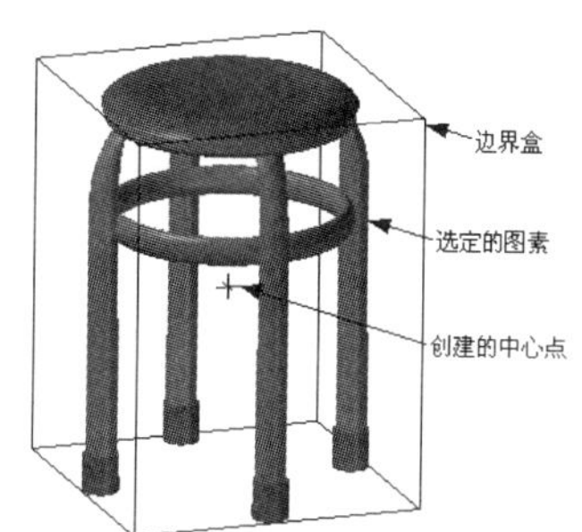

图 2-78　绘制边界盒实例

在绘制边界盒的过程中，系统默认是选择绘图区所有的图素，如果用户需要选定某一部分图素时，即可在对话框中单击按钮，系统会提示用户：“选择图素” Select entities 。

在图 2-77 对话框中有边界扩展功能，用户如果需要将边界盒在原来的基础上扩大，可以在**Expand**选项中输入 X、Y、Z 三轴扩大的值。

2.11 曲线

在 Mastercam X7 中，曲线是常用的几何图形，也是比较难掌握的几何图形，一般多用于复杂零件的流线型设计。在 Mastercam X7 中，安排了两种曲线类型，一种是参数式曲，另一种是 NURBS 曲线，但在大多数情况下用户都是选择 NURBS 式曲线，以便于用户修改曲线的抛物程度。

Mastercam X7 提供了四种绘制曲线的方式。要启动绘制曲线功能，用户可以选择 Create/Spline 命令或者单击按钮，如图 2-79 所示。

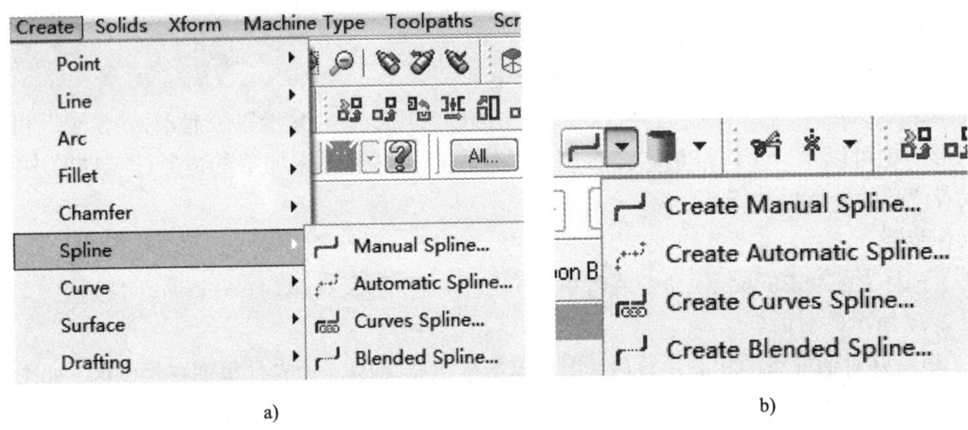

a)　　　　b)

图 2-79 “绘制曲线”子菜单

2.11.1 手动绘制曲线

手动绘制曲线是通过用户按照系统的提示输入曲线上点的位置来创建。

操作步骤：

1)选择 Create/Spline/Manual Spline 命令或者单击按钮里的 `Create Manual Spline...` 按钮，系统会弹出图 2-80 所示的工具栏。

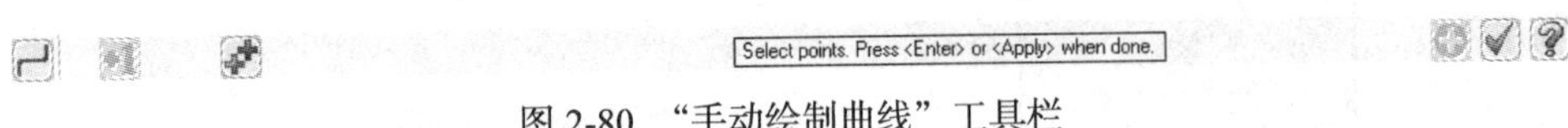

图 2-80 “手动绘制曲线”工具栏

2) 系统提示用户“在界面上选取曲线上的点来创建曲线”，用户利用鼠标在绘图区依次选取即可，如图 2-81 所示。

3) 选取完成后，单击按钮确认，完成手动曲线绘制，如图 2-82 所示。

图 2-81 选择曲线经过的点　　　　图 2-82 曲线绘制完成

4) 如果在绘制曲线之前单击按钮，在绘图区绘制好曲线后，在 Ribbon Bar 工具栏中会弹出图 2-83 所示的工具栏，是对曲线两个端点向量的设置。在 Mastercam X7 中，提供了 5 种处理方式：①Natural 为默认模式，系统自动优化生成；②3Pt Arc 为三点弧方式，是与最近三点

组成的弧相切；③To Entity 为到图元方式，即与选定的图元相切；④To End 为到端点方式，即与选定图元的端点相切；⑤ Angel 为角度方式，即直接指定曲线的端点与 X 轴的某角度值相切方向。

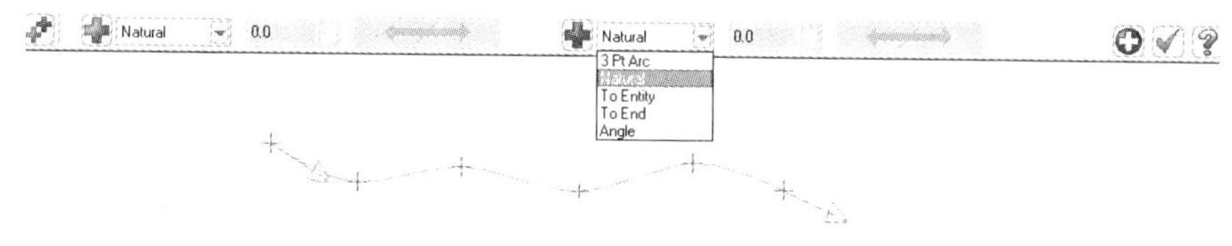

图 2-83　改变曲线端点向量

2.11.2　自动绘制曲线

自动绘制曲线是用户通过在绘图区已经存在的点中，任意选取曲线的两个端点和中间点，系统自动地生成一段曲线。

操作步骤：

1）选择 Create/Spline/Automatic Spline 命令或者单击 按钮里的 Create Automatic Spline... 按钮，系统会弹出图 2-84 所示的工具栏。

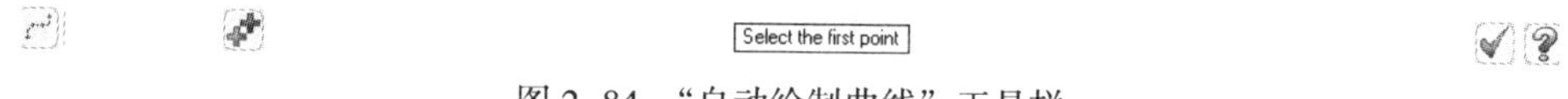

图 2 -84　“自动绘制曲线”工具栏

2）用户根据系统的提示，在绘图区依次选取曲线的起始点、经过点和终止点，如图 2-85 所示。

3）选取完成后，单击按钮 确认，完成自动曲线绘制，结果如图 2-86 所示。

图 2-85　曲线经过的点　　图 2-86　绘制的曲线

2.11.3　转变绘制曲线

转变绘制曲线是将一组首尾相连的图素或者单个直线、圆弧和曲线转变成所设置的曲线类型。

操作步骤：

1）选择 Create/Spline/Curves Spline 命令或者单击 按钮里的 Create Curves Spline... 按钮，系统会弹出图 2-87 所示的工具栏。

图 2-87　“转变绘制曲线”工具栏

2）系统提示用户“选择串联图素”，用户串联已经首尾相连的图素并确定，如图 2-88 所示。

3）在 Ribbon Bar 工具栏 0.02 文本框中输入转变成曲线后的误差值；在 Delete Curves 文本框中选择处理原来图素的方式，在下拉列表中有 4 种处理方式，分别是①Keep Curves 为保留原来图素；②Blank Curves 为隐藏原来图素；③Delete Curves 为删除原来图素；④ Move to Level 为将原来图素移动到指定的图层，用户根据需要选取。

4）选取完成后，单击按钮 确认，完成转变曲线绘制，如图 2-89 所示。

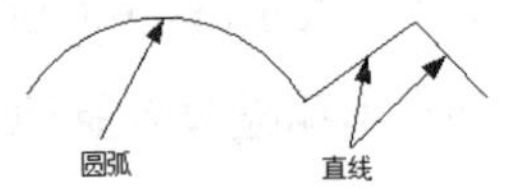

图 2-88　转变前图素

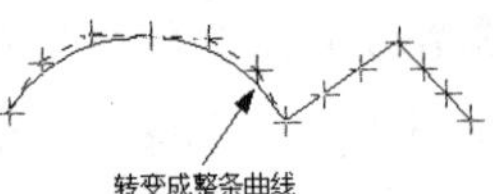

图 2-89　转变后曲线

2.11.4　桥接曲线

桥接曲线是将两个图素（直线、圆弧或曲线）通过用户指定的位置点来连接，连接后的三个图素相切。

操作步骤：

1）选择 Create/Spline/Blended Spline 命令或者单击按钮里的 Create Blended Spline...按钮，系统会弹出图 2-90 所示的工具栏。

图 2-90　“桥接曲线”工具栏

2）系统提示用户“依次选择两个图素，并动态指定要桥接的位置点”，如图 2-91 所示。

3）在 Ribbon Bar 工具栏 1.0 文本框中输入控制第一个图素的曲线曲率，在 1.0 文本框中输入控制第二个图素的曲线曲率，输入的值越大，生成的抛物线程度就越高，相反则平缓。如果生成的抛物曲线方向相反，用户可以输入一个负值来改变曲线相切的方向。

4）在 Both 下拉列表中有 4 个选项，分别是①Both None 为两个删除；②None 为两个都保留；③lst Curve 为只删除第一个；④2st Curve 为只删除第二个。

5）选取完成后，单击按钮确认，完成桥接曲线绘制，如图 2-92 所示。

图 2-91　桥接前两图素

图 2-92　桥接后三图素

2.12　倒角

在产品绘制过程中，设计师为了使产品外观更美，实用性更强，通常会给产品设计一些倒斜角或是倒圆角。

Mastercam X7 提供了四种倒角的方式，分别是单个倒圆角和串联倒圆角；单个倒斜角和串联倒斜角，如图 2-93 所示。

图 2-93　四种倒角方式

2.12.1　单个倒圆角

操作步骤：

1）选择 Create/Fillet 命令，单击 Entities... 按钮，或者单击按钮里的 Fillet Entities... 按钮，系统会弹出图 2-94 所示的工具栏。

图 2-94　“单个倒圆角”工具栏

2）系统提示用户“选择要倒圆角的两个图素”，如图 2-95 所示。

3）在 Ribbon Bar 工具栏 5.0 文本框中输入倒圆角的半径，在 Normal 下拉列表中选择倒圆角的方式，通常默认为 Normal 方式。如果用户单击按钮则是不被修剪，单击按钮则是修剪。

4）单击按钮确认，完成单个倒圆角，如图 2-96 所示。

图 2-95　选取单个倒圆角　　　　图 2-96　完成单个倒圆角

2.12.2　串联倒圆角

操作步骤：

1）选择 Create/Fillet 命令，单击 Chains... 按钮，或者单击按钮里的 Fillet Chains... 按钮，系统会弹出图 2-97 所示的工具栏。

图 2-97　“串联倒圆角”工具栏

2）系统提示用户“选择要串联的图素”，如图 2-98 所示。

3）“串联倒圆角”工具栏和“单个倒圆角”工具栏相似，只是多了一个 All Corners 选项，其下拉列表中包含 All Corners（全部拐角）、+Sweeps（逆时针方向拐角）和 Sweeps（顺时针方向拐角）3 个选项，分别表示倒圆角时的情况。在这里的逆时针方向和顺时针方向是指串联的方向而言。

4）单击按钮确认，完成串联倒圆角，如图 2-99 所示。

图 2-98　选取串联倒圆角　　　　图 2-99　完成串联倒圆角

2.12.3　单个倒斜角

操作步骤：

1）选择 Create/Chamfer 命令，单击 Entities... 按钮，或者单击按钮里的 Chamfer Entities... 按钮，系统会弹出图 2-100 所示的工具栏。

图 2-100　“单个倒斜角”工具栏

2）系统提示用户“选择要倒斜角的两个图素”，如图 2-101 所示。

3）在 Ribbon Bar 工具栏中，单击按钮是修剪交线，单击按钮即是保留交线，用户通常是修剪交线较多。在 1 Distance 下拉列表中，用户可以选择倒斜角尺寸设置方式，如图 2-102 所示。根据设置方式的不同，在 5.0、5.0、45.0 文本框中输入相应的尺寸和角度即可。

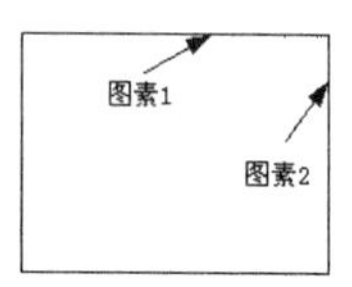

图 2-101　选取单个倒斜角

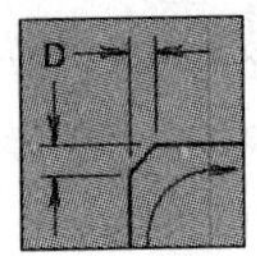

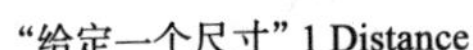
“给定一个尺寸” 1 Distance

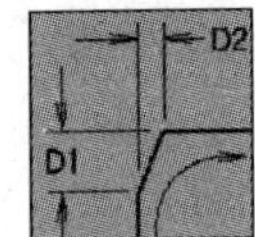

“给定两个尺寸” 2 Distance

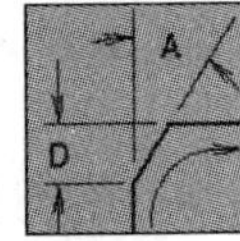

“给定角度和尺寸” Distance/Angle

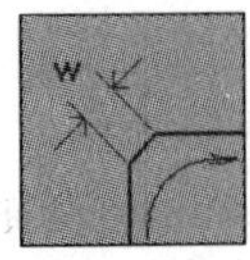

“给定宽度尺寸” Width

图 2-102　倒斜角尺寸设置方式

4）单击按钮确认，完成单个倒斜角，如图 2-103 所示。

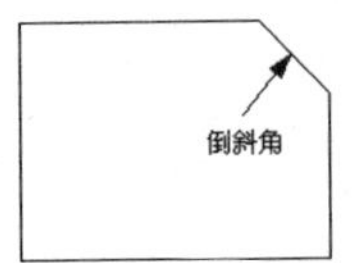

图 2-103　完成单个倒斜角

2.12.4　串联倒斜角

操作步骤：

1）选择 Create/Chamfer 命令，单击 Chains... 按钮，或者单击按钮里的 Chamfer chains 按钮，系统会弹出图 2-104 所示的工具栏。

图 2-104　“串联倒斜角”工具栏

2）系统提示用户“选择要串联的图素”，如图 2-105 所示。

3）串联倒斜角和串联倒圆角基本类似，只是串联倒斜角具有两种尺寸设置方法，在 1 Distance 下拉列表中提供设置一个尺寸和宽度两种情况，在 5.0 文本框中设置好尺寸即可。

4）单击按钮确认，完成串联倒斜角，如图 2-106 所示。

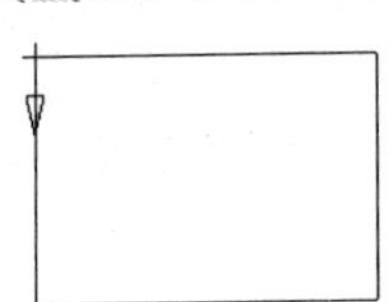

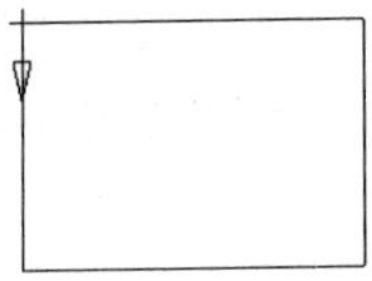

图 2-105　选取串联倒斜角

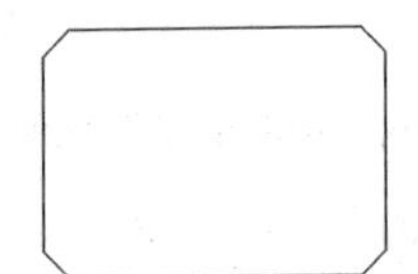

图 2-106　完成串联倒斜角

第 3 章

属性修改及图层管理

图元的属性主要包括线型、线宽、颜色、点的形式以及曲面的密度等内容。在绘制图形时，用户可以先设置好所需要的图元属性，也可以在绘制完成后对图元进行修改属性，以达到读图清晰、操作方便，图样达到国家标准等方面的要求。在 Mastercam X7 中属性的设置和修改安排在图 3-1 所示工具栏中。

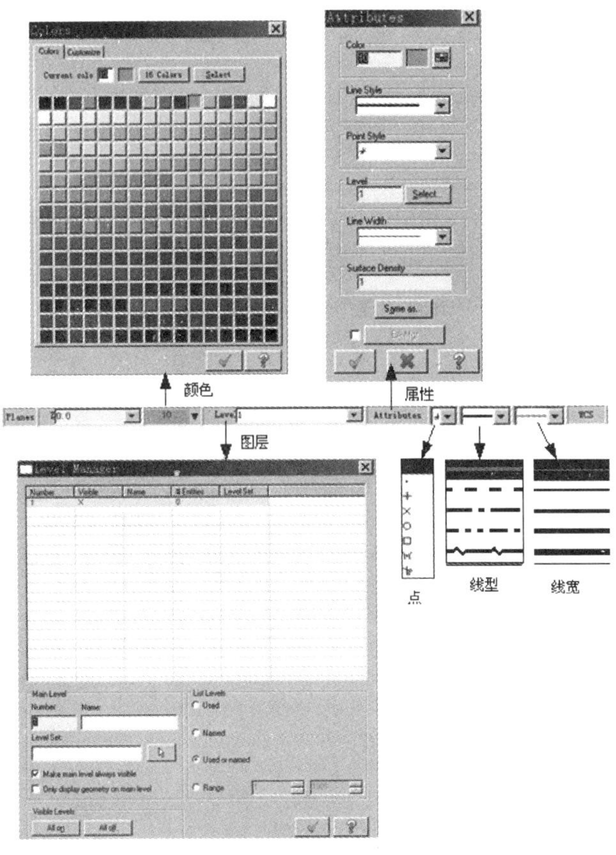

图 3-1 “属性设置”工具栏

在实际应用中，为了操作方便，设计师们多数情况都是在绘制好零件后，再改变零件的属性以达到实际应用要求。下面着重讲解图元属性的修改方法。

3.1 修改属性

图元的修改一般包括线型、线宽以及图元的图层，Mastercam X7 中属性的修改通常是利用鼠标选择要修改的内容，再单击鼠标右键执行修改操作。

3.1.1 颜色的修改

修改图元的颜色属性，主要是将零件中各种不同类型的图元分别设置为不同的颜色，以便用户在操作过程中容易查看和选取操作。

操作步骤：

1）先选中要修改的图元，被选中时图元呈现黄色（系统默认选中时为黄色，用户也可以修改），表明图元已被选中。

2）在图 3-2 所示的状态栏中，利用鼠标右键单击“属性”Attributes 命令。

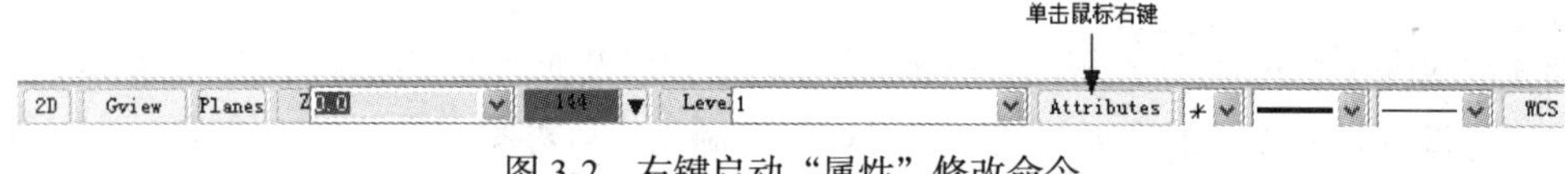

图 3-2 右键启动“属性”修改命令

3）在图 3-3 所示的 Attributes“属性修改”对话框，选择 Color 复选框，并在“颜色”选项中选定需要的颜色，完成后单击按钮确认，图元的颜色修改成功。

3.1.2 修改点的类型

修改点的类型和修改颜色的操作方法类似。

操作步骤：

1）先选中要修改的点。

2）在图 3-2 所示的状态栏中，利用鼠标右键单击“属性”Attributes 命令。

3）系统弹出图 3-4 所示的 Attributes“属性修改”对话框，选择 Point Style 复选框，并在复选框中选定需要的点，完成后单击按钮确认，点的修改成功。

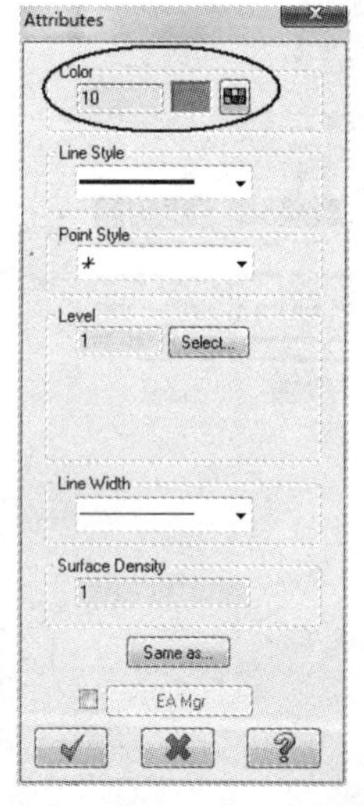

图 3-3 “修改颜色”对话框

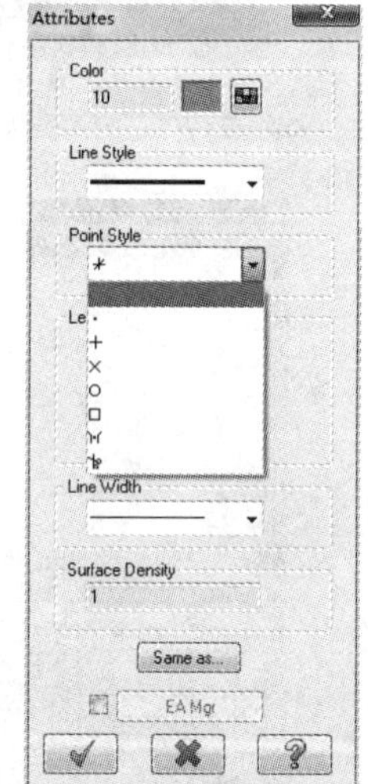

图 3-4 “修改点”对话框

3.1.3 线型的修改

在国家标准中规定，可见的轮廓线用粗实线表示，中心线或者对称线用细点画线表示等，说明线型修改在实际操作过程中是常用的功能，下面对图 3-5 所示的实例来做图元线型的修改。

要求：将线 L1、L2、L3、L4 修改为双点画线；将线 P1、P2、P3 修改为细点画线。

操作步骤：

1）先修改例题中 L1、L2、L3、L4 为双点画线。直接利用鼠标选取四条要修改的线，选中后四条线的颜色发生改变，表明已选中。

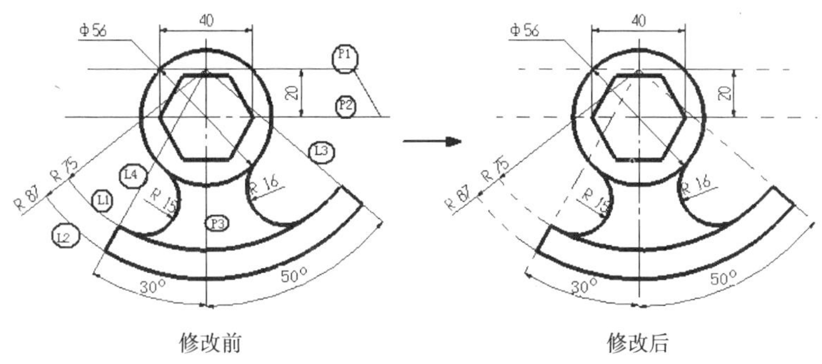

图 3-5　线型修改例题

2）在图 3-2 所示的状态栏中，利用鼠标右键单击“属性”Attributes 命令。

3）系统弹出图 3-6 所示的 Attributes“属性修改”对话框，选择 Line Style 复选框，并在下拉列表中选择双点画线型，完成后单击按钮 ✔ 确认，结果如图 3-7 所示。

4）再修改例题中 P1、P2、P3 为细点画线。直接利用鼠标选取三条要修改的线，选中后三条线的颜色发生改变，表明已选中。

5）重复步骤 2）和 3），结果如图 3-8 所示，即完成例题中线型的修改操作。

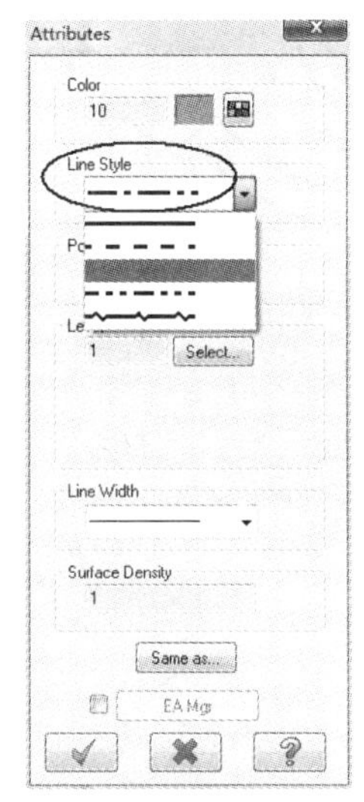

图 3-6 “修改线型”对话框

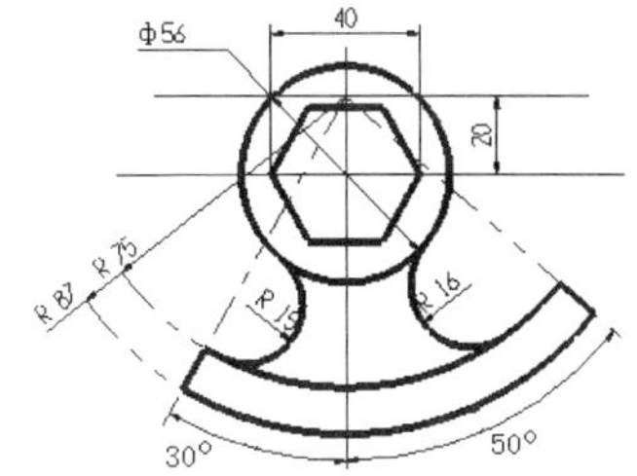

图 3-7　修改线型后的结果

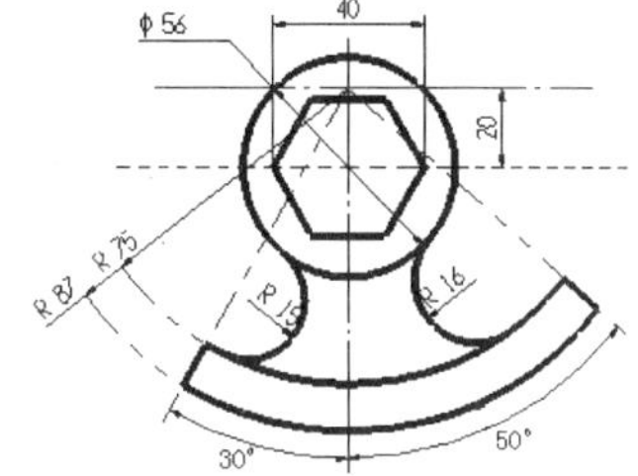

图 3-8　修改所有线型后的结果

3.1.4　线宽的修改

修改线宽也是属性修改中常见的操作，主要是将零件图中的可见轮廓线加粗操作。下面以图 3-9 所示的实例来做图元线宽的修改。

操作步骤：

1）先修改例题中需要修改线宽的线型。选中后线型的颜色发生改变，表明已选中。

2）在图 3-2 所示的状态栏中，利用鼠标右键单击“属性”Attributes 命令。

3）系统弹出图 3-10 所示的 Attributes“属性修改”对话框，选择 Line Width 复选框，并在下拉列表中选择第三种线宽形式，完成后单击按钮 ✔ 确认，结果如图 3-11 所示。

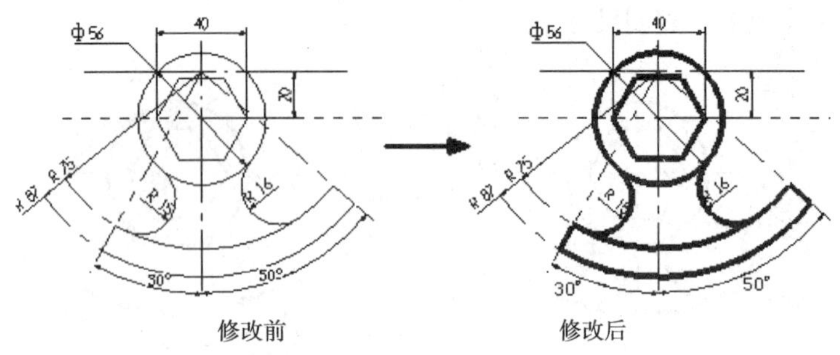

图 3-9　线宽修改例题

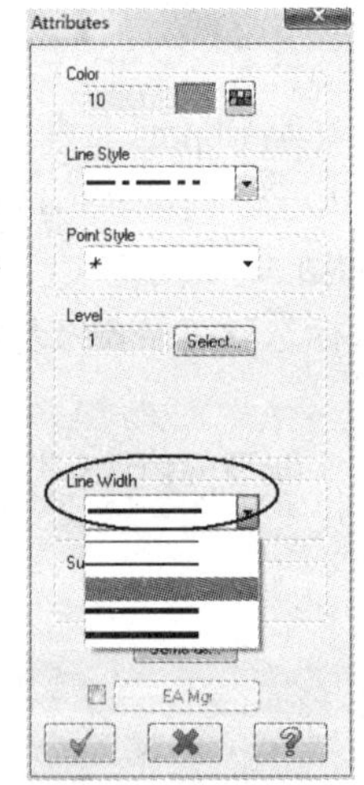

图 3-10　“修改线宽”对话框

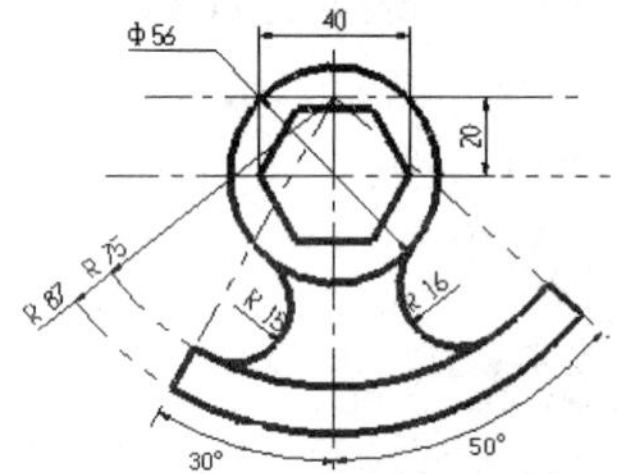

图 3-11　修改线宽后的结果

3.1.5　图层的修改

修改图层主要是将图元从一个图层移除或者复制到另一个图层，以方便用户操作，其界面简单、清晰。

修改图层的方法和修改颜色、线型、线宽等方法类似。

操作步骤：

1）先选中需要修改的图元，选中后图元的颜色发生改变，表明已被选中。

2）在图 3-12 所示的状态栏中，利用鼠标右键单击“属性”Attributes 命令。

3）系统弹出图 3-12 所示的 Attributes“属性修改”对话框，选择 Level 复选框，在里面填写将要设置的图层编号，也可以单击 Select 选择现有图层编号，完成后单击“确认”按钮 ✔。

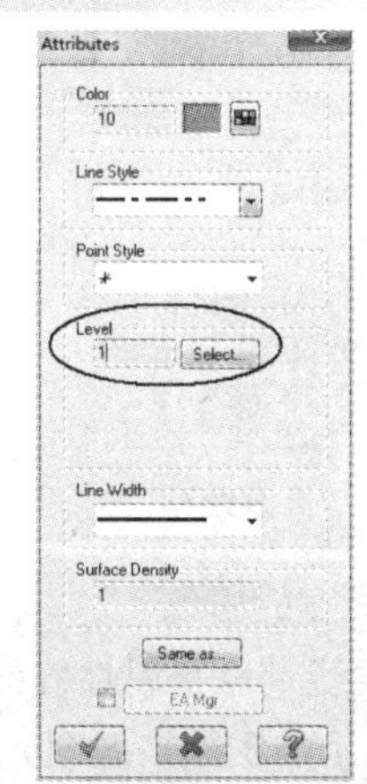

图 3-12　“修改图层 ”对话框

3.1.6 曲面网格的修改

修改曲面网格的方法和修改颜色、线型、线宽、图层等方法类似。

操作步骤：

1）先选中需要修改的曲面，选中后图元的颜色发生改变，表明已被选中。

2）在图 3-2 所示的状态栏中，利用鼠标右键单击“属性”Attributes 命令。

3）系统弹出图 3-12 所示的 Attributes“属性修改”对话框，选择 Surface Density 复选框，并在列表中输入网格密度数值，如图 3-13 所示，完成后单击按钮 ✔，结果如图 3-14 所示。

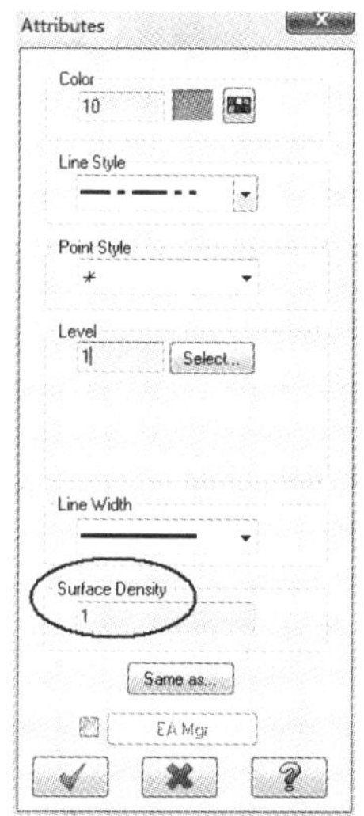

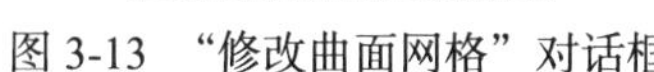
图 3-13　“修改曲面网格”对话框

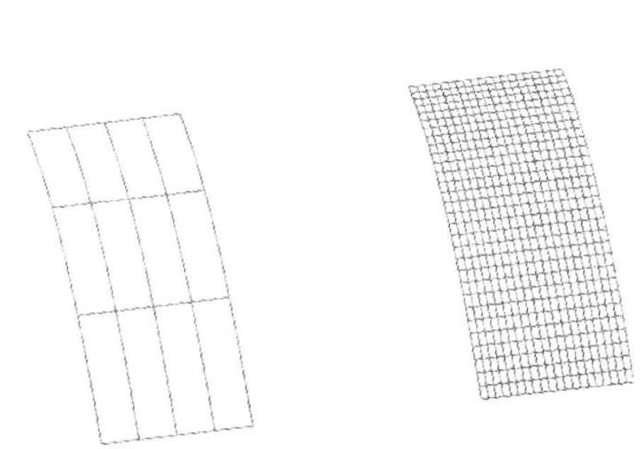
图 3-14　修改曲面网格实例

3.2 图层的管理

作为 CAD/CAM 软件，图层的管理与运用非常重要。Mastercam X7 的图层运用很方便，使用户在对图元进行管理时容易操作。

3.2.1 图层的简介

一套完整的工程图样包括很多内容，如可见轮廓线、细实线、细虚线、尺寸标注等，设计师在操作过程中，如果这些图元都同时显示在视窗中，操作起来就显得很不方便，给编辑带来很大的麻烦，同时计算机在运行时也显得非常缓慢，因此，图层的使用就显得尤为重要。

我们可以将图层比喻为一张张透明的图纸，分别在每张上面绘制属性相同的图元，如一张透明纸绘制轮廓线、一张透明纸绘制细虚线、一张上面绘制尺寸标志等，然后将所有的透明纸重叠起来，就构成了一张完整的图样。当用户需要对可见轮廓线编辑时，就可以将细虚线和尺寸标注等其他的透明纸拿开（图层隐藏），这将使可见轮廓线的画面显得清晰，操作更加方便，计算机运行速度更快。当对可见轮廓线编辑完成后，可将事先拿开的透明纸拿回来叠加（取消图层隐藏），再组成一张完整的图样，如图 3-15 所示。

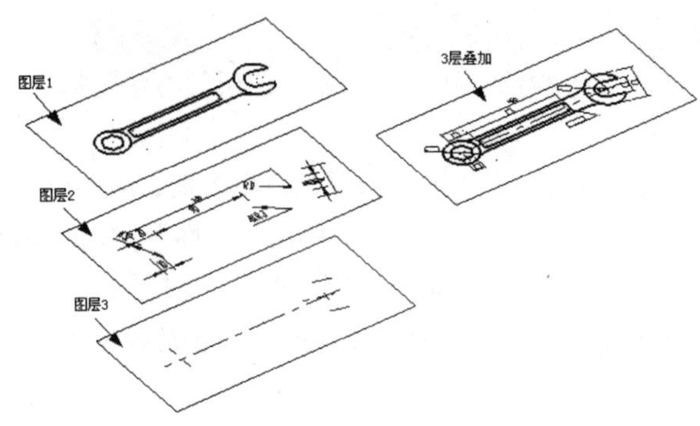

图 3-15　图层的使用示意图

3.2.2　图层的建立和控制

Mastercam X7 图层的建立非常方便，要建立一个新的图层，可以直接在图 3-16 所示状态栏的 Level 旁边输入要建立的图层号即可，也可以用左键单击 Level 命令，系统弹出图 3-17 所示的“图层管理”对话框，直接在 Number 旁边输入要建立的图层号。

输入新建图层号

3D | Gview | Planes | Z0.0 | 10 | Level 1 | Attributes | WCS | Groups

图 3-16　“新建图层号”工具栏

图 3-17　“图层管理”对话框

下面介绍图层管理对话框的参数情况。

- Number 按钮：此按钮下方是显示 Mastercam X7 提供的图层列表，用户可以直接用鼠标左键选择所需要使用的图层作为当前图层，系统将选中的图层用黄颜色来提示。例如选择第 2 号图层后，单击 ✔ 按钮“确认”后，则当前层为第 2 号图层，状态栏中的图层显示为“2”。
- Visible 按钮：此按钮下方显示各图层“打开”或“关闭”的状态，“打开”的图层，系统用 X 标示；关闭的图层，则无 X 标示。

用户要打开或者关闭某一图层时，可以直接在 Visible 按钮下方的图层栏内单击鼠标左键即可。

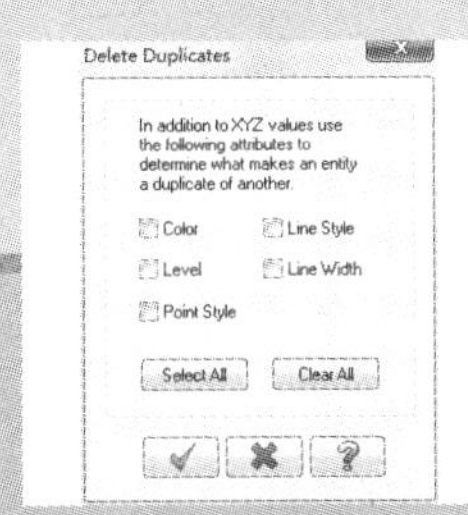

第 4 章 编辑几何图形

Mastercam X7 除了具有二维基本绘图功能外，还具有强大的二维图形编辑功能。用户只有熟练掌握二维图形编辑命令，才能更快地设计出各种复杂的二维图形，满足产品设计的需要。

4.1 目标选择

在编辑几何图形时，首先需要掌握对图形的选择，合理选择图形，才能更快、更准地编辑几何图形。

Mastercam X7 的选择功能主要集中在目标选择栏内，如图 4-1 所示。

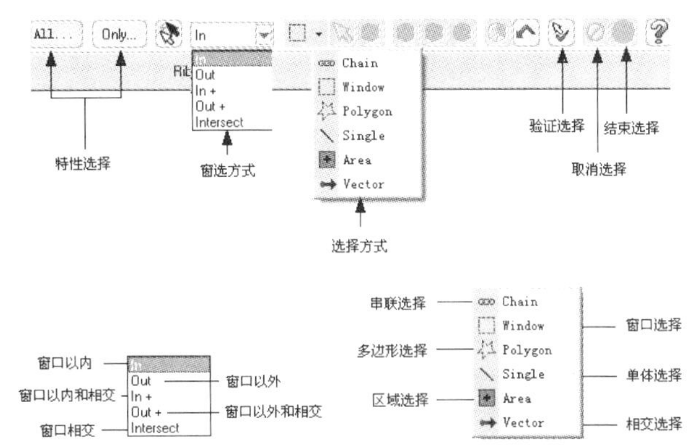

图 4-1 目标选择栏

4.1.1 串联选择

串联选择是针对首尾相连的线形图素进行选择。用户运用此命令，可以选择一组串联在一起的几何图形，并对其进行操作。如图 4-2 所示，用户要将矩形的细实线改变成细虚线操作，如果仅仅是单个线段的选择，相对串联比较慢，可以单击目标选择栏内的串联选择命令 Chain 后，在选择图 4-2a 所示矩形边 F1 后，系统将选择与边 F1 串联在一起的其他 3 条边，执行改变线性功能后，矩形的 4 条边都发生改变，结果如图 4-2b 所示（修改线性在后面的章节里详细介绍）。

4.1.2 单体选择

单体选择也是针对线性图素选择的方式，用户利用鼠标点中一个图素即为选中该图素。如图 4-3 所示，要将矩形的 F1 细实线改变成细虚线操作，用户只需要单击目标选择栏内的“单体选择”命令 Single 后，再选择图 4-3a 所示矩形边 F1 后，执行改变线性功能，所选中的 F1 即改变成细虚线，如图 4-3b 所示。

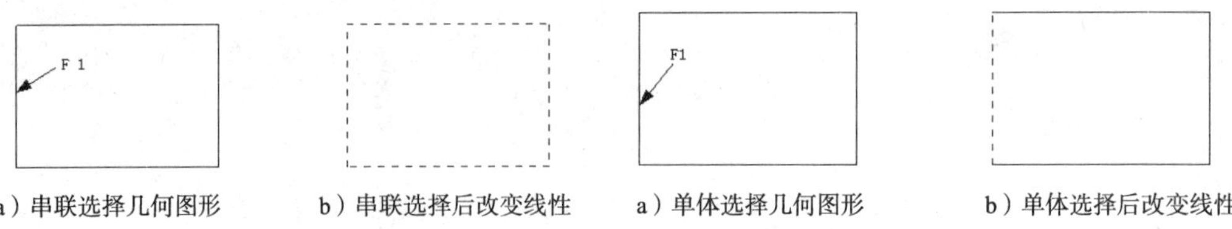

a）串联选择几何图形　b）串联选择后改变线性　a）单体选择几何图形　b）单体选择后改变线性

图 4-2 “串联选择”的应用　图 4-3 “单体选择”的应用

4.1.3 窗口选择

窗口选择是利用视窗的方式来选择一组几何图形（图形可以是点、线、曲面、实体），此命令对于用户一次性选择较多图形时非常有效，也是比较常用的选择方式，使用该命令时常配合目标选择栏内的 5 种窗选方式来选择几何图形，如图 4-4 所示。

1. In（窗口以内）

用户在使用“窗口”Window 方式选择几何图形时，视窗内的几何图形将被选中，如图 4-4 所示。

2. Out（窗口以外）

用户在使用“窗口”Window 方式选择几何图形时，视窗外的几何图形将被选中，如图 4-5 所示。

3. In +（窗口以内和相交）

用户在使用“窗口”Window 方式选择几何图形时，视窗内和与视窗相交的几何图形将同时选中，如图 4-6 所示。

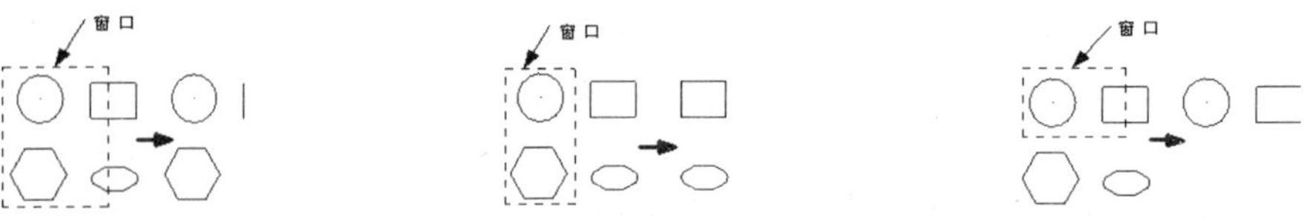

图 4-4 “窗口以内”的选择　图 4-5 “窗口以外”的选择　图 4-6 “窗口以内和相交”的选择

4. Out +（窗口以外和相交）

用户在使用“窗口”Window 方式选择几何图形时，视窗外和与视窗相交的几何图形同时被选中，如图 4-7 所示。

5. Intersect（窗口相交）

用户在使用“窗口”Window 方式选择几何图形时，与视窗相交的几何图形被选中，如图 4-8 所示。

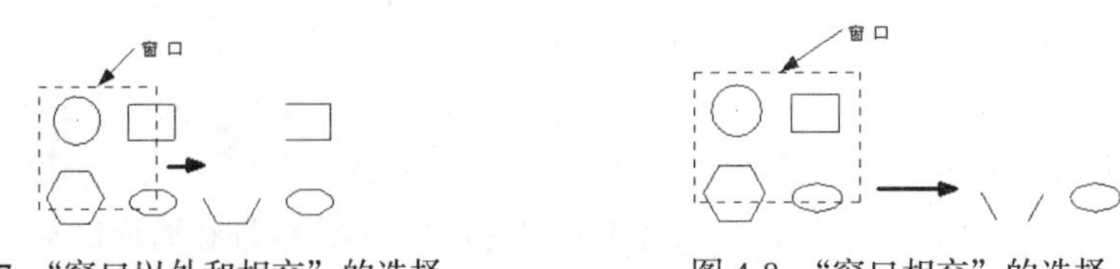

图 4-7 “窗口以外和相交”的选择　图 4-8 “窗口相交”的选择

4.1.4 多边形选择

多边形选择和矩形窗口选择类似，同样可以配合目标选择栏内的 5 种窗选方式来选择几何图形，只是选择的范围不再是以矩形形状出现。根据用户的需要，选择目标选择栏内的“多边

形选择”命令 Polygon 后，合理地形成一个多边形窗口来选择图形，如图 4-9 所示。

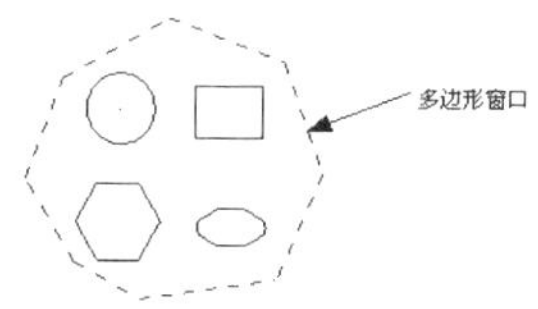

图 4-9 “多边形选择”

4.1.5 区域选择

区域选择是在某范围内单击一个点，则该范围内的图形被选中。如图 4-10 所示，用户选择目标选择栏内的“区域选择”命令 Area 后，再单击图 4-10a 中的点 P1，即该区域被选中；单击图 4-10b 中的点 P2，即该区域被选中。

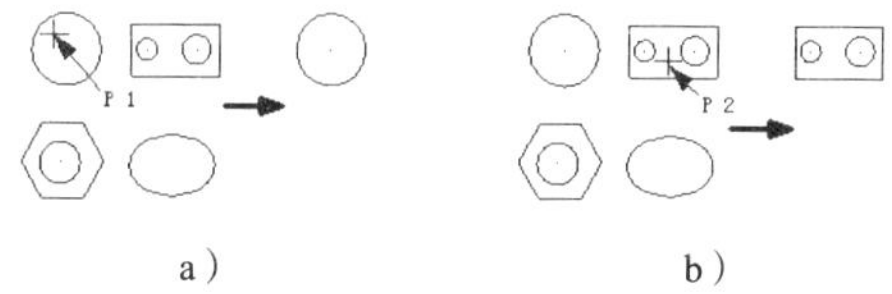

图 4-10 “区域选择”

4.1.6 相交选择

相交选择是用户通过绘制一条连续线的方式，使该连续线与某图形相交，即被相交的图形选中。如图 4-11 所示，用户选择目标选择栏内的“相交选择”命令 Vector 后，利用鼠标绘制一条连续线，与连续线相交的图形被选中。

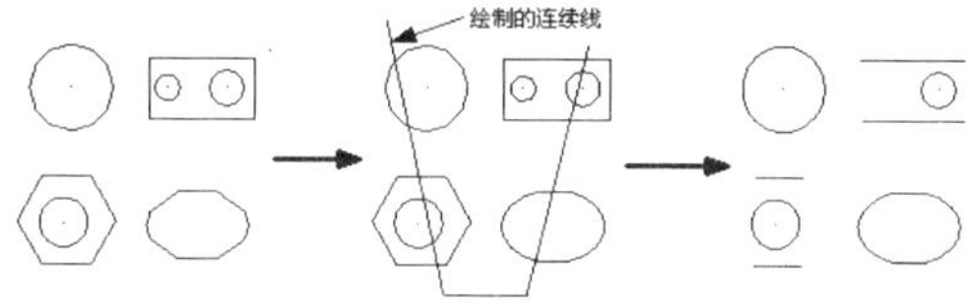

图 4-11 “相交选择”

4.1.7 取消选择

当用户选择的几何图形不符合目标选择要求时，可以单击图 4-12 所示的目标选择栏中“取消选择”按钮⊘，取消误选的几何图形。

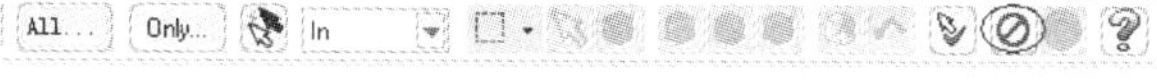

图 4-12 “取消选择”按钮

4.1.8 特性选择

1. All（全部选择）

单击 All... 按钮，用户可以一次性选择绘图区内的所有几何图形，或具有某一特性的所有几何图形。启动该命令后，系统弹出图 4-13 所示“全部选择”Select All 对话框，通过设置相应的选项即可选择相应的全部几何图形。

2. Only（仅有选择）

单击 Only... 按钮，用户仅可以选择具有某一特性的几何图形。启动该命令后，系统弹出图 4-14 所示“仅有选择”Select Only 对话框，通过设置相应的选项即可选择相应的几何图形。

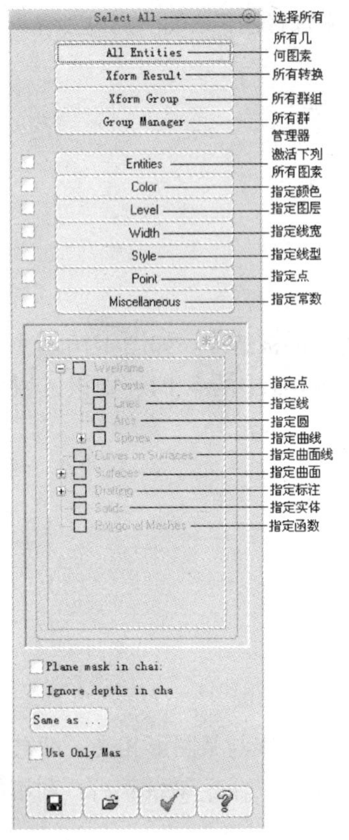

图 4-13 “全部选择”对话框

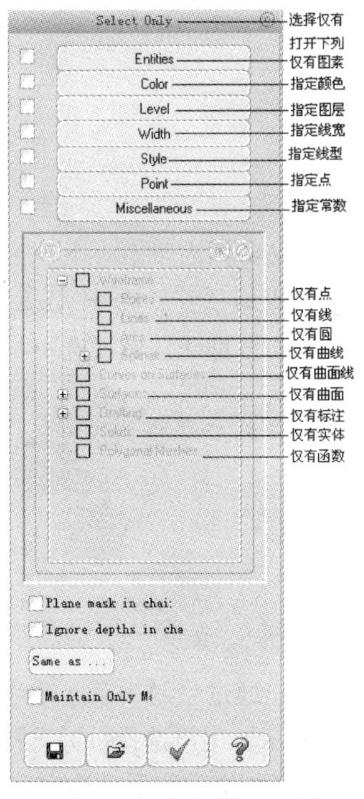

图 4-14 “仅有选择”对话框

4.1.9 确认选择

几何图形选择完毕后，单击图 4-15 所示的目标选择栏中“确认选择”按钮（单击键盘〈Enter〉键也可以），确认选择的几何图形，并继续后面的编辑操作。

图 4-15 “确认选择”按钮

4.1.10 实体选择

实体选择是针对实体操作时设置的选择方式。为了方便用户对实体图形进行合理的选择，在目标选择栏中设计了几种实体选择情况，如图 4-16 所示。

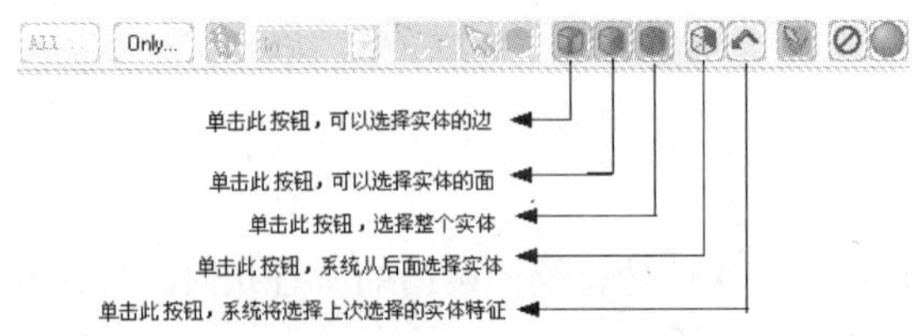

图 4-16 “实体选择”工具栏

4.2 修剪 / 打断 / 延伸几何图形

在 Mastercam X7 中，“修剪 / 打断 / 延伸几何图形”Trim/Break 是最常用的命令，正确使用

这些功能，对产品设计会带来很高的效率。要启动“修剪 / 打断 / 延伸几何图形”命令，可选择菜单栏中 Edit/Trim/Break 命令或者单击工具栏中图标，如图 4-17 所示。

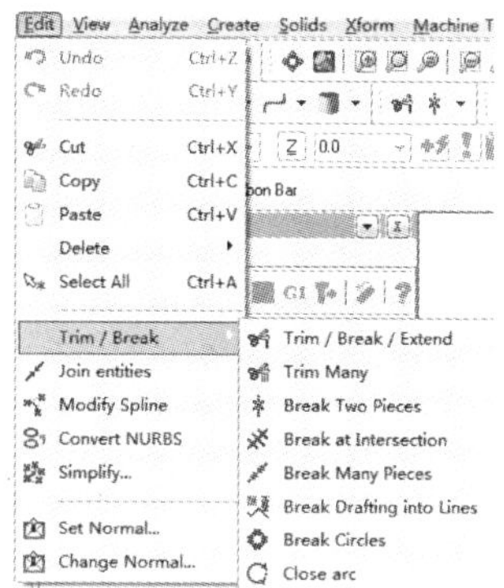

图 4-17　“修剪 / 打断 / 延伸几何图形”菜单

4.2.1　修剪 / 打断 / 延伸几何图形

操作步骤：

选择 Edit/Trim/Break/Extend 命令或者单击按钮，在 Ribbon Bar 中会弹出图 4-18 所示工具栏。

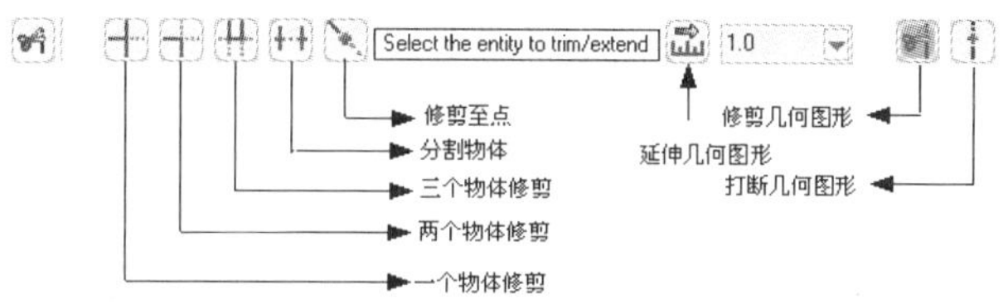

图 4-18　“修剪 / 打断 / 延伸”工具栏

1. （一个物体修剪）

一个物体修剪指两个对象在修剪过程中，用户先单击的对象被修剪，而且是光标所单击的一端被保留，另一个对象没有发生改变。注：一定是两个对象相交或者被延伸后有相交的可能，才能执行修剪，如图 4-19 所示。

2. （两个物体修剪）

两个物体修剪指两个物体之间相互修剪，光标所单击的一端被保留。注：一定是两个对象相交或者被延伸后有相交的可能，才能执行修剪，如图 4-20 所示。

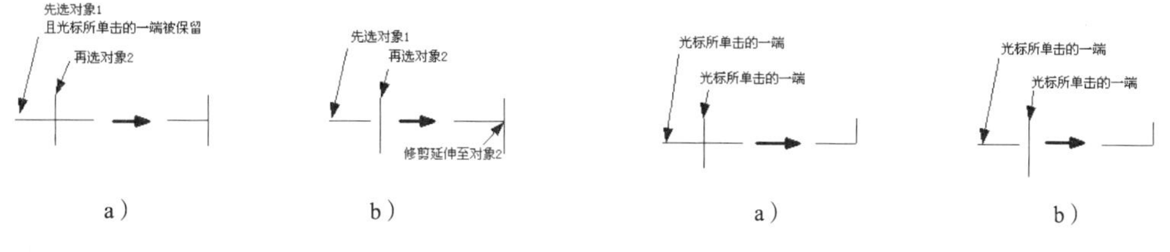

a）　b）

图 4-19　一个物体修剪

a）　b）

图 4-20　两个物体修剪

3. （三个物体修剪）

三个物体修剪指三个物体相互修剪，光标所单击的部分保留。三个物体修剪在选择对象时有着一定的先后顺序，通常是先选择两头的对象，再选中间位置的对象。注：一定是三个对象相交或者被延伸后有相交的可能，才能执行修剪，如图 4-21 所示。

4. （分割物体）

分割物体是将相交物体的某部分删除，而且是光标所单击的部分被删除。通常是针对已经相交的物体，如图 4-22 所示。

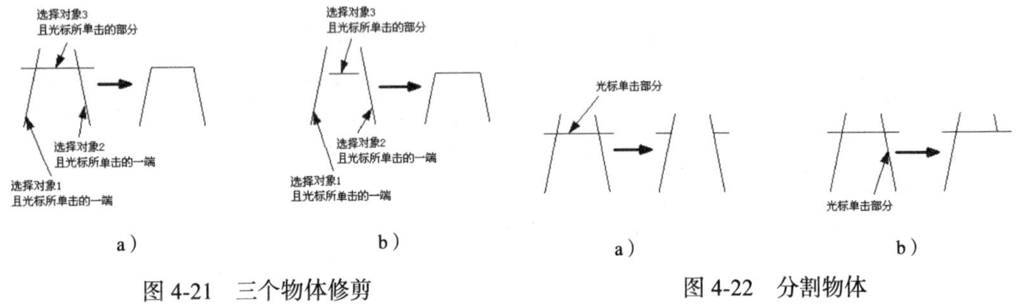

图 4-21　三个物体修剪　　　图 4-22　分割物体

5. （修剪至点）

修剪至点是用户将某物体在某点的位置修剪。在修剪过程中，如果点的位置在物体以内，则可以剪除点以外部分；如果点在物体以外，则可以将物体延伸至该点，如图 4-23 所示。

6. （延伸几何图形）

延伸几何图形是将已有的图元在现有基础上延伸或者缩短，只需要在此 1.0 文本框中输入延伸的距离即可，如果是正值即为延伸，负值即为缩短，如图 4-24 所示。在 20.0 文本框下拉列表中输入“20”，效果如图 4-24a 所示；在 -20.0 文本框下拉列表中输入“－20”，效果如图 4-24b 所示。

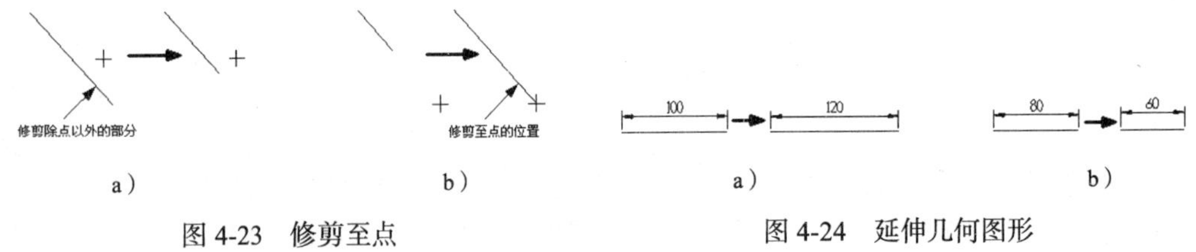

图 4-23　修剪至点　　　图 4-24　延伸几何图形

7. （打断几何图形）

单击“打断几何图形”按钮，系统启动打断功能。打断物体与修剪物体的操作类似，它们的区别在于打断物体命令是将物体在交点处打断后仍然保留交点两侧的图元，而修剪物体则将交点一侧的图元删除掉。与修剪物体一样，打断物体也有 6 种打断方式。

：打断一个物体。将一个物体在与另一个物体相交处打断。

：打断两个物体。将两个相交的物体在它们的交点处相互打断。

：打断三个物体。将三个相互相交的物体在它们的交点处相互打断。

：打断分割。将一个物体在其他两个物体之间的部分打断。

：打断至点。将一个物体在指定点的位置处打断。

：指定长度打断。将一个物体在一定长度的位置处打断。

4.2.2　多物体修剪

多物体修剪是多个物体与单个物体相交，利用单个物体同时将多个物体一侧剪除的方法。

操作步骤：

选择 Edit/ Trim/Break/Trim Many 命令或者单击按钮下拉列表中的 Trim Many 命令，在 Ribbon Bar 中会弹出图 4-25 所示工具栏。

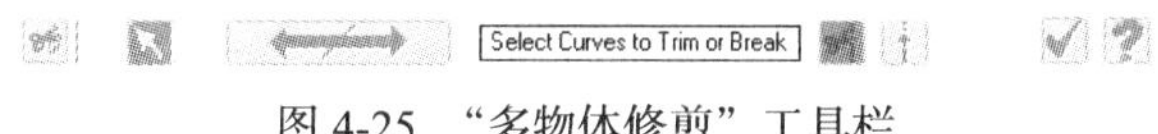

图 4-25　“多物体修剪”工具栏

启动“多物体修剪”功能后，用户选取多物体部分，然后单击键盘 Enter 键，再选取单个物体，再次单击 Enter 键，最后利用鼠标单击多物体需要保留的部分，即将多物体的另一侧剪除，绘制完成后单击按钮确认，如图 4-26 所示。

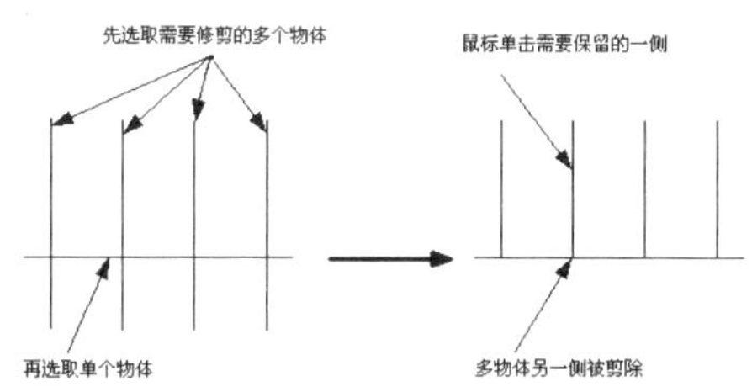

图 4-26　多物体修剪过程

4.2.3　相交处打断几何图形

相交处打断几何图形是将两个或者多个相交的物体在相交处断开。

操作步骤：

选择 Edit/Trim/Break/ Break at Intersection 命令或者单击按钮下拉列表中的 Break at Intersection 命令，系统提示用户：“选择将要打断的图元” Select entities to break，用户直接选取需要打断的所有图元，再单击 Enter 键，此时图元在相交的地方自动断开，绘制完成后单击按钮确认，（用户也可以将不要的图元删除，删除功能在后面章节有介绍），如图 4-27 所示。

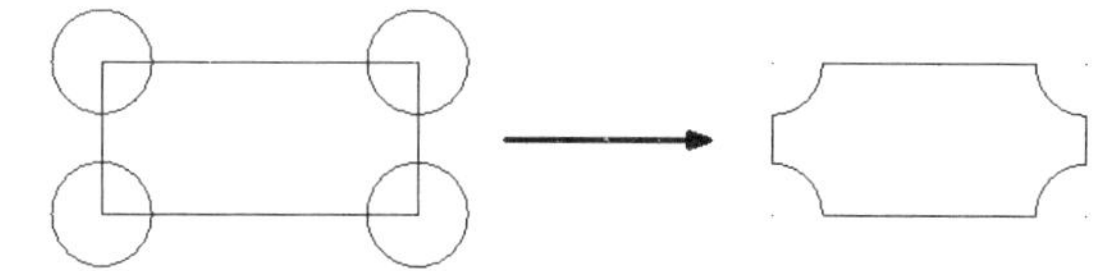

图 4-27　相交处打断几何图形

4.2.4　将几何图形打断成多段

将几何图形打断成多段是将一个图元按照给定的段数打断开，系统自动给出每段的长度。

操作步骤：

选择 Edit/Trim/Break/Break Many Pieces 命令或者单击按钮下拉列表中的 Break Many Pieces 命令，在 Ribbon Bar 工具栏中会弹出图 4-28 所示工具栏。

图 4-28　“打断成多段”工具栏

用户启动“打断成多段”功能以后，在 5 文本框中输入段数“5”，然后选取要打断的图元，再单击 Enter 键，所选的图元即被打断成 5 段，绘制完成后单击按钮确认，如图 4-29 所示。

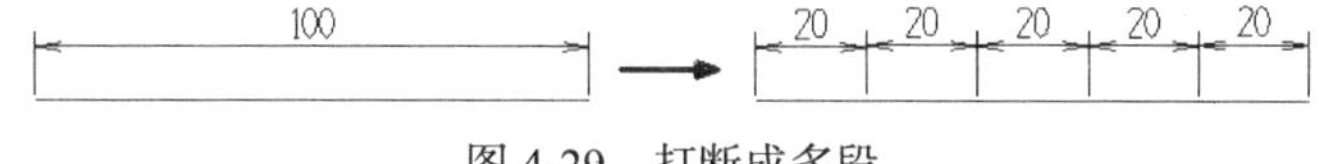

图 4-29　打断成多段

4.2.5　将图形标注线打断成线

系统所标注的尺寸线和填充线都是一个整体，有时用户需要将其改变成单独的线，即采用将标注线打断的方法。

操作步骤：

选择 Edit/Trim/Break/Break Drafting into Lines 命令或者单击按钮下拉列表中的 Break Drafting into Lines 命令，系统提示用户："选择将要打断的标注线" Select draft, cross hatch, or copious data entities to decompose.，用户直接选取需要打断的标注线，再单击 Enter 键，尺寸标注线被打断，打断后变成单个线，可以直接删除某部分，如图 4-30 所示。

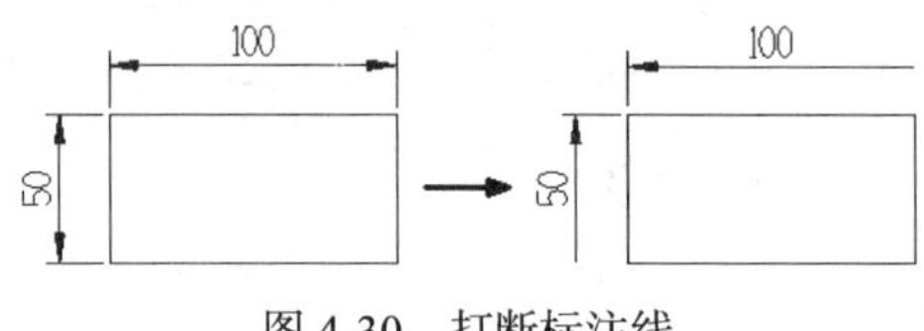

图 4-30 打断标注线

4.2.6 将圆打成多段

将圆打断成多段即是将一个圆平均打断。

操作步骤：

1）选择 Edit/Trim/Break/Break Circles 命令或者单击按钮下拉列表中的 Break Circles 命令，系统提示用户："选择圆去打断" Select circles to break。

2）用户选择图 4-32 左侧的圆形，再单击回车 Enter 键，这时系统弹出图 4-31 所示的对话框，要求输入打断的段数，用户在对话框内输入段数为 "6"，再次单击〈Enter〉键，圆形已经被打断，如图 4-32 右侧所示。

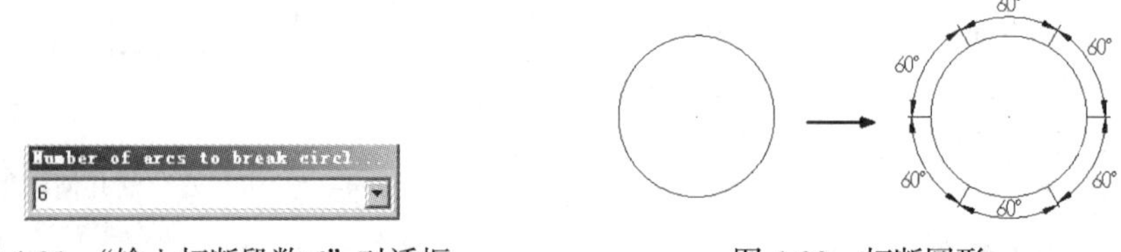

图 4-31 "输入打断段数 6"对话框　　图 4-32 打断圆形

4.2.7 恢复全圆

恢复全圆是将一段弧恢复成一个整圆的方法。

操作步骤：

选择 Edit/Trim/Break/Close arc 命令或者单击按钮下拉列表中的 Close arc 命令，系统提示用户："选择将要恢复的圆弧" Select an Arc to convert to a full circle，然后用户直接选取需要恢复的圆弧，再单击 Enter 键，将圆弧改变成全圆，如图 4-33 所示。

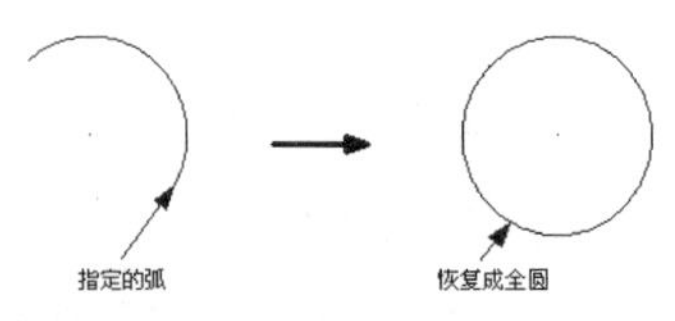

图 4-33 恢复全圆

4.3 连接几何图形

在 Mastercam X7 中，"连接几何图形" Join entities 命令可以将多个独立的、具有相容特性（相容特性对线段来说，即是所选择的两条线段原来属于同一条线段；对圆弧来说，即是两段圆弧必须是同圆心和半径；对曲线来说，即是两条曲线必须来自同一条曲线）或使用 Break 命令打

断的几何图形连接成为一个几何图形。要启动“连接几何图形”命令，用户可以选择 Edit/Join entities 命令或者单击 ▾按钮下拉列表中的 Join entities 命令，如图 4-34 所示。

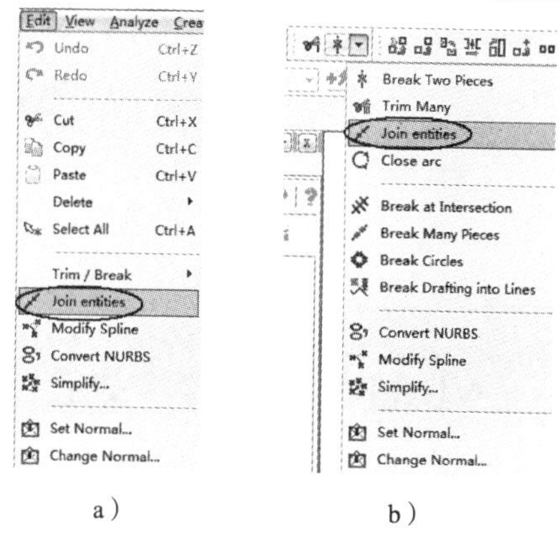

a）　　b）

图 4-34　“连接几何图形”菜单

操作步骤：

用户启动连接几何图形功能后，系统提示用户：“选择图形来连接” Select entities to join ，选择图 4-35 所示的 b1 和 b2，单击 Enter 键，将连接成 b3；选择 b4 和 b5，单击 Enter 键，将连接成 b6；选择 b7 和 b8，单击 Enter 键，将连接成 b9。

提示：当用户选择的几何图形无相容特性时，系统会弹出图 4-36 所示“连接图形失败”对话框，提示选择的对象无共性。

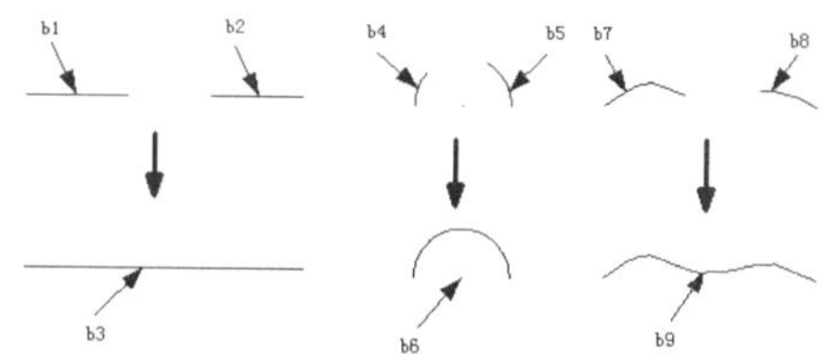

图 4-35　连接图形实例过程

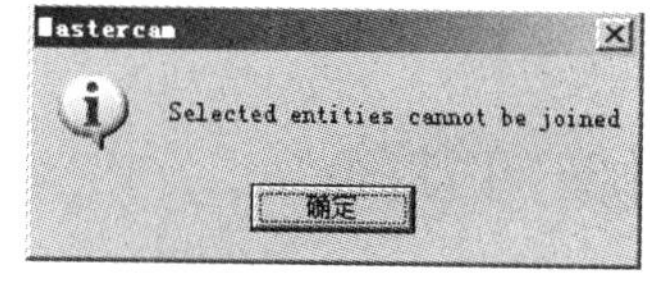

图 4-36　“连接图形失败”对话框

4.4　修改曲线或曲面的控制点

此命令是用户在产品设计过程中使产品的外观更具有流线型，通过此命令可以快捷地达到设计者的要求，改变原有图形的控制点。

操作步骤：

1）选择 Edit/Modify Spline 命令或者单击 ▾按钮下拉列表中的 Modify Spline 命令。

2）系统提示用户：“选择将要修改的曲线或曲面” Select a spline or surface 。

3）用户利用鼠标单击将要修改的曲线或曲面，在选择对象上将出现控制点，利用鼠标拖动控制点，使选择的对象特性发生改变，如图 4-37 所示。

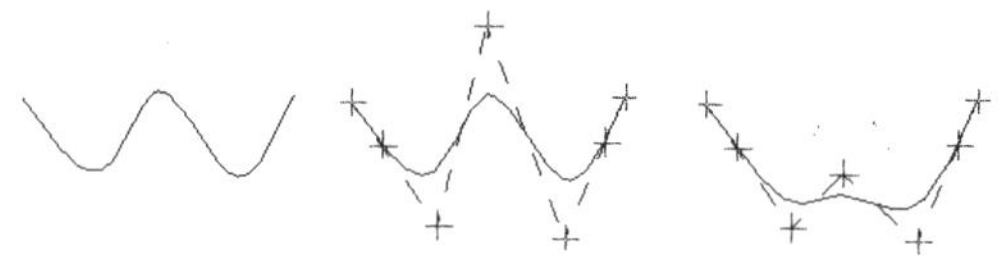

选择的对象　拖动需要修改的控制点　修改完成的曲线

图 4-37　修改控制线

4.5　转换成 NURBS 曲线

在 Mastercam X7 中，用户可以将直线或者圆弧转换成 NURBS 曲线。

操作步骤：

选择 Edit/Convert NURBS 命令或者单击按钮下拉列表中的 Convert NURBS 命令，系统提示用户："选择将要改变的线、圆、曲线或者曲面"，修改后单击 Enter 键，如图 4-38 所示。

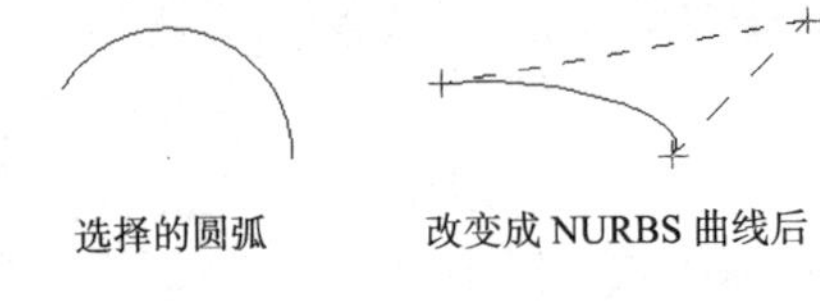

选择的圆弧　　改变成 NURBS 曲线后

图 4-38　转换成 NURBS 曲线

4.6 NURBS 曲线转换成弧

在 Mastercam X7 中，用户除了可以将直线或者圆弧转换成 NURBS 曲线以外，也可以将 NURBS 曲线转换成圆弧。

操作步骤：

选择 Edit/Simplify 命令或者单击按钮下拉列表中的 Simplify... 命令，系统提示用户："选择将要改变曲线" Select splines to simplify，选择后单击 Enter 键，则将原有的曲线转换成为圆弧。

4.7 设置法向方向

使用该命令将改变所选择曲面的法向方向。

操作步骤：

1）选择 Edit/Set Normal 命令或者单击按钮下拉列表中的 Set Normal... 命令，在 Ribbon Bar 中会弹出图 4-39 所示的工具栏。

图 4-39 "设置法向方向"工具栏

2）系统提示用户："选择曲面" Select surfaces。

3）用户选择需要改变法向的曲面，如图 4-40 所示，利用鼠标单击曲面，在曲面的一侧呈现出一个箭头，箭头所指的方向就是该曲面的法向。

4）利用鼠标单击"设置法向方向"工具栏中的按钮，发现曲面上的箭头方向发生改变，即已经更改该曲面的法向方向。

图 4-40　系统显示法向箭头

5）绘制完成后单击按钮确认。

4.8 删除几何图形

在 Mastercam X7 中，用户要删除几何图形，可以选择图素后直接单击键盘〈Delete〉键，再单击 Enter 键确认，选择的图素被删除；同时用户也可以启动系统的删除功能，选择 Edit/Delete 命令或单击工具栏中的"删除"图标，如图 4-41 所示。

1）Delete entities（删除图素）：此命令用于直接删除选择的几何图形。

2）Delete Duplicates（删除重叠图素）：此命令用于删除绘图区重叠的几何图形。

3）Delete Duplicates - Advanced...（删除针对性重叠图素）：选择此命令且选择删除重

叠几何图形，系统弹出图 4-42 所示的对话框，用户可以进一步设置需要删除重叠几何图形的属性或类型。

4）Undelete Entity（恢复删除的图素）：此命令是逐一恢复刚删除的几何图形，如在操作之间没有删除过任何几何图形，则该命令无法激活使用。

5）Undelete # of Entities...（按照倒数顺序恢复删除图素）：选择此命令，系统打开图 4-43 所示的对话框，用户输入一次性恢复图素的数量。例如，在恢复之前删除了 10 个图素，使用该命令并在对话框中输入“6”，则将恢复最后删除的 6 个图素。

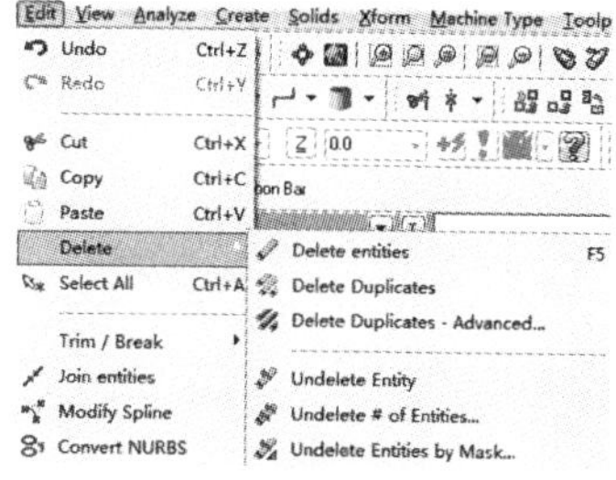

图 4-41　“删除几何图形”菜单

6）Undelete Entities by Mask...（按照属性恢复删除图素）：选择此命令，系统打开图 4-44 所示的对话框，用于选择图素所具有的属性来实现恢复。

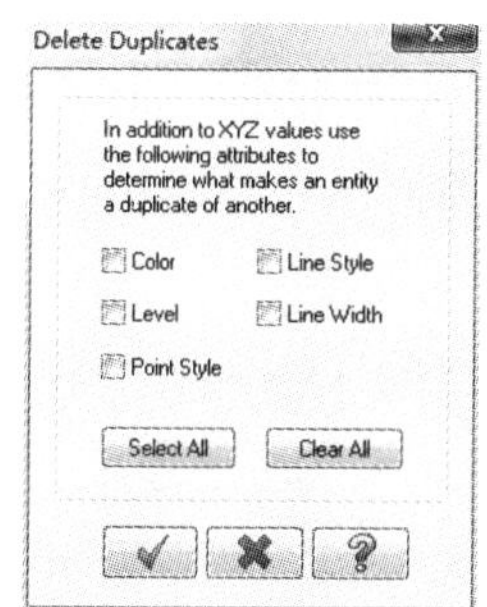

图 4-42　“删除针对性重叠图素”对话框

图 4-43　“按照倒数顺序恢复删除图素”对话框

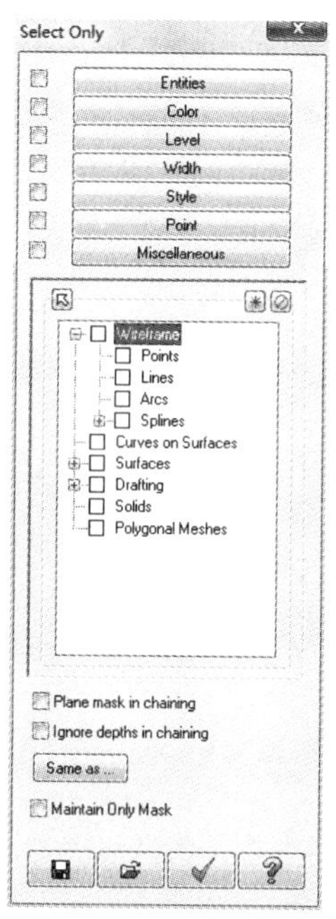

图 4-44　“按照属性恢复删除图素”对话框

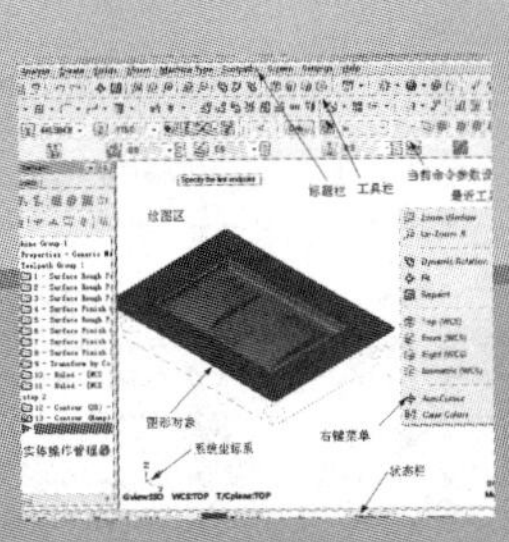

第 5 章 转换几何图形

设计师在设计零件过程中，为了设计与制造方便、高效，往往一个零件不同位置上都具有相同的特征；或者外观一样，但尺寸有变化等情况。Mastercam X7 提供了图元的转换功能，使用户在复杂零件的绘制上操作得更快捷。图元的转换包括图元平移、图元旋转、图元镜像、图元缩放、线形偏置等功能。选择菜单栏中的 X from 命令或者单击工具栏的相关按钮，即启动图元的“转换”功能，如图 5-1 所示。

图 5-1 “图元的转换”菜单

5.1 图元的平移

图元的平移命令用于将选择的几何图形从一点移动或者复制至另一点。

操作步骤：

1）选择菜单栏中的 X from / X from Translate 命令或者单击工具栏中“平移”按钮，即启动“图元的平移”功能。

2）系统提示用户：“选择将要平移的图素” Translate: select entities to translate，用户选择将要移动的图素后并单击键盘 Enter 键确认。

3）系统弹出图 5-2 所示的对话框，在对话框中设置相关参数后，并单击对话框中的按钮确认。

4）所选择的图元被移动，结果如图 5-3 所示。

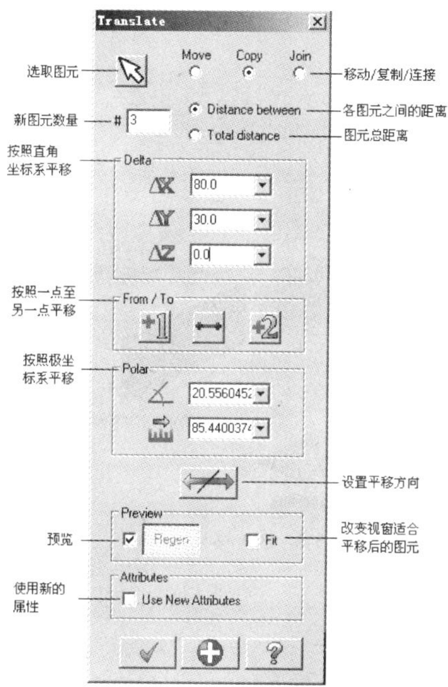

图 5-2 “图元平移”对话框

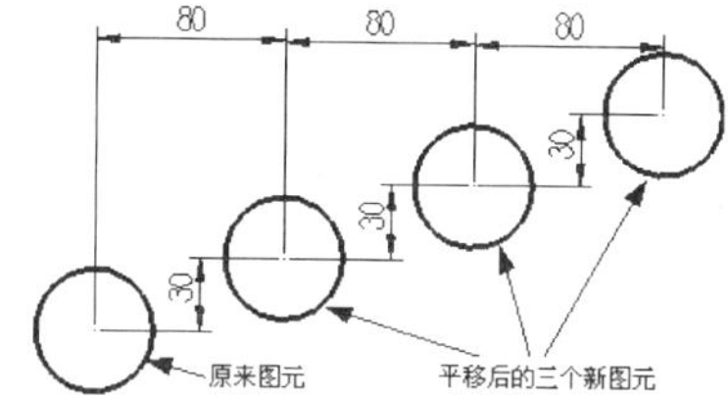

图 5-3 图元平移示例

在平移过程中，系统提供了三种平移效果供用户选择：移动、复制和连接。移动是将原有图元移到新的位置，而原有位置没有图元；复制是将原有图元移到新的位置，原来位置还保留图元；连接是将原有图元移到新的位置，且两图元之间连接起来。

系统还为用户提供了三种平移图元的方法：直角坐标系、从一点至另一点和极坐标系（详见图 5-2 所示的对话框）。

5.2 图元的 3D 平移

3D 平移是将图元在不同的平面之间进行平移。

操作步骤：

1）选择菜单栏中的 X from/Translate 3D 命令或者单击工具栏中“3D 平移”按钮，即启动“图元的 3D 平移”功能。

2）系统提示用户：“选择将要 3D 平移的图素” Translate: select entities to translate ，用户选择将要移动的图素后单击键盘 Enter 键确认。

3）系统弹出图 5-4 所示的对话框，在此对话框中设置好参数，单击按钮，在弹出的图 5-5 所示的“视图选择”对话框中，选择参考的来源视图。确定后，系统提示选择“该视图平面中的移动基准点”，选择后确定。

4）选择移动的目标视图和目标点后确定。

5）系统将图元移动到新的视图，完成后单击对话框中的 ✓ 按钮确认，示例如图 5-6 所示。

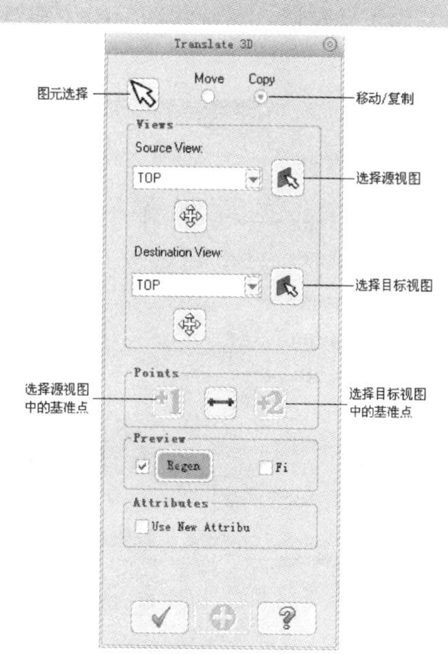

图 5-4 “3D 平移参数设置”对话框

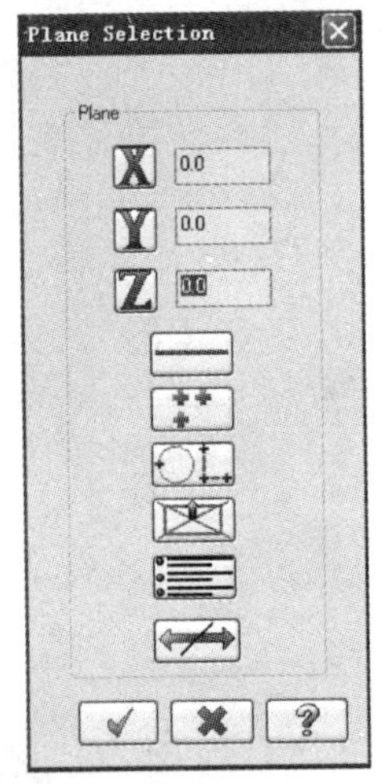

图 5-5 “视图选择”对话框

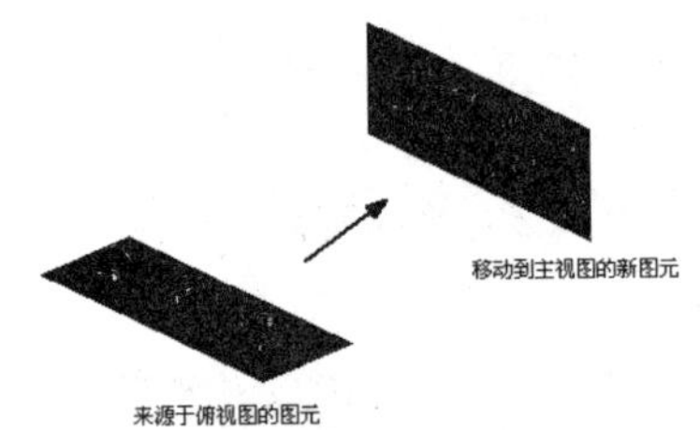

图 5-6 3D 移动示例

5.3 图元的镜像

镜像是将某一图元沿一条直线或者坐标系的某轴在对称位置上创建新的相同图元。

操作步骤：

1）选择菜单栏中的 X from/Mirror 命令或者单击工具栏中镜像按钮，即启动图元的镜像功能。

2）系统提示用户：“选择将要镜像的图素” Mirror: select entities to mirror，用户选择将要镜像的图素后单击键盘 Enter 键确认。

3）系统弹出图 5-7 所示的对话框，在此对话框中设置好参数。用户可以指定镜像的方向为“水平镜像”、“竖直镜像”、“沿某角度线镜像”、“沿某直线镜像”或“沿选定的两点镜像”。

4）确定后，系统将图元镜像到新的位置，完成后单击对话框中的 ✓ 按钮确认，示例如图 5-8 所示。

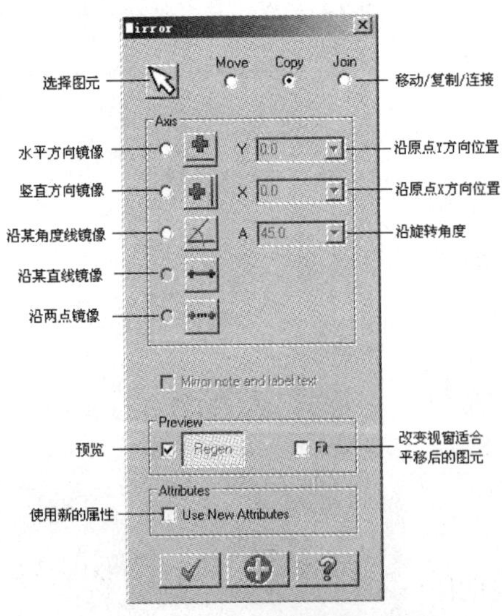

图 5-7 “镜像参数设置”对话框

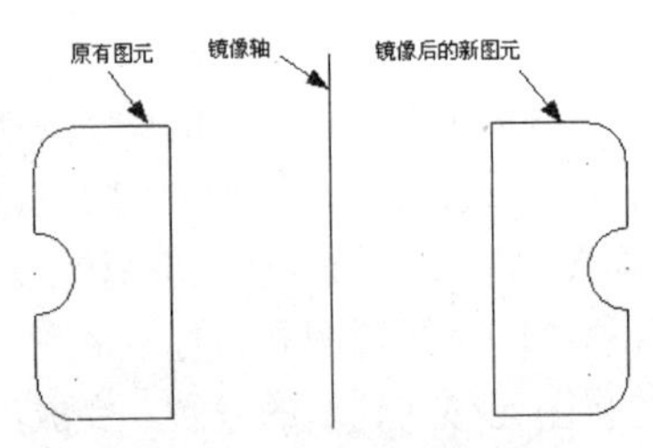

图 5-8 镜像示例

5.4 图元的旋转

旋转命令是将某图元沿着某点旋转一定的角度，以创建新的图元。

操作步骤：

1）选择菜单栏中的 X from/Rotate 命令或者单击工具栏中旋转按钮，即启动图元的旋转功能。

2）系统提示用户："选择将要旋转的图素" Rotate: select entities to rotate，用户选择将要旋转的图素后单击键盘 Enter 键确认。

3）系统弹出图 5-9 所示的对话框，在此对话框中设置好参数。

图元的旋转方式有两种：当选择 Rotate 方式时，图元整体沿指定的圆心旋转；当选择 Translate 方式时，图元整体沿指定的圆心平动旋转，示例如图 5-10 所示。

在对话框中的"#"文本框中输入将要旋转的个数，即可以同时旋转相同角度的几个相同图元。

4）确定后，系统将图元旋转到新的位置，完成后单击对话框中的 ✔ 按钮确认。

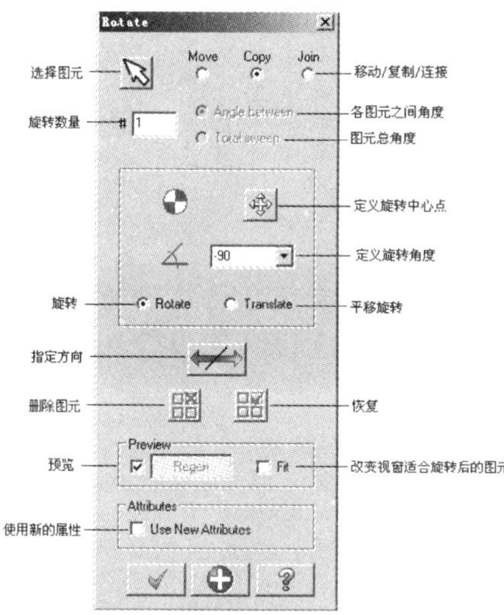

图 5-9 "旋转参数设置"对话框

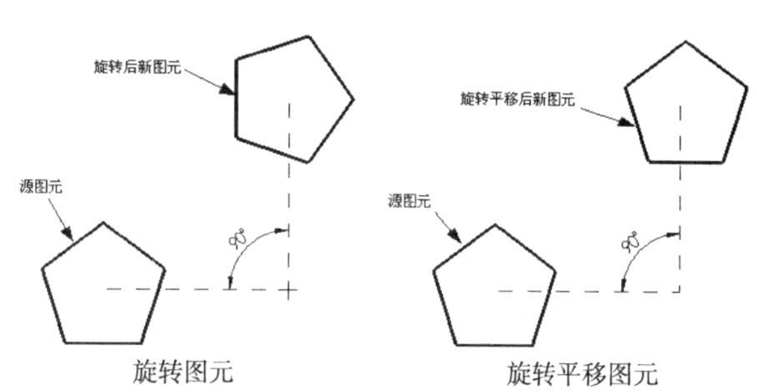

图 5-10 旋转图元示例

5.5 图元的缩放

缩放命令是将已有的图元按照一定的比例进行放大或者缩小。

操作步骤：

1）选择菜单栏中的 X from/Scale 命令或者单击工具栏中缩放按钮，即启动图元的缩放功能。

2）系统提示用户："选择将要缩放的图素" Scale: select entities to scale，用户选择将要缩放的图素后单击键盘 Enter 键确认。

3）系统弹出图 5-11 所示的对话框，在此对话框中设置好参数。

在此对话框中设置好缩放的相关参数后，图元将在 X、Y 和 Z 3 个方向使用相同的缩放比例；也可以指定图元在 3 个方向采用不同的缩放比例，用户需选中对话框中的 XYZ 按钮后，对话框将变成图 5-12 所示，可以分别在 3 个方向设置不同的缩放参数。

在对话框中的“#”文本框中输入将要缩放的数量，即可以同时缩放相同倍率的几个图元。

4）确定后，系统将图元按照比例进行缩放，完成后单击对话框中的 按钮确认，示例如图 5-13 所示。

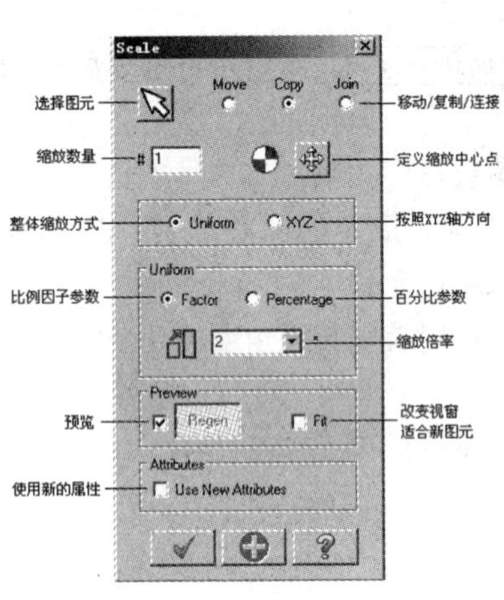

图 5-11 “缩放参数设置”对话框

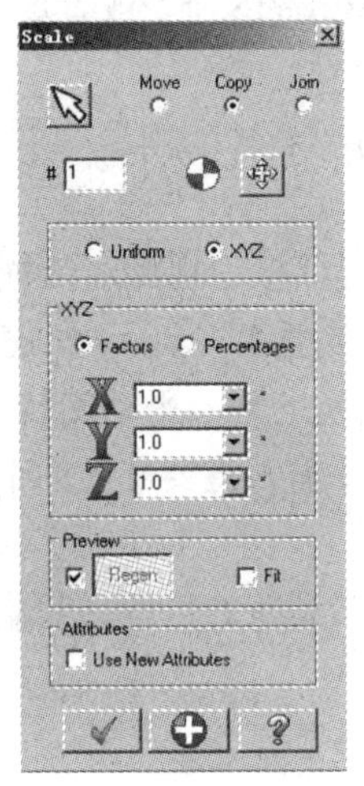

图 5-12 “X、Y、Z 方向缩放”对话框

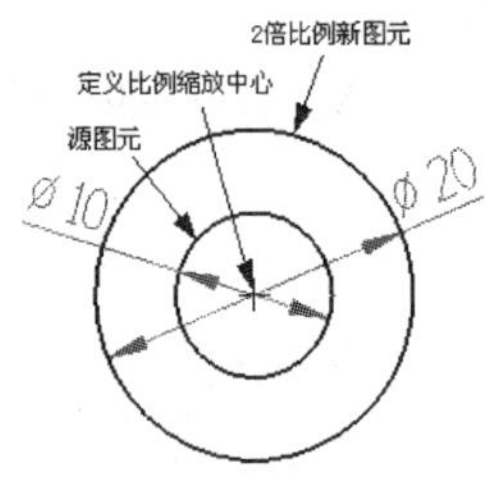

图 5-13 缩放示例

5.6 线形的偏置

偏置功能是针对线形设计的，主要用于对已有线形向某侧做一定距离的偏距。在 Mastercam X7 中提供了两种偏置的方法：一种是“单体偏置”（Offset），即偏置单个图元；另一种是“外形偏置”（Offset Contour），是针对外形线形整体偏置。

5.6.1 单体偏置

操作步骤：

1）选择菜单栏中的 X from/Offset 命令或者单击工具栏中偏置下拉列表 中的 Xform Offset... 命令，即启动“线形单体偏置”功能。

2）系统提示用户：“选择将要偏置的线形” Select the line, arc, spline or curve to offset，并弹出图 5-14 所示的“线形单体偏置”对话框。

3）用户在对话框中设置好相关参数后，选择将要偏置的线形，系统提示用户：“确定偏置该线形的方向” Indicate the offset direction。

4）确定方向后，创建出新的线形，完成后单击对话框中的 按钮确认，示例如图 5-15 所示。

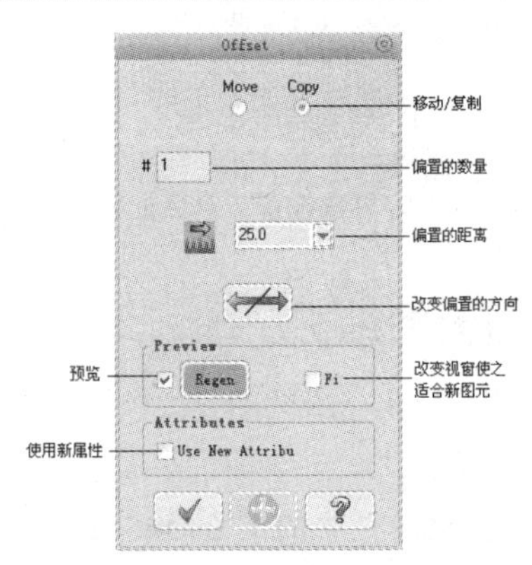

图 5-14 “线形单体偏置参数”对话框

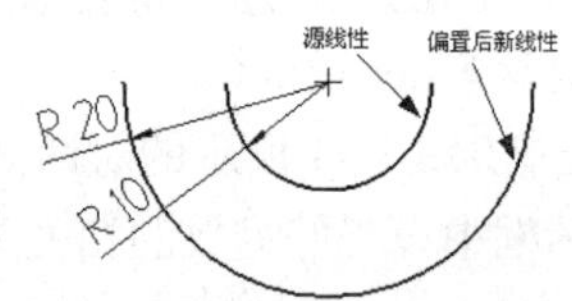

图 5-15 单体偏置示例

5.6.2 串联偏置

串联偏置属于一种三维偏置功能，是将一组首尾相连的线性一次性在X、Y、Z三个方向同时偏置。

操作步骤：

1）选择菜单栏中的X from/Offset Contour命令或者单击工具栏中偏置下拉列表中的 Xform Offset Contour...命令，即启动“串联偏置”功能。

2）系统提示用户：“选择将要串联偏置的外形线” Offset: select chain 1 ，同时弹出图5-16所示的“选择方法”对话框。

3）用户选择好将要偏置的外形后，单击键盘Enter键确认，系统弹出图5-17所示对话框。

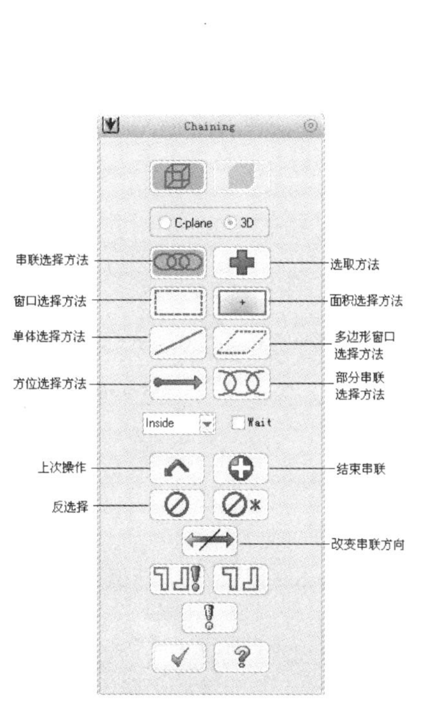

图5-16 “串联偏置选择方法”对话框

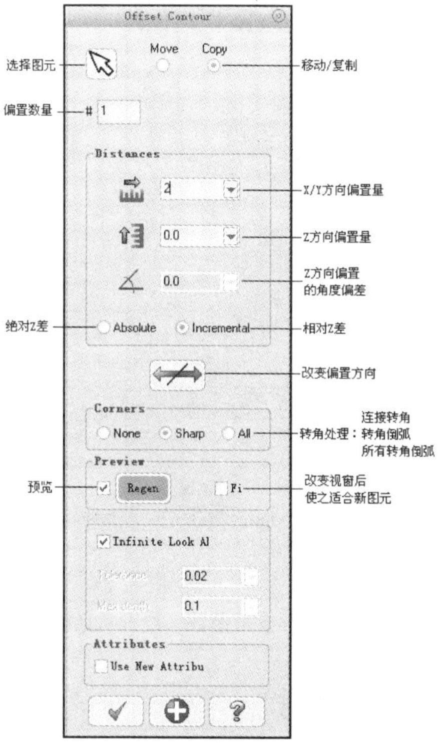

图5-17 “串联偏置参数”设置对话框

4）用户在此对话框中设置好相关参数后，单击对话框中的 按钮确认，完成串联偏置操作，示例如图5-18所示。

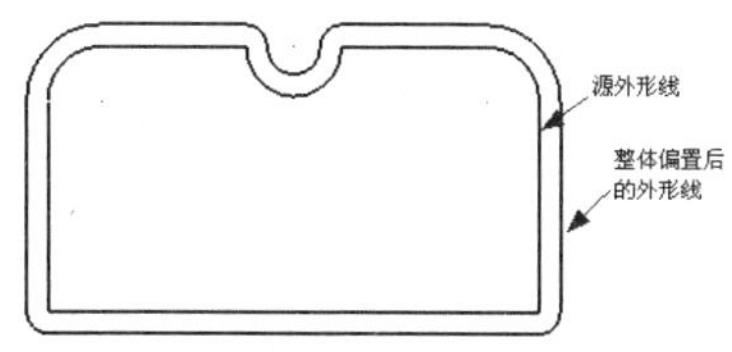

图5-18 串联偏置示例

5.7 线形的投影

投影命令是将选中的线形投射到指定的Z平面、任意选中的平面或者曲面。

操作步骤：

1）选择菜单栏中的 X from/Project 命令或者单击工具栏中偏置下拉列表中的 Xform Project...命令，即启动“线形投影”功能。

2）系统提示用户：“选择将要投影的外形线” Select entities to project，用户选择将要投影的线形后单击键盘 Enter 键确认。

3）系统弹出图 5-19 所示的对话框，在此对话框中设置好参数。

4）用户选择好用来投射的图元和被投影的平面或曲面后，单击对话框中的按钮确认，在绘图区将创建出新的图元，如图 5-20 所示的示例。

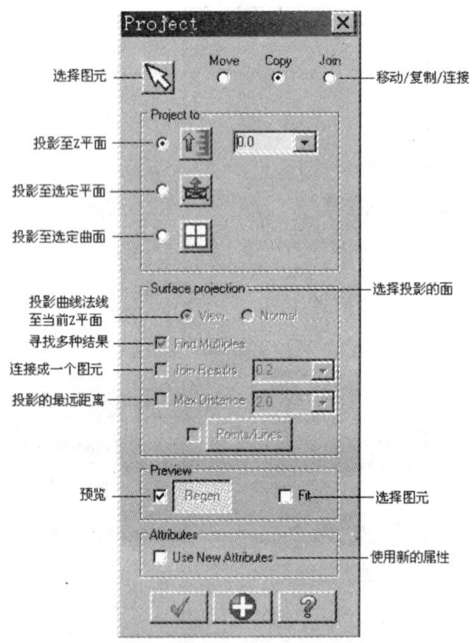

图 5-19 “线形投影参数”设置对话框

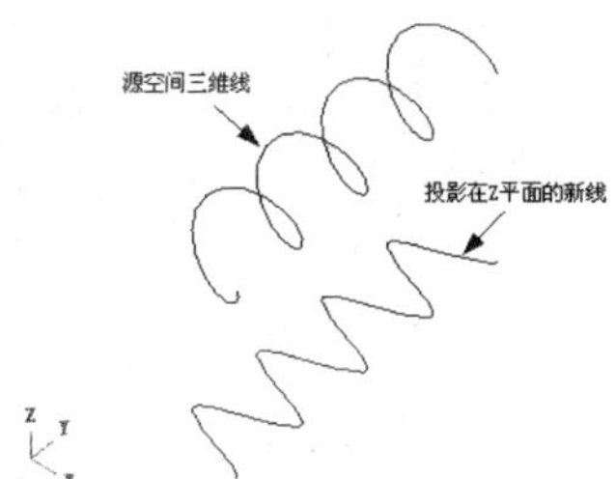

图 5-20 图元的投影示例

5.8 图元的阵列

阵列是将指定的图元按照矩形形状均布排列，这和图元的旋转不同。

操作步骤：

1）选择菜单栏中的 X from/Rectangular Array 命令或者单击工具栏中的按钮，即启动“图元的阵列”功能。

2）系统提示用户：“选择将要阵列的图元” Translate: select entities to translate，用户选择将要阵列的图元后单击键盘 Enter 键确认。

3）系统弹出图 5-21 所示的对话框。

4）用户在此对话框中设置好相关参数后，单击对话框中的按钮确认，完成图元的阵列操作，示例如图 5-22 所示。

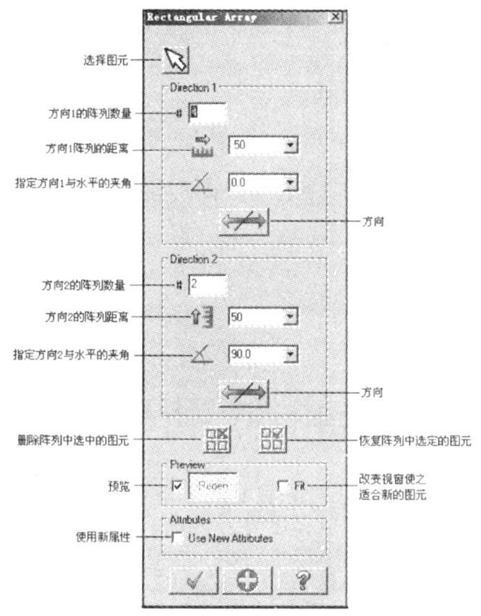

图 5-21 “图元的阵列参数”设置对话框

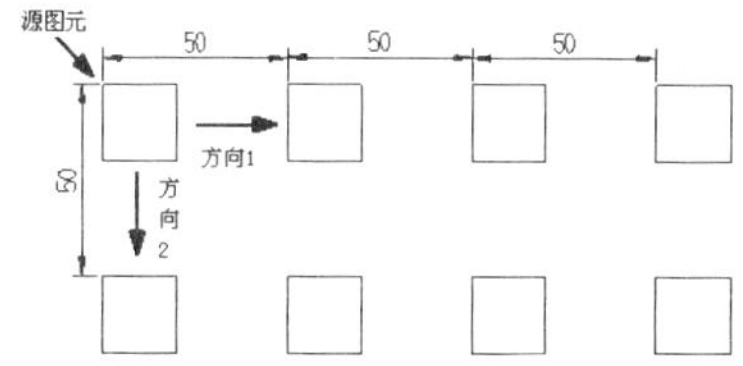

图 5-22 图元的阵列示例

5.9 线形的卷曲

线形的卷曲是将一条直线、弧或者曲线卷成一个弹簧似的圈；同时也可以将卷好的圈恢复。

操作步骤：

1）选择菜单栏中的 X from/Roll 命令或者单击工具栏中的 按钮，即启动线形的卷曲功能。

2）系统提示用户：“选择将要卷曲的线形” Roll: select chains 1，用户选择将要卷曲的线形后单击键盘 Enter 键确认。

3）系统弹出图 5-23 所示的对话框。

4）用户在此对话框中设置好相关参数后，单击对话框中的“确认”按钮 ，完成线形的卷曲操作，示例如图 5-24 所示。

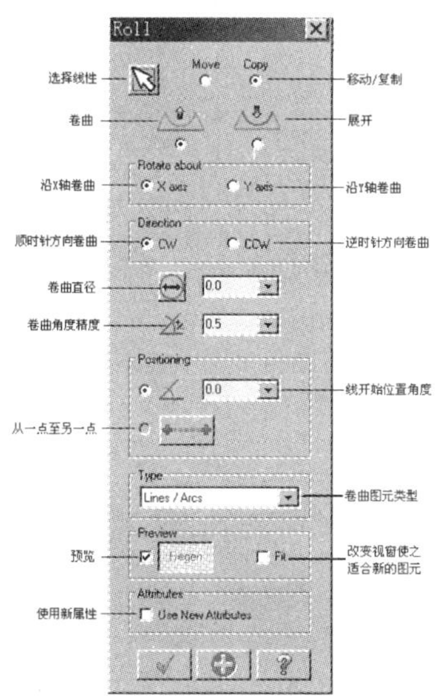

图 5-23 “线形的卷曲参数”设置对话框

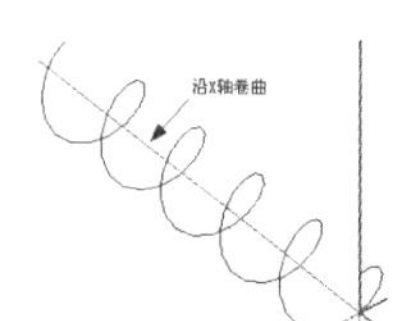

图 5-24 线形的卷曲示例

5.10 图元的拖拽

图元的拖拽是利用鼠标将一个图元直接拖移形成另一个形状。

操作步骤：

1）选择菜单栏中的 X from/Drag 命令或者单击工具栏中的按钮，即启动图元的拖拽功能。同时在 Ribbon Bar 显示图 5-25 所示工具栏。

图 5-25 “拖拽”工具栏

2）系统提示用户：“选择将要拖拽的图元” Select entities to drag，用户选择将要拖拽的图元后单击键盘 Enter 键确认。

3）在拖拽功能里，系统提供了三种拖拽的方法，分别是单击按钮，是将平移和旋转功能结合对图元进行操作；单击按钮，是将图元平移；单击按钮，是将图元绕一点进行旋转操作。

4）确定后，单击工具栏中的按钮确认，完成图元的拖拽操作，示例如图 5-26 所示。

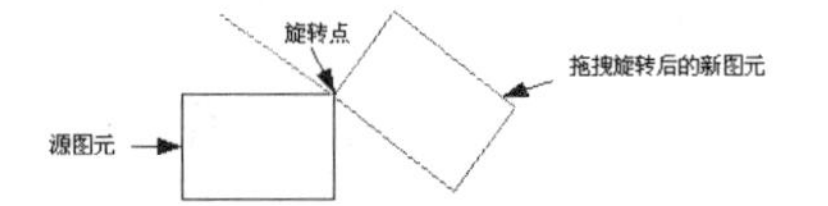

图 5-26 图元的拖拽旋转示例

5.11 图元的伸展

图元的伸展是将图元的某部分在原来的基础上伸展开来，在选择图元时运用“视窗以内”和“相交”（In+Window）方式。

操作步骤：

1）选择菜单栏中的 X from/Stretch 命令或者单击工具栏中的按钮，即启动图元的伸展功能。

2）系统提示用户：“选择将要伸展的图元” Stretch: Window intersect entities to stretch，要求用户运用“视窗以内”和“相交”（In+Window）的方式选择图元。用户选择将要伸展的图元后单击键盘 Enter 键确认。

3）系统弹出图 5-27 所示的对话框，“图元的伸展”对话框和“图元的平移”对话框的设置一样。

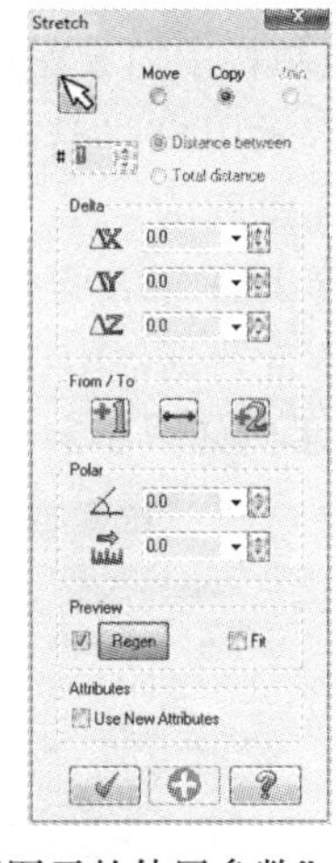

图 5-27 “图元的伸展参数”设置对话框

4）用户同样可以在对话框中选择“直角坐标平移”、“从一点至另一点”或者“极坐标”的方式来实现图元的伸展。

5）确定后，单击工具栏中的按钮确认，完成图元的伸展操作，图 5-28 所示为从一点至另一点的伸展操作示例。

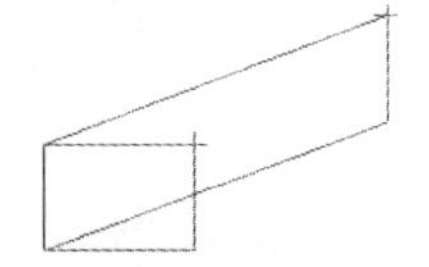

图 5-28 图元的伸展示例

5.12 转换 STL 图形文件

该命令是将 STL 格式的文件转换到 Mastercam X7 系统中。

操作步骤：

1）选择菜单栏中的 X from/Stl 命令，即启动“转换 STL”功能。

2）系统弹出读取 STL 文件窗口。

3）选择计算机中已有的 STL 文件后，直接单击 ✓ 确认，即 STL 文件读取成功。

5.13　图形嵌套

选择 X from/Geometry Nesting 命令，即启动“图形嵌套”功能。该命令是将几何图形组织在一个图形表内，用户可以根据需要设置图形表参数。启动该命令后，视窗会弹出图 5-29 所示的图形嵌套对话框，该命令用户一般很少使用。

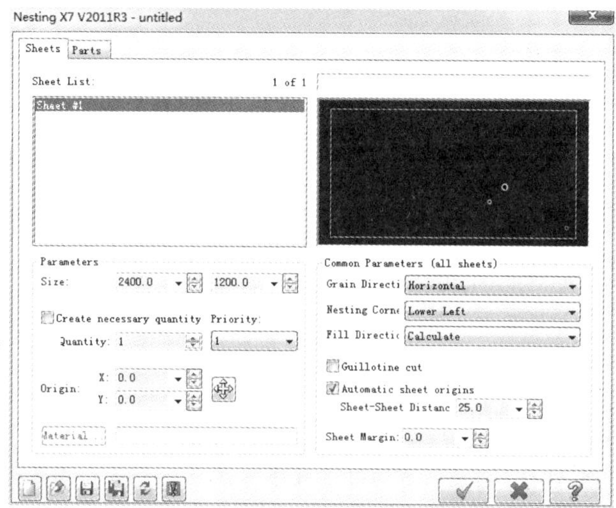

图 5-29　“图形嵌套参数”设置对话框

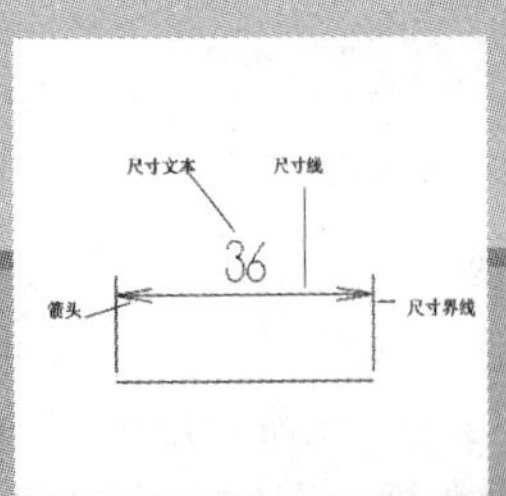

第 6 章 图形标注

尺寸标注是工程制图中必不可少的一环，本章将介绍 Mastercam 提供的尺寸标注功能。该功能是通过选择菜单栏中 Create/Drafting 命令以及工具栏 中的各种按钮来实现。

6.1 尺寸标注基础

6.1.1 尺寸标注样式设置

一个完整的尺寸标注由尺寸文本、尺寸线、尺寸界线和箭头四部分组成，如图 6-1 所示。这四部分的样式用户都可以根据图形的需要自行设定。

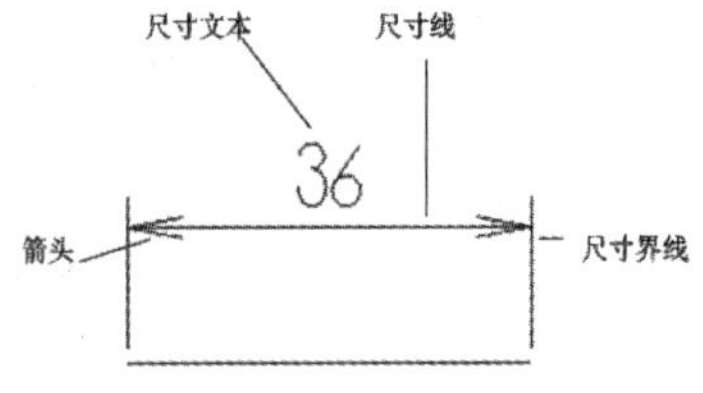

图 6-1 尺寸标注的组成

选择 Create/Drafting/Options 命令，或单击 按钮，系统将弹出图 6-2 所示的对话框，在其中进行参数设置，设置的参数均可在预览区进行预览。首先打开尺寸属性设置页面。

1. 尺寸属性

"尺寸属性"设置对应 Dimension Attributes 选项。其中各主要选项的含义如下。

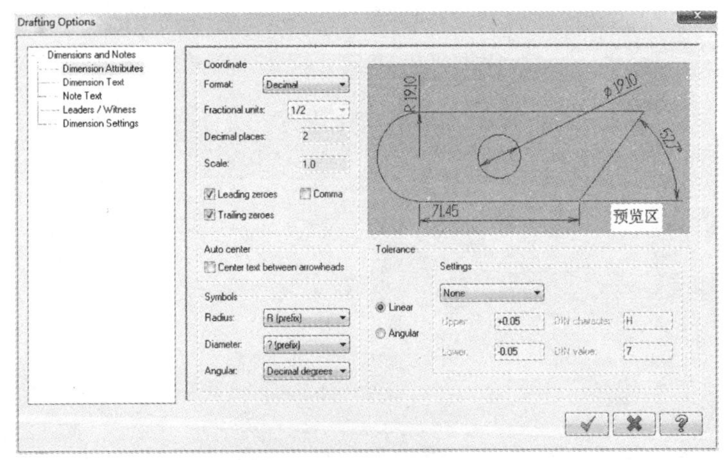

图 6-2 "尺寸属性"设置对话框

（1）Coordinate　此栏中的选项用于设定尺寸标注的数字规范。

1）Format：此下拉列表用于选择尺寸长度的表示方法，主要有以下选项：Decimal（十进制表示法)、Scientific(科学计数法)、Engineering(工程表示法)、Fractions(分数表示法)和Architectural(建筑表示法)。

2) Decimal places：在文本框中输入希望小数点后保留的位数。系统默认为小数点后两位。

3) Scale:在文本框中可用于设定标注尺寸和实际绘图尺寸的比例。系统默认比例为1 ∶ 1。

4) Leading zeroes:选中此选项,对于小于1的尺寸进行标注时小数点前加0,显示如“0.22”;不选中此选项，即小于1的尺寸标注时，小数点前不加0，则显示“.22”。

(2) Auto Center：此栏中仅有“Center text between arrowheads”一个复选框。选中后，尺寸放置在尺寸线的中线，否则可任意放置。

(3) Symbols：此栏中的选项主要用于设定圆和角度的标注样式。

1) Radius：此下拉列表用于选择半径的标注方式，有R(prefix)、R.(suffix)和None 3种方式。如标注一个半径为10的尺寸时，选择R(prefix)项，将显示“R10”;选择R.(suffix)项，将显示“10R”；选择None项，将显示“10”。

2) Diameter:此下拉列表用于选择直径的标注方式,有i(prefix)、D(prefix)、Dia.(suffix)和D.(suffix)4种方式。如标注以一直径为10的尺寸时，选择i(prefix)项，将显示10；选择D(prefix)项,将显示“D10”;选择Dia.(suffix)项,将显示“10Dia”;选择D.(suffix)项,将显示“10D”。

3) Angular：此下拉列表用于选择角度的标注方式，其中默认的方式为Decimal degrees，显示如“30°”。

(4) Tolerance：此栏中的选项主要用于设定公差的标注方式。Setting下拉菜单中用于选择公差的标注形式，有None(不带公差)、+/–(正负尺寸公差标注)、Limit(极限尺寸公差标注)和DIN(公差带标注)4个选项。

2. 尺寸文本和注解文本

“尺寸文本”设置对应Dimension Text项，如图6-3所示。可以对尺寸文本的大小、字形、文本对齐方式以及点的标注形式进行设定。在设定时，可以通过预览窗进行观察。

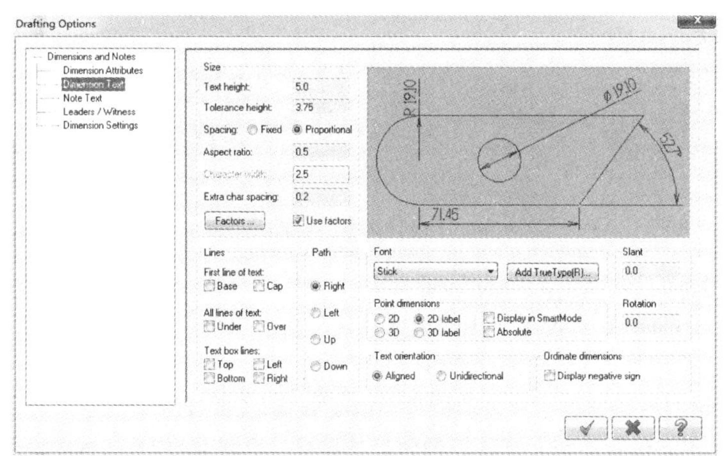

图6-3　“尺寸文本”设置对话框

Drafting Options对话框的Dimension Text选项卡，用来设置尺寸文字的属性。该选项卡中各选项含义如下。

1) Size：用来设置尺寸文字大小的规格。

2）Lines：用于设置在字符上添加基准线的方式。

3）Path：用于设置不同的字符排列方向，如图 6-4 所示。

4）Font：用于设置尺寸文字的字体。

5）Point dimensions：用来设置点坐标的标注格式。

6）Display in Smart Mode 复选框：用来设置在快捷尺寸标注时是否进行点标注。

7）Text orientation：用于设置尺寸文字的位置方向。

8）Ordinate dimensions 选项中的 Display negative sign 复选框：用来设置顺序标注时尺寸文字前面是否带有“-”号。

9）Slant：用于设置文字字符的倾斜角度，如图 6-5 所示。

10）Rotation：用于设置文字字符的旋转角度。

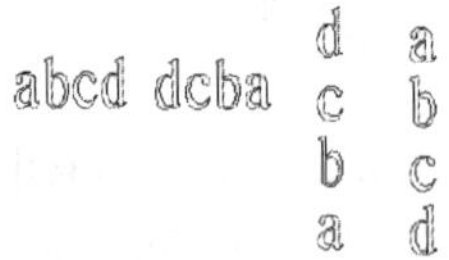

图 6-4　文字的排列方法

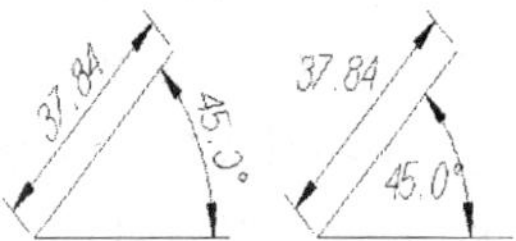

图 6-5　文字的位置方法

“注释文本”设置对应 Note Text 项，如图 6-6 所示，可以对注释文本字体的大小、字形和对齐方式等进行设定。在设定时，可以通过预览窗进行观察。

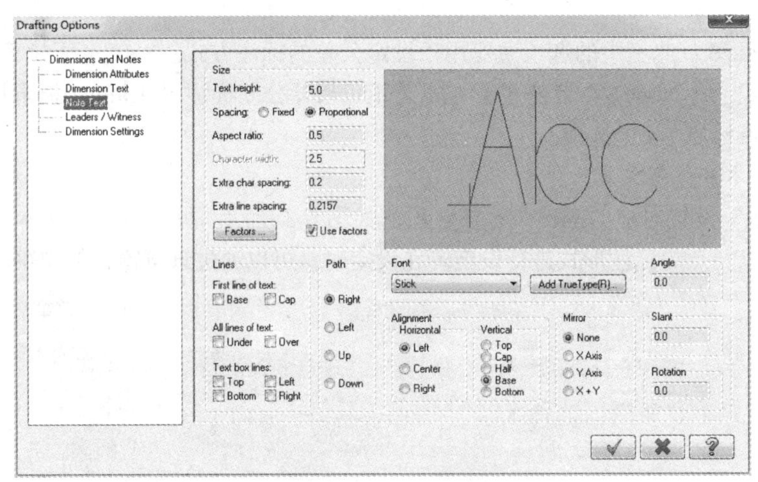

图 6-6　“注释文本”设置对话框

Drafting Options 对话框中的 Note Text 选项卡，用来设置注释文字的属性。其选项卡中的选项及含义与 Dimension Text 选项卡中的选项及含义基本相同，不同的是增加了以下选项。

1）在 Size 栏中增加了 Extra line spacing 的设置。

2）Alignment：用来设置注释文字相对于指定基准点的位置。

3）Mirror：用来设置注释文字的镜像效果。

4）Angle、Slant 和 Rotation 输入框分别用来设置整个注释文字的旋转角度、倾斜角度和文字的旋转角度。

5）预览窗中会显示出注释文字效果及与基准点的相对位置，如图 6-7 所示。

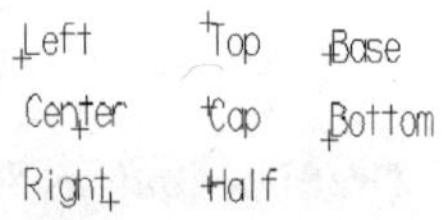

Left　Top　Base
Center　Cap　Bottom
Right　Half

图 6-7　文字的指定点示例

3. 尺寸线、尺寸界线和箭头

尺寸线、尺寸界线和箭头设置对应尺寸参数设置对话框中的 Leaders/Witness 项，如图 6-8 所示，可以对它们相应的标注形式进行设定。在设定时，通过预览窗进行观察。

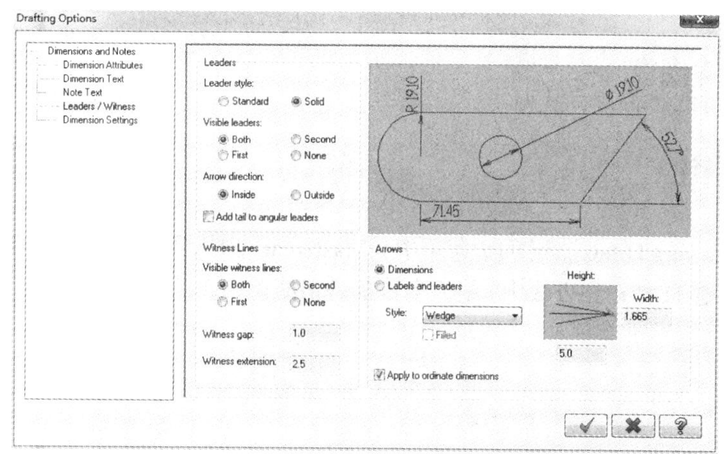

图 6-8　“尺寸线、尺寸界线和箭头”设置对话框

在进行尺寸标注属性设定时，除了通过预览区来观察显示效果外，往往要在实际的绘图区域进行标注后，通过观察来对修改的设定进行检查，判断是否符合要求。

Drafting Options 对话框的 Leaders/Withers/Arrows 选项卡，用来设置尺寸线、尺寸界线及箭头的格式。选项卡的各项含义如下。

（1）Leaders　该栏用来设置尺寸标注的尺寸线及箭头的格式。

1）Leader Style：用来设置尺寸线的样式。当选择 Standard 单选钮时，尺寸线由两条尺寸线组成；当选择 Solid 单选钮时，尺寸线由一条尺寸线组成。

2）Visible Leaders：用来设置尺寸线的显示方式。

3）Arrow Direction：用来设置箭头的位置。

4）All tail to angular leaders 复选框：被选中时，角度标注尺寸文字位于尺寸界线之外时，尺寸文字与尺寸界线有连线；否则，尺寸文字与尺寸界线无连线。

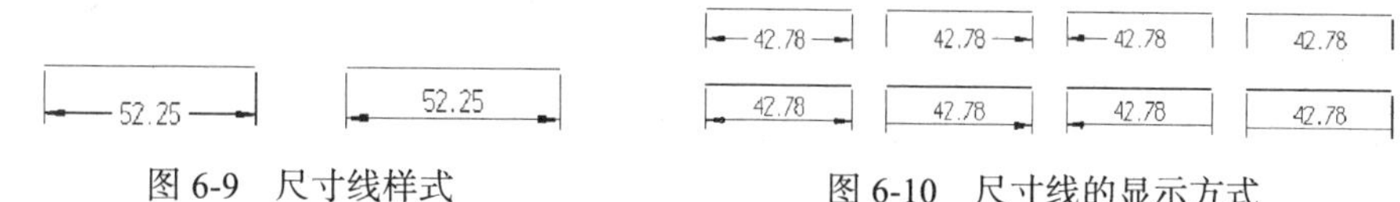

图 6-9　尺寸线样式　　　　图 6-10　尺寸线的显示方式

（2）Witness Lines　该栏用来设置尺寸界线的格式。

1）Visibe Witness Lines 选项：用来设置尺寸界线的显示方式，与快捷标注菜单的（W）it 选项功能相同。

2）Witness Gap 输入框：用来设置尺寸界线的间隙。

3）Witness Extension 输入框：用来设置尺寸界线的延伸量。

（3）Arrows　该栏用于分别设置尺寸标注和图形注释中的箭头样式和大小。当选择“Dimension”单选钮时，进行尺寸标注中箭头样式和大小的设置；当选择“ Labels and Leaders”单选钮时，进行图形注释中箭头样式和大小的设置。

1）Style 下拉列表框：用来选择箭头的样式，如果箭头的外形是封闭的，可以通过“Filled”复选框来设置是否对箭头进行填充，如图 6-11 所示。

2）Height 和 Width 输入框：分别用来设置箭头的高度和宽度。

3）Apply to ordinate dimension 复选框：用于进行顺序标注时尺寸线是否带有箭头。

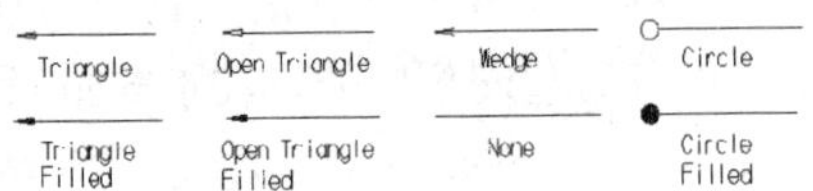

图 6-11　常用箭头的样式

6.2 尺寸标注

在 Create/Drafting/Dimension 的子菜单中，Mastercam 向用户提供了 11 种尺寸标注的方法，如图 6-12 所示。这 11 种标注方法中，绝大多数都是很简单易懂的，主要的操作步骤都是相似的。

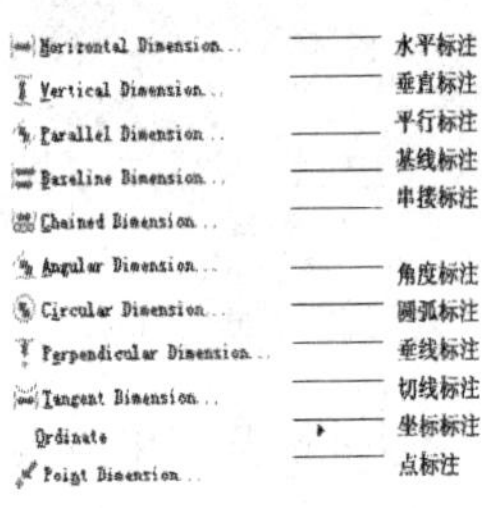

图 6-12　尺寸标注方法

6.2.1　水平标注

1）在主菜单中顺序单击 Create/Dimension/Horizontal 命令。

2）选取点 P1。

3）选取点 P2。

4）上下移动鼠标，使标注到达合适位置，系统完成水平标注。

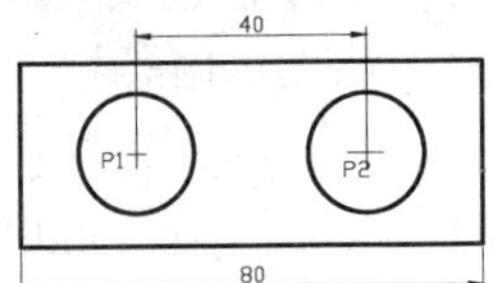

图 6-13　水平标注

5）系统继续提示选取下一点，将光标移近，当直线呈高亮显示时，单击鼠标左键选取直线。

6）移动鼠标使标注处于合适位置，单击鼠标左键系统完成直线的水平标注。

7）标注完成后，按〈Esc〉键返回“尺寸标注”子菜单。

6.2.2　垂直标注

Vertical 命令用来标注两点间的垂直距离，如图 6-14 所示。操作步骤如下。

1）在主菜单中单击 Create/Dimension/Vertical 命令。

2）选取点 P1。

3）选取点 P2。

4）左右移动鼠标使标注至合适位置单击鼠标左键，系统完成两点垂直标注。直线标注操作与垂直标注操作基本相同。

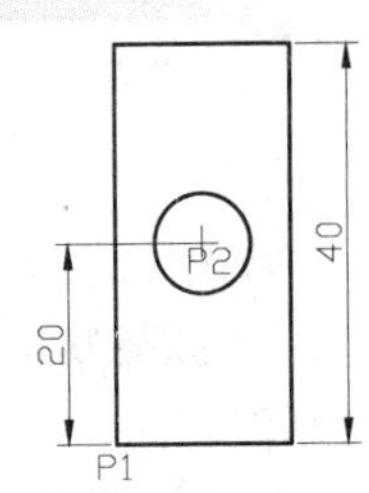

图 6-14　垂直标注

6.2.3　平行标注

Parallel 命令用于标注两点间的距离。操作步骤如下。

1）在主菜单中单击 Create/Dimension/Parallel 命令。

2）选取点 P1。

3）选取点 P2。

4）通过移动鼠标使标注至合适位置单击鼠标左键，系统完成两点间距离标注，平行标注操作与水平操作基本相同。

6.2.4　基线标注

Baseline 命令以已有的线性标注（Horizontal、Vertical 和 Parallel）为基准对一系列点进行线性标，如图 6-15 所示，各尺寸为并联形式，操作步骤如下。

1）从主菜单中单击 Create/Dimension/Baseline 命令。

2）选取已有的尺寸标注。

3）选取第二个尺寸标注端点 P1。系统自动在已选的尺寸界线与 P1 间做水平标注。

4）依次选取点 P2、P3 可绘制出相应的水平标注。

5）单击〈Esc〉键返回。

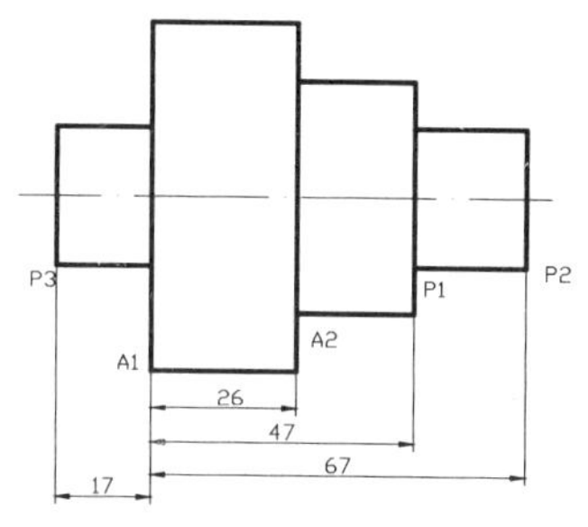

图 6-15　基准标注

6.2.5　串联标注

Chained 命令也是以已有的线性标注为基准进行线性标注，标注的特点是各尺寸表现为串联形式，如图 6-16 所示。操作步骤如下。

1）从主菜单中单击 Create/Dimension/Chained 命令。

2）选取已有的尺寸标注。

3）选取第二个尺寸端点 P1。

4）在 A2 和 P1 间按水平标注方法，移动位置单击鼠标左键系统绘制出标注。

5）选取点 P2 可绘制出相应的串联水平标注。

6）按〈Esc〉键返回。

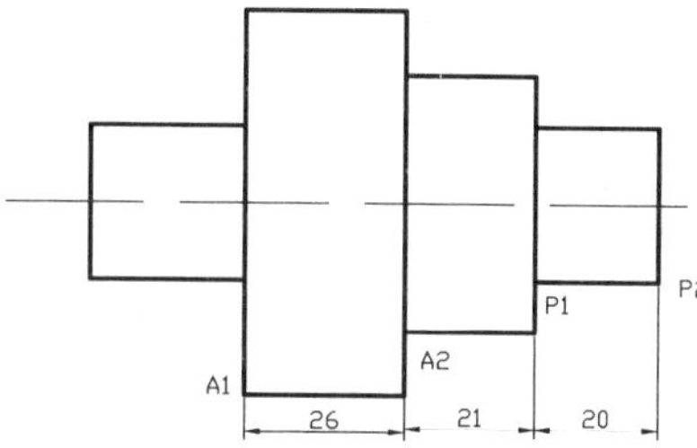

图 6-16　串联标注

6.2.6　圆标注

Circular 命令用来对圆或圆弧进行标注，如图 6-17 所示。操作步骤如下。

1）从主菜单中单击 Create/Dimension/Circular 命令。

2）选取圆或圆弧，此时可以选择直径标注。

3）用鼠标拖动标注至合适位置后单击鼠标左键完成圆的标注。

4）按〈Esc〉键返回。

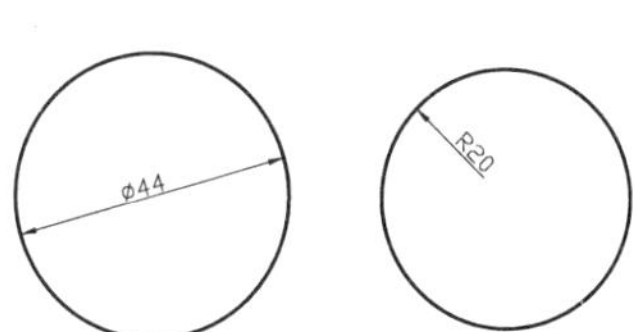

图 6-17　圆标注

6.2.7　角度标注

Angular 命令用来标注两条不平行直线的夹角，如图 6-18 所示。操作步骤如下。

1）从主菜单中单击 Create/Drafting/Angular 命令。

2）选取直线 L1。

3）选取直线 L2（或 Relative 选项）。

4）用鼠标拖动标注至合适位置后，单击鼠标左键完成角度标注。

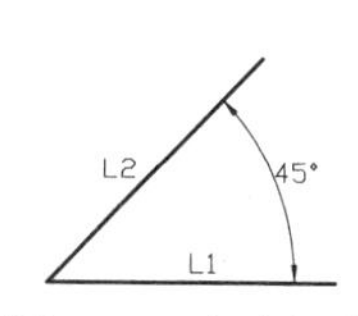

图 6-18　角度标注

6.2.8　切线标注

Tangent 命令用来标注出圆弧与点、直线或圆弧等分点间水平或垂直方向的距离，如图

6-19 所示。操作步骤如下。

1）从主菜单中单击 Create/Drafting/Tangent 命令。

2）选取直线 L1。

3）选取圆 A1。

4）用鼠标拖动标注至合适位置，单击鼠标左键完成切线标注。

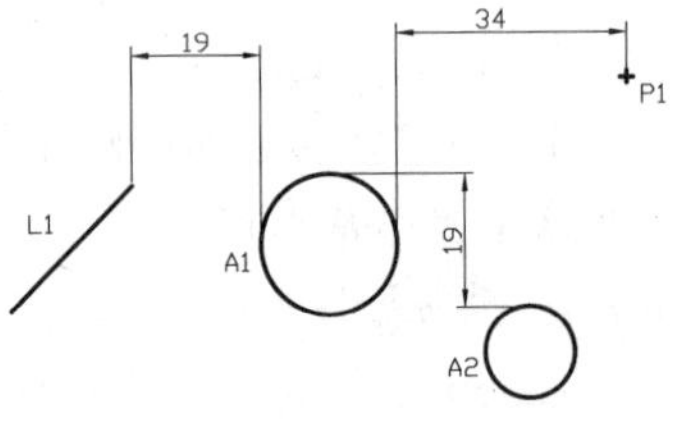

图 6-19 切线标注

6.2.9 坐标标注

Ordinate 命令以选取的一个点为基准，标注系列点与基准点间的相对距离。

（1）Horizontal 该选项用于绘制各点与基准点在水平方向的距离，操作步骤如下。

1）在 Dimension 子菜单中选取 Ordinate/Horizontal 命令。

2）选取基准点，移动该点的基准标置，单击鼠标左键。

3）依次选取两个坐标标注点，移适位置后单击鼠标左键确定。

（2）Vertical 该选项用于绘制各点与基准点在垂直方向的距离。操作步骤如下。

在 Dimension 子菜单中选取 Ordinate/Vertical 命令后，其他操作与 Horizontal 选项相同。

（3）Parallel 该选项用于绘制各点到基准点在指定方向的距离，如图 6-20 所示。操作步骤如下。

1)在 Dimension 子菜单中选取 Ordinate/Parallel 命令。

2）选取基准点 P4。

3）选取定位点 P0，显示出基准点标注，移动至合适位置确定该标注。

4)依次顺序选取点 P5、P6，移动标注至合适位置确定。

5）完成标注后，单击〈Esc〉键返回。

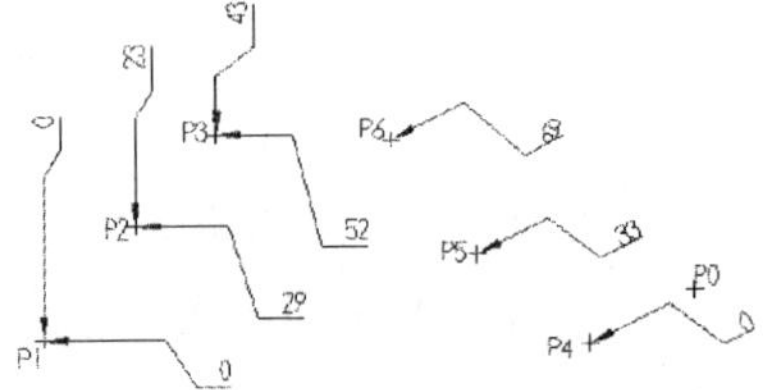

图 6-20 坐标标注

（4）Existing 该选项通过选取一个已有的坐标标注的基准标注，来定义坐标标注的类型及基准点，坐标标注的类型为选取标注类型，基准点为该坐标尺寸标注的基准点。

（5）Window 该选项可以自动地完成多点至基准点的坐标标注。操作步骤如下。

1）在 Dimension 子菜单中选取 Ordinate/Window 命令。

2）系统打开 Automatic 对话框，单击 Select 按钮返回到绘图区，选取基准点后系统返回到 Automatic 对话框。

3）进行设置后，单击 OK 按钮，返回绘图区。

4）选取所有要进行坐标标注的对象后，选择 Done 选项。

5）系统按设置完成各点的坐标标注。

6.2.10 点标注

该命令用于标注出选取点的坐标，如图 6-21 所示。操作步骤如下。

1）在 Dimension 子菜单中选取 point 命令。

2）选取一个点，系统显示该点坐标。

3）用鼠标拖动坐标至合适位置单击鼠标左键确定，完成点标注。

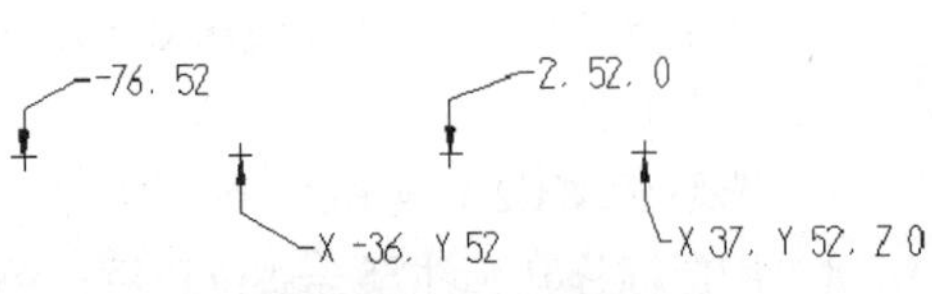

图 6-21 点标注

【例 6-1】 尺寸标注

1）选择菜单栏中的 File/Open 命令，打开“尺寸标注 .MCX“文件。

2）打开 Create/Drafting/Dimension 的子菜单，选择需要进行的标注命令。

3）标注距离是利用鼠标选择需要标注尺寸的两个端点，标注角度时则需选择直线或圆弧图素作为标注对象。

4）选中后，图形窗口中将显示尺寸标注，可利用鼠标进行动态拖动，将尺寸标注置于合适的位置。同时，在使用每种方法进行标注时，Ribbon Bar 工具栏如图 6-22 所示，用于设置尺寸的各种参数。工具栏上的图标会根据方法的不同分别激活。

5）在工具栏中对显示的尺寸标注进行需要的修改之后，单击“确定”按钮完成尺寸标注，如图 6-23 所示。

Mastercam 还提供了一种智能方式来进行标注，选择 Create/Drafting/Smart Dimension 命令，或单击按钮，出现的工具栏如图 6-12 所示。采用这种智能方式，系统会自动识别所标注的图素，选择合适的标注方式。

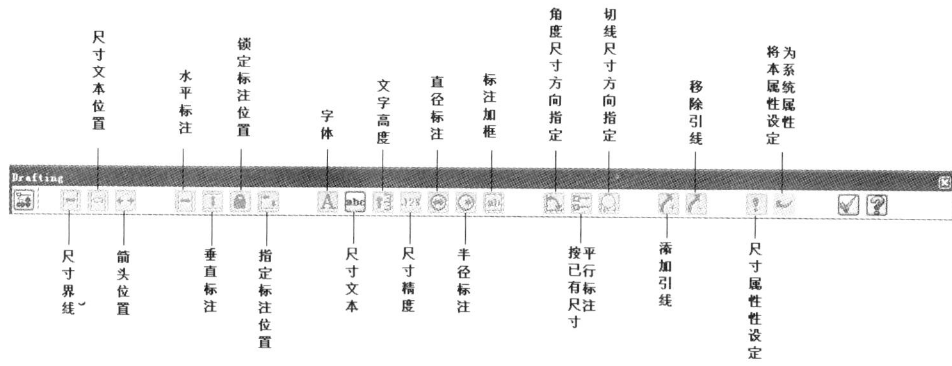

图 6-22 “尺寸标注”工具栏

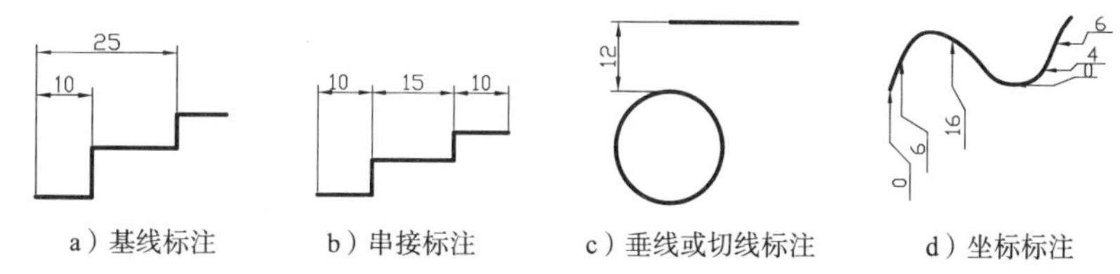

a）基线标注　b）串接标注　c）垂线或切线标注　d）坐标标注

图 6-23 尺寸标注实例

6.3 创建注解

6.3.1 图形注解

选择 Create/Drafting/Note 命令，或单击按钮，打开图 6-24 所示的对话框，在其中进行图形注解参数的设置，设置参数后，在图形上指定注解位置点即可。

（1）输入注释文字的操作步骤

1）从主菜单中选择 Create/Drafting/Note 命令。

2）系统打开 Note Dialog 对话框，从中选择图形注释的类型，并设置相应的参数。

3）在“注释文本”框中输入注释文字。

4）单击 OK 按钮，在绘图区拖动图形注释至指定位置后单击鼠标左键，即可按设置的类型绘制图形注释。

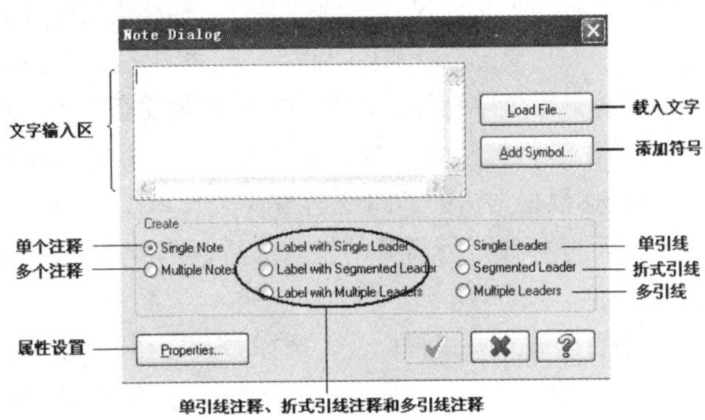

图 6-24 “图形注释参数”设置对话框

（2）输入注释文字方法　在 Note Dialog 对话框中，有 3 种输入注释文字的方法。

1）直接输入：将鼠标移至 Note 编辑框中，直接输入注释文字。

2）导入文字：单击 Load File 按钮，选取一个文字文件后，单击 Open 按钮，即可将该文字文件中的文字导入到“注释文本”编辑框中。

3）添加符号：单击 Add Symbol 按钮，打开 Add Symbol 对话框，用鼠标选择需要的符号，即可将该符号添加到“注释文本”编辑框中。

（3）设置图形注释　Note Dialog 对话框中注释的类型如下。

1）Single Note：仅可一次注释文字。

2）Multiple Note：可以连续注释文字。

3）Label with single leader：可以绘制带单根引线的注释文字。

4）Label with Segmented Leader：可以绘制带折线引线的注释文字。

5）Label with Multiple Leaders：绘制带多根引线的注释文字。

6）Single Leader：只可以绘制引线。

7）Segmented Leader：只可以绘制折线。

8）Multiple Leaders：只可以绘制多根引线。

6.3.2 引出线

引出线指的是一条在图素和相应注释文字之间的一条直线。选择 Create/Drafting/WitnessLine 命令，或单击按钮，即可进行引出线的绘制。实例如图 6-25 所示。

6.3.3 引线

引线也是连接图素与相应注释文字之间的一种图形，它是带箭头的直线，而且可以是折线，如图 6-26 所示。选择 Create/Drafting/Leader 命令，或单击按钮，即可进行引线绘制。

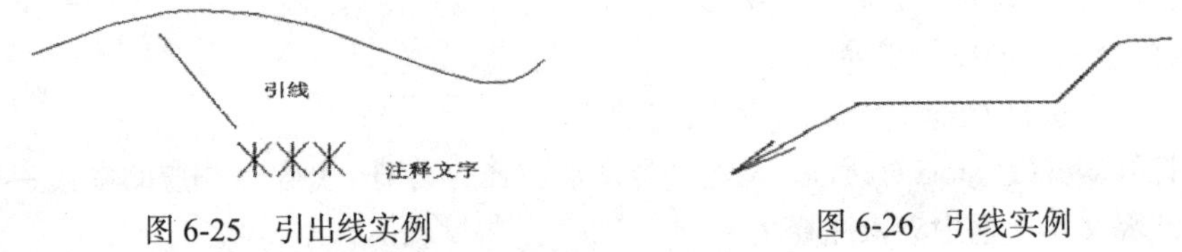

图 6-25　引出线实例

图 6-26　引线实例

6.4 图案填充

在绘制图样时，往往要用到剖视图对物体的内部构造进行描述，因此，经常要创建各种不同的图案填充。

图案填充指在选择的封闭区域内绘制指定图案、间距及旋转角的剖面线图案。操作步骤如下。

1）从主菜单中选择 Create/Drafting/Hatch 命令，打开 Hatch 对话框。

2）设置“填充”对话框，Pattern 选取 Iron；Spacing 选择“（1 ~ 3）”；Angle 选取“45°”或“135°”。

3）选取要进行填充的封闭边界（可以选取多个封闭边界）后，选取起始点。

4）选择 Done 选项，系统完成图案填充。

【例 6-2】图案填充。

1）选择菜单栏中的 File/Open 命令，打开“图案填充 .MCX”文件。

2）选择 Create/Drafting/X-Hatch 命令，或者单击▩按钮，启动“图案填充”命令。

3）系统打开图 6-27 所示的对话框，该对话框用于指定填充图案的样式，设置完成后确定。

4）系统打开图 6-28 所示的“串接选择”对话框，提示用户选择要进行图案填充的几何形状，本例中依次选择圆和矩形即可。

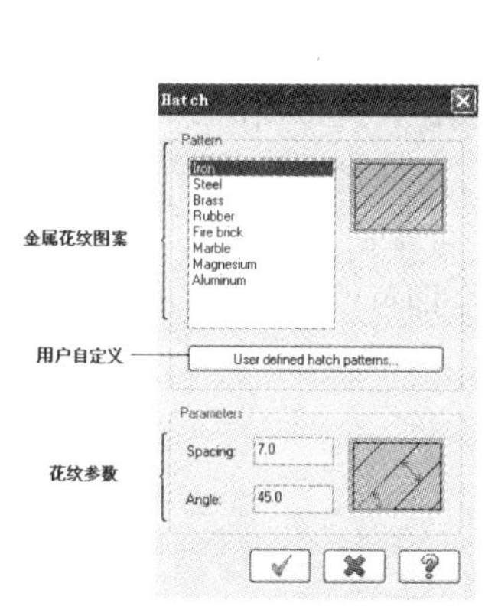

图 6-27 “图案填充”对话框

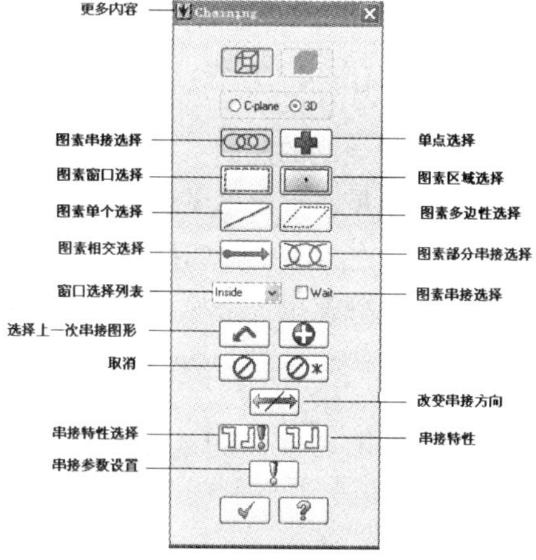

图 6-28 “串接选择”对话框

5）确定后，系统自动完成图案的填充，实例如图 6-29 所示。Mastercam 只能对首尾相接线条围成的封闭区域进行填充，交叉线围成的区域则无法进行填充。

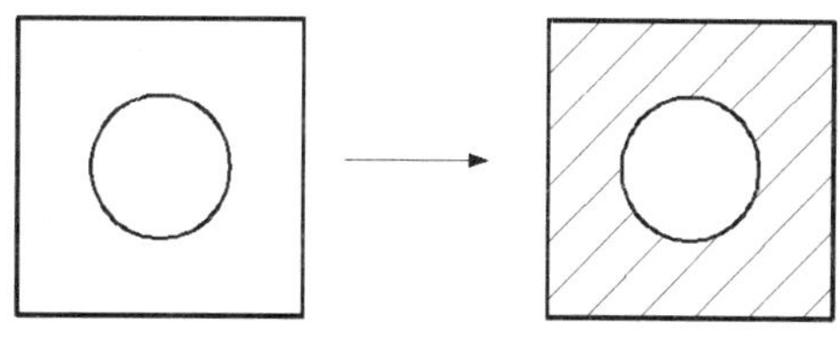

图 6-29 图案填充实例

第 7 章 曲面设计

Mastercam 有强大的三维造型功能，主要包括曲面设计和三维实体设计两大部分，它们彼此相互补充，使用户能够方便地设计各种三维造型。曲面是利用各种曲面命令对点、线进行操作后生成的面体，是一种定义边界的非实体特征。

Mastercam 软件的曲面造型命令较灵活，本章重点讲解基本三维曲面的创建。Mastercam 提供基本曲面的创建，也可以通过对二维图素进行拉伸、旋转、扫描等操作来创建曲面。编辑曲面方面的命令也很丰富，例如修剪、延伸、倒圆角等命令。

7.1 基本曲面的建立

基本曲面指形状规则的曲面，如圆柱曲面、圆锥曲面、长方形曲面、球面等。在 Mastercam 中，基本曲面的创建是非常简单灵活的。

如图 7-1 所示，在主菜单中选择 Create /Primitives，或单击工具栏中基本曲面按钮右边的三角下拉按钮，系统弹出子菜单，从中选择对应的命令即可调用。

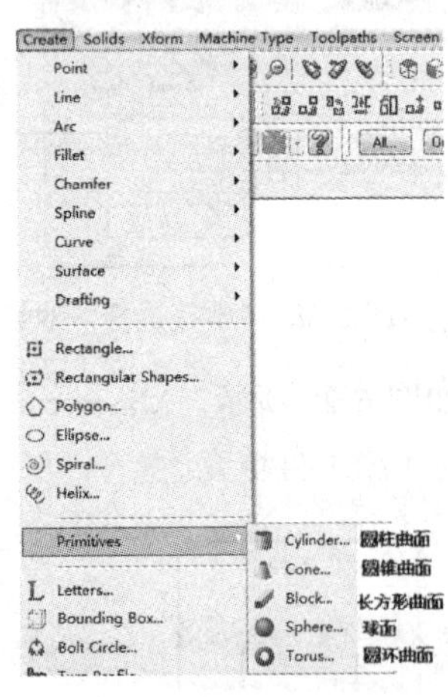

a）“基本曲面”菜单项

b）从工具栏中创建基本曲面命令

图 7-1　基本曲面创建方法

7.1.1 圆柱曲面的创建

单击工具栏中基本曲面按钮右边的三角下拉按钮，接着单击 create cylinder 图标，系统弹出图 7-2 所示的圆柱曲面设置对话框，该对话框中各选项含义说明如下。

1）Solids/Surfaces：选中 Surfaces 选项时，绘制的圆柱为曲面圆柱，否则为实体圆柱。

2）：基准点；单击其选项右边的按钮，可以在绘图区内重新选取基点的位置。

3）30.0：圆柱半径输入框，单击其选项右边的按钮，可以在绘图区内单击某一点确定圆柱半径的大小。

4）100.0：圆柱高度输入框，单击其选项右边的按钮，可以在绘图区内单击某一点确定圆柱的高度。

5）：圆柱拉伸方向按钮，包括反向、正向和双向。

6）Sweep：圆柱起始点和终止角度输入框，用于创建不完整的圆柱。

7）Axis：用于圆柱中心轴方向的设置。

8）：选中该选项，可以使圆柱曲面沿平行于指定直线的方向绘制。

绘制圆柱曲面的操作步骤：

1）单击“基础绘图”工具栏中的按钮，根据系统提示：Select base point for cylinder，在绘图区选择图 7-3 所示的 P 点作为绘制圆柱曲面的基准点。

2）在“圆柱曲面设置”对话框中，选中 Surface 选项，输入圆柱体的半径为“10”，高度为“20”，单击对话框中的按钮，结果如图 7-4 所示。

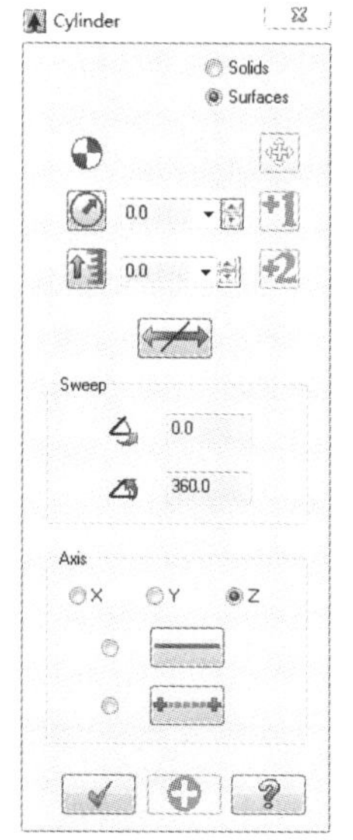

图 7-2　“圆柱曲面设置”对话框

图 7-3　选取基准点

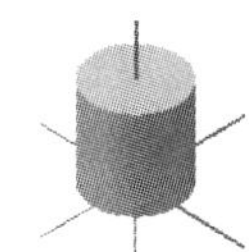

图 7-4　圆柱曲面的绘制

7.1.2　圆锥曲面的创建

单击“基础绘图”工具栏中的按钮右边的三角下拉按钮，在弹出的下级菜单中单击按钮，系统弹出图 7-5 所示的“圆锥曲面设置”对话框，该对话框的各选项含义说明如下。

1）：圆锥曲面锥度输入框，用于设置圆锥的锥度，可以为正、负和零三种角度。

2）：用于设置圆锥曲面顶面圆的半径。

其他各选项的含义与“圆柱曲面设置”对话框中的选项含义类似。

绘制圆锥曲面操作步骤：

1）单击按钮，根据系统提示：Select base point for cone，在绘图区选择图 7-6 所示的原点作为绘制圆锥曲面的基准点。

2）在“圆锥曲面设置”对话框中，选中 Surface 选项，输入圆锥体底面圆的半径为“30”，高度为“30”，圆锥体顶面圆的半径“20”，并单击对话框中的 ✓ 按钮，结果如图 7-7 所示。

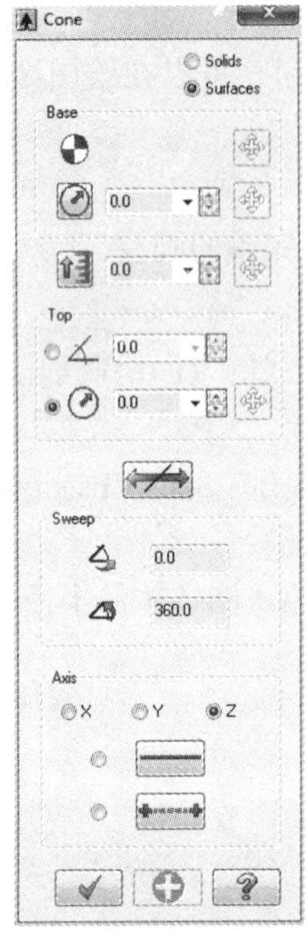

图 7-5 “圆锥曲面设置”对话框

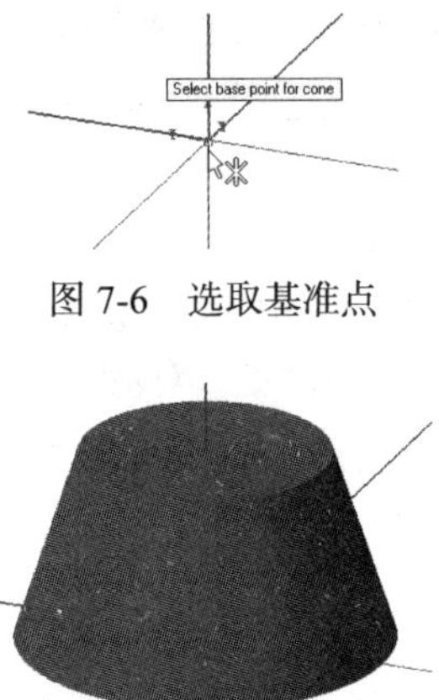

图 7-6 选取基准点

图 7-7 圆锥曲面的绘制

7.1.3 长方体曲面的创建

单击“基础绘图”工具栏中的按钮右边的三角下拉按钮，在弹出的下级菜单中单击按钮，系统弹出图 7-8 所示的“长方体曲面设置”对话框。

该对话框中的选项含义说明如下。

1）：长方体曲面长度设置输入框。

2）：长方体曲面宽度设置输入框。

3）：长方体曲面高度设置输入框。

4）0.0：长方体曲面绕中心轴旋转角度设置输入框。

5）Anchor：底部长方形几点设置选项。

绘制长方体曲面操作步骤：

1）单击“基础绘图”工具栏中的按钮右边的三角下拉按钮，在弹出的下级菜单中单击按钮，根据系统提示：Select base point for block，在绘图区选择图 7-9 所示的原点作为绘制长方体的基准点。

2）在“长方体曲面设置”对话框中，选中 Surface 选项，输入长方体的宽度为“20”，长度为“30”，高度为“20”，并单击对话框中的 ✓ 按钮，结果如图 7-10 所示。

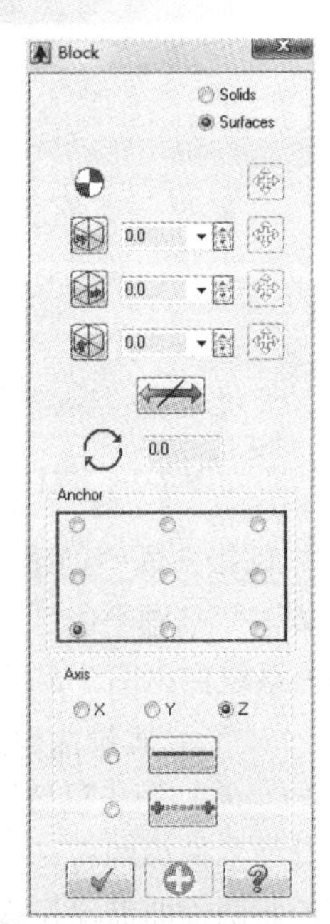

图 7-8 “长方体曲面设置”对话框

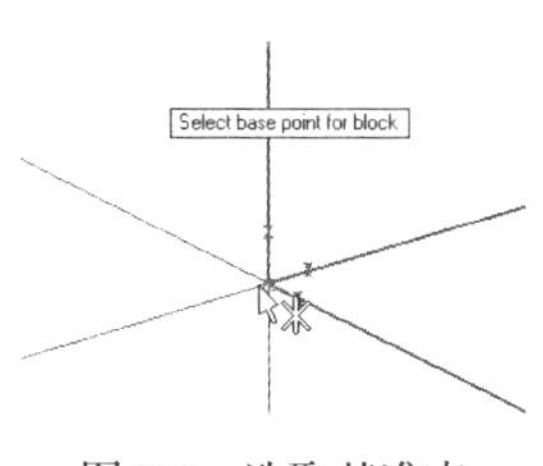

图 7-9　选取基准点

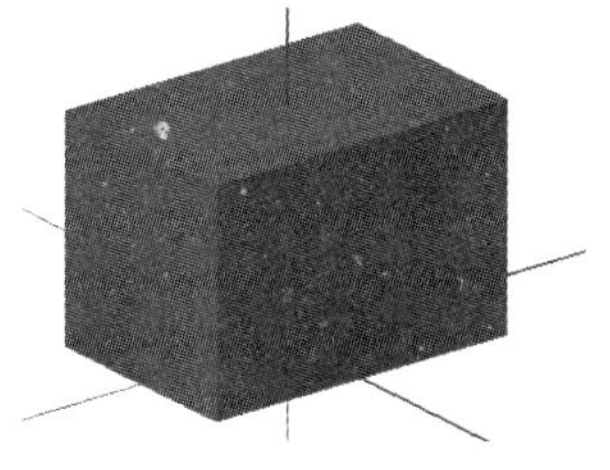
图 7-10　长方体曲面的绘制

7.1.4　球形曲面的创建

单击“基础绘图”工具栏中的按钮右边的三角下拉按钮，在弹出的下级菜单中单击按钮，系统弹出图 7-11 所示的“球体曲面设置”对话框，在对话框内设置好相应的参数，选取基准点即可完成绘制。其绘制方法与前面三个曲面相似，如图 7-12 所示。

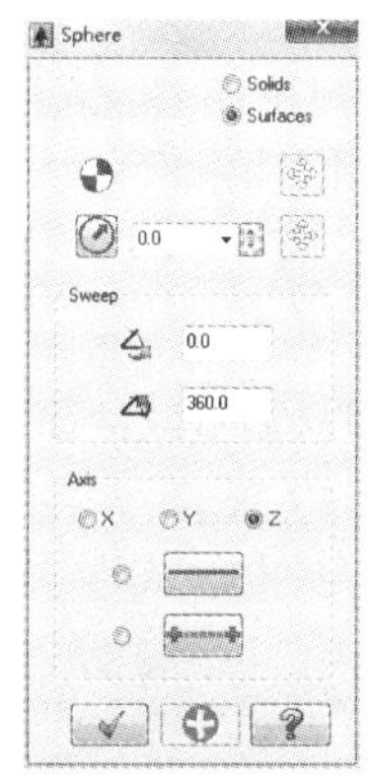

图 7-11　“球体曲面设置”对话框

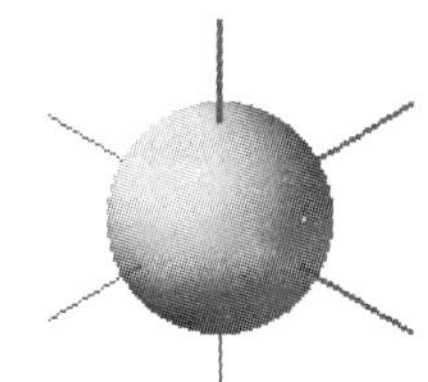
图 7-12　球体曲面的绘制

7.1.5　圆环曲面的创建

单击“基础绘图”工具栏中的按钮右边的三角下拉按钮，在弹出的下级菜单中单击按钮，系统弹出图 7-13 所示的“圆环曲面设置”对话框，该对话框中部分选项含义如下。

1）：圆环半径设置选项。

2）：圆管半径设置选项。

圆环曲面的绘制方法与前面几种曲面的绘制相似，如图 7-14 所示。

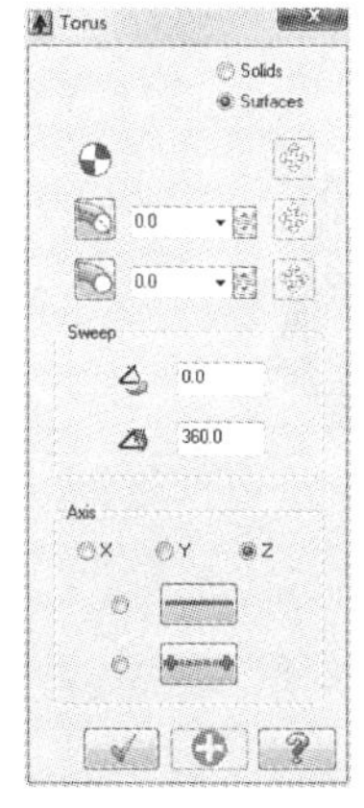

图 7-13　“圆环曲面设置”对话框

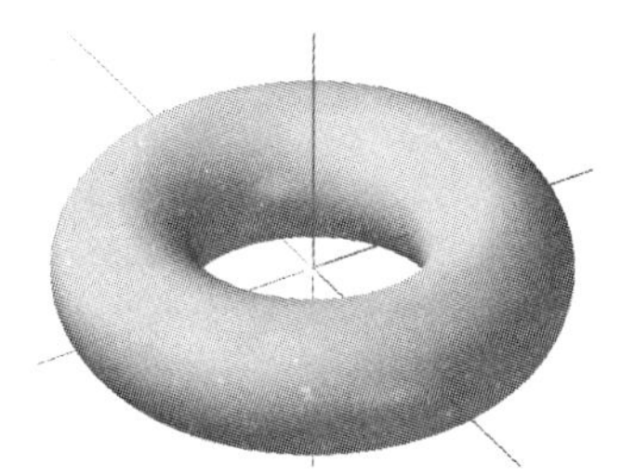
图 7-14　圆环曲面的绘制

7.2 直纹/举升曲面的创建

直纹/举升曲面命令 Ruled / Lofted... 可以将两个或两个以上的二维截面图形按照一定的顺序以熔接的方式连接起来形成一个曲面。其中直纹曲面是每个截面以线性方式相连接而成。当截面数大于2时，举升曲面连接出来的面会比直纹曲面更光滑些。选取截面外形时，要注意方向和起点的一致性，并且注意截面的选取顺序。

直纹曲面和举升曲面是由同一命令来调用的。在主菜单中单击 Create/Surface/create Ruled/Lofted Surfaces 命令，或直接单击“曲面”工具栏中的“直纹/举升曲面”按钮。“直纹/举升曲面”工具栏选项功能说明如下。

1）：“直纹曲面”按钮，单击该按钮，所创建的曲面为直纹曲面。

2）：“举升曲面”按钮，单击该按钮，所创建的曲面为举升曲面。

创建直纹/举升曲面的操作步骤：

1）单击“曲面”工具栏中的 Ruled / Lofted... 命令，根据系统弹出的 Chaining 对话框，设置相应的串连方式，并在绘图区域内依次选择截面图形1、2和3作为创建直纹/举升曲面的截面，串联的方向和起点要一致，如图7-15所示，然后单击对话框中按钮，结束直纹/举升曲面截面的选取操作。

2）在“直纹/举升曲面”工具栏中，单击工具栏中按钮绘制直纹曲面，结果如图7-16所示。如果单击工具栏中的按钮，则绘制举升曲面，得到图7-17所示的结果。

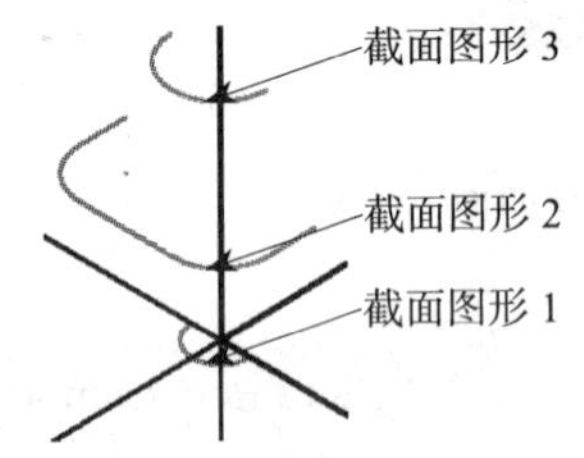

图7-15　举升曲面的截面选择

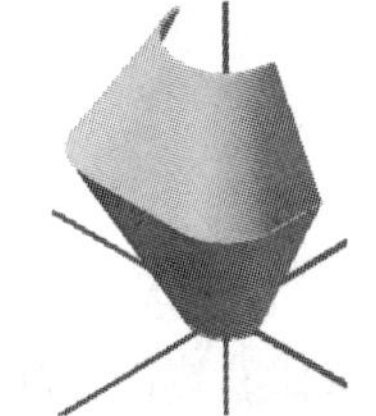

图7-16　直纹曲面的绘制

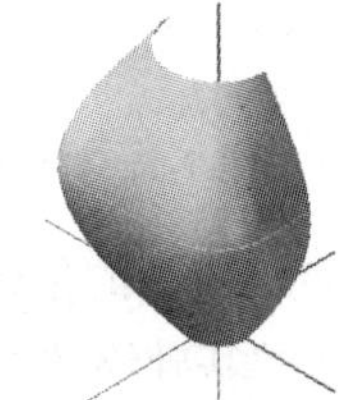

图7-17　举升曲面的绘制

注意：在选取直纹/举升曲面外形曲线时，所有曲线串连的起点和串连的方向要一致，且要按次序串连图素，否则生成的曲面为扭曲的曲面，如图7-18所示。

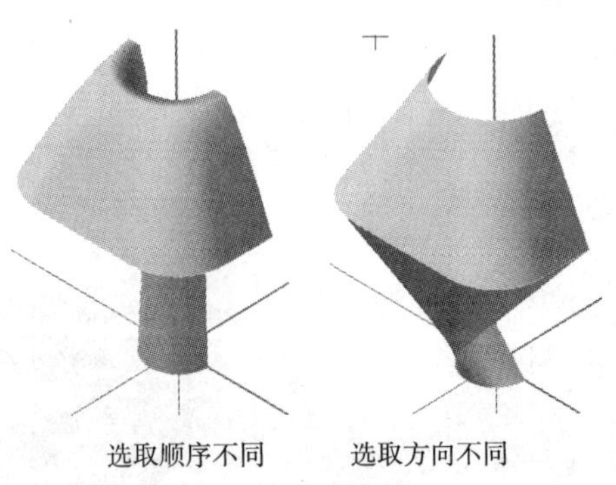

图7-18　扭曲的曲面

7.3 旋转曲面的创建

旋转曲面指将选取的图素围绕一条旋转轴旋转所产生的曲面。在主菜单中单击 Create/Surface/Revolved Surfaces 命令，或直接单击“曲面”工具栏中的按钮进行旋转曲面的创建。“旋转曲面”工具栏选项功能说明如下。

1）：用于修改旋转图素，单击该按钮可以重新选取旋转图素。

2）：用于修改旋转轴，单击该按钮可以重新选取旋转轴。

3）：可以改变旋转方向，它有正向（顺时针方向）和反向（逆时针方向）。

4）0.0 360.0：当要绘制不完整旋转曲面时，可以在这两个输入框输入旋转曲面的起始角度和终止角度。

创建旋转曲面操作步骤：

1）单击“曲面”工具栏中的 Revolved 按钮，根据系统弹出的 Chaining 对话框，设置相应的串连方式，并在绘图区域内选择图 7-19 所示的轮廓曲线作为旋转截面，并单击对话框中的按钮。

2）根据系统提示“选取旋转轴” Select the axis of rotation，在绘图区内选择直线作为旋转轴线。在“旋转曲面”工具栏中输入旋转曲面的起始角度为“0” 0.0，终止角度为“270” 270.0，单击工具栏中的按钮，即可完成旋转曲面的创建操作，结果如图 7-20 所示。

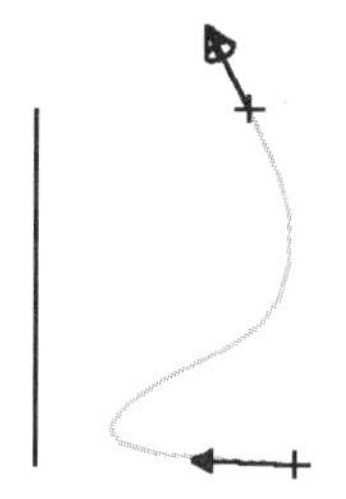

图 7-19 选取旋转截面

图 7-20 旋转曲面的绘制

7.4 曲面补正

曲面补正指将选取的曲面按照指定的距离沿曲面的法线方向进行偏移所产生的另一个新的曲面。它与平面图形的偏移一样，曲面补正命令在偏移曲面的同时可以复制曲面，其中编辑过的曲面不可曲面补正。

在主菜单中单击 Create/Surface/Offset 命令，或直接单击“曲面”工具栏中的按钮右边的三角下拉按钮，在弹出的下级菜单中单击 Create Offset Surfaces 命令，选取要补正的曲面，并按回车键，系统弹出图 7-21 所示的“曲面补正”工具栏，该工具栏中各按钮的功能说明如下。

图 7-21 “曲面补正”工具栏

1）：单击该按钮可以重选补正的曲面。

2）：是单一方向按钮，单击该按钮可以改变补正曲面产生的方向。

3）：是切换按钮，其作用与单一方向按钮大致相同。

4）：补正距离输入框。

5）：是复制按钮，单击该按钮，则补正曲面是以复制的形式移动。

6）：是剪切按钮，单击该按钮，则在产生补正曲面的同时原曲面也被剪切。

绘制补正曲面的操作步骤：

1）在主菜单中单击 Create/Surface/Offset 命令，或直接单击“曲面”工具栏中 Create Offset Surfaces... 命令，根据系统提示“框选要偏置的曲面”，如图 7-22 所示实例，并按回车键，系统弹出曲面补正工具栏。

2）在工具栏中输入“曲面补正距离”为“2”，曲面补正的效果如图 7-23 所示。

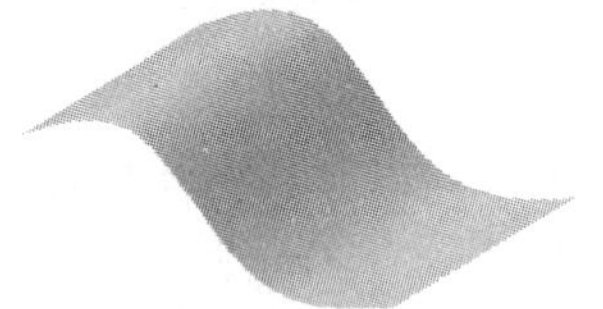

图 7-22　曲面补正实例

图 7-23　曲面补正效果

3）在工具栏中单击 Cycle/Next 按钮，此时绘图区内补正曲面的上方显示一方向箭头，如图 7-24 所示，系统提示：Select flip or next（选取反向或下一个曲面），单击切换按钮向下补正曲面，并且方向箭头在补正曲面的下方显示，如图 7-25 所示。

图 7-24　显示补正方向的箭头

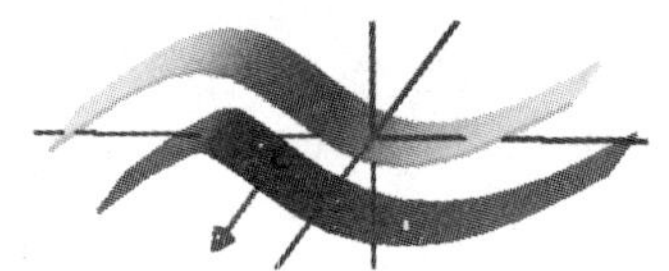

图 7-25　切换补正方向

4）在工具栏中单击“偏移”按钮时，原曲面将被删除，结果如图 7-26 所示；在工具栏中单击“复制”按钮时，原曲面将被保留，如图 7-27 所示。

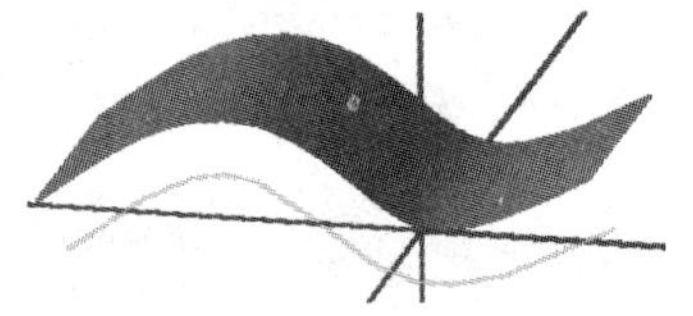

图 7-26　删除原曲面

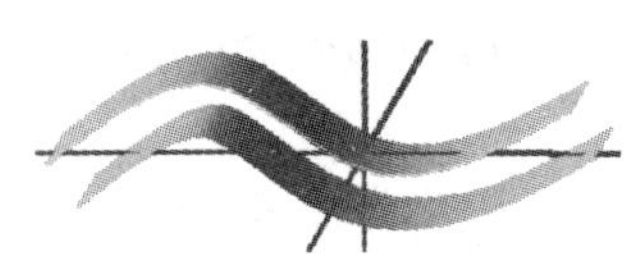

图 7-27　保留原曲面

7.5　扫描曲面的创建

扫描曲面指将截面沿着轨迹移动产生的曲面。其截面和线框可以是封闭的线串，也可以是开放的线串。创建扫描曲面有三种形式，分别为一个截面和一条轨迹曲线、一个截面和两条轨迹曲线，与两个或多于两个截面和一条轨迹曲线。

在主菜单中单击 Create/Surface/Swept 命令，或直接单击“曲面”工具栏中的按钮来创建扫描曲面。“扫描曲面”工具栏各按钮功能说明如下。

1）：截面沿轨迹扫描时平移截面外形形成曲面。

2）：截面沿轨迹扫描时旋转截面外形形成曲面。

3）：截面沿轨迹扫描时确保截面垂直所选曲面。

4）：用于创建一个截面和两条轨迹曲线的扫描曲面。

1. 一个截面和一条轨迹曲线方式创建扫描曲面

操作步骤：

1）单击“曲面”工具栏中的按钮，根据系统提示“在绘图区内选择圆作为扫描截面”，如图 7-28 所示，并单击对话框中的按钮。

2）根据系统提示“选取扫描轨迹线串”，并单击“扫描曲面”工具栏中的“旋转”按钮，然后单击工具栏中的按钮，即可完成扫描曲面的创建操作，结果如图 7-29 所示。

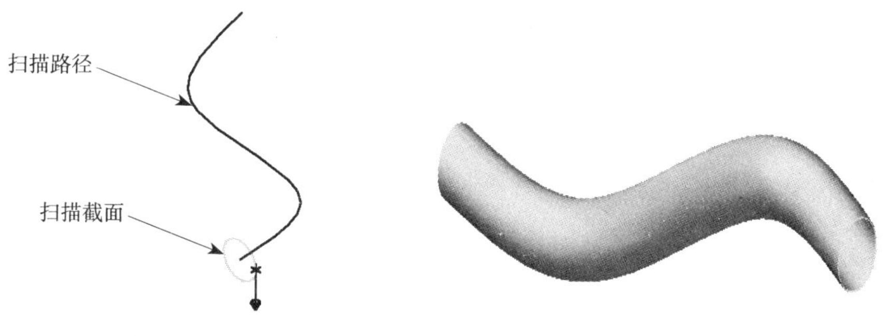

图 7-28　选取扫描截面　　图 7-29　扫描曲面的绘制

2. 两个截面和一条轨迹曲线方式创建扫描曲面

操作步骤：

1）单击“曲面”工具栏中的按钮，根据系统提示“在绘图区内选择矩形和圆作为扫描截面”，如图 7-30 所示，并单击对话框中的按钮。

2）根据系统提示“选择扫描路径线串”，并单击“扫描曲面”工具栏中的“旋转”按钮，接着单击工具栏中的按钮，即可完成扫描曲面的创建操作，结果如图 7-31 所示。

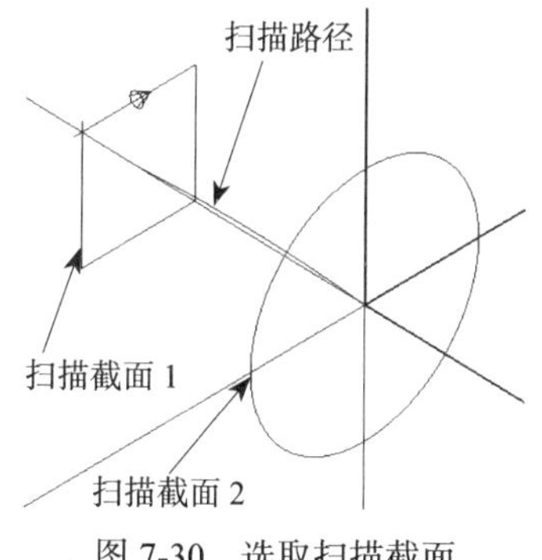

图 7-30　选取扫描截面

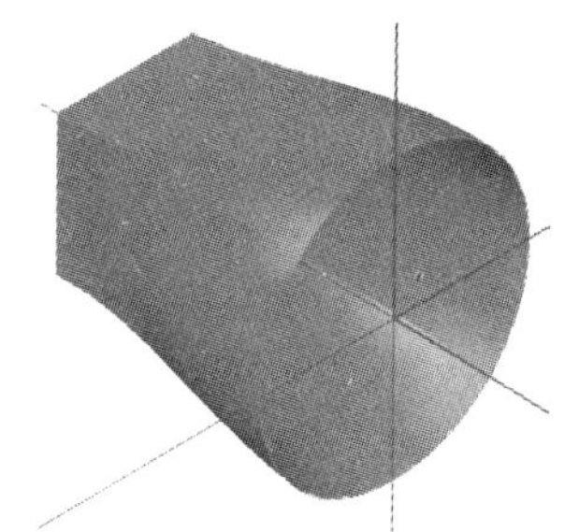

图 7-31　双截面扫描曲面的创建

7.6 网格曲面的创建

网格曲面又称为昆氏曲面，是通过选取封闭的边界曲线，以指定的连接方式来创建曲面。相交的网格范围内可以绘制出网格面，开放的边界不能形成面。根据选取串连的方式来划分创建网格曲面有两种方法：自动串连方式和手动串连方式。在大多数情况下，需要采用手动方式来创建网格曲面。创建网格曲面的工具栏如图 7-32 所示。

图 7-32 创建网格曲面工具栏

操作步骤：

1）在主菜单中单击 Create/Surface/Net 命令，或直接单击“曲面”工具栏中的田按钮，根据系统弹出的 Chaining 对话框，设置相应的串连方式，选取 Along（引导方向）线串，选取完毕后，接着选取 Across（横向）线串（记得先在工具栏中将“网格方向”切换到 Across），如图 7-33 所示，并单击对话框中的✓按钮。

2）单击“网格曲面”工具栏中的✓按钮，即可完成网格曲面的创建操作，结果如图 7-34 所示。

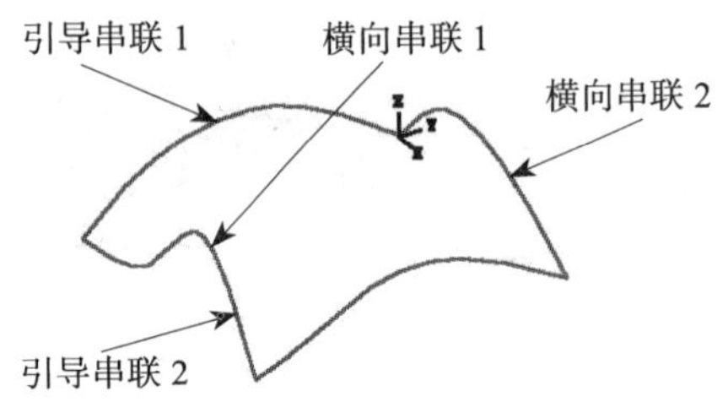

图 7-33 引导方向和横向线串的选择

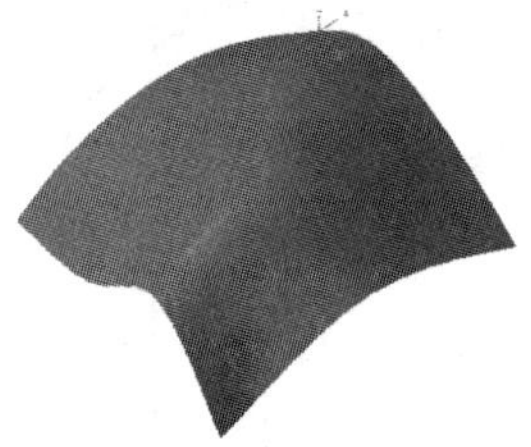

图 7-34 网格曲面的绘制

注意：网格曲面相对于原昆氏曲面有下列特点。

① 引导方向和横向是相对的，可以互换，也可先定义横向。在选取各边界曲线时，要注意各边界曲线的起点和方向保持一致，否则就会产生扭曲曲面或创建曲面失败。

② 一个方向串联相交于一点，顶部形成一个封闭三角形可以产生网格面。中心的交点可以不定义，也可以采用设置顶点的方法定义，如图 7-35 所示。

③ 如图 7-36 所示的网格曲面，由三条首尾相交的曲线加一条横向相交的曲线构成，可以绘制出网格面。

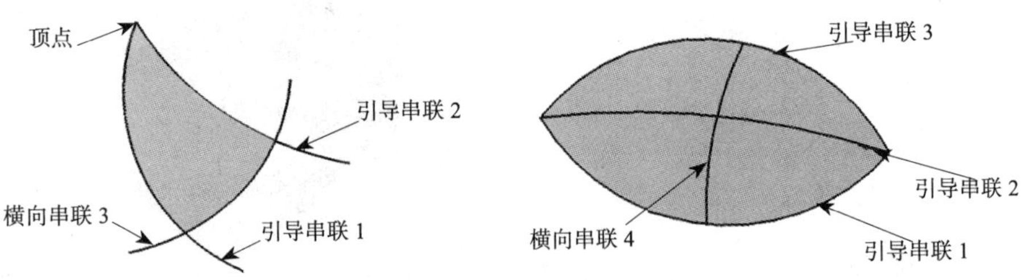

图 7-35 三边构成的网格曲面

图 7-36 相交的曲线构成的网格曲面

④ 形成网格的串联只要在图形视角下相交，不一定有实际的交点就可以绘制网格面；如果未相交，但其延伸线与另一个方向的串联边界相交也可以绘制网格面。

7.7 牵引曲面的创建

牵引曲面指将一串连的图素沿着指定的方向、长度和角度拉伸所创建的曲面。受牵引方向、牵引长度和牵引角度的影响，牵引曲面的牵引方向是由构图面来决定的，所以在创建牵引曲面前，应先设置好相应的构图面。在主菜单中单击 Create/Surface/Draft 命令，或直接单击“曲面”工具栏中的 Create Draft Surface... 命令来创建牵引曲面。图 7-37 为牵引曲面的对话框，各选项含义说明如下。

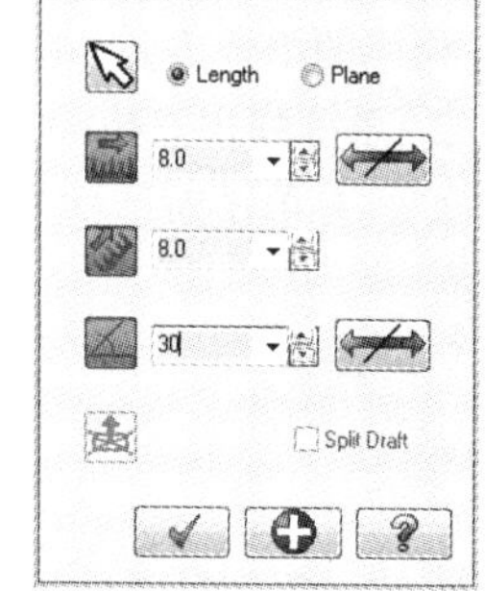

图 7-37 “牵引曲面”对话框

1）Length：选中此选项，表示牵引曲面的距离是由牵引长度来给定的。

2）Plane：选中此选项，表示牵引曲面延伸到指定的平面上。

3）：用于设置牵引曲面的长度和延伸方向，延伸方向包括了正向、反向和双向。

4）：用于设置牵引的斜角，也称拔模斜角。

5）：用于选取牵引曲面延伸到指定的平面，它只有在选中“平面”选项时，才会被激活。

创建牵引曲面的操作步骤：

1）在主菜单中单击 Create/Surface/Draft 命令，根据系统弹出的 Chaining 对话框，设置相应的串连方式，并在绘图区域内选择图 7-38 所示的曲线作为牵引截面，并单击对话框中的 ✓ 按钮。

2）系统弹出 Draft Surface 对话框，在对话框中选中“长度”选项，输入“牵引曲面拉伸长度”为“8”，“牵引角度”为“30”，并单击对话框中的 ✓ 按钮，即可完成牵引曲面的创建操作，结果如图 7-39 所示。

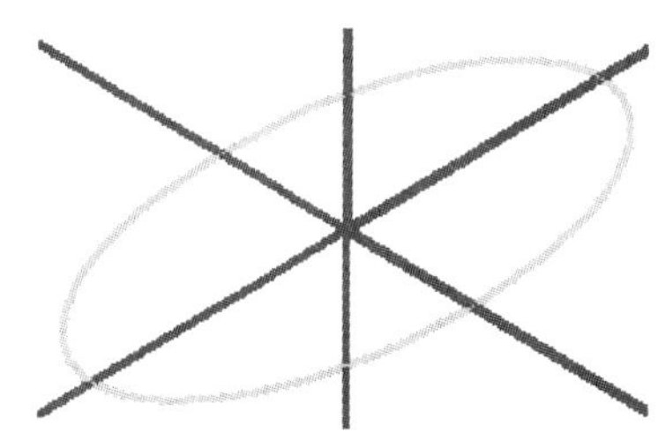

图 7-38 选取牵引截面

图 7-39 牵引曲面的绘制

7.8 拉伸曲面的创建

拉伸曲面指将以封闭的外形线沿一定的方向拉伸出一个封闭的曲面。拉伸曲面与牵引曲面的绘制相类似，但也有不同之处，拉伸曲面上、下增加了两个封闭的曲面。

在主菜单中单击 Create/Surface/Extruded Surface 命令，或直接单击“曲面”工具栏中 Create Extruded Surface... 命令来创建拉伸曲面。图 7-40 为“拉伸曲面”对话框。

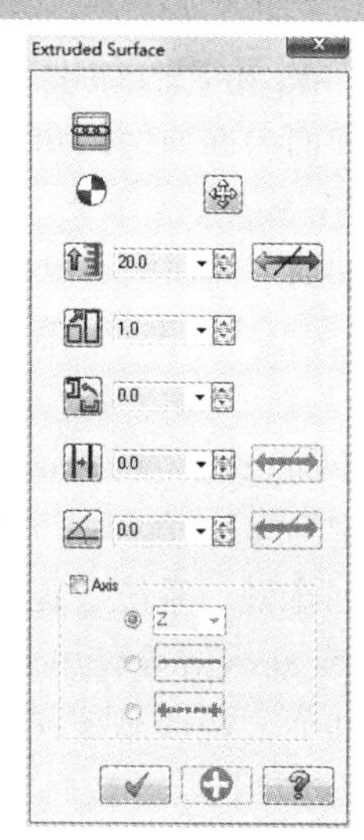

图 7-40 “拉伸曲面”对话框

对话框中各选项含义说明如下。

1）：“拉伸基点选取”按钮，单击其右边的按钮，可以选取绘图面内的一点作为拉伸的基点。

2）：“拉伸比例”输入框，用于设置拉伸截面的整体缩放倍数。

3）：用于设置拉伸截面绕基点旋转的角度。

4）：用于设置拉伸外形封闭线扩大或缩小的长度。

5）: 用改变拔模斜度的方向。

拉伸曲面的操作步骤：

1）直接单击“曲面”工具栏中的 Create Extruded Surface... 命令，根据系统弹出的 Chaining 对话框，设置相应的串连方式，并在绘图区域内选择图 7-41 所示的曲线作为拉伸截面，单击按钮。

2）系统弹出 Extruded Surface 对话框，在对话框中输入“拉伸高度”为“10”，“拉伸曲面比例”为“1”，并单击对话框中的按钮，即可完成拉伸曲面的创建，结果如图 7-42 所示。

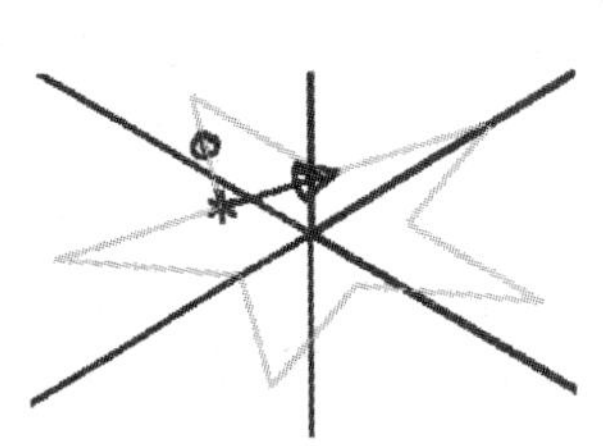

图 7-41 选取拉伸截面

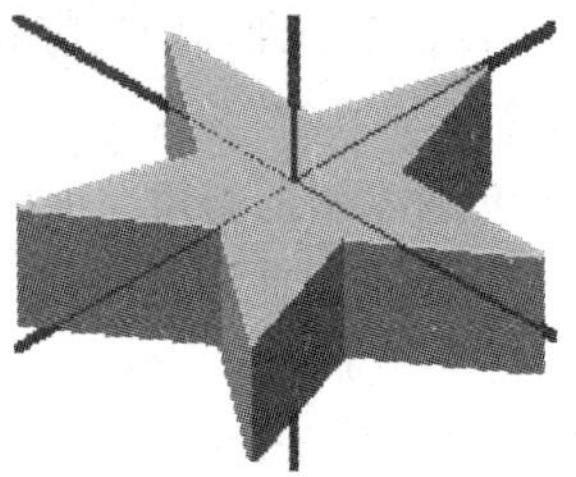

图 7-42 拉伸曲面的绘制

注意：如果选择的图素是开放式的，系统就会弹出一个图 7-43 所示的“绘制封闭拉伸曲面提示”对话框，如果单击对话框中的 是(Y) 按钮，则系统会自动封闭该外形线并创建出拉伸曲面；如果单击对话框中的 否(N) 按钮，则创建拉伸曲面失败。

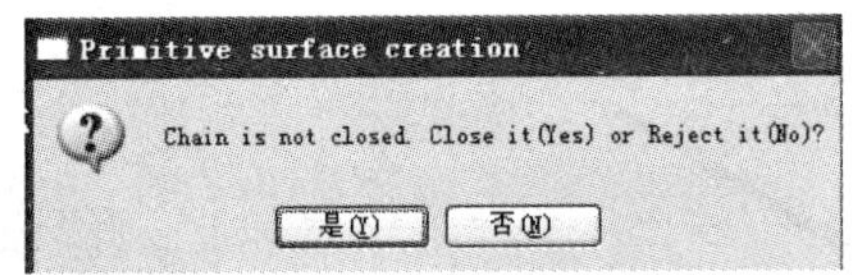

图 7-43 “绘制封闭拉伸曲面提示”对话框

7.9 曲面倒圆角

曲面倒圆角指将两组曲面以圆弧的形式进行过渡连接，从而将比较尖锐的交线变得圆滑平顺。曲面倒圆角共有三种方式，分别为曲面与曲面倒圆角、曲线与曲面倒圆角、曲面与平面倒圆角。

7.9.1 曲面与曲面倒圆角

曲面与曲面倒圆角指在两个曲面之间创建一个圆角曲面。在主菜单中单击 Create/Surface/Fillet/To Surfaces 命令，或直接单击“曲面”工具栏中的按钮来创建面与面倒圆角。

曲面与曲面倒圆角操作步骤：

1）直接单击“曲面”工具栏中的按钮，根据系统提示：Select first set of surfaces and press〈Enter〉to continue（选择第一组曲面，按回车键继续），选择图 7-44 所示的第一组曲面，并按回车键。系统会提示：Select second set of surfaces and press〈Enter〉to continue（选择第二组曲面，按回车键继续），选择图 7-44 所示的第二组曲面，并按回车键。

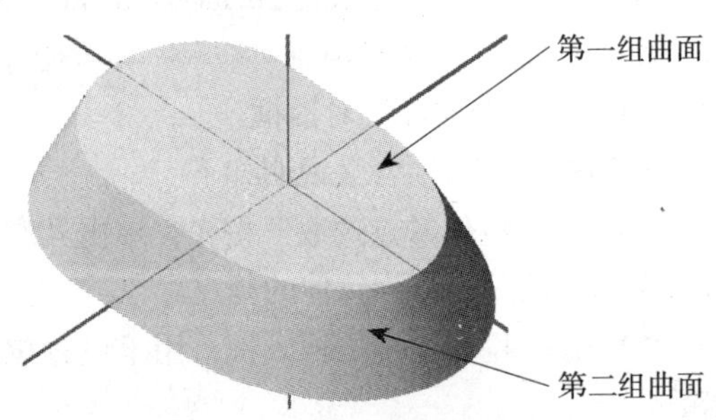

图 7-44 选取倒圆角的曲面

2）系统弹出 Fillet Surf to Surf 对话框，如图 7-45 所示，输入“倒圆角半径”为“10”，并选

中“修剪”选项☑Trim，并单击对话框中的[✓]按钮，即可完成倒圆角操作，结果如图 7-46 所示。

注意：在曲面与曲面倒圆角时，要注意检查两组曲面的法线方向，要求两组曲面的法线方向都要指向倒圆角曲面的圆心，可以单击曲面与曲面倒圆角对话框中的[←⊞→]按钮，来更改曲面法线的方向。

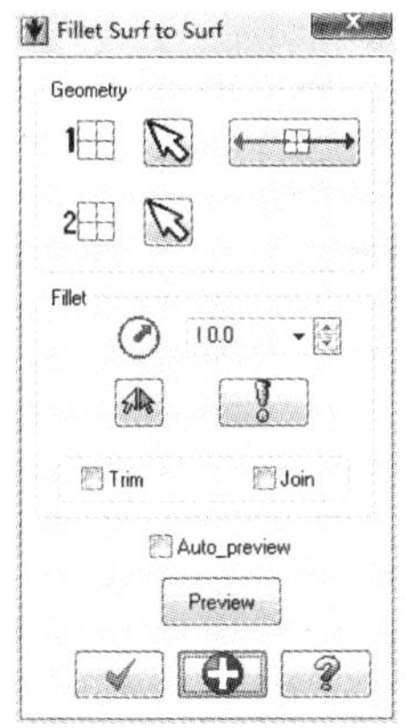

图 7-45　“曲面与曲面倒圆角”对话框

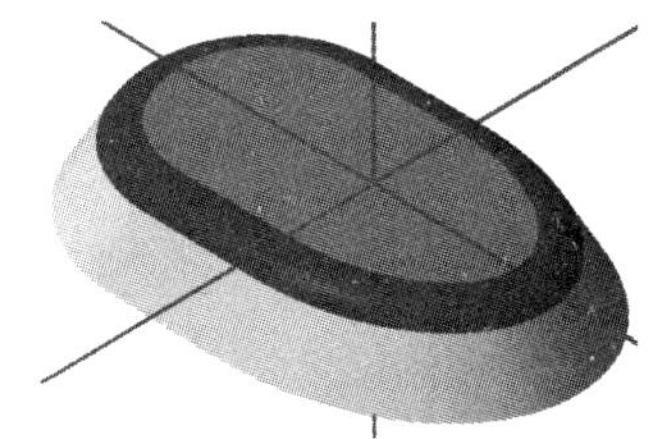

图 7-46　曲面与曲面倒圆角的创建

7.9.2　曲面与曲线倒圆角

曲面与曲线倒圆角指在一条曲线与曲面之间创建一个光滑过渡的圆角曲面。

曲面与曲线倒圆角操作步骤：

1）在主菜单中单击 Create/Surface/Fillet/To Curves 命令，或直接单击“曲面”工具栏中的 Fillet Surfaces to Curves... 命令，根据系统提示：Select surfaces and press〈Enter〉to continue（选择曲面），选择图 7-47 所示的曲面，并按回车键；再根据系统提示：Select curves 1，选取图 7-47 所示的曲线，并单击对话框中的[✓]按钮。

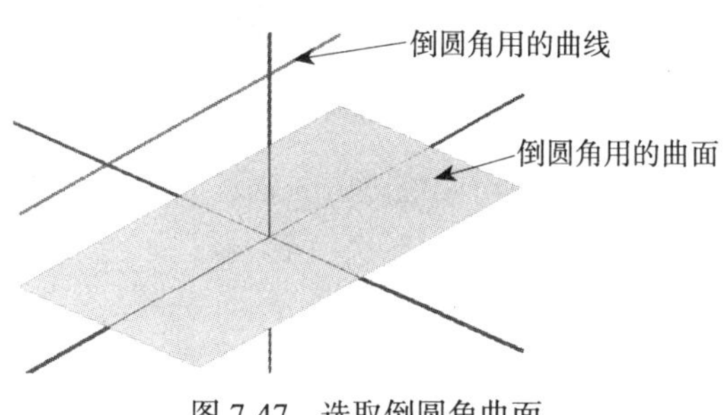

图 7-47　选取倒圆角曲面

2）系统弹出 Fillet Surfaces to Curves（曲面与曲线倒圆角）对话框，输入“倒圆角半径”为“10”，选中“修剪”选项☑Trim，如图 7-48 所示，并单击对话框中的[✓]按钮，即可完成倒圆角操作，结果如图 7-49 所示。

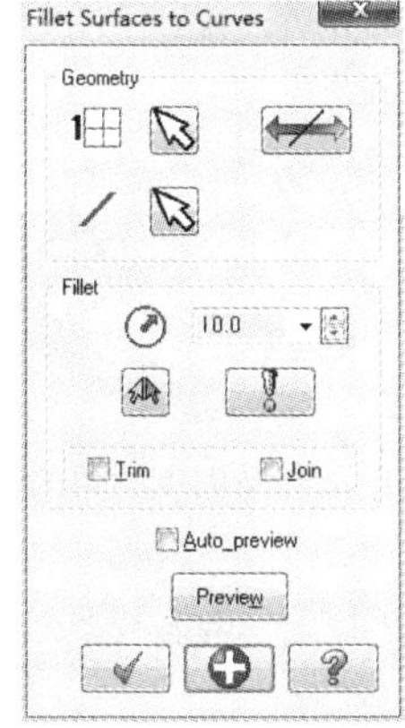

图 7-48　“曲线与曲面倒圆角”对话框

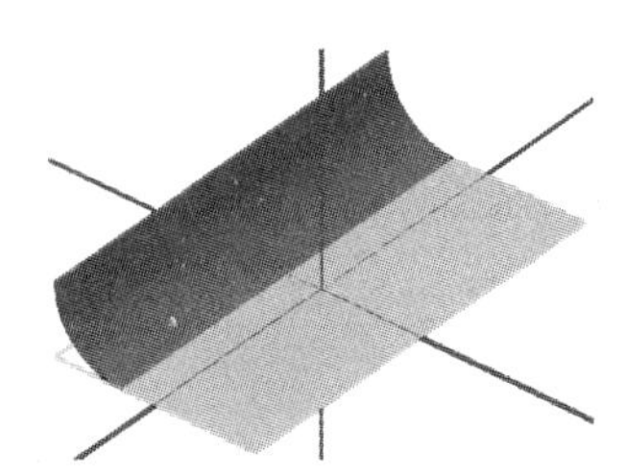

图 7-49　曲面与曲线倒圆角的创建

7.9.3 曲面与平面倒圆角

曲面与平面倒圆角指曲面和平面之间创建一个光滑过渡的倒角面。

曲面与平面倒圆角操作步骤：

1）在主菜单中单击Create/Surface/Fillet/To Plane命令，或直接单击“曲面”工具栏中的 Fillet Surfaces to a Plane... 命令，根据系统提示：Select surfaces and press〈Enter〉to continue（选择曲面），选择图7-50所示的曲面，并按回车键；再根据系统提示：Plane selection（选择平面），设“平面”为“Z－8”的平面，并单击对话框中的 ✓ 按钮。

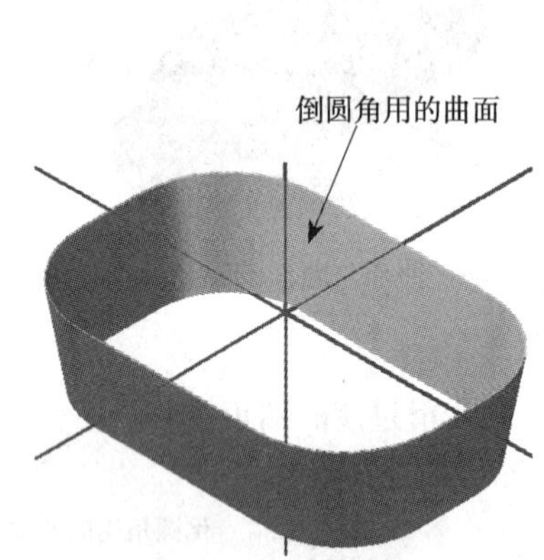

图7-50 选取倒圆角曲面

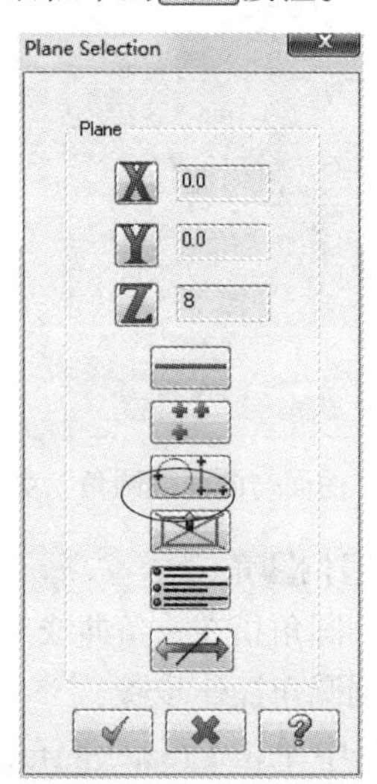

图7-51 “选择平面”对话框

2）系统弹出Fillet Surfaces to a Plane（曲面与平面的倒圆角）对话框，输入“倒圆角半径”为“5”，选中“修剪”选项 ☑Trim，如图7-52所示，并单击对话框中的 ✓ 按钮，即可完成倒圆角操作，结果如图7-53所示。

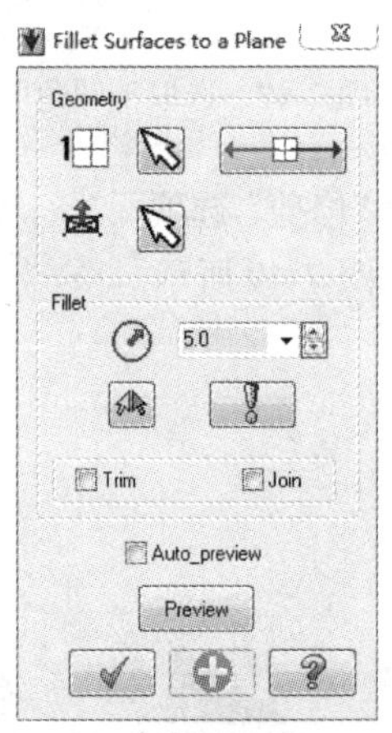

图7-52 “曲面与平面倒圆角”对话框

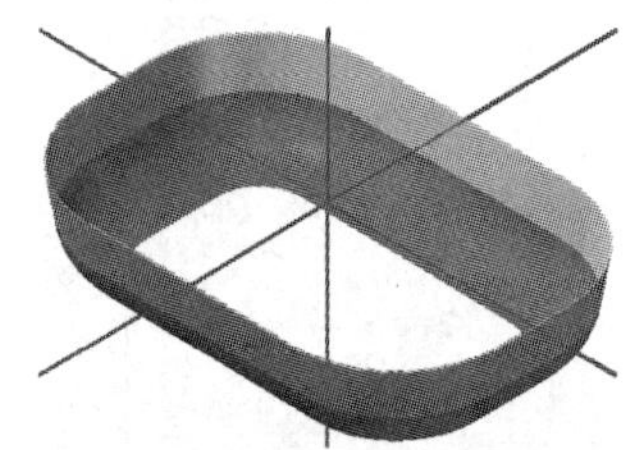

图7-53 曲面与平面倒圆角的创建

7.10 曲面修剪

曲面修剪指通过选取所指定的曲面沿着选定边界进行修剪操作，从而产生新的曲面。修剪的边界可以是曲线、曲面或平面。曲面修剪有三种方式，分别为修整至曲面、修整至曲线、修剪至平面。

7.10.1 修整至曲面

在主菜单中单击 Create/Surface/Trim /To Surfaces 命令，或直接单击“曲面”工具栏中的 Trim Surfaces to Surfaces 命令来执行“曲面修剪”命令。“修整至曲面”工具栏如图 7-54 所示，工具栏各按钮的功能说明如下。

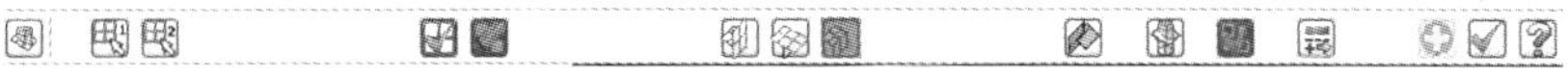

图 7-54 “修整至曲面”工具栏

1）：“第一组曲面”按钮，单击该按钮可以重新选取第一组曲面。

2）：“第二组曲面”按钮，单击该按钮可以重新选取第二组曲面。

3）：“第一组曲面修剪”按钮，选中该按钮，表示只对选取的第一组曲面进行修剪。

4）：“第二组曲面修剪”按钮，选中该按钮，表示只对选取的第二组曲面进行修剪。

5）：“两者都修剪”按钮。选中该按钮，表示对第一组和第二组曲面都进行修剪。

6）：“延伸曲面相交线到曲面边界”按钮。

7）：“分割曲面”按钮。选中该按钮，原曲面将被修剪边界分割成两个部分曲面。

修整至曲面操作步骤：

1）单击“曲面”工具栏中的 Trim Surfaces to Surfaces 命令，根据系统提示 Select first set of surfaces and press〈Enter〉to continue（选取第一个曲面），选择图 7-55 所示的曲面作为第一个曲面，并按回车键。根据系统提示 Select second set of surfaces and press〈Enter〉to continue（选取第二个曲面），选择图 7-55 所示的曲面作为第二个曲面，并按回车键。

2）根据系统提示 Indicate area to keep-select to be trimmed（指出保留区域—选取曲面去修剪），在第一个曲面的内侧单击鼠标左键，系统将在第一个曲面上显示出一个红色的移动箭头，如图 7-56 所示，再移动箭头指定需要保留的区域。

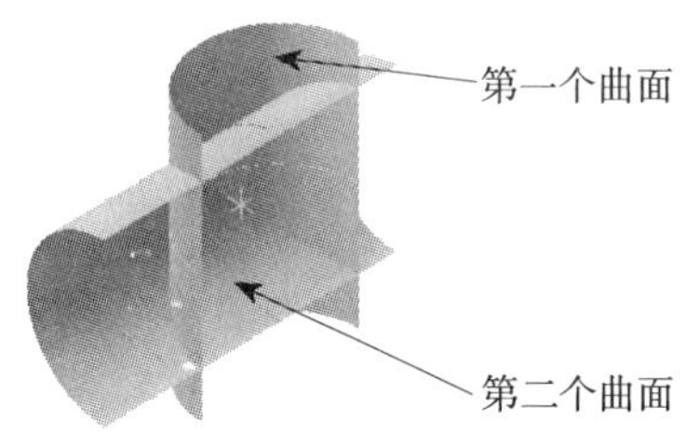

图 7-55 选取修剪的曲面

图 7-56 指定第一个曲面要保留的区域

3）根据系统提示 Indicate area to keep-select to be trimmed（指出第二曲面的保留区域），在第二个曲面的外侧单击鼠标左键，系统将在第二个曲面上显示出一个红色的移动箭头，如图 7-57 所示，再移动箭头指定需要保留的区域。

4）在工具栏中单击按钮，结果如图 7-58 所示；在工具栏中单击按钮，结果如图 7-59 所示；在工具栏中单击按钮，结果如图 7-60 所示。

图 7-57　选取第二个曲面要保留的区域

图 7-58　修剪第一个曲面

图 7-59　修剪第一个曲面

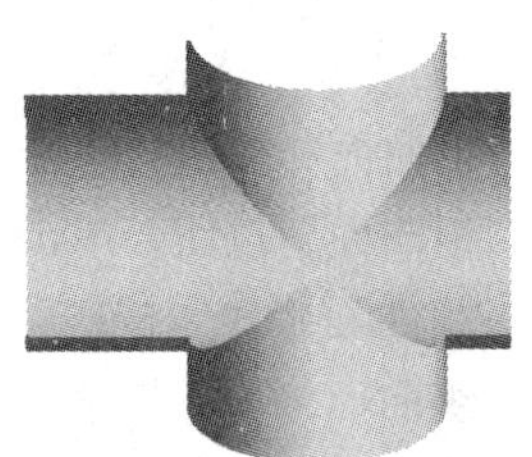
图 7-60　两个曲面都修剪

7.10.2 修整至曲线

修整至曲线是从曲面上裁剪掉封闭曲线在曲面上的投影部分。在利用修整至曲线功能时，曲线可以在曲面上，也可以在曲面外。当曲线在曲面外时，通过工具栏选择视图方向或者是曲面法向作为投影方向，将曲线投射到曲面上，并利用投影曲线修剪曲面。

修整至曲线的操作步骤：

1）单击“曲面”工具栏中的 Trim Surfaces to Curves... 命令，根据系统提示 Select surfaces and press〈Enter〉to continue（选择曲面），在绘图区选择图 7-61 所示曲面作为修剪曲面，并按回车键。系统弹出 Chaining 对话框，根据提示选择心形曲线作为修剪曲线，如图 7-61 所示，并单击对话框中的 ✓ 按钮。

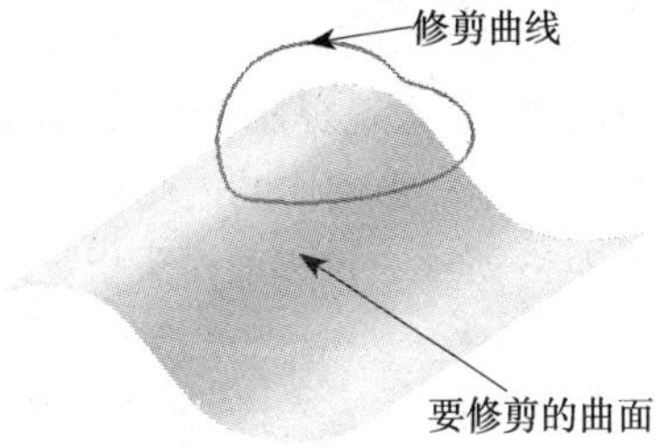

修剪曲线
要修剪的曲面
图 7-61　选取要修剪的曲面和修剪曲线

2）根据系统提示 Indicate area to keep-select a surface to be trimmed（指出保留的区域—选取曲面去修剪），选择曲面进行修剪，系统将在修剪曲面上显示一个红色的箭头，如图 7-62 所示。根据系统提示 Slide to a location to keep after trimming（移动至曲面修剪后保留的部分），移动箭头至投影圆的外侧单击鼠标左键，指定修剪曲面保留的区域，并单击工具栏中的 ✓ 按钮，即可完成修整操作，结果如图 7-63 所示。

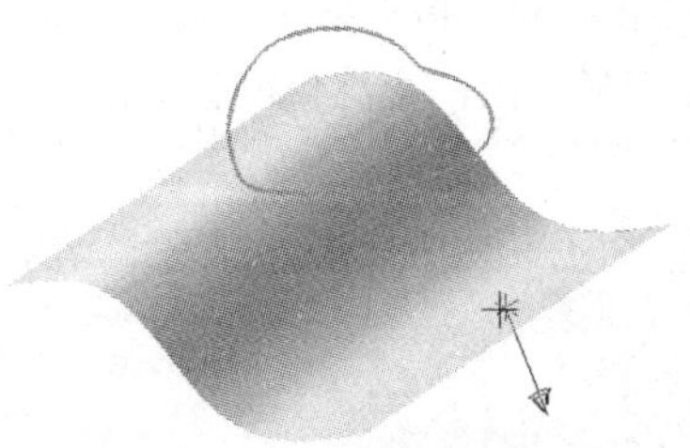
图 7-62　选取曲面要保留的区域

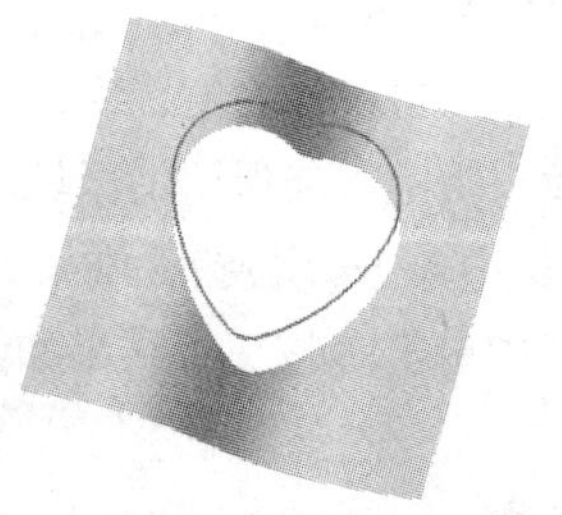
图 7-63　曲面修整至曲线的结果

7.10.3　修整至平面

修整至平面是曲面以平面为界，去除或分割部分曲面的操作。其操作过程和曲面与平面倒圆角类似。

修整至平面操作步骤：

1）在主菜单中单击 Create/Surface/Trim/To Plane 命令，或直接单击“曲面”工具栏中的 Trim Surfaces to a Plane 命令，根据系统提示：Select surfaces and press〈Enter〉to continue（选择曲面），选择图 7-64 所示的曲面作为被修剪曲面，并按回车键。

2）系统弹出 Plane Selection（平面选项）对话框，在“Z”文本框中输入“20”，如图 7-65 所示。单击对话框中的 按钮，系统弹出“修剪至平面”工具栏，单击工具栏中的 按钮，即可完成修剪操作，结果如图 7-66 所示。

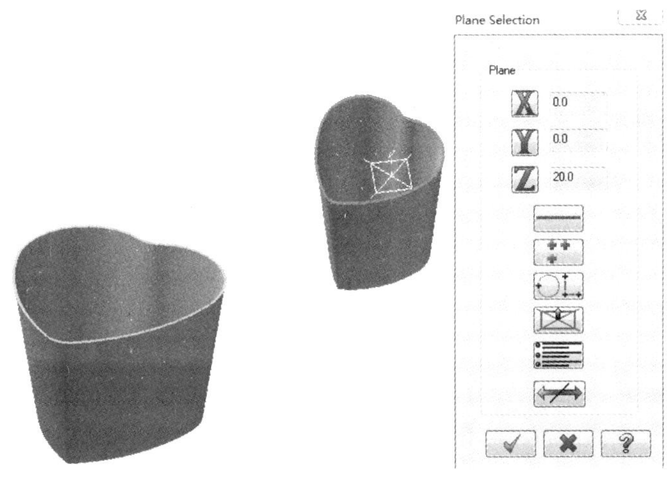

图 7-64　要修整的曲面　　图 7-65　指定平面去修剪曲面　　图 7-66　修整至平面

7.11　曲面延伸

曲面延伸指将选取的曲面沿着指定的方向延伸指定的长度或延伸到指定的平面。在主菜单中单击 Create/Surface/Extend 命令，或直接单击“曲面”工具栏中的 Surface Extend 命令来执行“曲面延伸”命令。图 7-67 所示为“曲面延伸”工具栏，各按钮的功能说明如下。

图 7-67　“曲面延伸”工具栏

1）：“线性延伸”按钮。选中该按钮，表示原曲面将按构图平面的法线方向以指定距离进行线性延伸，或以线性方式延伸到指定平面。

2）：“非线性延伸”按钮。选中该按钮，表示原曲面按曲面曲率变化规律进行非线性延伸，或以非线性方式延伸到指定的平面。

3）：“延伸到平面”按钮。单击该按钮，表示曲面延伸到指定的曲面。

4）10.0：“延伸长度”输入框。

曲面延伸的操作步骤：

1）单击“曲面”工具栏中 Surface Extend 命令，系统弹出“曲面延伸”工具栏，根据系统提示：

Select a surface to extend（选取要延伸的曲面），选择图 7-68 所示的曲面作为延伸曲面，在选取的延伸曲面上将显示一个红色的移动箭头。

2）接着根据系统提示：select arrow to edge to extend from（移动箭头至曲面要延伸的端面），移动箭头至端面，并单击鼠标左键，在工具栏中输入“延伸距离”为“10”，并选中按钮，结果如图 7-69 所示，在工具栏中单击按钮，结果如图 7-70 所示。

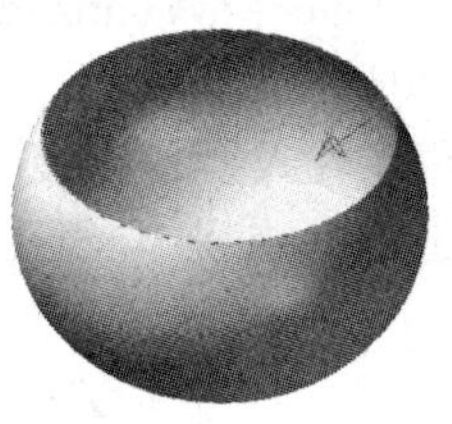

图 7-68　选取要延伸的曲面

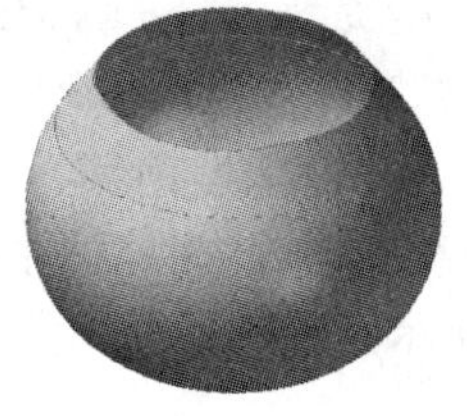

图 7-69　曲面按线性规律延伸

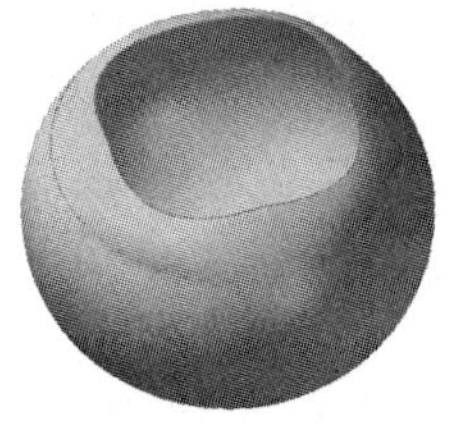

图 7-70　曲面按非线性规律延伸

7.12　从实体面复制曲面

在 Mastercam 中，实体中的实体面可以转换成曲面，是通过 Create Surface From Solid（从实体面复制曲面）命令来完成的。在主菜单中单击 Create/Surface/From Solid 命令，或直接单击“曲面”工具栏中的 Create Surface from Solid... 命令来执行该命令。

从实体面复制曲面的操作步骤：

1）单击“曲面”工具栏中 Create Surface from Solid... 命令，根据系统提示：Select body or face for generating surface geometry，选择图 7-71 所示实体的全部表面，并按回车键完成选择。

2）在系统弹出的工具栏设置相应的转换参数，单击工具栏中的按钮，即可完成从实体面复制曲面操作，结果如图 7-72 所示。

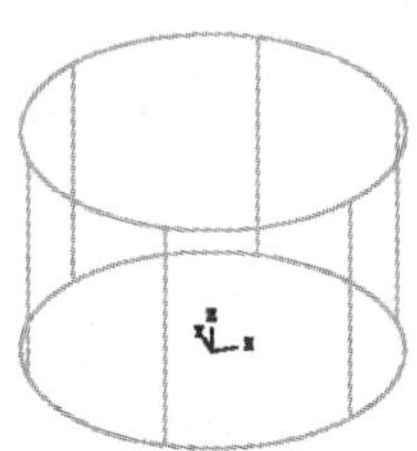

图 7-71　要转换的实体面图

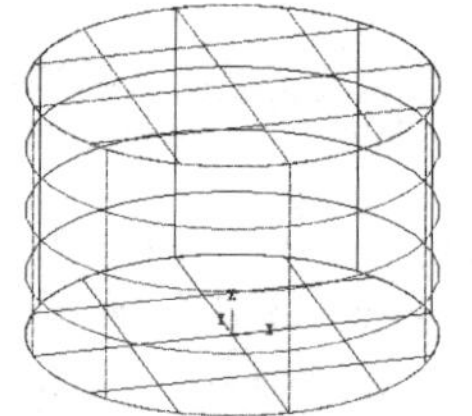

图 7-72　把实体面转换成曲面

7.13　平面修剪

平面修剪指通过选取一个封闭的线串来创建一个平面曲面。在主菜单中单击 Create/Surface/Flat Boundary 命令，或直接单击“曲面”工具栏中按钮右边三角下拉按钮，在弹出的下级菜单中单击 Create Flat Boundary Surface... 命令来执行“平面修剪”命令。运行该命令后，根据系统弹出的 Chaining 对话框，系统提示：Select chains to define flat boundary 1，设置相应的串连方式，并在绘图区域内选取图 7-73 所示的封闭线串，单击对话框内按钮，即可完成平面的修剪操作，结果如图 7-74 所示。

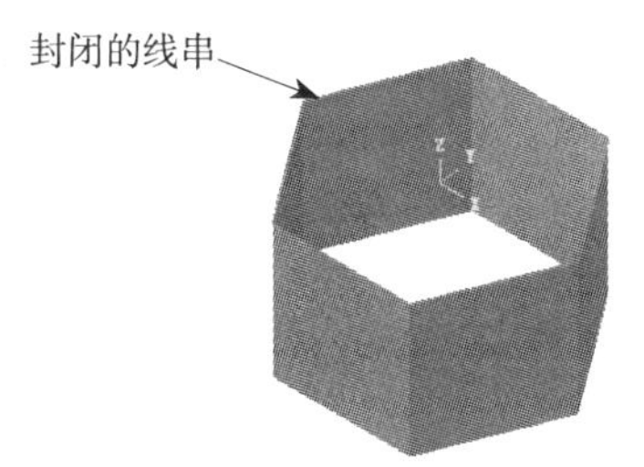

图 7-73 要选取的线串

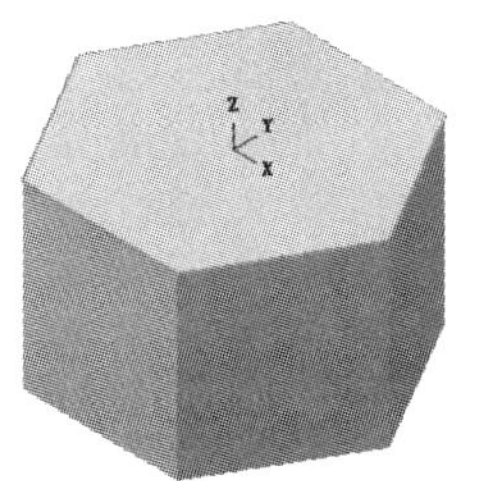
图 7-74 平面修剪效果

7.14 填补内孔

填充内孔指将曲面上的孔洞处进行填补。

填充内孔操作步骤：

1）在主菜单中单击 Create/Surface/Fill Holes 命令，或直接单击“曲面”工具栏中的按钮的右边三角下拉按钮，在弹出的下级菜单中单击 Fill Holes with Surfaces... 命令来运行“填补内孔”命令。根据系统的提示：Select a surface or solid face（选取一个曲面或实体面），选取图 7-75 所示的曲面。

2）根据系统的提示：Select the boundary of the hole to fill（选取内孔的边界），移动箭头至孔的边界处，单击鼠标左键，再单击工具栏中的按钮，即完成填充内孔的操作，结果如图 7-76 所示。

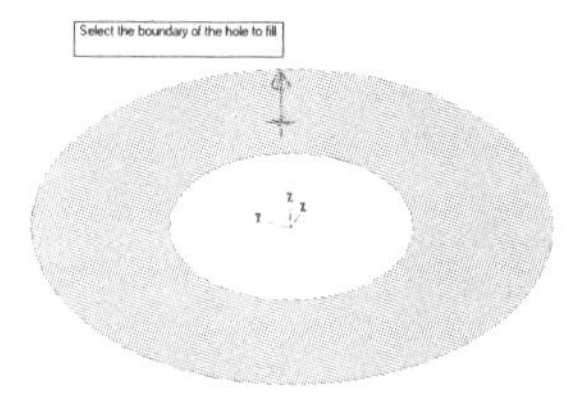

图 7-75 选取要内孔填充的曲面

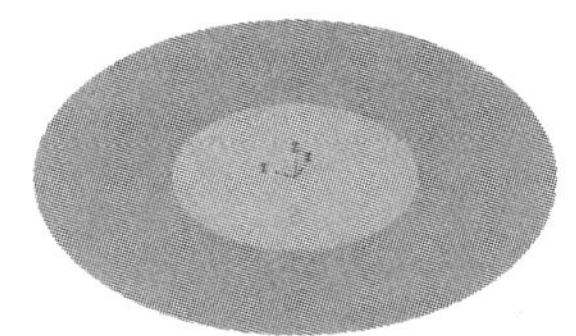
图 7-76 填充内孔的结果图

7.15 分割曲面

分割曲面指将原始曲面在指定的位置割开，将曲面一分为二。

分割曲面操作步骤：

1）在主菜单中单击 Create/Surface/Split 命令，或直接单击“曲面”工具栏中按钮的右边三角下拉按钮，在弹出的下级菜单中单击 Create Split Surface... 命令来运行“分割曲面”命令。根据系统的提示：Select a surface（选取一个曲面），选取图 7-77 所示的曲面。

2）根据系统的提示：Slide arrow to splitting location（移动箭头到分割处），移动箭头至孔分割处，单击鼠标左键，系统提示：Select Flip to change split direction，or select another surface to split（通过切换键切换分割方向，或选择另一曲面来分割），单击工具栏中的按钮，即完成分割曲面的操作，结果如图 7-78 所示。

图 7-77　选取要分割的曲面

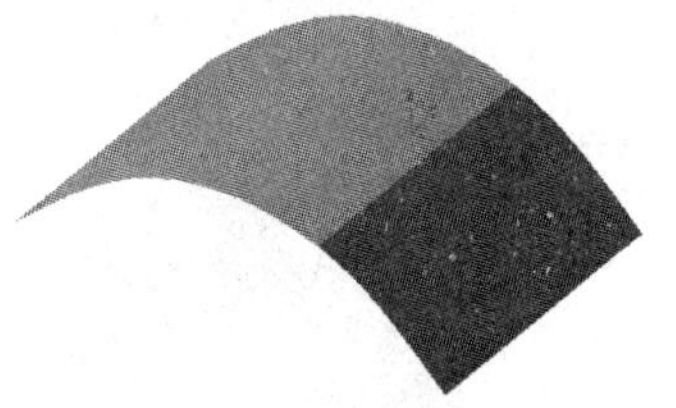
图 7-78　分割曲面的结果图

7.16　曲面造型实例 1

7.16.1　曲面实例 1 工程图

曲面实例 1 工程图如图 7-79 所示。

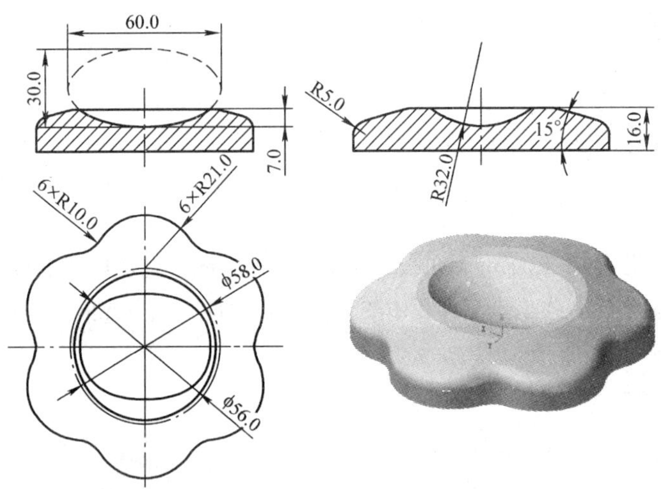

图 7-79　曲面实例 1 工程图

7.16.2　绘图思路

曲面实例 1 绘制思路如图 7-80 所示。

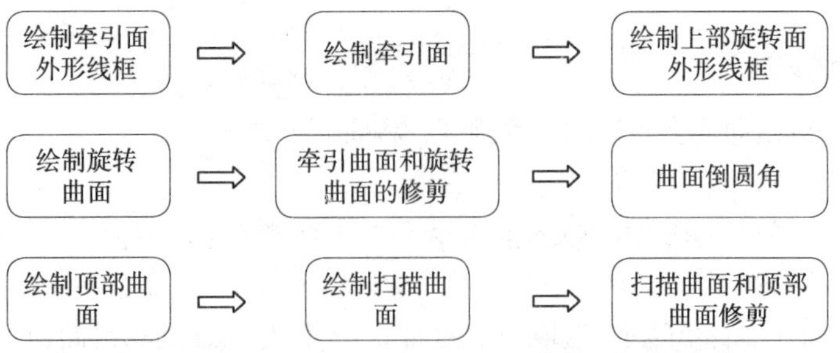

图 7-80　曲面实例 1 绘图思路

7.16.3　曲面实例 1 绘制过程

1．绘制中心线

将当前图层设为“1”，命名为“中心线”，将“线型”改为“中心线”，其余设置为默认值。绘制与 X、Y、Z 三轴重合的三条中心线。

2. 绘制曲面实例 1 的主体特征

（1）在俯视图上绘制实例 1 的牵引面外形线框，方法如下。

① 设置构图平面为“俯视图”（C Plane：Top），当前图层为“2”，命名为“牵引面外形线”，选择“10 号”颜色（绿色），将“线型”改为实线。

② 绘制实例 1 的牵引面外形线的平面草图，如图 7-81 所示。

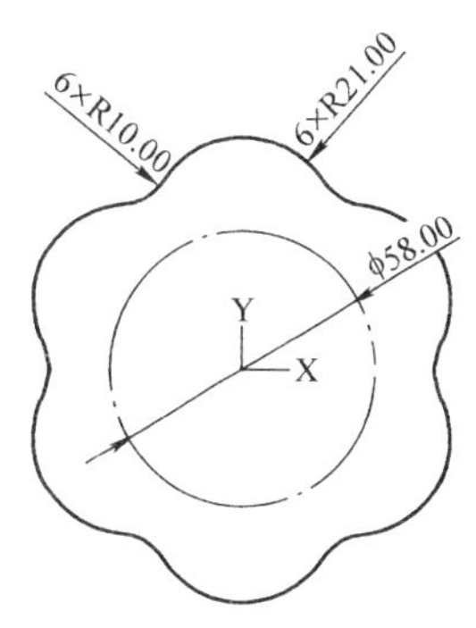

图 7-81 实例 1 的外形的平面草图

（2）牵引曲面

① 将图层设为“3”，命名为“牵引曲面”。在主菜单中单击 Create/Surface/Draft 命令，或直接单击“曲面”工具栏中的 Create Draft Surface... 命令，根据系统弹出的 Chaining 对话框，设置相应的串连方式，并在绘图区域内选择图 7-82 所示的曲线作为牵引截面，并单击对话框中的按钮。

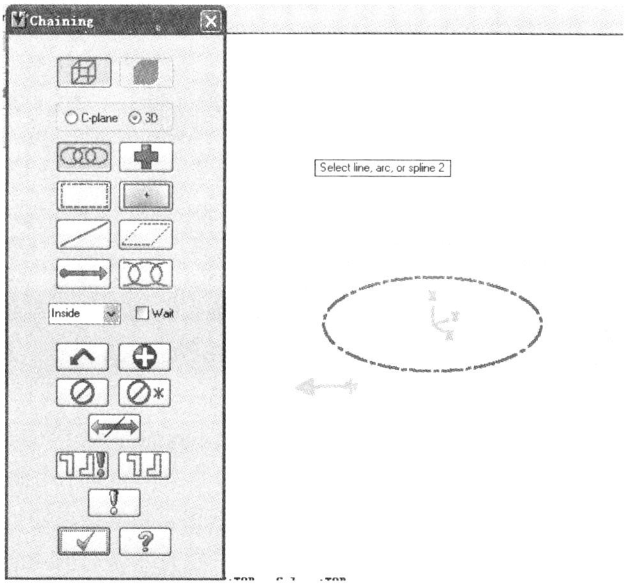

图 7-82 牵引曲面串连图素对话框

② 系统弹出 Draft Surface 对话框，在对话框中选中“长度”选项，输入“牵引曲面拉伸长度”为“16”，“牵引角度”为“0”，并单击对话框中的按钮，即可完成牵引曲面的创建操作，结果如图 7-84 所示。

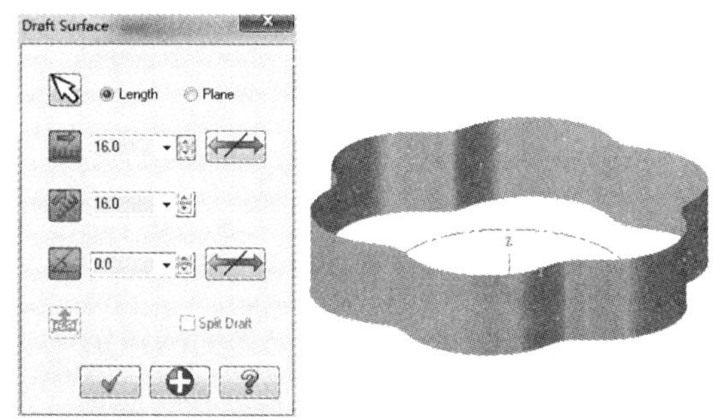

图 7-83 “Draft Surface”对话框

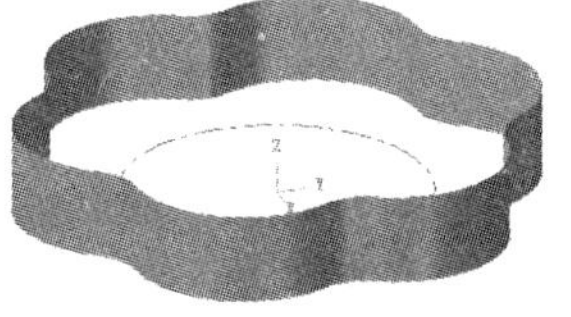

图 7-84 牵引曲面结果图

3. 绘制上部旋转面

（1）在前视图绘制上部旋转面外形线框，方法如下。

① 设置构图平面为“前视图”（C Plane：Front），当前图层为“4”，命名为“上部旋转面外形线”，“绘图高度值 Z”设为“0”。

② 绘制上部旋转面外形线框的草图，如图 7-85 所示。

（2）曲面旋转

① 将图层设为“5”，命名为“上部旋转面”，设为当前层，关掉图层 2 和 3。根据系统弹出的 Chaining 对话框，设置相应的串连方式，并在绘图区域内选择图 7-85 所示的轮廓曲线作为旋转截面，并单击对话框中的 ✔ 按钮。

② 根据系统提示：“选取旋转轴” Select the axis of rotation，在绘图区内选择中心线作为旋转轴线。在“旋转曲面”工具栏中输入“旋转曲面的起始角度”为“0”和“终止角度”为“360”，单击工具栏中的 ✔ 按钮，即可完成旋转曲面的创建操作，结果如图 7-86 所示。

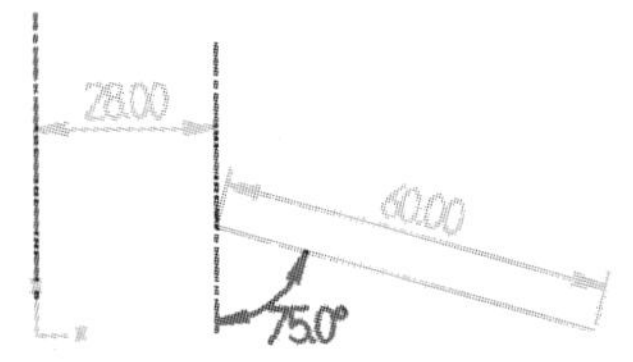

图 7-85 上部旋转面外形线框的草图

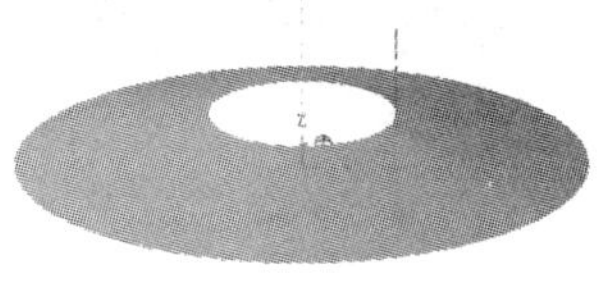
图 7-86 旋转曲面的创建

4. 曲面修剪

① 设置构图平面为“俯视图”（C Plane：Top），“视角”为“等角视角”，打开图层 3 和 5，关掉其他图层。在主菜单中单击 Create/Surface/Trim /To Surfaces 命令，根据系统提示：Select first set of surfaces and press〈Enter〉to continue（选取第一个曲面），选择图 7-87 所示的旋转曲面作为第一个曲面，并按回车键。根据系统提示：Select second set of surfaces and press〈Enter〉to continue（选取第二个曲面），选择图 7-87 所示的牵引曲面作为第二个曲面，并按回车键。

② 根据系统提示：Indicate area to keep-select to be trimmed（指出保留区域—选取曲面去修剪），在旋转曲面的内侧单击鼠标左键，系统将在第一个曲面上显示出一个红色的移动箭头，如图 7-88 所示，再移动箭头指定需要保留的区域。

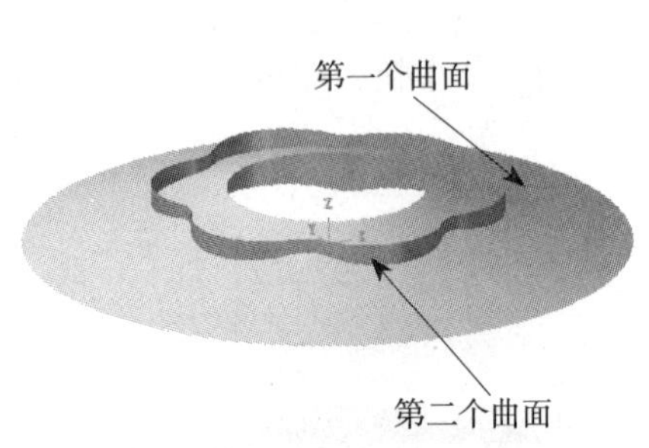

图 7-87 选取修剪曲面

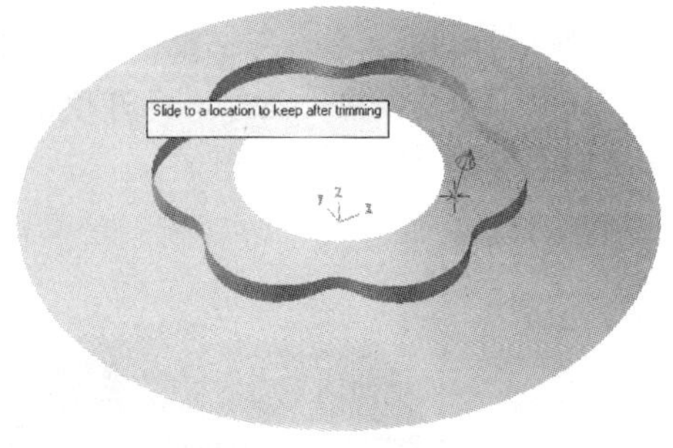

图 7-88 指定旋转曲面要保留的区域

③ 根据系统提示：Indicate area to keep-select to be trimmed（指出第二曲面的保留区域），在第二个曲面的外侧单击鼠标左键，系统将在第二个曲面上显示出一个红色的移动箭头，如图 7-89 所示，再移动箭头指定需要保留的区域。在工具栏中单击按钮，两曲面都被修剪，结果

如图 7-90 所示。

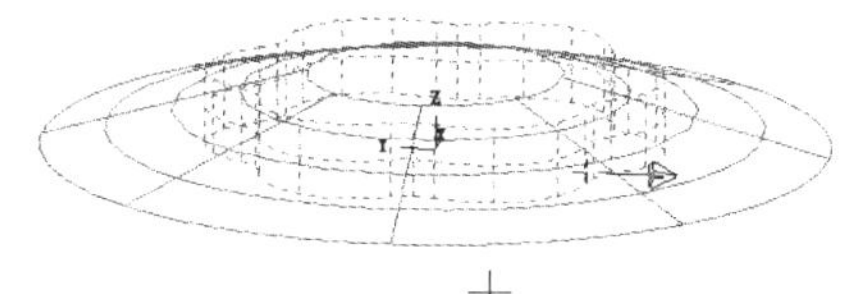
图 7-89 选取牵引曲面要保留的区域

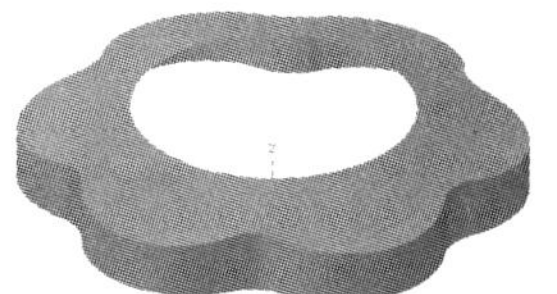
图 7-90 两个曲面都被修剪

5. 曲面倒圆角

① 直接单击“曲面”工具栏中的按钮，根据系统提示：Select first set of surfaces and press 〈Enter〉to continue（选择第一组曲面，按回车键继续），选择图 7-91 所示的第一组曲面，并按回车键。系统会提示：Select second set of surfaces and press〈Enter〉to continue（选择第二组曲面，按回车键继续），选择图 7-91 所示的第二组曲面，并按回车键。

② 系统弹出 Fillet Surf to Surf 对话框，如图 7-92 所示，输入“倒圆角半径”为“5”，系统提示：no fillets found，这时要注意检查两组曲面的法线方向，要求两组曲面的法线方向都要指向倒圆角曲面的圆心，单击“曲面与曲面倒圆角”对话框中的按钮，来更改曲面法线的方向，如图 7-93 所示。选中“修剪”选项☑Trim，并单击对话框中的按钮，即可完成倒圆角操作，结果如图 7-94 所示。

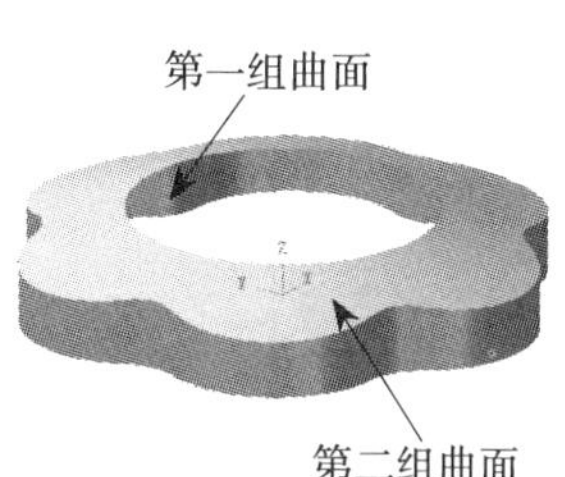

图 7-91 选取倒圆角的曲面

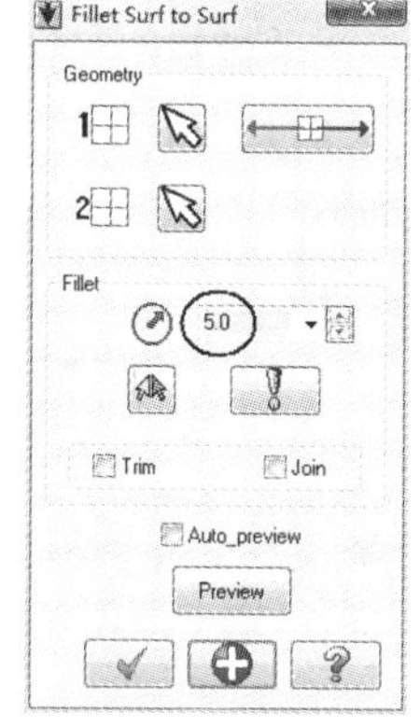

图 7-92 “曲面与曲面倒圆角”对话框

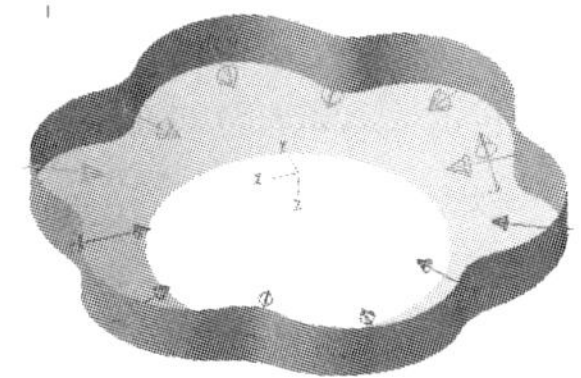
图 7-93 曲面法向方向的更改

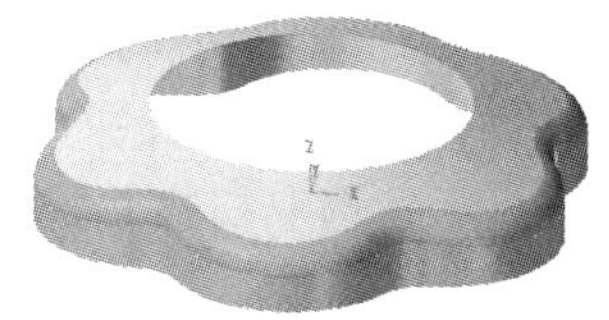
图 7-94 曲面倒圆角结果图

6. 在俯视图上运用“平面修剪”指令绘制顶部曲面，方法如下。

① 设置构图平面为“俯视图”（C Plane：Top），当前图层为“6”，关掉其他图层。“绘图高度值 Z”设为“16”。

② 绘制平面修剪的封闭线框，草图如图 7-95 所示。

③ 在主菜单中单击 Create/Surface/Flat Boundary 命令，根据系统弹出的 Chaining 对话框，提示：Select chains to define flat boundary 1，设置相应的串连方式，并在绘图区域内选取图 7-95 所示的封闭线框，单击对话框内 ✓ 按钮，即可完成平面的修剪操作。打开图层 3 和图层 5，结果如图 7-96 所示。

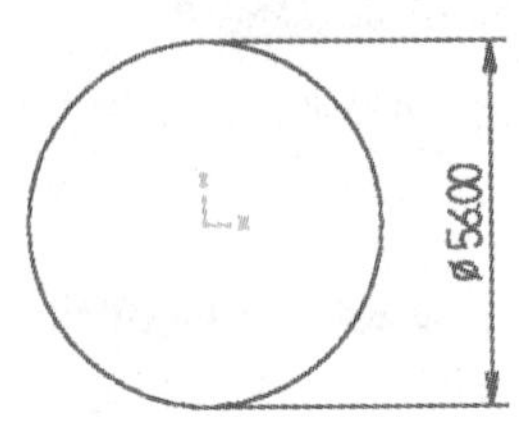

图 7-95　平面修剪的封闭线框

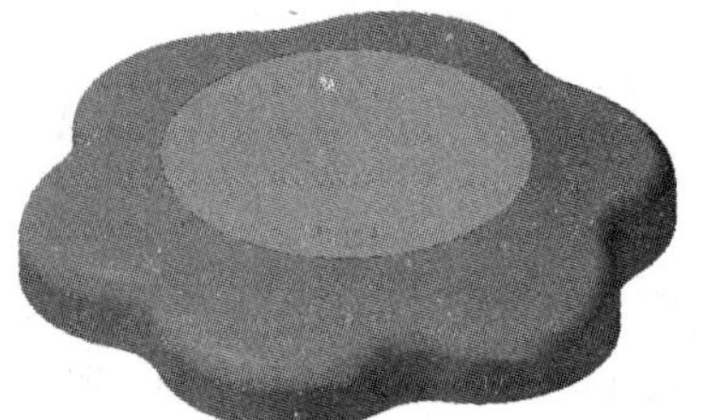

图 7-96　平面修剪的结果图

7. 构建扫描曲面

（1）在侧视图上绘制扫描路径线框，方法如下。

① 设置构图平面为“侧视图”（C Plane：Right），当前图层为“7”，命名为“扫描路径”，“绘图高度值 Z”设为“0”。

② 绘制扫描路径的草图，如图 7-97 所示。

（2）在俯视图上绘制扫描截面线框，方法如下。

① 设置构图平面为“俯视图”（C Plane：Top），当前图层为“8”，命名为“扫描截面”。打开图层 7 和图层 8，关闭其余的图层。“绘图高度值 Z”设为“24”。

② 绘制扫描截面的草图，如图 7-98 所示。

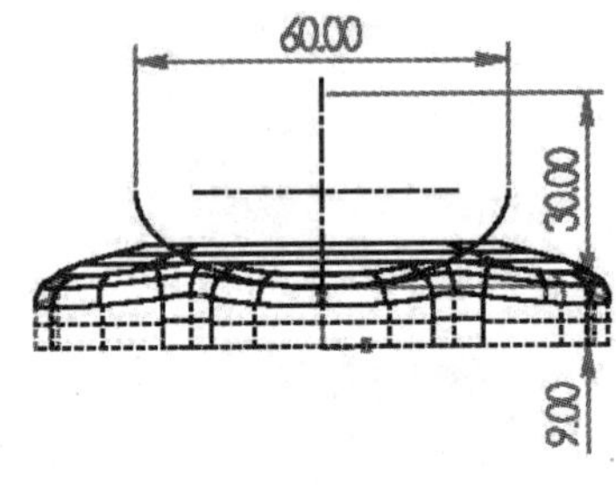

图 7-97　扫描路径的草图

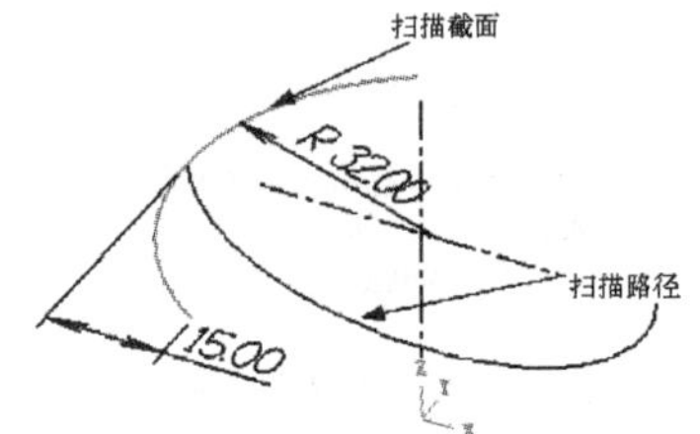

图 7-98　扫描截面的草图

（3）创建扫描曲面

① 将图层设为“9”，命名为“扫描曲面”。在主菜单中单击 Create/Surface/Swept 命令，根据系统提示“在绘图区内选择扫描截面”，如图 7-99 所示，并单击对话框中的 ✓ 按钮。

② 根据系统提示“选取扫描轨迹线串”，并单击“扫描曲面”工具栏中的“旋转”按钮，然后单击工具栏中的 ✓ 按钮，即可完成扫描曲面的创建操作，结果如图 7-100 所示。

8. 顶部曲面与扫描曲面的修剪

① 视图视角为“等角视角”，打开图层 6 ~ 图层 9，关掉其他图层。在主菜单中单击 Create/Surface/Trim /To Surfaces 命令，根据系统提示：Select first set of surfaces and press〈Enter〉to continue（选取第一个曲面），选择图 7-98 所示的顶部曲面作为第一个曲面，并按回车键。根据系统提示：Select second set of surfaces and press〈Enter〉to continue（选取第二个曲面），选择图 7-101 所示的扫描曲面作为第二个曲面，并按回车键。

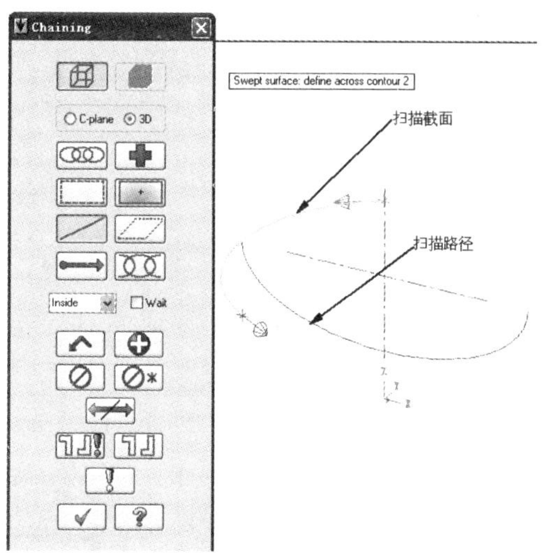

图 7-99 “扫描截面的选择”对话框

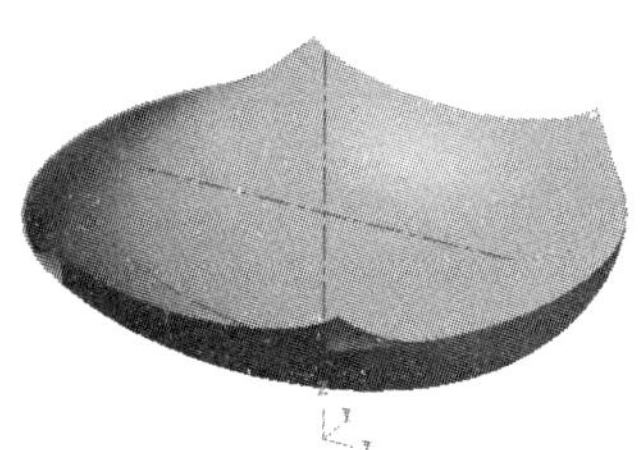

图 7-100 创建扫描曲面

② 根据系统提示：Indicate area to keep-select to be trimmed（指出保留区域—选取曲面去修剪），在旋转曲面的内侧单击鼠标左键，系统将在第一个曲面上显示出一个红色的移动箭头，如图 7-102 所示，再移动箭头到指定需要保留的区域。

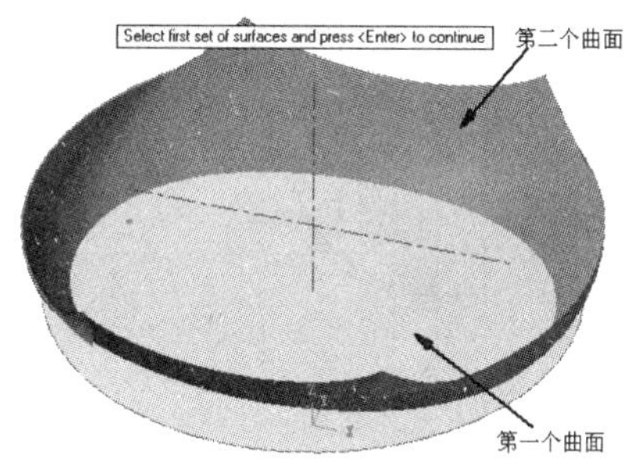

图 7-101 选取要修剪的曲面

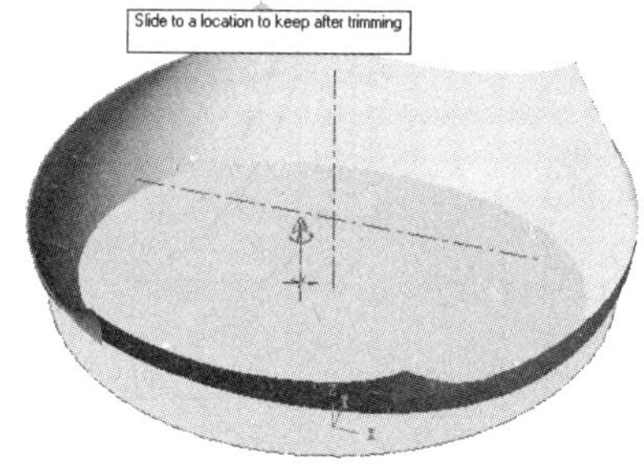

图 7-102 指定顶部曲面要保留的区域

③ 根据系统提示：Indicate area to keep-select to be trimmed（指出第二个曲面的保留区域），在第二个曲面的外侧单击鼠标左键，系统将在扫描曲面上显示出一个红色的移动箭头，如图 7-103 所示，再移动箭头到指定需要保留的区域。在工具栏中单击按钮，两曲面都被修剪，结果如图 7-104 所示。

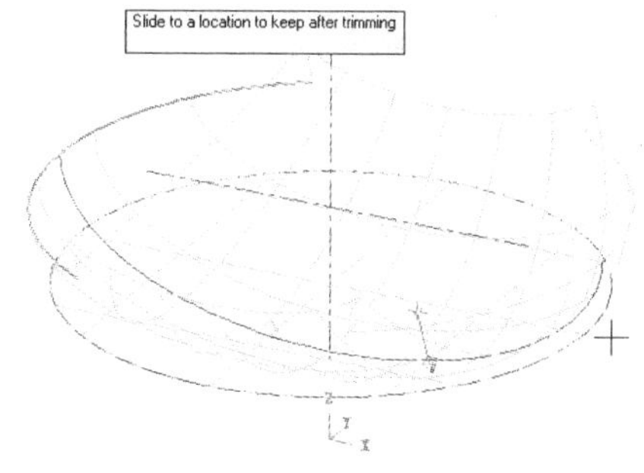

图 7-103 选取牵引曲面要保留的区域

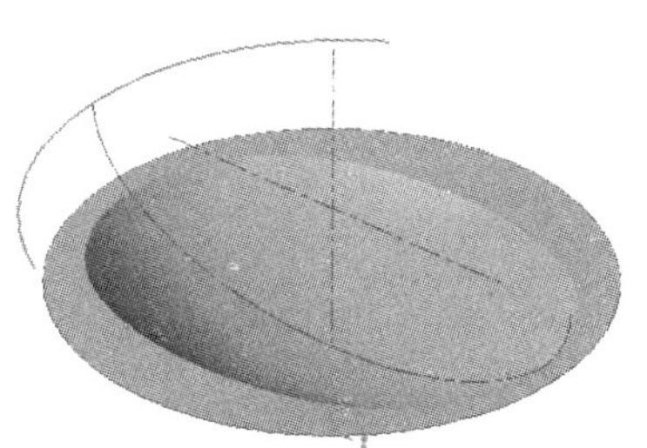

图 7-104 两个曲面都被修剪

④ 打开图层 3、5、6 和 9，关掉其他图层，曲面实例 1 的绘制结果如图 7-105 所示。

图 7-105　曲面实例 1 的结果图

7.17　曲面造型实例 2

7.17.1　曲面实例 2 工程图

曲面实例 2 工程图如图 7-106 所示。

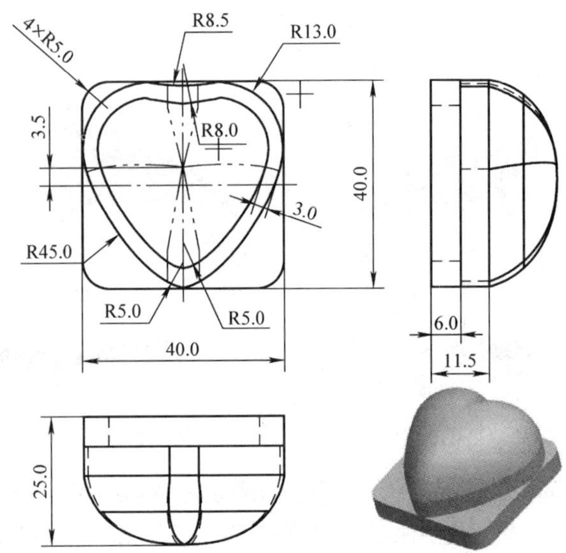

图 7-106　曲面实例 2 工程图

7.17.2　绘图思路

曲面实例 2 绘制思路如图 7-107 所示。

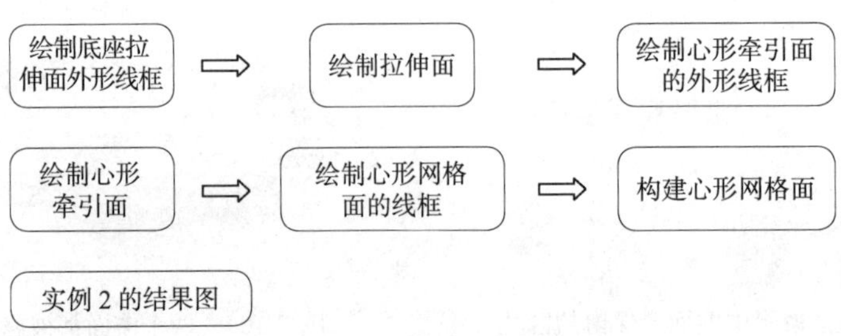

图 7-107　曲面实例 2 绘图思路

7.17.3　曲面实例 2 绘制过程

1. 绘制中心线

将当前图层设为“1”，命名为“中心线”，将线型改为“中心线”，其余设置为默认值。绘制与 X、Y、Z 三轴重合的三条中心线。

2. 绘制曲面实例 2 的基座曲面

（1）在俯视图上绘制实例 2 的拉伸面外形线框，方法如下。

① 设置构图平面为“俯视图”（C Plane：Top），当前图层为“2”，命名为“拉伸面外形线”，选择“10 号”颜色（绿色），将“线型”改为实线。

② 绘制实例 2 的拉伸面外形线的平面草图。

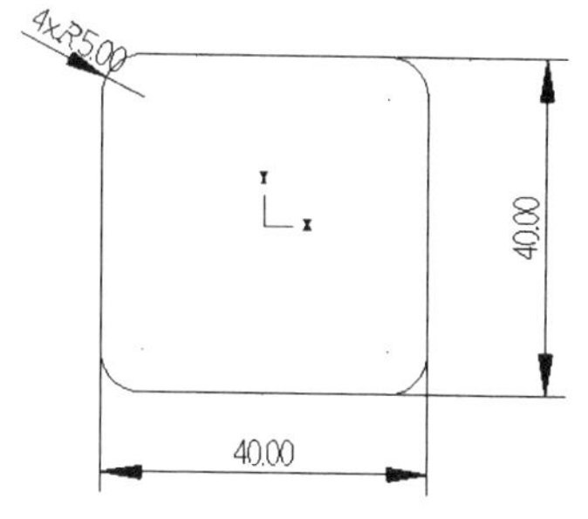

图 7-108　拉伸面外形线的平面草图

（2）拉伸曲面

①将图层设为“3”，命名为“拉伸曲面”。在主菜单中单击 Create/Surface/Extruded 命令，根据系统弹出的 Chaining 对话框，设置相应的串连方式，并在绘图区域内选择图 7-109 所示的曲线作为拉伸截面。

② 系统弹出 Extruded Surface 对话框，在对话框中输入“牵引曲面拉伸长度”为“6”，“牵引角度”为“0”，如图 7-110 所示。单击对话框中的按钮，即可完成拉伸曲面的创建操作，结果如图 7-111 所示。

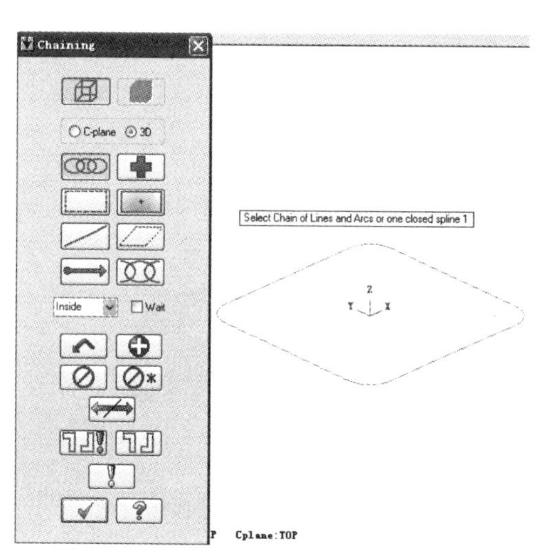

图 7-109　“拉伸曲面串连图素”对话框

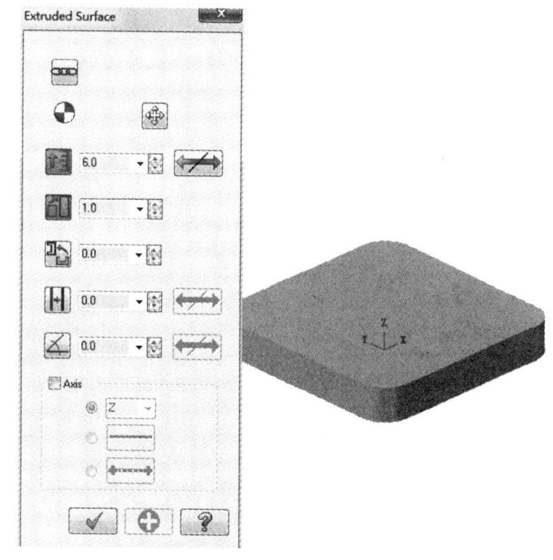

图 7-110　Extruded Surface 对话框

3. 绘制心形基座牵引面

（1）在俯视图绘制心形基座牵引面的外形线框，方法如下。

① 设置构图平面为“俯视图”（C Plane：Top），当前图层为“4”，命名为“心形基座牵引面的外形线”，把图层 2 打开，关闭其余图层，绘图高度值 Z 设为“6”。

② 绘制牵引面的外形线框草图。绘制的是 2D 曲线，注意 2D 线和 3D 线的切换，如图 7-112 所示。

（2）牵引曲面

① 将图层设为“5”，命名为“牵引曲面”。在主菜单中单击 Create/Surface/Draft 命令，根据系统弹出的 Chaining 对话框，设置相应的串连方式，并在绘图区域内选择图 7-113 所示的心形曲线作为牵引截面，并单击对话框中的 ✓ 按钮。

图 7-111 拉伸曲面结果图

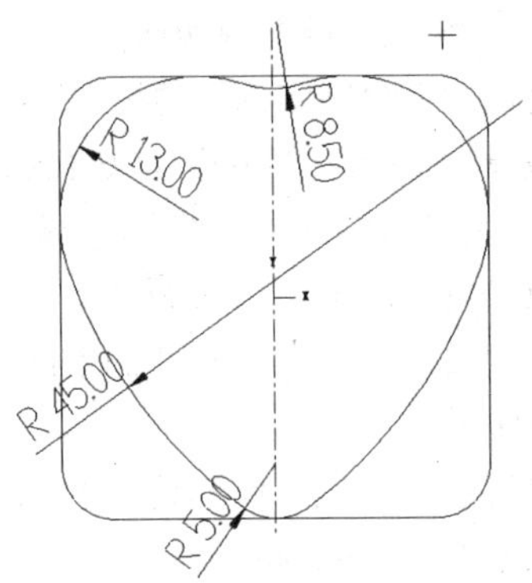

图 7-112 牵引面的外形线框草图

② 系统弹出 Draft Surface 对话框，在对话框中选中“长度”选项，输入“牵引曲面拉伸长度”为“5.5”，牵引角度为“0”，并单击对话框中的 ✓ 按钮，即可完成牵引曲面的创建操作，结果如图 7-114 所示。

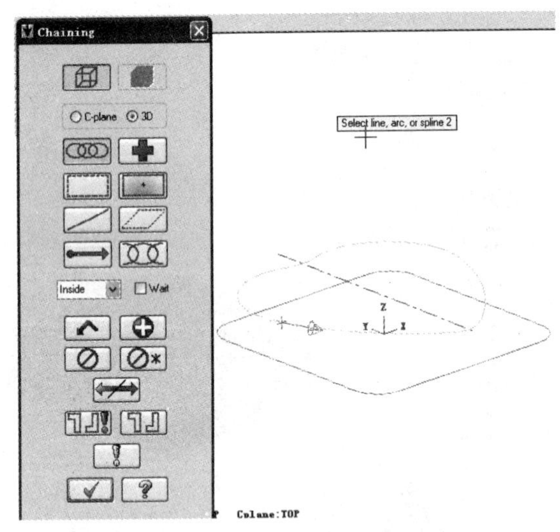

图 7-113 牵引曲面串连图素对话框

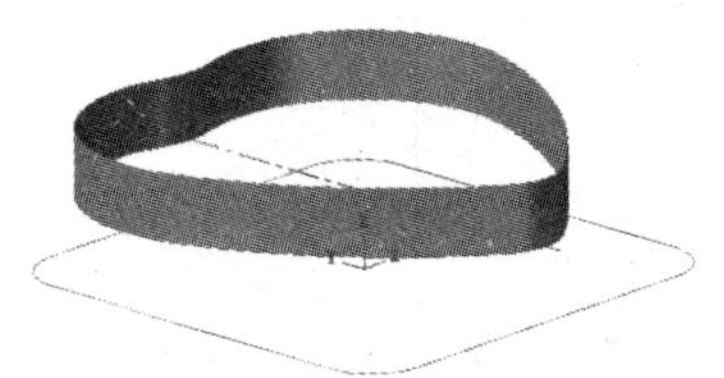

图 7-114 牵引曲面结果图

4. 绘制心形网格面

（1）在俯视图绘制心形网格线框，方法如下。

① 设置构图平面为“俯视图”（C Plane：Top），当前图层为“6”，命名为“心形网格线”，把图层 4 打开，关闭其余图层，“绘图高度值 Z”设为“11.5”。

② 将“Z 高度值”为 6 的心形线框向 Z 方向上复制偏移“5.5”，如图 7-115 所示。

③ 运用 Offset Contour（轮廓偏置）命令绘制“Z 高度值”为“18.5”的心形线框：对“Z 高度值”为“11.5”的心形线框进行轮廓偏置，“水平偏置值”为“3.0” 3.0，“高度偏置值”为“7.0” 7.0，如图 7-116 所示。

但是“Z 高度值”为“18.5”的心形线框两端圆弧值分别为 R8mm 和 R5mm，需对偏置后的心形线框进行修改，先删除两端的圆弧，再用倒角命令建立新的连接圆弧，如图 7-117 所示。

④“绘图高度值 Z”设为“25”，绘制心形线框的顶部端点，具体尺寸如图 7-118 所示。

⑤ 绘制横向网格线，主要运用“三点画弧”命令连接顶部点和两层心形线框的圆弧端点来构成横向网格线，如图 7-119 所示。

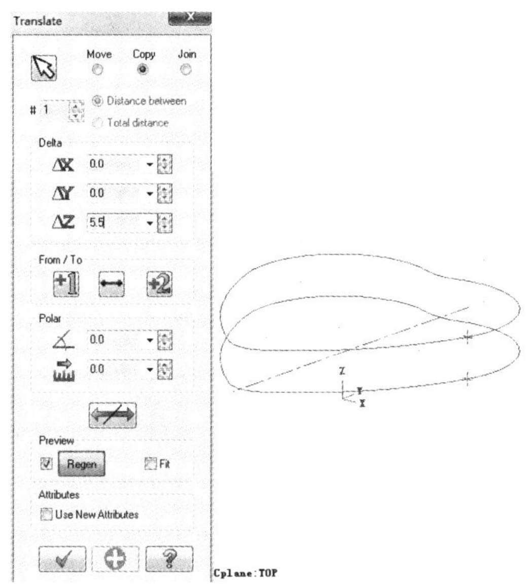

图 7-115 复制偏移心形线框

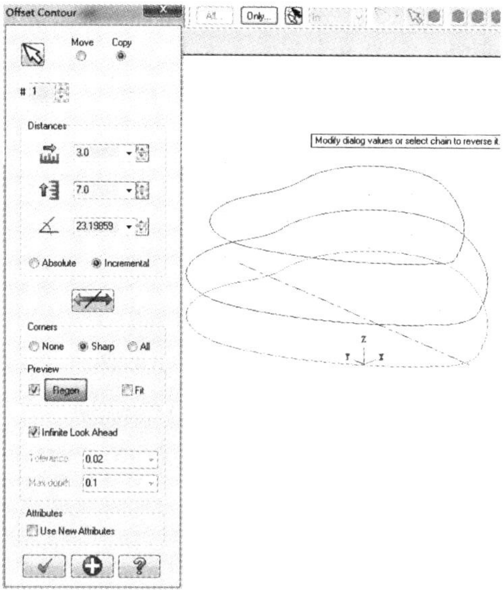

图 7-116 “对心形线框进行轮廓偏置”对话框

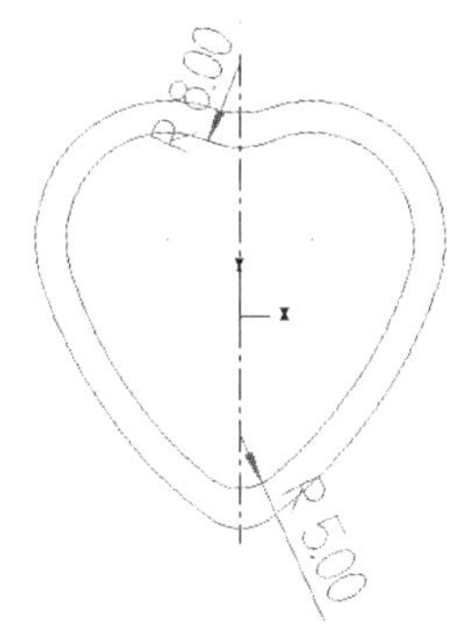

图 7-117 修改两端圆弧

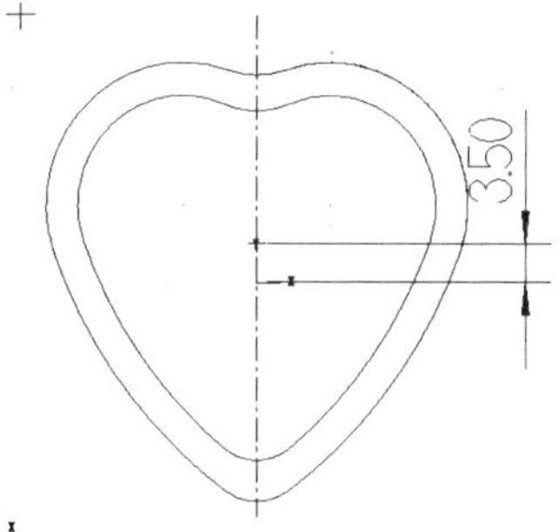

图 7-118 绘制顶部端点

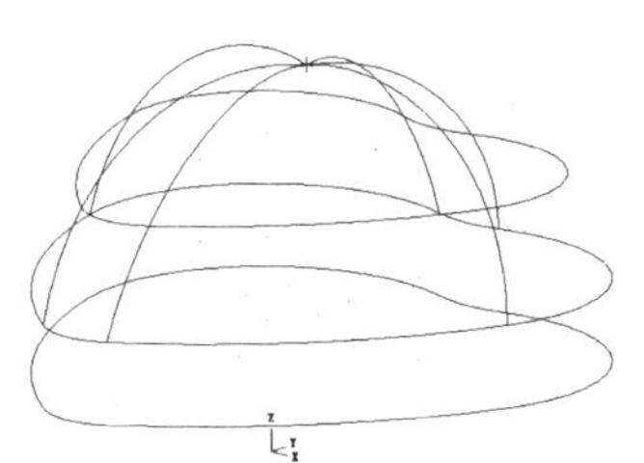

图 7-119 绘制横向网格线

（2）绘制网格面

① 设置当前图层为“7”，命名为“心形网格面”，打开图层 4 和图层 6，关闭其他图层。在主菜单中单击 Create/Surface/Net 命令，根据系统弹出的 Chaining 对话框，设置相应的串连方式，选取 Along（引导方向）的线串，选取完毕后，接着选取 Across（横向）的线串（记得先在工具栏中将“网格方向”切换到“Across”），如图 7-120 所示，并单击对话框中的 ✔ 按钮。

② 单击“网格曲面”工具栏中的 ✔ 按钮，即可完成心形网格面的创建操作，结果如图 7-121 所示。

5. 显示曲面实例 2 的绘制结果

打开图层 3、图层 5 和图层 7，关闭其他图层，图 7-122 为曲面实例 2 的绘制结果图。

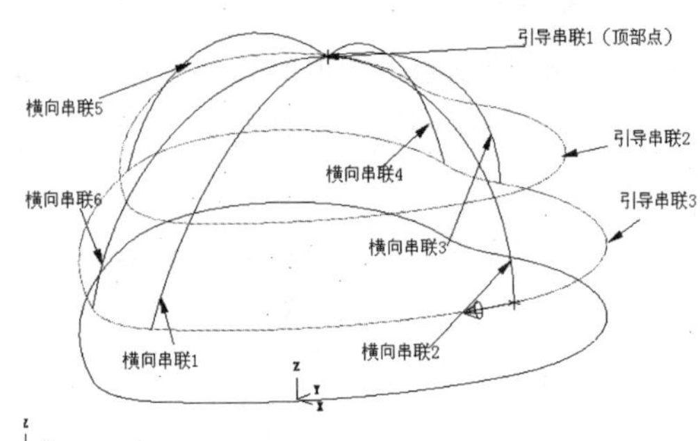

图 7-120　心形曲面引导方向和横向线串的选择

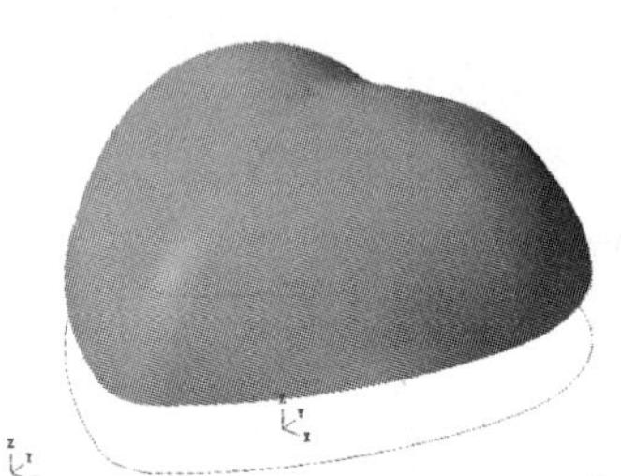

图 7-121　心形曲面的绘制

图 7-122　曲面实例 2 的绘制结果图

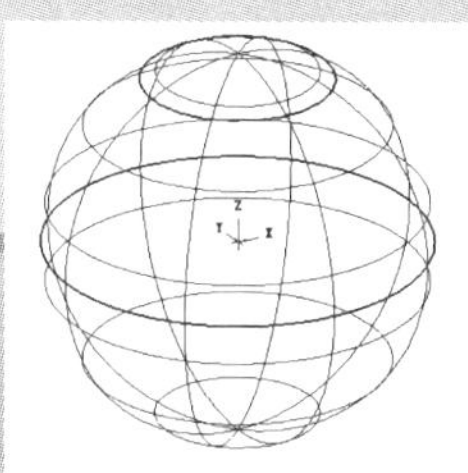

第 8 章 曲面曲线的创建

曲面曲线指在已有的曲面上创建曲线，可以建立曲面曲线和三维曲线。Mastercam 提供了 9 种绘制曲面曲线的方法，所有的命令都在 Create /Curve 命令的子菜单中，如图 8-1 所示。

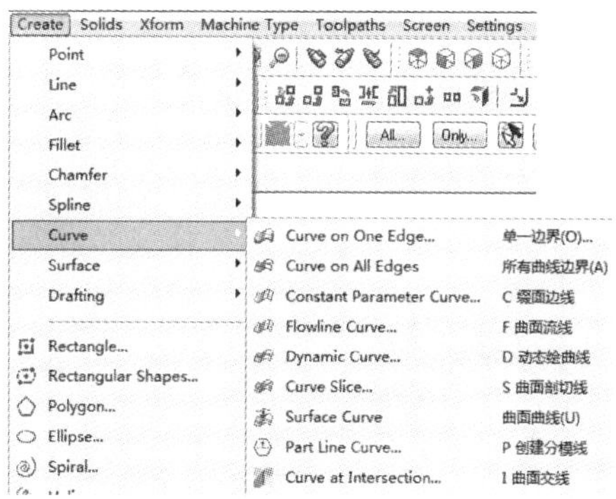

图 8-1　曲面曲线子菜单

8.1　单一边界线和所有边界线

曲面都是有边界的，而且一般都有多条边界，“单一边界线”命令用于绘制曲面的一条边界线，同样适用于实体面。

操作步骤：

1）选择 Create/Curve/Curve on One Edge 命令，启动单一边界线绘制命令。

2）系统提示用户“选择需要绘制边界的曲面”。

3）确定后，将会出现一个箭头，用于选择需要绘制的边界。用户可以通过移动鼠标拖动箭头线确定曲面的某一边界，这里选择下边界线进行绘制，如图 8-2 所示。

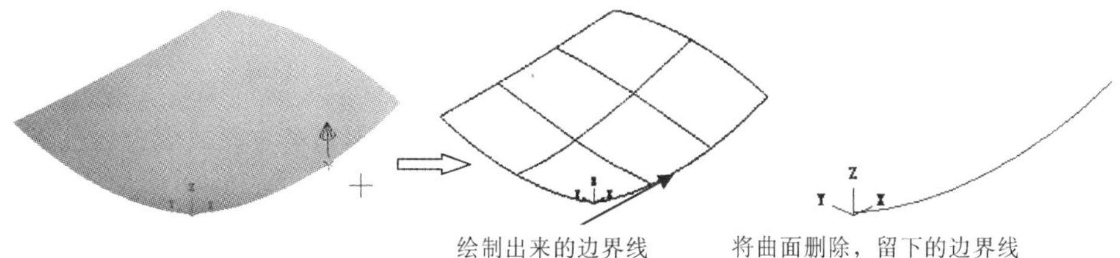

图 8-2　单一边界线绘制

4）确定后，工具栏如图 8-3 所示。在工具栏中的文本框中可以输入转折角的值，当边界线的转折角小于这一角度时，边界线将在转角处被打断，系统默认值为“30”。

图 8-3 “创建单一边界”工具栏

5）设置完成后，单击 按钮，完成单一边界线绘制的操作。

“所有边界线”

运行命令，可以一次性创建出曲面的所有边界。以图 8-2 所示的曲面为例。

操作步骤：

1）执行 Create/Curve/Curve on All Edges 命令，运行“所有边界线”绘制命令。

2）系统提示用户“选择曲面并确定”。

3）此时的工具栏如图 8-4 所示，用于设置相关的参数。

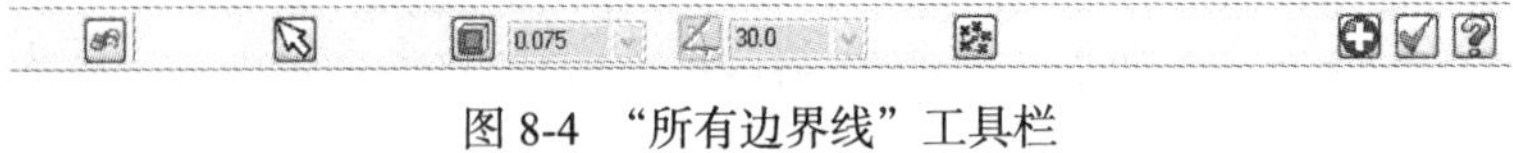

图 8-4 “所有边界线”工具栏

单击 按钮，表示假如选定曲面和其他曲面有共享边界，系统将不会创建这些共享边界的曲线。

4）设置完成后，单击 按钮，完成所有边界线绘制操作。绘制实例如图 8-5 所示。

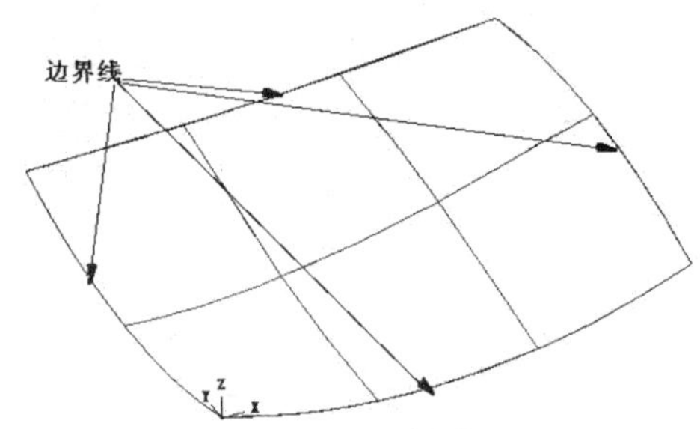

图 8-5 所有边界线绘制实例

8.2 常参数线

常参数线指在曲面上创建一曲线，该曲线具有曲面的 U 走向或者 V 走向，这类似于地形图中的等高线。

操作步骤：

1）执行 Create/Curve/Constant Parameter Curve 命令，运行“常参数线绘制”命令。

2）系统提示用户“选择曲面”，如图 8-6 所示，单击该曲面，将会出现一个箭头线，移动鼠标将箭头移到所要绘制曲线的位置。

3）确定后，工具栏如图 8-7 所示，用于设置相关的参数。

在曲面的一点上一般可以绘制出两条常参数线，它们分别是横方向或纵方向的常参数线。可以通过单击 按钮来进行选择。在 Chord height 0.001 中，用户可以设置曲线精度的 3 种方式：Chord height——弦高方式，数值越小，精度越高；Distance——距离方式，数值越小，精度越高；Number——数量方式，数值越大，精度越高。

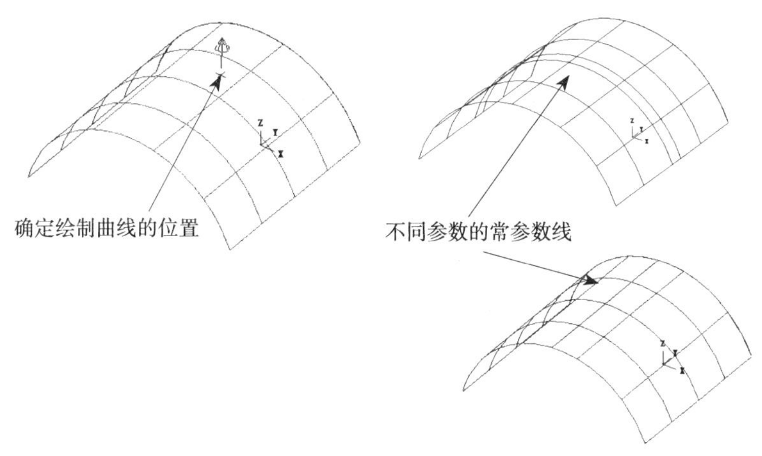

图 8-6　常参数线的绘制实例

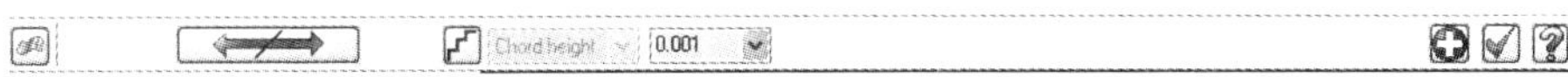

图 8-7　“常参数线”工具栏

4）设置后，单击 按钮，完成常参数线的绘制操作。常参数线绘制的实例如图 8-6 所示。

8.3 流线

曲面流线指沿着一个完整曲面的横向或纵向方向上创建多条曲线。也可以将曲面看成一块布料，这块布料由经线和纬线交织而成，这样的经线和纬线统称为流线。

操作步骤：

1）执行 Create/Curve/Flowline Curve 命令，运行流线绘制命令。

2）系统提示用户“选择曲面”。

3）确定后，工具栏如图 8-8 所示，用于设置相关的参数。

图 8-8　“流线”工具栏

在工具栏中，通过单击 按钮可选择绘制流线的方向，即选择绘制“横向流线”或纵向流线。同样，在 Chord height 0.001 中，用户可以设置曲线精度的保证方式。在 Number 10.0 中，用户可以选择绘制流线的数量，Mastercam 提供了 3 种方式：Chord height——弦高方式，设置相邻流线间指定的高度；Distance——距离方式，设置相邻流线间的距离值；Number——数量方式，设置直接指定流线的数量。

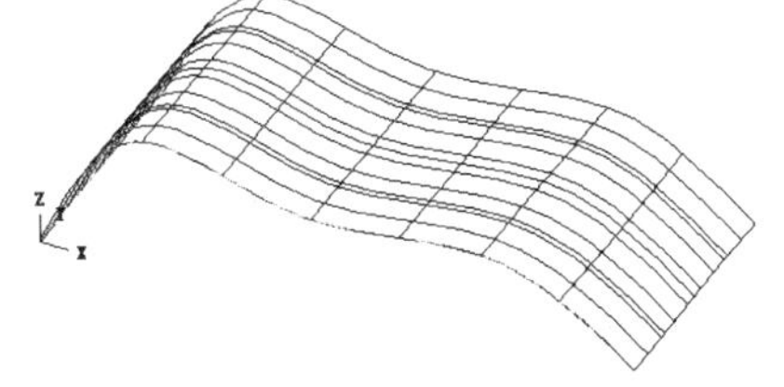

图 8-9　流线绘制实例

4）设置后，单击 按钮，完成流线绘制操作。实例如图 8-9 所示，一共绘制了 10 条流线。

8.4 动态线

动态线指在所选取的曲面上动态绘制点，并将各点连接成一条曲线。

操作步骤：

1）执行 Create/Curve/Dynamic Curve 命令，运行“动态线绘制”命令。

2）系统提示用户“选择曲面”，确定后，利用鼠标在曲面上动态确定曲线要经过的点。

3）工具栏如图 8-10 所示，工具栏中唯一的参数就是设置曲线的弦高误差。

图 8-10 “动态线”工具栏

4）设置后，单击 ✓ 按钮，完成动态线绘制操作，即生成一条位于曲面上的动态线，如图 8-11 所示。

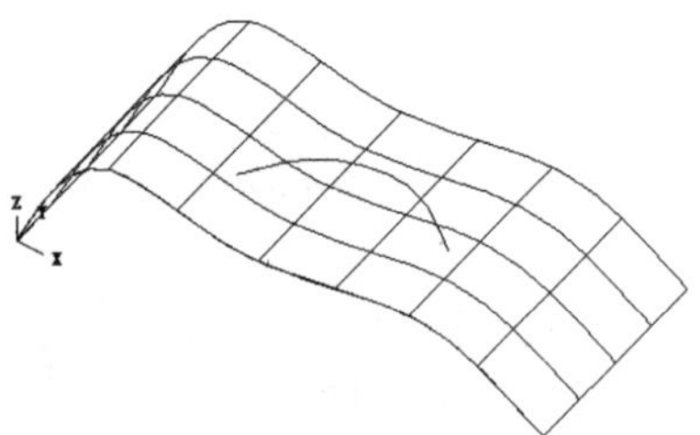

图 8-11 动态线绘制实例

8.5 剖线

剖线指曲面与平面的交线。

操作步骤：

1）执行 Create/Curve/Curve Slice 命令，运行“剖线绘制”命令。

2）工具栏如图 8-12 所示。单击按钮，系统将打开图 8-13 所示的“平面选择”对话框，用于选择平面。

图 8-12 “剖线”工具栏

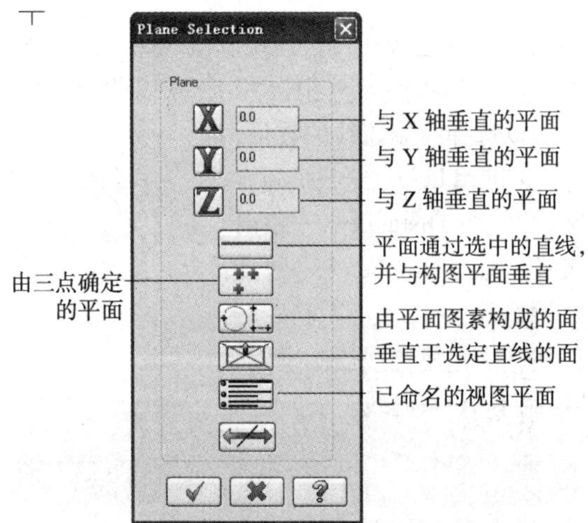

图 8-13 “平面选择”对话框

在此实例中，选择垂直于选定直线的“平面”方式，在图标右侧文本框中，可以输入需要生成剖线沿曲面间的距离，这样可以生成一组剖线。在图标右侧的文本框中，可以对剖线进行偏置处理。单击按钮，系统将会自动寻找可能的多种解决方案。

3）设置完成后，单击按钮，完成剖线绘制命令的操作。生成的剖线效果如图 8-14 所示。

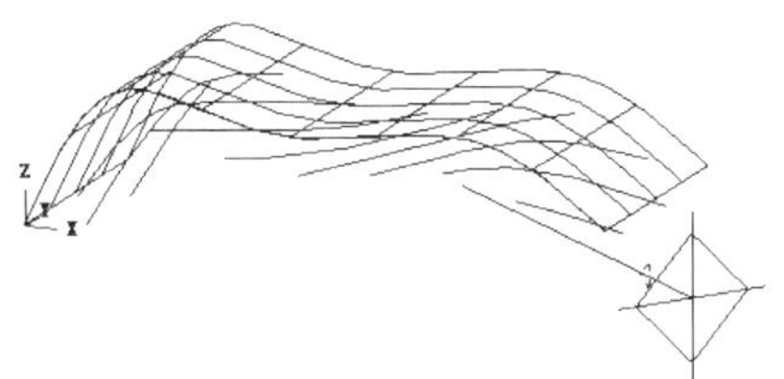

图 8-14　剖线绘制实例

8.6 曲面曲线

曲面曲线是将指定曲线转换为曲面上的曲线。

执行 Create/Curve/Surface Curve 命令，运行“曲面曲线”命令，根据系统提示“选取曲线”即可转换成曲面曲线，最后删除曲面时，这条转换而来的曲面曲线也被删除，如图 8-15 所示。

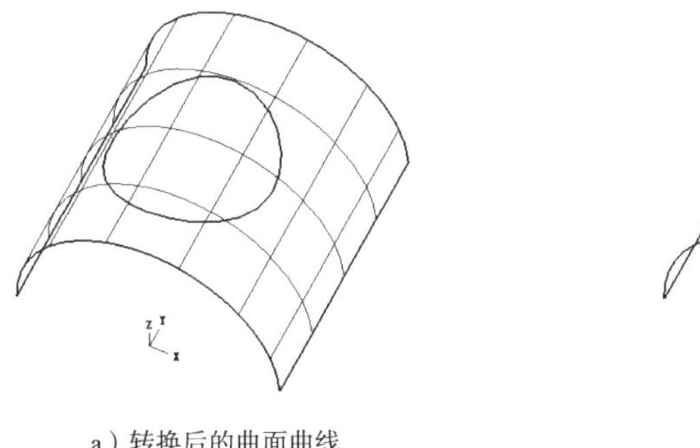

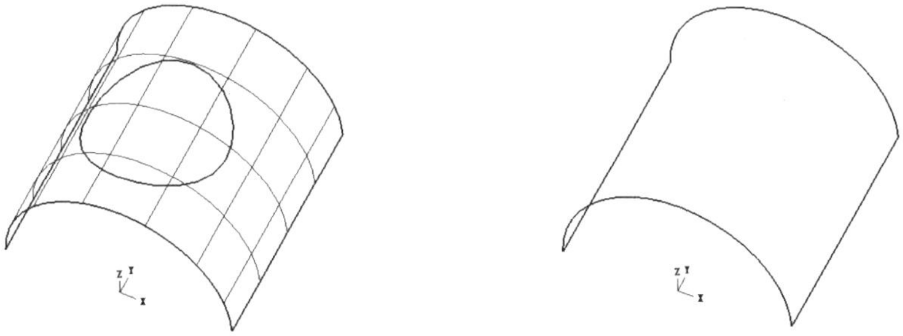

a）转换后的曲面曲线　　b）删除曲面曲线效果

图 8-15　删除曲面曲线

8.7 分模线

该命令用于绘制分型模具的分模线，在曲面的分模线上创建一条曲线。分模线将曲面分成两部分，上模和下模的型腔分别按零件分模线两侧的形状进行设计。

操作步骤：

1）执行 Create/Curve/Part Line Curve 命令，运行“分模线”命令。

2）系统将会提示用户“选择分模线所在的构图平面以及所要进行处理的曲面”。

3）确定后，此时的工具栏如图 8-16 所示。在工具栏的 Chord height 0.02 中可以设置分模线精度参数。在 0.0 文本框中，可以指定分模线所在角度，取值范围为 –90°~90°。

图 8-16　“分模线”工具栏

4）设置完成后，单击按钮，完成分模线命令的操作。分模线效果如图 8-17 所示。

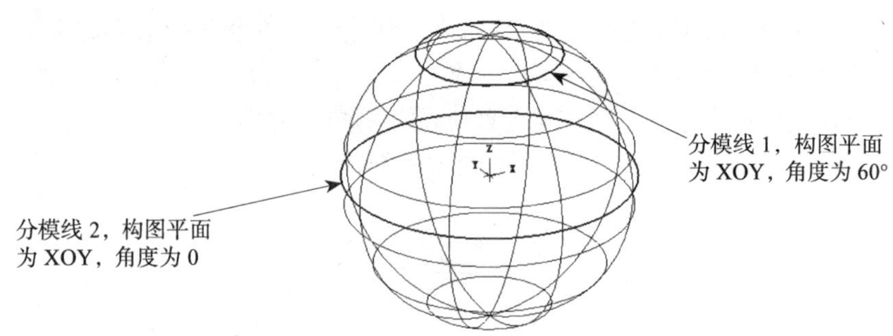

图 8-17　分模线绘制实例

8.8　交线

交线命令用于创建两组曲面相交的交线。以图 8-18 所示的相交曲面为例。

操作步骤：

1）执行 Create/Curve/Curve at Intersection 命令，运行“交线”命令。

2）系统将提示用户“选择两个曲面”，需要注意的是每选择完成一个曲面后，要确定。

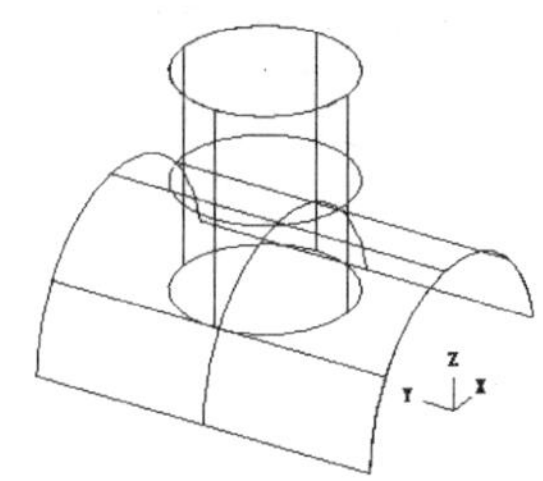

图 8-18　两个相交的曲面

3）确定后，此时的工具栏如图 8-19 所示。在工具栏的 Chord height 0.02 中，可设置交线的精度。单击按钮，重新选择第一个曲面，单击按钮，重新选择第二个曲面。在 0.0 的文本框中，可以设置交线沿曲面 1 的偏置量；在 0.0 的文本框中，可以设置交线沿曲面 2 的偏置量。

4）设置完成后，单击按钮，完成交线命令的操作，效果如图 8-20 所示。

图 8-19　“交线”工具栏

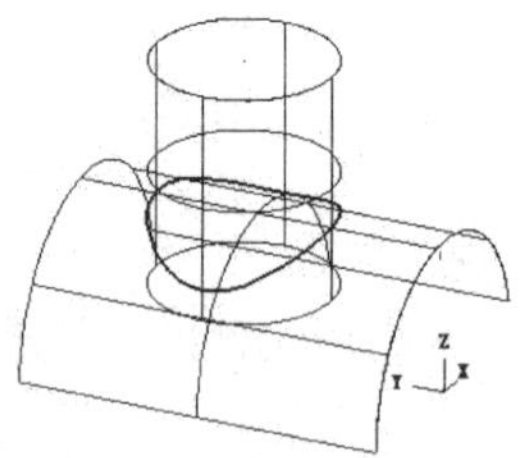

图 8-20　交线绘制实例

第 9 章 实体设计

三维实体指封闭的三维几何体，包含有一个或多个面，这些面构成实体的封闭边界。三维实体具有线、面、体等特征。Mastercam 从 7.0 版本开始引入了这种造型技术。表面造型的内部是空的，而实体造型是实心的，实体像一块粘土，可以很方便地改变形状，进行挖空、抽壳、参数化设计等操作。

在 Mastercam X7 中，可以直接创建圆柱体、圆锥体、立方体、球体、圆环体 5 种基本实体，也可以通过拉伸实体、旋转实体、扫描实体和举升实体等实体造型命令来绘制较复杂的实体。Mastercam 还具有对已存在的实体进行编辑操作，包括有倒圆角、倒直角、实体抽壳等操作，以及对实体进行布尔运算，由封闭的曲面生成实体。基本体的绘制在 Create（基本绘图）菜单下，其他的实体造型及编辑实体命令均包含在主菜单的 Solids 菜单中，也可以从工具栏中调用，如图 9-1 所示。

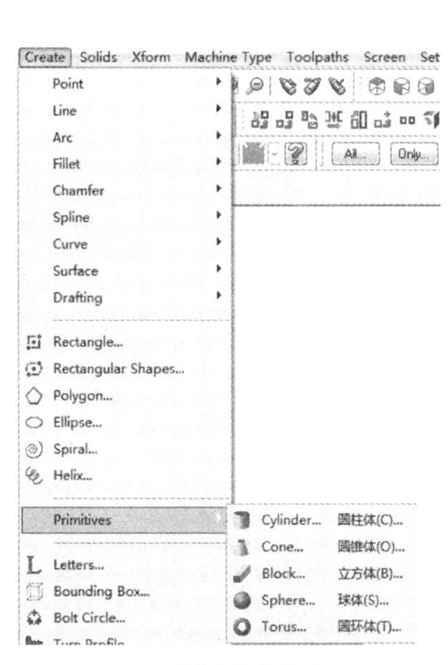

a）基本实体菜单项

b）实体造型及编辑菜单项

图 9-1　实体创建及编辑菜单栏

9.1 基本实体的创建

Mastercam 为了简化绘图步骤，将一些基本形体作为模块化，只要改变某些参数，就可快速将基本实体构建好，将常用形体（球、圆柱、长方形等）的创建单列出来，以方便生成和快速修改。除了执行图 9-1 的命令建立基本形体，也可单击工具栏中“基本实体”按钮右边的三角下拉按钮，从系统弹出的子菜单中选择对应的命令即可调用，如图 9-2 所示。

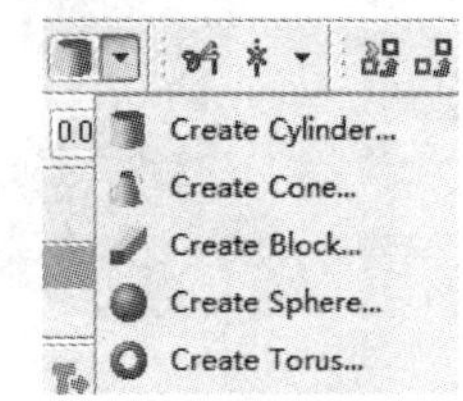

图 9-2 “从工具栏中创建基本实体”命令

可以用捕捉点的方式捕捉创建实体的基准点，对于圆柱体和圆锥体可以捕捉下底面圆的圆心来创建，对于立方体可以捕捉其 4 个角点、下底面矩形的中心点或边的中点来创建，具体的操作可参照基本曲面的建立。

9.2 拉伸实体

拉伸实体，有些书中称为挤出实体，是将一个或多个共面的外形轮廓串联后按指定方向和距离进行拉伸，创建一个或多个实体。创建拉伸实体的方式有 3 种，分别是建立实体、切割实体和增加凸缘，其中后面两种方式是在已创建一个实体的前提下才会被激活。

在主菜单中单击 Solids/Extrude 命令，或直接单击“实体”工具栏中“拉伸实体”按钮。根据系统弹出的 Chaining 对话框，设置相应的串连方式，并在绘图区域内选择要拉伸实体的图素对象，并单击该对话框中的按钮，系统弹出图 9-3 所示的 Extrude Chain 对话框，该对话框中各选项功能说明如下。

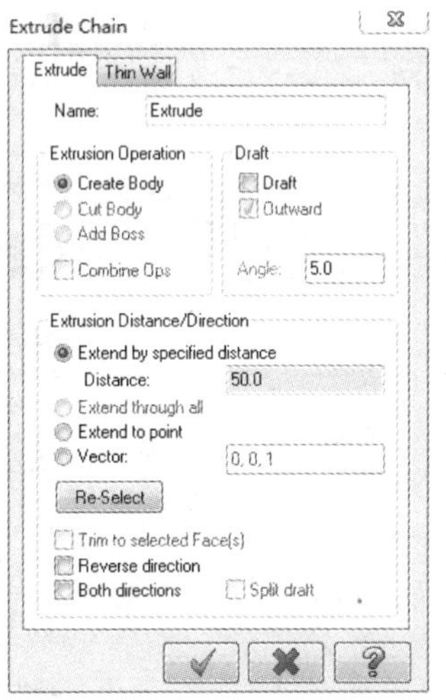

图 9-3 “实体拉伸设置”对话框

1）Create Body：拉伸产生新的独立实体。

2）Cut Body：在已有的实体上切割实体。

3）Add Body：在已有的实体上创建新的实体，新创建的实体与原实体结合在一起。

4）Extend by specified distance：按距离输入框中的指定数值进行拉伸。

5）Extend through all：对所选的实体进行贯穿切割，它在选用“切割实体”的方式下创建实体时才会被激活。

6）Extend to point：通过某一指定点作为拉伸的距离。

7）Reverse direction：用于更改拉伸的方向。

8）Both direction：创建的实体正向和反向同时进行拉伸。

9）Draft：拔模，在创建实体的同时可以添加拔模角度，朝外或朝内对实体进行拔模操作。

10）Thin wall：薄壁设置，用于创建薄壁实体。选中 Thicken inward 时，表示薄壁实体的厚度只朝内产生；选中 Thicken outward 时，表示薄壁实体的厚度朝只朝外产生；选中 Thicken Both directions 时，表示薄壁实体的厚度朝内外同时产生。

注意：在进行拉伸实体操作时，可以选择多个串连图素，但这些图素必须在同一个平面上，而且是首尾相连的封闭图素，否则无法完成拉伸操作。但薄壁拉伸时，可以是开放式串连。

创建实体拉伸的操作步骤：

① 在主菜单下单击 Solids/Extrude 命令，或直接单击“实体”工具栏中“拉伸实体”按钮。

② 根据系统提示“选取拉伸的图素”，并单击 Chaining 对话框中的 ✓ 按钮。系统在选取的图素上面显示一个箭头，来确定拉伸的方向，如图 9-4 所示。

③ 系统弹出 Extrude Chain 对话框，选中 Extend by specified distance 选项，输入“延伸距离”“20”，单击对话框中的 ✓ 按钮，即可完成拉伸实体的创建操作。结果如图 9-5 所示。

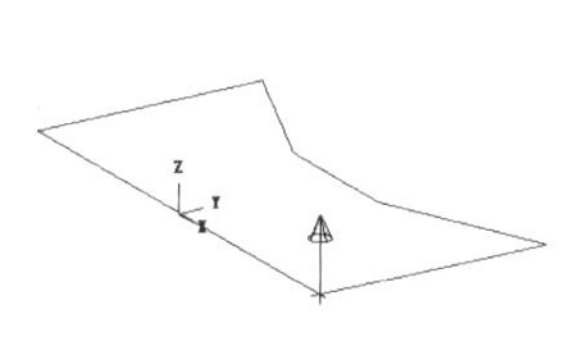

图 9-4　确定实体拉伸方向

图 9-5　实体拉伸的创建

9.3 旋转实体

旋转指把一个或多个封闭的外形轮廓绕着轴线以指定的角度进行旋转的实体造型，可以旋转构建主体，也可产生凸缘或切割实体。当选取多个串连图素创建旋转实体时，其中的一个串连图素完全包含其他封闭图素时，系统会自动以外围串连图素生成的实体作为目标实体，所有内部封闭图素生成的实体作为工具实体来进行布尔切割运算。

在主菜单中单击 Solids/Revolve 命令，或直接单击“实体”工具栏中“旋转实体”按钮。根据系统弹出的 Chaining 对话框，设置相应的串连方式，并在绘图区域内选择要旋转实体的图素对象，并单击该对话框中的 ✓ 按钮，系统弹出图 9-6 所示的 Revolve Chain 对话框，该对话框中各选项功能说明如下。

1）Create Body：旋转产生新的独立实体。

2）Cut Body：在已有的实体上切割实体。

3）Add Body：在已有的实体上创建新的实体，新创建的实体与原实体结合在一起。

4）Star angle：旋转实体的起始角度。

5）End angle：旋转实体的结束角度。

6）Reverse：更改旋转方向。

7）Thin wall：薄壁设置，跟薄壁拉伸相类似。

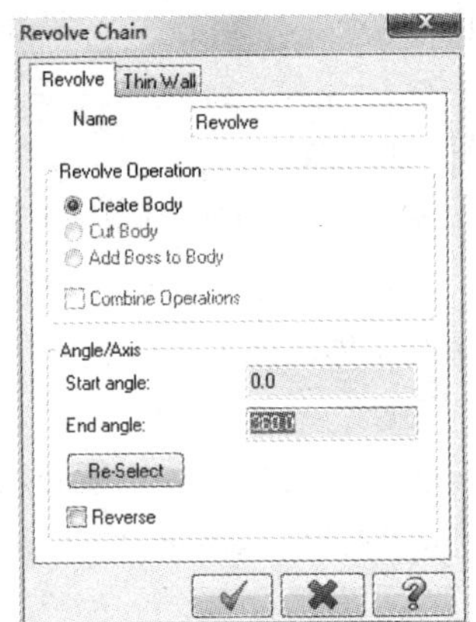

图 9-6 “旋转实体”设置对话框

创建实体旋转的操作步骤：

① 在主菜单下单击 Solids/Revolve 命令，或直接单击“实体”工具栏中“旋转实体”按钮。

②根据系统提示“选取要旋转的图素”，并单击 Chaining 对话框中的按钮。系统提示“选择轴线”，在选择完轴线后，系统提示“选择旋转的方向”，顺时针方向或者是逆时针方向，单击按钮确定。

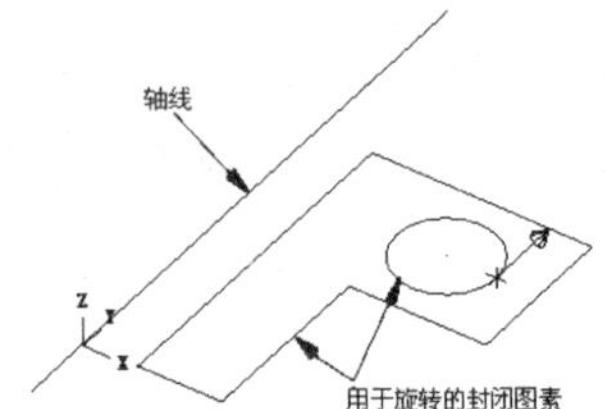

图 9-7 选择用于实体旋转的封闭图素

③ 在 Revolve Chain 对话框中的 Star angle 输入“0”，End angle 输入“180”，单击对话框中的按钮，即可完成旋转实体的创建操作，结果如图 9-9 所示。

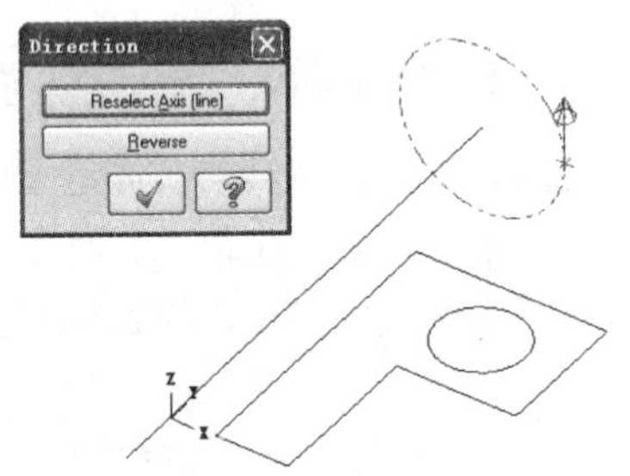

图 9-8 选择实体旋转的方向

图 9-9 实体旋转的创建实例

9.4 扫描实体

扫描实体是将封闭线框沿着某一路径扫描以创建一个或一个以上的实体，也可以是对已经存在的实体做切割或增加实体，其中封闭线框可以不止一个，但这些线框必须在同一个平面内才能同时进行扫描处理，断面和路径之间的角度从头到尾被保持着。

创建扫描实体的操作步骤：

1）在主菜单下单击 Solids/Sweep 命令，或直接单击“实体”工具栏中“扫描实体”按钮。

2）根据系统弹出的 Chaining 对话框，设置相应的串连方式，并在绘图区域内选择要扫描实体的图素对象（扫描截面），如图 9-10 所示，并单击对话框中的按钮。

3）根据系统的提示“选择扫描路径”，系统弹出 Sweep Chain 对话框，单击[✓]按钮，即可完成扫描实体的创建操作，如图 9-11 所示。

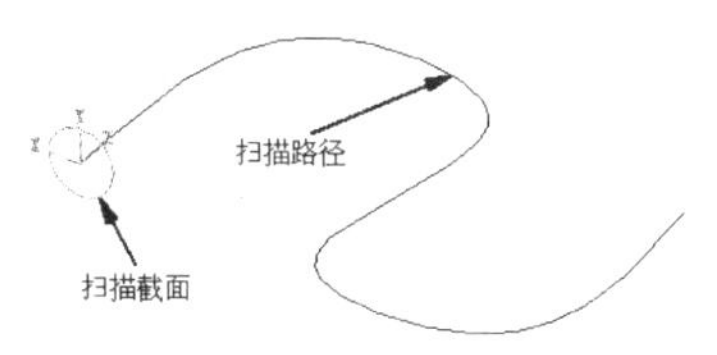

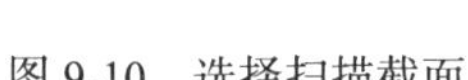

图 9-10 选择扫描截面

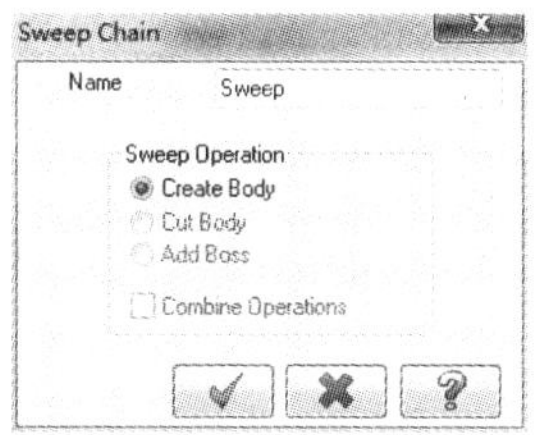

图 9-11 “扫描实体的创建”对话框

9.5 举升实体

举升实体是通过两个或两个以上的封闭外形来创建一个实体，也可以是对已经存在的实体做切割或是增加凸缘操作。按顺序依次选择串连外形，以平滑或是线性（直纹）方式将各外形连接而创建举升实体。

创建举升实体的操作步骤：

1）在主菜单下单击 Solids/Loft 命令，或直接单击“实体”工具栏中“举升实体”按钮。

2）根据系统弹出的 Chaining 对话框，设置相应的串连方式，并在绘图区域内依次选择封闭图素 1、2、3 创建举升截面。如图 9-12 所示，单击 Chaining 对话框中[✓]按钮，结束举升实体截面的选取操作。

3）系统弹出 Loft Chain 对话框，如图 9-13 所示，单击[✓]按钮，即可完成举升实体的创建操作。

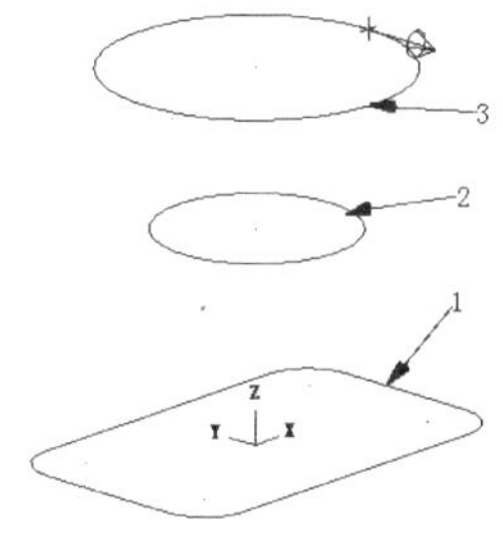

图 9-12 举升截面的选择

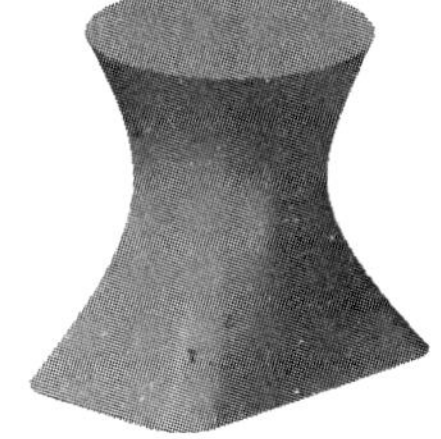

图 9-13 举升实体的创建

在建立举升实体需注意以下内容。

1）每一个串连外形必须是一个封闭的线框。

2）所有串连外形的串连方向、起点要一致。

3）一个串连外形不能被选择两次或两次以上。

4）串连外形不能自交，串连外形如有转角，每一个串连外形的转角需对应。

5）每一串连的图素需是同一平面，串连外形间可以不必共平面。

9.6 由曲面生成实体

由曲面生成实体指将一个或多个曲面缝合成为一个实体。假如曲面是封闭的，生成一个封闭的实体；假如曲面是开放的，则生成一个没有厚度的薄片实体。

由曲面生成实体的操作步骤：

1）在主菜单下单击 Solids/From Surfaces 命令，或直接单击“实体”工具栏中“由曲面生成实体”按钮。

2）根据系统弹出的 Stitch Surfaces into Solid（s）对话框，如图 9-14 所示，参数设置为系统默认值，单击对话框中按钮，即可将所有可见的曲面生成实体，如图 9-15 所示。

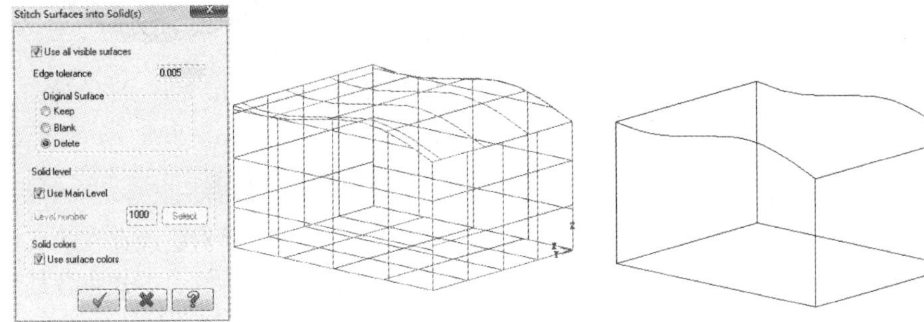

图 9-14 “由曲面生成实体”对话框　　　图 9-15 由可见曲面生成的实体

9.7 实体倒圆角

实体倒圆角指在实体的边缘处倒出圆角，以使实体平滑过渡。它包括体倒圆角和面与面倒圆角两种方式。

9.7.1 体倒圆角

体倒圆角指对实体两个相邻面的边界线产生圆滑的过渡。Mastercam 可以用固定的半径和变化的半径两种形式对实体边界进行倒圆角。

体倒圆角的操作步骤：

1）在主菜单下单击 Solids/Fillet/Fillet 命令，或直接单击“实体”工具栏中“实体倒圆角”命令下的 Fillet solids 按钮。

2）根据系统的提示“选择需倒圆角的实体边界线”，按回车键，将打开 Fillet Parameters“体倒圆角参数”对话框，如图 9-16 所示。

3）在该对话框下的 Radius 文本框中输入“倒圆角半径值”，并单击对话框中按钮，完成倒圆角操作，倒圆角后的结果如图 9-17 所示。

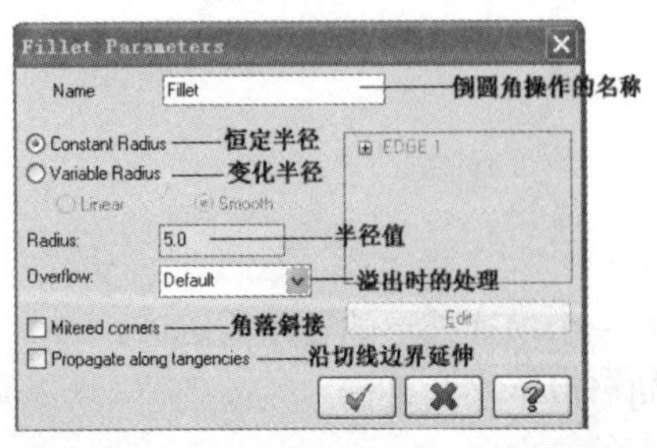

图 9-16 “体倒圆角参数”设置对话框

图 9-17 固定半径倒圆角效果

在体倒圆角中不仅能创建固定半径的倒圆角，而且能创建变化半径的倒圆角，以及能设置

角度斜接方式和延伸方式，如下所述。

1. 变半径倒圆角

变半径倒圆角是在指定的边界位置创建不同半径的倒圆角特征，并根据需要设置各半径过渡方式为线性过渡或是光滑过渡方式。

在 Fillet Parameters 对话框中选择 Variable Radius（变化半径）方式倒圆角，对应下方的参数项将被激活，如图 9-18 所示，此时可选择过渡的方式，在 Radius 文本框中输入半径值“5”。当 Variable Radius 处于激活状态时，对话框右边的 Edit 按钮也被激活。单击 Edit 按钮，系统打开“变化圆角编辑”快捷菜单，如图 9-19 所示。可根据需要编辑变化圆角的位置和大小。

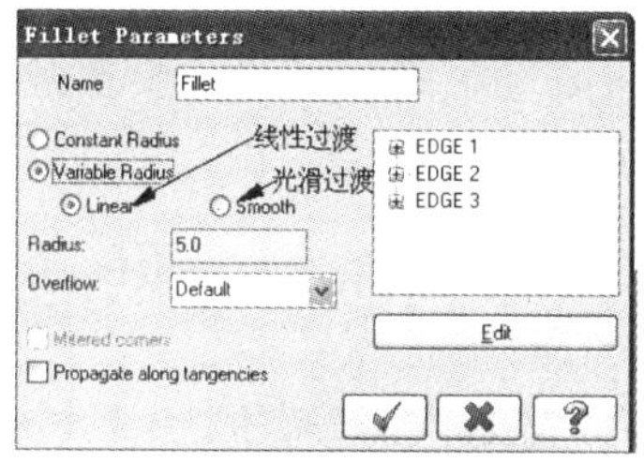

图 9-18 “变化半径倒圆角”方式

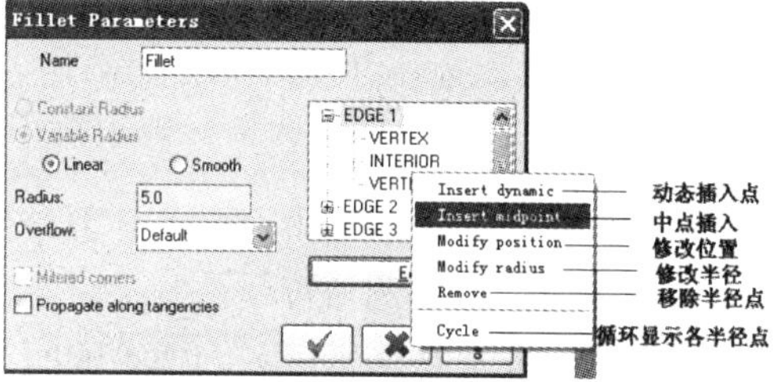

图 9-19 “变化圆角编辑”快捷菜单

例如，单击 Insert midpoint 命令，然后选取中点插入的边界线，将打开 Enter the radius（输入半径）对话框，输入数值“10”后，按回车键确认操作，可看到变半径倒圆角的效果，如图 9-20 所示。

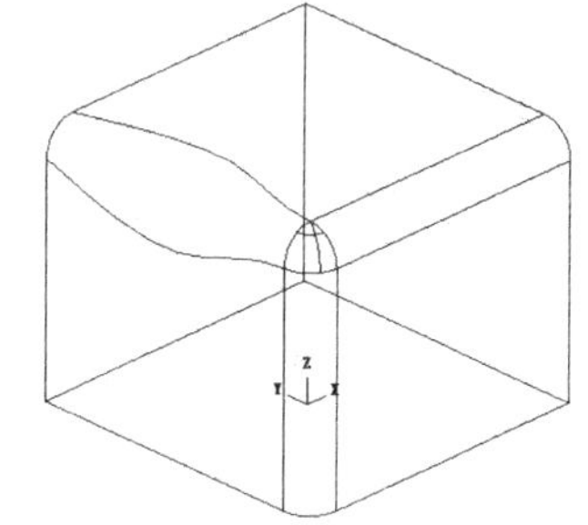

图 9-20 变半径倒圆角的效果

2. 角落斜接

在对话框中启用 Mitered corners（角落斜接）复选框，交角采用线性相交方式，否则采用线性相切方式，对比效果如图 9-21 所示。

3. 定义沿切线延伸方式

在该对话框中启用 ☑ Propagate along tangencies 复选框，未选择相切的边也一并进行圆角处理。否则只对选择的边进行倒圆角处理，对比效果如图 9-22 所示。

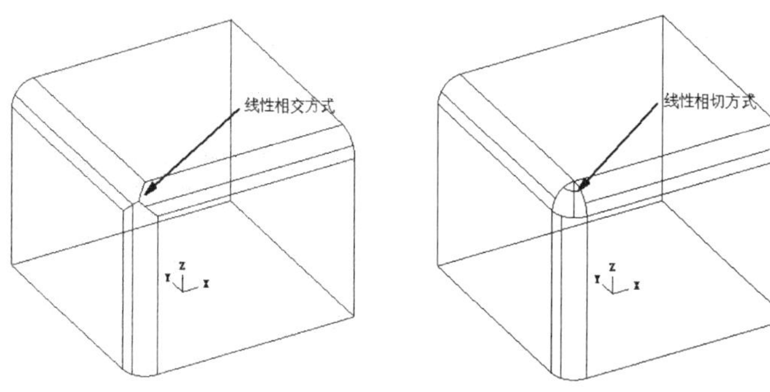

图 9-21 角落斜接的效果对比

注意：在进行倒圆角操作时，除了选择实体的边界线进行倒圆角，也可以通过选择实体的表面或是实体主体将实体的边线进行倒圆角，但是采用边界的方式可以进行固定半径或变化半径倒圆角，而采用表面或实体主体倒圆角这两种方式只能进行固定半径倒角。

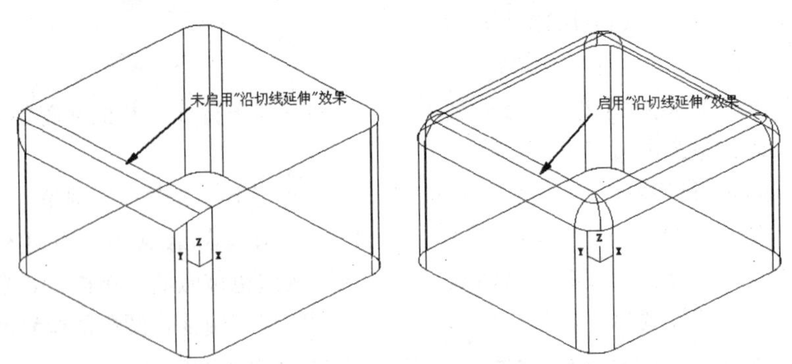

图 9-22　沿切线延伸不同方式的效果对比

9.7.2　面与面倒圆角

面与面倒圆角就是选取两个相邻的实体面进行倒圆角操作，此倒圆角类型仅适用于两相邻实体面之间的轮廓边创建倒圆角特征。

在主菜单中单击 Solids/Fillet/Face-Face Fillet 命令，或直接单击"实体"工具栏中"实体倒圆角"命令下的 Solid Face-Face Fillet 按钮，根据系统提示"分别选取两组相邻的实体面"，并按回车键，系统将会弹出图 9-23 所示的 Face-Face Fillet Parameters 对话框，该对话框中各选项功能说明如下。

1）Radius：选中该选项，表示在整个倒圆角过程中，圆角半径不变，如图 9-24 所示。

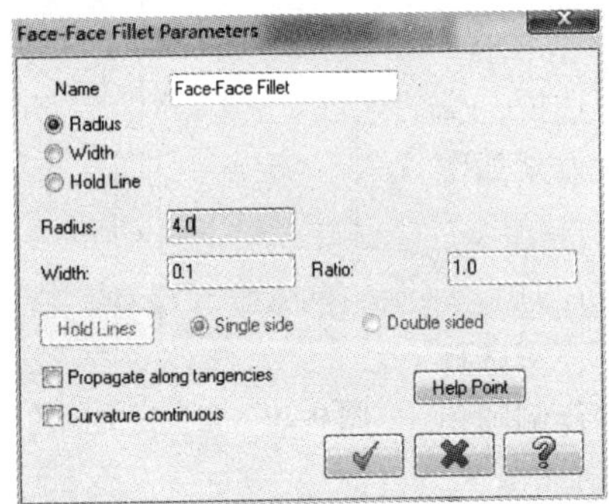

图 9-23　"面与面倒圆角参数设置"对话框

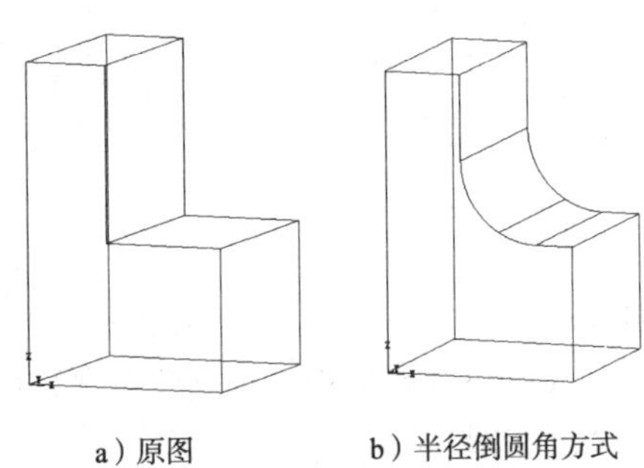

a）原图　　b）半径倒圆角方式

图 9-24　半径法倒圆角

2）Width：选中该选项，表示在整个倒圆角过程中，产生的圆角弧弦长保持不变，圆角半径可能发生变化，如图 9-25 所示。

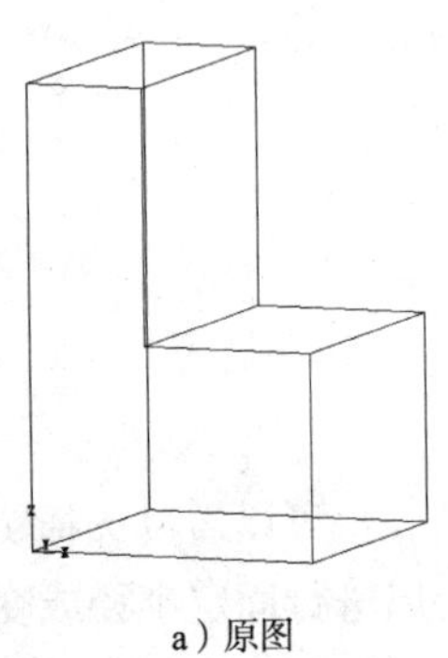

a）原图

b）Ratio 值为 0.5

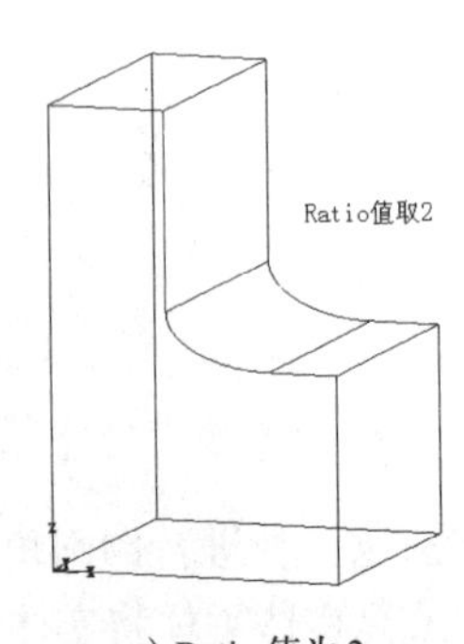

c）Ratio 值为 2

图 9-25　圆弧弦长相等法倒圆角

3）Hold Line：选中该选项，表示在整个倒圆角过程中，不必指定圆角的半径值或圆弧弦长，而是只要指定平滑过渡到一条边界线或两条边界线，圆角的半径则是自动调整的，以适应边界线的变化，如图 9-26 所示。

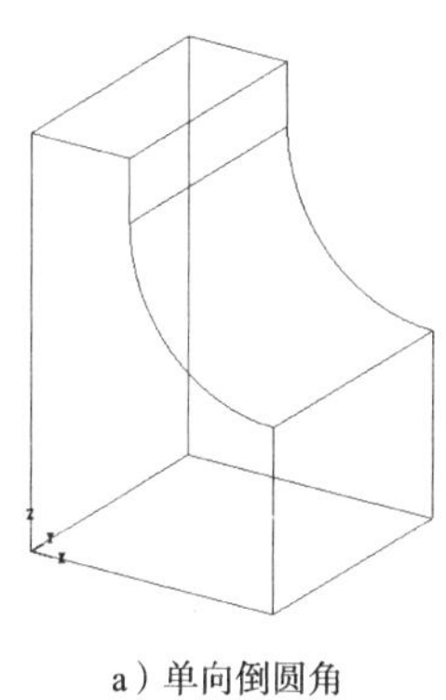

a）单向倒圆角

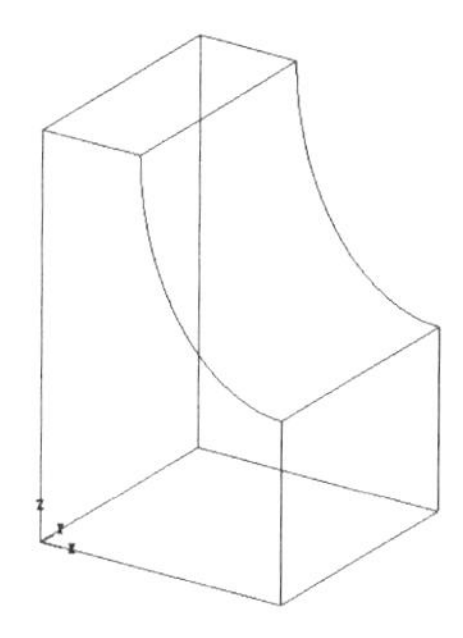

b）双向倒圆角

图 9-26　边界法倒圆角

9.8 实体倒角

实体倒角是在实体的两个相邻面之间的边界产生过渡，不同的是，倒角过渡形式是直线过渡而不是圆弧过渡。它包括单一距离、不同距离、距离 / 角度倒角 3 种方式。

9.8.1 单一距离倒角

单一距离是通过指定一个距离对已创建实体进行倒角操作。

单一距离倒角的操作步骤：

1）在主菜单下单击 Solids/Chamfer/One-distance Chamfer 命令，或直接单击“实体”工具栏中“实体倒圆角”按钮右边的三角下拉按钮，在弹出的下级菜单中单击 Solid One-distance Chamfer... 按钮。

2）根据系统提示“选取需倒角的实体边界线”，也可以选实体面：选实体面时，是面上所有的边都倒角，按回车键，将打开 Chamfer Parameters 对话框，如图 9-27 所示。

3）在该对话框下的 Distance 文本框中输入“倒角距离值”为“8”，并单击对话框中 ✔ 按钮，完成倒角操作，倒角后的结果如图 9-28 所示。

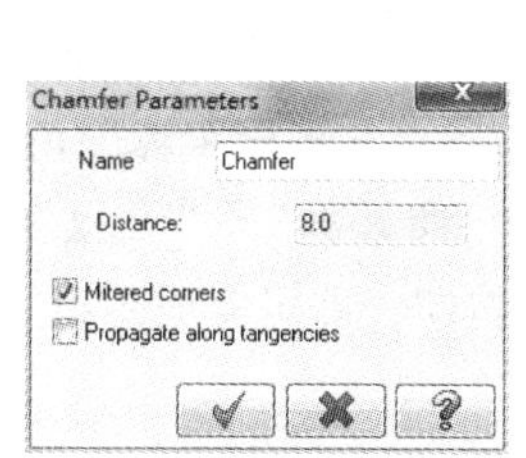

图 9-27　“单一距离倒角”对话框

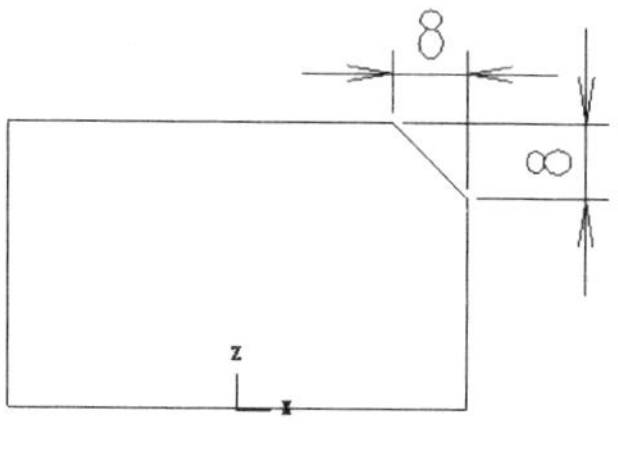

图 9-28　单一距离倒角结果

9.8.2 不同距离倒角

不同距离倒角是通过指定两个不同的距离对实体进行倒角操作。

不同距离倒角操作步骤：

1）在主菜单下单击 Solids/Chamfer/Two-distance Chamfer 命令，或直接单击“实体”工具栏中“实体倒圆角”按钮右边的三角下拉按钮，在弹出的下级菜单中单击

Solid Two-distance Chamfer... 按钮。

2）根据系统提示“选取需倒角的实体边界线”，也可以选实体面。选实体面时，是面上所有的边都倒角，如图 9-29 所示，按回车键，系统弹出图 9-30 所示的 Pick Reference（选取参考面）对话框，单击对话框中的 ✓ 按钮，并按回车键。

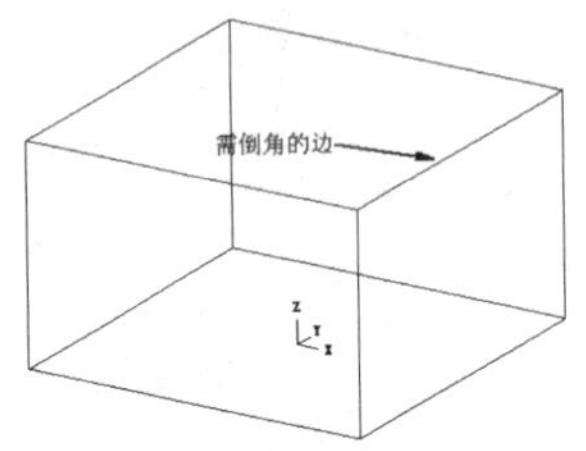

图 9-29　选取要倒角的边

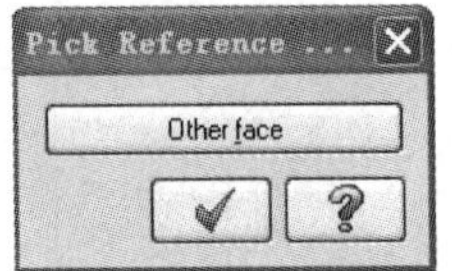

图 9-30　“选取参考面”对话框

3）系统弹出 Chamfer Parameters（倒角参数）对话框，输入“倒角距离 1”为“6”，“倒角距离 2”为“10”，其他选项均为系统默认值，如图 9-31 所示，并单击对话框中 ✓ 按钮，即可完成不同距离倒角操作，结果如图 9-32 所示。

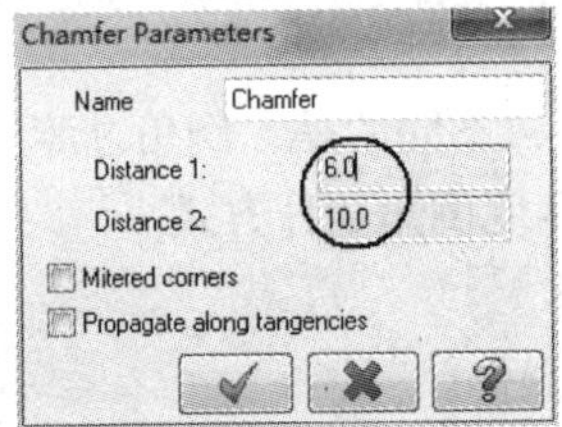

图 9-31　倒角参数对话框

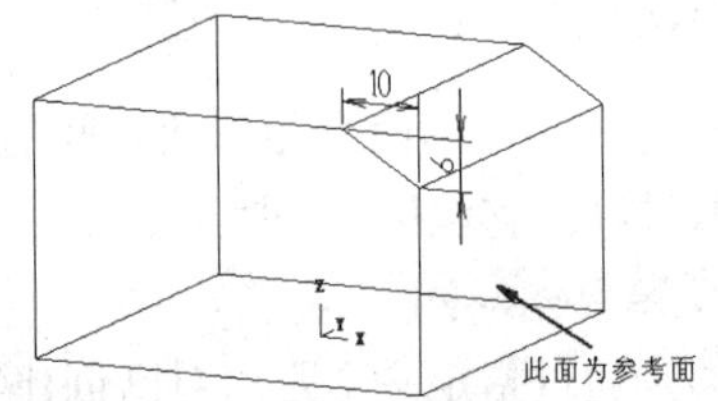

图 9-32　不同距离倒角的结果

9.8.3　距离 / 角度倒角

距离 / 角度倒角是通过指定一个距离和一个角度来对实体进行倒角操作。

距离 / 角度倒角操作步骤：

1）在主菜单下单击 Solids/Chamfer/Solid Distance and Angle Chamfer 命令，或直接单击“实体”工具栏中“实体倒圆角”按钮右边的三角下拉按钮，在弹出的下级菜单中单击 Solid Distance and Angle Chamfer... 按钮。

2）根据系统提示“选取需倒角的实体边界线”，按回车键，系统弹出 Pick Reference（选取参考面）对话框，单击对话框中的 ✓ 按钮，并按回车键，其操作过程与不同距离倒角相似。

3）系统弹出 Chamfer Parameters（倒角参数）对话框，输入“倒角距离 1”为“6”，“角度”为“30”，其他选项均为系统默认值，如图 9-33 所示，并单击对话框中 ✓ 按钮，即可完成距离 / 角度倒角操作，结果如图 9-34 所示。

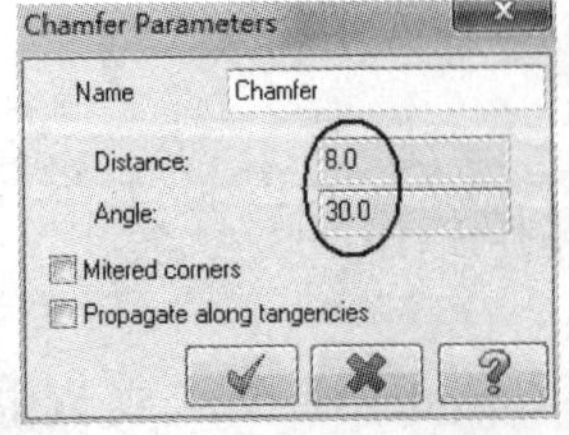

图 9-33　“倒角参数”对话框

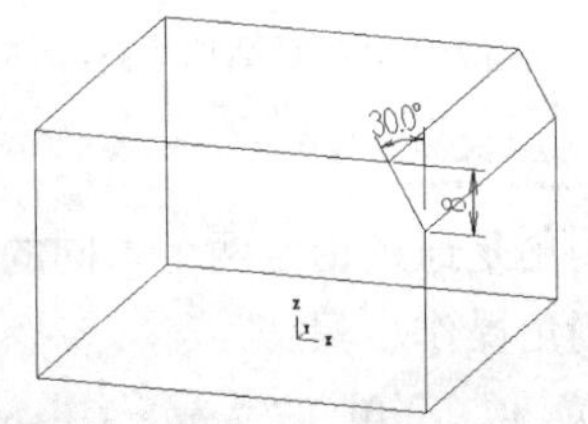

图 9-34　距离 / 角度倒角的结果

9.9 实体抽壳

实体抽壳指将挖除实体内部的材料后，按指定厚度在实体表面增加材料，生成新的空心壳体。如果选择实体上的一个或多个面，则将选择的面作为实体造型的开口，而没有被选择为开口的其他面则按指定值产生厚度；如果选择整个实体，而不是选择某个实体面，系统则会将实体内部挖空，不会产生开口。

实体抽壳的操作步骤：

1）在主菜单下单击 Solids/Shell 命令，或直接单击“实体”工具栏中“实体抽壳”按钮。

2）根据系统提示：Select body or face（s）to be left open，选择圆柱体的上表面作为要移除的面，如图 9-35 所示，并按回车键。

3）系统弹出 Shell Solid（实体薄壳）的设置对话框，在 Shell Direction（薄壳的方向）选项区中选中“Inward”（朝内）选项，输入“朝内厚度”“2”，如图 9-36 所示，再单击对话框中按钮，即可完成实体抽壳操作，结果如图 9-37 所示。

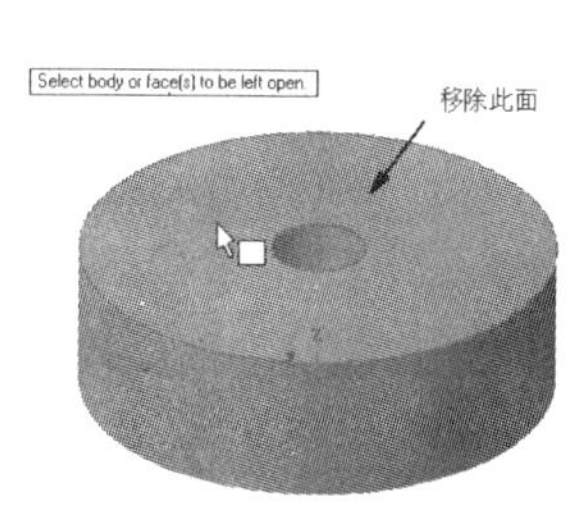

图 9-35　选取移除面

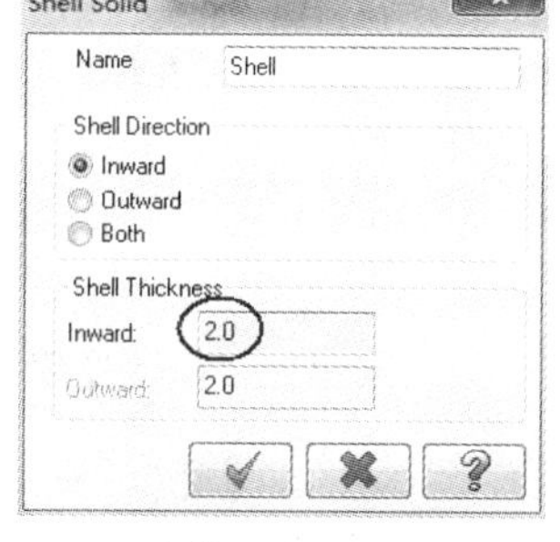

图 9-36　“实体薄壳”的设置对话框

图 9-37　实体抽壳的结果

注意：实体抽壳可以设置朝内抽壳、朝外抽壳和双向抽壳三种方式。抽壳命令的选取对象可以是面或体。当选取面时，系统将面所在的实体做抽壳处理，并在选取面的地方有开口；当选取实体时，系统将实体挖空，且没有开口。选取面进行实体抽壳操作时，可以选取多个开口面，但抽壳的厚度是相同的。

9.10 实体修剪

实体修剪是使用平面、曲面或薄壁实体对实体进行切割，将实体一分为二。它既可以保留实体其中的一部分，也可以保留两部分。

实体修剪的操作步骤：

1）在主菜单下单击 Solids/Trim 命令，或直接单击“实体”工具栏中“实体修剪”按钮。

2）系统弹出 Trim Solid（修剪实体）对话框，在 Trim to（修剪到）选项区中选中 Surface（曲面）选项，如图 9-38 所示，根据系统提示“选择用于修剪实体的曲面”，并按回车键。

3）系统将在所选的曲面上显示一个箭头，表示实体经修剪后要保留的那部分的方向，如图 9-39 所示；单击对话框中的按钮，即可完成实体修剪操作，结果如图 9-40 所示。

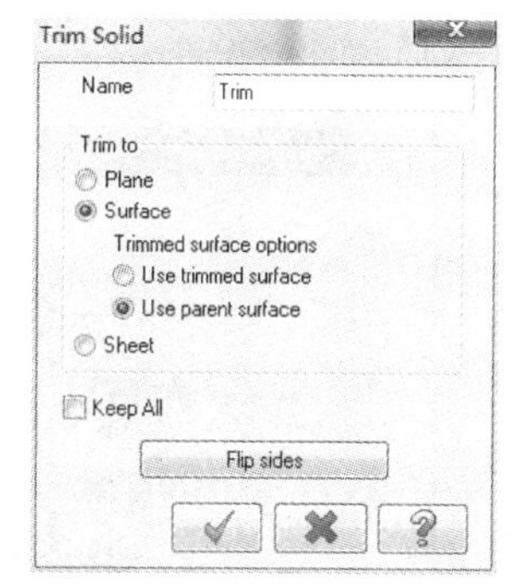

图 9-38　“修剪实体”对话框

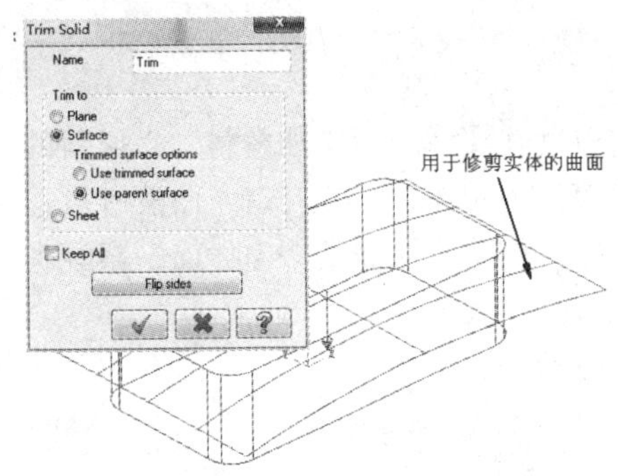

图 9-39 选择曲面与确定修剪的方向

图 9-40 用曲面修剪实体的结果

下面对 Trim Solid 对话框的各选项功能说明如下。

1）Plane：用平面去修剪实体。选中该选项，系统弹出“平面选项”对话框，通过指定一个平面来对实体进行修剪。

2）Surface：用曲面去修剪实体。选中该选项，系统提示用户“选择要执行修剪的曲面”，通过选取一个与修剪实体相交的曲面来对实体进行修剪。

3）Sheet：用薄片实体去修剪实体。

4）Keep All：全部保留。选中该选项的复选框，被修剪的实体从修剪平面处被分割成两个实体，且都保留着。

5）Flip sides：修剪另一侧。单击该按钮，可以改变修剪方向。

9.11 薄片实体加厚

薄片实体加厚是将一些由曲面生成的没有厚度的实体进行加厚操作，从而生成具有一定厚度的实体。

薄片实体加厚的操作步骤：

1）在主菜单中单击 Solid/Thicken 命令，或单击“实体”工具栏中的“薄片实体加厚”按钮。

2）系统将弹出 Thicken sheet solid（薄片实体的加厚）对话框，输入“实体加厚厚度”为“3”，选中 One side（单向）选项，如图 9-41 所示，单击对话框中的按钮。

3）系统弹出 Thicken direction（厚度方向）对话框，并同时在薄片实体上显示一个箭头，表示实体加厚的方向，如图 9-42 所示。

4）单击“厚度方向”对话框中的按钮，即可完成薄片实体加厚操作，结果如图 9-43 所示。

图 9-41 “薄片实体加厚”对话框

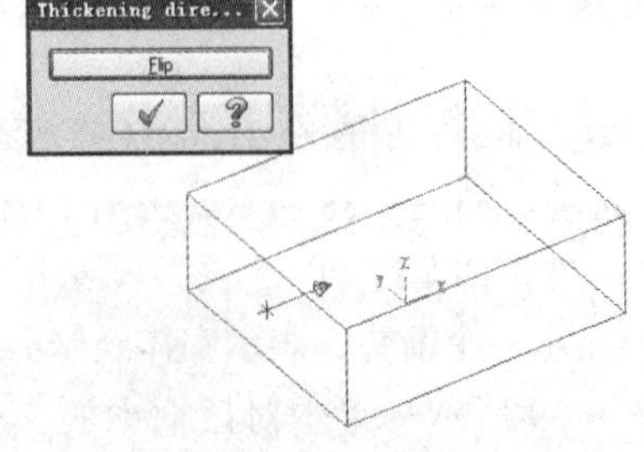

图 9-42 “厚度方向”对话框

图 9-43 薄片实体加厚的结果

9.12　移除实体表面

移除实体表面命令是将实体上指定的表面移除或保留，使其变为一个开口的薄壁实体，其中被移除面的实体可以是封闭的实体，也可以是薄片实体。

移除实体表面的操作步骤如下。

1）在主菜单中单击 Solid/Remove Faces 命令，或单击“实体”工具栏中的“移除实体表面”按钮。

2）根据系统提示：Select faces to remove（选择要移除的实体面），选择实体的上表面作为移除面，如图 9-44 所示，并按回车键。

3）系统弹出 Remove faces from a solid（移除实体的表面）对话框，在 Original Solid 选区中选中 Delete 选项，其他选项按系统的默认值，如图 9-45 所示，单击对话框中的 ✓ 按钮。

4）系统弹出 Create edge curves on open edges 对话框，单击对话框中的“是”按钮，在“颜色”对话框中选择“红色”，并单击对话框中的 ✓ 按钮，结果如图 9-46 所示。

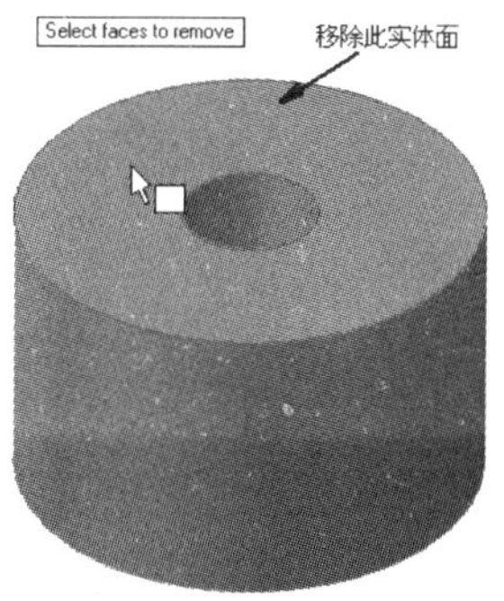

图 9-44　选择要移除的面

图 9-45　“移除实体的表面”对话框

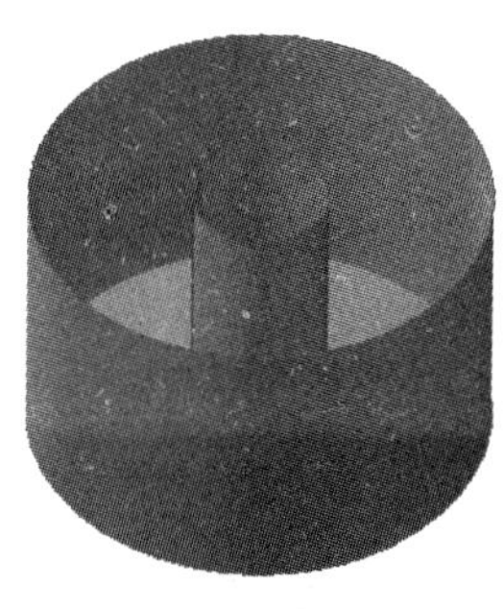

图 9-46　移除实体表面的结果

9.13　牵引实体面

牵引面是将实体上的某个面旋转一个角度，其他与其相交的面也会随着发生变化，但仍保持与该面的相交关系，也就是说将实体面牵引至新的位置后构建新的实体。这一命令在模具设计时常用来生成拔模斜度。

牵引实体面的操作步骤：

1）在主菜单中单击 Solid/Draft faces 命令，或单击“实体”工具栏中的“牵引实体面”按钮。

2）根据系统提示：Select faces to draft（选择要牵引的实体面），选择实体的右侧面作为牵引面，如图 9-47 所示，并按回车键。

3）系统弹出 Draft face parameters（牵引实体面的参数）对话框，选中 Draft to face（牵引到实体面）选项，在 Draft angle 项输入“20”，如图 9-48 所示，单击对话框中的 ✓ 按钮。

4）系统提示：Select planar face specifying draft plane（选择平的实体面作为牵引的参考面），选择图 9-49 所示的实体面作为牵引的参考面，系统弹出 Draft direction（拔模方向）对话框，并在选取的参考面上显示一个箭头，表示牵引角度变换的方向。单击对话框中的 ✓ 按钮，结果如图 9-50 所示。

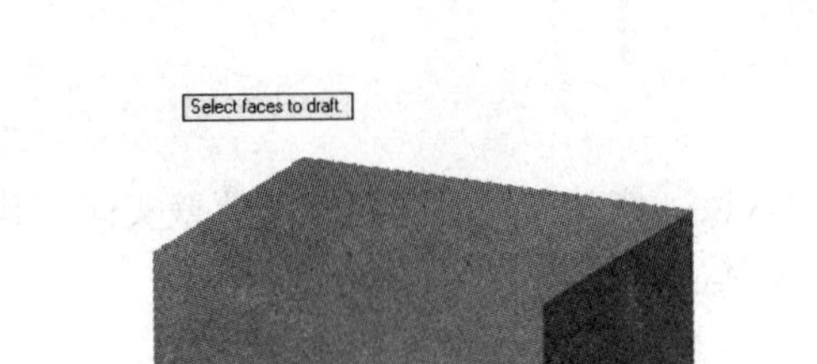

图 9-47　选取牵引面

图 9-48　“牵引实体面的参数”设置对话框

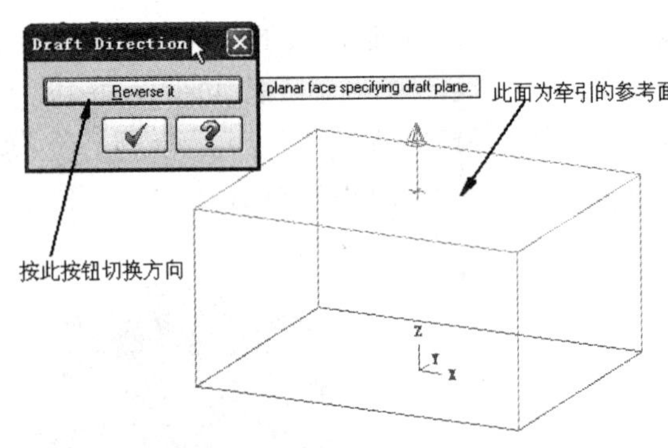

图 9-49　选择牵引的参考面

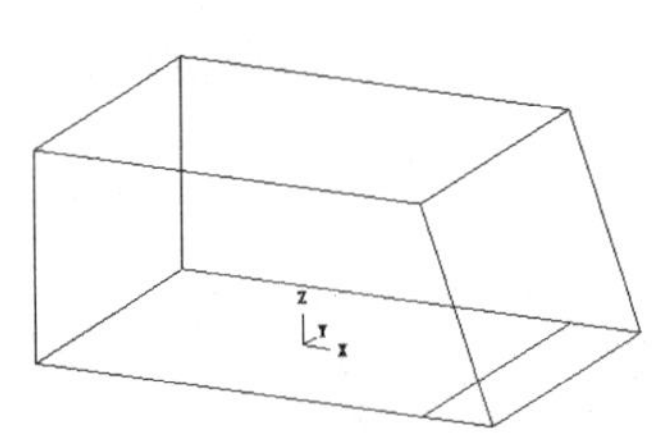

图 9-50　选择牵引的参考面

下面对图 9-46 所示的“牵引实体面的参数”对话框中各选项功能说明如下。

① Draft to Face：“牵引到实体面”，选中该选项，表示被牵引的实体面绕着它与牵引参考面的交线旋转了一定角度，参考面的法线方向为牵引角度的旋转方向。

② Draft to Plane：“牵引到指定平面”，选中该选项，在选取牵引面后系统弹出“平面选项”对话框，再定义一个平面，牵引面绕牵引面与该平面的交线进行旋转，平面的正方向为牵引角度的旋转方向。

③ Draft to Edge：“牵引到指定边界”，选中该选项，牵引面沿指定的边界线旋转，需选取与这边界相交的另一个面作为参考面来定义旋转方向。

④ Draft Extrude：“牵引挤出”，选中该选项，牵引拉伸实体的侧面。该选项只对拉伸实体才有效，旋转轴为拉伸牵引面的边。

⑤ Propagate along tangencies：“沿切线边界延伸”，该选项只有在选中 Draft to Face（牵引到实体面）选项时，该选项才会被激活。选中该选项，可以沿切线边界延伸。

9.14　实体布尔运算

布尔运算通过结合（求和运算）、切割（求差运算）或交集（求交运算）的方法将多个实体运算为一个实体。此运算方式是实体造型中的一个重要方法，利用它可以构建出复杂而规则的形体。在布尔运算中选择第一个实体为目标主体，而后续选取的实体为工件主体，并且运算的结果是一个主体。

布尔运算命令的运行：在主菜单中单击命令，或单击“实体”工具栏中的“布尔运算—结

合”按钮右边的三角下拉按钮，系统将弹出图9-51所示的子菜单。可以看出布尔运算操作分为两种：一种是关联布尔运算，另一种是非关联的布尔运算。关联布尔运算与非关联布尔运算的区别在于，关联布尔运算的原实体将被删除，而非关联布尔运算的原实体可以保留，也可以删除。

图9-51　布尔运算子菜单命令

9.14.1　关联实体布尔求加运算

关联实体布尔求加运算也称为结合运算，是将工件实体的材料加入到目标实体中，从而构建一个新的实体。

关联实体布尔求加运算操作步骤：

1）在主菜单中单击 Solid/Boolean Add 命令，或直接在“实体”工具栏中单击“布尔求加运算”按钮。

2）根据系统提示：Select target body for Boolean operation，选择图9-52所示的实体作为目标主体；然后系统会提示：Select tool body for Boolean operation，选择圆柱实体作为工件主体。

3）完成工件主体选取后，按回车键，即可完成对实体布尔求加运算操作，结果如图9-53所示。

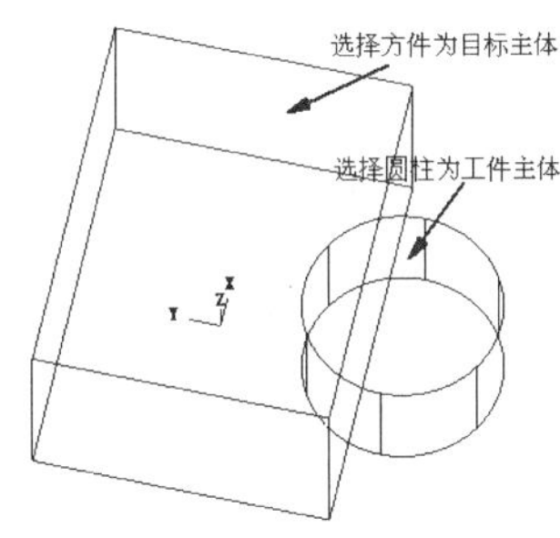

图9-52　选取目标主体

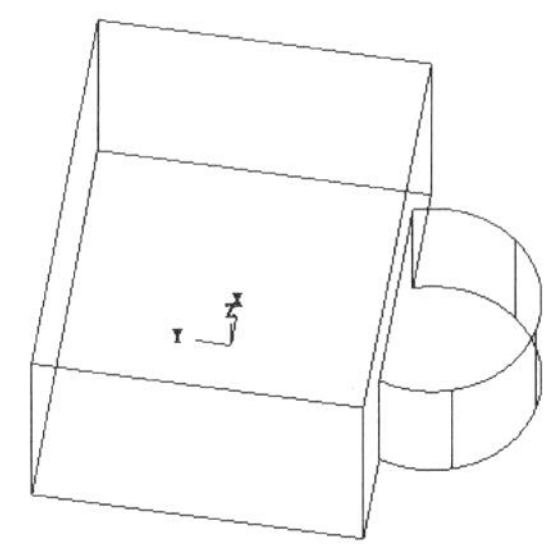
图9-53　实体布尔求加运算的结果

注意：在执行布尔结合运算时，目标实体只有一个，但工件主体可以有多个，从而实现多个实体之间的布尔操作。在着色模式下，两个实体在进行布尔运算—结合操作之前和操作之后的效果并没有明显的区别，除非它们用了不同的颜色进行着色。一般情况下，通过线框模式可以查看有无相贯线或相交线，有则为同一实体，没有则为不同实体。

9.14.2　关联实体布尔求差运算

关联实体布尔求差运算也称为切割运算，指将目标实体与工件实体公共的材料进行切除操作来构建一个新的实体。

关联实体布尔求差运算操作步骤：

1）在主菜单中单击 Solid/Boolean Remove 命令，或直接在“实体”工具栏中单击“布尔求差运算”按钮 Boolean Remove 。

2）根据系统提示：Select target body for Boolean operation，选择图9-54所示的实体作为目标主体；然后系统会提示：Select tool body for Boolean operation，选择圆柱实体作为工件主体。

3）完成工件主体选取后，按回车键，即可完成对实体布尔求差运算操作，结果如图9-55所示。

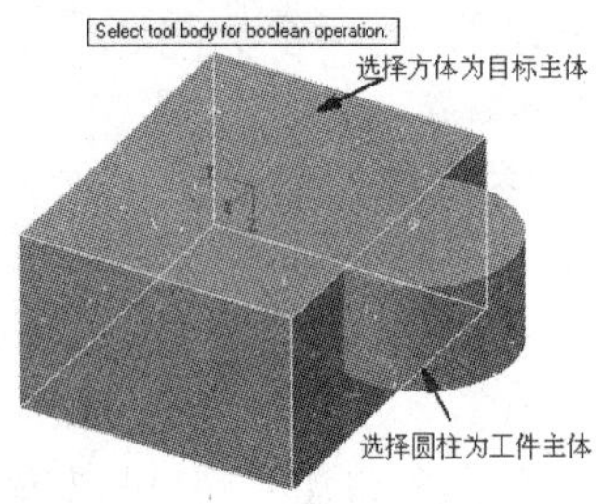

图 9-54　选取目标主体

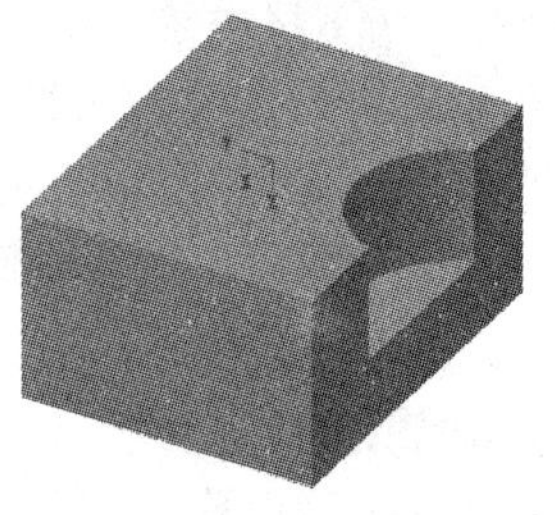

图 9-55　实体布尔求差运算的结果

9.14.3　关联实体布尔求交运算

关联实体布尔求交运算指将目标实体与各工具实体的公共部分组合成一个新的实体。

关联实体布尔求交运算操作步骤：

1）在主菜单中单击 Solid/Boolean Common 命令，或直接在“实体”工具栏中单击“布尔求交运算”按钮 Boolean Common。

2）根据系统提示：Select target body for Boolean operation，选择图 9-56 所示的实体作为目标主体；然后系统会提示：Select tool body for Boolean operation，选择圆柱实体作为工件主体。

3）完成工件主体选取后，按回车键，即可完成对实体布尔求交运算操作，结果如图 9-57 所示。

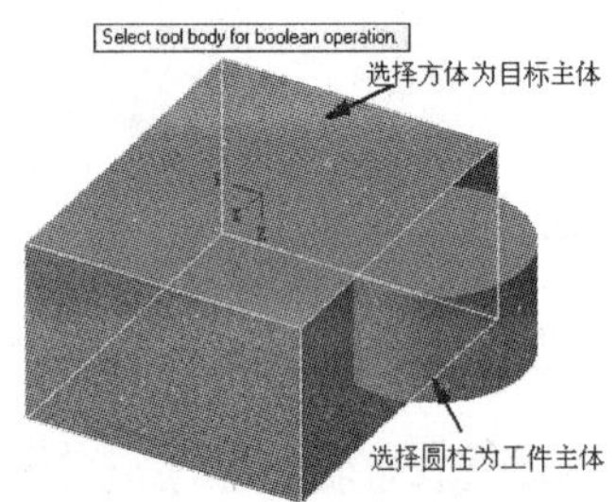

图 9-56　选取目标主体

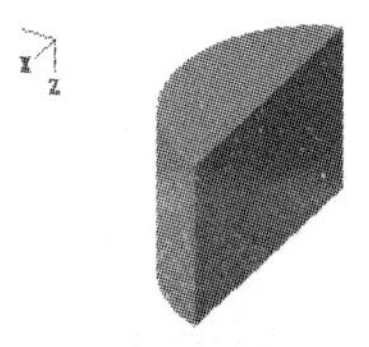

图 9-57　实体布尔求交运算的结果

9.14.4　非关联实体布尔运算

非关联实体布尔运算与实体布尔运算的显著区别在于：关联布尔运算的目标实体会被删除，而非关联布尔运算的目标实体、工件实体可以选择保留。非关联实体布尔运算包括非关联实体切割和非关联实体交集两种操作方式，其操作步骤与关联实体布尔运算操作步骤基本相同，不同之处在于系统会弹出 Solid non-associative Boolean（实体非关联的布尔运算）对话框，如图 9-58 所示，该对话框中提供了在进行非关联实体布尔运算操作完毕后是否保留原来的目标实体和工件实体。值得注意的是切割或交集后的实体与原来实体之间不存在关联性。

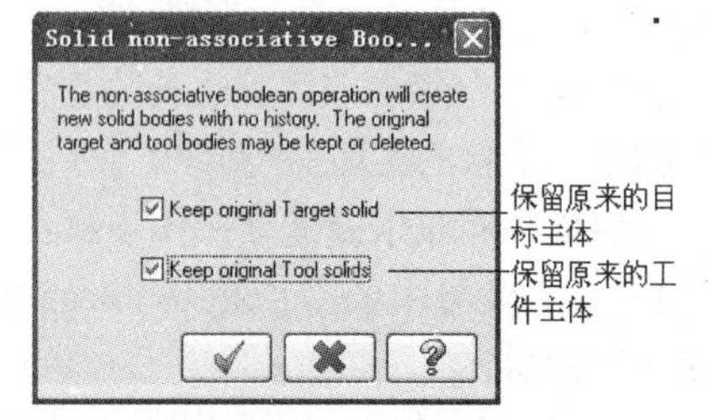

图 9-58　“实体非关联的布尔运算”对话框

9.15　实体操作管理器

实体操作管理器对一个实体的创建过程有详细的记录，是按建模的顺序记录的，记录中包

含实体创建时的相关参数，可以通过实体操作管理器对实体在创建过程中的相关参数进行修改，甚至可以对创建顺序进行重排，重新计算后得到一个全新的模型。

在操作管理器中单击鼠标右键，会弹出右键菜单，但因鼠标所指位置不同弹出的右键菜单的内容也有所不同。图 9-59 所示分别为实体、实体的某一操作和空白区域的右键菜单。菜单的内容大致相同，下面对各项功能进行说明。

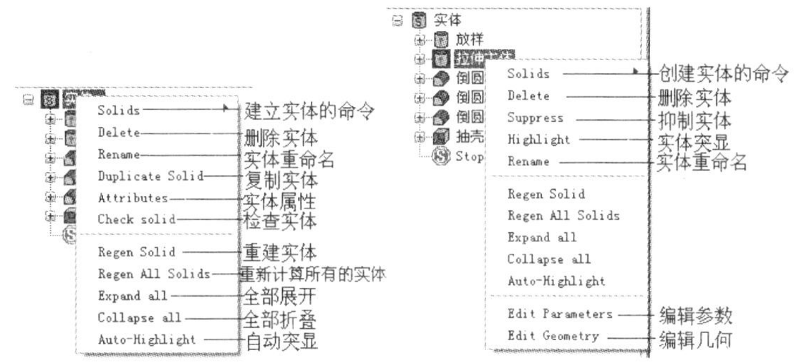

图 9-59 右键菜单

1）Delete：删除整个实体或其中的一个实体特征。在列表中选取实体或一个实体特征，选择快捷菜单中的 Delete 选项或直接按键盘上的〈Delete〉键就可将所选取的实体或一个实体特征删除。注意：不能删除基本实体操作和工具实体。

2）Suppress：暂时抑制，也称为禁用，或是暂时隐藏。在创建复杂实体或编辑实体时，为查看中间过程创建的实体效果，可将后续或之前执行的操作暂时抑制，以在列表中选择一个或多个操作，在右键快捷菜单中单击 Suppress 选项后，系统会将该操作暂时抑制，再次选择 Suppress 选项可以重新恢复该操作。

3）Edit Parameters：编辑实体操作的参数。在实体的某一操作中，具有 Parameters 图标表示其包含有可编辑的参数，双击该图标可返回该操作参数设置的对话框，这时可以重新设置该操作的参数，完成后单击对话框中的 ✓ 按钮返回实体管理器中。

4）Edit Geometry：编辑实体操作的图素对象。在实体的某一操作中，具有 Geometry 图标表示其包含有可编辑的图素，双击该图标后，可以重新设置该操作的图素对象，设置完成后单击对话框中的 ✓ 按钮返回实体管理器中。

5）Stop Op：改变结束标志的位置。在实体管理器的操作列表中，有一个结束标志 Stop Op，可以将结束标志拖动到该实体操作列表中允许的位置来隐藏后面的所有实体操作。注意：实体的结束标志只能拖动到该实体的某个操作后，即至少前面有该实体的基本操作。

6）改变实体操作的次序：在实体管理器中可以用拖拉的方式移动一操作到某一新的位置以改变实体操作的顺序，从而产生不同的实体操作结果。当移动一被选择的操作（按住鼠标左键不放）越过其他操作时，如果系统允许其移动插入时，鼠标会变成向下箭头，当到合适位置放开鼠标左键就可以将这项操作插入到该位置。

9.16 实体造型实例

9.16.1 实体实例 1 工程图

实体实例 1 工程图如图 9-60 所示。

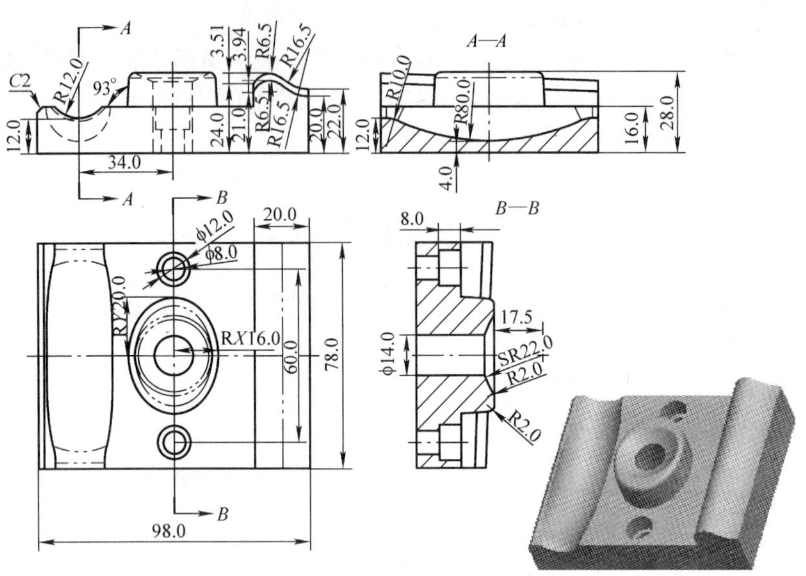

图 9-60　实体实例 1 工程图

9.16.2　绘图思路

实体实例 1 绘制思路如图 9-61 所示。

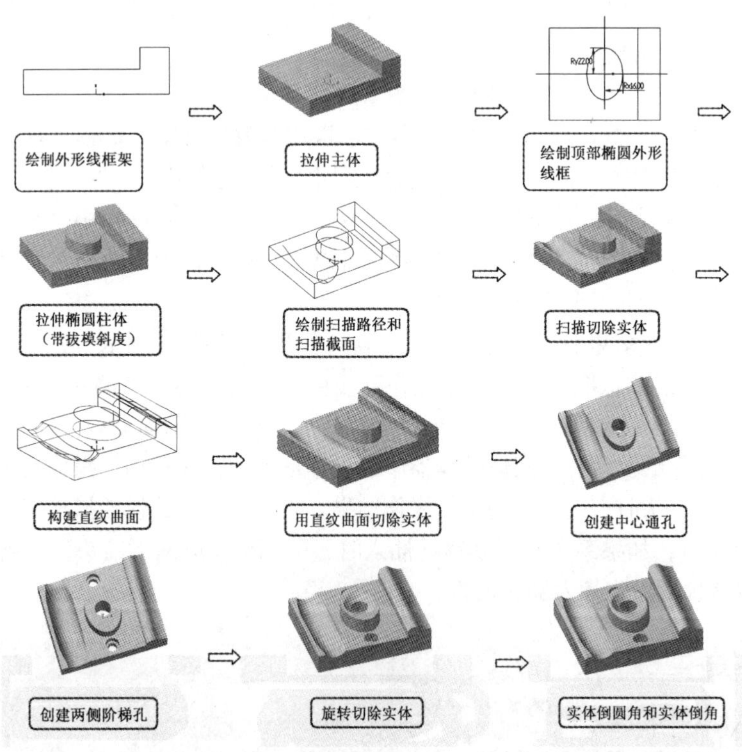

图 9-61　绘图思路

9.16.3　实体实例 1 绘制过程

1. 绘制中心线

将当前图层设为“1”，命名为“中心线”，将“线型”改为“中心线”，其余设置为默认值。绘制与 X、Y、Z 三轴重合的三条中心线。

2. 绘制实体实例 1 的主体特征

（1）在前视图上绘制实例 1 的主体外形线框

① 设置构图平面为“前视图”（CPlane：Front），当前图层为“2”，命名为“外形线”，选择“10”号，颜色（绿色），将“线型”改为“实线”。

② 绘制实例 1 外形的平面草图，如图 9-62 所示。

（2）拉伸实体

① 将图层设为“3”，命名为“拉伸主体”。在主菜单中单击 Solids/Extrude 命令，或直接单击“实体”工具栏中“拉伸实体”按钮。根据系统弹出的 Chaining 对话框，如图 9-63 所示，设置相应的串连方式，并在绘图区域内选择要拉伸实体的图素对象。

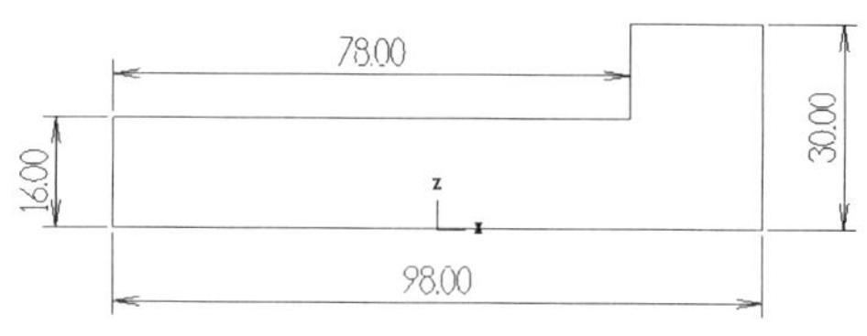

图 9-62　实例 1 外形的平面草图

② 单击 Chaining 对话框中的按钮，系统在选取的图素上面显示一个箭头，来确定拉伸的方向。在系统弹出 Extrude Chain 对话框，选中 Extend by specified distance 和 Both direction 选项，输入“延伸距离”为“39”，如图 9-64 所示，单击对话框中的按钮，即可完成拉伸实体的创建操作，结果如图 9-65 所示。

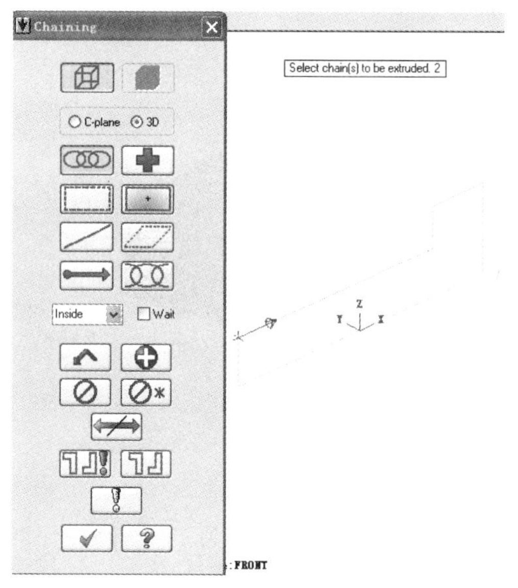

图 9-63　串连图素对话框

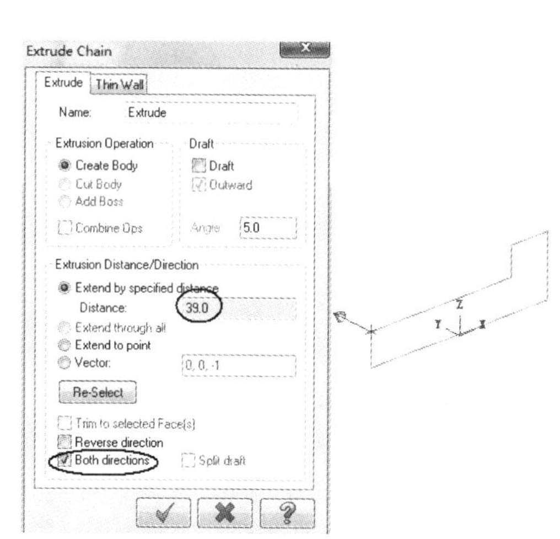

图 9-64　Extrude Chain 对话框

3. 拉伸顶部椭圆柱体

（1）在俯视图上绘制顶部椭圆外形线框

① 设置构图平面为“俯视图”（CPlane：Top），当前图层为“4”，命名为“顶部椭圆外形线”，“绘图高度值 Z”设为“16”。

② 绘制顶部椭圆外形线框的草图，如图 9-66 所示。

图 9-65　主体拉伸结果图

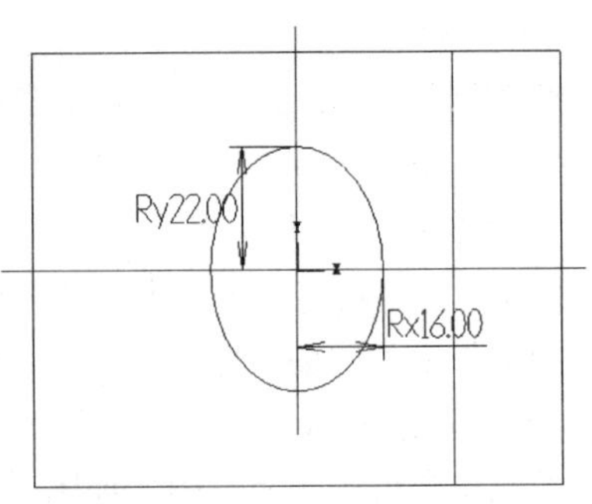

图 9-66　实例 1 外形的平面草图

（2）拉伸实体（带拔模斜度）

① 将图层设为“5”，命名为“顶部椭圆柱体”。在主菜单中单击 Solids/Extrude 命令，根据系统弹出的 Chaining 对话框，设置相应的串连方式，并在绘图区域内选择上一步绘制的椭圆。

② 单击 Chaining 对话框中的 ✓ 按钮，系统在选取的图素上面显示一个箭头来确定拉伸的方向。在系统弹出 Extrude Chain 对话框中，选中 Add Boss 和 Extend by specified distance 选项，输入“延伸距离”为“12”。由于椭圆柱体具有拔模斜度，所以要选中 Draft 选项，Angle（拔模角度）输入“3”，如图 9-67 所示。单击对话框中的 ✓ 按钮，即可完成拉伸实体的创建操作，结果如图 9-68 所示。

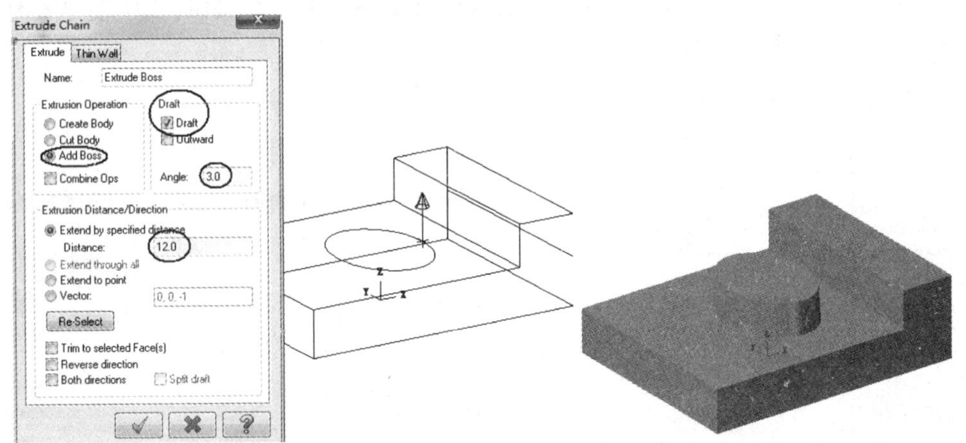

图 9-67　Extrude Chain 对话框　　　　图 9-68　椭圆柱体的创建结果

4. 扫描切除实体

（1）在侧视图上绘制扫描路径线框

1）设置构图平面为“侧视图”（CPlane:Right），当前图层为“6”，命名为“扫描路径”，“绘图高度值 Z”设为“-34”。

2）绘制扫描路径的草图，如图 9-69 所示。

（2）在前视图上绘制扫描截面线框

1）设置构图平面为“前视图”（CPlane : Front），当前图层为“7”，命名为“扫描截面”，“绘图高度值 Z”设为“39”。

2）绘制扫描截面的草图，如图 9-70。

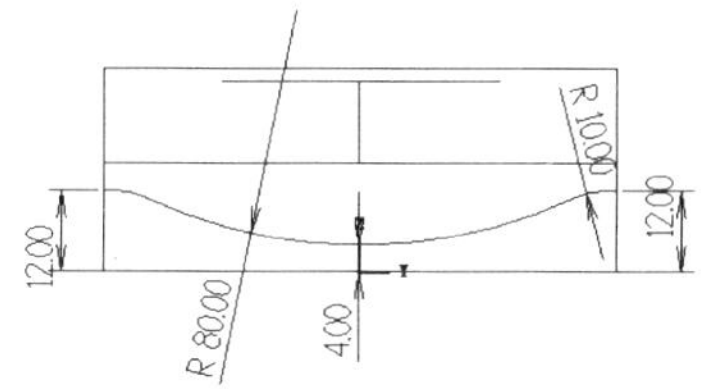

图 9-69　扫描路径的草图

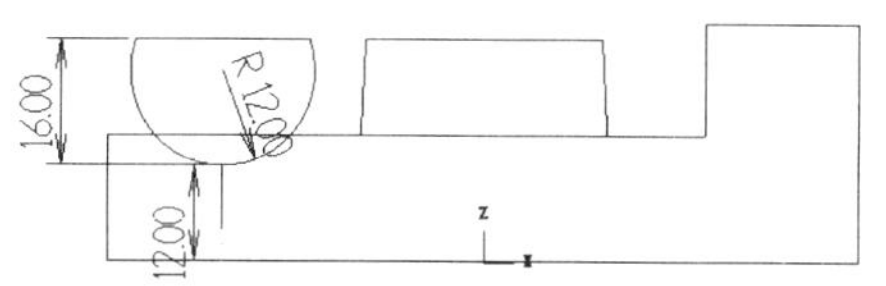

图 9-70　扫描截面的草图

（3）扫描切除实体

1）将图层设为“8”，命名为“扫描切除实体”。在主菜单中单击 Solids/Sweep 命令，根据系统弹出的 Chaining 对话框，设置相应的串连方式，并在绘图区域内选择扫描截面线框，单击 Chaining 对话框中的 按钮完成扫描截面的选择。跟着继续选择扫描路径（一般用串连方式选择），选择完毕后，单击 Chaining 对话框中的 按钮，如图 9-71 所示。

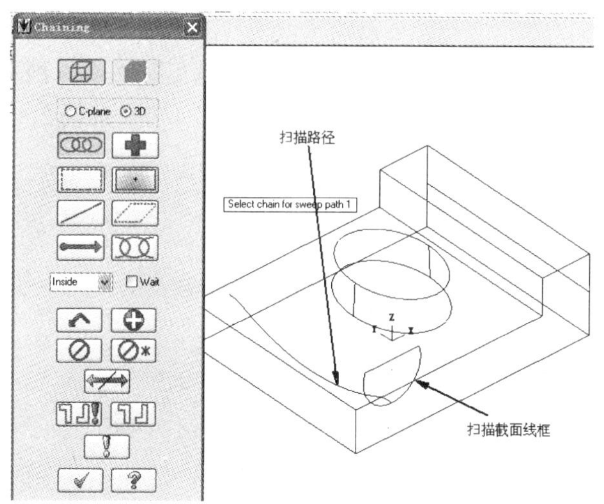

图 9-71　扫描路径的选择

2）在系统弹出 Sweep Chain 对话框中，选中 Cut Body，如图 9-72 所示。单击对话框中的 按钮，即可完成扫描切除实体的创建操作，结果如图 9-73 所示。

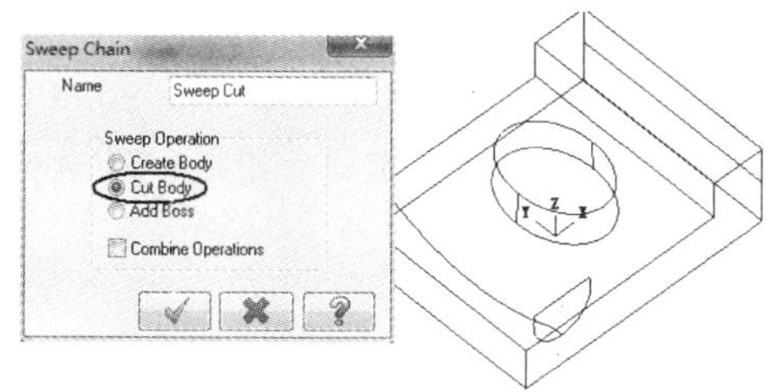

图 9-72　Sweep Chain 对话框

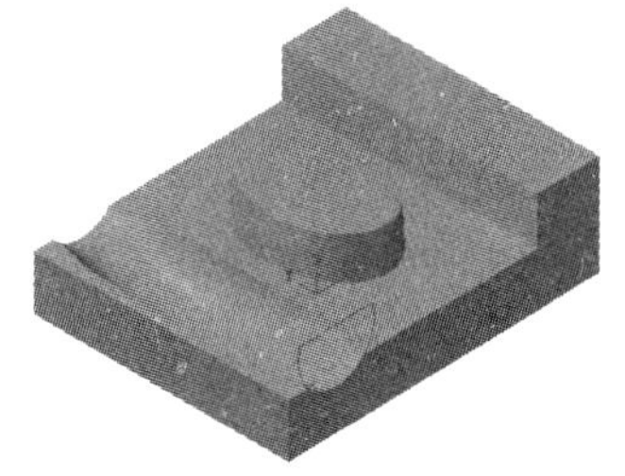

图 9-73　扫描切除实体的创建结果

5. 用直纹曲面切除实体

（1）在前视图上绘制直纹曲面的外形线框

1）设置构图平面为“前视图”（CPlane:Front），当前图层为“9”，命名为“直纹曲面”，“绘图高度值 Z”设为“39”。

2）绘制直纹曲面首端的外形线框，如图 9-74 所示。

3）构图平面仍为“前视图”(CPlane：Front)，当前图层为“9”，绘图高度值 Z 设为“－39”。

4）绘制直纹曲面尾端的外形线框，如图 9-75 所示。

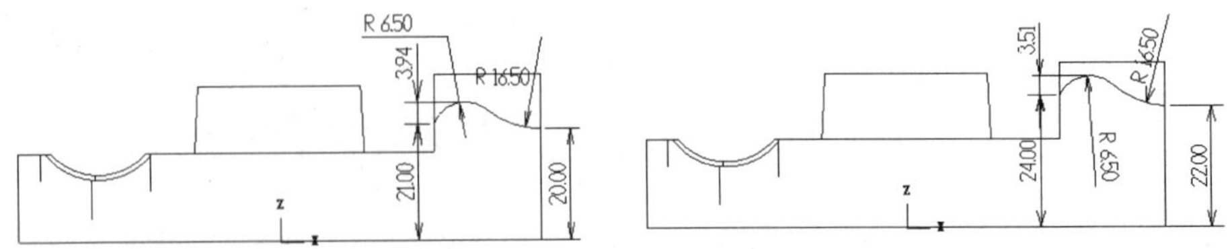

图 9-74　直纹曲面首端的外形线框　　图 9-75　直纹曲面尾端的外形线框

（2）在俯视图上绘制直纹曲面

1）设置构图平面为“俯视图”(CPlane:Top)，视角视图为“等角视图”，当前图层为“9”，“绘图高度值 Z”设为“0”。

2）在主菜单中单击 Create/Surface/lofted 命令，根据系统弹出的 Chaining 对话框，设置相应的串连方式，并在绘图区域内选择构建直纹曲面外形线 1 和外形线 2，如图 9-76 所示。

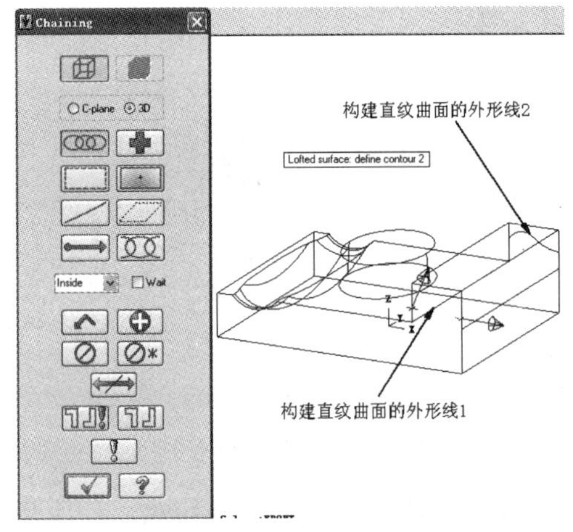

图 9-76　选择构建直纹曲面外形线 1 和外形线 2

3）单击对话框中的按钮，即可完成直纹曲面的创建操作，结果如图 9-77 所示。

（3）用直纹曲面切除实体　在主菜单下单击 Solids/Trim 命令，系统弹出 Trim Solid（修剪实体）对话框，在 Trim to（修剪到）选项区中选中 Surface（曲面）选项，如图 9-78 所示，根据系统提示“选择用于修剪实体的曲面”，并按回车键，结果如图 9-79 所示。

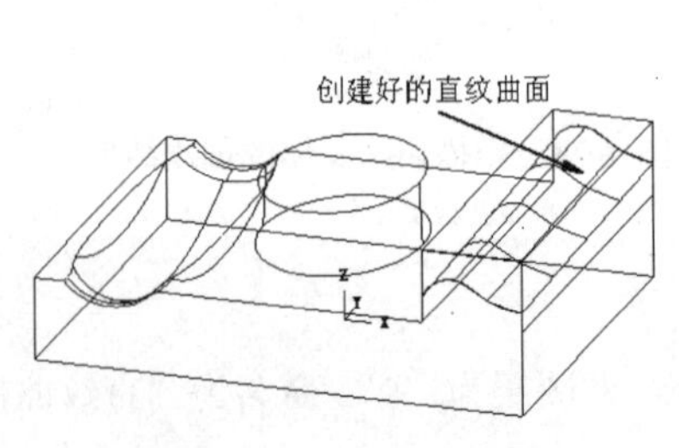

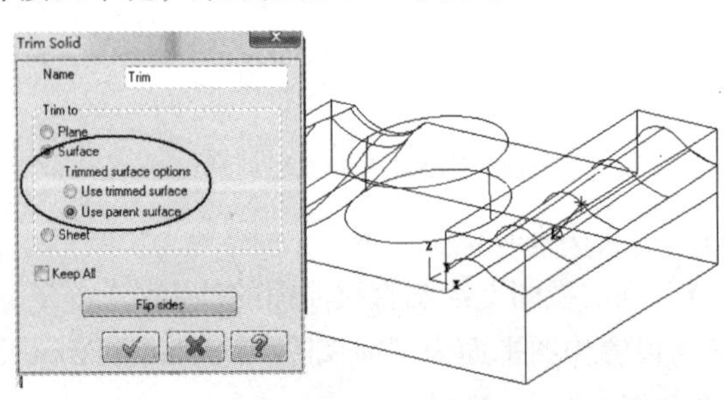

图 9-77　创建好的直纹曲面　　图 9-78　“用曲面去修剪实体”对话框

6. 中心孔和两侧阶梯孔的创建

（1）在俯视图上绘制中心孔外形线框

1）设置构图平面为“俯视图”（CPlane:Top），当前图层为“10”，命名为“中心孔和侧孔”，“绘图高度值 Z”设为“28”。

2）绘制中心孔外形线框的草图，如图 9-80 所示。

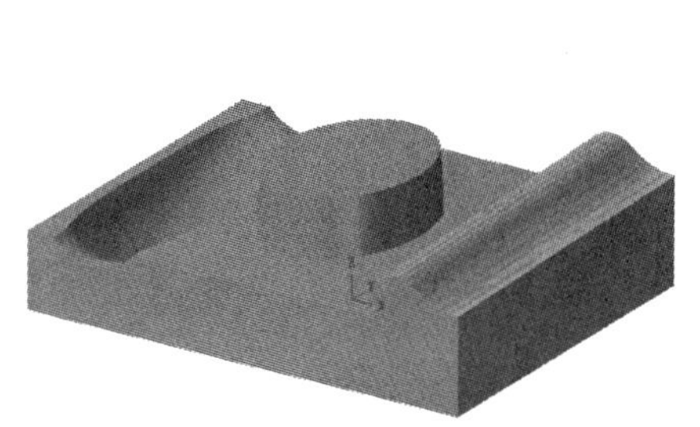

图 9-79 用曲面去修剪实体结果

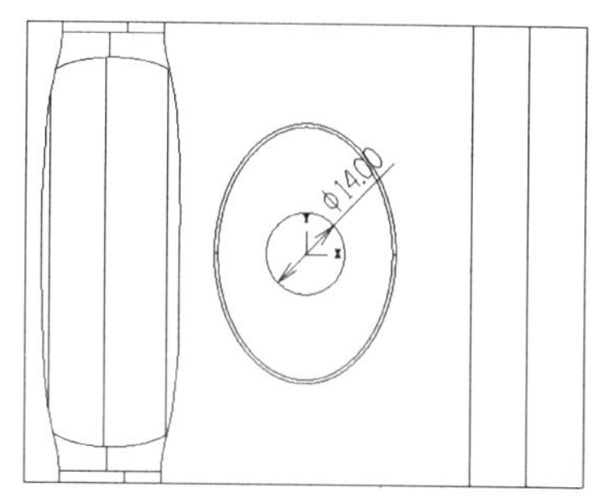

图 9-80 中心孔外形线框的草图

（2）拉伸切除实体

1）在主菜单中单击 Solids/Extrude 命令，根据系统弹出的 Chaining 对话框，设置相应的串连方式，并在绘图区域内选择上一步绘制的圆。

2）单击 Chaining 对话框中的 ✓ 按钮，系统在选取的图素上面显示一个箭头，来确定拉伸的方向。在系统弹出 Extrude Chain 对话框中，选中 Cut Body 和 Extend through all 选项。单击对话框中的 ✓ 按钮，即可完成拉伸切除实体，结果如图 9-81 所示。

（3）在俯视图上绘制 φ12mm 两侧孔

1）设置构图平面为“俯视图”（CPlane:Top），当前图层为“10”，“绘图高度值 Z”设为“16”。

2）绘制这两侧孔外形线框的草图，如图 9-82 所示。

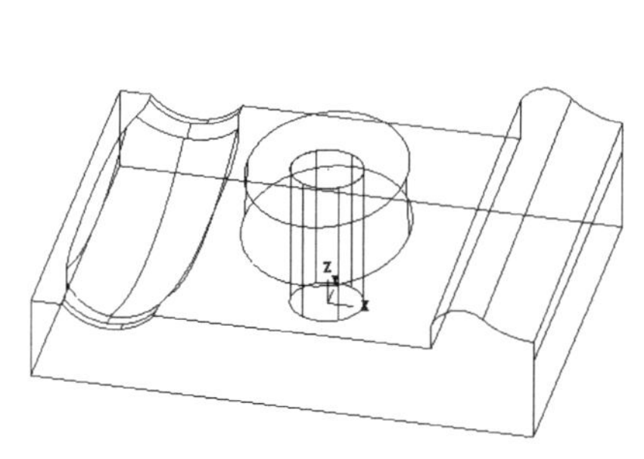

图 9-81 中心孔的创建

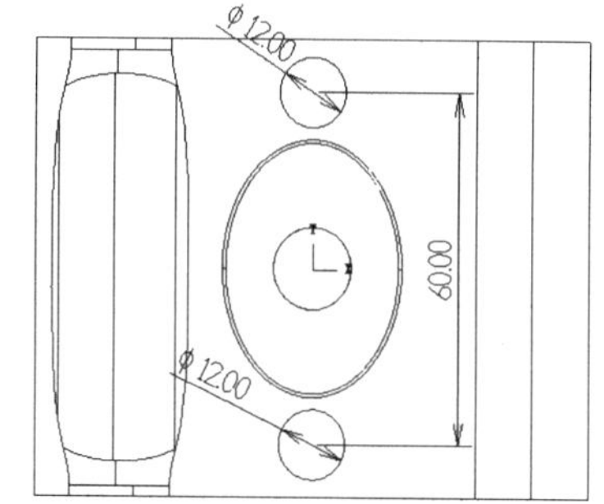

图 9-82 两侧孔外形线框的草图

（4）拉伸切除实体

1）在主菜单中单击 Solids/Extrude 命令，根据系统弹出的 Chaining 对话框，设置相应的串连方式，并在绘图区域内选择上一步绘制的两个圆。

2）单击 Chaining 对话框中的 ✓ 按钮，系统在选取的图素上面显示一个箭头，来确定拉伸的方向。在系统弹出 Extrude Chain 对话框中，选中 Cut Body 和 Extend by specified distance 选项，输入“延伸距离”为“8”。单击对话框中的 ✓ 按钮，即可完成拉伸切除实体，结果如图 9-83

所示。

（5）在俯视图上绘制 φ8mm 两侧孔

1）设置构图平面为“俯视图”（CPlane：Top），当前图层为“10”，“绘图高度值 Z”设为“8”。

2）绘制两个 φ8 侧孔外形线框的草图，如图 9-84 所示。

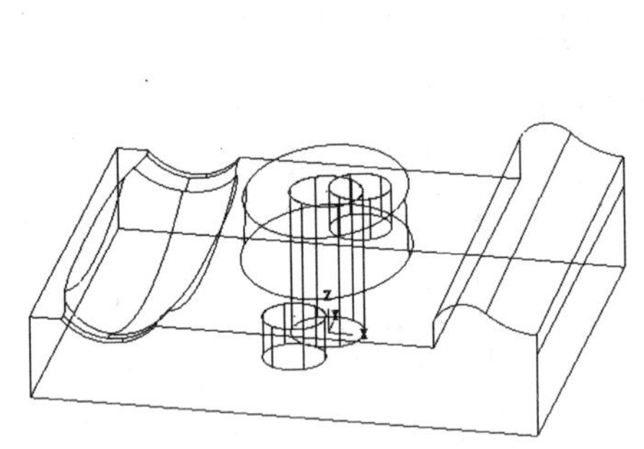

图 9-83　两个 φ12mm 盲孔的创建

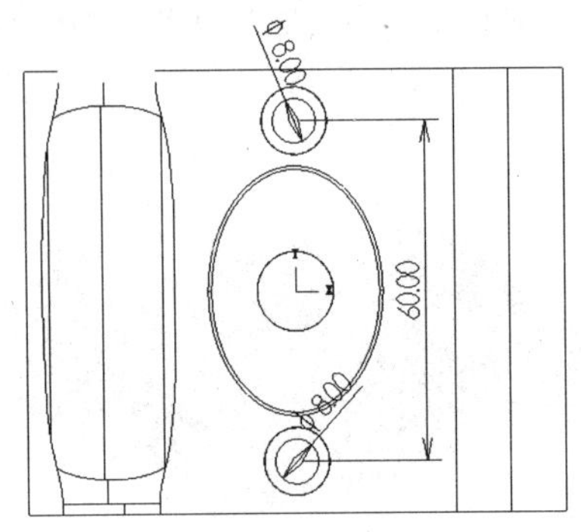

图 9-84　两个 φ8mm 侧孔外形线框的草图

（6）拉伸切除实体

1）在主菜单中单击 Solids/Extrude 命令，根据系统弹出的 Chaining 对话框，设置相应的串连方式，并在绘图区域内选择上一步绘制的两个圆。

2）单击 Chaining 对话框中的 ✓ 按钮，系统在选取的图素上面显示一个箭头，来确定拉伸的方向。在系统弹出 Extrude Chain 对话框中，选中 Cut Body 和 Extend through all 选项。单击对话框中的 ✓ 按钮，即可完成拉伸切除实体，结果如图 9-85 所示。

7. 旋转切除实体

（1）在前视图上绘制用于旋转切除的图素

1）设置构图平面为“前视图”（CPlane：Front），当前图层为“11”，命名为“旋转切除”，“绘图高度值 Z”设为“0”。

2）绘制用于旋转的线框草图，如图 9-86 所示。

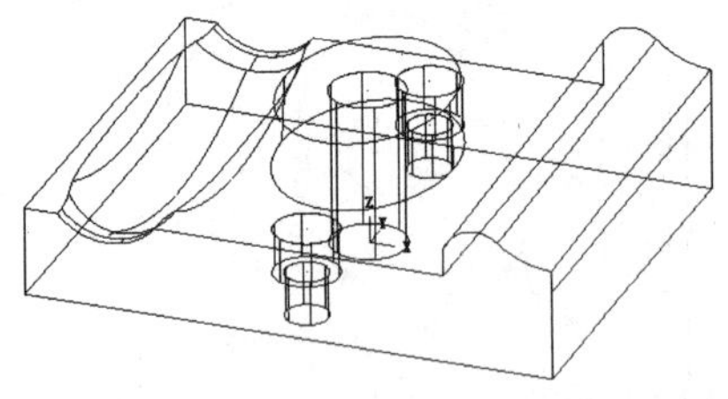

图 9-85　两个 φ8mm 通孔的创建

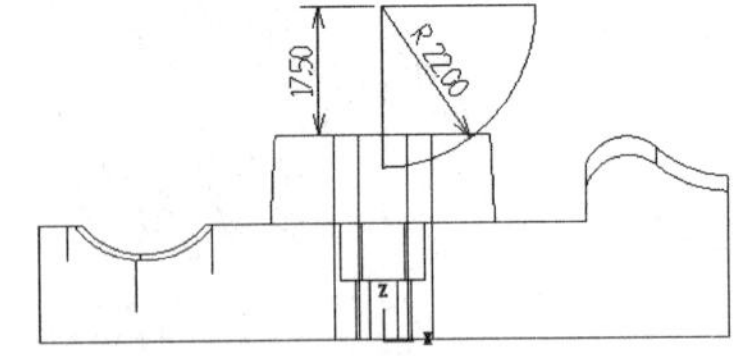

图 9-86　用于旋转的线框草图

（2）旋转切除实体

1）在主菜单中单击 Solids/Revolve 命令，根据系统弹出的 Chaining 对话框，设置相应的串连方式，并在绘图区域内选择上一步绘制的图素。

2）单击 Chaining 对话框中的 ✓ 按钮，系统提示“选择轴线”，在选择完轴线后，系统提示“选择旋转的方向”，顺时针方向或者是逆时针方向，单击 ✓ 按钮确定。在 Revolve Chain 对话框中的选中 Cut body 选项，Star angle 输入“0”，End angle 输入“360”，单击对话框中的

[✓]按钮，即可完成旋转切除实体的创建操作，结果如图 9-87 所示。

8. 实体边倒圆角和倒角

1）在主菜单下单击 Solids/Fillet/Fillet 命令，根据系统的提示“选择需倒圆角的实体边界线”，按回车键，将打开 Fillet Parameters 对话框，在该对话框下的 Radius 文本框中输入“倒圆角半径值”为“2”，并单击对话框中[✓]按钮，完成倒圆角操作，倒圆角后的结果如图 9-88 所示。

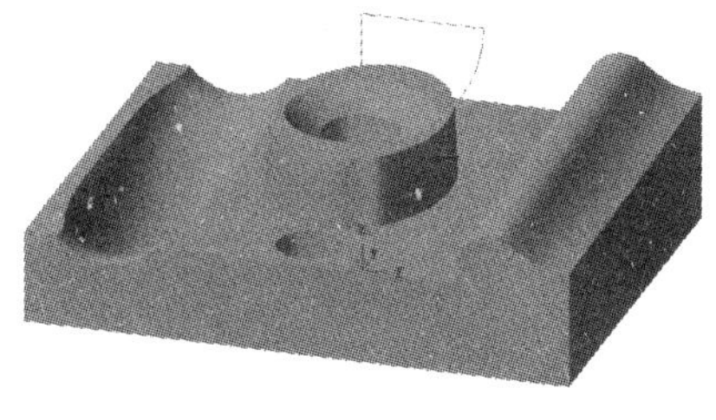

图 9-87　旋转切除实体的结果

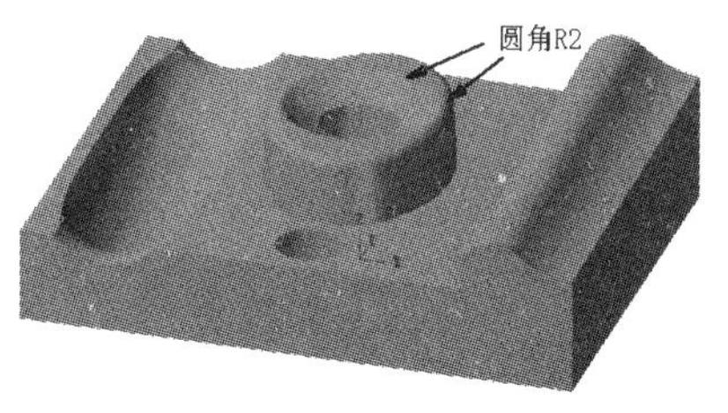

图 9-88　倒圆角 R2mm 的结果

2）在主菜单下单击 Solids/Chamfer/One-distance Chamfer 命令，根据系统提示“选取需倒角的实体边界线”，按回车键，打开 Chamfer Parameters 对话框，在该对话框下的 Distance 文本框中输入“倒角距离值”为“2”，并单击对话框中[✓]按钮，完成倒角操作，倒角后的结果如图 9-89 所示。

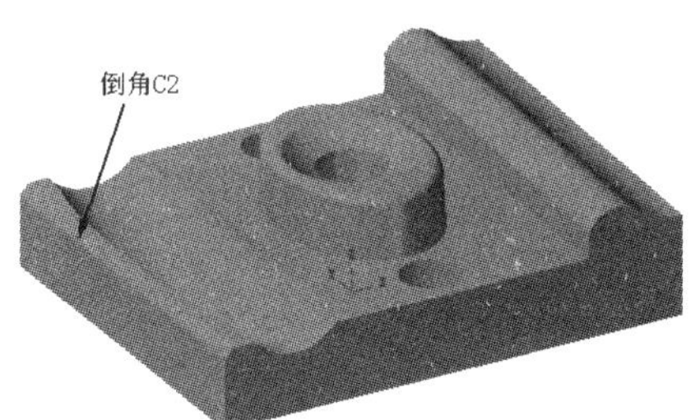

图 9-89　倒角后的结果

第 10 章 图形分析

菜单栏中的 Analyze（分析）命令是用来分析和编辑图素特性的，图 10-1 为 Analyze（分析）命令的子菜单。分析命令可以修改图素的颜色、直线线型和宽度，修改单独点图素的类型属性，或应用同一属性到选择的所有图素，部分分析命令还可以将分析结果保存起来。

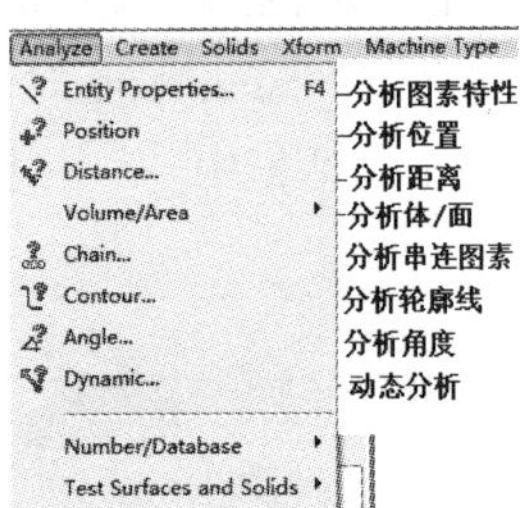

图 10-1　分析命令子菜单

10.1　分析图素属性

Analyze Entity Properties（分析图素属性）命令不仅能够对图素的属性参数进行分析，还可以对图素属性进行编辑。

10.1.1　分析编辑点

操作步骤：

1）执行 Analyze / Entity Properties（分析图素属性）命令。

2）选择分析的图素点，如选择图 10-2 所示的点。

3）弹出图 10-3 所示的 Point Properties（点属性）对话框，修改点的坐标和样式，如图 10-4 所示，单击 ✓ 按钮，在图形区显示修改属性后的图形，如图 10-5 所示。

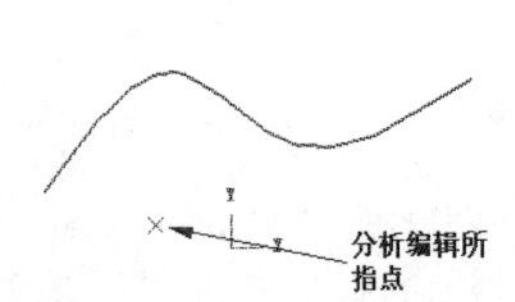

图 10-2　要分析编辑的点

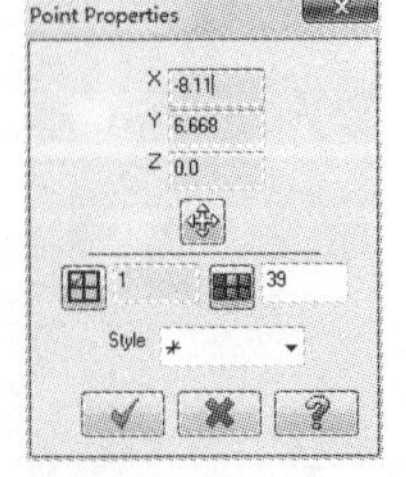

图 10-3　“点属性”对话框

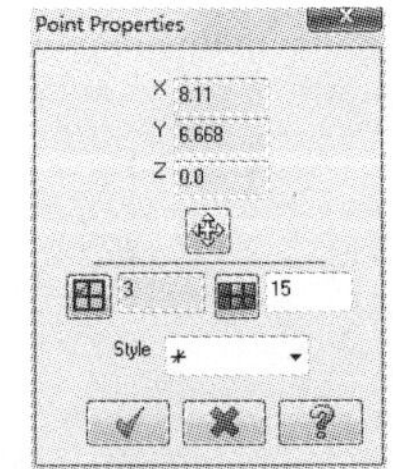

图 10-4　修改点属性对话框

当用户需要改变点的位置时，可以在该对话框中的“X”“Y”“Z”文本框中输入新点的坐标值来定义新点，也可以通过单击对话框中的“选取图素”按钮返回到图形窗口中重新选取点的位置。同时，该对话框中还显示有分析点所在的Level（图层）、Color（颜色）、Style（样式）等属性，当需要改变点的属性时，便可以直接在该对话框中修改相应的参数。

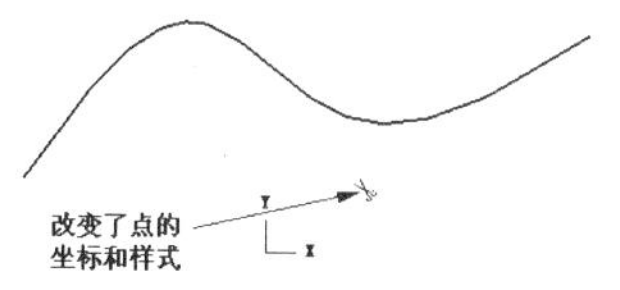

图 10-5　修改属性后的图形

10.1.2　分析编辑直线

操作步骤：

1）执行 Analyze / Entity Properties（分析图素属性）命令。

2）选择分析的直线，如选择图 10-6 所示的直线。

3）弹出图 10-7 所示的 Line Properties（直线属性）对话框，修改直线端点坐标和宽度，如图 10-8 所示，单击按钮，在图形区显示修改属性后的图形，结果如图 10-9 所示。

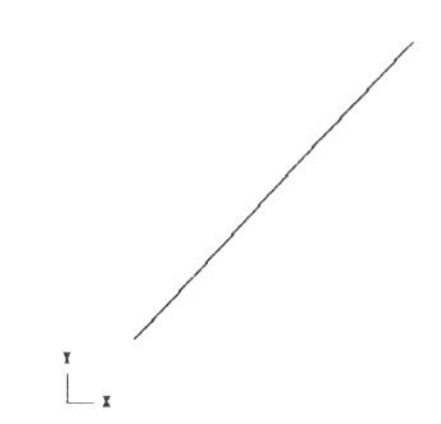

图 10-6　要分析编辑的直线

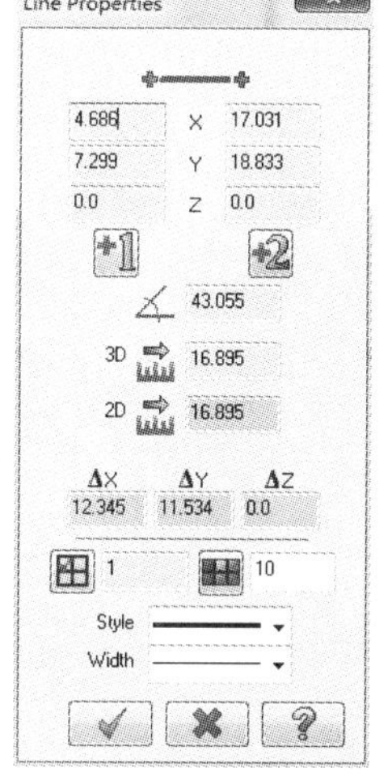

图 10-7　“直线属性”对话框

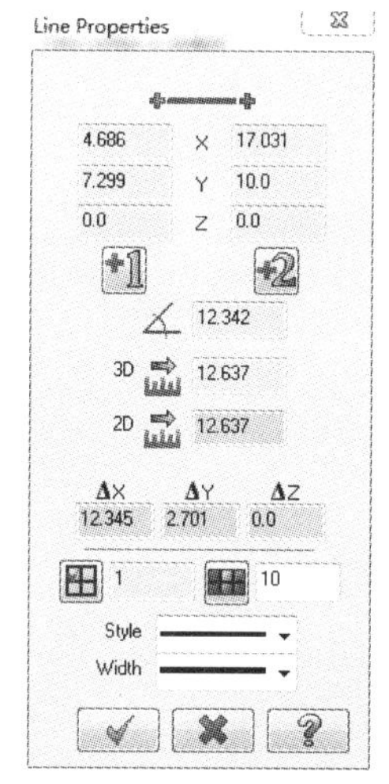

图 10-8　修改直线属性对话框

图 10-9　修改属性后的图形

10.1.3　分析编辑圆弧

操作步骤：

1）执行 Analyze / Entity Properties（分析图素属性）命令。

2）选择分析的圆弧，如选择图 10-10 所示的圆弧。

3）弹出图 10-11 所示的 Arc Properties（圆弧属性）对话框，修改圆心坐标和圆弧的半径，如图 10-12 所示，单击按钮，在图形区显示修改属性后的图形，结果如图 10-13 所示。

图 10-10　要分析编辑的圆弧

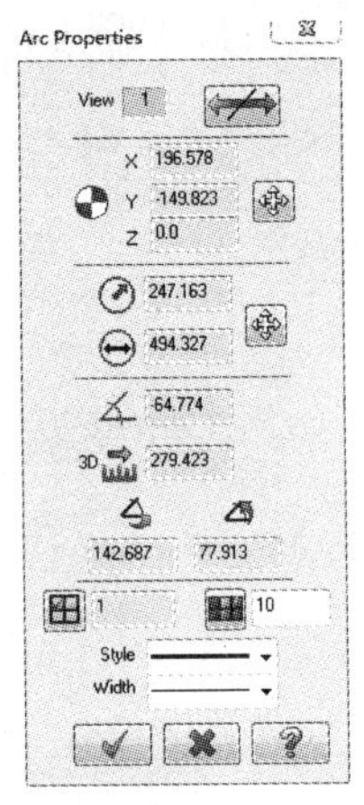

图 10-11 “圆弧属性”对话框

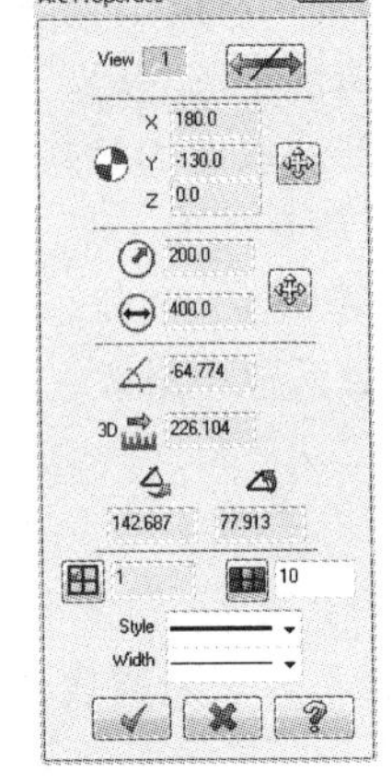

图 10-12 修改圆弧属性对话框

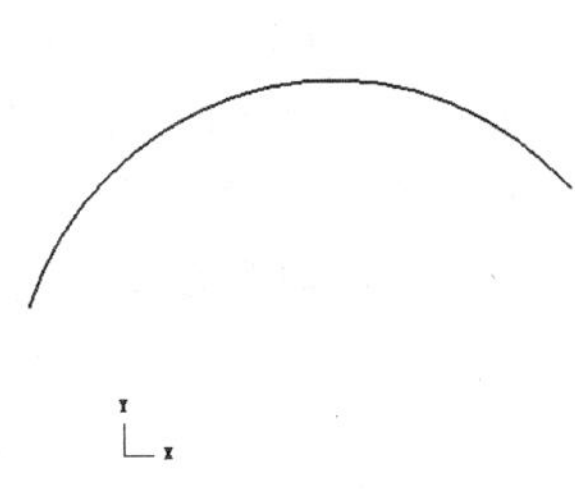

图 10-13 修改属性后的图形

10.1.4 分析编辑 NURBS 曲线

操作步骤：

1）执行 Analyze / Entity Properties 命令。

2）选择要分析的 NURBS 曲线，如选择图 10-14 所示的 NURBS 曲线。

3）弹出图 10-15 所示的 NURBS Spline Properties（NURBS 曲线属性）对话框，修改 NURBS 曲线首末端点的坐标，如图 10-16 所示，单击 ✓ 按钮，在图形区显示修改属性后的图形，结果如图 10-17 所示。

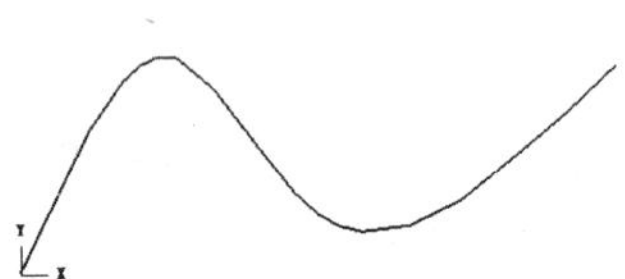

图 10-14 要分析编辑的曲线

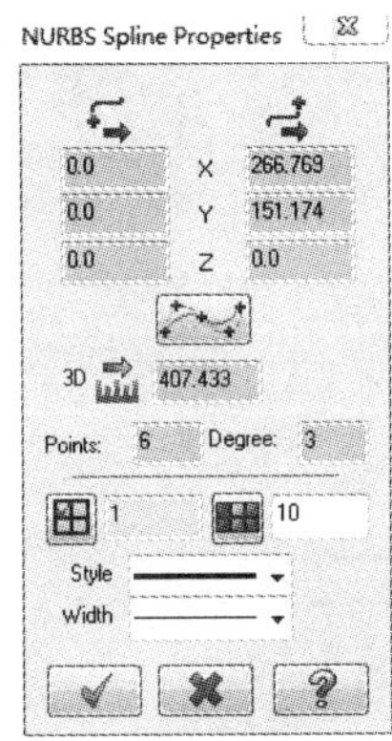

图 10-15 “NURBS 曲线属性”对话框

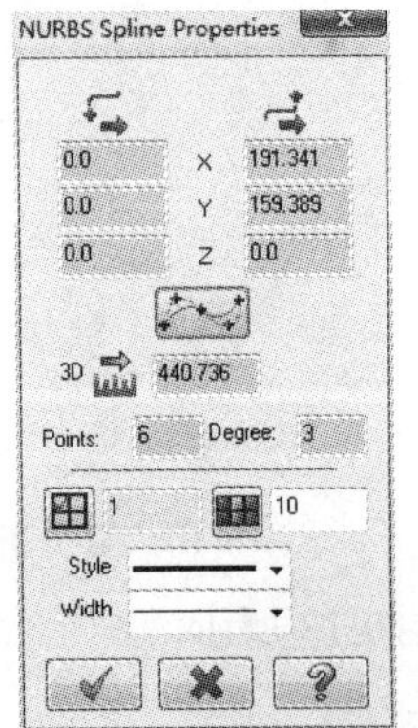

图 10-16 修改 NURBS 曲线属性对话框

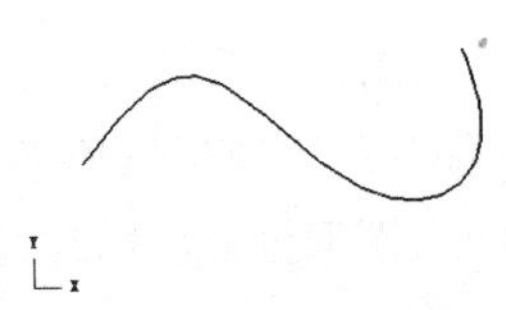

图 10-17 修改属性后的图形

10.2　分析位置

使用 Analyze Position（分析位置）命令来显示和查看选择位置的坐标，但该功能不能修改更新选择点的几何坐标。

操作步骤：

1）执行 Analyze/Position（分析位置）命令。

2）在图形区通过单击鼠标左键选择一特定位置，如捕捉图 10-18 所示的曲线末端点，弹出图 10-19 所示的 Analyze Position（分析位置）对话框，显示所选位置的坐标。

3）可选择其他位置显示其位置坐标，最后单击 ✓ 按钮。

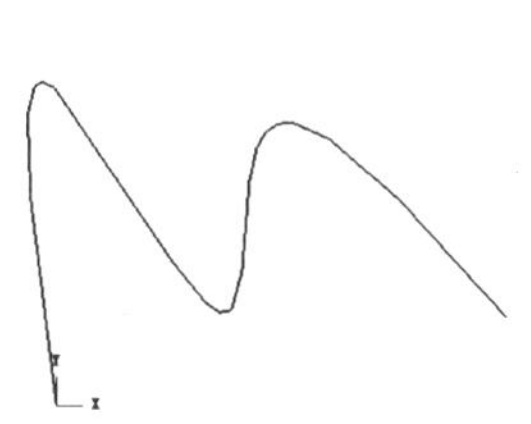

图 10-18　分析位置的图素

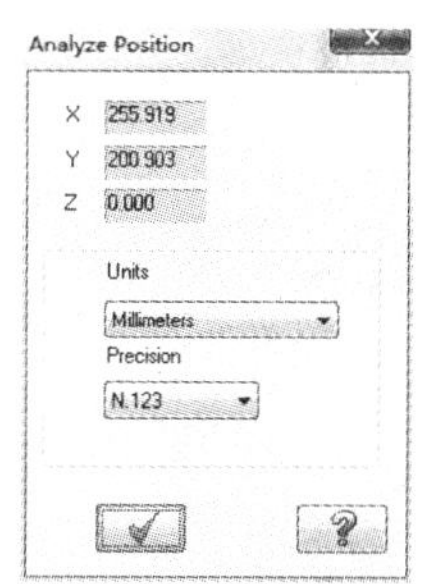

图 10-19　“分析位置”对话框

10.3　分析距离

使用 Analyze Distance（分析距离）命令是测量两点间距，可分析两点坐标、两点之间的距离、两点之间的连线与 X 轴的夹角，以及该连线在 X、Y 和 Z 轴三个方向的增量。但该命令不能修改、更新所选择图素的几何特性。

操作步骤：

1）执行 Analyze / Distance（分析距离）命令。

2）在图形区选择一点 / 曲线，如捕捉图 10-20 所示圆弧的圆心。

3）再选择一点 / 曲线，捕捉另一个圆弧的圆心，弹出图 10-21 所示的 Analyze Distance（分析距离）对话框，显示所选两点的坐标（X/Y/Z 坐标）、两点之间的连线与 X 轴的夹角、2D/3D 长度等信息。

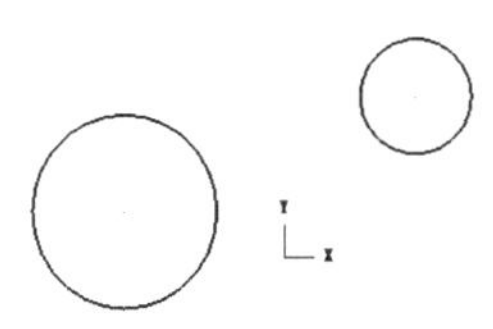

图 10-20　分析距离的图素

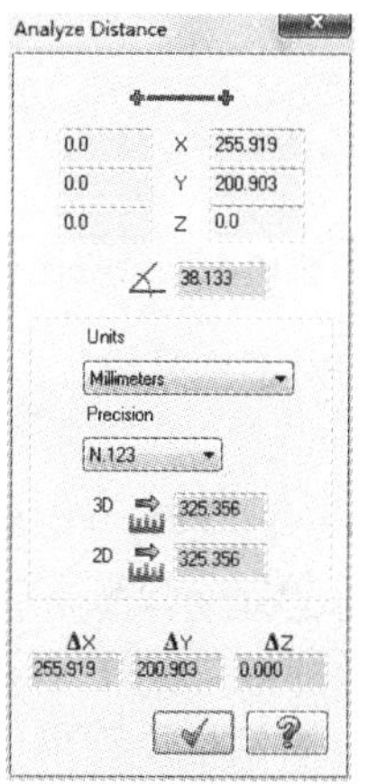

图 10-21　“分析距离”对话框

4）不关闭窗口单击选择点 / 曲线，分析其他点 / 曲线的距离，最后单击[✓]按钮退出。

10.4 分析体 / 面

分析体 / 面命令用于分析所指定的体或面。单击 Analyze/Volume/Area 命令，系统弹出图 10-22 所示的 Volume/Area（分析体 / 面）子菜单。下面介绍子菜单中的命令。

10.4.1 Analyze 2D Area（分析 2D 区域）

单击 Analyze /Volume/Area/ 2D Area 命令，按照系统的提示“选择一个 2D 线框”，如图 10-23 所示。系统弹出 Analyze 2D Area（分析 2D 区域）对话框，如图 10-24 所示。

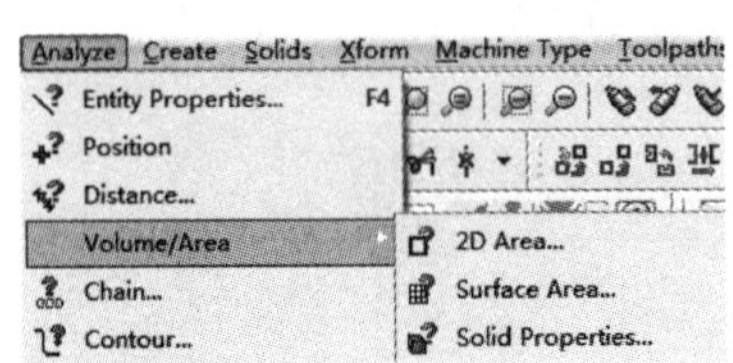

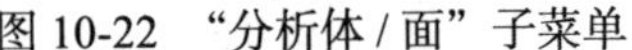

图 10-22 “分析体 / 面”子菜单

图 10-23 择 2D 图形串连

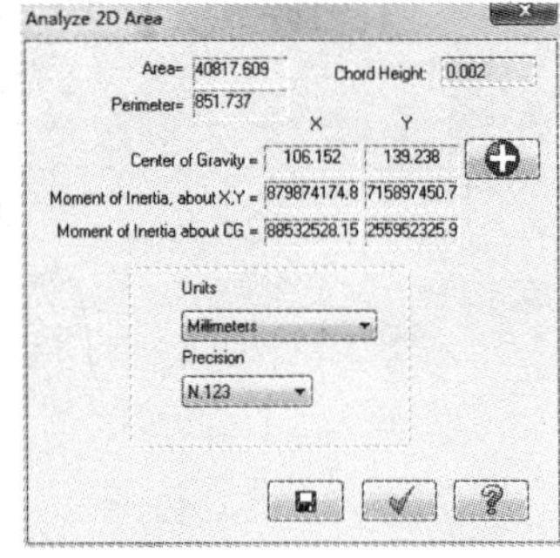

图 10-24 “分析 2D 区域”对话框

该对话框中显示了所选的 2D 区域属性，包括默认的 Chord Height（弦高）设定值、Area（面积）、Perimeter（周长）、Center of Gravity（重心的位置）、Moment of Inertia，about X，Y（绕 X 轴和 Y 轴的转动惯量）等属性。

10.4.2 Analyze Surface Area（分析曲面）

单击 Analyze /Volume/Area/ Surface Area 命令，按照系统的提示“选择一个曲面”后，如图 10-25 所示。系统弹出 Analyze Surface Area（分析曲面）对话框，如图 10-26 所示。

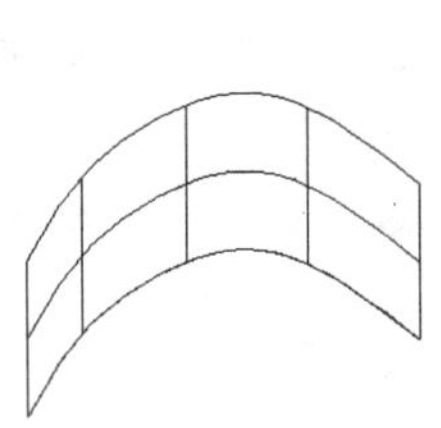

图 10-25 选择曲面

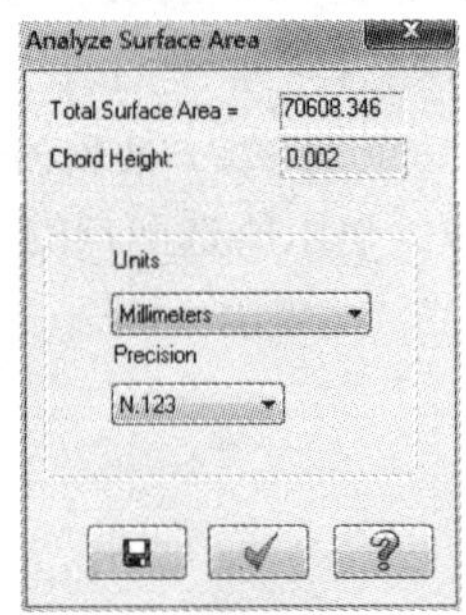

图 10-26 “分析曲面”对话框

“分析曲面”对话框列出了曲面的 Chord Height（弦高）设定值和 Total Surface Area（整体曲面面积）。

10.4.3 Analyze Solid Properties（分析实体特征）

单击 Analyze /Volume/Area/Solid Properties 命令，按照系统的提示“选择一个实体”，如图 10-27 所示。系统弹出 Solid Properties（实体特性）对话框，如图 10-28 所示。

“实体特性”对话框中列出了实体的各种属性，其中包括定义 Density（密度）、Mass（实体质量）、Volume（实体体积）、Center of Gravity（实体的重心位置）和 Moment of Inertia（转

动惯量）等属性。

图 10-27　选择实体

图 10-28　“实体特性”对话框

10.5　分析串连图素

执行分析串连图素命令来分析所选择的串连图素，识别一个或多个容易被忽略的问题，包括辨别串连图素中是否有重叠的图素、超过用户设定最小角度处串连图素的反转方向，以及那些长度小于用户指定长度值的短图素。通过分析所选择的串连图素，Mastercam 会报告所发现的问题，并在图形区高亮显示问题所在区域。用户可以选择性地构建几何图形来标识问题区域，这些几何图形标记可帮助用户确定问题所在的地方，并能放大问题区域。Mastercam 会在重叠图素构建红色圆弧或圆，在突然反转方向处构建黄色的点图素，在短图素处构建蓝色圆弧或圆。

操作步骤：

1）单击菜单栏中 Analyze/Chain 命令。

2）系统弹出 Chaining（串连）对话框来选择串连图素，选择图 10-29a 所示的串连图素，所选串连图素显示临时箭头，可通过“切换方向”按钮来修改切向量方向，即箭头方向，如图 10-29b 所示。

a）选择串连图素　　b）修改切向量方向

图 10-29　分析串连图素

3）单击 Chaining（串连）对话框中“确定”按钮，弹出图 10-30 所示的 Analyze Chain（分析串连）对话框，设置有关参数后，单击该对话框中的“确定”按钮。系统弹出 Analyze Chain 分析结果，如图 10-31 所示，并在图形区标示问题区域、显示端点切向量，单击按钮，关闭对话框。

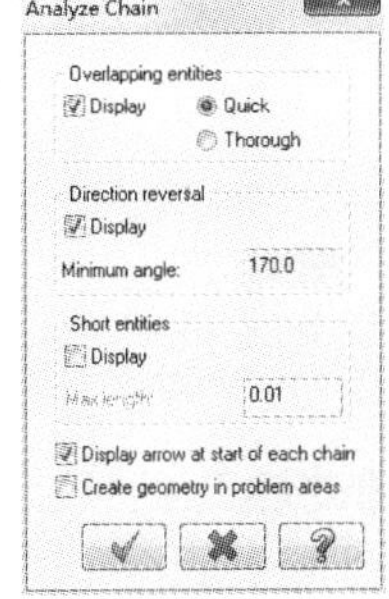

图 10-30　“分析串连”对话框

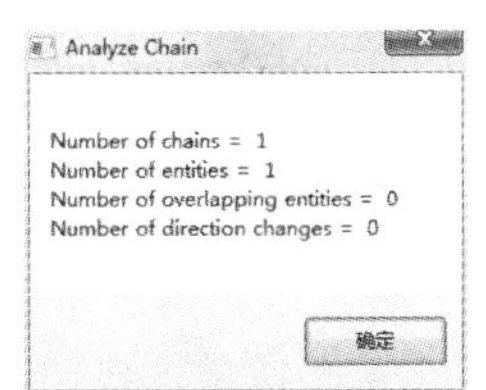

图 10-31　“分析串连”结果

10.6 分析轮廓线

用分析轮廓线命令来分析一条或多条串连曲线的属性，并能形成文本报告。串连曲线包括直线、圆弧或点（不包括样条曲线），可以分析2D或3D轮廓。对于2D轮廓来说，可分析从串连曲线偏置而得到的轮廓，并用Roll corners（滚动角）选项模拟简单轮廓刀位轨迹。

操作步骤：

1）单击菜单栏中Analyze/ Contour命令。

2）系统弹出Chaining（串连）对话框来选择串连图素，选择图10-32所示的串连图素。

3）单击Chaining（串连）对话框中“确定”按钮，系统弹出图10-33所示的Analyze Contour（分析轮廓线）对话框，设置有关参数后，单击该对话框中的“确定”按钮。系统弹出“轮廓分析结果报告”，列出串连曲线中每个图素的属性，如图10-34所示。

图10-32　分析轮廓线

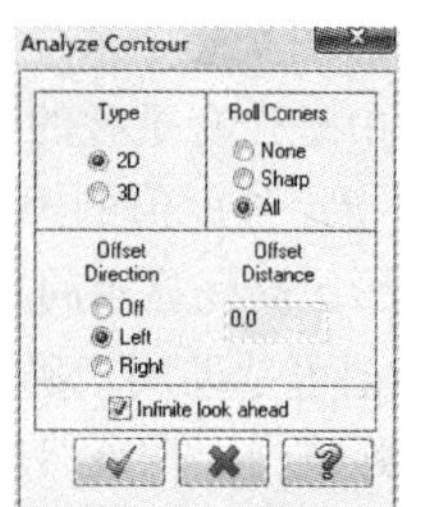

图10-33　“分析轮廓线”对话框

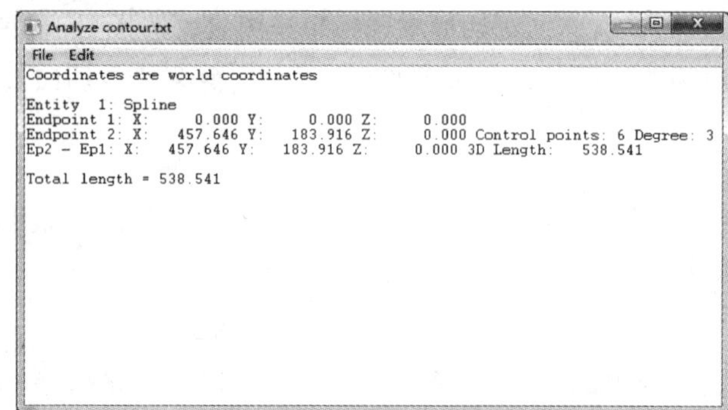

Analyze contour.txt

File Edit

```
Coordinates are world coordinates

Entity  1: Spline
Endpoint 1: X:      0.000 Y:      0.000 Z:      0.000
Endpoint 2: X:    457.646 Y:    183.916 Z:      0.000 Control points: 6 Degree: 3
Ep2 - Ep1: X:    457.646 Y:    183.916 Z:      0.000 3D Length:    538.541

Total length = 538.541
```

图10-34　“轮廓分析结果报告”

10.7 分析角度

用分析角度命令来分析两条直线或图形区所选三点间的角度。Mastercam可显示其夹角角度值和补角角度值。

操作步骤：

1）单击菜单栏中Analyze/Angle命令。

2）系统弹出Analyze Angle（分析角度）对话框，各参数的含义如下。

① 2 Lines：单击该单选按钮，则分析选择两直线夹角。

② 3 point：单击该单选按钮，则分析选择3点连线形成的夹角。

③ C plane：单击该单选按钮，则显示基于当前构建平面的角度。

④ 3D：单击该单选按钮，则显示在其定义的平面的实际角度。

3）单击选择图 10-35 所示的第一条直线，然后再选择第二条直线（如果是单击“3 point”单选按钮，则需选取 3 个点），在 Analyze Angle（分析角度）对话框中，“1st Angle”（夹角）右侧会显示所选的直线夹角，如图 10-36 所示，在 Supplement（补角）右侧会显示两线的补角。

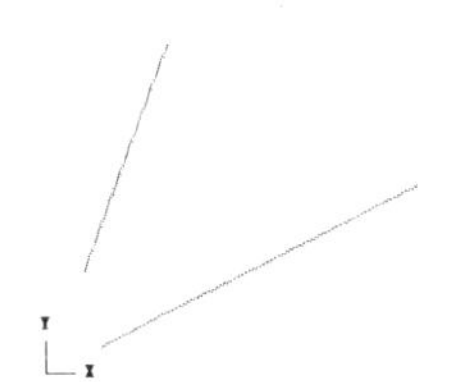

图 10-35　分析角度所选的直线

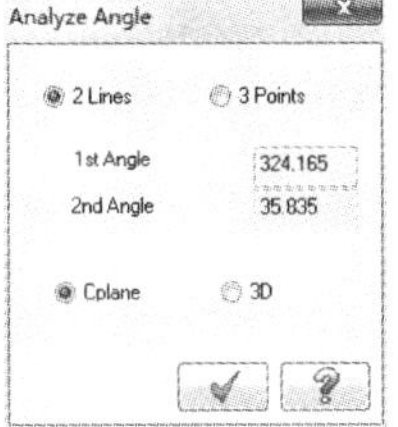

图 10-36　“分析角度”对话框

10.8　动态分析

该命令用于图素的动态分析。

操作步骤：

1）单击菜单栏中 Analyze/Dynamic 命令。

2）根据系统的提示“单击选择一图素”，例如选择图 10-37 所示的圆弧，在图素上显示临时箭头。同时弹出 Analyze Dynamic（动态分析）对话框，显示箭头基部所在位置的信息，如图 10-38 所示。

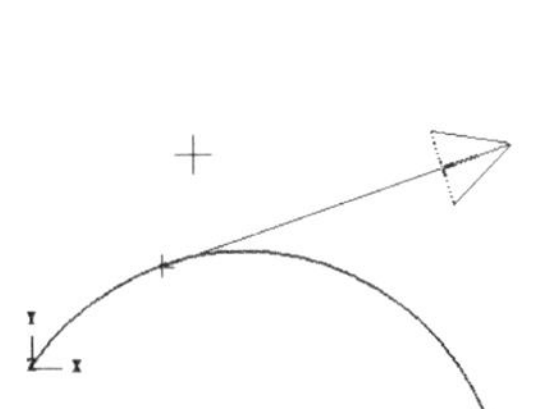

图 10-37　动态分析所选的图素

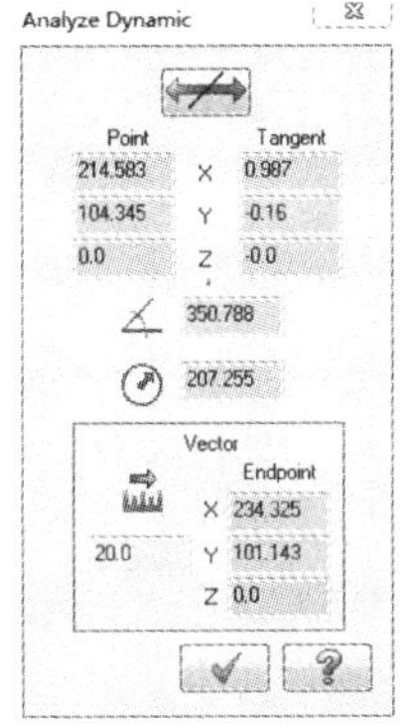

图 10-38　“动态分析”对话框

3）拖动箭头，在 Analyze Dynamic（动态分析）对话框中实时显示箭头基部所在位置的信息。

注意：分析不同类型图素显示的信息不同，选择直线是显示点和切点 X/Y/Z 坐标，选择圆弧和样条曲线则显示点和切点 X/Y/Z 坐标及曲率半径，选择曲面和实体面则显示点 X/Y/Z 坐标、法向 X/Y/Z 坐标和最小曲率半径。

第 11 章 Mastercam X7 加工综述

Mastercam X7 的加工模块众多，加工方式及加工参数也非常丰富。在利用 Mastercare X 进行加工前，有必要了解其加工的一般流程及工作原理。

11.1 Mastercam X7 编程的一般流程及工作原理

Mastercam X7 编程所追求的目标是如何更有效地获得各种工件加工要求的高质量的加工程序，以便更充分地发挥数控机床的性能、获得更高的加工质量和加工效率。

Mastercam X7 的目标是要生成 CNC 控制器可以解读的数控加工程序（NC 码）。NC 码生成的三个步骤如下。

1）计算机辅助设计（CAD）成数控加工中工件的几何模型。

2）计算机辅助制造（CAM）生成一种通用的刀路（刀具路径）数据文件（NCI 文件）。该文件中还包含有加工中的进刀量、主轴转速、冷却控制等指令。

3）后置处理（POST）将 NCI 文件转换为 CNC 控制器可以解读的 NC 码。

具体的编程步骤如下。

① 根据数控加工工艺要求，确定装夹方法、一次装夹所能完成的加工内容、所需刀具数量和刀具种类。

② 利用编程软件的 CAD 功能绘制零件加工用图形。

③ 设置加工零件毛坯尺寸、对刀点和刀具原点位置。

④ 设置刀具参数和零件材料。

⑤ 设置不同加工种类的特性参数。

⑥ 生成刀路并做适当修改。

⑦ 模拟刀路。

⑧ 后处理（Post）生成刀路文件（NCI）文件及加工程序（NC 代码）。

⑨ 根据不同的数控系统对 NC 代码做适当修改。

⑩ 将正确的 NC 代码传送到数控系统。

在 CAD/CAM 软件系统的后置处理程序中完成数控加工的代码后，需将加工代码传输到数控机床，目前已广泛采用 RS232 串行通信方式或 DNC 网络通信方式进行程序输入。对于较长的 NC 代码，大部分 CNC 系统的内存都很难将其容下，此时使用 DNC 功能便可以进行边传送边加工。对支持 DNC 传输加工的数控机床，可将数控机床设置为 DNC 连续加工模式，然后按下“启动”键即可开始边接受程序边进行加工。

11.1.1　数控加工工艺的确定

数控加工工艺是采用数控机床加工工件时所运用的方法和技术手段的总和，在程序编制工作之前，必须确定加工工艺方案，加工工艺的好坏直接影响工件的加工质量和机床的加工效率。

1. 数控加工工艺主要包括如下内容。

1）选择适合在数控机床上加工的工件。

2）分析图样，明确加工内容及技术要求，制订加工工艺路线。

3）选定工件的定位基准，确定夹具、辅具、切削用量和加工余量等。

4）选取对刀点和换刀点，确定刀具补偿和加工线路。

5）试加工，处理现场出现的问题。

6）加工工艺文件的定型和归档。

2. 加工方案设计的原则

在数控编程之前，编程员应了解所用数控机床的规格、性能，数控系统所具备的功能及编程指令格式等。根据零件形状尺寸及其技术要求，分析零件的加工工艺，选定合适的机床、刀具与夹具，确定合理的零件加工工艺路线、工步顺序以及切削用量等工艺参数。

1）确定加工方案，应考虑数控机床使用的合理性及经济性，并充分发挥数控机床的功能。

2）工具、夹具的设计和选择应特别注意，要迅速完成工件的定位和夹紧过程，以减少辅助时间。使用组合夹具生产准备周期短，夹具零件可以反复使用，经济效果好。此外，所用夹具应便于安装，便于协调工件和机床坐标系之间的尺寸关系。

3）选择合理的走刀路线，对于数控加工很重要，应考虑以下几个方面。

① 尽量缩短走刀路线，减少空走刀行程，提高生产率。

② 合理选取起刀点、切入点和切入方式，保证切入过程平稳，没有冲击。

③ 保证加工零件的精度和表面粗糙度值的要求。

④ 保证加工过程的安全性，避免刀具与非加工面的干涉。

⑤ 有利于简化数值计算，减少程序段数目和编制程序工作量。

4）选择合理的刀具：根据工件材料的性能、机床的加工能力、加工工序的类型、切削用量以及其他与加工有关的因素来选择刀具，包括刀具的结构类型、材料牌号、几何参数。

11.1.2　工件几何模型的建立

工件的数控编程首先是建立被加工工件的几何模型，主要技术包括曲线曲面的生成、编辑、裁剪、偏置、旋转、镜像等。在 Mastercam 中，工件几何模型的建立主要有以下三种途径。

1）由系统本身的 CAD 造型建立工件的几何模型。

2）通过系统提供的 DXF、IGES、CADL、CADL、VDA、STL、PARASLD、DWG 等标准图形转换接口，把其他 CAD 软件生成的图形转换为本系统的图形文件，实现图形文件的交换和共享，这是目前最为常用的一种方法。

3）通过系统提供的 ASC Ⅱ图形转换接口，把经过三坐标测量仪或扫描仪测得的实物数据转换成本系统的图形文件。

11.1.3 刀具轨迹的生成

刀具轨迹生成是对形状复杂工件进行数控加工最重要且研究最为广泛深入的内容，能否生成有效的刀具轨迹直接决定了加工的可能性、质量与效率。生成的刀具轨迹必须无干涉、无碰撞、轨迹光滑、满足切削负荷要求、代码质量高，同时，生成的刀具轨迹还应满足通用性好、稳定性好、编程效率高和代码量小等条件。加工模型建立后，即可利用 CAM 系统提供的多种形式的刀具轨迹生成功能进行数控编程，可以根据不同的工艺要求与精度要求，指定加工方式和加工参数，生成刀具的切削路径。

Mastercam 可以通过 Backplot（刀路模拟）和 Verify（实体切削校验）验证生成的刀具轨迹的精度及进行干涉检查，用图形方式检验加工代码的正确性。CAM 系统提供了对已生成刀具轨迹进行编辑的功能，以满足特殊的工艺需要。

11.1.4 后置代码的生成

Mastercam 提供了大多数常用数控系统的后处理器。后置处理文件的扩展名为 .PST，是一种可以由用户以回答问题的形式自行修改的文件，在编程前必须对这个文件进行编辑，才能在执行后处理程序时产生符合某种控制器需要和使用者习惯的 NC 程序。

11.1.5 加工代码输出

Mastercam 可通过计算机的串口或并口与数控机床连接，将生成的数控加工代码由系统自带的 Communications（通信）功能传输到数控机床，也可通过专用传输软件将数控加工代码传输给数控机床。

11.1.6 Mastercam X7 编程加工的工作原理

了解 Mastercam X7 编程的一般流程后，下面通过一加工流程实例进一步阐述 Mastercam X7 是如何工作的。这一工作流程包括如何利用 CAM 功能产生合理的刀路，选择匹配的 POST 后处理器产生 NC 程序，分析 NC 程序所代表的意义，使读者快速进入 Mastercam X7 的加工状态。

首先绘制图 11-1 所示的几何图形，坐标原点如图中所示，Z 方向坐标值为 0.0。加工编程的具体操作步骤如下。

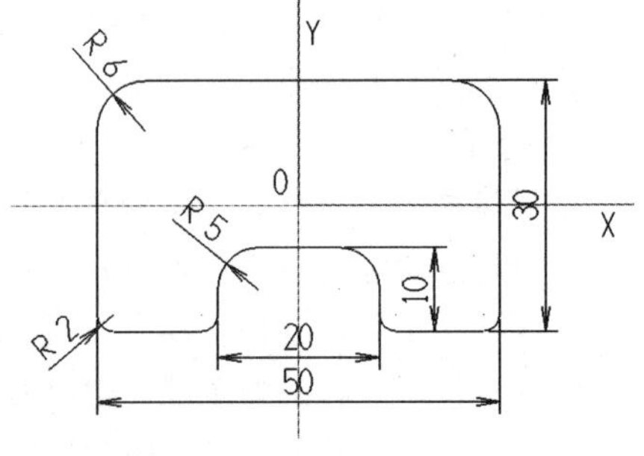

图 11-1 加工的几何图形

1）选择图 11-2 所示菜单栏中的 Machine Type/Mill/Default 命令。

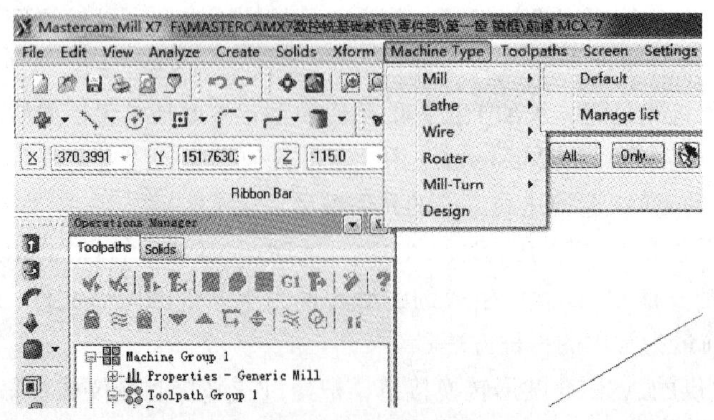

图 11-2 “选择机床制造类型”对话框

2）选择图 11-3 所示菜单栏中的 Toolpaths/Contour Toolpaths 命令。系统提示“选择串连外形”，选择图 11-4 所示串连外形 P1，单击对话框中的“确定”按钮 ✓，结束串连外形的选择。

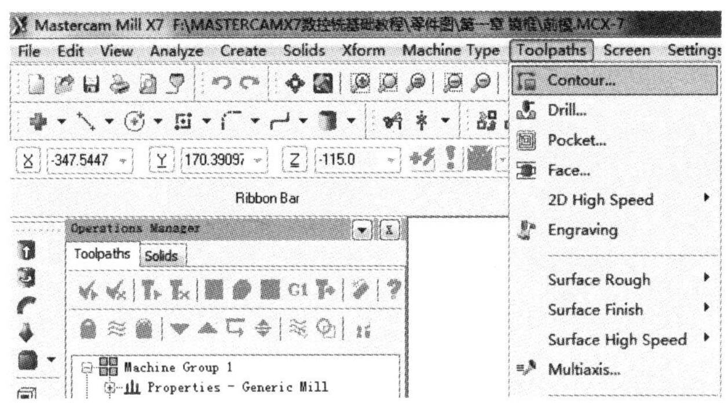

图 11-3　“选择外形铣削”对话框

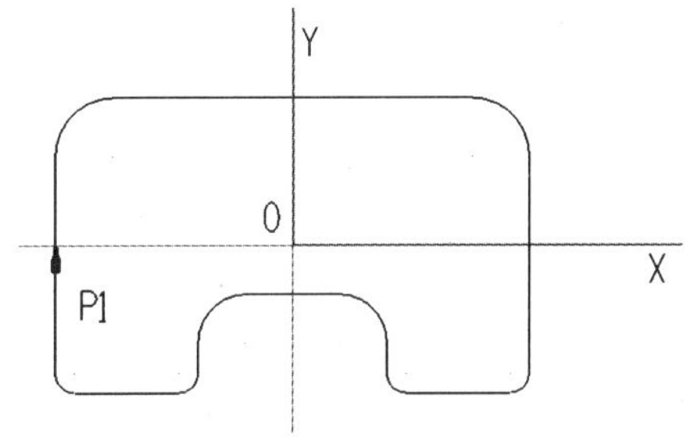

图 11-4　选择串连外形

3）系统弹出图 11-5 所示外形铣削对话框，在刀具栏空白区内单击鼠标右键，在弹出的菜单中选择“从刀具库选择刀具”命令 Tool manager，系统弹出图 11-6 所示“刀具库”对话框，选择 ϕ10 平铣刀，单击“添加”按钮 ⬆，产生图 11-6 所示的界面，结束刀具选择。

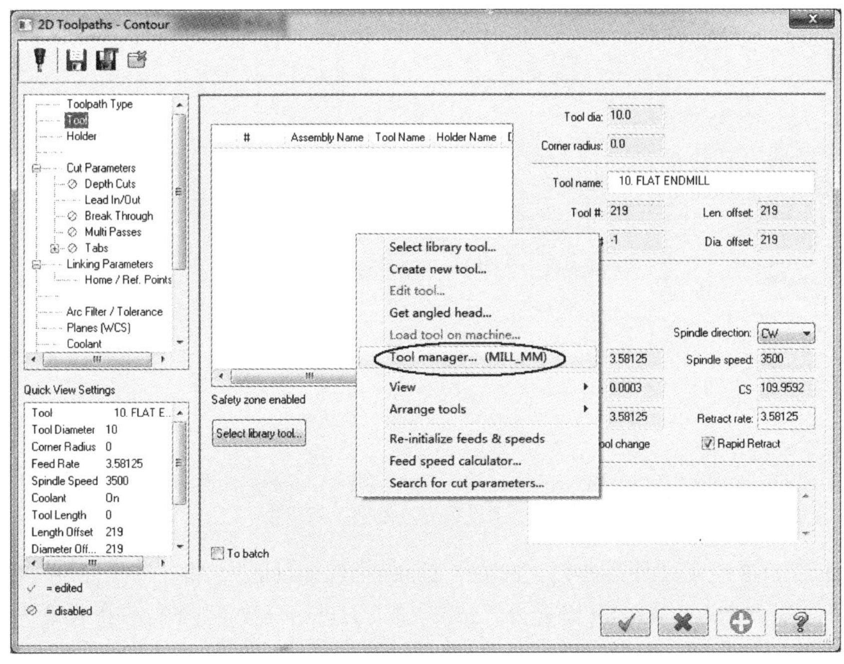

图 11-5　“从刀具库选择刀具”对话框

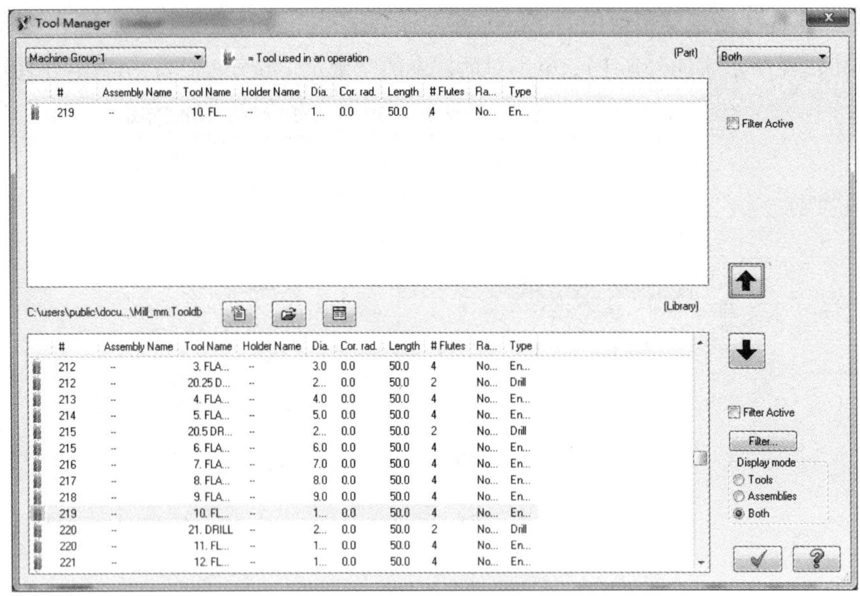

图 11-6 “刀具库”对话框

4）单击图 11-7 中所选择的 ϕ10 平铣刀，设置“刀具号”Tool# 为“1”，“长度补偿号”Len. offset 为“1”，“半径补偿号”Dia.offset 为“1”，“平面进给率”Feed rate 为“600”，“深度进给率”Plunge rate 为“500”，“转速”Spindle speed 为“1500”，“回刀速率”Retract rate 为“2000”。

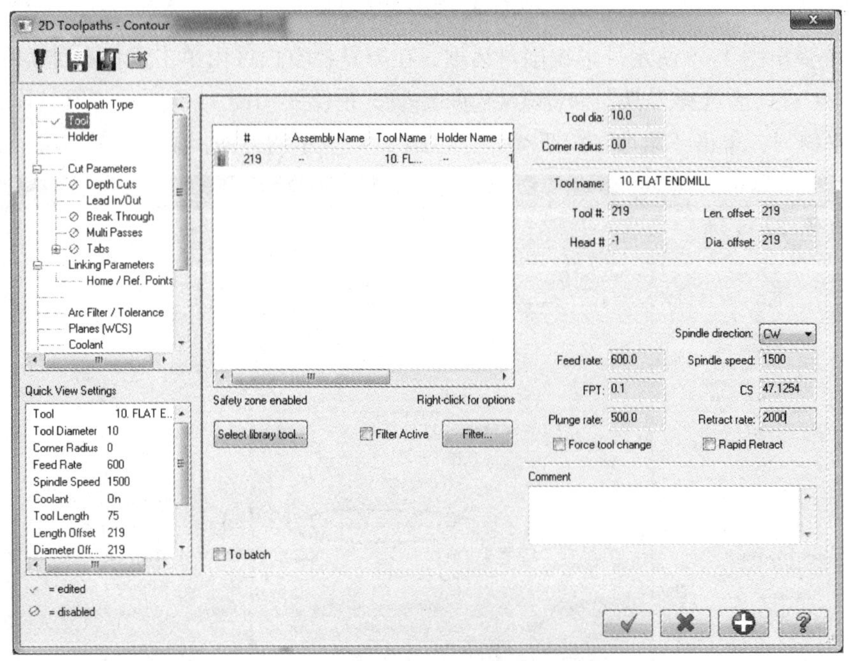

图 11-7 “设置刀具参数”对话框

5）选择图 11-8 所示“外形参数”选项卡 Linking Parameters，将“安全高度”Clearance 设置为“50.0”，“退刀高度”Retract 设置为“25.0”，“下刀进给高度”Feed plane 设置为“0.0”“加工深度”Depth 设置为“－2.0”。

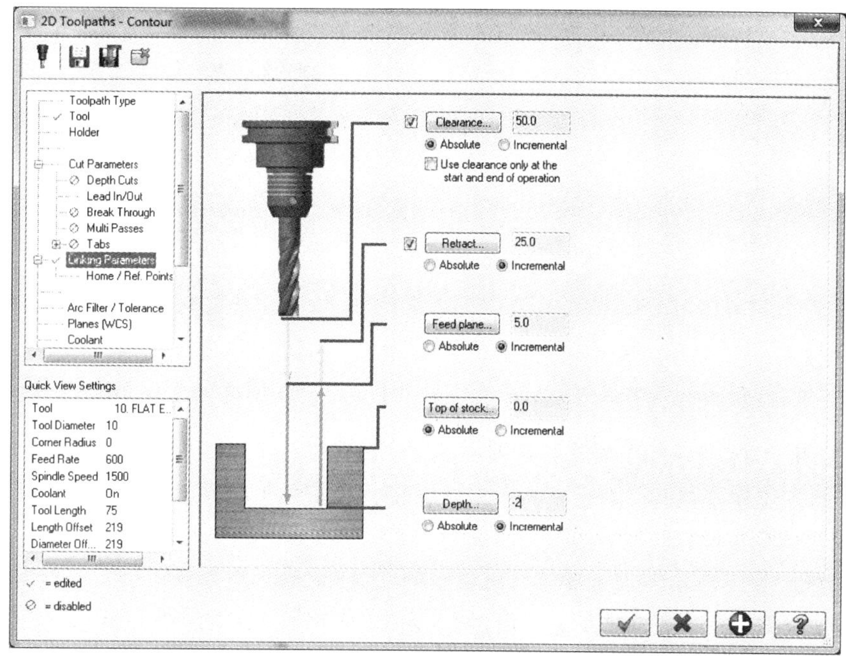

图 11-8　“设置外形加工参数”对话框

6）选择图 11-9 所示“外形参数”选项卡“Contour parameters”，可以设置“切削深度”、“导入 / 导出参数”，单击“确定”按钮 ✓ ，结束参数的设置，产生的刀路如图 11-10 所示。

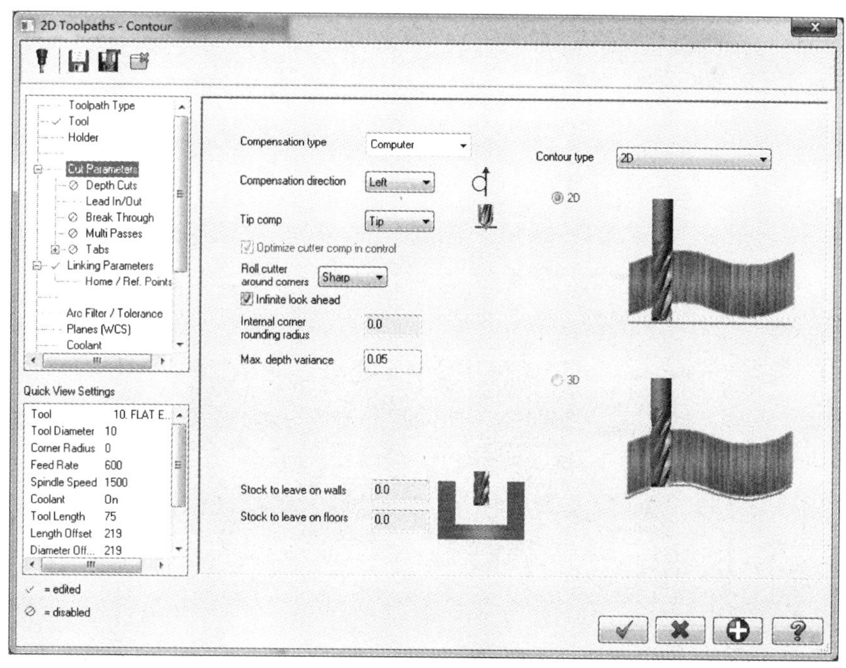

图 11-9　“设置外形加工参数”对话框

7）单击图 11-11 所示加工操作管理器中的“工件设置”命令 Stocksetup，在弹出的“工件设置”对话框中输入图 11-12 所示的工件参数，“单边加工余量”设置为“2”，单击“确定”按

钮 ✔。

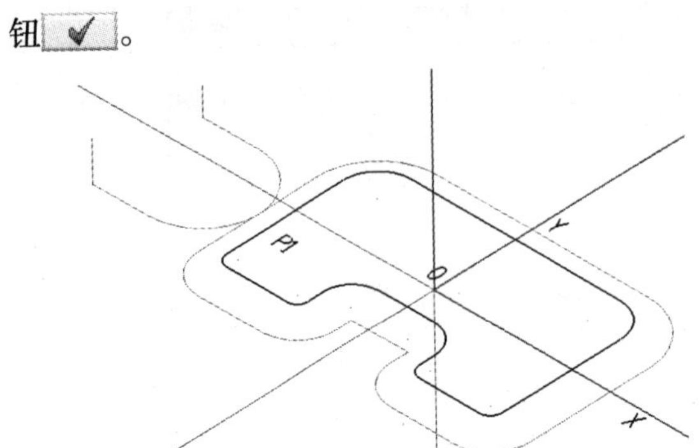

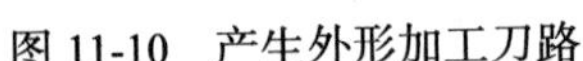
图 11-10　产生外形加工刀路

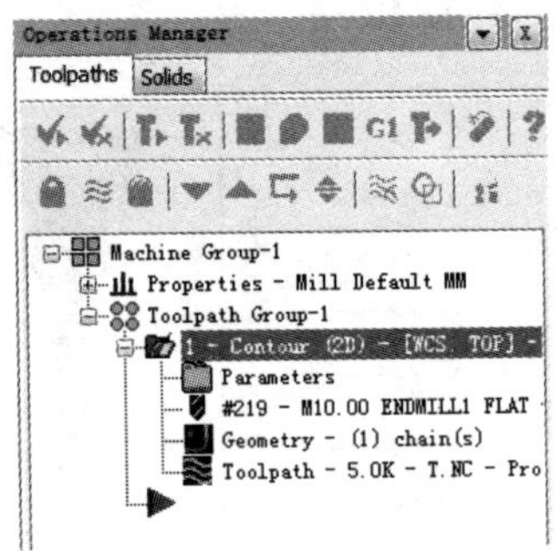

图 11-11　“工件设置”命令

8）单击图 11-11 所示加工操作管理器中的“实体加工模拟”按钮，系统产生图 11-13 所示“启动实体加工模拟执行”对话框，单击按钮，模拟加工结果如图 11-14 所示。单击按钮 ✔，结束实体模拟操作。

9）单击图 11-11 所示的加工操作管理器中的“POST 后处理”按钮 G1，系统弹出图 11-15 所示的“后处理参数”设置对话框，单击 ✔ 按钮，弹出图 11-16 所示“NC 文件管理器”，输入“文件名”为“11-001”，单击“保存”按钮，系统弹出图 11-17 所示 NC 程序编辑器，显示产生的 NC 程序。

10）关闭 NC 程序编辑器，选择菜单栏中的 File/Save 命令，以文件名“11-001”保存为文件。

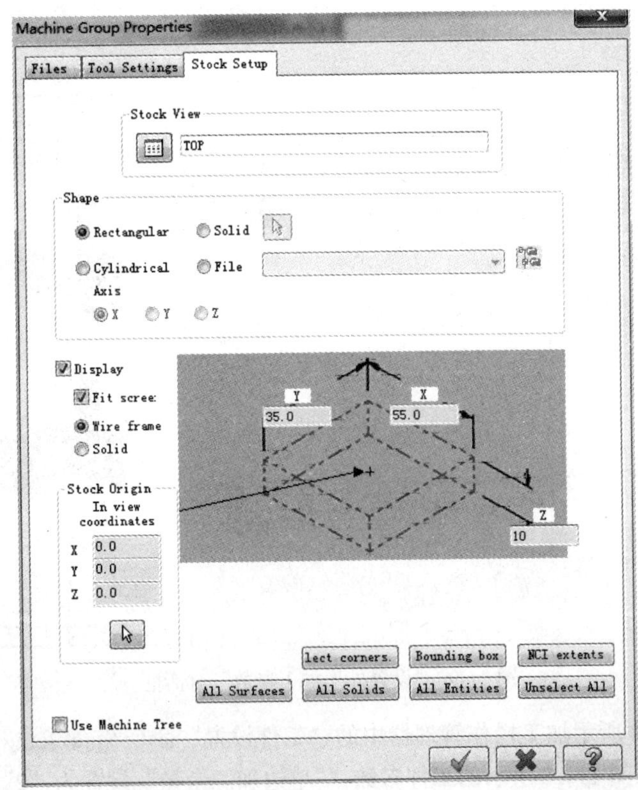

图 11-12　“设置工件参数”对话框

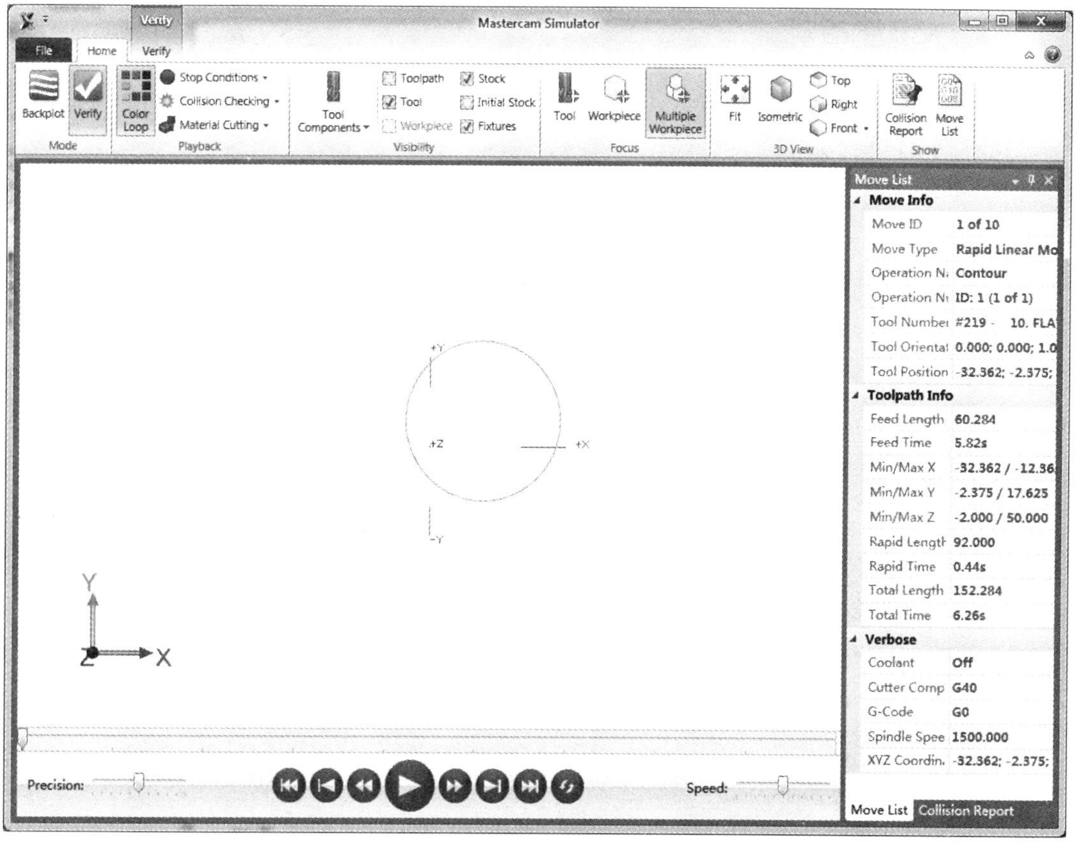

图 11-13　“启动实体加工模拟”对话框

图 11-14　模拟实体加工结果

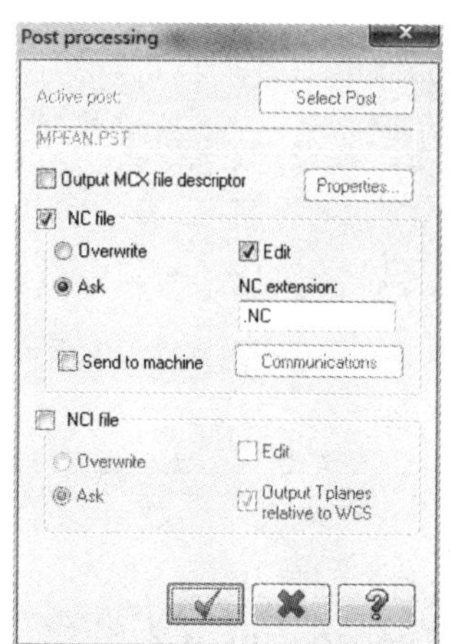

图 11-15　“后处理参数”设置对话框

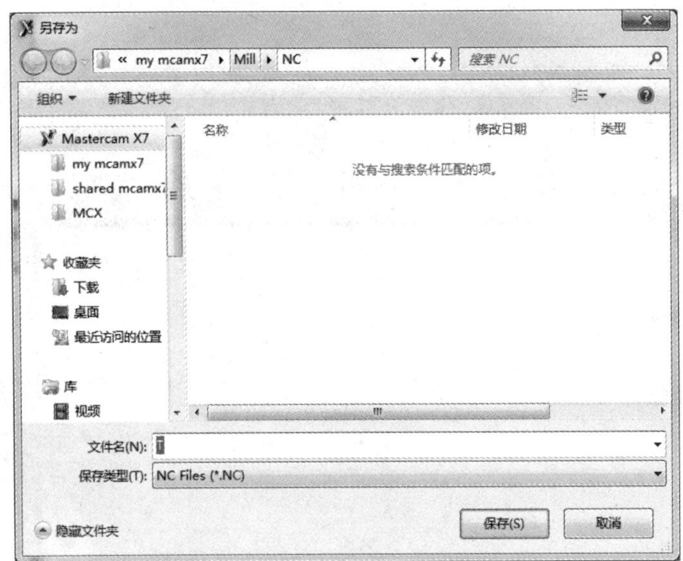

图 11-16 “NC 文件管理器”对话框

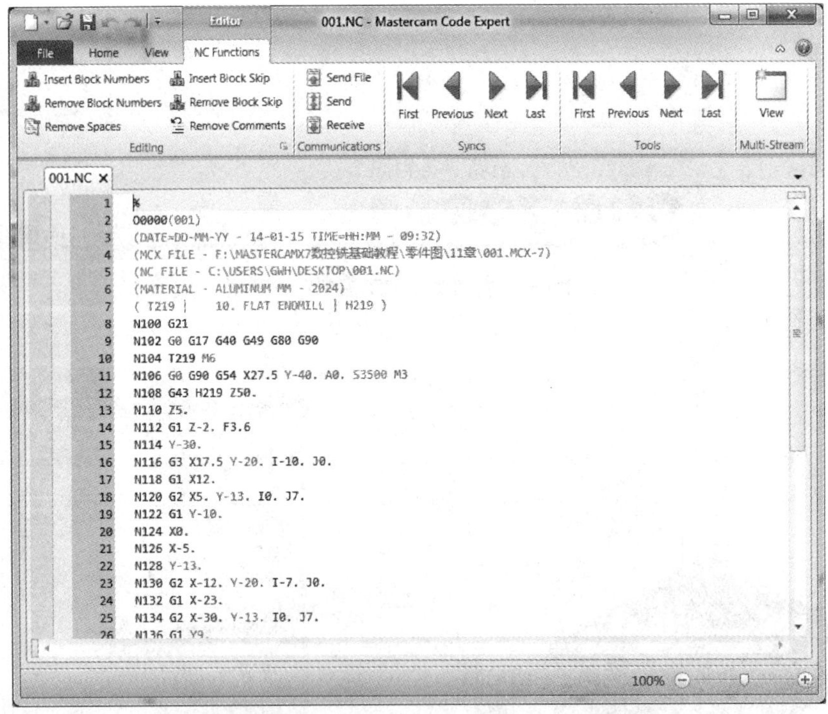

图 11-17 “NC 程序编辑器”对话框

11.2 Mastercam X7 设置加工刀具

Mastercam X7 进行加工编程时，需对刀路、刀具参数、刀具材料、加工参数联系工件的几何模型构建一个完整的操作程序。若操作程序的任何部分发生改变，另一个相关部分可重新生成，而不需要重新构建全部操作程序，即可重新生成 NCI 文件。

由系统加工的一般流程及加工的工作原理可知，CAD 模型设计完毕后利用 CAM 模块下相应的加工方式进行加工时，首先要进行加工刀具的设置，用户可以直接调用系统刀具库中的刀具，也可以修改刀具库中的刀具产生需要的刀具形式，还可以自己定义新的刀具，并将其保存到刀具库中。

11.2.1 常用刀具简介

1. 选择刀具材料

常用刀具材料：高速钢和硬质合金。非金属材料刀具使用较少。

（1）高速钢刀具（白钢刀） 高速钢刀具易磨损，价格便宜，常用于加工硬度较低的工件，如铜材和铝材零件。

（2）硬质合金刀具（钨钢刀、合金刀） 硬质合金刀具耐高温，硬度高，主要用于加工硬度较高的工件。硬质合金刀具需要较高转速加工，否则容易崩刀，其加工效率和质量比高速钢刀具好。

2. 常用刀具的结构形式

数控铣加工时，常用硬质合金刀具有整体式刀具和可转位刀具两种结构形式。

（1）整体式刀具　铣刀的刀具整体由硬质合金材料制成，其价格贵，加工效果好，多用在精加工阶段。此类型刀具通常为平铣刀及球头刀，如图 11-18 所示。

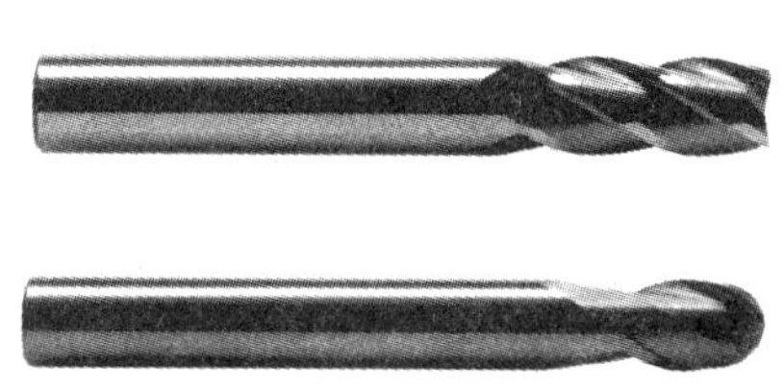

图 11-18　整体式刀具

（2）可转位式刀具　铣刀前端采用可更换的可转位刀片（舍弃式刀粒），刀片用螺钉固定。刀片材料为硬质合金，表面有涂层，刀杆采用其他材料。刀片改变安装角度后可多次使用，刀片损坏不重磨。可转位式铣刀使用寿命长，综合费用低。刀片形状有圆形、三角形、方形、菱形等，圆鼻刀多采用此类型，球头铣刀也有此类型，如图 11-19 所示。

图 11-19　可转位式刀具

3. 刀具形状选择

（1）平铣刀　粗加工和精加工都可使用。平铣刀主要用于粗加工、平面精加工、外形精加工和清角加工，如图 11-20 所示。

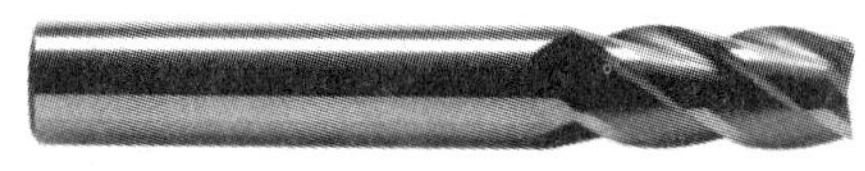

图 11-20　平铣刀

（2）圆鼻刀　主要用于粗加工和半精加工及平面精加工，适合于加工硬度较高的材料。常用圆鼻刀圆角半径为 R0.2~R6，如图 11-21 所示。

（3）球头刀　主要用于曲面的精加工，如图 11-22 所示。

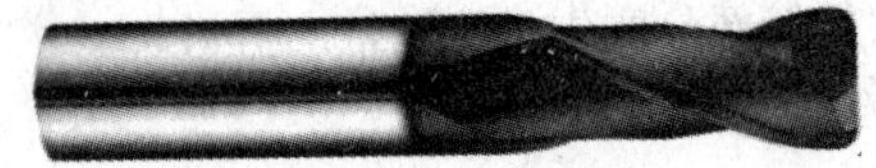

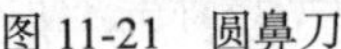

图 11-21　圆鼻刀

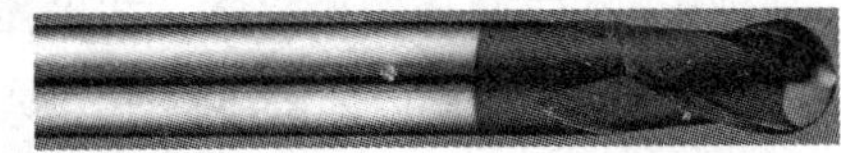

图 11-22　球头刀

11.2.2　从刀具库选择刀具

“从刀具库选择刀具”是设置刀具的最基本形式。如图 11-23 所示，在刀具栏空白区内单击鼠标右键，在弹出的菜单中选择 Tool manager 命令，然后在系统弹出的刀具库对话框中选择所需要的加工刀具即可。

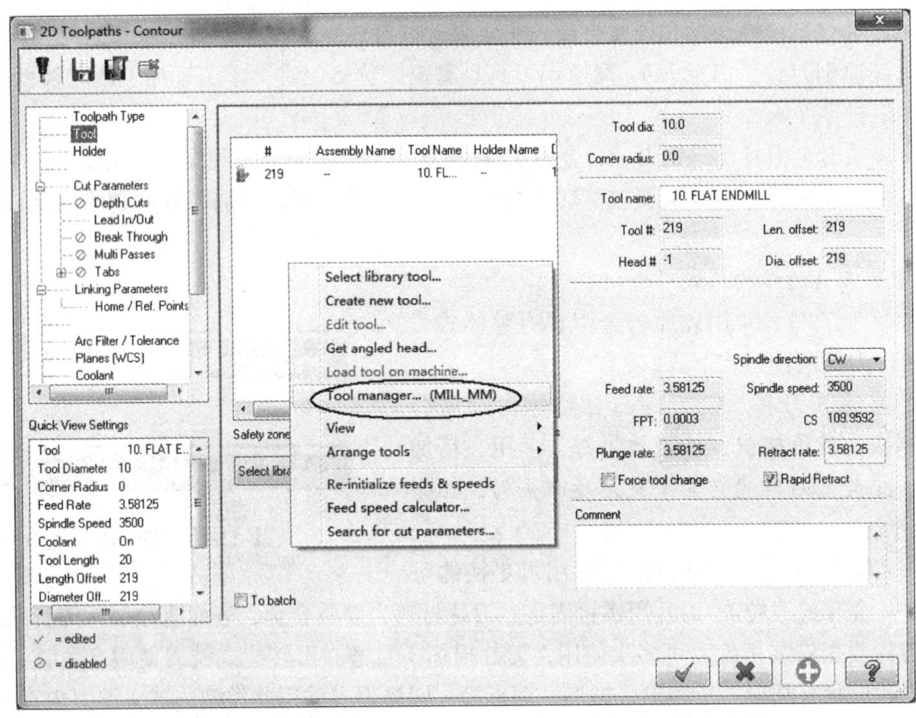

图 11-23　“从刀具库中选择刀具”对话框

11.2.3　修改刀具库刀具

从刀具库选择的加工刀具，其刀具参数是系统给定的参数，用户也可以对相应参数进行修改来得到所需要的刀具。如图 11-24 所示，在已有的刀具上单击鼠标右键，在弹出的菜单中选择“编辑刀具”命令 Edit tool，系统弹出图 11-25 所示“刀具定义”对话框，用户可以编辑所需要的刀具参数。

各参数含义如下。

1）Diameter：表示直径，用于设置刀具切口的直径。

2）Flute：表示切削刃长度，用于设置刀具有效切削刃的长度。

3）Shoulder：表示切削刃长度，用于设置刀具切削刃的长度。

4）Overall：表示刀长，用于设置工具从刀尖到夹头底端的长度。

5）Arbor：表示刀柄直径，用于设置刀柄直径。

6）Holder：表示夹头，有两个参数输入框，一个用来设置夹头直径，另一个用来设置夹头长度。

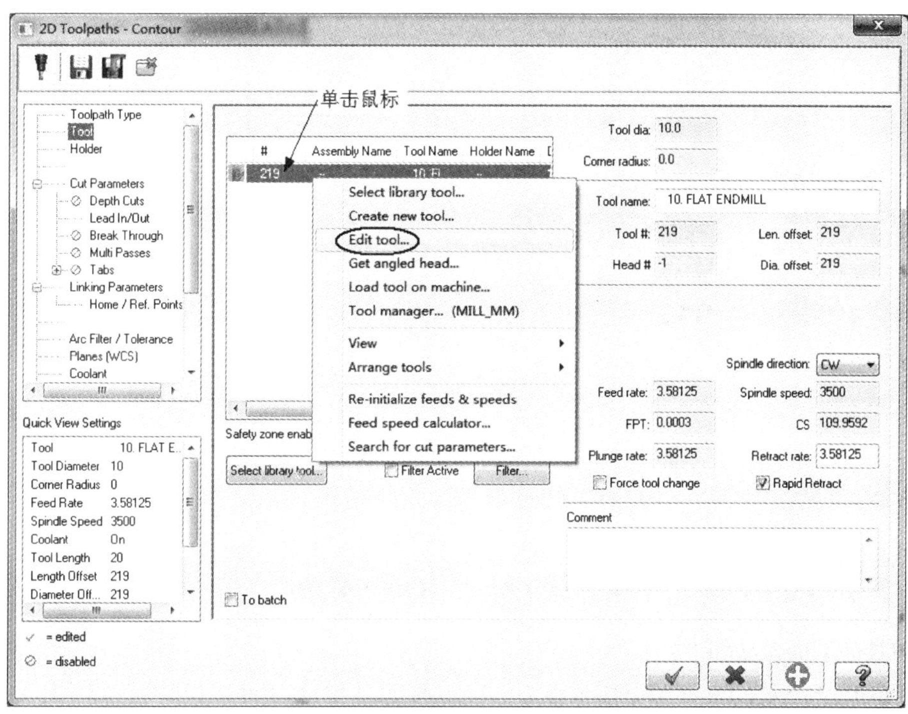

图 11-24 “修改刀具库刀具”对话框

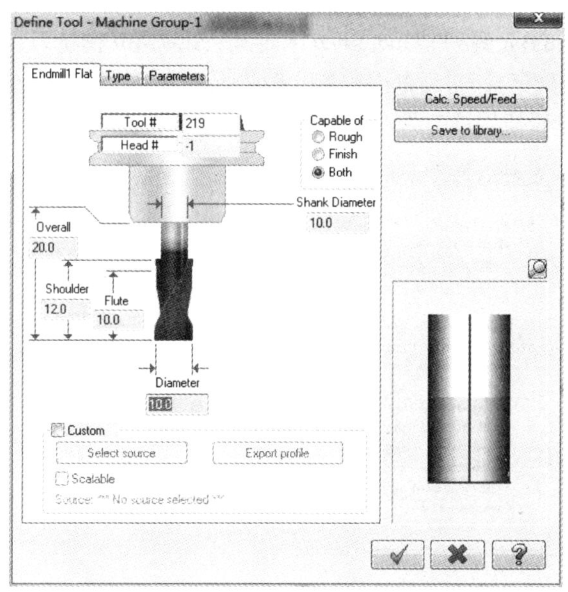

图 11-25 “刀具定义”对话框

7）Tools #：表示刀具编号，系统按自动创建的顺序给出刀具编号，也可以自行设置编号。

8）Capable of：表示刀具应用场合，用来设置该刀具的应用场合，可选择 Rough（粗加工）、Finish（精加工）、Both（粗、精加工）。

若要改变刀具类型，可单击 Type，在 Type（刀具类型）选项卡中选择刀具类型后，系统自动打开“刀具类型参数”对话框，如图 11-26 所示。

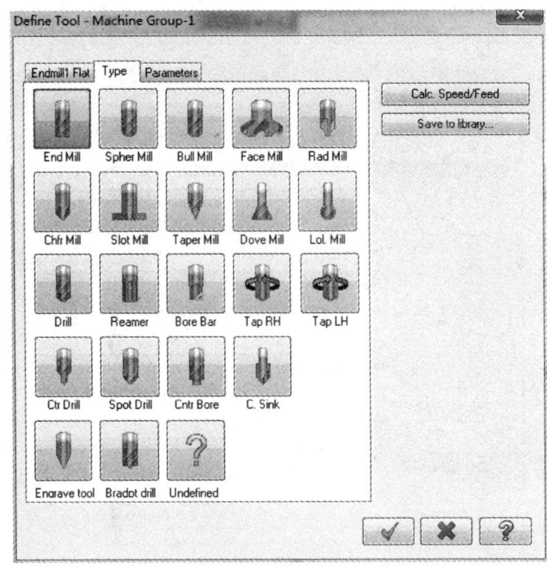

图 11-26 “刀具类型参数”对话框

各刀具类型的含义如下：

End Mill 平铣刀；Taper Mill 锥度铣刀；Tap LH 反牙丝锥；Spher Mill 球头铣刀；Dove Mill 燕尾铣刀；Ctr Drill 中心钻；Bull Mill 圆鼻铣刀；Lol.Mill 圆球形铣刀；Spot Drill 锪孔钻；Face Mill 盘铣刀；Drill 钻头；Cntr Bore 沉孔铣刀；Rad Mill 圆弧铣刀；Reamer 铰刀；C. Sink 锥孔铣刀；Chfr Mill 倒角铣刀；Bore Bar 镗刀；Undefined 未定义；Slot Mill 槽铣刀；Tap RH 右牙丝锥。

在 Define Tools（刀具定义）对话框中，选择 Parameter（参数）选项，显示图 11-27 所示“刀具参数”设置对话框，可设置使用该刀具在加工时的进给量、冷却方式等。各主要参数的含义如下。

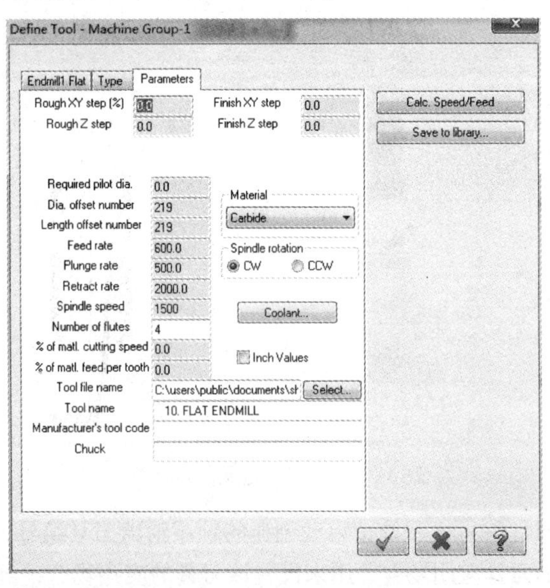

图 11-27 “刀具参数”设置对话框

1）Rough XY Step（%）：粗加工时，在垂直刀轴方向（XY 方向）的每次进给量。该项参数以刀具直径的百分率表示。

2）Rough Z Step：在粗加工时，在刀轴方向（Z 方向）的每次进给量。

3）Finish XY Step：精加工时，在垂直刀轴方向（XY 方向）的每次进给量。

4）Finish Z Step：精加工时，每次铣削在刀轴方向（Z 方向）的进给量。

5）Required pilot dia.：通常用于在攻螺纹、镗孔时，设置刀具所需的中心孔直径。

6）Dia. Offset number/Length Offset number：当用 CNC 控制器设置刀补参数时，该值赋予刀补号，刀补号相当于一个寄存器。

7）Feed rate：进给率参数，用于控制刀具进给的速度（in/min，mm/min）。

8）Plunge rate：下刀进给率，用于控制刀具快速趋近工件的速度。

9）Retract rate：退刀速率，用于控制刀具快速提刀返回的速度。

10）Number of flutes：刀具的刃数，Mastercam 使用该参数去计算进给率。

11）Spindle rotation：主轴旋转的方向，有 CW（顺时针方向）、CCW（反时针方向）旋转。

12）Coolant：设置加工时的冷却方式，有 Off（不使用切削液）、Flood（液体冷却）、Mist（薄雾喷射冷却）、Tool（经过刀具内部冷却）4 种方式。

13）%of matl.cutting：刀具切削线速度的百分比。

14）%of matl.Feed：刀具进刀量的百分比。

15）Tool file name：刀具文件名参数。

16）Tool name：在刀具名显示区文本框输入一刀具名。

17）Chuck：夹头参数，是机床上夹紧刀具的附件。

18）Material：设置刀具材料，系统使用该材料用于计算主轴转速、进给率和插入速率。

11.2.4 自定义新刀具

除了从刀具库选择加工刀具和修改刀具库刀具来产生加工刀具外，用户还可以自行定义新的刀具来产生加工刀具，如图 11-28 所示。在刀具栏空白区单击鼠标右键，在弹出的菜单中选

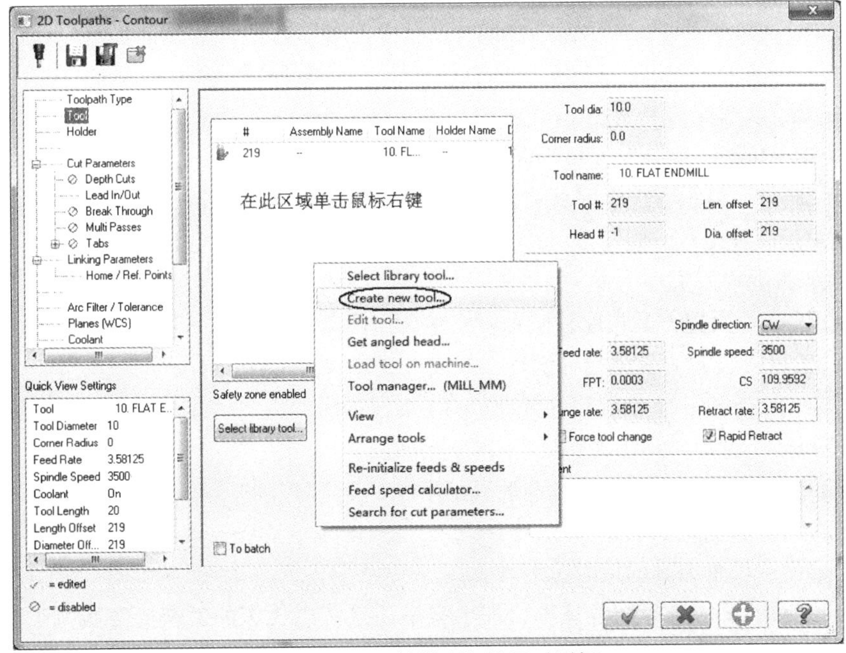

图 11-28　“刀具类型”设置对话框

择“新建刀具”命令 Create new tool，此时，系统首先弹出“刀具类型”设置对话框，如图 11-28 所示。选择需要的“刀具类型”（如 End Mill）后，再分别设置“刀具参数”及“刀具名称”，完成后单击对话框中“保存”按钮，将自定义新刀具保存到刀具库。

11.2.5 设置刀具加工参数

产生加工刀具后，接着定义刀具的加工参数，这些参数中许多项直接影响后置处理程序中的 NC 码，“刀具加工参数”设置对话框如图 11-29 所示，各参数含义如下。

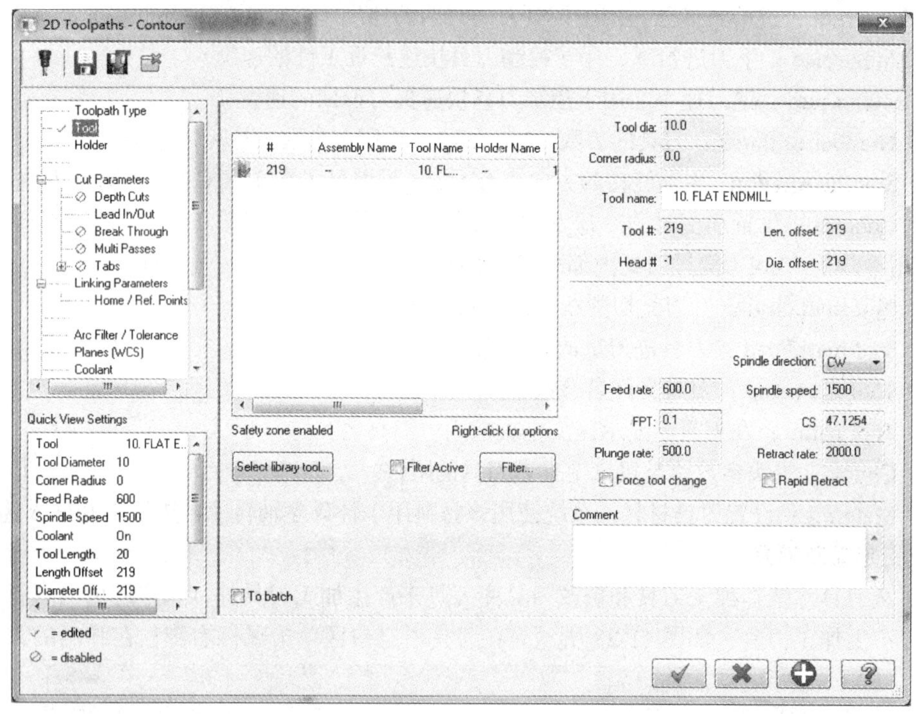

图 11-29 “刀具加工参数”设置对话框

1）Tool dia.：显示刀具直径。

2）Corner radius：显示所选刀具的圆角半径。

3）Tool name：显示所选择刀具的名称。

4）Tool#：设置刀号，如输入“1”时，将在 NC 程序中产生“T1”。

5）Head#：设置刀头号。

6）Len.offset：设置刀具长度补偿号，如输入“1”时，将在 NC 程序中产生“H1”。

7）Dia.offset：设置刀具半径补偿号，如输入“1”时，将在 NC 程序中产生“D1”。

8）Spindle rotation：主轴旋转的方向，有 CW（顺时针方向）、CCW（反时针方向）旋转。

9）Feed rate：设置刀具在 XY 轴方向的进给率。

10）Plunge：设置刀具在 Z 轴方向的进给率。

11）Spindle：设置刀具转速。

12）Retract：设置刀具的抬刀速率。

13）Rapid retract：选择此复选框，加工完毕后系统以机床的最快速度回刀，未选择此复选框时，加工完毕后系统以设置的回刀速率回刀。

14）Comment：此栏用于输入刀路注解，输入的注解会显示在 NC 程序行中。

15）Select library tool：用于选择刀具库。

16）Filter：用于过滤显示刀具，如只显示已经使用用的刀具或只显示平铣刀等。

17）To batch：选择此复选框，系统将对 NC 文件进行批处理。

11.3　设置加工工件

加工刀具设置完毕后，可以设置加工工件。加工工件的设置包括工件尺寸、原点、材料及显示设置等参数。

设置工件尺寸及原点。

要设置加工工件尺寸及原点，在图 11-30 所示加工操作管理器中选择“工件设置”命令 Stock setup，系统弹出图 11-31 所示的“工件参数”设置对话框。

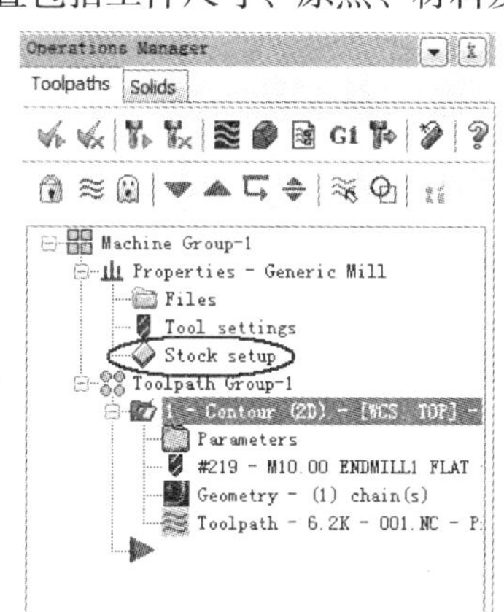

图 11-30　加工操作管理器启动“工件设置”命令

1. 设置工件尺寸

工件的尺寸设置是依据所绘制的产品图样来确定，工件尺寸设定有 3 种方法。

1）直接在工件大小 X、Y、Z 输入栏内输入工件尺寸。

2）单击 lect corners. 按钮，通过在绘图区选择工件的两个角点来得到工件尺寸。

3）单击 Bounding box 按钮，采用创建几何图形边界框的形式来产生工件尺寸。

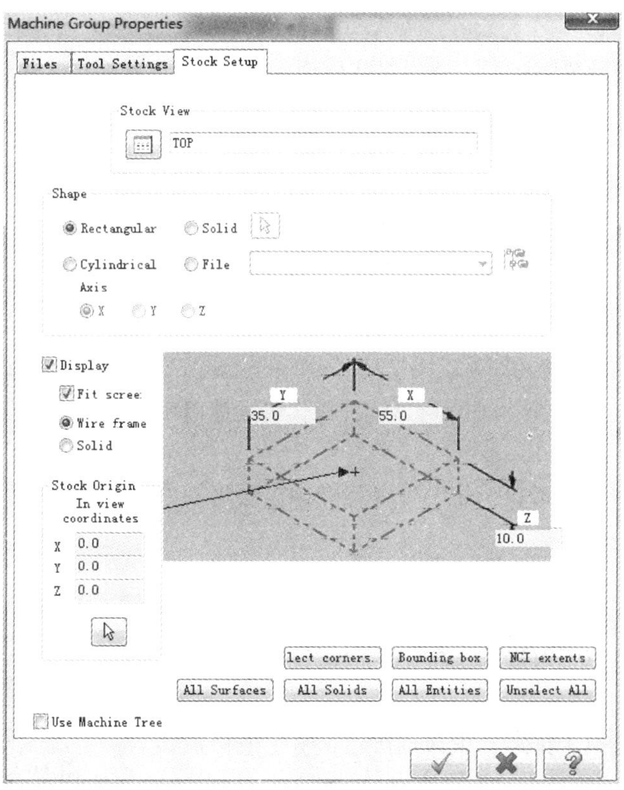

图 11-31　“工件参数”设置对话框

2. 设置工件原点

工件尺寸设置完毕后，应对工件原点进行设置，以便对工件进行定位。工件原点可以设置在立方体工件的10个特殊位置，包括立方体的8个角点和上下面的中心点。要设置工件原点位置，可以按住定位箭头直接移动到目标点即可。

除了选择工件原点位置外，还要在Stock Origin选项下的X、Y、Z输入栏内输入工件原点坐标，工件原点坐标与工件原点位置、工件尺寸有关，如在图11-32中，选择了工件原点位置在工件上表面中心，则工件原点坐标为“X25，Y15，Z0”，如图11-32所示。（数控加工时，一般都将工件原点定于X、Y的中心）

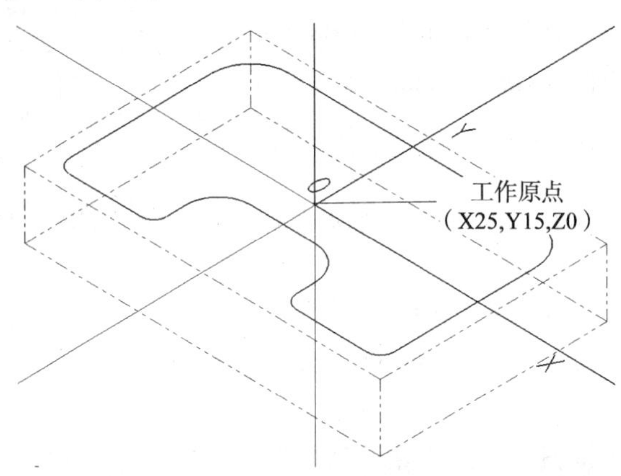

图11-32　工件原点定位在上表面中心

3. 设置工件显示

工件尺寸、原点设置完毕后，选择对话框中的Display复选框，系统将在绘图区中显示所设置的工件轮廓。

11.4　加工操作管理

生成刀路后，用户可以通过刀路列表进行刀路模拟，以验证刀路是否正确，同时还可以对刀路进行编辑和修改。刀路管理器管理机床群，每个机床群包括属性和刀路两部分，如图11-33所示。

操作管理器中各图标含义如下。

（选择）按钮：单击该按钮，可以选择操作管理器内所有操作。

（选择）按钮：单击该按钮，可以选择操作管理器内所有不可操作。

（重新生成刀路）按钮：单击该按钮，可以重新生成所有选中的操作对象。

（重新生成所有不可操作）按钮：单击该按钮，可以重新生成所有不可操作刀路。

（刀路快速模拟）按钮：单击该按钮，将快速模拟移动选中操作的刀路。

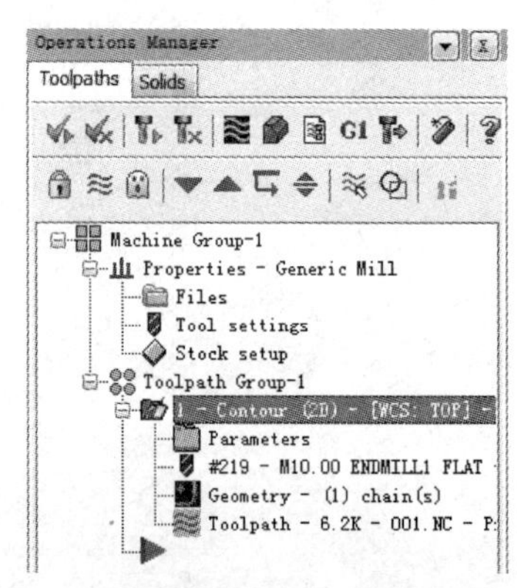

图11-33　加工操作管理器

（实体模拟）按钮：单击该按钮，用实体切削的方式模拟刀路。

G1（后处理操作）按钮：单击该按钮，将选中的操作生成 G 代码程序。

（高速加工）按钮：单击该按钮，可以设置高速加工参数。

（删除所有操作）按钮：单击该按钮，可以删除所有选中操作。

（锁定选中操作）按钮:单击该按钮,可以锁定所有选中操作,在锁定状态操作不能修改。

（隐藏 / 显示刀路）按钮：单击该按钮，可以将选中的操作刀路与之前相反，以前隐藏的刀路显示出来，也可以隐藏以前显示的刀路。

（关闭选中的操作）按钮:单击该按钮,可以关闭所有选中操作,操作关闭后不能处理程序。

（下移）按钮：单击该按钮，将生成的刀路移动到目前位置下一个操作的后面。

（上移）按钮：单击该按钮，将生成的刀路移动到目前位置上一个操作的后面。

（加工参数）按钮：单击该按钮，可以进入“加工参数”对话框进行参数的修改。

（刀具参数）按钮：单击该按钮，可以进入“刀具参数”对话框进行参数的修改。

（串连管理）按钮：单击该按钮，可以对当前串联进行修改或重新定义串连。

（刀路）按钮：单击该按钮，出现 Backplot 子菜单，可以进行刀路的快速模拟操作。

11.4.1　刀路模拟

刀路模拟功能可以在数控加工前对程序进行检验，提前发现错误。刀路模拟方式有两种，一种是刀路快速模拟，另一种是刀路实体模拟。刀路快速模拟的模拟速度快，但效果较差。刀路实体模拟效果直观，但速度较慢。

单击（刀路快速模拟）按钮，系统弹出图 11-34 所示的 Backplot（刀路快速模拟）对话框和图 11-36 所示的“刀路模拟播放”工具栏。

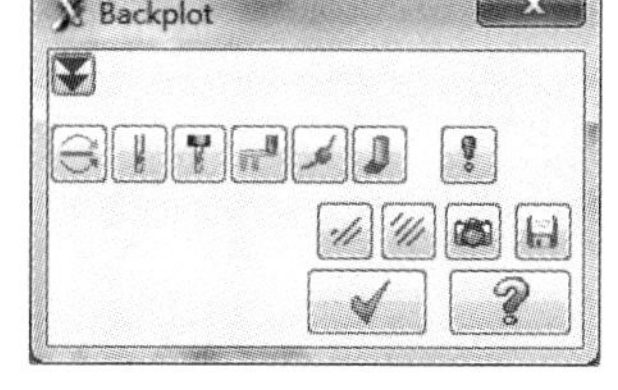

图 11-34　“Backplot”（刀路快速模拟）对话框

Backplot 对话框各图标的含义如下。

（扩展）按钮：单击该按钮，Backplot 对话框将得到扩展。如图 11-35 所示，选择 Info 选项卡，显示加工信息，包括加工进给总时间、快速时间、进给路径长度、快进路径等。选择刀路模拟对象，将显示操作对象的各种加工信息。另外可以通过展开操作对象，观察每层刀路的各种信息，这一点 Mastercam X 版本做了很大的改进，对检查刀路非常有帮助。

（显示刀路）按钮：当该按钮处于按下状态时，用各种颜色显示刀路。

（显示刀具）按钮：当该按钮处于按下状态时，刀路模拟过程中显示刀具。

（显示夹头）按钮：当该按钮处于按下状态时，刀路模拟过程中显示刀具夹头。

（显示快速位移路径）按钮：当该按钮处于按下状态时，加工过程中当刀具从一点移至另一点需要抬刀时，并没有切削工件，将显示快速位移路径。

（显示刀路节点）按钮：当该按钮处于按下状态时，将显示刀路节点位置。

（快速模拟）按钮：当该按钮处于按下状态时，在模拟过程中对刀路涂色快速检验。

（快速模拟配置）按钮：单击该按钮，系统弹出“快速模拟配置”对话框。

（Save tool geometry）按钮：单击该按钮对刀具快照进行处理，并生成几何图素。

（Save as geometry）按钮：单击该按钮，将刀路转换成几何图素另存至指定的图层中。

（Isolate area）按钮：分层切削，其作用类似于 UG 加工的分层。

刀路模拟播放工具栏中各按钮含义如下。

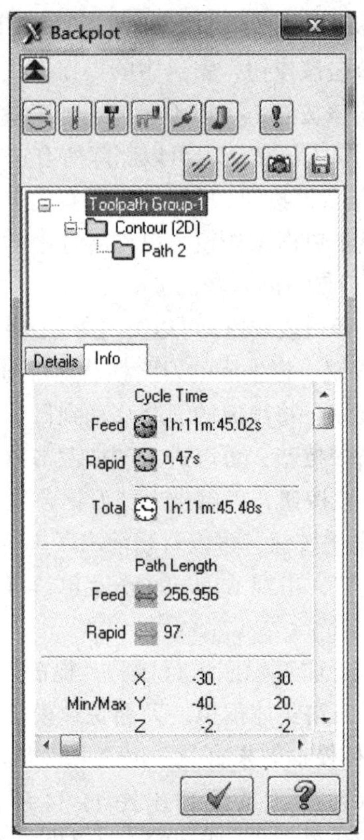

图 11-35 “刀路模拟扩展”对话框

▶（播放）按钮：单击该按钮开始连续仿真加工。

■（停止）按钮：单击该按钮暂停仿真加工。

⏮（返回）按钮：单击该按钮，结束当前的仿真加工，返回先前停止的位置。

图 11-36 “刀路模拟播放”工具栏

◀◀（后退）按钮：单击该按钮，后退一个模拟加工中设置的步进量。

▶▶（前进）按钮：单击该按钮，前进一个模拟加工中设置的步进量。

⏭（快速移动）按钮：单击该按钮移动到仿真模拟停止位。

（轨迹模式）按钮：当该按钮处于按下状态时，模拟运动显示刀具轨迹。

（运动模式）按钮：当该按钮处于按下状态时，模拟运动只显示运动过程、不显示运动轨迹。

11.4.2 刀路实体模拟

刀路实体模拟是用实体切削的方式模拟编写刀路的正确性。在加工操作管理器内选择实体模拟操作对象，单击按钮，系统弹出 Verify（实体模拟）对话框，如图 11-37 所示。

实体模拟对话框各按钮含义如下。

⏮（重新开始）按钮：单击该按钮，返回到开始状态。

▶（播放）按钮：单击该按钮，开始连续加工仿真。

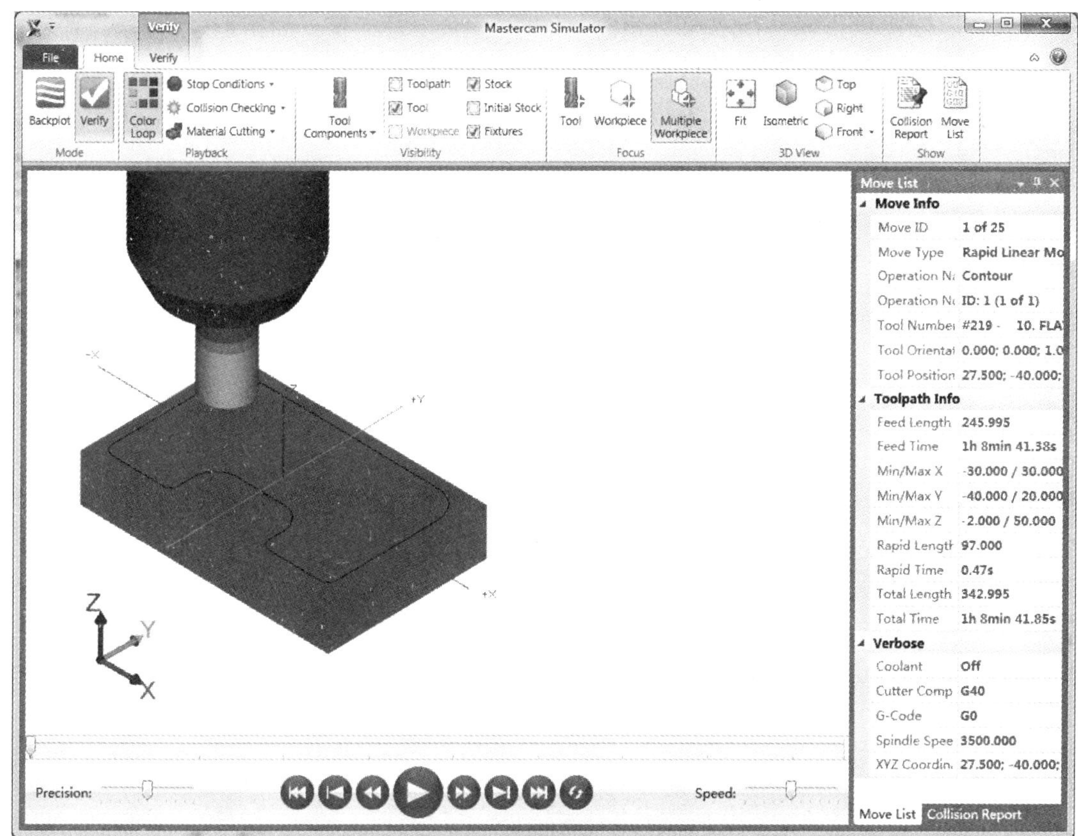

图 11-37 “实体模拟”对话框

（停止 / 暂停）按钮：单击该按钮，暂停仿真加工。

（单步播放）按钮：单击一次走一步或几步，具体可在 Moves/Step 文本框中设置每步的步进量。

（快速前进）按钮：单击一次快速移动一个完整的刀路。

（快速模拟）按钮：当该按钮处于按下状态时，仿真加工过程不显示刀具和夹头。

（显示刀具）按钮：当该按钮处于按下状态时，仿真加工过程显示刀具不显示夹头。

（显示夹头）按钮：当该按钮处于按下状态时，仿真加工过程显示刀具和夹头。

（实体模拟配置）按钮：单击该按钮，弹出 Verify Options（仿真加工配置）对话框。

（毛坯剖面）按钮：在实体模拟结束时，单击该按钮，选择实体模拟结果上需要剖切显示的位置，选择需要保留的部分，即可显示剖切的截面。该操作只对标准仿真有效。

（测量）按钮：单击该按钮，弹出 Measure（测量）对话框。测量选取点的坐标，或测量任意两点间的距离。

11.4.3 后处理产生 CNC 加工程序

当模拟完成各方面都比较满意时，系统同时产生了 NCI 文件，NCI 文件实际上记录了刀具轨迹的数据和辅助加工的一些数据，即是一个数据文件。要得到具体的数控程序，需要进行后置处理。后置处理是将零件的 NCI 文件翻译成具体的数控程序。

进入加工操作管理器，在所选的程序上单击鼠标右键，选择 Option/ Change NCI 更改程序名字。依次单击 / G1按钮，出现Post processing对话框，如图11-38所示，选择所需的后置处理器（系统默认的后处理器名称为“MPFAN.PST”）。单击按钮，弹出图11-39所示“另存为”对话框，单击“保存”按钮，将所计算的程序输送至加工中心即可加工。

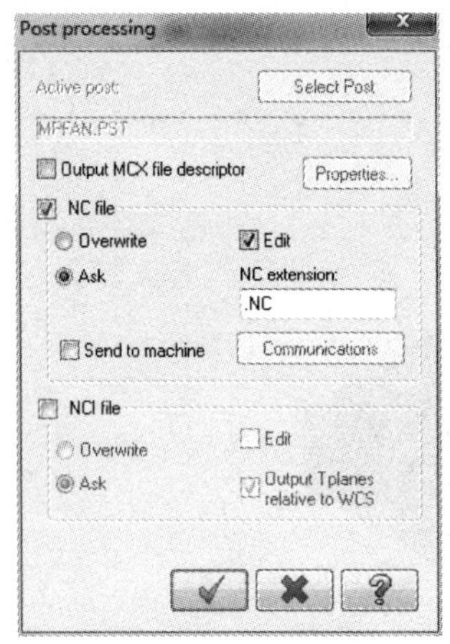

图11-38 Post processing对话框

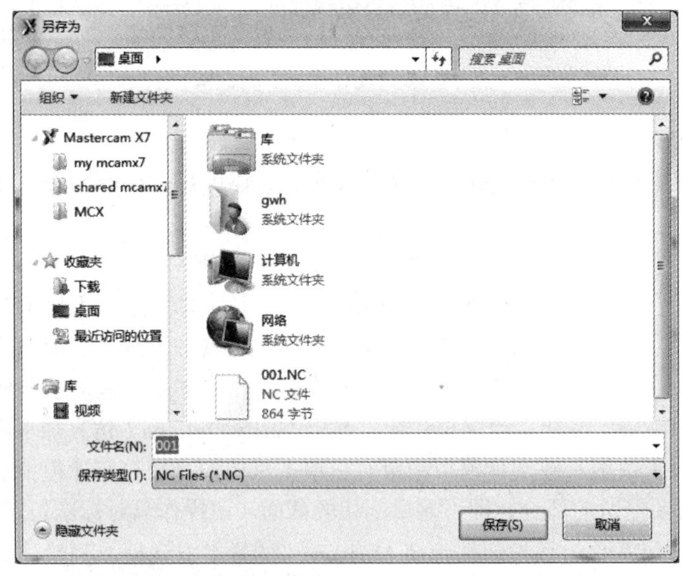

图11-39 “另存为”对话框

11.4.4 锁定加工操作

用户设置完加工操作的一系列参数后，在检查无误的情况下，可以单击图11-40所示加工操作管理器中的“锁定”按钮，以防止误操作带来的参数变化。

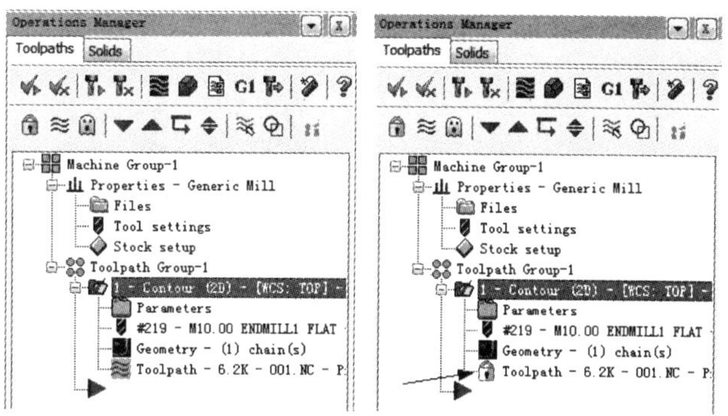

图 11-40　“锁定加工操作”对话框

11.4.5　关闭刀路显示

一个零件的加工往往需要多个加工步骤。这样可能导致多个加工步骤的刀路显示混杂在一起，不便于观察某个单独加工步骤的刀路。这时，可以利用加工操作管理器，将不需要显示的刀路临时关闭。选择相应的加工操作后，单击图 11-41 所示加工操作管理器中≋按钮，即临时关闭刀路的显示。

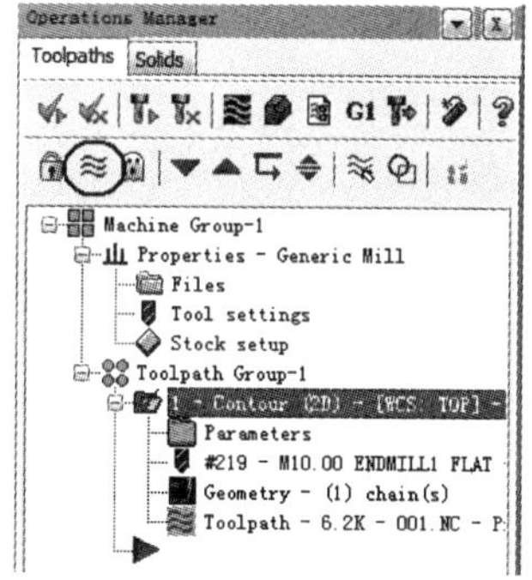

图 11-41　“关闭刀路显示”对话框

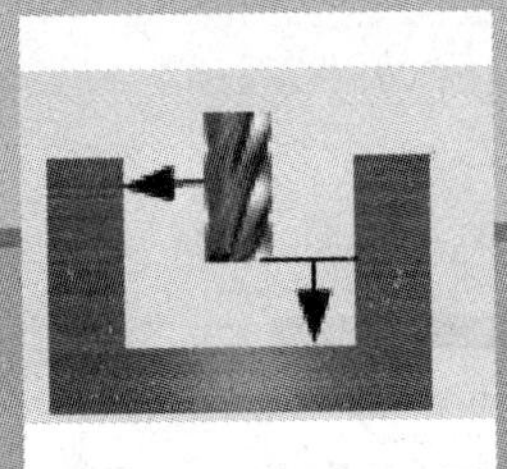

第 12 章 外形铣削加工

外形铣削指刀具沿着由一系列线段、圆弧或曲线等组成的工件轮廓线进行加工。外形铣削的命令是 Toolpaths/Contour。

外形加工刀路常用于外形的粗加工和精加工，其操作简单实用。通常采用平铣刀、圆鼻刀、斜度刀加工。外形铣削加工可在材料外部进刀，下刀点注意避开曲线拐角处，如选择 3D 曲线，则自动转为三维曲线外形铣削。

12.1 进入外形铣削刀路

1）绘制图 12-1 所示的外形，单击菜单栏中的 Machine Type/Mill/Default 命令，选择机床制造类型。

2）单击图 12-2 所示菜单栏中的 Toolpaths/Contour 命令，如图 12-2 所示。

3）系统提示“选择串连外形”，系统弹出 Chaining 对话框，如图 12-3 所示。在绘图区采用串连方式选取图 12-1 中的 P1，这里着重讲述 Chaining（串联）功能。

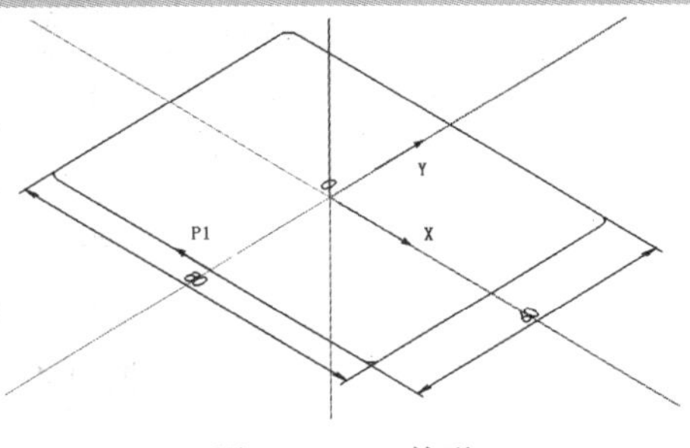

图 12-1　2D 外形

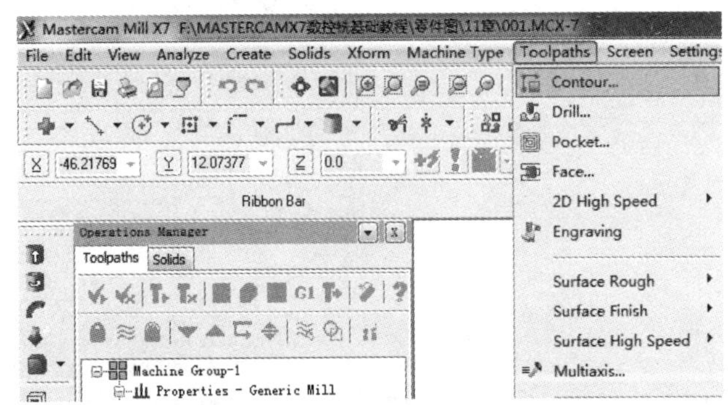

图 12-2　“选择外形铣削”对话框

串连功能是用来定义轮廓外形及其串连方向的，串连方向就是确定进给方向。串连方向是由选取图形元素时的位置来控制的，通常使用鼠标来选取图形元素。外形铣削加工要注意：串连定义时选择的第一个图形元素决定零件的加工起点和方向。外形加工串连外形边界由一个或一个以上的边界构成。串连操作是 Mastercam X7 中经常使用的操作，它是系统用来定义轮廓外形以及刀具进给方向，串连在曲面的构建和编制刀路时使用得特别多。串连操作注意以下几个问题。

① 分歧点为 3 个或 3 个以上的图形元素共有一个相同的端点。当存在分歧点，串连到分歧点时，一般系统不知道应该继续向哪个方向串连，这时，只要用鼠标单击应该串连的图形元素即可。

② 对于一个初学者来说，容易犯的错误是一个图形元素重复绘制两次以上。在串连时可能出现串连到某一个位置上停止，甚至出现与串连方向相反的箭头，而使串连无法进行的情况，这时应该考虑可能出现了重复的图形元素。重复图形分为完全重复和部分重复。单击主菜单中的 Delete 选项；如果是部分重复，可以使用删除菜单中的 Window 选项将重叠的一小段去掉；如果是完全重复，则单击 Duplicate 选项（或屏幕图标），根据重复图形元素类型，单击菜单中的相应内容。

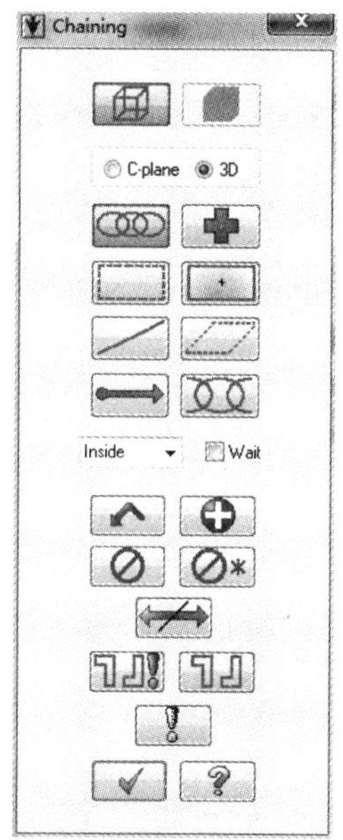

图 12-3 “串连”对话框

4）选择图 12-2 所示串连外形 P1，注意串联箭头的指向（采用如此的箭头指向铣削工件外形，刀具左补偿，将会顺铣加工外形，是正确的铣削方式）。单击对话框中的确定按钮 ✓，结束串连外形选择。

5）系统弹出图 12-4 所示“外形铣削”对话框，在刀具栏空白区内单击鼠标右键，在弹出的菜单中选择“从刀具库选择刀具”命令 Tool manager，系统弹出刀具库对话框，选择 φ10 平底刀，设置刀具参数。此过程前节已详述，这里不重复讲述。

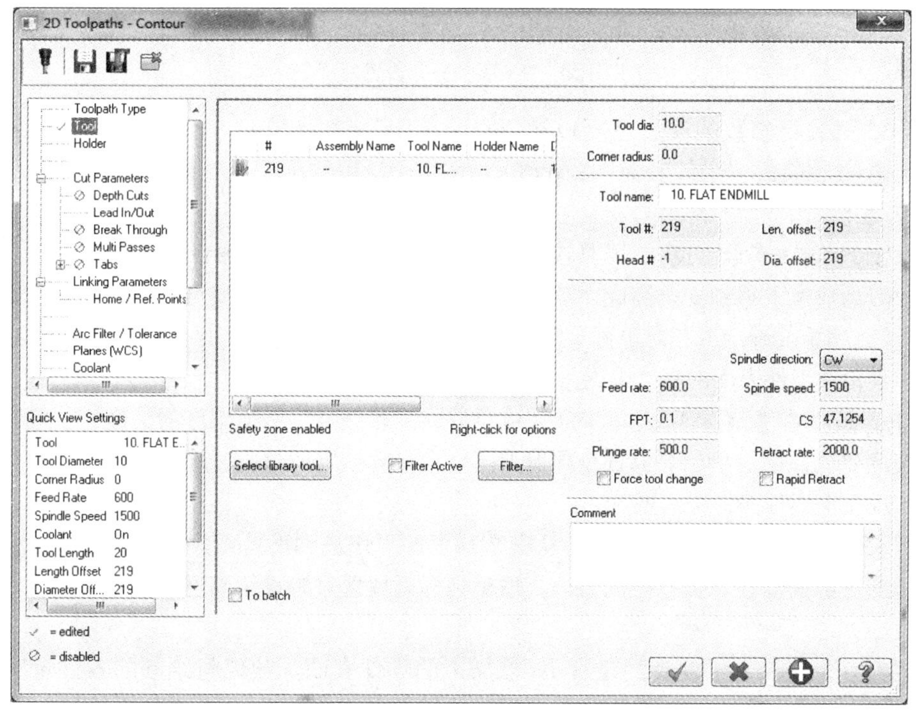

图 12-4 “外形铣削”对话框

12.2 外形铣削关联参数的设置

外形铣削除了要设置第 11 章中所介绍的“共同刀具参数”Toolpath Parameters 外，还要设置“关联参数”Linking Parameters。单击“Linking Parameters”选项，对话框如图 12-5 所示。

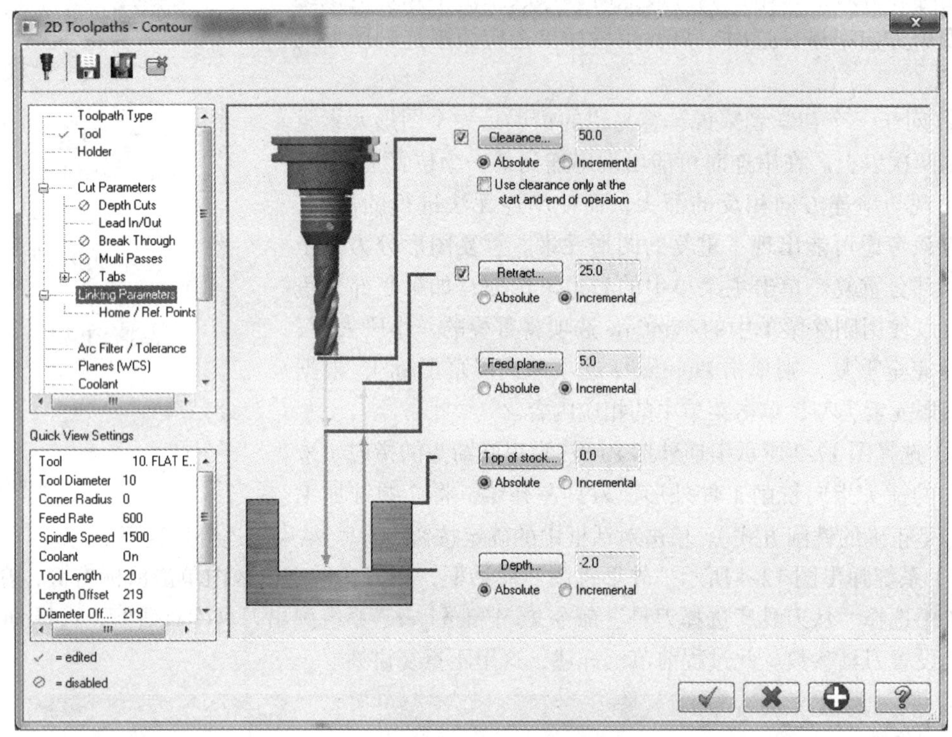

图 12-5 “关联参数”设置对话框

外形铣削关联参数的设置主要包括“安全高度”Clearance、“参考高度”Retract、“下刀位置”Feed plane、“工件表面”Top of stock 及“最后切削深度”Depth5 项设置。各主要参数含义如下。

1）Clearance（安全高度）：刀具快速下移到一个不会碰到工件和卡具的合理高度。在开始进刀前，刀具快速下移到安全高度才开始进刀，加工完成后退回至安全高度。安全高度可以采用绝对坐标“Absolute”或相对坐标“Incremental”进行设置，绝对坐标是相对系统原点来测量，相对坐标是相对工件表面的高度来测量。

2）Retract（参考高度）：是本工序完成后返回准备进行下一道工序的高度，一般这个高度比安全高度要低。绝对坐标是放置全部退刀高度在参数指定的值内，增量坐标是放置每个退刀至相对于现在毛坯顶面一个高度。

3）Feed plane（G00 下刀位置）：从安全高度向下快进到准备工序的一段距离。绝对坐标是放置全部进给高度在参数指定的值内，增量坐标是放置每个进给高度至相对于现在毛坯顶面一个高度。

4）Top of stock（工件表面位置）：被加工的零件表面。建议将绘制的零件轮廓的工作深度定义在这个表面上，先定义安全高度然后切深，参考高度也有绝对坐标编程和相对坐标编程。

5）Depth（最后切深）：加工结束最后的深度。绝对坐标是放置刀路在深度参数指定的值内，增量坐标是放置刀路相对已串连图形的一个深度内。

12.3 外形铣削参数的设置

单击“外形铣削参数”Cut Parameters 选项，进入“外形铣削参数”设置对话框，如图 12-6 所示。

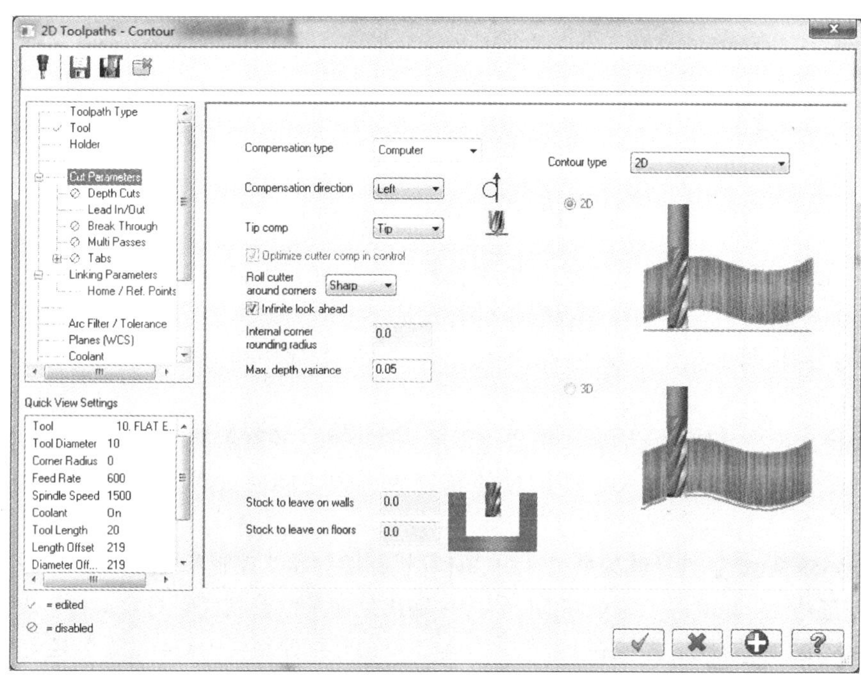

图 12-6　“外形铣削参数”设置对话框

12.3.1 切削参数主页面

1. 补偿设置

在实际的外形铣削过程中，刀具所走的加工路径并不是工件的外形轮廓，还包括一个补偿量，补偿量包括：实际使用刀具的半径；程序中指定的刀具半径与实际刀具半径之间的差值；刀具的磨损量；工件间的配合间隙。

Mastercam 提供了丰富的补偿形式和补偿方向满足用户进行组合加工的需要，主要包括以下几个参数。

（1）补偿方式（Compensation type）　Mastercam 系统提供了 5 种补偿形式供用户选择，如图 12-7 所示。

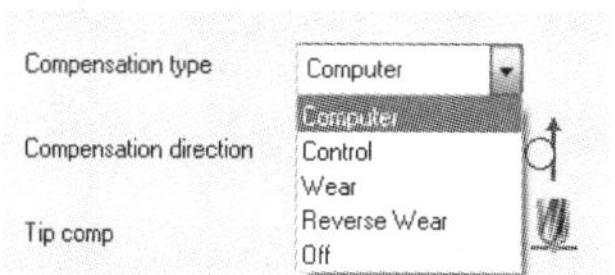

图 12-7　补偿形式

1）Computer：选择此项系统采用“计算机补偿”方式，刀具中心往指定的方向（Left 或 Right）移动一个补偿量（一般为刀具的半径），实现实际刀具中心往指定方向。NC 程序中的刀具移动轨迹坐标是加入了补偿量的坐标值，如图 12-8 所示。

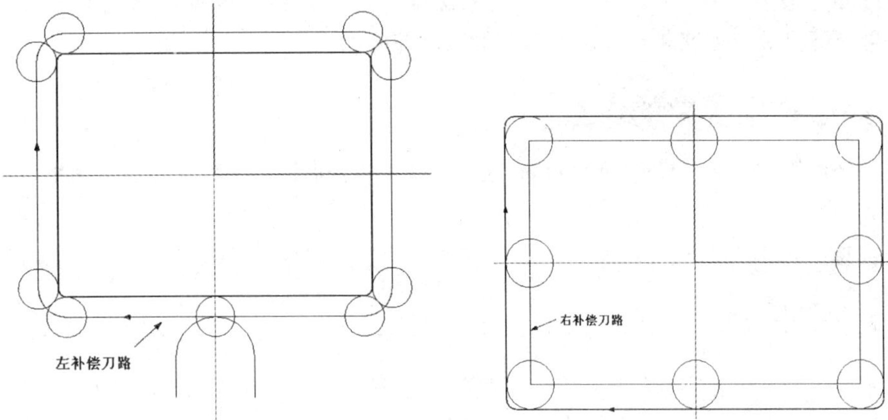

图 12-8　计算机补偿方式

2）Control：选择此项系统采用“控制器补偿”方式，由控制器将刀具中心往指定方向（Left 或 Right）移动一个存储在寄存器里的补偿量（一般为刀具的半径），系统将在 NC 程序中给出补偿控制代码（左补偿 G41 或右补偿 G42）。NC 程序中的坐标值是外形轮廓的坐标值，如图 12-9 所示。

3）Wear：选择此项系统同时采用“计算机补偿”和“控制器补偿”方式，且补偿方向相同，并在 NC 程序中给出加入了补偿量的轨迹坐标值，同时又输出控制补偿代码 G41 或 G42。

4）Reverse Wear：选择此项系统采用“计算机补偿”和“控制器反向补偿”方式，即当采用“计算机左补偿”Left 时，系统在 NC 程序中输出反向补偿控制代码 G42（右补偿）；当采用“计算机右补偿”Right 时，系统在 NC 程序中输出反向补偿控制代码 G41（左补偿）。

5）Off：选择此项系统关闭补偿方式，在 NC 程序中给出外形轮廓的坐标值，且 NC 程序中无控制补偿代码 G41 或 G42。

（2）补偿方向（Compensation direction）　Mastercam 提供了两种补偿方向供用户选择，如图 12-10 所示。

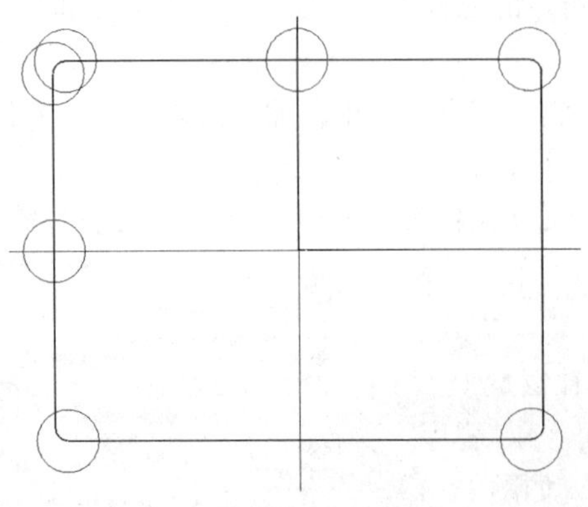

图 12-9　控制器补偿方式

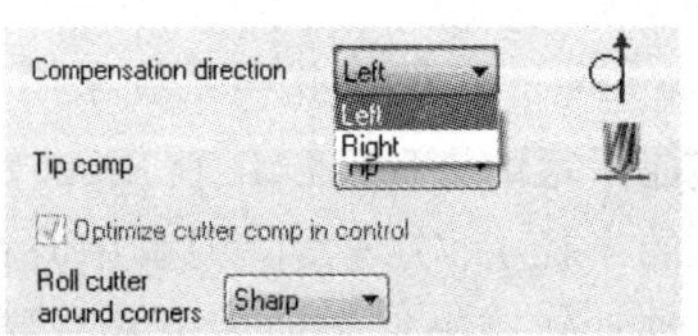

图 12-10　“补偿方向”设置对话框

1）left：选择此项系统采用左补偿，若选择的补偿方式为“计算机补偿”Computer，则朝选择的串连方向看去，刀具中心往外形轮廓左侧方向移动一个补偿量；若选择的补偿方式为“控制器补偿”Control，则将在 NC 程序中输出左补偿代码 G41，如图 12-11 所示。

2）right：选择此项系统采用右补偿，若选择的补偿方式为“计算机补偿”Computer，则朝选择的串连方向看去，刀具中心往外形轮廓右侧方向移动一个补偿量；若选择的补偿方式为“控制器补偿”Control，则将在 NC 程序中输出右补偿代码 G42，如图 12-11 所示。

（3）刀尖补偿（Tip comp）

Tip comp：此列表供用户选择刀具补偿的位置为球心或刀尖，图 12-12 显示了 3 种常用刀具（球头铣刀、圆鼻刀、平铣刀）在选择刀具球心和刀尖补偿位置时对三维刀路所造成的影响。

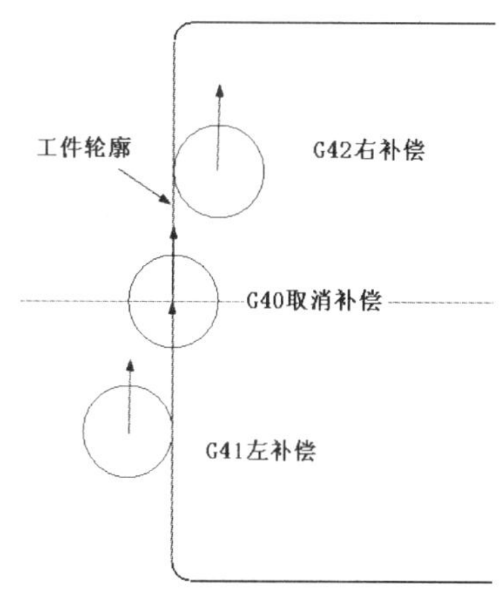

图 12-11 补偿方向设置

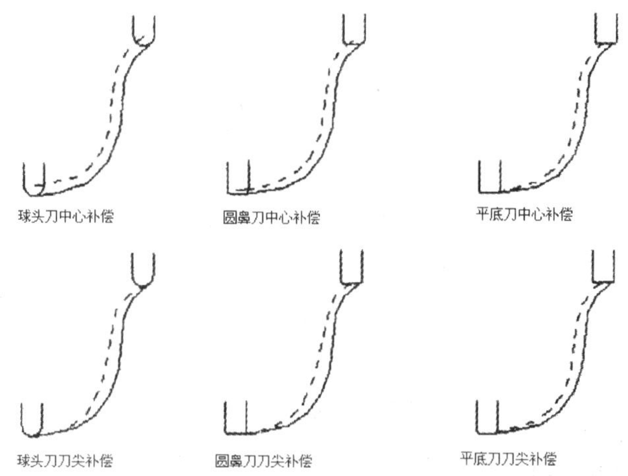

图 12-12 补偿位置对三维刀路所造成的影响

2. 转角设置

Roll cutter around：此列表供用户选择刀具在转角处的刀路形式，有 3 种转角形式供用户选择，如图 12-13 所示。

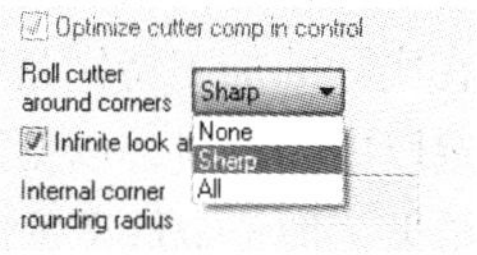

1）None：选择此项，系统在几何图形转角处不插入圆弧切削轨迹，所有转角均为锐角切削轨迹，如图 12-14 所示。

Optimize cutter comp in control
Roll cutter around corners Sharp
Infinite look a
None
Sharp
All
Internal corner rounding radius

图 12-13 “转角”设置对话框

2）Sharp：选择此项，系统在小于或等于 135°（工件材料一侧的角度）的几何图形转角处插入圆弧切削轨迹，大于 135° 的转角不插入圆弧切削轨迹，如图 12-15 所示。

3）All：选择此项，系统在几何图形的所有转角处均插入圆弧切削轨迹，如图 12-16 所示。

3. 寻找相交性及误差设置

1）Infinite look ahead：选择此复选框，系统启动“寻找相交”功能，即在创建切削轨迹前检测几何图形自身是否相交。若发现相交，则在交点以后的几何图形不产生切削轨迹。

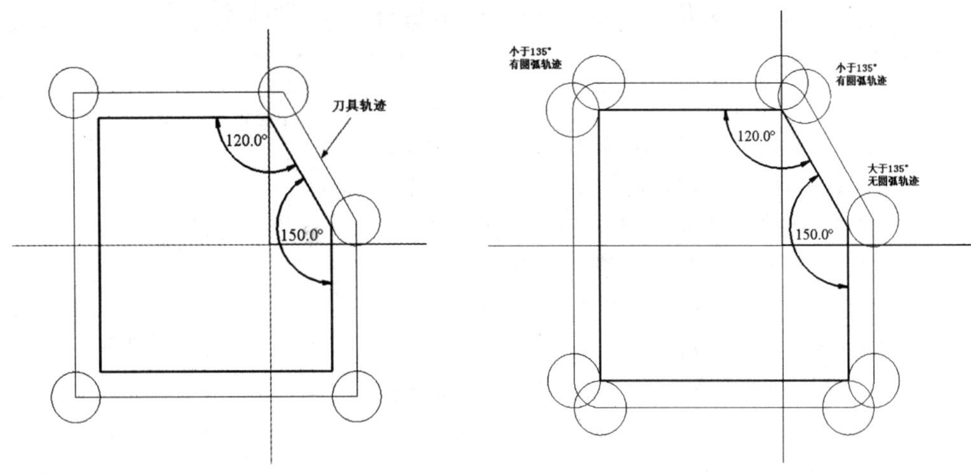

图 12-14 “转角设置”None　　图 12-15 “转角设置”Sharp

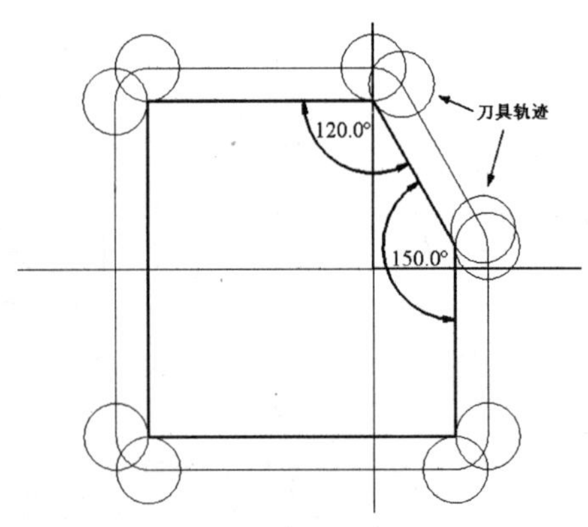

图 12-16 转角设置“All”

2）Max. depth variance：当外形轮廓为 3D 几何图形时，用户可以在此栏输入 Z 方向的最大变化误差值。小的误差值能得到更精确的切削轨迹，但会花费更多的时间生成加工轨迹，并使 NC 程序加长。

4. 加工余量设置

在实际的加工特别是粗加工时，经常碰到加工余量的问题，加工余量指加工时在工件上预留一定厚度的材料，以便进行下一步的精加工。加工余量的设置是为了得到更精确和高质量的加工结果，加工余量设置包括 XY 方向和 Z 方向的预留量设置，如图 12-17 所示。

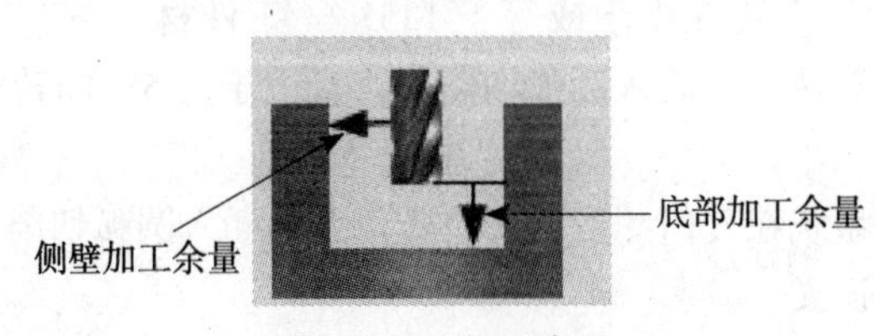

图 12-17 加工余量

1）Stock to leave on walls：侧壁的加工余量。

2）Stock to leave on floors：底部的加工余量。

12.3.2　外形分层铣削

Mastercam 允许用户对外形进行分层铣削，以保护刀具，同时得到更好的加工结果。单击“外形铣削参数”下 Cut Parameters/Multi Passes，打开“外形分层铣削”设置对话框，各选项功能如图 12-18 所示。

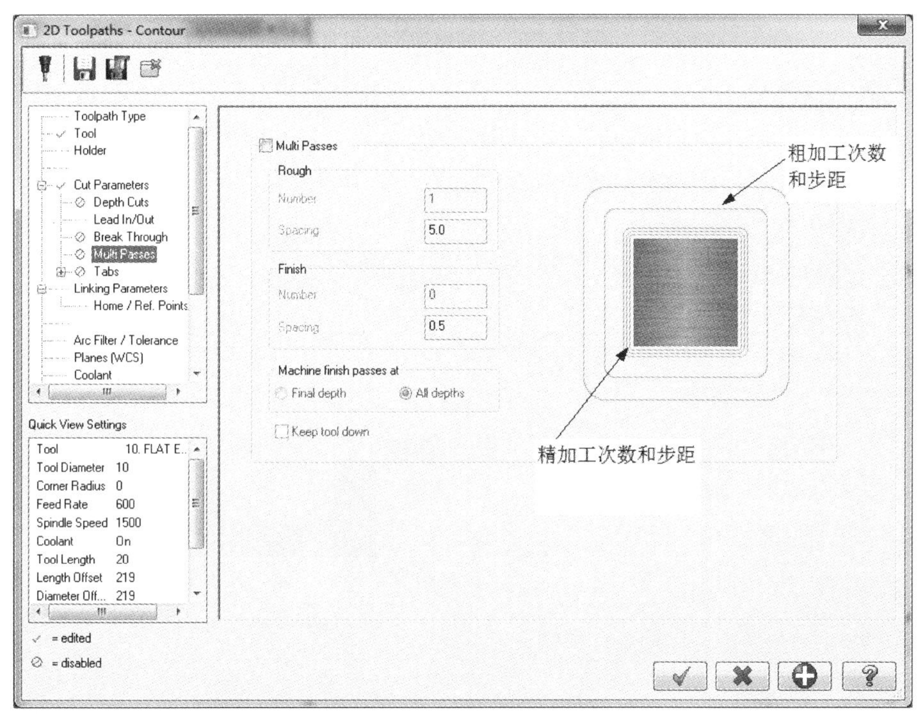

图 12-18　“外形分层铣削”设置对话框

1）Multi Passes：指外形分层。

2）Rough：指粗加工。

3）Number：指刀具的粗加工次数，这里选 1 次。

4）Spacing：指粗加工步进值，即粗加工次数间的间距。粗加工余量 = 粗加工次数 × 粗加工的间距，这里选 2.5mm。此工序中，毛坯 XY 方向的尺寸为 85mm × 65mm，单边的加工余量为 2.5mm。

5）Finish：精加工。

6）Number：指刀具的精加工次数，，这里选 1 次。

7）Spacing：指精加工步进值，即精加工次数间的间距。精加工余量 = 精加工次数 × 精加工的间距，这里选 0.1mm。

8）Machine finish passes at：指精加工位置，如图 12-19 所示。

9）Final depth：指最后深度，即刀具执行最后外形加工的深度。

10）All depth：指全部深度，即刀具执行所有粗加工后留给精加工的余量。

11）Keep tool down：保持刀具在下面，命令刀具是否在多次切削间退回刀具。

a）最后深度精加工

b）所有深度精加工

图 12-19　深度精加工的位置

12.3.3　深度分层铣削

Mastercam 除了允许用户对外形进行分层铣削外，还可以在深度方向上进行分层铣削。单击“外形铣削参数”下 Cut Parameters/Depth Cuts 命令，打开“深度铣削”设置对话框，各选项功能如图 12-20 所示。

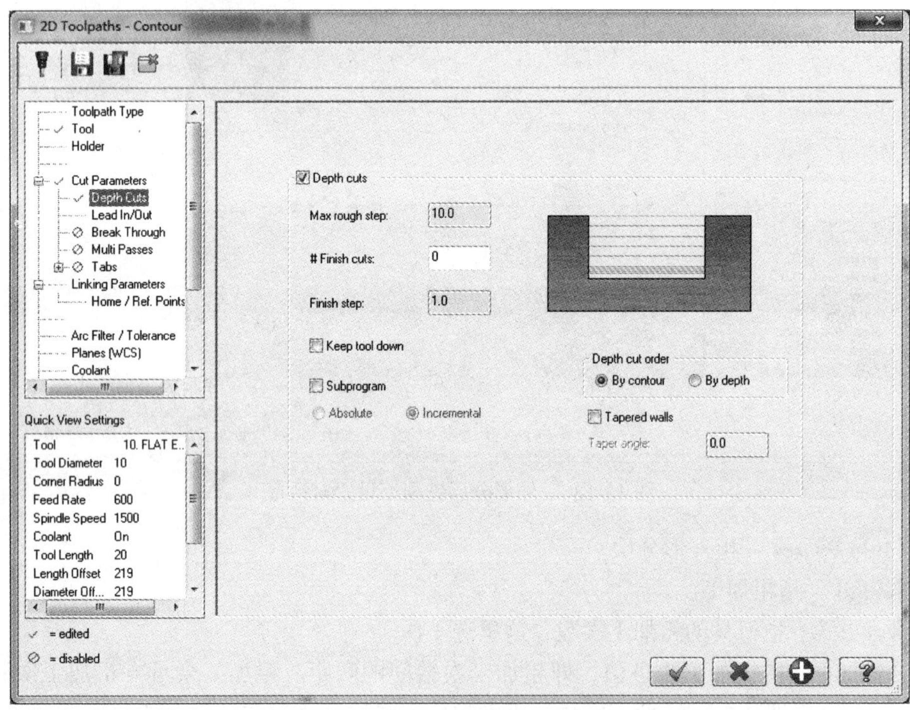

图 12-20　“深度分层铣削”设置对话框

1）Depth cuts：指深度分层。

2）Max rough step：指最大粗加工步距，刀具每次粗切削时 Z 轴方向的最大粗加工切削余量。

3）#Finish cuts：指精加工次数，该值 × 精切次数 = 精加工总量。

4）Finish step：指精切削步距，精切削沿 Z 轴方向的切削量。

5）Keep tool down：保持刀具向下铣削，刀具在切削完一层后直接进入下一层，不回刀；否则回到参考高度再切削下一层。

6）Depth cut order：设置深度切削排序是按照轮廓（By contour）还是按照深度优先（By

depth)。如果切削深度较大时，注意设置本项。

7）Taper walls：指斜度，深度较深时可以设置斜度。

12.3.4　深度贯穿铣削

Mastercam 增加了“深度贯穿铣削”功能，将刀具超出工件底面一定距离，能彻底清除工件在深度方向的材料，避免了残料的存在。单击“外形铣削参数”下 Cut Parameters/Break through 命令，打开“深度贯穿铣削”设置对话框，各选项功能如图 12-21 所示。

Break through amount：刀具底端超出工件底部的距离。

注意：设置此参数注意不要铣到台虎钳或工作台。

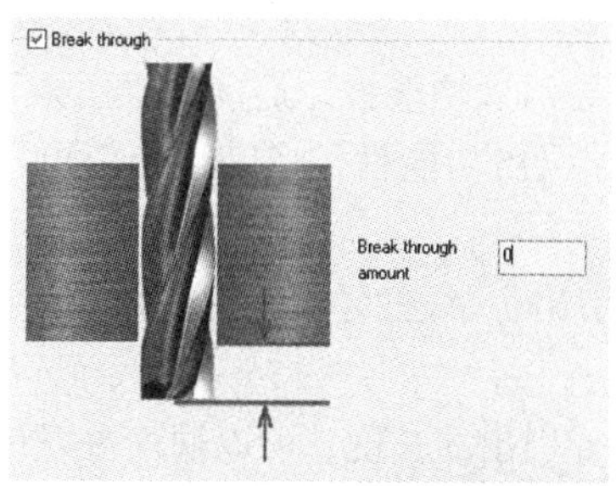

图 12-21　“深度贯穿铣削”设置对话框

12.3.5　导引入 / 导引出设置

Mastercam 系统的“导引入 / 导引出”功能使外形铣削更平稳、接痕更平滑。单击“外形铣削参数”下 Cut Parameters/Break through 命令，系统弹出图 12-22 所示“导引入 / 导引出”设置对话框。

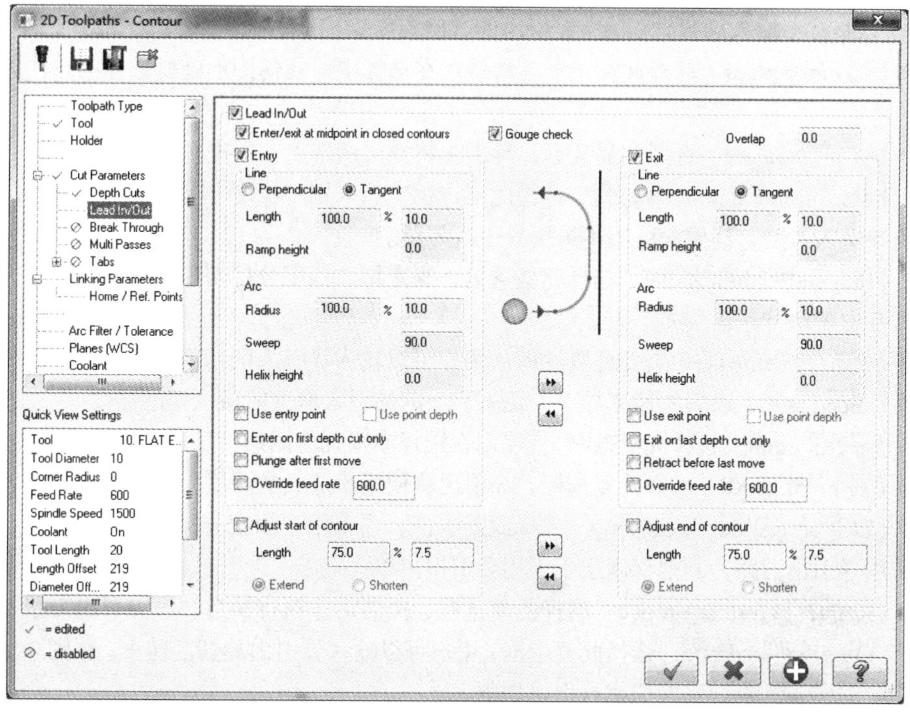

图 12-22　“导引入 / 导引出”设置对话框

1. 导引入 / 导引出位置

Enter/exit at midpoint in closed contours：选择此复选框，将在选择几何图形的中点处产生导引入 / 导引出刀路，否则在选择几何图形的端点处产生导引入 / 导引出刀路。

2. 导引入 / 导引出过切检查

Gouge check：选择此复选框，将启动“导引入 / 导引出过切检查”，确保导引入 / 导引出刀路不铣削外形轮廓的内部材料。

3. 导引出超出量

Overlap：此栏用于输入导引出刀路超过外形轮廓端点的距离。

4. 导引入 / 导引出设置

选择 Entry 复选框，将启动导引入功能框，启动“导引入”功能，否则关闭“导引入”功能；选择 Exit 复选框，将启动导引出功能框，启动“导引出”功能，否则关闭“导引出”功能。

（1）Line（线性导引入 / 导引出） 线性导引入 / 导引出有“垂直”Perpendicular 和“相切”Tangent 两种导引方式。

Length：输入线性导引入 / 导引出的长度，可以输入占刀具直径的百分比或直接输入长度。

Ramp height：输入线性导引入 / 导引出的渐升（降）高度。

（2）Arc（圆弧导引入 / 导引出） 除了加入线性导引入 / 导引出刀路外，还可以在其后面加入圆弧导引入 / 导引出刀路。

Radius：输入圆弧导引入 / 导引出的圆弧半径，可以输入占刀具直径的百分比或直接输入半径。

Sweep：输入圆弧导引入 / 导引出的圆弧角度。

Helix height：输入圆弧导引入 / 导引出的螺旋高度。

（3）Use entry point 选择此复选框，将使用在选择串连几何图形前所选择的点作为导引入点。

（4）Use point depth 选择此复选框，导引入将使用所选点的深度。

（5）Enter on first depth cut only 选择此复选框，当采用“深度分层切削”功能时，只在第一层采用导引入刀路，其他深度层不采用导引入刀路。

（6）Plunge after first move 选择此复选框，当采用“深度分层切削”功能时，第一个刀路在安全高度位置执行完毕后才下刀。

（7）Override feed rate 选择此复选框，用户可以输入导引入的切削速率，否则系统按“平面进给率”Feed rate 中设置的速率导引入切削。小的导引入速率能减少切削振动。

（8）Use exit point 选择此复选框，将使用在选择串连几何图形前所选择的点作为导引出点。

（9）Use point depth 选择此复选框，导引出将使用所选点的深度。

（10）Exit on last depth cut only 选择此复选框，当采用“深度分层切削”功能时，只在最后一层采用导引出刀路，其他深度层不采用导引出刀路。

（11）Retract before last move 选择此复选框，回刀后才执行最后一个导引出刀路。

（12）Override feed rate 选择此复选框，用户可以输入导引出的切削速率，否则系统按“平面进给率”Feed rate 中设置的速率导引出切削。

（13）Adjust start of contour 选择此复选框，用户可以在 Length 栏输入导引入刀路在外形起点的“延伸”Extend 或“缩短”Shorten 量。

（14）Adjust end of contour 选择此复选框，用户可以在 Length 栏输入导引出刀路在外形终点的“延伸”Extend 或“缩短”Shorten 量。

12.3.6 过滤设置

程序过滤功能可以优化 NC 程序，它可以将同一条直线上的两条直线合并成一条直线，这样可以减少 NC 程序，对圆弧也可以做同样的处理。Create arcs 是在路径刀具中用圆弧代替共线点，系统确定哪一种实体形式有较低的公差；若关闭此项，则只用线调整路径刀具，如果实际的圆弧大于“过滤”对话框中的 Maximum arc radius（最大圆弧半径），或者小于对话框中指定的 Minimum arc radius（最小圆弧半径）时，系统将它处理为首尾相连的直线，这样处理过的程序执行速度快很多。该选项可以将同端点同轴直线的刀路变成一条数控指令，缩短数控指令，减少了数控加工的时间，如图 12-23 所示。

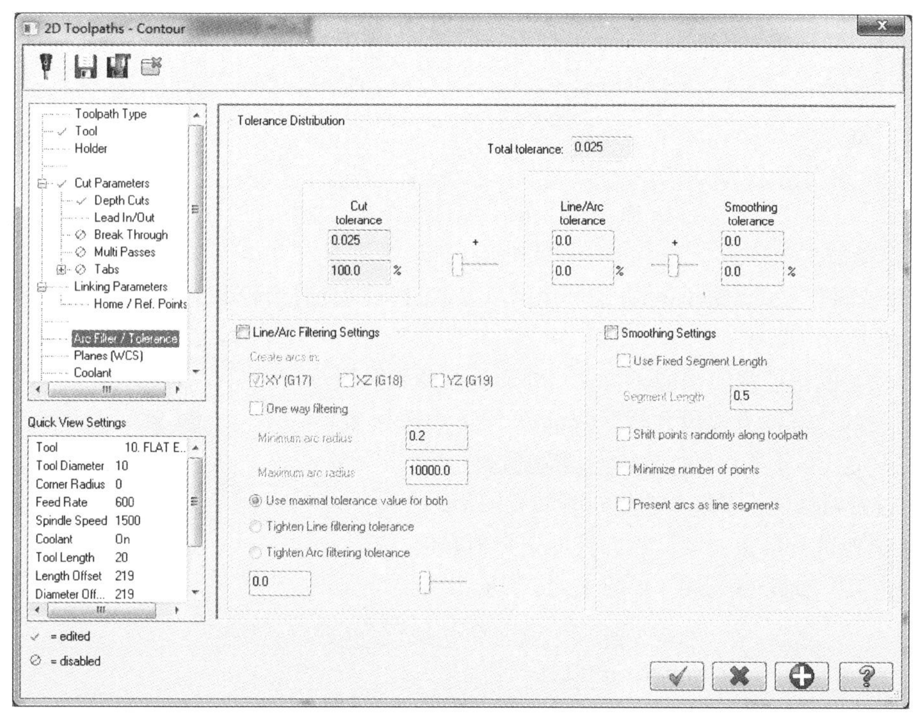

图 12-23 “过滤”设置对话框

12.3.7 装夹压板铣削设置

Mastercam 新增“装夹压板铣削”设置功能，将刀路跳过装夹工件的压板，等其他外形轮廓加工完毕后，在加工完毕段安装工件压板，再取出第一次安装的工件压板将其占用的材料切削清除。实际加工时用的机会不多，用户可根据界面自行研究。

12.4 外形铣削的其他加工方法

Mastercam 除了能进行标准的外形铣削外，还能进行 2D chamfer（倒角铣削）、Ramp（斜线铣削）及 Remachining（残料铣削）等，如图 12-24 所示。

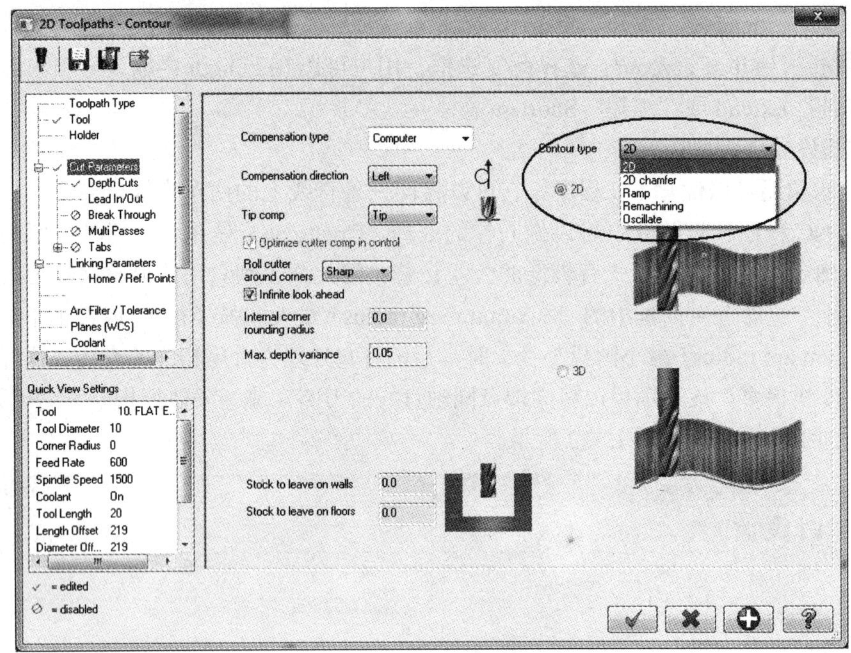

图 12-24　外形铣削的其他加工方法

12.4.1　倒角加工

“倒角铣削”方式 2D chamfer 能利用倒角刀在 2D 或 3D 外形轮廓上产生倒角铣削结构，如图 12-25 所示。

要启动“倒角铣削”功能，可在“外形铣削参数”设置对话框中的“铣削方式设置栏”Contour type 中选择 2D chamfer 命令后，单击下拉按钮 2D chamfer，打开“倒角铣削”设置对话框，各选项功能如图 12-25 所示。

要正确地进行倒角铣削，从刀具库选择刀具时，必须选用“倒角刀”Chamfer mill，如图 12-26 所示。

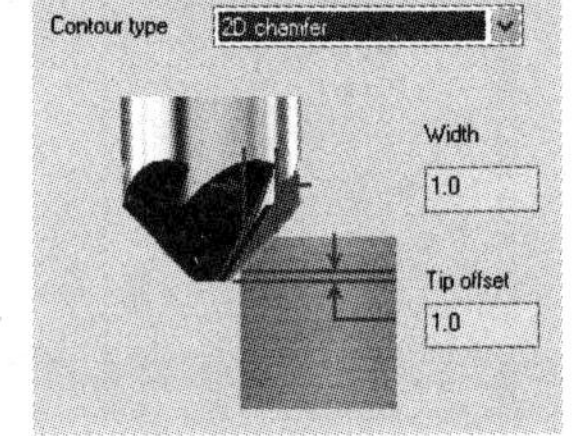

图 12-25　“倒角铣削”设置对话框

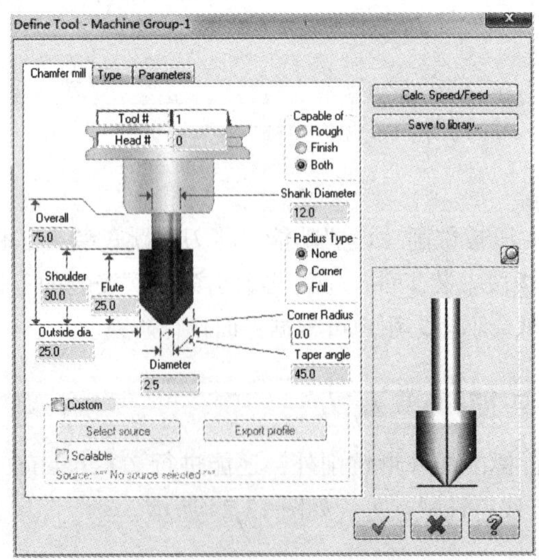

图 12-26　“倒角刀”参数设置对话框

12.4.2　斜线加工

"斜线加工"方式 Ramp 采用"逐层斜线下刀"的方式对外形进行铣削加工，它取代了标准外形铣削深度分层的铣削加工。采用这样的下刀方式，在高速加工的情况下能产生较平稳的深度进刀方式。图 12-27 所示为"斜线加工"方式与"标准外形深度分层铣削"方式的对比情况。

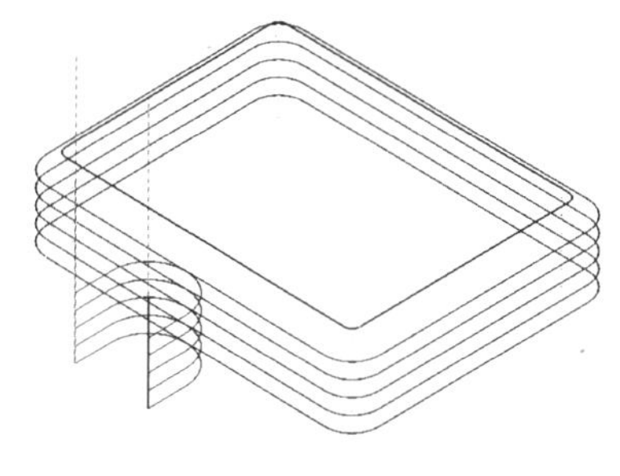

a）2D Contour 刀路

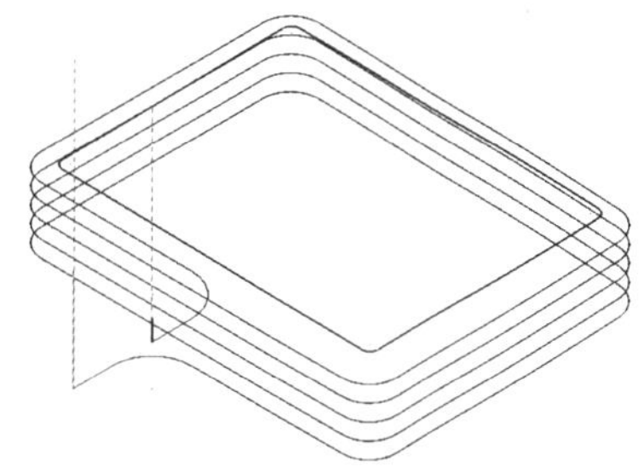

b）2D Ramp 刀路

图 12-27　"斜线加工"刀路与"标准外形深度分层铣削"刀路对比

要启动"斜线铣削"功能，可在"外形铣削参数"设置对话框中的"铣削方式设置栏"Contour 中选择 Ramp 命令后，单击下拉按钮 Ramp ，打开"斜线铣削"设置对话框，各选项功能如图 12-28 所示。

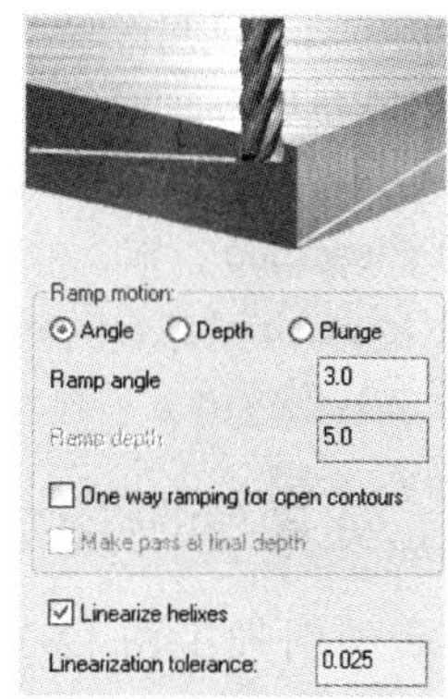

图 12-28　"斜线铣削"设置对话框

1）Ramp motion：斜线运动特征。

2）Angle：采用输入角度的方式设置斜线铣削。

3）Depth：采用输入每层斜线铣削深度的方式设置斜线铣削。

4）Plunge：采用每层垂直下刀的方式设置斜线铣削。

5）Ramp angle：输入斜线下刀的角度。

6）Ramp depth：输入每层的斜线铣削深度。

7）One way ramping for open contours：开放外形采用单方向斜线铣削。

8）Make pass at final depth：在最后深度处不采用斜线铣削方式多铣削一次。

9）Linearize helixes：启动螺旋误差设置。

10）Linearization tolerance：输入螺旋误差。

12.4.3　残料加工

"残料加工方式"Remachining 能够让用户选择较小的刀具对上一个外形粗加工操作未加工到的区域进行加工，而粗加工已经加工到的区域不会产生刀路，这样将大大减少加工时间，降低加工成本。图 12-29 所示为加工内封闭的外形时，采用"残料加工"方式与"标准外形铣削"方式的对比，图中圆角半径为 R2，图 a 所示为首先选用 ϕ10 刀具，采用标准外形铣削方式进行粗加工，R2 处留下的加工余量较大。之后选用 ϕ4 刀具，采用残料加工方式进行粗加工。

要启动"残料加工"功能，可在"外形铣削参数"设置对话框中的"铣削方式设置栏"Contour 中选择 Remachining 命令后，单击下拉按钮 Remachining ，打开"残料加工"设置对话框，如图 12-30 所示，各选项功能如下。

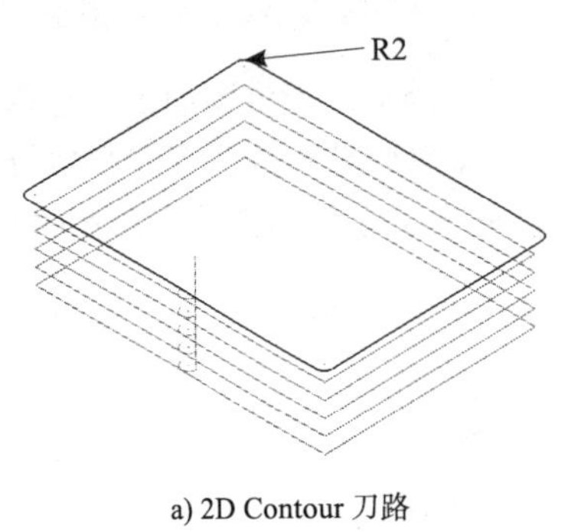

a) 2D Contour 刀路

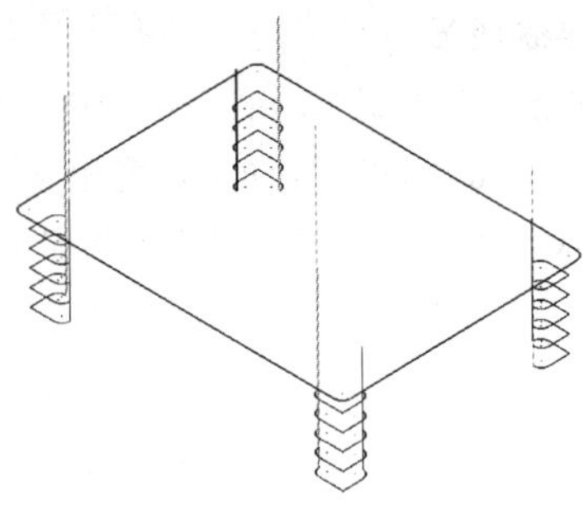
b) 2D Remachining 刀路

图 12-29 “残料加工”刀路与“标准外形铣削”刀路对比

Compute remaining stock from：残留加工余量来源。

All previous operations：对前面所有的加工操作进行残料加工。

The previous operation：对上一步加工操作进行残料加工。

Roughing tool diameter：针对指定刀具直径的粗加工操作进行残料加工。

Roughing tool diameter：输入粗加工刀具的直径。

1）Clearance：输入残料加工刀路的延伸量。

2）Remachining tolerance：输入残料加工的误差。

3）Display stock：显示残料加工的区域。

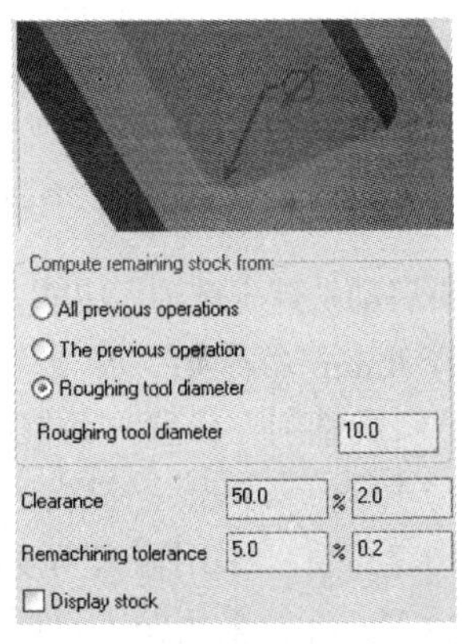

图 12-30 “残料铣削”设置对话框

12.5 外形铣削加工实例

编程铣削加工图 12-31 所示的零件，零件尺寸如图所示，材料为铝材，毛坯尺寸为 65mm × 55mm × 10mm，用台虎钳装夹，装夹高度 3.5mm。为避免本书的篇幅太大，简化了加工程序，没有分工序执行粗、精加工，将加工余量统一设置为 0，希读者注意。

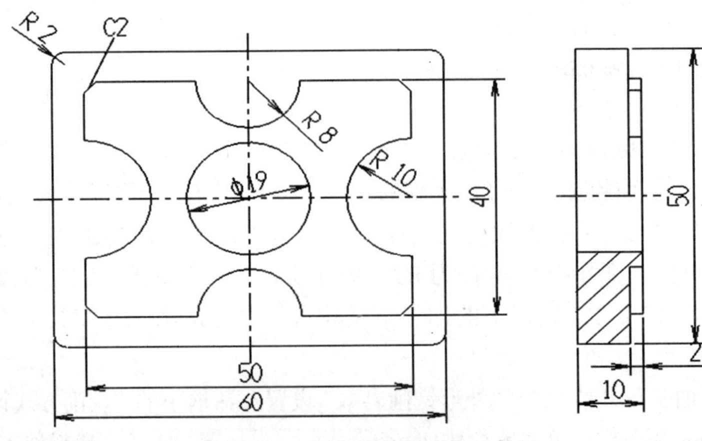

图 12-31 外形铣削加工实例

首先绘制图 12-32 所示要加工的 3D 外形框架，X、Y 方向分中绘制，Z 方向的 0 点在零件的底部，三个主要外形框架的 Z 方向尺寸如图所示。

1. 选取 ϕ10mm 平铣刀，采用 2D 外形加工刀路对零件下部 60mm × 50mm 的平台进行粗、精加工

1）单击菜单栏中的 Machine Type/Mill/Default 命令，选择机床制造类型。单击系统菜单栏中的 Toolpaths/Contour Toolpath 命令，系统提示选择串连外形，系统弹出 Chaining 对话框。在绘图区采用串连方式选取图 12-33 中的 P1，注意串联箭头的指向。采用如图的箭头指向铣削工件外形，刀具左补偿顺铣加工外形。单击对话框中的“确定”按钮 ✔，结束串连外形的选择。

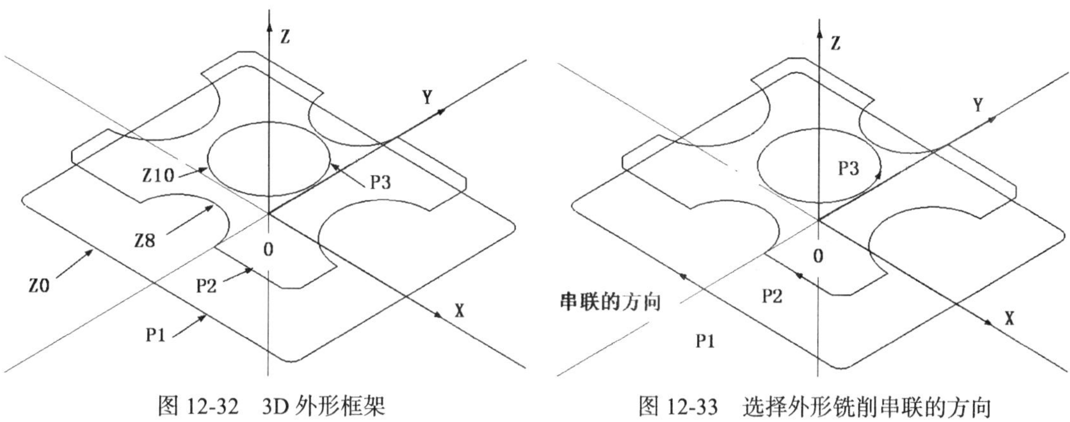

图 12-32　3D 外形框架　　　　图 12-33　选择外形铣削串联的方向

2）系统弹出图 12-34 所示外形铣削对话框，在刀具栏空白区内单击鼠标右键，在弹出的菜单中选择“从刀具库选择刀具”Tool manager 命令，系统弹出“刀具库”对话框，选择 ϕ10mm 平铣刀，设置刀具参数。（此过程前节已详述，这里不重复讲述）

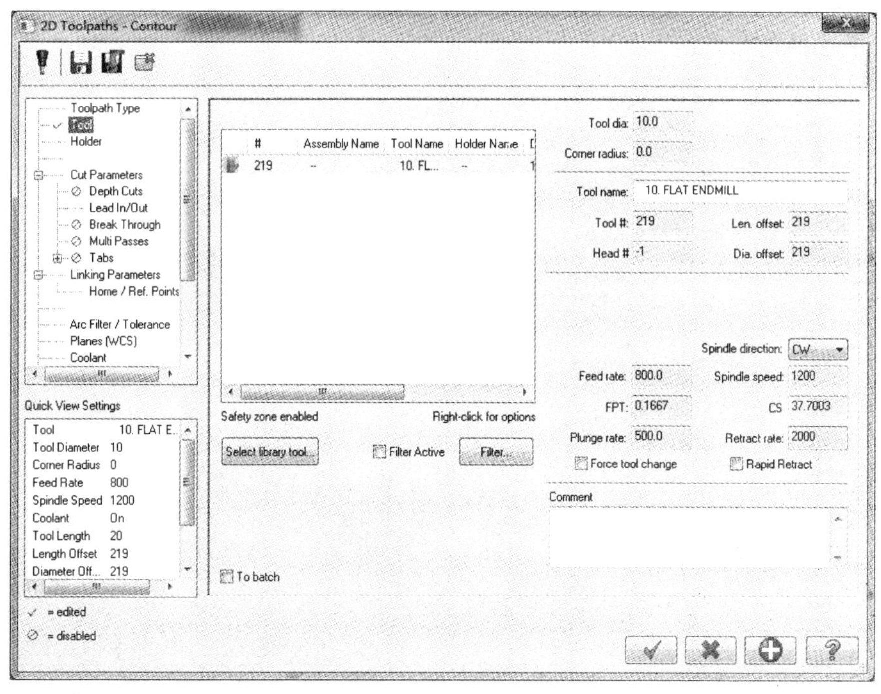

图 12-34　“外形铣削”对话框

3）选择 linking Parameters 选项，如图 12-35 所示对话框，设置相关参数。

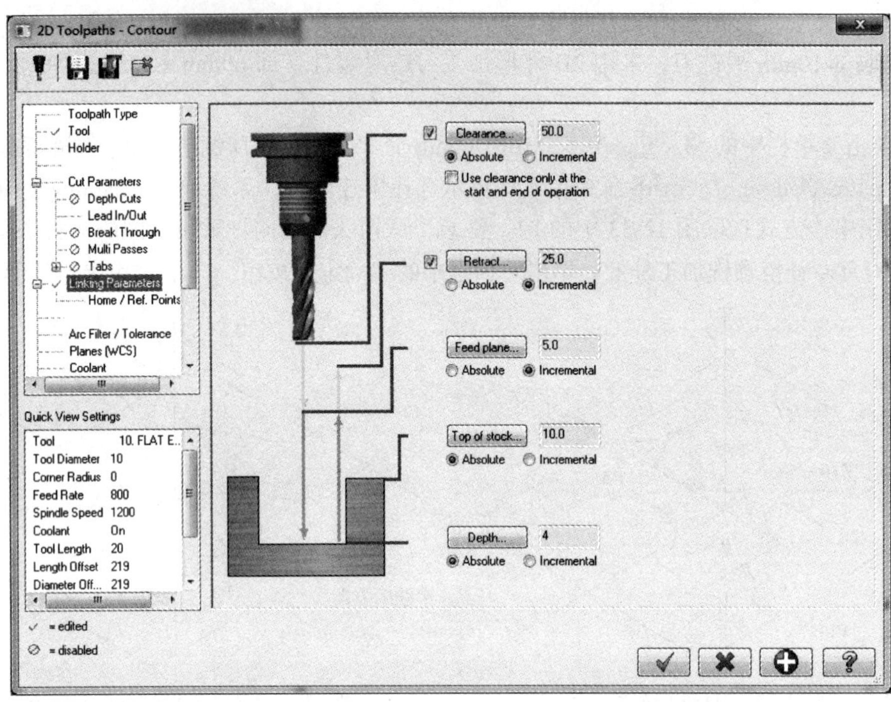

图 12-35 “关联参数”设置对话框

4）选择 Cut Parameters 选项，进入“外形铣削参数”设置对话框，如图 12-36 所示，设置相关参数。

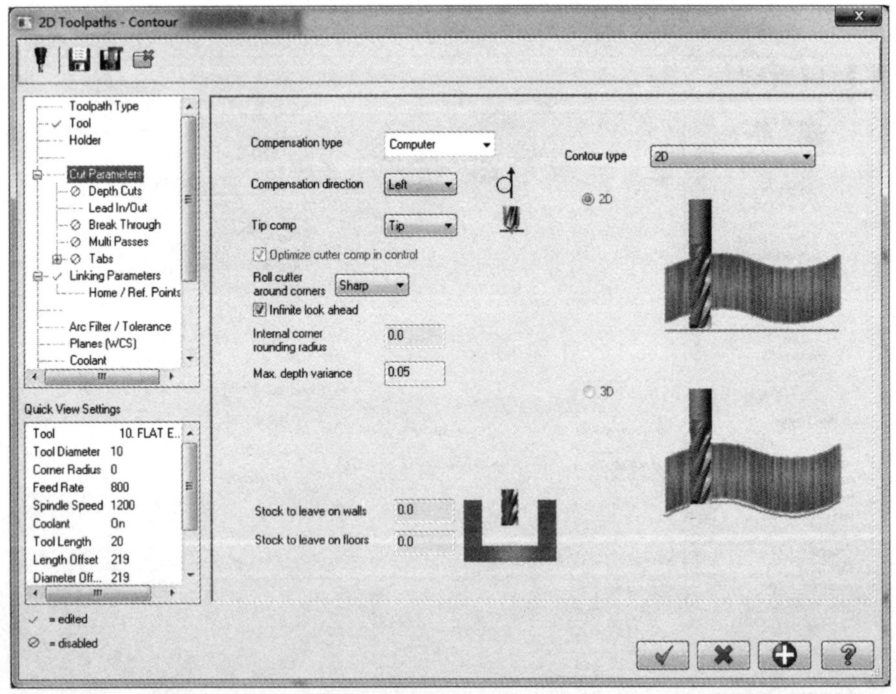

图 12-36 “外形铣削参数”设置对话框

5）单击“外形铣削参数”下 Cut Parameters/Multi Passes 命令，打开“外形分层铣削” Multi Passes 对话框，如图 12-37 所示，设置相关参数，单击“确定”按钮✓。

6）单击“外形铣削参数”下 Cut Parameters/Depth Cuts 命令，打开“深度分层铣削”对话框，如图 12-38 所示，设置相关参数，单击“确定”按钮✓。

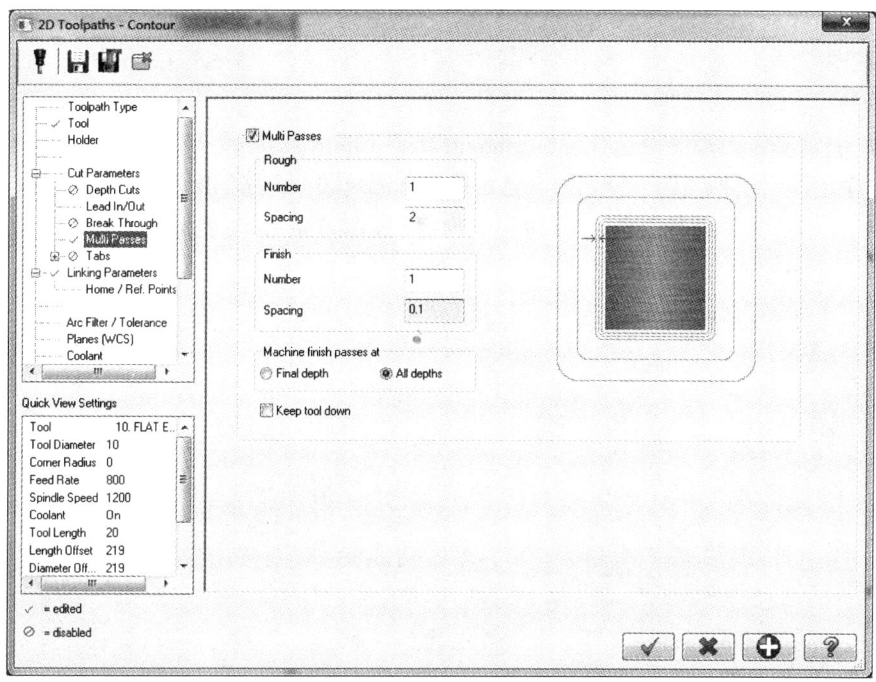

图 12-37 “外形分层铣削”对话框

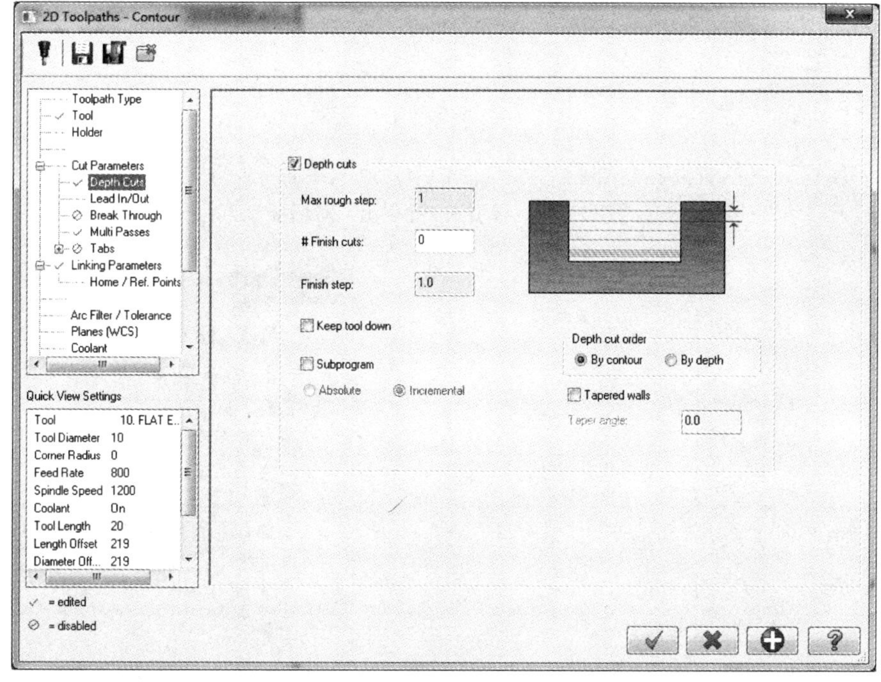

图 12-38 “深度分层铣削”对话框

7）此工序无需设置 Break Through（深度贯穿铣削）。

8）单击“外形铣削参数”下 Cut Parameters/Lead In/Out 命令，系统弹出图 12-39 所示“导引入 / 导引出”对话框。设置相关参数，单击“确定”按钮 ✔。

9）单击“外形铣削参数”设置对话框中的“确定”按钮 ✔，结束外形参数设置，产生的刀路如图 12-40 所示。

10）在图 12-41 所示的加工操作管理器中选择“工件设置”Stock setup 命令，系统弹出图 12-42 所示的“工件参数设置”对话框，设置工件毛坯尺寸。

11）在加工操作管理器中选择“1-Contour(2D)”，单击按钮，弹出 Backplot 对话框。单击键盘的〈R〉键，模拟刀路，检查刀具铣削路径有无问题。刀路如图 12-40 所示。

12）在加工操作管理器中单击按钮（隐藏 / 显示刀路），使图标变成灰色，关闭当前的刀路显示。按〈Alt+A〉保存 2D 外形零件的文件。

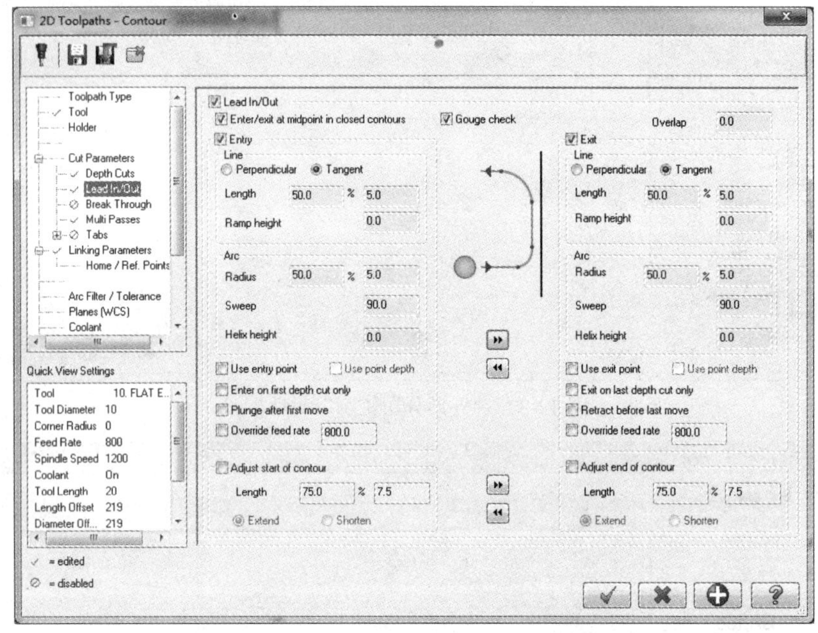

图 12-39 “导引入 / 导引出”对话框

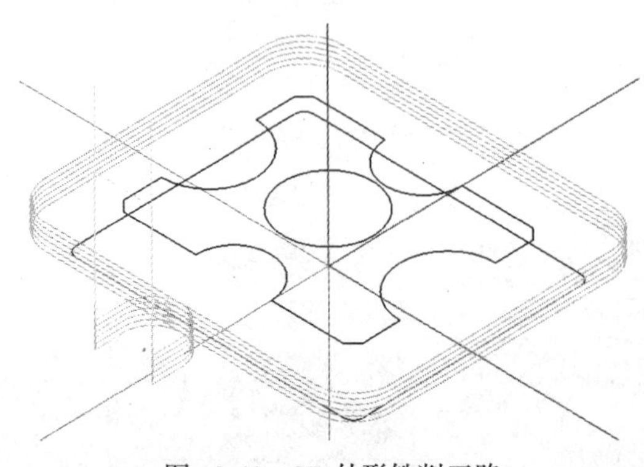

图 12-40 2D 外形铣削刀路

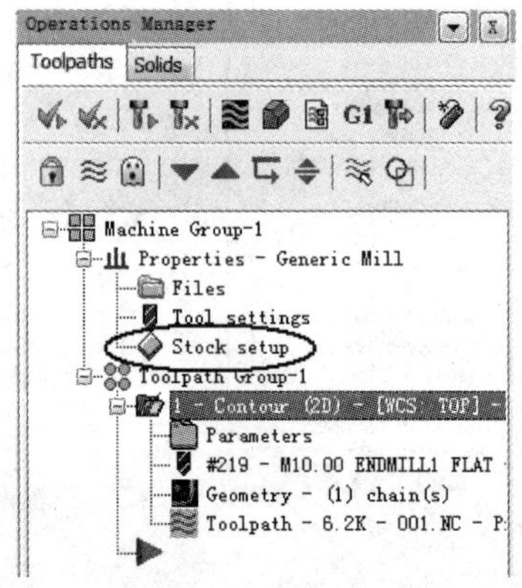

图 12-41 加工操作管理器

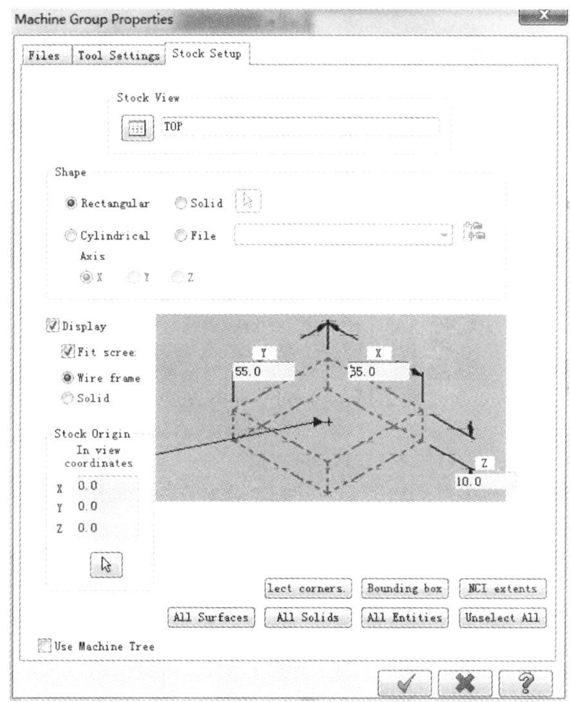

图 12-42　“工件参数设置”对话框

2. 继续选取 ϕ10mm 平铣刀，采用 2D 外形加工刀路对零件上部 50mm × 40mm × 2mm 的平台进行粗、精加工

1）单击菜单栏中的 Toolpaths/Contour Toolpath 命令，系统提示“选择串连外形”，系统弹出 Chaining 对话框。在绘图区采用串连方式选择图 12-33 中的 P2，注意：串联箭头的指向。采用如图的箭头指向铣削工件外形，刀具左补偿，顺铣加工外形。单击对话框中的“确定”按钮，结束串连外形的选择。

2）系统弹出“外形铣削”对话框（图 12-34），选择 ϕ10mm 平铣刀，设置刀具参数。

3）选择 Linking Parameters 选项，如图 12-43 所示对话框，设置相关参数。

4）选择 Cut Parameters 选项，进入“外形铣削参数”设置界面，如图 12-44 所示，设置相关参数。

5）单击“外形铣削参数”下 Cut Parameters/Multi Passes 命令，打开“外形分层铣削” Multi Passes 对话框，如图 12-45 所示，设置相关参数，单击“确定”按钮。

6）单击“外形铣削参数”下 Cut Parameters/Depth Cuts 命令，打开“深度分层铣削”对话框，如图 12-46 所示，设置相关参数，单击“确定”按钮。

7）此工序无需设置 Break Through。（深度贯穿铣削）

8）单击“外形铣削参数”下 Cut Parameters/Lead In/ Out 命令，系统弹出“导引入 / 导引出”设置对话框。此参数的设置和上一工序相同。

9）单击“外形铣削参数”设置对话框中的“确定”按钮，结束外形参数的设置，产生的刀路如图 12-47 所示。

10）在加工操作管理器中单击“2-Contour(2D)”，单击按钮，弹出 Backplot 对话框。单击键盘的〈R〉键，模拟刀路，检查刀具铣削路径有无问题。刀路如图 12-47 所示。

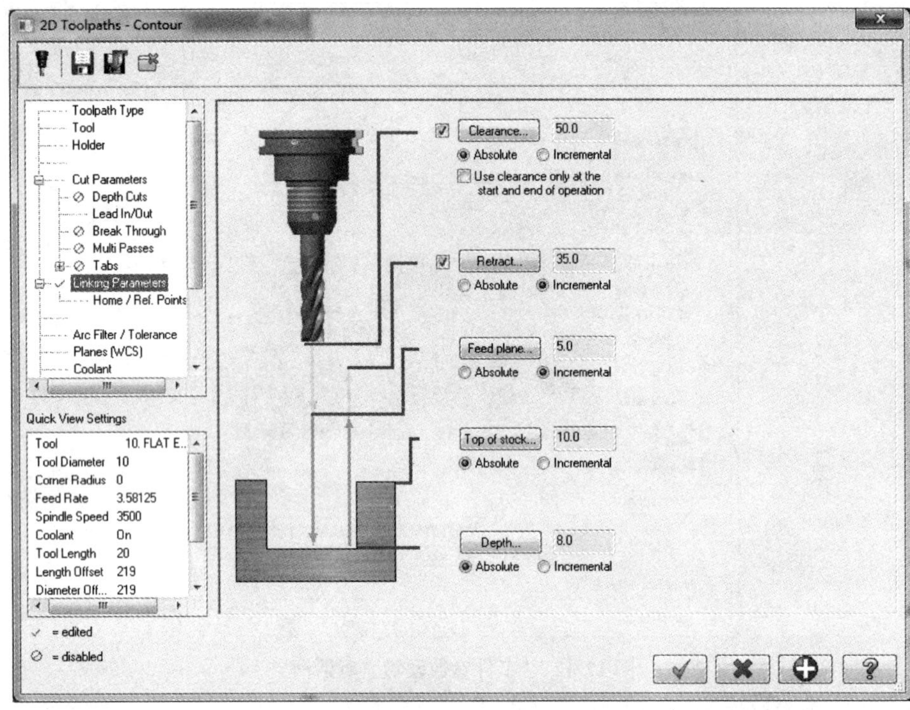

图 12-43 “关联参数”设置对话框

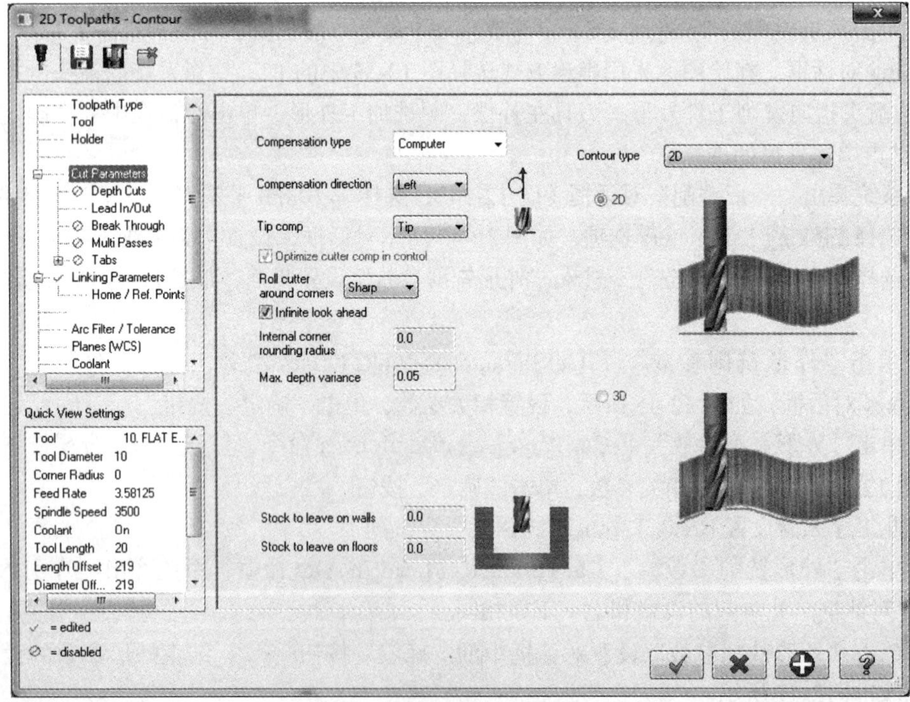

图 12-44 “外形铣削参数”设置对话框

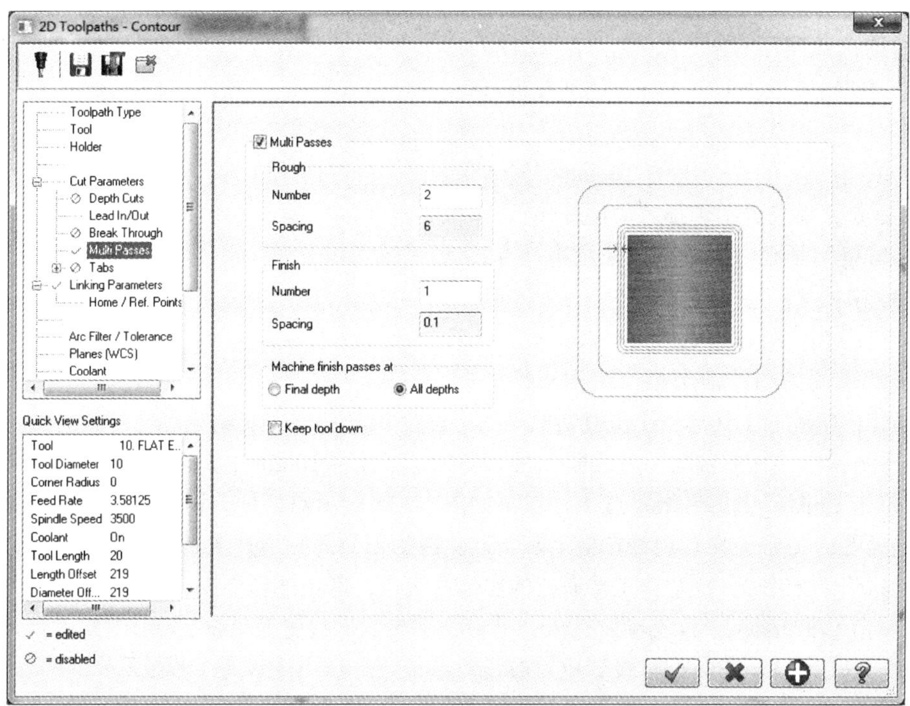

图 12-45　“外形分层铣削”对话框

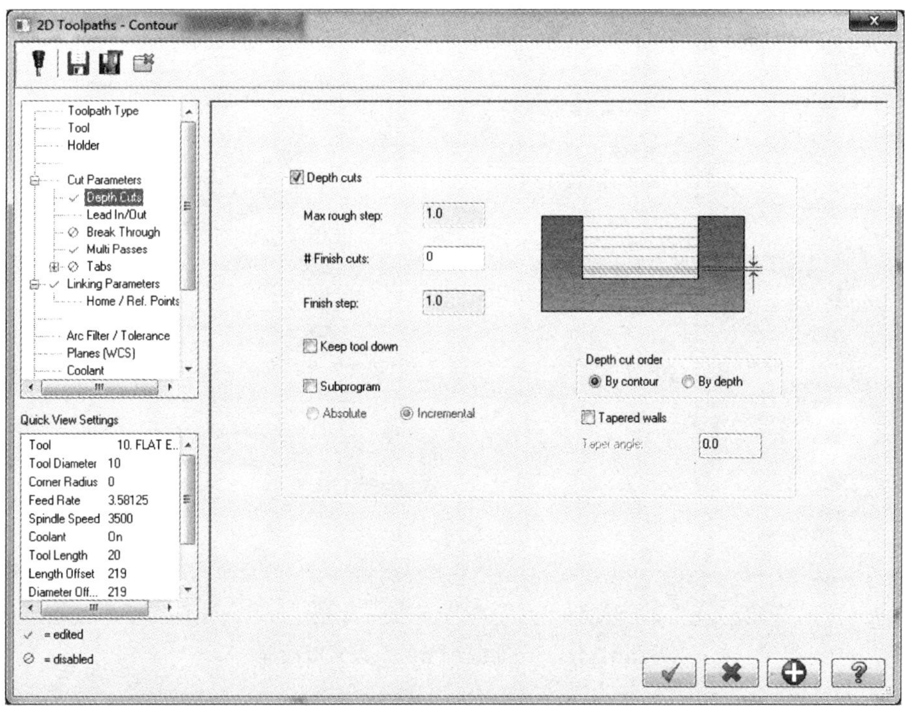

图 12-46　“深度分层铣削”对话框

11）在加工操作管理器中单击≋按钮（隐藏 / 显示刀路），使图标变成灰色，关闭当前的刀路显示。按〈Alt+A〉保存 2D 外形零件的文件。

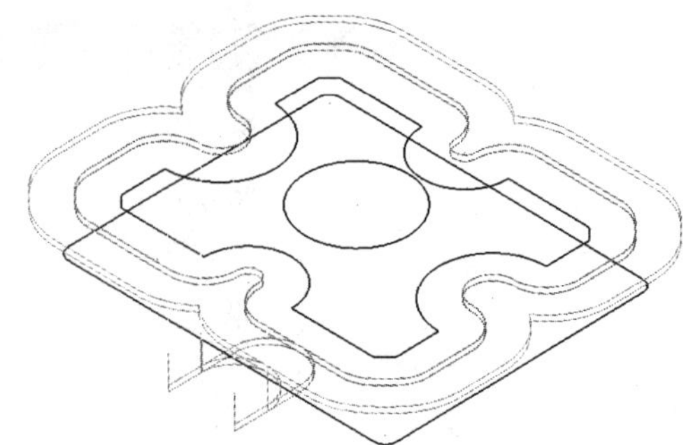

图 12-47 2D 外形铣削刀路

3. 继续选取 ϕ10mm 平铣刀，采用 2D 外形斜线加工刀路对零件中间 ϕ19mm 的圆孔进行粗、精加工

1）单击菜单栏中的 Toolpaths/Contour Toolpath 命令，系统提示选择“串连外形”，系统弹出 Chaining 对话框。在绘图区采用串连方式选择图 12-33 中的 P3，注意：串联箭头的指向。因为加工的是内孔，所以串联的方向和前面两工序相反，仍然采用如图的箭头指向铣削工件外形，刀具左补偿，顺铣加工外形。单击对话框中的“确定”按钮 ✓，结束串连外形选择。

2）系统弹出“外形铣削”对话框（图 12-34），选择 ϕ10mm 平铣刀，设置刀具参数。

3）单击 Linking Parameters 选项，弹出如图 12-35 所示对话框，设置相关参数。这里因为加工的是通孔，为避免在孔边缘产生毛刺，避免因为刀具磨损所产生的孔径误差，将 Depth 设置为“－5.0”。加工时，注意：工件通孔的底部要避空，避免铣到垫铁。

4）单击 Cut Parameters 选项，进入“外形铣削参数”设置对话框，如图 12-48 所示，设置相关参数。这里将 Contour type 设置成“Ramp”。

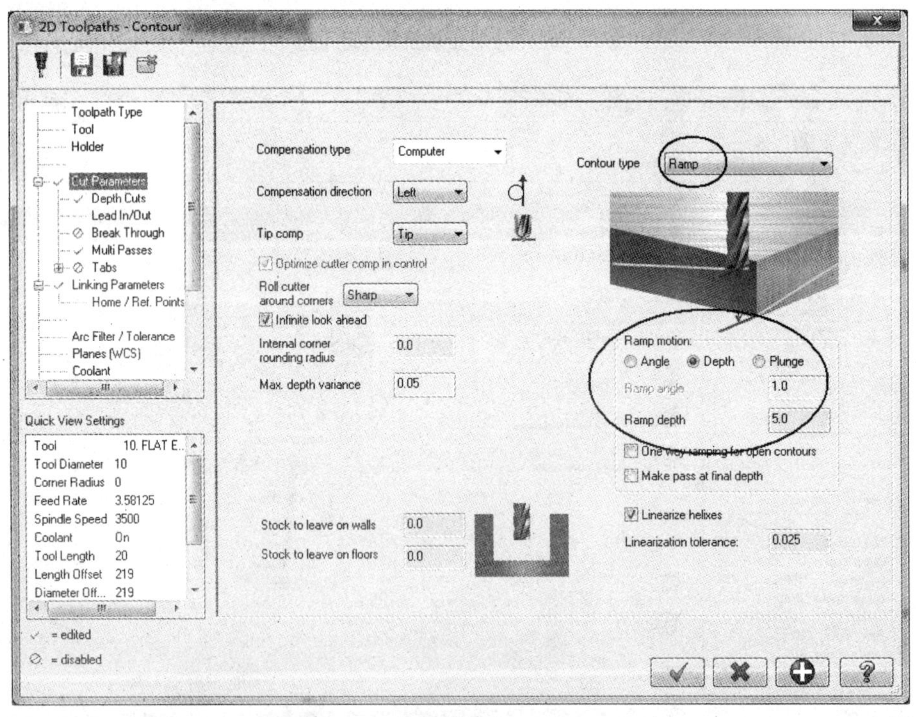

图 12-48 “外形铣削参数”设置对话框

5）单击“外形铣削参数”下 Cut Parameters/Multi Passes 命令，打开“外形分层铣削”Multi Passes 设置对话框，如图 12-49 所示，设置相关参数，单击“确定”按钮 ✓。

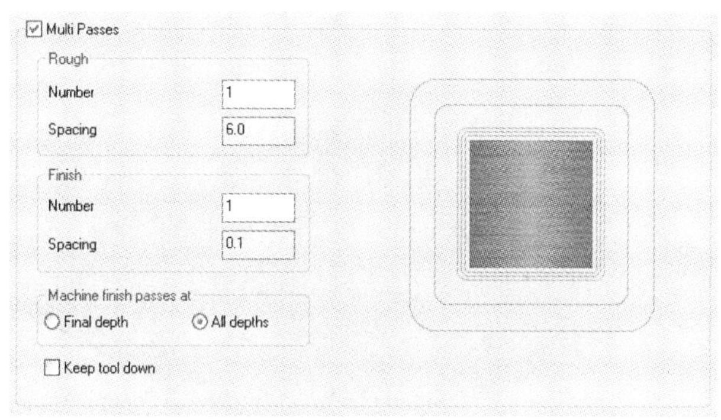

图 12-49　“外形分层铣削”设置对话框

6）此工序无需进行深度分层铣削。

7）此工序也无需设置 Break Through。（深度贯穿铣削）

8）单击“外形铣削参数”下 Cut Parameters/Lead In/Out 命令，系统弹出图 12-39 所示“导引入 / 导引出”对话框，设置相关参数，单击“确定”按钮。

9）单击“外形铣削参数”设置对话框中的“确定”按钮，结束外形参数的设置，产生的刀路如图 12-50 所示。

10）在加工操作管理器中选择“3-Contour(Ramp)”，单击按钮，弹出 Backplot 对话框。单击键盘的〈R〉键，模拟刀路，检查刀具铣削路径有无问题。刀路如图 12-50 所示。

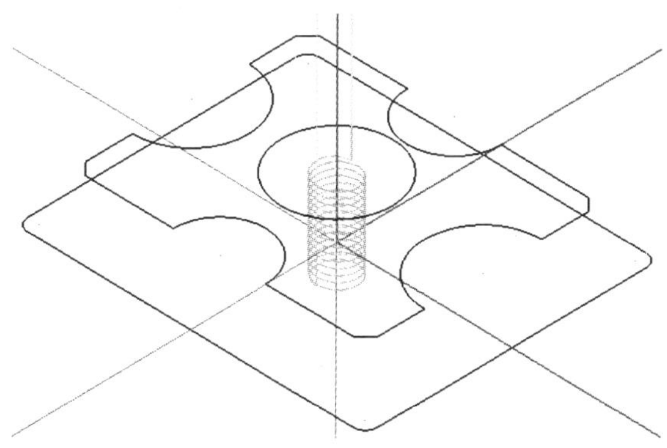

图12-50　2D外形铣削刀路

11）在加工操作管理器中单击按钮（隐藏 / 显示刀路），使图标变成灰色，关闭当前的刀路显示。按〈Alt+A〉保存 2D 外形零件的文件。

4. 实体模拟加工

在图 12-41 所示的加工操作管理器图中单击按钮，选择所有的加工程序，单击按钮，系统弹出 Verify（实体模拟）对话框，单击按钮，完成实体模拟加工。图 12-51 是工件的实体模拟加工效果图。

5. 后处理产生 CNC 加工程序

当模拟完成，各方面都比较满意时，进入加工操作管理器，依次单击 / G1按钮，出现 Post Processing 界面，选择所需的后置处理器，单击按钮，弹出“另存为”对话框，单击“保存”按钮。将所计算的三个程序输送至数控铣床即可加工。

图 12-51　实体模拟加工效果图

6. 保存文件

按〈Alt+A〉保存 2D 外形零件的文件。

第 13 章 2D 挖槽铣削加工

2D 挖槽铣削加工（Pocket）指选择封闭曲线确定加工范围的一种挖槽加工方式，如图 13-1 所示。2D 挖槽铣削加工的命令是 Toolpaths \ Pocket。常用于凹槽特征的粗加工和精加工，操作简单实用。通常采用平铣刀或圆鼻刀。限制加工深度时，挖槽加工可用于对平面精加工。挖槽加工在毛坯上进刀、下刀时选用螺旋或斜向下刀。其走刀方式最常用的是来回走刀（Zigzag）。

图 13-1　2D 挖槽铣削加工

13.1　2D 挖槽铣削关联参数的设置

1）绘制图 13-2 所示的外形，单击菜单栏中的 Machine Type/Mill/Default 命令，选择机床制造类型。

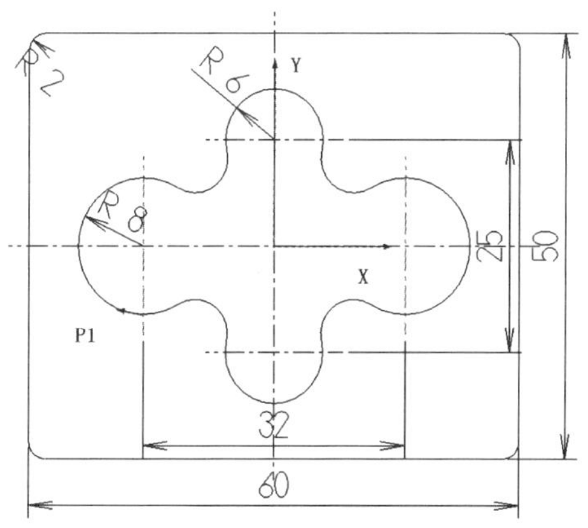

图 13-2　2D 挖槽图形

2）单击图 13-3 所示菜单栏中的 Toolpaths/Contour 命令，如图 13-3 所示。系统提示“选择串连外形”，系统弹出 Chaining 对话框，在绘图区采用串连方式选择图 13-2 中的 P1，挖槽加工不必注意串联箭头的指向。单击对话框中的“确定”按钮 ✓，结束串连外形的选择。

3）系统弹出图 13-4 所示“2D 挖槽铣削”对话框，在刀具栏空白区内单击鼠标右键，在弹出的菜单中选择从刀具库选择刀具 Tool manager 命令，系统弹出“刀具库”对话框，选择 ϕ10mm 平铣刀，设置刀具参数。（此过程前节已详述，这里不重复讲述）

4）2D 挖槽铣削加工除了要设置“刀具参数”Toolpath Parameters 外，还要设置“关联参数”Linking Parameters。单击 Linking Parameters 选项，对话框如图 13-5 所示。Top of stock（被加工零件的表面）的设置采用绝对坐标，取“10.0”，“Depth”（加工结束最后深度）的设置也采用绝对坐标，取“8.0”，挖槽深度为 2.0mm。

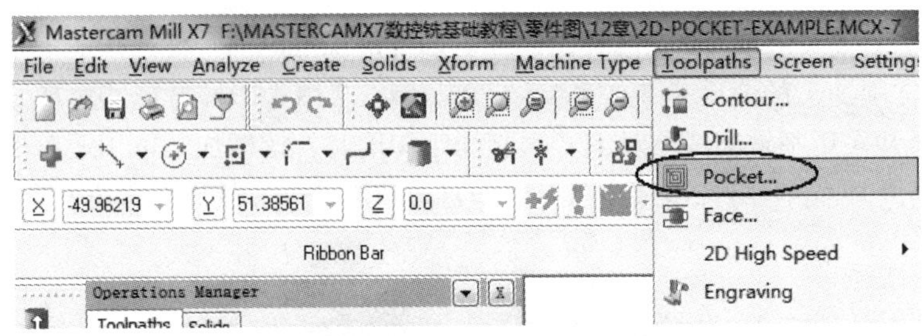

图 13-3 选择“外形铣削”刀路

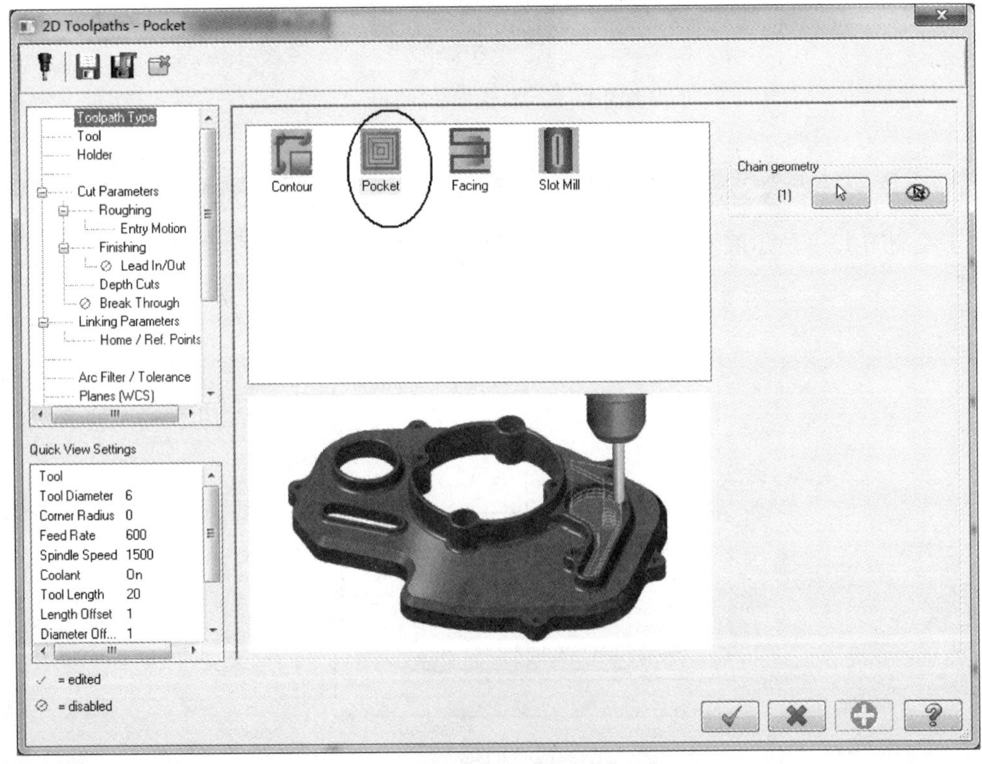

图 13-4 “2D 挖槽铣削”对话框

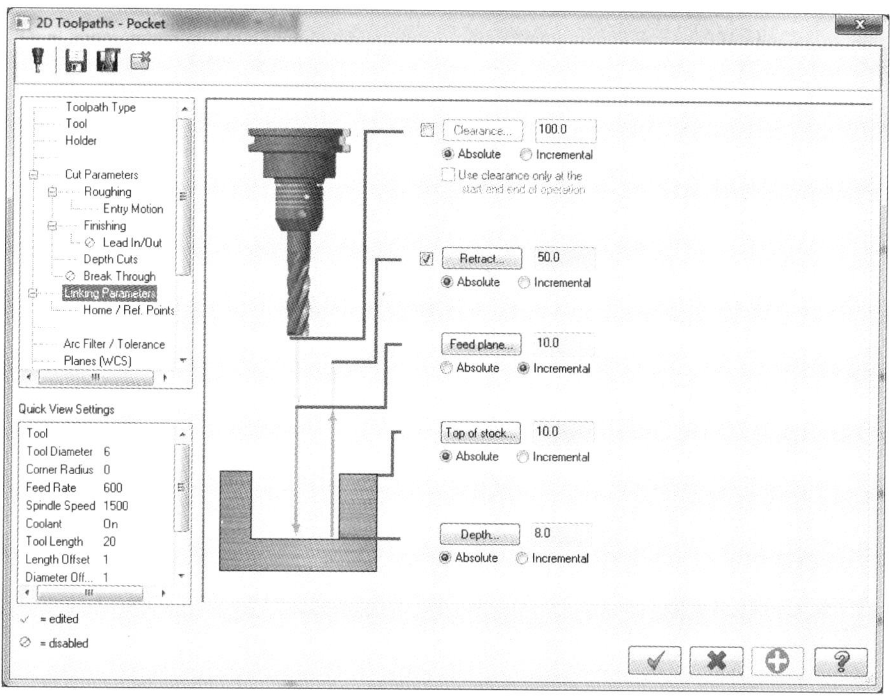

图 13-5　“关联参数”设置对话框

13.2　2D 挖槽铣削参数的设置

单击 Cut Parameters 选项，进入“2D 挖槽铣削参数”设置对话框，如图 13-6 所示。

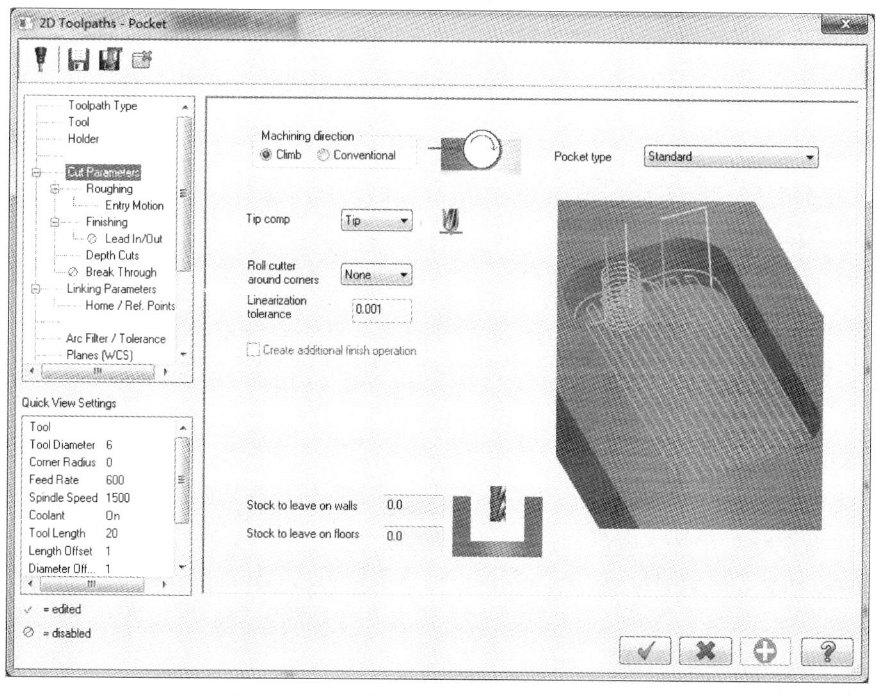

图 13-6　“2D 挖槽铣削参数”设置对话框

13.2.1 挖槽参数铣削方向

Machining direction（铣削方向）主要用于设置挖槽时刀具的旋转方向与其运动方向之间的配合。

1）Climb：选择此复选框，刀具的旋转方向与其运动方向相反，刀具从工件材料边沿向材料内侧旋转切削材料（即材料的抛出方向与其运动方向相反），如图 13-7a 所示。

2）Conventional：选择此复选框，刀具的旋转方向与其运动方向相反，刀具从工件材料内侧向材料边沿旋转切削材料（即材料的抛出方向与其运动方向相同），如图 13-7b 所示。

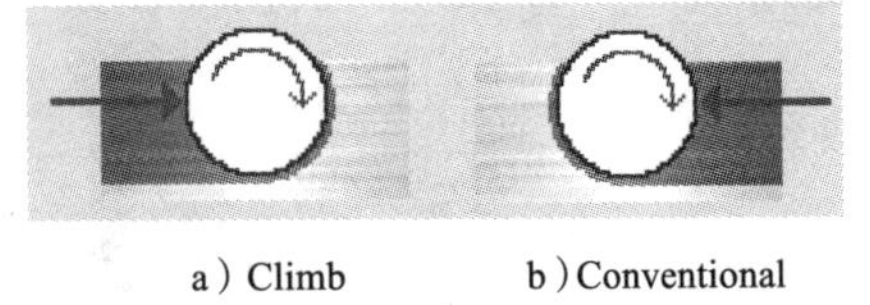

a）Climb　　b）Conventional

图 13-7　挖槽铣削方式

13.2.2 深度分层铣削

与外形深度分层铣削类似，Mastercam 也允许用户进行挖槽深度分层铣削。单击“外形铣削参数”下 Cut Parameters/Depth Cuts 命令，打开“深度分层铣削”设置对话框，如图 13-8 所示。各选项功能如下。

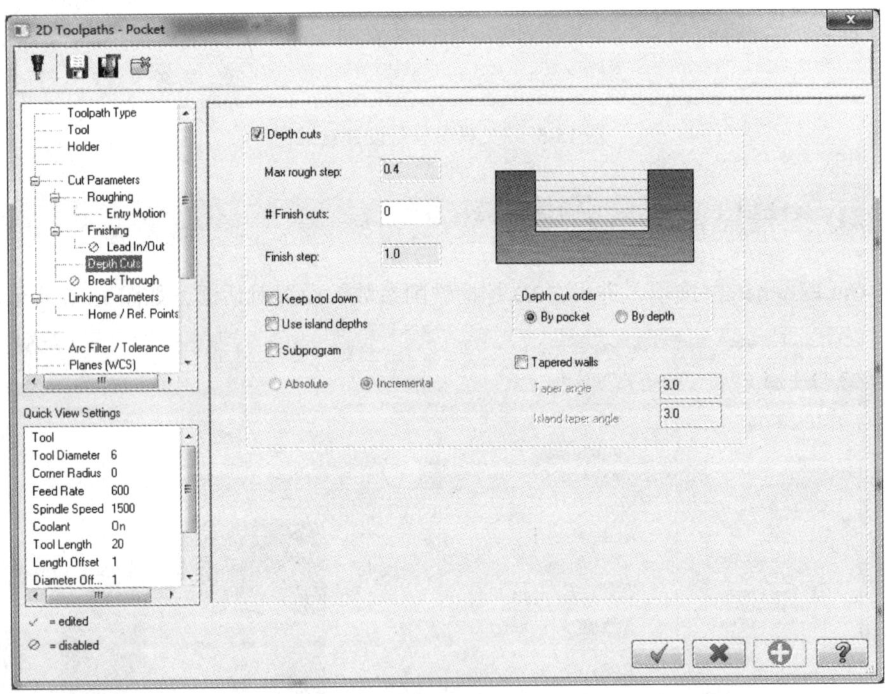

图 13-8　“深度分层铣削”设置对话框

1）Depth cuts：深度分层。

2）Max rough step：最大粗加工步距，输入深度方向每次粗切削的切削量。

3）#Finish cuts：精加工次数。

4）Finish step：精切削步距，输入深度方向每次精切削的切削量。

5）Keep tool down：保持刀具向下铣削，刀具在切削完一层后直接进入下一层，不回刀；否则回到参考高度再切削下一层。

6）Use island depths：选择此复选框，当岛屿深度与外形深度不一致时，将对岛屿深度进

行铣削；否则岛屿深度与外形深度相同。

7）Depth cut order：存在多个挖槽外形时，设置深度方向的铣削顺序。

8）By Pocket：每一个挖槽外形均铣削相同的深度，然后再继续铣削每个外形的下一个深度。

9）By depth：同一个挖槽外形的所有深度铣削完毕后，再转到下一个外形铣削。

10）Taper walls：选择此复选框，系统按设置的角度进行深度铣削。

13.2.3　粗加工参数的设置

单击 Roughing 复选框，系统启动“粗加工”方式及其相关参数设置选项，如图 13-9 所示。

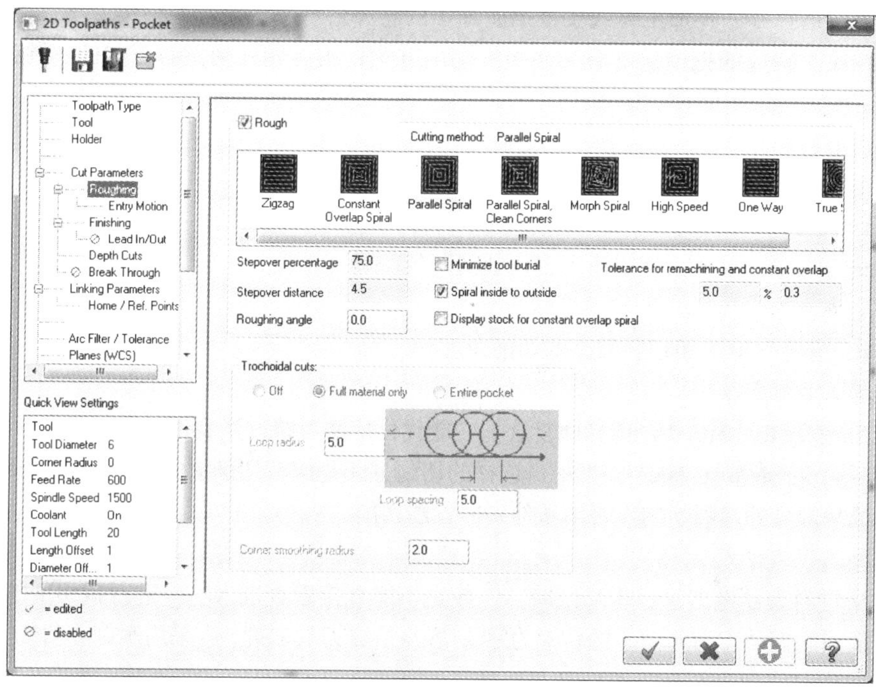

图 13-9　“粗加工参数”设置对话框

1. 粗加工方式

系统提供了 8 种粗加工方式，如图 13-10 所示，具体如下。

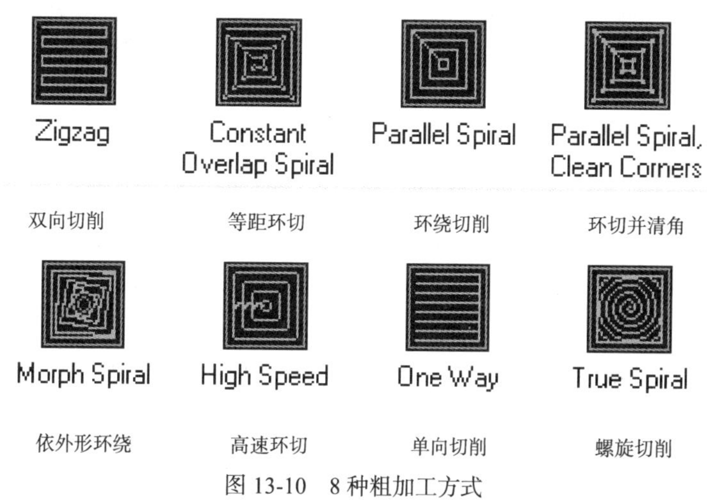

图 13-10　8 种粗加工方式

8种粗加工方式分为线性切削和旋转切削两大类。

线性切削包括“双向切削”Zigzag和“单向切削”One Way两种切削方式，产生的刀路呈来回线状。

旋转切削包括“等距环切”Constant Overlap Spiral、“环绕切削”Parallel Spiral、“环切并清角”Parallel Spiral/Clean Corners、“依外形环绕”Morph Spiral、“高速环绕”High Speed和“螺旋切削”True Spiral。产生的刀路围绕几何轮廓呈旋转状。

同一个挖槽轮廓可以采用不同的加工方式来完成，但其加工质量与效率却相差较大，在实际的加工中，选择哪一种加工方式要根据所加工的轮廓形状来决定。一般情况下，由线性几何图素（如线段）构成的挖槽轮廓宜采用线性切削方式；由旋转几何图素（如圆、圆弧、曲线）构成的挖槽轮廓宜采用旋转切削方式。

2. 粗切削间距

粗切削间距指两条刀路间的距离。

1）Stepover percentage：输入粗切削间距占刀具直径的百分比，一般为60%～75%。

2）Stepover distance：直接输入粗切削间距值，是互动关系，输入其中一个参数，另一个参数自动更新。

3）Roughing：输入粗切削刀路的切削角度。

3. 粗加工其他参数

1）Minimize tool burial：选择此复选框，能优化挖槽刀路，达到最佳铣削顺序。

2）Spiral inside to outside：当用户选择的切削方式是旋转切削方式中的一种时，选择此复选框，系统从内到外逐圈切削，否则从外到内逐圈切削。

4. 粗加工下刀方式

刀具从材料表面进刀进行粗切削时，一般是不能直接垂直进入材料进行粗切削的，这样会导致刀具猛烈的振动（刀具中心的转速为零），容易造成刀具崩裂，宜采用螺旋或斜线下刀方式，如图13-11所示。

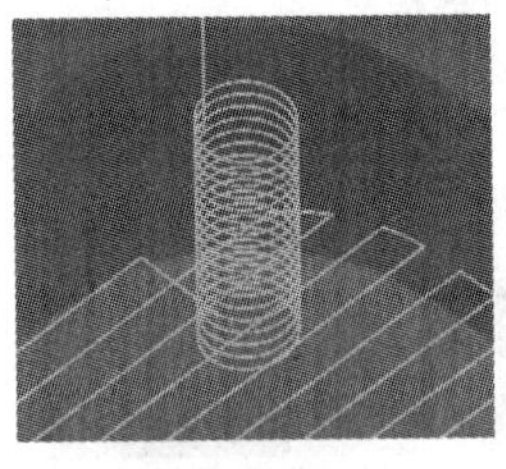

a）螺旋下刀

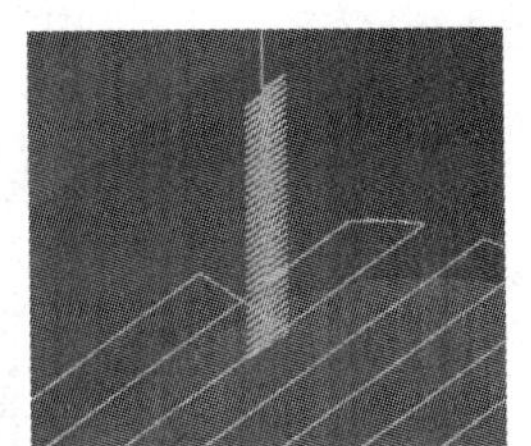

b）斜线下刀

图13-11　粗加工下刀方式

单击Entry Motion复选框，系统弹出图13-12所示“螺旋/斜线下刀参数”设置对话框。

1）Minimum radius：螺旋下刀的最小半径，可以输入与刀具直径的百分比或直接输入半径值。

2）Maximum radius：螺旋下刀的最大半径。

3）Z clearance：螺旋的下刀高度，此值越大，刀具在空中的螺旋时间越长，一般设置为粗切削每层的进刀深度即可，过大会浪费加工时间。

4）Plunge angle：螺旋下刀的角度，对于相同的螺旋下刀高度而言，螺旋下刀角度越大，螺旋圈数越少、路径越短、下刀越陡。

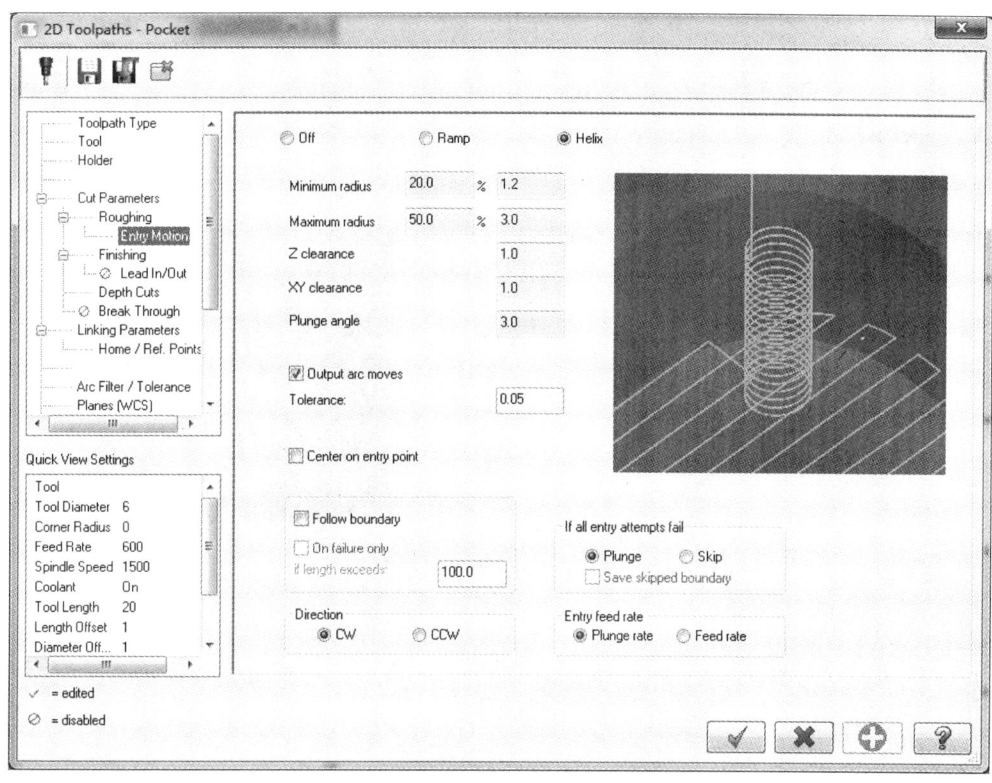

图 13-12 “螺旋 / 斜线下刀参数”设置对话框

5）Output arc move：选择此复选框，系统采用圆弧移动代码将螺旋下刀刀路写入 NCI 文件，否则以线段移动代码写入 NCI 文件。

6）Tolerance：输入以线段移动代码将螺旋下刀刀路写入 NCI 文件时的误差值。

7）Center on entry point：选择此复选框，将使用在选择挖槽轮廓前所选择的点作为螺旋下刀的中心点，即可以任意确定螺旋下刀点。

8）Direction：设置螺旋下刀的螺旋方向，选择 CW 选项，将以顺时针方向螺旋下刀，选择 CCW 选项，将以逆时针方向螺旋下刀。

9）Follow boundary：选择此复选框，系统将靠着粗加工边界斜线下刀。

10）On failure only：选择此复选框，只有当无法螺旋下刀时，系统才靠着粗加工边界斜线下刀。

11）If length：当粗加工边界的长度小于此栏输入的长度时，系统将无法采用靠着粗加工边界斜线下刀。

12）If all entry attempts fail：设置当所有螺旋下刀尝试失败后，系统采用“直线下刀”Plunge 或“中断程序”Skip；还可以选择“保留程序中断后的边界为几何图形”Save skipped boundary。

13）Entry feed rate：设置“螺旋下刀的速率”为“深度方向的下刀速率”Plunge rate，或“平面进给速率”Feed rate。

斜线下刀方式的参数设置如图 13-13 所示。

14）Minimum length：斜线下刀的最小长度。

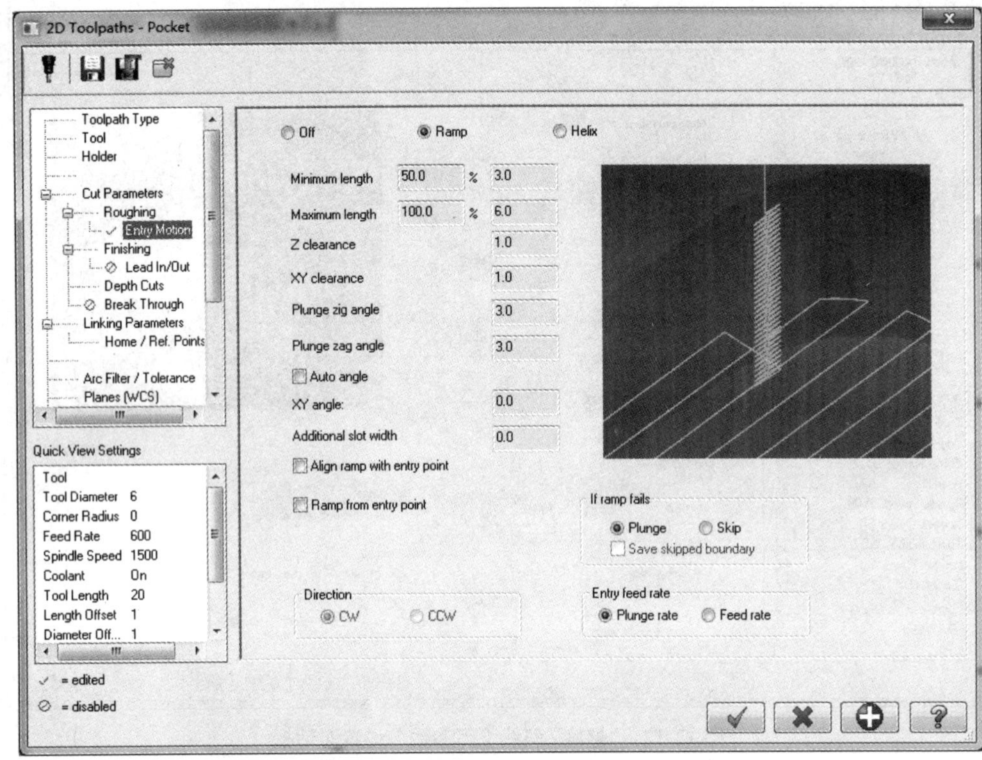

图 13-13 “斜线下刀方式”参数设置对话框

15）Maximum length：斜线下刀的最大长度。

16）Plunge zig angle：刀具的斜线插入角度。

17）Plunge zag angle：刀具的斜线切出角度，对于相同的螺旋下刀高度而言，斜线插入/切出角度越大，斜线下刀段数越少、路径越短、下刀越陡。

18）Auto angle：选择此复选框，由系统自动决定斜线下刀刀路与砂轴的相对角度。

19）XY angle：未选择 Auto angle 复选框时，斜线下刀刀路与砂轴的相对角度由此栏输入的角度决定。

20）Additional slot：该选项能在斜线下刀时产生一槽形结构，而槽形结构的宽度由此栏输入。

21）Align ramp with entry point：选择此复选框，斜线下刀刀路与下刀点对齐。

22）Ramp from entry point：选择此复选框，将使用在选择挖槽轮廓前所选择的点作为斜线下刀的起点，即可以任意确定斜线下刀点。

5. 精加工参数设置

选择 Finish 复选框后，系统启动“精加工”方式及其相关参数设置选项，包括精加工次数、精加工量、精加工时机等参数，如图 13-14 所示。各参数含义如下。

1）Passes：精加工次数。

2）Spacing：精加工量。

3）Spring：在精加工次数的基础上再增加环切次数。

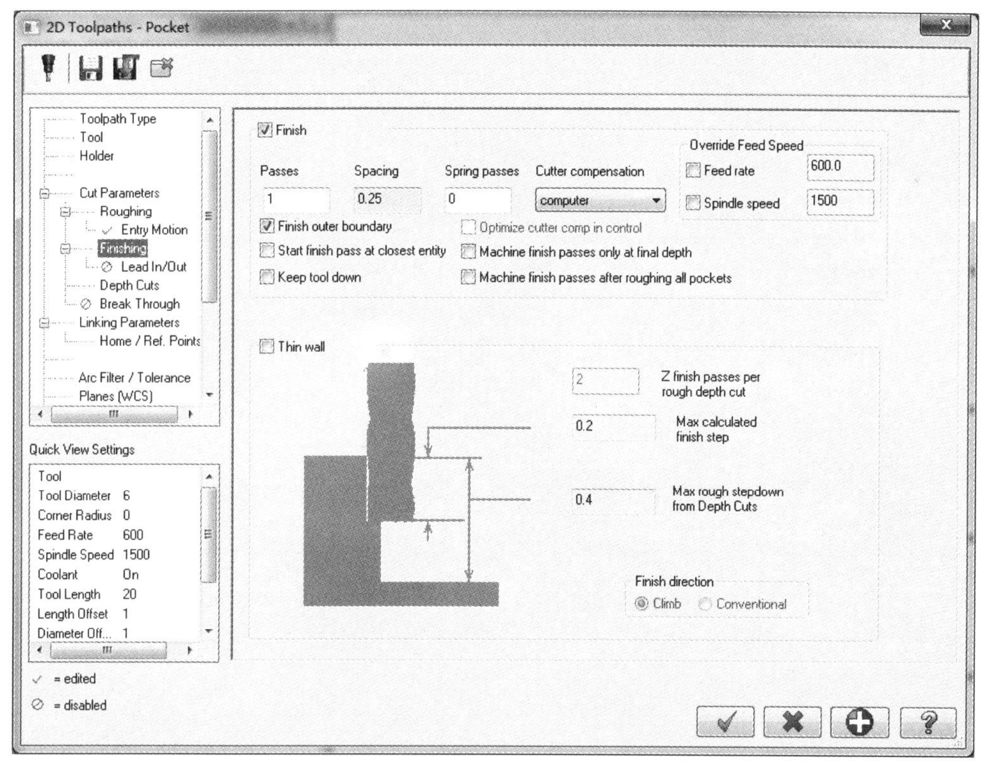

图 13-14　“精加工”参数设置对话框

4）Cutter compensation：选择精加工的补偿方式。

5）Finish outer boundary：选择此复选框，将对挖槽边界和岛屿进行精加工，否则只对岛屿进行精加工。

6）Start finish pass at closest entity：选择此复选框，精加工从封闭几何图形的粗加工刀路终点开始。

7）Keep tool down：选择此复选框，粗加工后直接精加工，不提刀；否则刀具回到参考高度后再精加工。

8）Feed rate：选择此复选框，可以输入精加工的进给速率，否则其进给速率与粗加工相同。

9）Spindle speed：选择此复选框，可以输入精加工的刀具转速，否则其转速与粗加工相同。

10）Optimize cutter comp in control：当精加工采用“控制器补偿”方式 Control 时，选择此复选框，可以消除小于或等于刀具半径的圆弧精加工路径。

11）Machine finish passes only at final depth：当粗加工采用“深度分层铣削”时，选择此复选框，所有深度方向的粗加工完毕后才进行精加工，且是一次性精加工。

12）Machine finish passes after roughing all pockets：当粗加工采用“深度分层铣削”时，选择此复选框，粗加工完毕后再逐层进行精加工；否则粗加工一层后马上精加工一层。

单击 Lead In/out 复选框，可以设置精加工的“导引入 / 导引出”方式，如图 13-15 所示。

单击 Thin wall 复选框，在铣削薄壁件时，可以设置更细致的薄壁件以保证薄壁件最后的精加工时刻不变形，如图 13-16 所示。

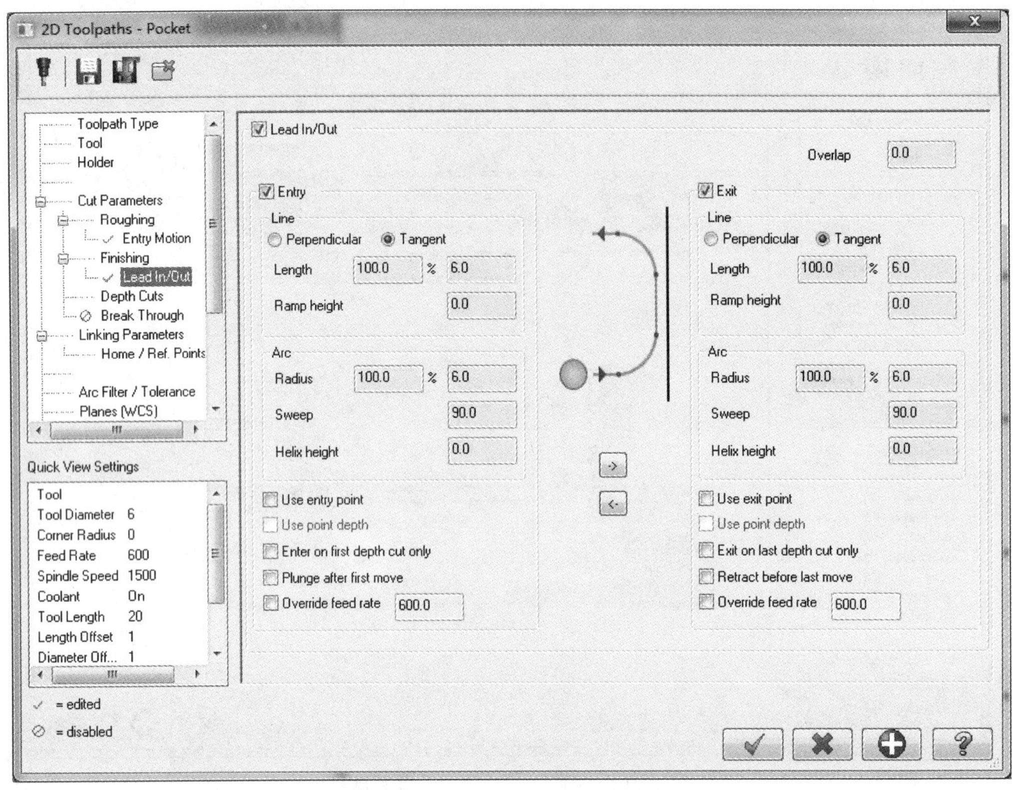

图 13-15 “精加工的导引入 / 导引出参数”设置对话框

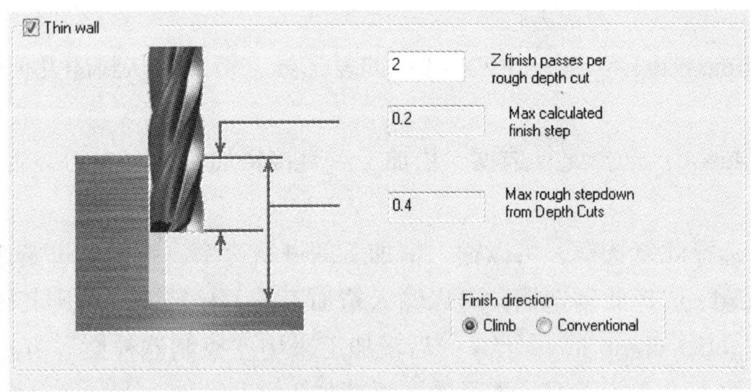

图 13-16 “薄壁件精加工参数”设置对话框

13.3 2D 挖槽铣削的其他加工方法

Mastercam 除了能进行标准的挖槽加工外，还能进行“面加工”Facing、“岛屿铣面”Island facing、“残料加工”Remachining 及“开放轮廓挖槽加工”Open，如图 13-17 所示。

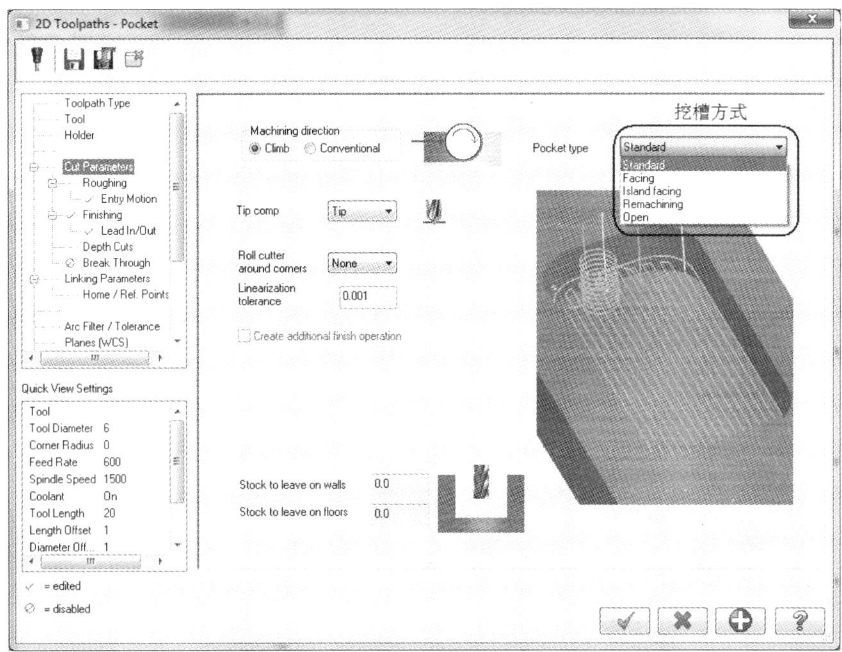

图 13-17　“2D 挖槽铣削的其他加工方法”对话框

13.3.1　面加工

在“挖槽铣削参数”设置对话框的“铣削方式设置栏”Pocket type 下选择 Facing 复选框，打开“面加工参数”设置对话框，如图 13-18 所示，各选项功能如下。

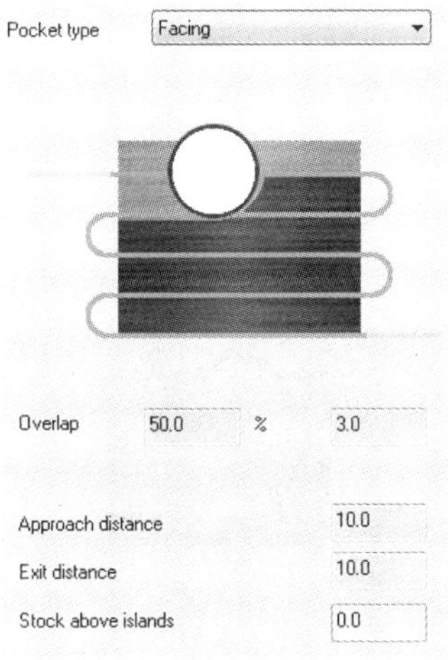

图 13-18　“面加工参数”设置对话框

1）Overlap：刀具超出边界量的百分比（与刀具直径相比）和刀具超出边界的长度。

2）Approach distance：起点附加距离。

3）Exit distance：终点附加距离。

4）Stock above islands：岛屿表面的余量。

“面加工”方式 Facing 能将挖槽加工刀路向边界延伸指定的距离，以达到对挖槽面的铣削。图 13-19 所示为采用“标准挖槽”方式和“面加工”方式对同一挖槽区域产生的不同结果。

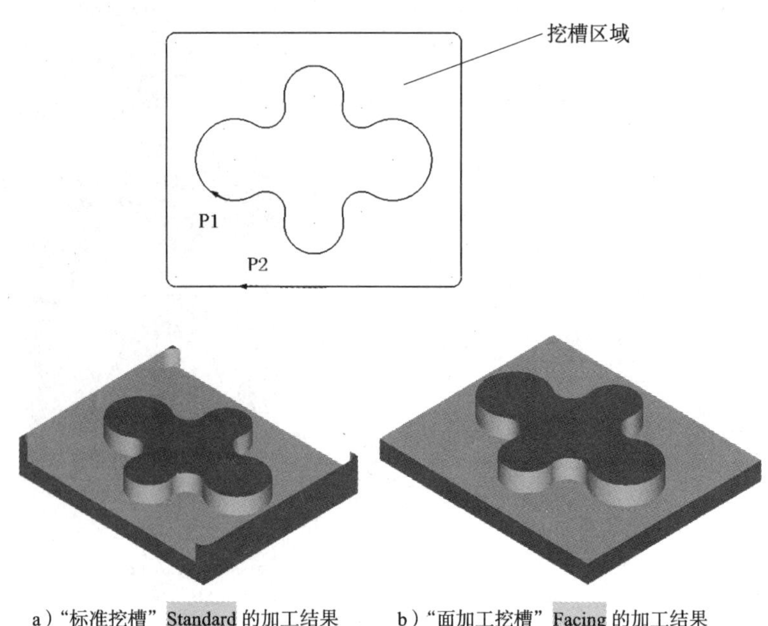

a）“标准挖槽”Standard 的加工结果　　b）“面加工挖槽”Facing 的加工结果

图 13-19　挖槽加工结果对比

13.3.2　岛屿铣削

岛屿指在槽的边界之内，但不需要切削的区域。岛屿的外形必须是封闭的。Mastercam 系统能够处理带多重岛屿的工件，处理结果由选择的顺序决定。

在“挖槽铣削参数”设置对话框的“铣削方式设置栏”Pocket type 下，选择 Island facing 复选框，打开“岛屿铣削加工参数”设置对话框，如图 13-20 所示，各选项功能如下。岛屿铣削加工参数与面铣削的加工参数一样。

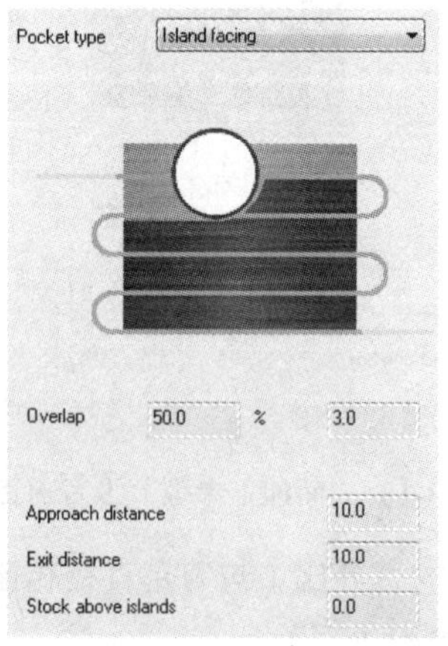

图 13-20　“岛屿铣削加工参数”设置对话框

13.3.3　残料加工

“残料加工方式”Remachining 能够让用户选择较小的刀具对上一个挖槽粗加工操作未加工到的区域进行加工，而粗加工已经加工到的区域不会产生刀路，这样将大大减少加工时间，降低加工成本。此功能和“2D 外形加工的残料加工”Remachining 类似。

在“挖槽铣削参数”设置对话框的“铣削方式设置栏”Pocket type 下选择 Remachining 复选框，打开“残料加工参数”设置对话框，如图 13-21 所示，各选项功能如下。

1）All previous operations：对前面所有的加工操作进行残料加工。

2）The previous operations：对上一步加工操作进行残料加工。

3）Roughing tool diameter：针对刀具直径的粗加工操作进行残料加工。

4）Clearance：输入残料加工刀路的延伸量。

5）Apply entry/exit curves to rough passes：将导引入/导引出刀路加入到残料加工刀路中。

6）Machine complete finish passes：残料加工完毕后进行一次精加工。

7）Display stock：显示残料加工的区域。

图 13-21 “残料加工参数”设置对话框

13.3.4 开放轮廓挖槽加工

“开放轮廓挖槽加工”Open 能够对非封闭的开放轮廓进行挖槽加工。Standard 方式要求挖槽区域的边界线是封闭的，如果边界未封闭，可以用这种加工方式，系统会自动将开口处连接起来，于是区域变为封闭的，然后按 Standard 方式挖槽加工。

在“挖槽铣削参数”设置对话框的“铣削方式设置栏”Pocket type 选择 Open 复选框。打开“开放轮廓挖槽加工”设置对话框，如图 13-22 所示，各选项功能如下。

1）Use open pocket cutting method：刀路从开放轮廓端点起刀。

2）Use Standard pocket for closed chains：使用封闭串联几何图形的标准挖槽加工。

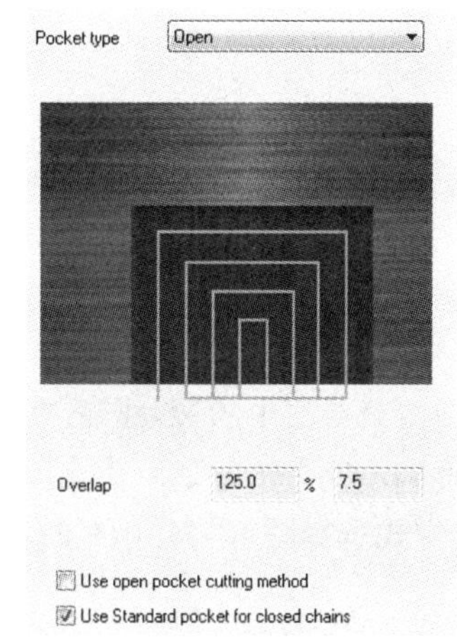

图 13-22 “开放轮廓挖槽加工”设置对话框

13.4 2D 挖槽铣削加工实例

编程铣削加工图 13-23 所示工件中间的曲线槽。零件尺寸如图所示，材料为铝材，毛坯尺寸为 65mm×55mm×10mm，用台虎钳装夹，装夹高度 5mm。编程加工此例时，简化了加工程序，没有分工序执行粗、精加工，将加工余量统一设置为 0，请读者注意。

首先绘制图 13-24 所示要加工的 3D 外形框架。X、Y 方向分中绘制，Z 方向的 0 点在零件底部，三个主要外形框架的 Z 方向尺寸如图所示。

选取 ϕ10mm平铣刀，采用2D挖槽加工刀路对零件中间的曲线槽进行粗、精加工。

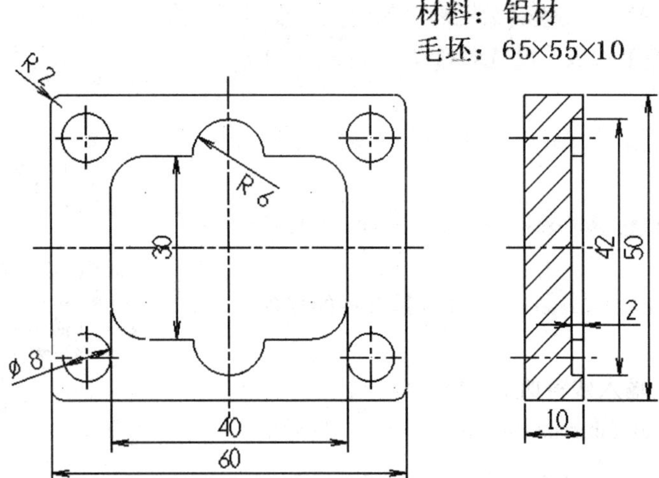

图 13-23　2D 挖槽铣削加工实例

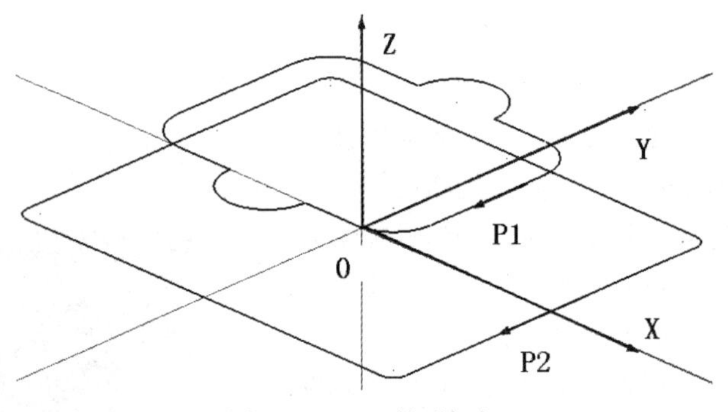

图 13-24　3D 外形框架

1）单击菜单栏中的 Machine Type/Mill/Default 命令，选择机床制造类型。单击系统菜单栏中的 Toolpaths/Pocket 命令，系统提示“选择串连外形”，弹出“Chaining”对话框。在绘图区采用串连方式选择图 13-24 中的 P1 和 P2。单击对话框中的“确定”按钮 ✔，结束串连外形选择。

2）系统弹出图 13-25 所示“2D 挖槽铣削”对话框。在刀具栏空白区内单击鼠标右键，在弹出的菜单中选择“从刀具库选择刀具”Tool manager 命令，系统弹出“刀具库”对话框，选择 ϕ10mm 平铣刀，设置刀具参数。（此过程前节已详述，这里不重复讲述）

3）选择 Linking Parameters 选项，对话框如图 13-26 所示，设置相关参数，挖槽深度 2.0mm。

4）选择 Cut Parameters 选项，进入“2D 挖槽铣削参数”设置对话框，如图 13-27 所示，设置相关参数。选择 Standard“标准挖槽铣削”方式。

5）单击“外形铣削参数”下 Cut Parameters/Depth Cuts 命令，打开“深度分层铣削”设置对话框，如图 13-28 所示，设置相关参数。

6）选择 Roughing 复选框，系统启动“粗加工”方式，设置相关参数选项，如图 13-29 所示。

7）选择 Entry Motion 复选框，系统弹出图 13-30 所示“螺旋 / 斜线下刀参数”设置对话框，设置相关参数。

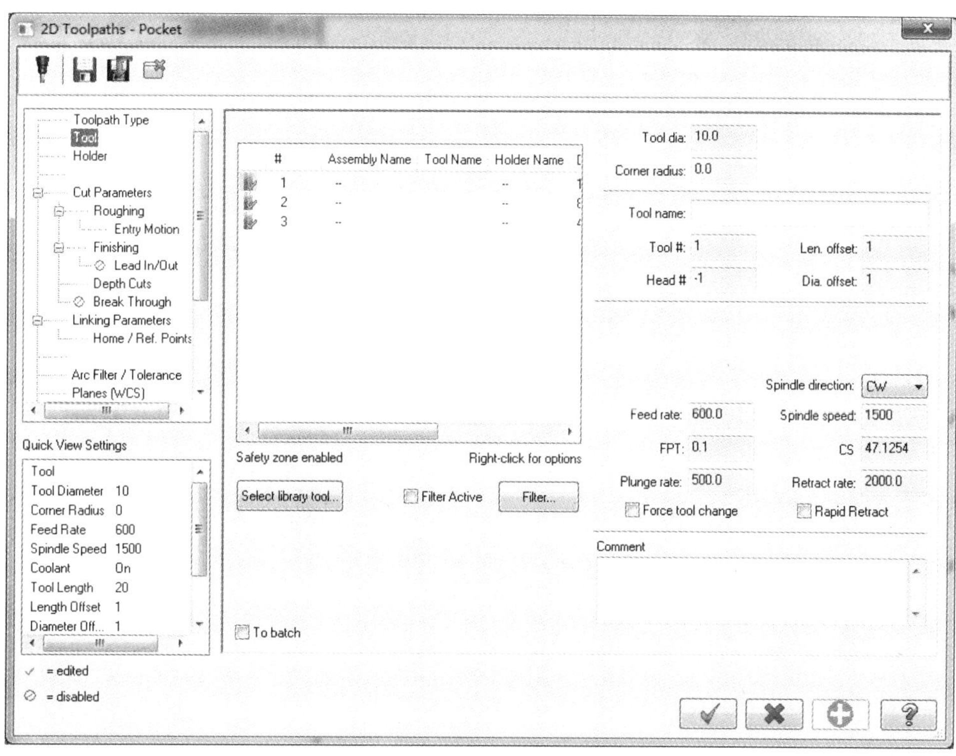

图 13-25　“2D 挖槽铣削”对话框

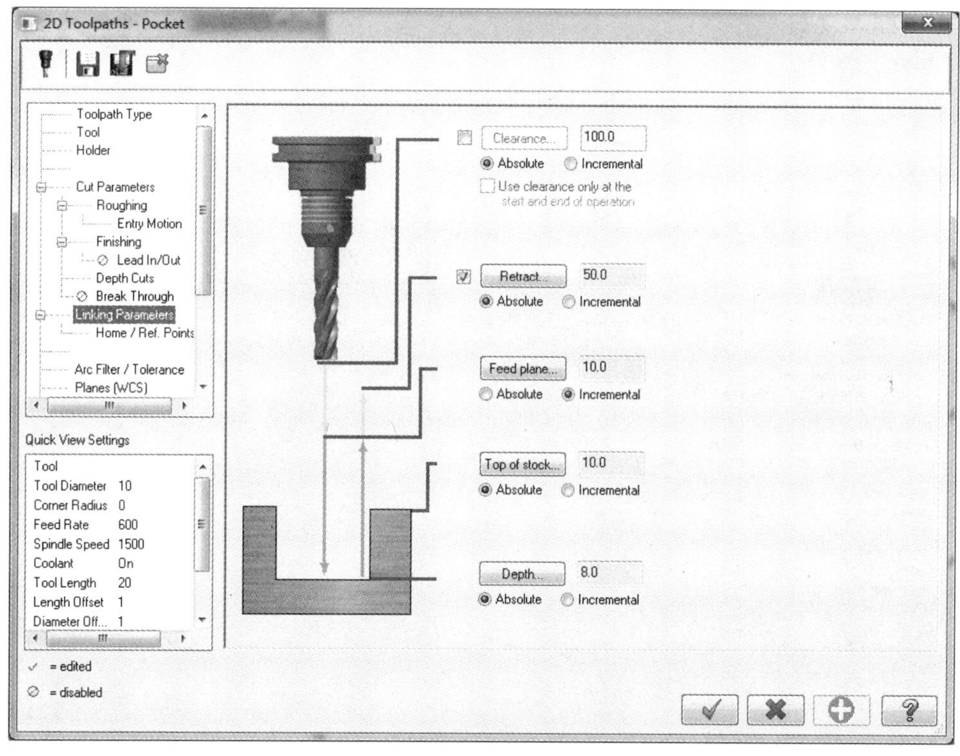

图 13-26　“关联参数”设置对话框

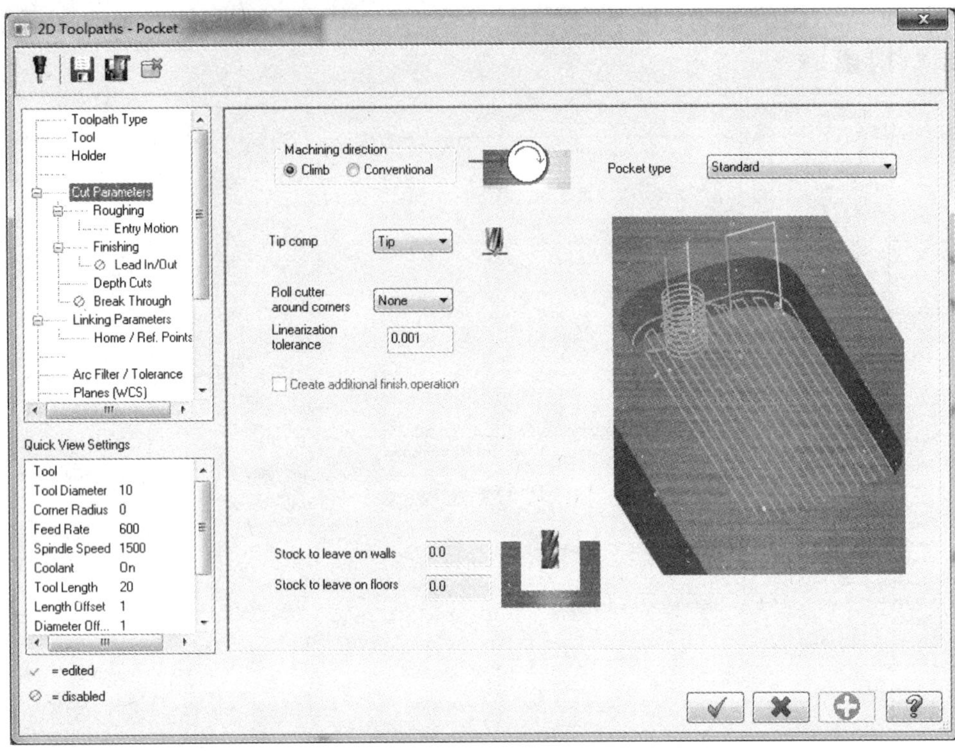

图 13-27 “2D 挖槽铣削参数”设置对话框

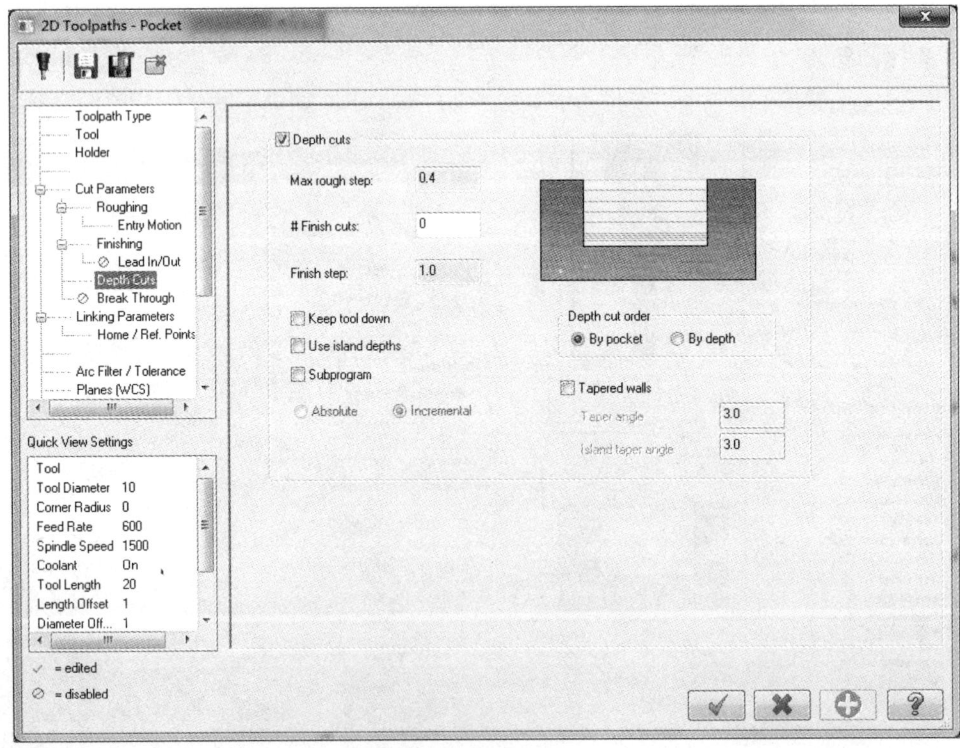

图 13-28 “深度分层铣削”设置对话框

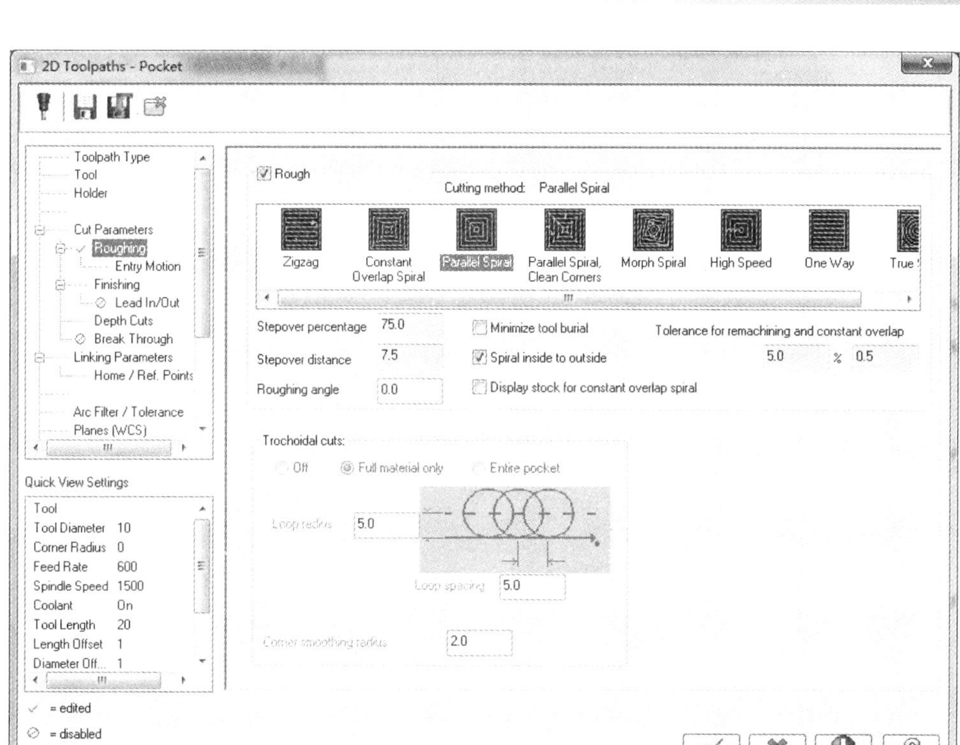

图 13-29　“粗加工参数”设置对话框

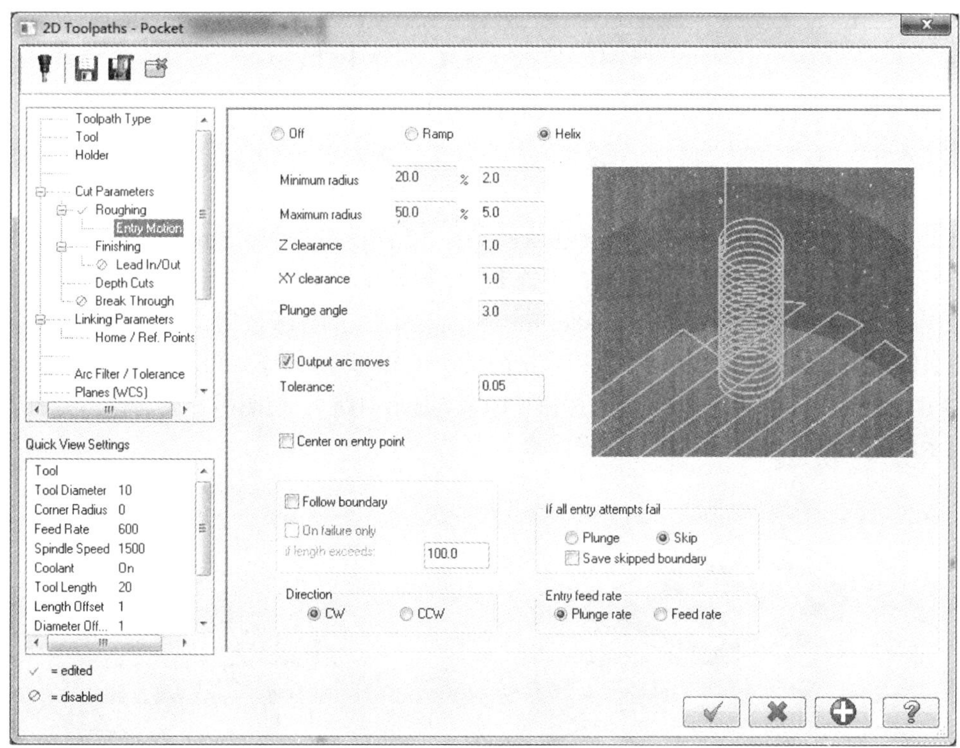

图 13-30　“螺旋 / 斜线下刀参数”设置对话框

8）选择 Finish 复选框，系统启动“精加工”方式，设置相关参数选项，包括精加工次数、精加工量、精加工时机等参数，如图 13-31 所示。

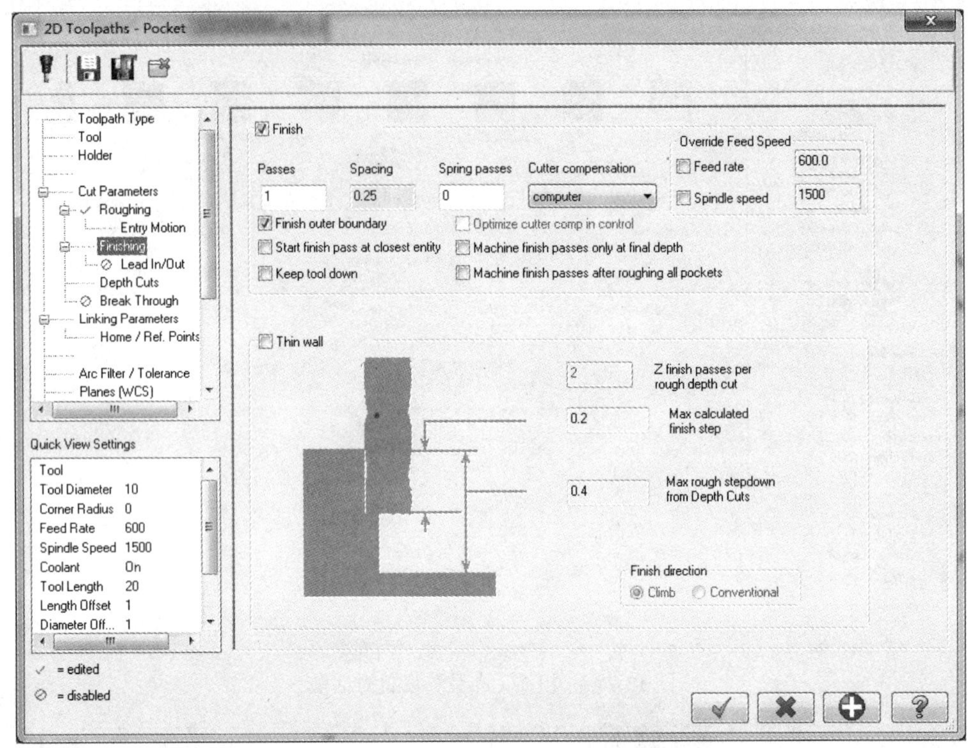

图 13-31 “精加工参数”设置对话框

9）此工序无需设置精加工的导引入 / 导引出方式。

10）单击“2D 挖槽铣削参数”设置对话框中的“确定”按钮，结束挖槽参数设置，产生的刀路如图 13-32 所示。

11）在图 13-33 所示的加工操作管理器中选择“工件设置”命令 Stock Setup，系统弹出图 13-34 所示的“工件参数设置”对话框，设置工件毛坯尺寸。

12）在加工操作管理器中单击“1-Pocket（Standard）”，单击按钮，弹出 Backplot 对话框。单击键盘的〈R〉键，模拟刀路，检查刀具铣削路径有无问题。刀路如图 13-32 所示。

13）在加工操作管理器中单击按钮（隐藏 / 显示刀路），使图标变成灰色，关闭当前的刀路显示。按〈Alt+A〉保存 2D 挖槽零件的文件。

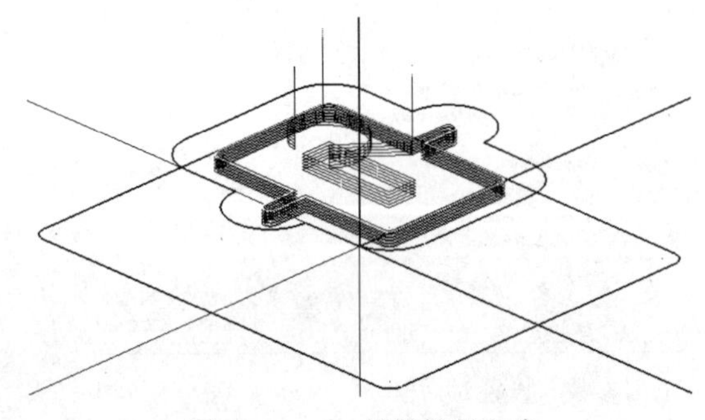

图 13-32 2D 挖槽铣削刀路

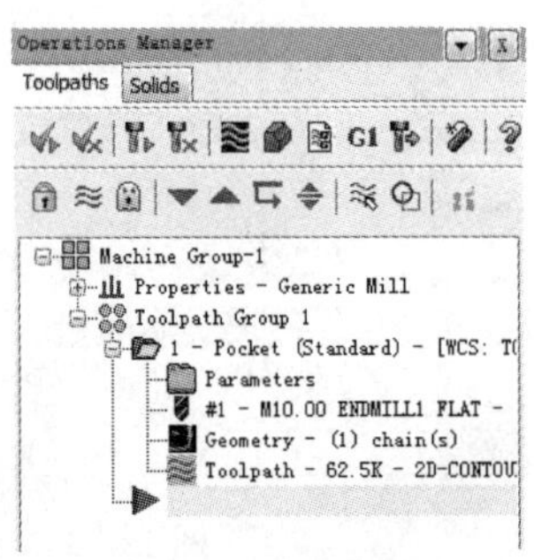

图 13-33 加工操作管理器

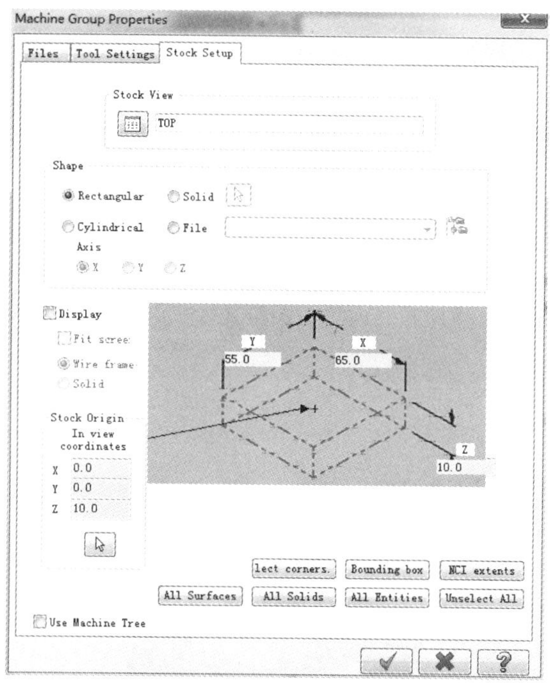

图 13-34　“工件参数设置”对话框

14）在图 13-33 所示的加工操作管理器中单击按钮，选择所有的加工程序，单击按钮，系统弹出 Verify（实体模拟）对话框，单击 ▶ 按钮，完成实体模拟加工。图 13-35 是工件的实体模拟加工效果图。

图 13-35　实体模拟加工效果

15）后处理，产生 CNC 加工程序。当模拟完成，各方面都比较满意时，进入加工操作管理器，依次单击 / G1 按钮，出现 Post Processing 对话框，选择所需的后置处理器，单击 ✔ 按钮，弹出“另存为”对话框，单击“保存”按钮。将所计算的程序输送至数控铣床即可加工。

16）按〈Alt+A〉保存 2D 挖槽零件的文件。

第 14 章 钻孔加工

钻孔加工能在指定的点上产生钻孔、扩孔、镗孔或攻螺纹等刀路，如图 14-1 所示。孔加工通常以点或圆来确定孔加工的位置。

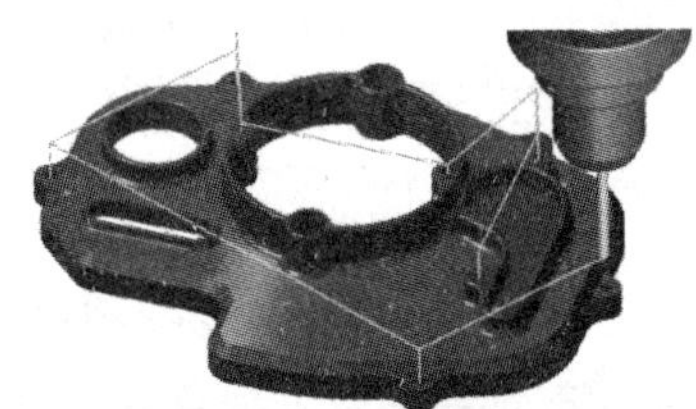

图 14-1 孔加工

14.1 钻孔点的选择方式

14.1.1 进入孔加工刀路

1）绘制图 14-2 所示的图形。单击菜单栏中的 Machine Type/Mill/Default 命令，选择机床制造类型。

2）单击图 14-3 所示菜单栏中的 Toolpaths/Drill 命令。

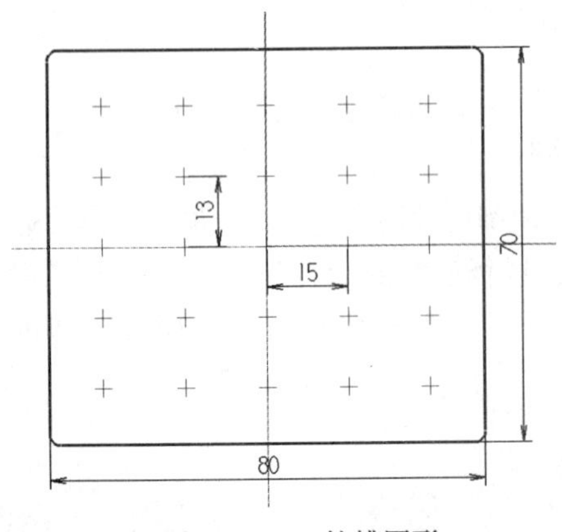

图 14-2 2D 挖槽图形

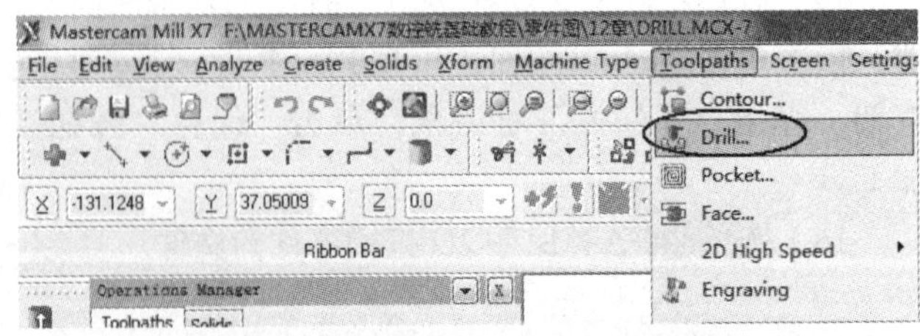

图 14-3 选择“外形铣削”刀路

3）系统首先弹出图 14-4 所示“钻孔点选择”对话框，提供用户设置点的选择方法。

：手动选点。

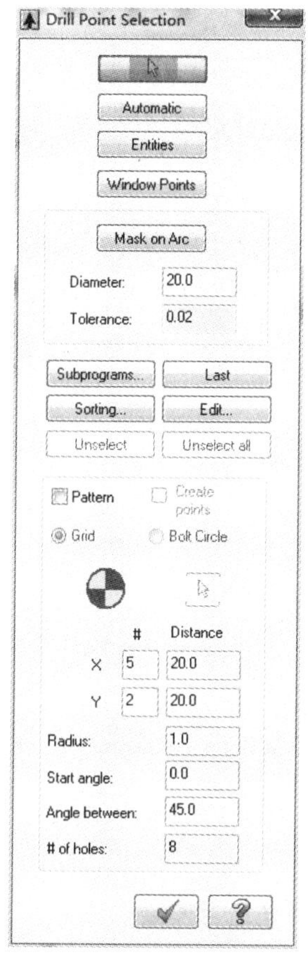

图 14-4　“钻孔点选择”对话框

[Automatic]：自动选点。

[Entities]：以图素端点为钻孔点。

[Window Points]：视窗选点。

[Mask on Arc]：限定圆弧圆心为钻孔点。

Pattern：启动列阵列钻孔点。

Create points：启动列阵列钻孔点的同时，在钻孔位置绘制点。

Bolt Circle：产生圆周阵列钻孔点。

Grid：产生栅格阵列钻孔点。

[选择]：设置阵列放置原点。

14.1.2　手动选点

启动“钻孔加工”命令后，系统首先默认选择方式是“手动选点”，单击[选择]按钮，用户可以选择存在的点，或输入坐标值，或捕捉几何图形的端点、中点、交点、中心点、四周点等来产生钻孔点。单击的顺序就是后面钻孔加工的顺序。

14.1.3　自动选点

单击“钻孔点选择”对话框中的[Automatic]按钮，系统将启动“自动选点”功能，自动选择一系列已经存在的点作为钻孔的中心点。选择该选项后，系统要求用户选择第一点、第二点和最后一点。实际钻孔加工时，这种选择方法并不多用。

14.1.4 图素选点

单击“钻孔点选择”对话框中的 Entities 按钮，系统将启动“图素选点”功能，自动选择所选择几何图形的端点作为钻孔点。选择该选项后，系统要求用户选择几何图形，可按图素的选择方法选择钻孔点。

14.1.5 视窗选点

单击“钻孔点选择”对话框中的 Window Points 按钮，系统将启动“视窗选点”功能，按图14-5的方法框选视窗，自动选择视窗内的点作为钻孔点。图14-6所示为视窗选择所有点后产生的钻孔刀路。

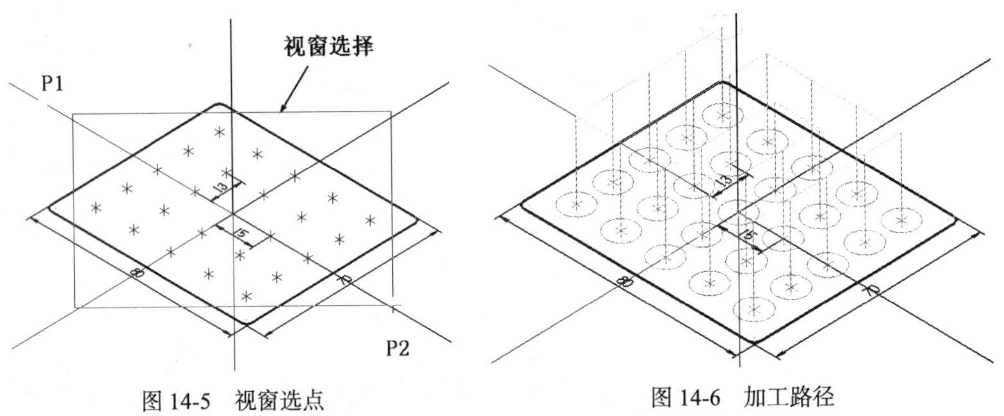

图14-5 视窗选点　　图14-6 加工路径

结束视窗选点后，还可以单击“钻孔点选择”对话框中的 Sorting... 按钮，进行钻孔顺序和花样的设置，孔加工的排列方式如图14-7所示。

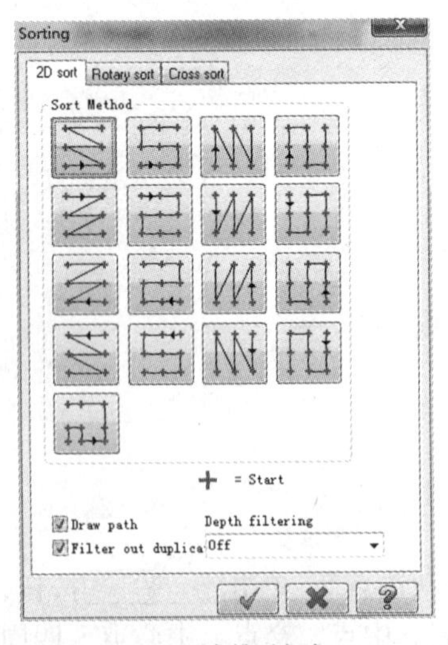

a）2D顺序排列方式

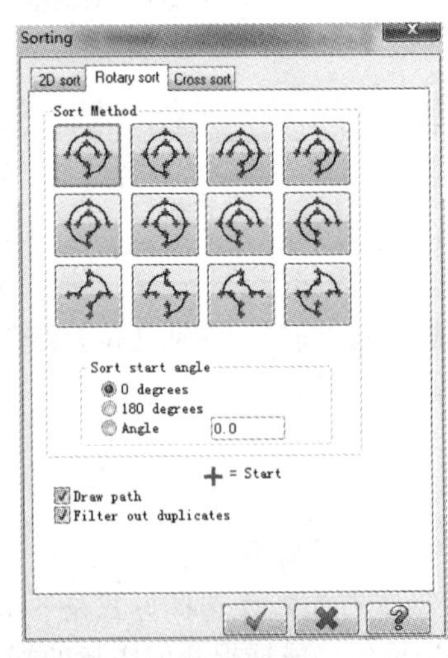

b）圆周排列方式

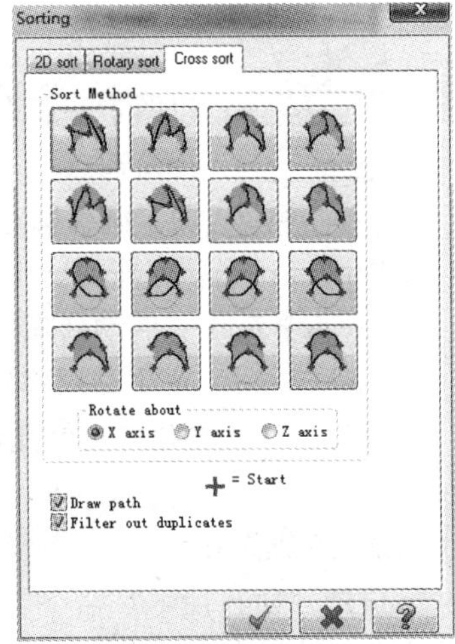

c）交叉排列方式

图14-7 孔加工的排列方式

14.1.6 栅格阵列产生钻孔点

选择“钻孔点选择”对话框中的Pattern和Grid复选框后，在X栏输入钻孔点数目和间距，在Y栏输入钻孔点数目和间距，系统将产生栅格形式的钻孔刀路，如图14-8所示。

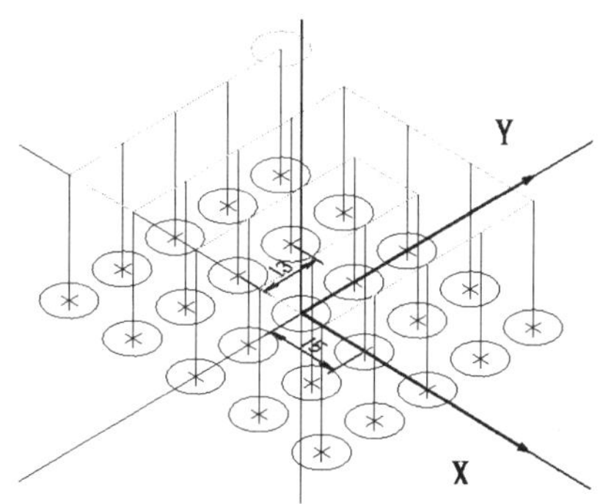

图 14-8　栅格形式的钻孔刀路

14.1.7　圆周阵列产生钻孔点

选择“钻孔点选择”对话框中的 Pattern 和 Bolt Circle 复选框后，在 Radius 栏输入“圆半径”，在 Start angle 栏输入“起始角度”，在 Angle between 栏输入“角度间距”，在 # of holes 栏输入“钻孔点数目”，选择圆心放置点，系统将产生圆周形式的钻孔刀路。

14.2　钻孔参数的设置

14.2.1　钻孔相关参数的设置

1）选择好孔加工点后，系统弹出图 14-9 所示“钻孔加工”对话框，在刀具栏空白区内单击鼠标右键，在弹出的菜单中选择“从刀具库选择刀具”Tool manager 命令，系统弹出刀具库对话框，选择 ϕ8mm 麻花钻，设置钻头的参数。（此过程前面已详述，这里不重复讲述）

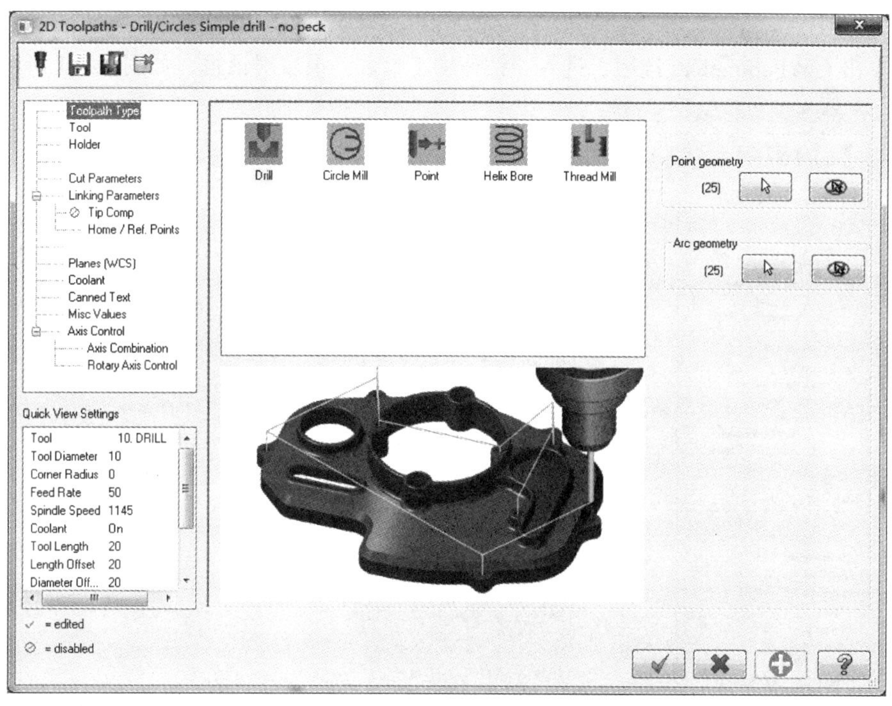

图 14-9　“钻孔加工”对话框

2）同 2D 挖槽铣削加工一样，除了要设置“刀具参数”Toolpath Parameters 外，还要设置

“关联参数” Linking Parameters。选择 Linking Parameters 选项，对话框如图 14-10 所示。

3）Top of stock（钻孔加工零件表面）的设置采用绝对坐标，取“10.0”；Depth（钻孔加工结束最后深度）的设置也采用绝对坐标，“取 -5.0”；钻孔深度为“-15.0”。

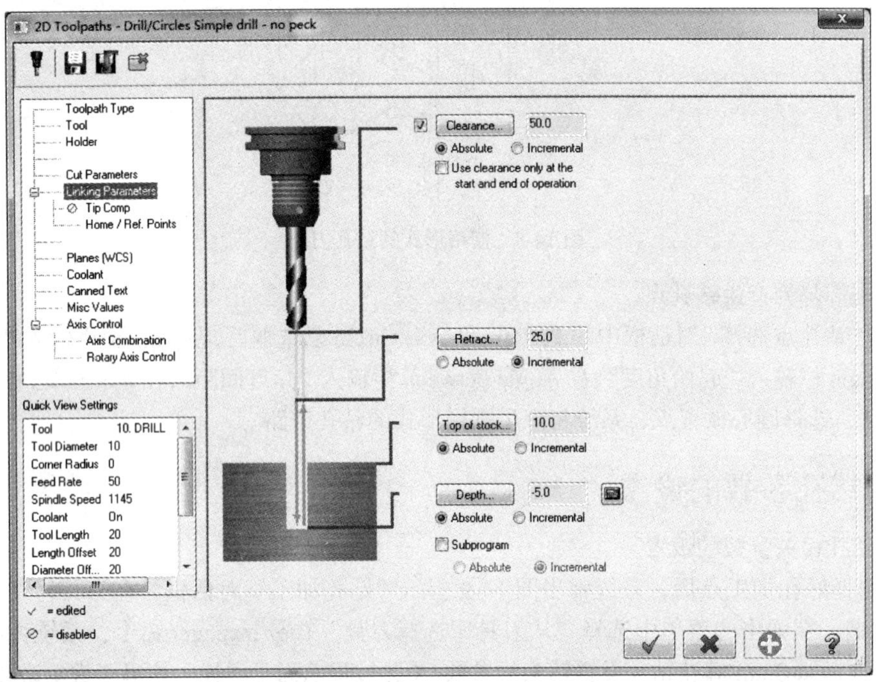

图 14-10 “关联参数”设置对话框

4）单击 Cut Parameters 选项，进入“钻孔加工参数”设置对话框，如图 14-11 所示。

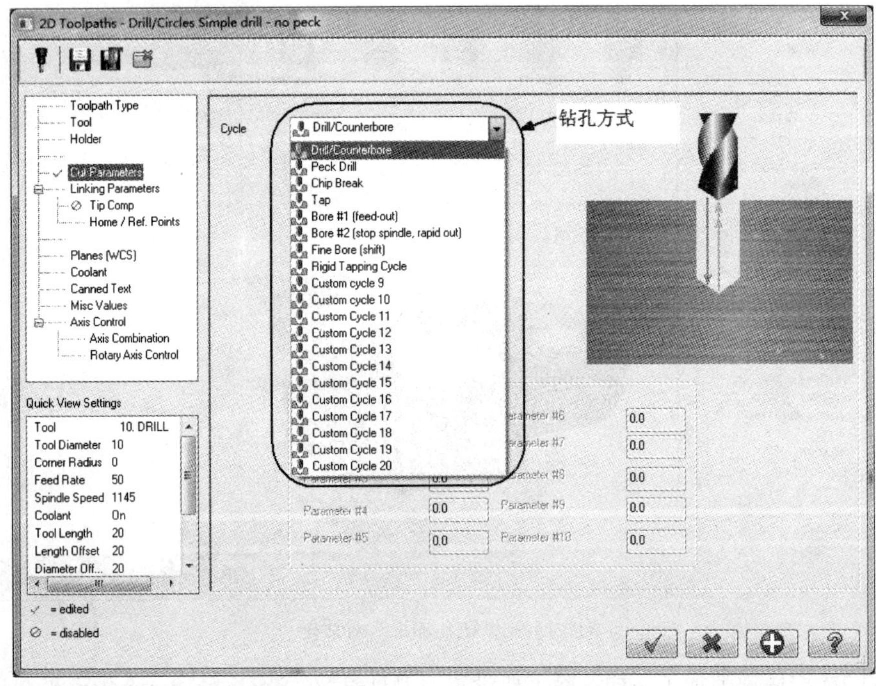

图 14-11 “钻孔加工参数”设置对话框

14.2.2 钻孔方式及应用场合

Mastercam 系统提供了 9 种钻孔方式供用户选择，如图 14-11 所示。

1. Drill/Counterbore（标准钻孔）

“标准钻孔”Drill/Counterbore 方式主要用于钻削孔的深度小于 3 倍钻头直径的孔，或者用于镗沉头孔，其加工工作方式如图 14-12 所示。

加工过程如下。

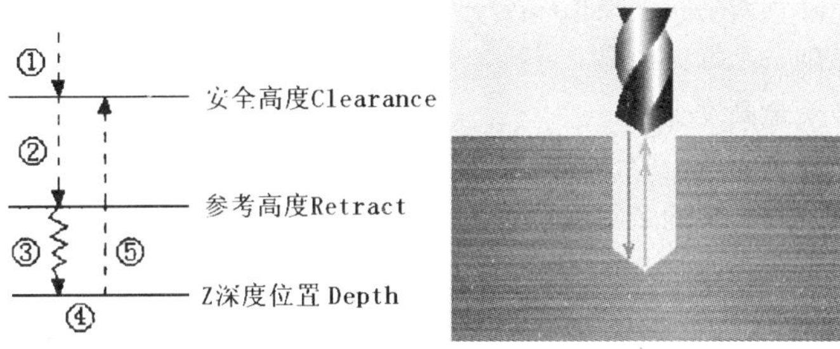

图 14-12 标准钻孔方式

① 钻头快速移动到孔中心的安全高度。

② 钻头快速下降到参考高度。

③ 以给定速度钻削到设置的 Z 深度位置。

④ 钻头在孔底停留一定时间，以便充分钻削。

⑤ 钻头快速返回至参考高度或安全高度。

采用“标准钻孔”Drill/Counterbore 方式进行钻孔时，用户可以在 Dwell 栏输入钻头在孔底的停留时间。

2. Peck Drill（深孔啄钻）

“深孔啄钻”Peck Drill 方式主要用于钻削孔的深度大于 3 倍钻头直径的孔，特别适用于不易排屑的情况，其工作方式如图 14-13 所示。

采用“深孔啄钻”Peck Drill 方式进行钻孔时，需要设置以下几个参数。

1）1st peck：第一次的啄钻深度。

2）Subsequent peck：以后每次的啄钻深度。

3）Peck clearance：啄钻安全间隙，即第二次啄钻前钻头离上一个啄钻位置的安全距离，如图 14-13 所示。

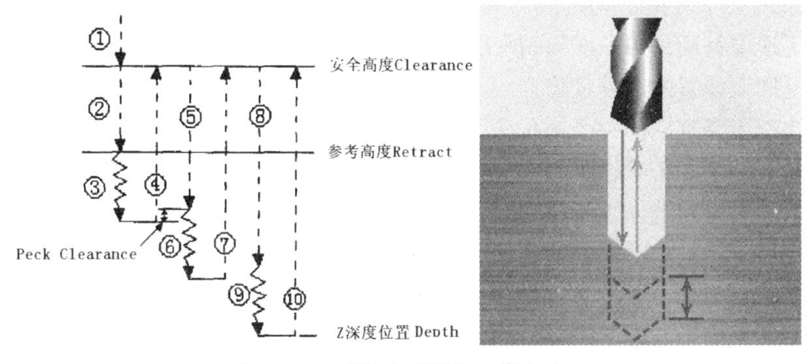

图 14-13 “深孔啄钻”工作方式

4）Dwell：此栏输入钻头在最后深度即孔底的停留时间。

加工过程如下。

① 钻头快速移动到孔中心的安全高度。

② 钻头快速下降到参考高度。

③ 以给定速度钻削到第一次啄钻深度位置。

④ 快速返回至安全高度。

⑤ 钻头快速下降到离前一个钻孔深度一个啄钻深度的位置。

⑥ 钻头向下钻削一个啄钻距离。

⑦ 快速返回至安全高度。

⑧ 钻头快速下降到离前一个钻孔深度一个啄钻间隙的位置。

⑨ 钻头向下钻削到设置的 Z 深度位置（钻削到 Z 深度位置可能还有循环）。

⑩ 快速返回至安全高度。

3. Chip Break（断层式钻孔）

“断层式钻孔”Chip Break 方式也用于钻削孔的深度大于 3 倍钻头直径的孔，与深孔啄钻的不同之处在于钻头不需要退回到安全高度或参考高度，而只需要回缩少量的高度，这样可以减少钻孔时间，但其排屑能力不如深孔啄钻，其工作方式如图 14-14 所示。

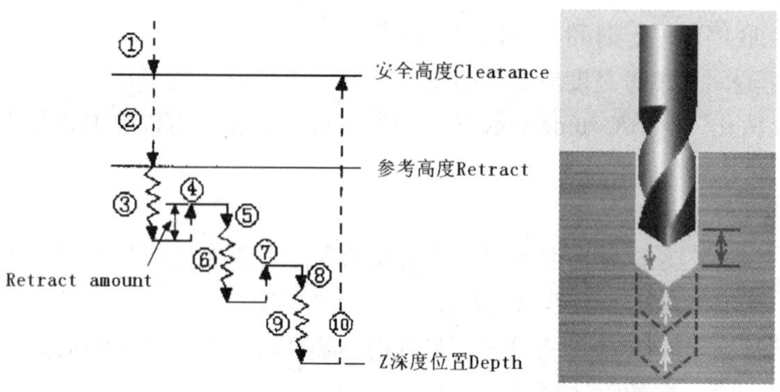

图 14-14 “断层式钻孔”工作方式

加工过程如下。

① 钻头快速移动到孔中心的安全高度。

② 钻头快速下降到参考高度。

③ 以给定速度钻削到第一次啄钻深度位置。

④ 快速返回至设置的回缩量位置。

⑤ 钻头快速下降到离前一个钻孔深度一个啄钻间隙的位置。

⑥ 钻头向下钻削一个啄钻距离。

⑦ 快速返回至设置的回缩量位置。

⑧ 钻头快速下降到离前一个钻孔深度一个啄钻间隙的位置。

⑨ 钻头向下钻削到设置的 Z 深度位置（钻削到 Z 深度位置前可能还有循环）。

⑩ 快速返回至安全高度。

采用“断层式钻孔”Chip Break 方式进行钻孔时，还需要设置以下参数。

Retract amount：此栏输入啄钻的回缩量，如图 14-14 所示。

4. Tap（攻螺纹）

“攻螺纹”Tap 方式主要用于攻左旋或右旋内螺纹，其加工过程如图 14-15 所示。

5. Bore#1（镗孔）

“镗孔”Bore#1 方式以设置的进给速度进刀到孔底，然后又以设置的进给速度退刀到孔表面（即对孔进行两次镗削），因此，能产生光滑的镗孔效果。其加工过程如图 14-16 所示。

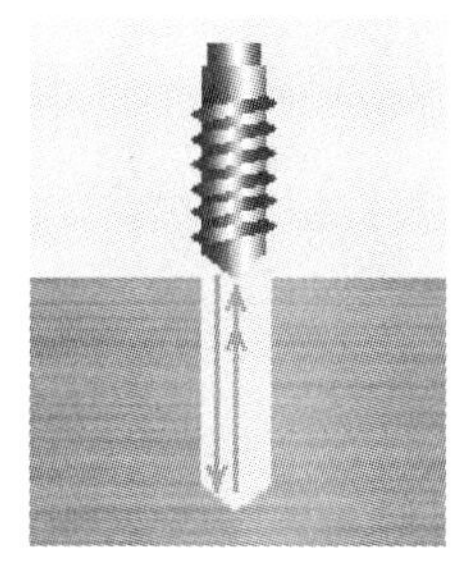

图 14-15　攻螺纹加工过程

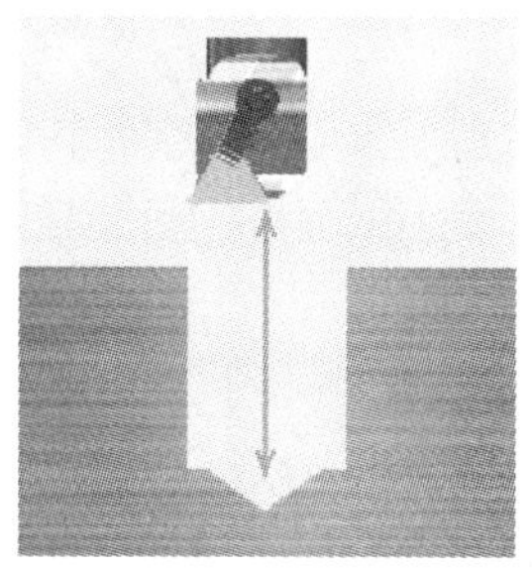

图 14-16　镗孔 Bore#1 加工过程

6. Bore#2（镗孔）

“镗孔”Bore#2 方式以设置的进给速度进刀到孔底，然后主轴停止旋转并快速退刀（即只对孔进行一次镗削），所以其产生的镗孔效果较镗孔 Bore#1 的方式差些，其加工过程如图 14-17 所示。

7. Fine Bore（shift）（高级镗孔）

“高级镗孔”Fine Bore（shift）方式以设置的进给速度进刀到孔底，然后主轴停止旋转并将刀具旋转一定角度，使刀具离开孔壁（注意在快速退刀时避免刀具划伤孔壁），然后快速退刀。其加工过程如图 14-18 所示。

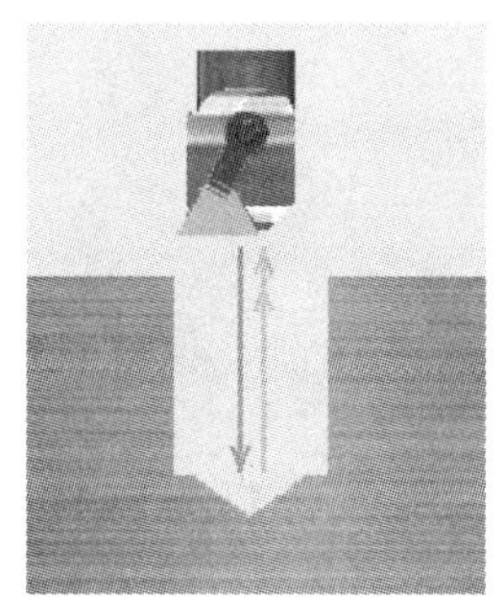

图 14-17　镗孔 Bore#2 加工过程

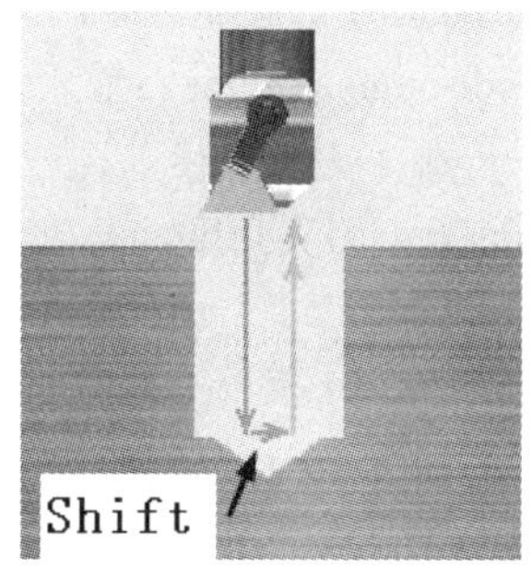

图 14-18　高级镗孔加工过程

采用此方式进行镗孔时，需要在 Shift 栏输入快速退刀时刀具离开孔壁的距离。

8. 自定义钻孔方式

“自定义钻孔”方式包括 Custom cycle 9 ~ 20 共 12 种自定义钻孔方式。

14.2.3　刀尖补偿

在利用 Mastercam　X7 的钻孔功能进行钻孔时，用户在 Depth... 栏输入的钻孔深度指刀尖的深度，在钻削通孔时若设置的钻孔深度与材料厚度相同，会导致在孔底留有残料，利用刀尖补偿功能则能很好地解决此问题。

在“钻孔加工参数”设置对话框中单击 Tip Comp 复选框，打开“刀尖补偿”对话框，如图 14-19 所示。

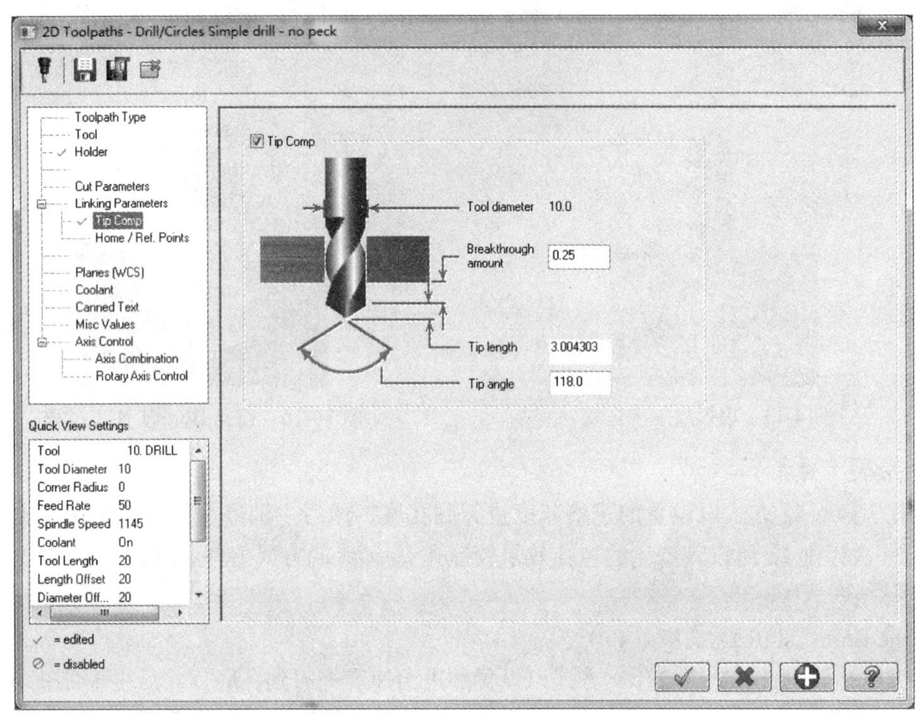

图 14-19 “刀尖补偿”对话框

若不设置刀尖补偿，直接在 Depth... 栏的设置时考虑到这个问题，也是异曲同工的。

1）Tool diameter：显示所采用的钻头直径。

2）Breakthrough amount：输入钻头的贯穿距离。

3）Tip length：刀夹长度。

4）Tip angle：刀夹角度。

14.3 钻孔加工实例

编程钻孔加工图 14-20 所示工件的 4 个 ф8mm 孔。零件材料为铝材，毛坯尺寸为 65mm × 55mm × 10mm，用台虎钳装夹，装夹高度为 5mm，底部垫铁注意避空要钻孔的位置。实际编程钻孔加工时，应先钻中心孔。本部分简化了加工程序，没有安排工序钻中心孔，请读者注意。

前例中，已绘制好工件的 3D 外形框架，进一步绘制好 4 个 ф8mm 孔，如图 14-21 所示。X、Y 方向分中绘制，Z 方向的 0 点在零件的底部，3 个主要外形框架的 Z 方向示意如图 14-21 所示。

选取 ф8mm 麻花钻，采用“深孔啄钻”Peck Drill 刀路进行钻孔加工。

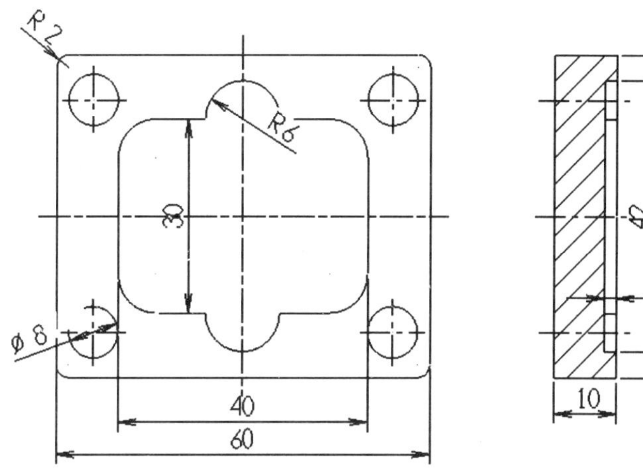

图 14-20　2D 挖槽铣削加工实例

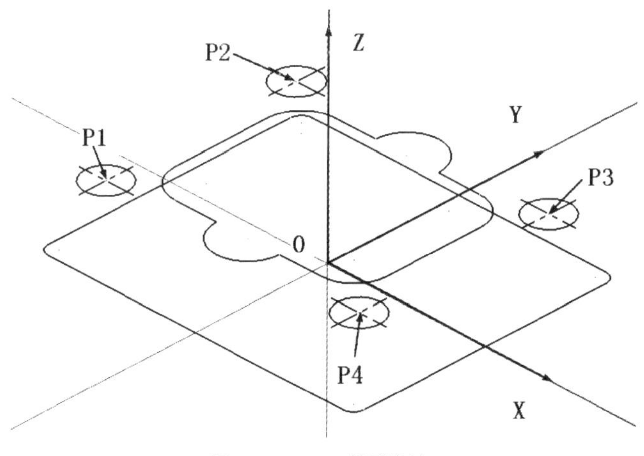

图 14-21　3D 外形框架

1）单击菜单栏中的 Machine Type/Mill/Default 命令，选择机床制造类型。单击菜单栏中的“Toolpaths/Drill”命令，系统首先弹出图 14-22 所示“钻孔点选择”对话框，单击按钮，用手动方式选择存在的点，依次选择图 14-21 中的 P1、P2、P3 和 P4。单击的顺序就是后面钻孔加工的顺序。单击对话框中的“确定”按钮，结束钻孔点的选择。

2）系统弹出图 14-23 所示“钻孔加工”对话框。在刀具栏空白区内单击鼠标右键，在弹出的菜单中选择“从刀具库选择刀具”Tool manager 命令，系统弹出刀具库对话框，选择 ϕ8mm 麻花钻，设置钻头的参数（此过程前面已详述，这里不重复讲述）。

3）单击 Linking Parameters 选项，对话框如图 14-24 所示，设置相关参数，钻孔深度为“11.0”。

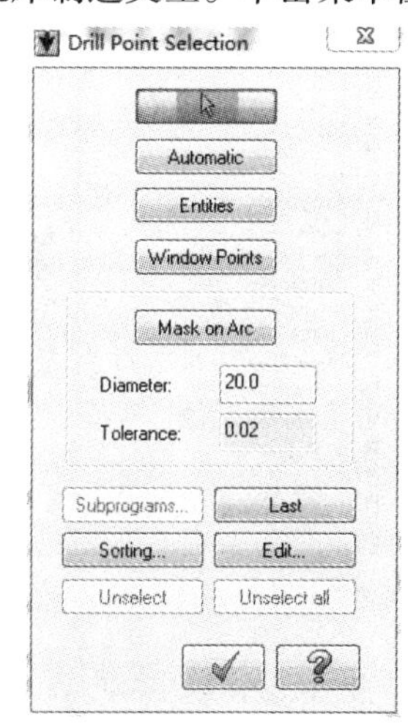

图 14-22　“钻孔点选择”对话框

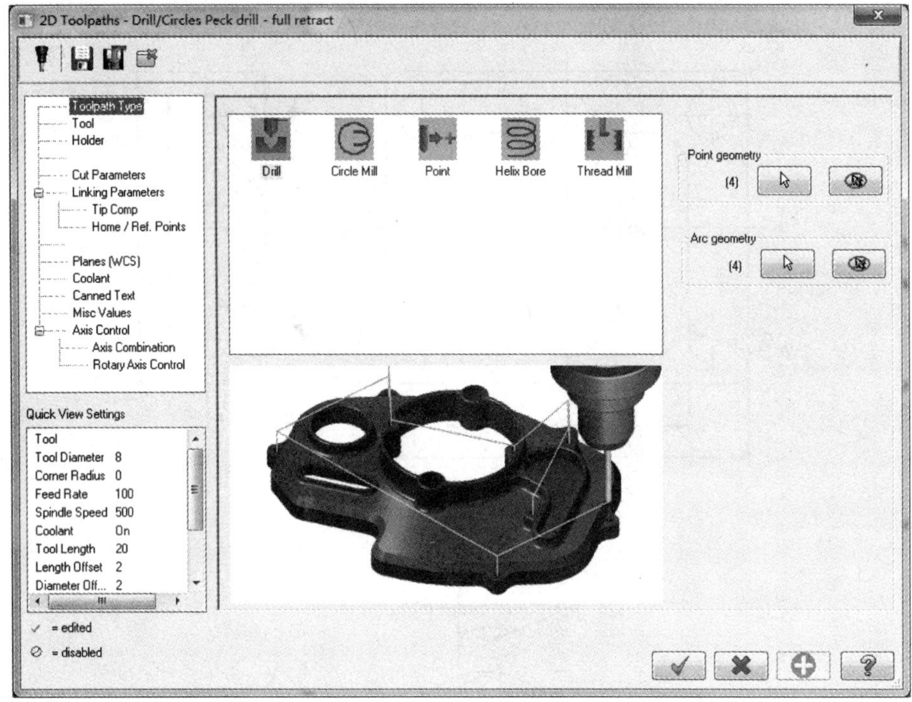

图 14-23 “钻孔加工”对话框

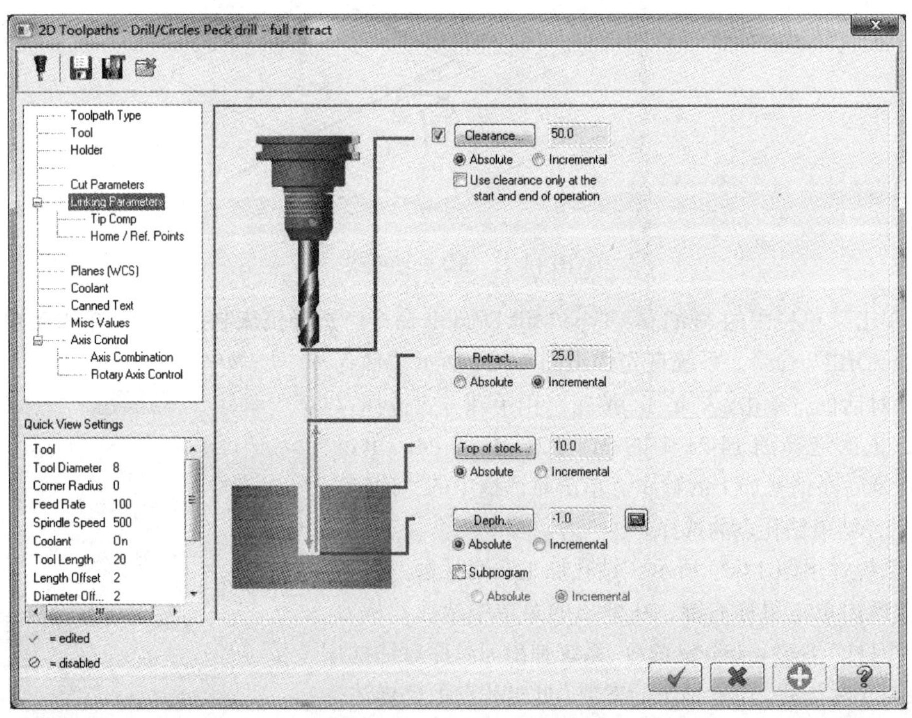

图 14-24 “关联参数”对话框

4）单击 Cut Parameters 选项，进入“钻孔加工参数”对话框，如图 14-25 所示，设置相关参数。选择深孔啄钻 Peck Drill 钻孔加工方式。

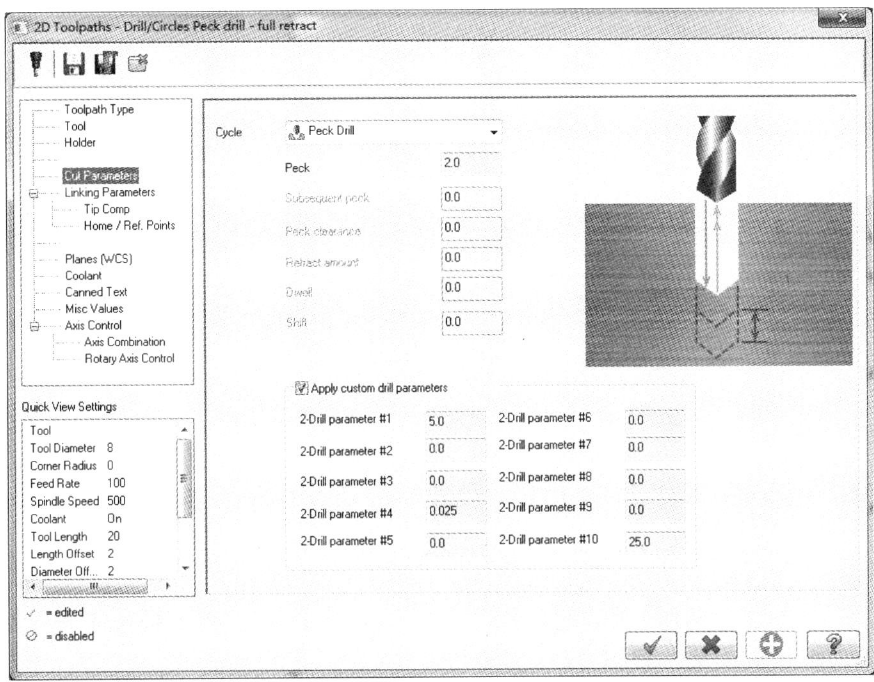

图 14-25　“钻孔加工参数”对话框

5）在“钻孔加工参数”对话框中单击 Tip Comp 复选框，打开“刀尖补偿”对话框，如图 14-26 所示，设置相关参数。

6）单击“钻孔加工参数”设置对话框中的“确定”按钮 ✓，结束钻孔参数设置，产生的刀路如图 14-27 所示。

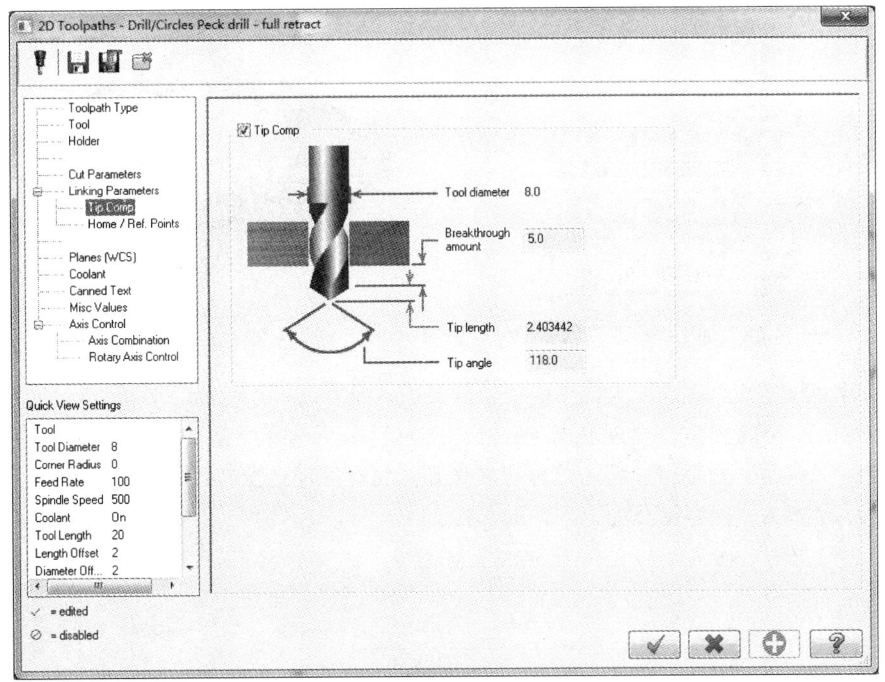

图 14-26　“刀尖补偿”对话框

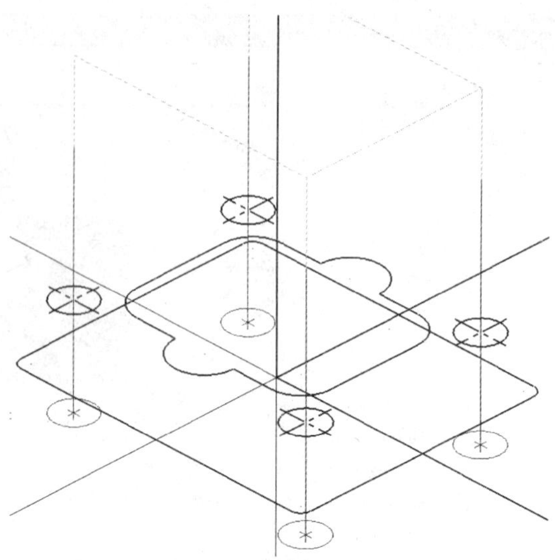

图 14-27　钻孔加工刀路

7）在图 14-28 所示的加工操作管理器中单击“1-Peck Drill”，单击按钮，弹出 Backplot 对话框。单击键盘〈R〉键，模拟刀路，检查刀具铣削路径有无问题。

8）在加工操作管理器中单击按钮（隐藏 / 显示刀路），使图标变成灰色，关闭当前的刀路显示。按〈Alt+A〉保存钻孔加工零件的文件。

9）在图 14-28 所示的加工操作管理器中单击按钮，选择所有的加工程序，单击按钮，系统弹出 Verify（实体模拟）对话框，单击按钮，完成实体模拟加工。图 14-29 是工件的实体模拟加工效果图。

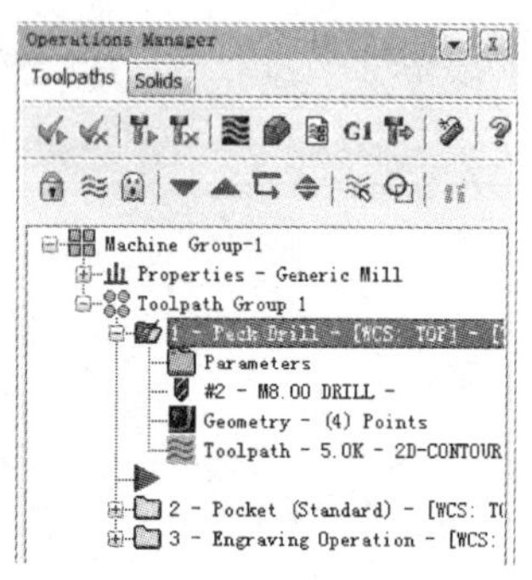

图 14-28　加工操作管理器

图 14-29　实体模拟加工效果

10）后处理，产生 CNC 加工程序。当模拟完成，各方面都比较满意时，进入加工操作管理器，依次单击 / G1按钮，出现 Post Processing 对话框，选择所需的后置处理器，单击按钮，弹出“另存为”对话框，单击“保存”按钮，将程序输送至数控铣床即可加工。

11）按〈Alt+A〉保存钻孔加工零件的文件。

第 15 章 其他 2D 加工方法

Mastercam X7 还有很多种 2D 加工刀路，常用的有雕刻加工、线框加工、刀路编辑等。而全圆铣削、螺旋铣削、自动钻孔、键槽铣削、螺旋钻孔等刀路，在塑料模具加工中并不常用。下面重点介绍常用的几种刀路，读者掌握了常用的 2D 加工刀路，若用到其他未使用过的刀路时，通过变通也能很快上手。

15.1 雕刻加工

雕刻加工是加工常用的加工方法，一般用来加工标牌或文字。如图 15-1 所示，雕刻加工的命令是 Toolpaths/Engraving。通常采用雕刻刀或锥度刀，刀具直径小，要转速高，下刀时选用螺旋或斜向下刀。下面以一雕刻加工实例具体说明。

1）绘制图 15-2 所示的零件图形，采用“True Type（Arial）Font”字体，字体的高度为 15mm，居中水平放置。单击菜单栏中的 Machine Type/Mill/Default 命令，选择机床制造类型。

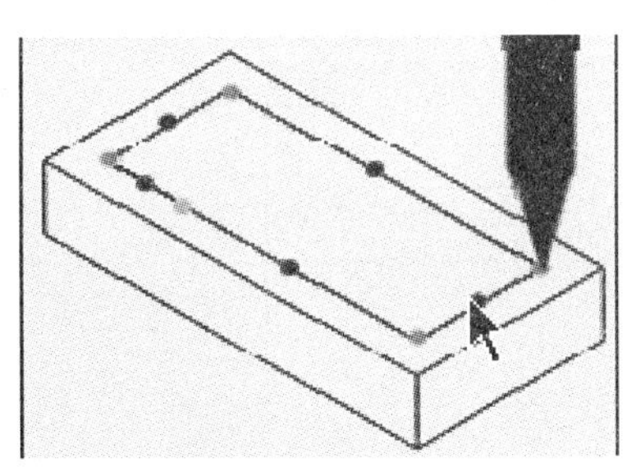

图 15-1　雕刻加工

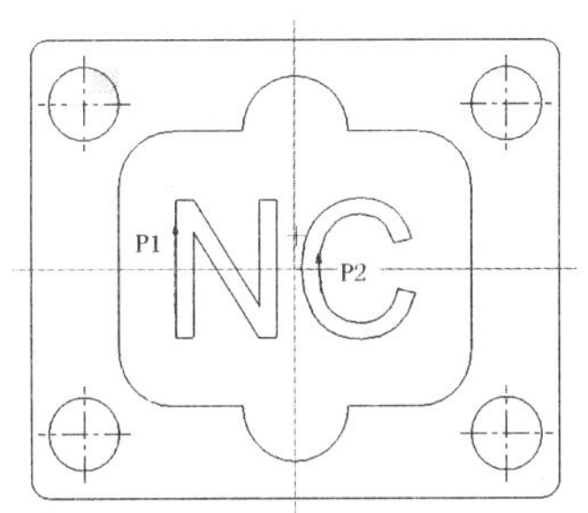

图 15-2　雕刻加工零件图形

2）单击菜单栏中的 Toolpaths/Engraving 命令，如图 15-3 所示。

3）系统提示“选择串连外形”，系统弹出 Chaining 对话框，在绘图区采用串连方式选取雕刻轮廓线，如图 15-2 中所示的 P1 和 P2。单击对话框中的“确定”按钮 ✔，结束串连外形选择。

4）系统弹出 Engraving 对话框，在刀具状态栏内单击鼠标右键，在弹出的快捷菜单中选择 Create new tool“创建新刀具”命令，弹出 Define Tool“刀具定义”对话框。选择“刀具类型”为 Taper Mill“锥度倒角刀”，系统自动转到 Chamfer mill“锥度铣刀几何”选项卡中，设置刀号和刀具几何尺寸，设置完毕后选择 Parameters“参数”选项卡，设置刀具参数如图 15-4 和图 15-5 所示，设置完毕后单击 ✔ 按钮。

图 15-3 选择“雕刻加工”对话框

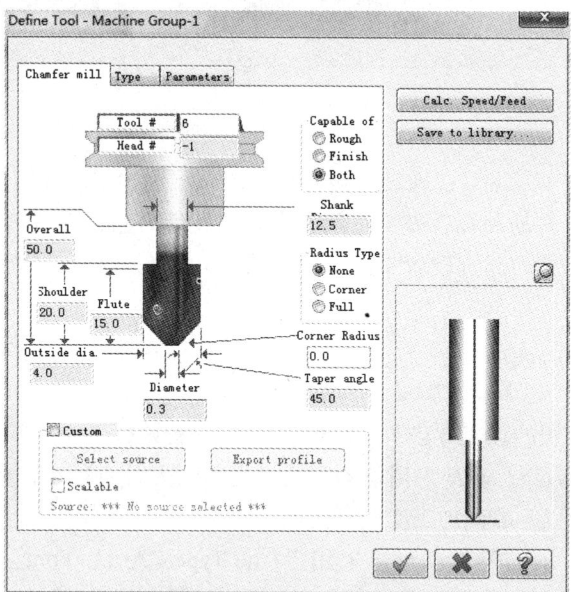

图 15-4 “锥度铣刀几何”选项卡

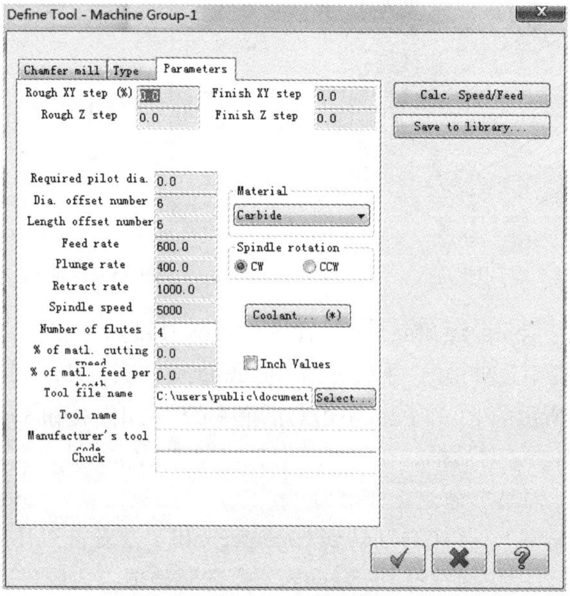

图 15-5 “锥度铣刀参数”选项卡

5）在刀具状态栏内单击创建的刀具，将设置的刀具参数传递到刀路参数栏内，“雕刻刀具参数”设置对话框中的参数设置同前面的加工刀路。

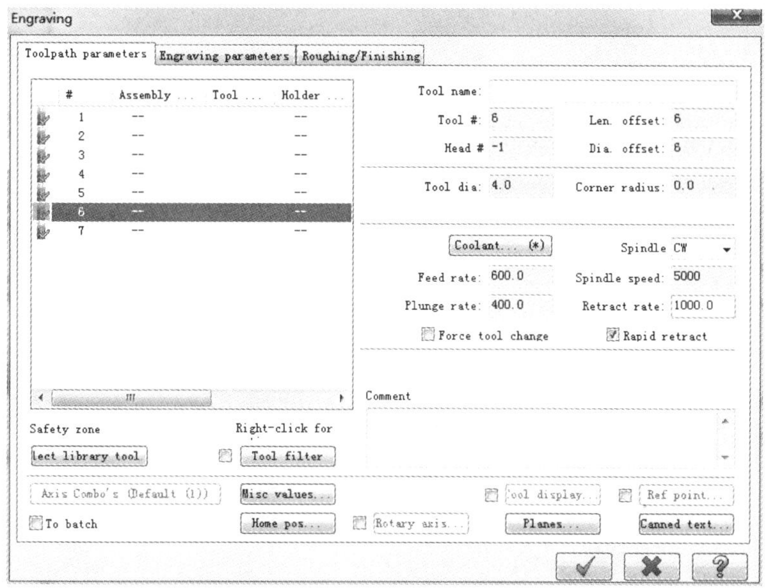

图 15-6　“雕刻刀具参数”设置对话框

6）选择 Engraving parameters 选项卡，设置雕刻参数，如图 15-7 所示。

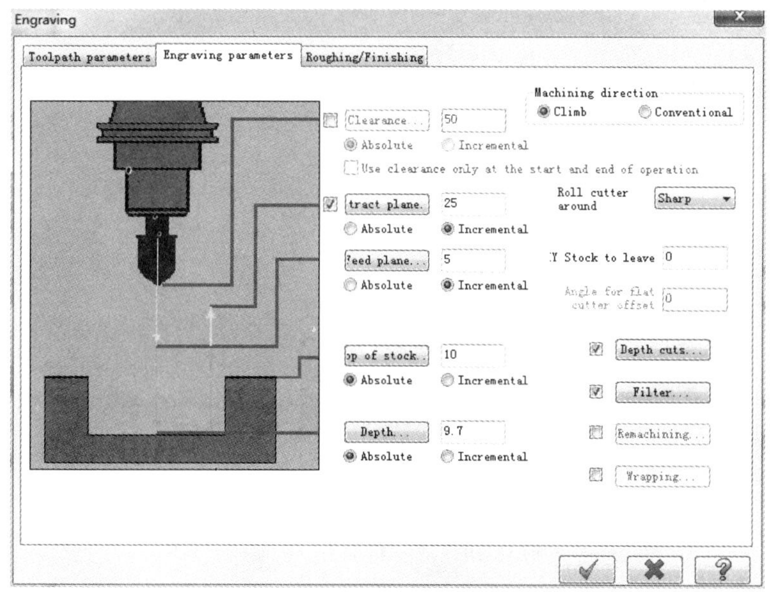

图 15-7　“雕刻参数”选项卡对话框

① 单击 Depth cuts“深度切削分层”按钮，弹出 Depth cuts 对话框，如图 15-8 所示。各选项含义如下。

#of cuts：指深度切削次数。

equal depth cuts：单选此按钮，则深度分层切削依据平均深度。

constant volume depth cuts：单选按钮，则深度分层依据平均切削体积。

② 单击 Remachining 按钮，系统弹出“残料式雕刻加工”对话框，如图 15-9 所示。各选项含义如下。

Previous operation：剩余残料计算源于上一个操作剩余的残料。

Roughing tool：根据文本框内输入的刀具直径几何参数计算残料。

Finish after remachining：在残料粗加工后进行精加工。

7）选择 Roughing/Finishing 选项卡，系统弹出 Roughing/Finishing “粗 / 精加工”选项卡，设置粗 / 精加工参数，如图 15-10 所示。

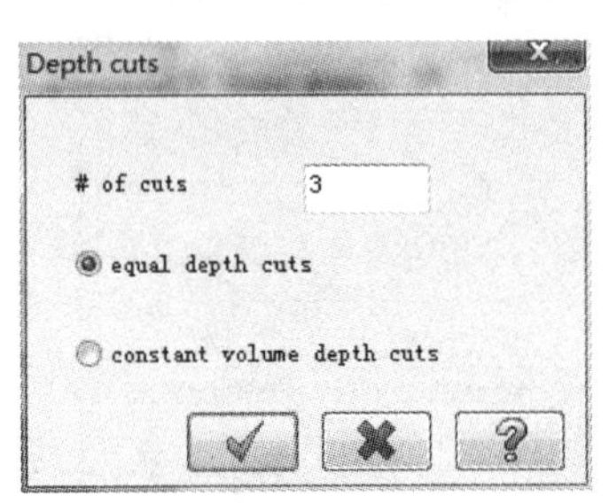

图 15-8 “深度切削分层”对话框

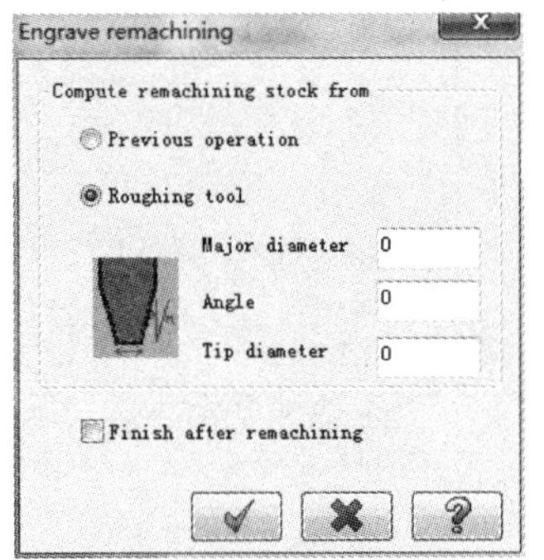

图 15-9 “残料式雕刻加工”对话框

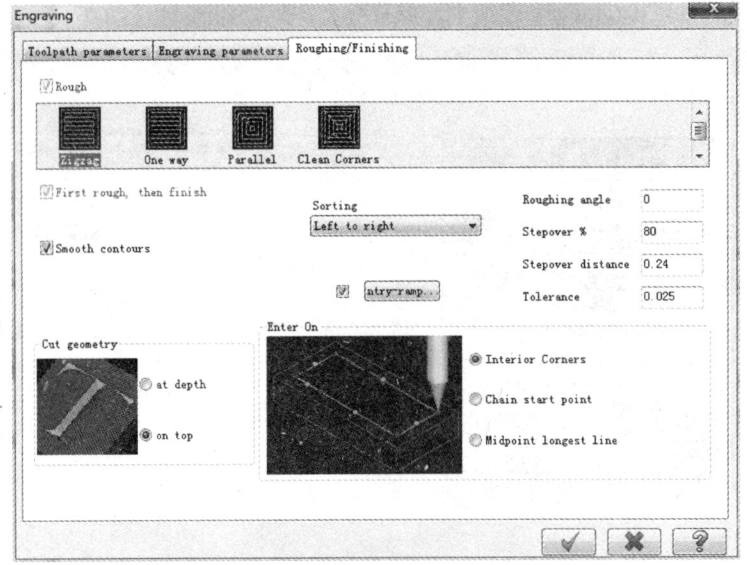

图 15-10 “粗 / 精加工”选项卡

① 单击 Entry-ramp “倾斜下刀”按钮，系统弹出 Entry-ramp “倾斜下刀”对话框，如图 15-11 所示。此工序将“下刀倾斜角度”设置为“30”，设置完毕后单击 ✓ 按钮。

② Cut geometry “加工几何图素”要求有两个选项内容需要设置，分别为 at depth “保证加工深度”和 on top “保证几何图素尺寸”两种。如图 15-10 中所示，因为雕刻加工使用的刀具为锥度刀，顶部和底部字体尺寸不一样，加工时需要选择一个必须保证的加工要素。

8）单击“雕刻加工参数”设置对话框中的“确定”按钮 ✓，结束雕刻参数设置，产生的刀路如图 15-12 所示。

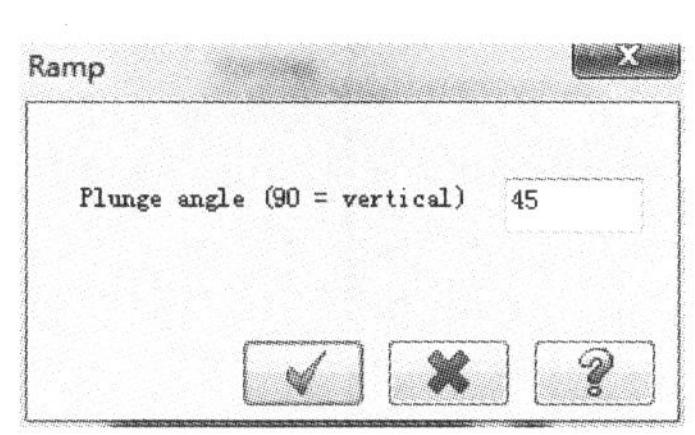

图 15-11　“倾斜下刀”对话框

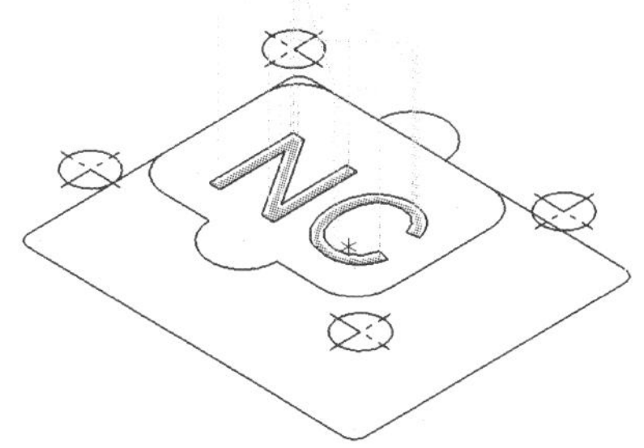

图 15-12　雕刻加工刀路

9）在图 15-13 所示的加工操作管理器中单击“3-Engraving Operation”，单击按钮，弹出 Backplot 对话框。单击键盘的〈R〉键，模拟刀路，检查刀具铣削路径有无问题。

10）在操作管理器中单击按钮（隐藏 / 显示刀路），使图标变成灰色，关闭当前的刀路显示。按〈Alt+A〉保存零件的文件。

11）在加工操作管理器图中单击，选择所有的加工程序，单击按钮，系统弹出 Verify（实体模拟）对话框，单击按钮，完成实体模拟加工。图 15-14 是工件的实体模拟加工效果图。

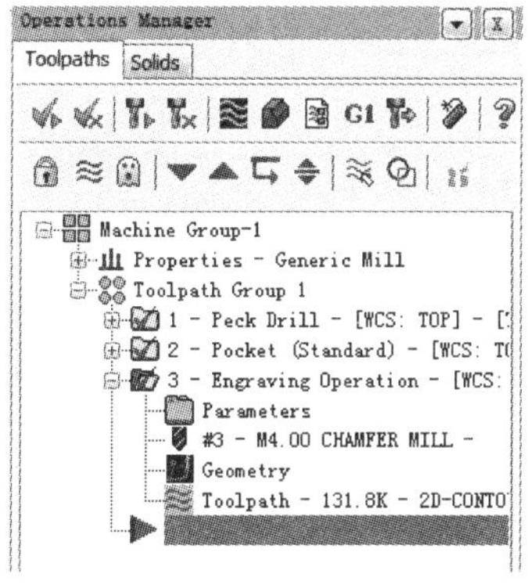

图 15-13　加工操作管理器

图 15-14　实体模拟加工效果

12）后处理，产生 CNC 加工程序。当模拟完成，各方面都比较满意时，进入加工操作管理器，依次单击 / G1按钮，出现 Post Processing 对话框，选择所需的后置处理器，单击按钮，弹出“另存为”对话框，单击“保存”按钮，将所计算的程序输送至数控铣床即可加工。

13）按〈Alt+A〉保存零件的文件。

15.2　线架加工

在 Mastercam 早期的版本中，考虑到当时计算机硬件和软件的限制，产生 3D 曲面程序费时太多，所以选择以线架模型做 3D 曲面加工。直至今日，虽然已经没有什么限制，但线架加工仍然是高效的加工方式之一。

线架加工的方式有多种，如图 15-15 所示。下面着重介绍生产中普遍使用的 Ruled“直纹加工”。

1）绘制图 15-16 所示的由两个半圆弧连接而成的线架图形。单击菜单栏中的 Machine Type/Mill/Default 命令，选择机床制造类型。

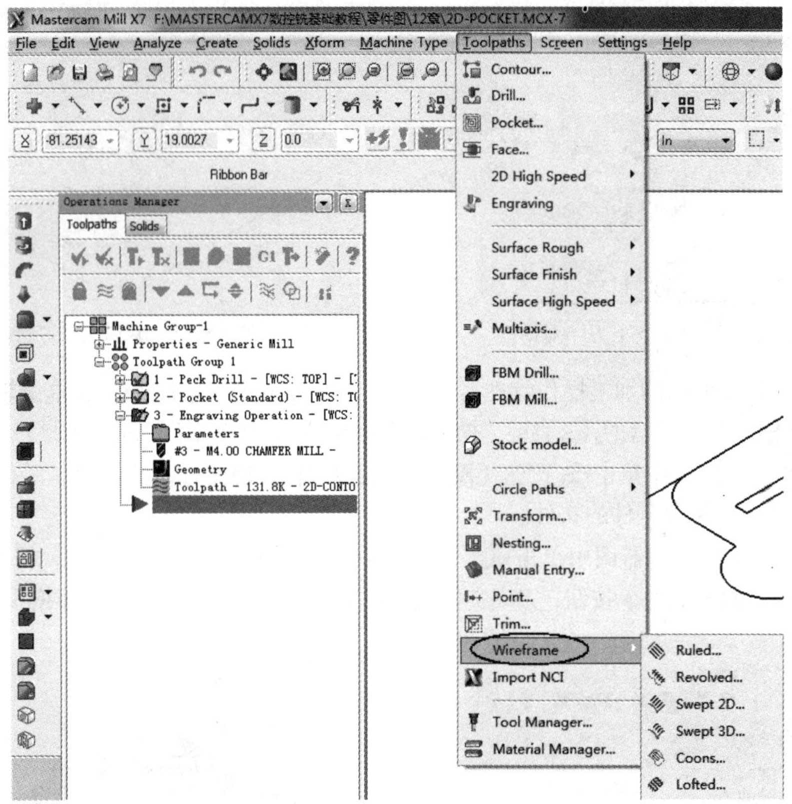

图 15-15 线架加工的方式

2）单击菜单栏中的 Toolpaths/Wireframe Ruled“直纹加工刀路”命令，系统弹出如图 15-17 所示的“直纹加工刀具参数”对话框。

3）系统提示“选择串连外形”，弹出“选择”对话框，单击 Single 按钮，在绘图区采用单个方式选取直纹轮廓线，如图 15-16 中所示的 P1 和 P2（注意 P1 和 P2 的方向要一致）。单击对话框中的“确定”按钮，结束直纹外形选择。

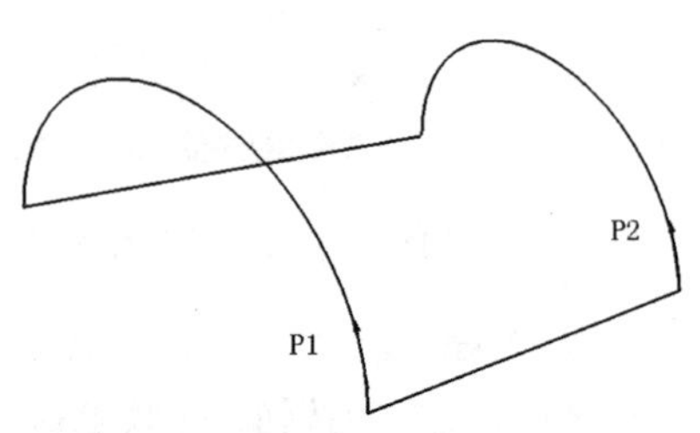

图 15-16 线架加工图形

4）系统弹出 Rule“直纹加工”对话框，在刀具栏空白区内单击鼠标右键，在弹出的菜单中选择“从刀具库选择刀具” Tool manager 命令，系统弹出“刀具库”对话框，选择 ϕ12mm 平铣刀，设置刀具参数（此过程前面已详述，这里不重复讲述）。

5）单击 Rule parameters 选项卡，设置直纹参数，如图 15-18 所示。设置完毕后单击按钮，系统将按设置的参数自动生成直纹刀路。产生的刀路如图 15-19 所示。

其他线架刀路还有 Revolved（旋转加工）、Swept 2D（2D 扫描加工）、Swept 3D（3D 扫描加工）、Coons（昆氏加工）和 Lofted（举升加工）。在现代模具加工中，这几种线架刀路已不常用，这里不做介绍，有兴趣的读者可自行研究。

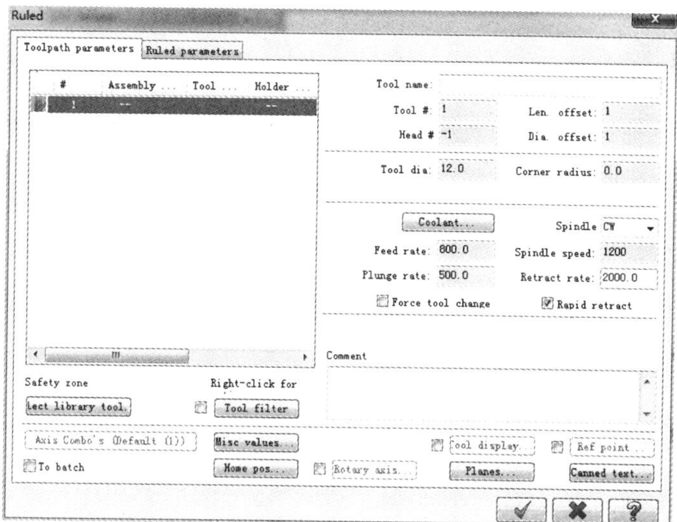

图 15-17　“直纹加工刀具参数”对话框

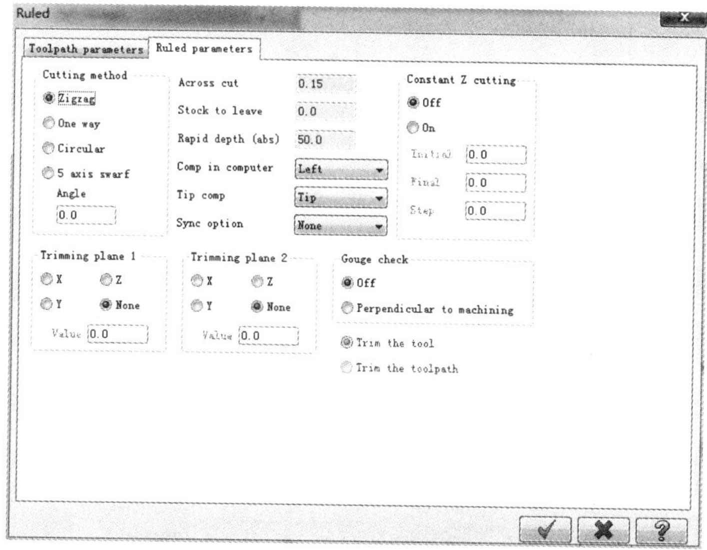

图 15-18　“直纹参数”对话框

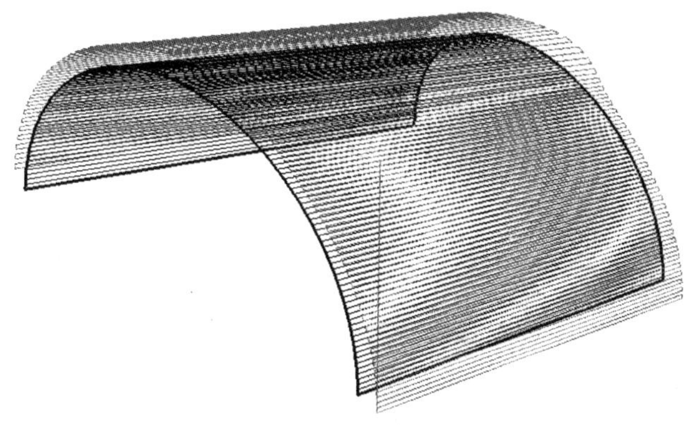

图 15-19　直纹加工刀路

15.3 刀路转换

当加工对象有很多相似的加工部分，并且各部分位置变化有规律时，可以通过对一个加工部分编写刀路，然后通过刀路转换实现对其他部分的加工。刀路转换有三种类型，分别为刀路旋转、刀路平移和刀路镜像。

15.3.1 刀路镜像转换方法

加工图 15-20 所示工件中间的 4 个曲线通孔，材料为铝材，深度为 8 mm。

选取 ϕ8mm 平铣刀，采用 2D 挖槽加工刀路对零件右上角的曲线通孔进行加工。刀路如图 15-21 所示。

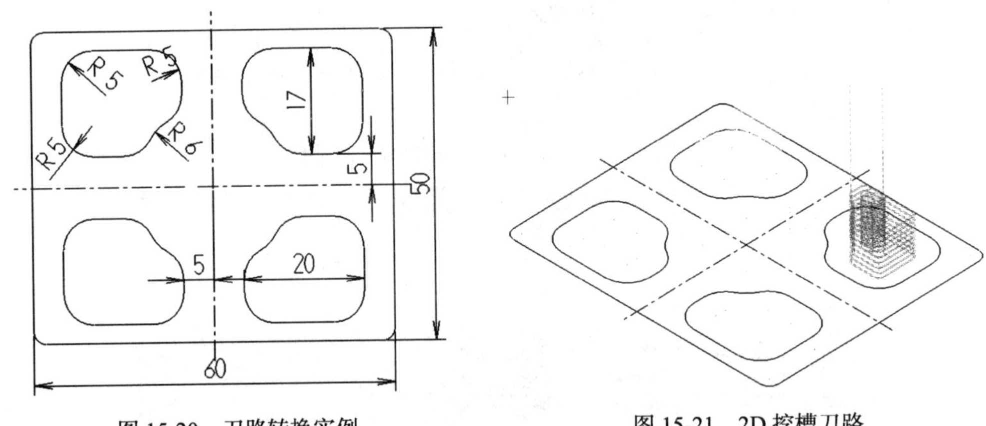

图 15-20 刀路转换实例　　　　图 15-21 2D 挖槽刀路

1）单击菜单栏中的 Toolpaths/Transform“刀路转换”命令，如图 15-22 所示。

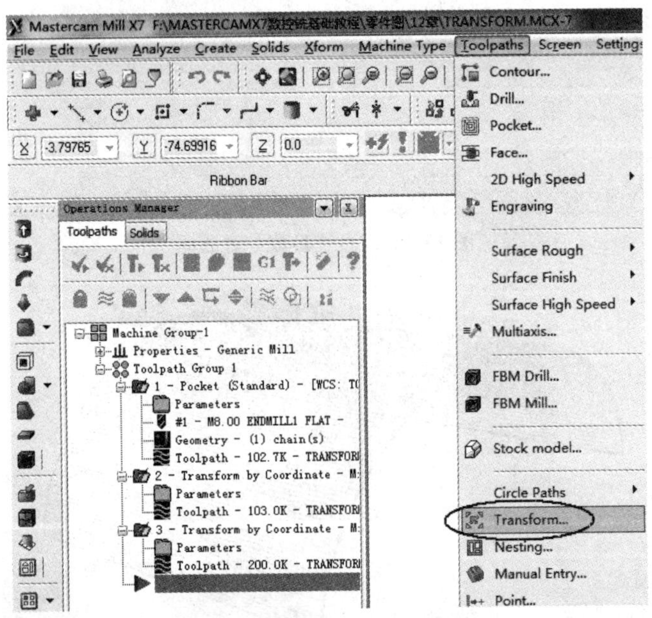

图 15-22 设置“刀路转换加工”

2）系统弹出图 15-23 所示 Transform Operation Parameters“刀路转换参数”对话框。各选

项含义如下。

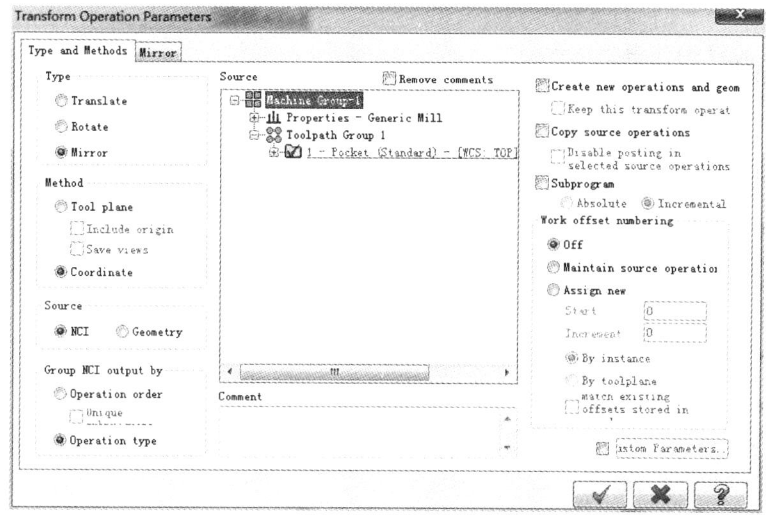

图 15-23 “刀路转换参数”对话框

Type：转换类型。

Translate：平移操作。

Rotate：旋转操作。

Mirror：镜像操作。

Method：转换方法。

Tool plane：按刀具平面操作。

Coordinate：按坐标系操作。

Source operations：操作源。

Create new operations and geom：创建新的操作和几何图形。

Copy source operations：复制源操作。

3）在对话框中单击 Mirror 选项卡，“镜像”对话框如图 15-24 所示。各选项含义如下。

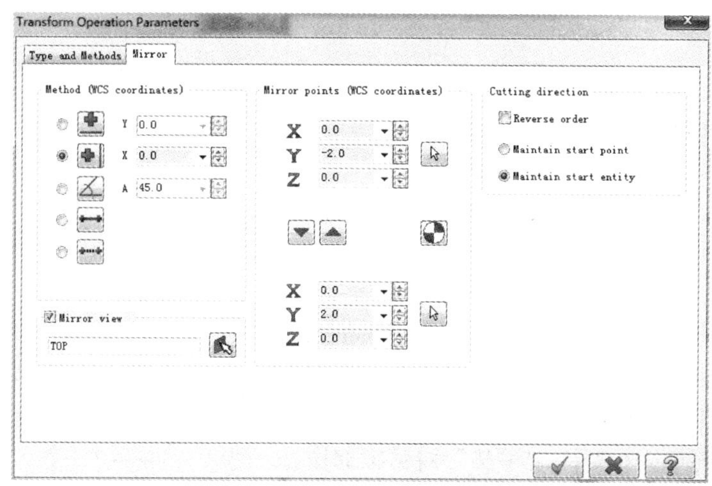

图 15-24 “镜像”对话框

Method：镜像方式。

Mirror view：镜像视角。

Mirror points：镜像点。

Reverse order：刀路反向。这点很重要，因为数控铣削加工时，为获得好的加工质量，通常采用顺铣加工，而刀路镜像后就相反了，因此，必须单击 Reverse order 选项。

4）单击“刀路转换”对话框中的“确定”按钮 ✔，结束参数的设置，产生的刀路如图 15-25 所示。

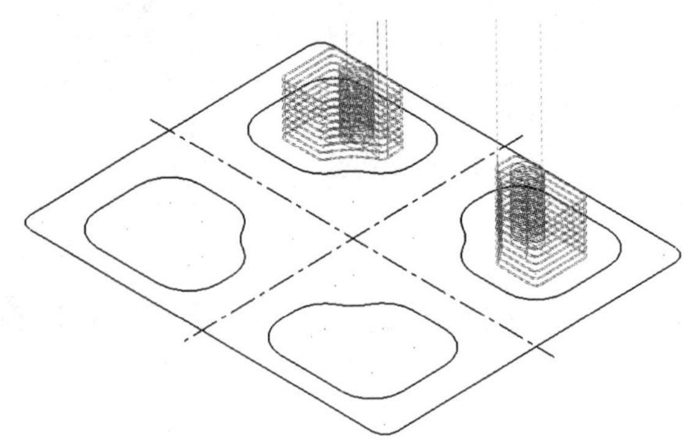

图 15-25　镜像后的刀路

5）将上面的两步刀路以 X 轴为对称轴进行镜像，刀路如图 15-26 所示。

6）加工操作管理器如图 15-27 所示。

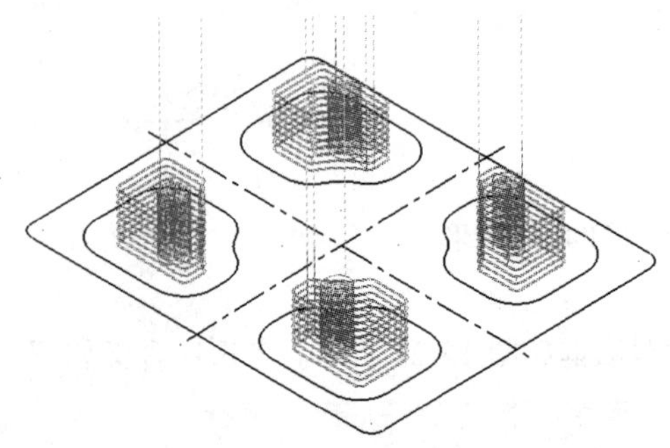

图 15-26　镜像后的刀路

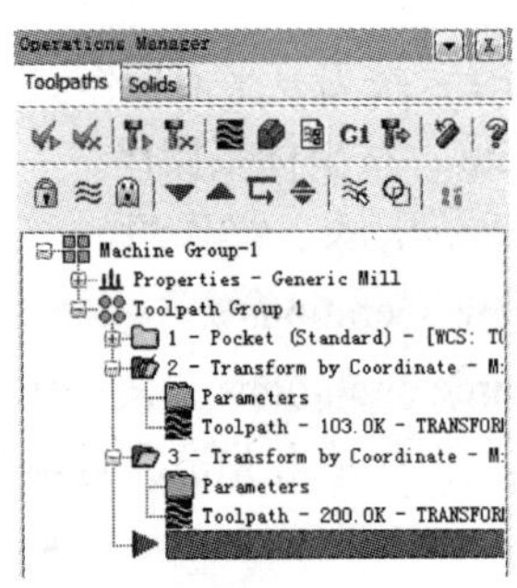

图 15-27　加工操作管理器

15.3.2　刀路平移转换方法

工件如图 15-28 所示，加工要求同前所述。

1）选取 φ8mm 平铣刀，采用 2D 挖槽加工刀路对零件右上角的曲线通孔进行加工。

2）单击菜单栏中的 Toolpaths/Transform 刀路转换命令，系统弹出图 15-29 所示 Transform Operation Parameters“刀路转换参数”对话框，选择 Translate“平移操作”复选框。

3）单击 Translate 选项卡，“平移”对话框如图 15-30 所示，将刀路沿 X 轴平移“−30”。各选项含义如下。

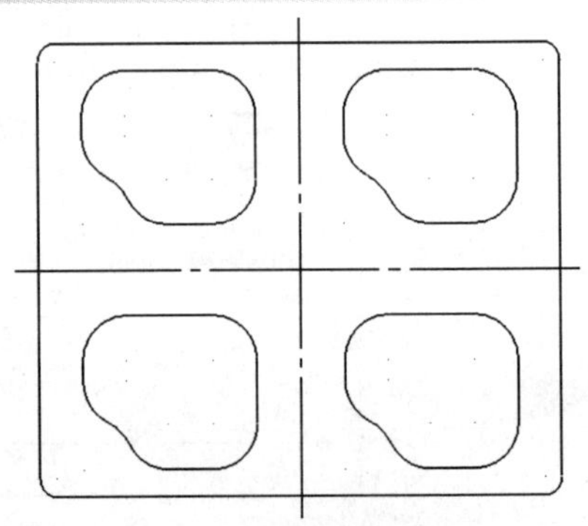

图 15-28　刀路转换实例

Rectangular：平移方式。

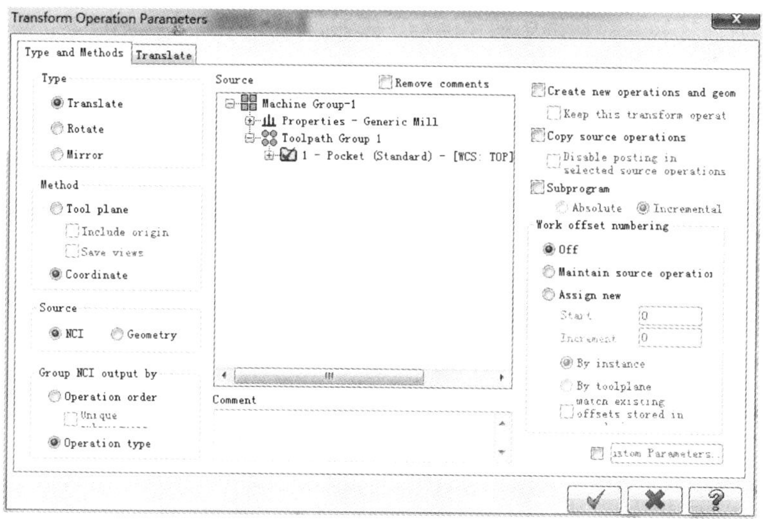

图 15-29　“刀路转换参数”对话框

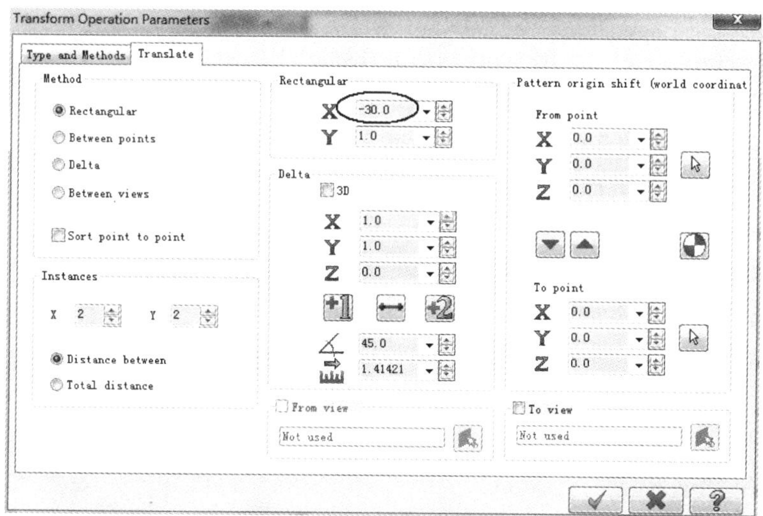

图 15-30　“平移”对话框

Between points：两点之间平移。

Polar：极坐标平移。

Between views：两视图间平移。

X spacing：X 轴向间隔。

Y spacing：Y 轴向间隔。

X steps：X 轴放置个数。

Y Steps：Y 轴放置个数。

Pattern origin shift（world coordinates）：移动路径（世界坐标系）。

Polar：极坐标方式确定位置。

Distance：距离。

Angle：角度。

4）单击“刀路转换”对话框中的“确定”按钮，结束参数的设置，产生的刀路如图15-31所示。

5）将上面的两步刀路沿Y轴平移“－27”，移动后的刀路如图15-32所示。

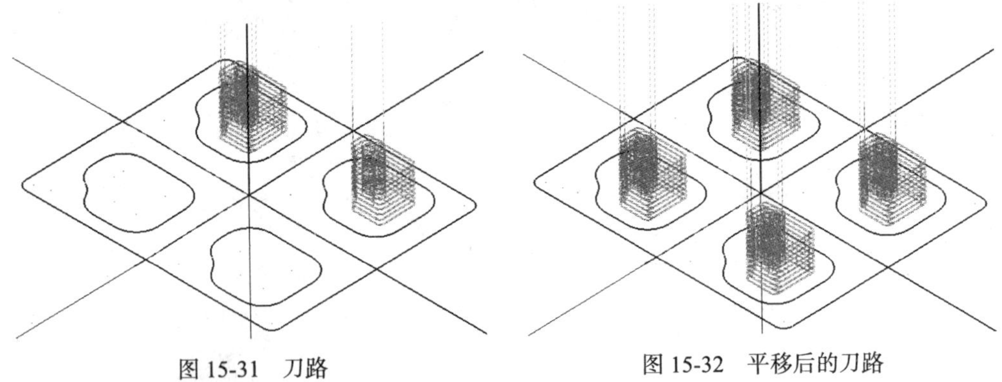

图15-31　刀路　　　图15-32　平移后的刀路

15.3.3　刀路旋转转换方法

工件如图15-33所示，加工要求同前。

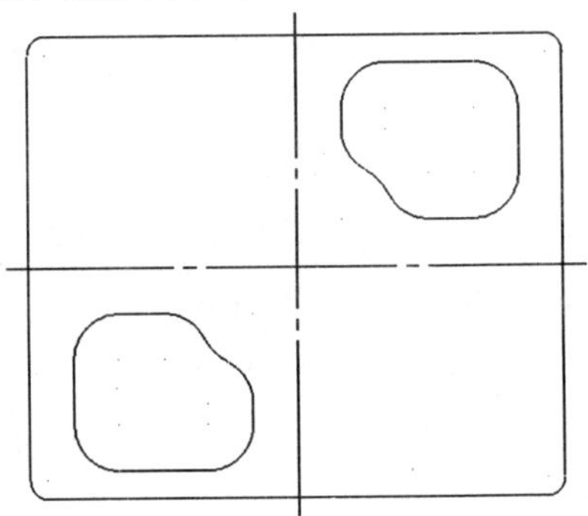

图15-33　刀路转换实例

1）选取 φ8mm 平铣刀，采用2D挖槽加工刀路对零件右上角的曲线通孔进行加工。

2）单击菜单栏中的Toolpaths/Transform“刀路转换”命令，系统弹出图15-34所示Transform Operation Parameters“刀路转换参数”对话框，选择Rotate“旋转操作”复选框。

3）在对话框中单击Rotate选项卡，“旋转”对话框如图15-35所示，将刀路以坐标原点为旋转点旋转180°。

Rotate view：旋转视角。

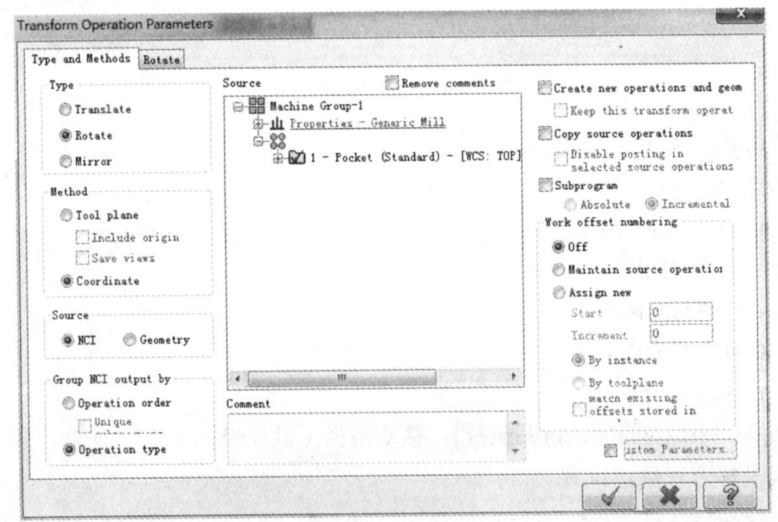

图15-34　“刀路旋转参数”对话框

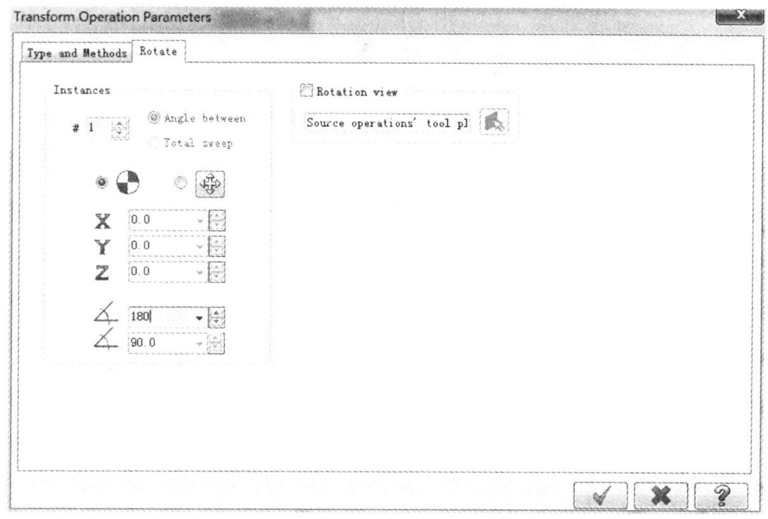

图 15-35　“旋转”对话框

4）单击“刀路转换”对话框中的“确定”按钮 ✓，结束参数的设置，产生的刀路如图 15-36 所示。

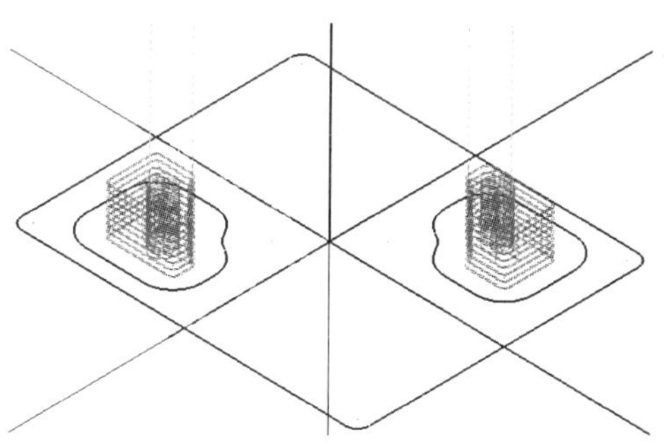

图 15-36　旋转后的刀路

15.4　面铣削加工

面铣削用于对平面的粗、精加工。面铣削的命令是 Toolpaths/Face。面铣削通常采用平铣刀或圆鼻刀加工。面铣削一般在材料的外部进刀，退刀点也选在材料的外部。面铣削的加工区域要覆盖材料的全部平面。

1）图 12-50 中零件的顶面还没有加工，单击菜单栏中的 Machine Type/Mill/Default 命令，选择机床制造类型。单击图 15-37 所示菜单栏中的 Toolpaths/Face 命令。

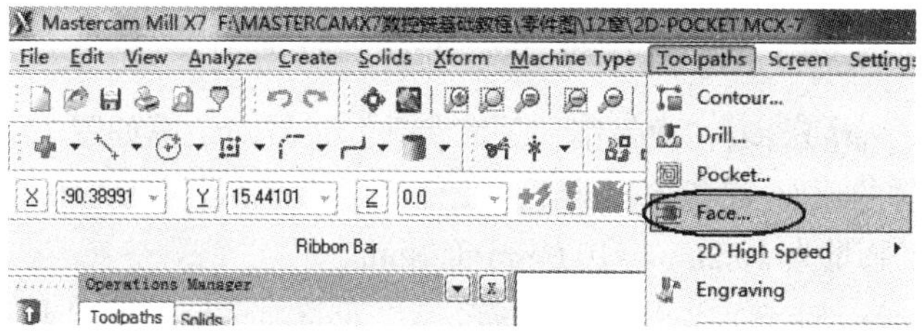

图 15-37　选择“面铣削”刀路

2）系统提示“选择串连外形”，弹出 Chaining 对话框。在绘图区采用串连方式选择图 15-38 中的 P1 串连外形，单击对话框中的“确定”按钮 ✓ ，结束串连外形的选择。

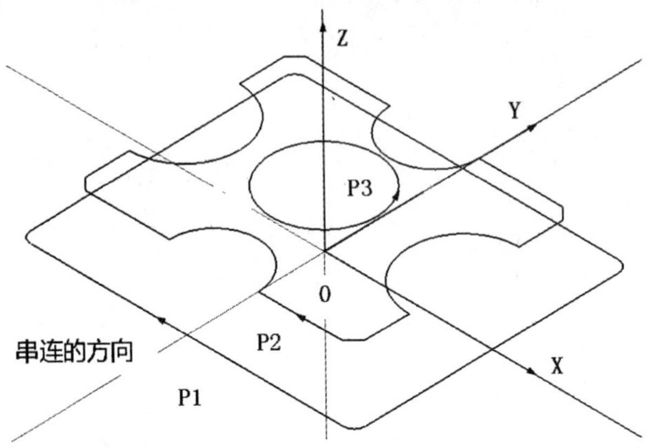

图 15-38　选择外形铣削串连的方向

3）系统弹出图 15-39 所示“外形铣削”对话框，选择 ϕ12mm 平铣刀，设置刀具参数。此过程前节已详述，这里不重复讲述。

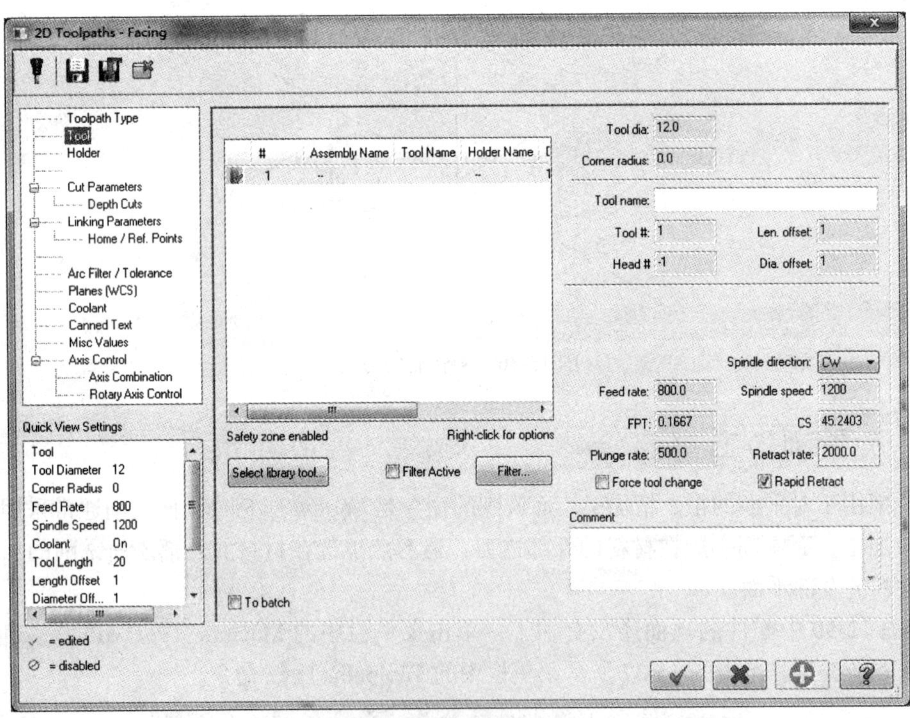

图 15-39　“外形铣削”对话框

4）单击 Linking Parameters，面铣削“关联参数”设置对话框如图 15-40 所示。因为这一工序是粗、精加工零件的顶面，将 Top of stock（工件表面位置）设置为“10.2”，Depth（最后切深）设置为“10.0”，加工余量为 10.2mm－10.0mm=0.2mm。

5）单击 Cut Parameters 选项，进入“面铣参数”设置对话框，如图 15-41 所示。

① Style：面铣削切削方式，如图 15-42 所示。

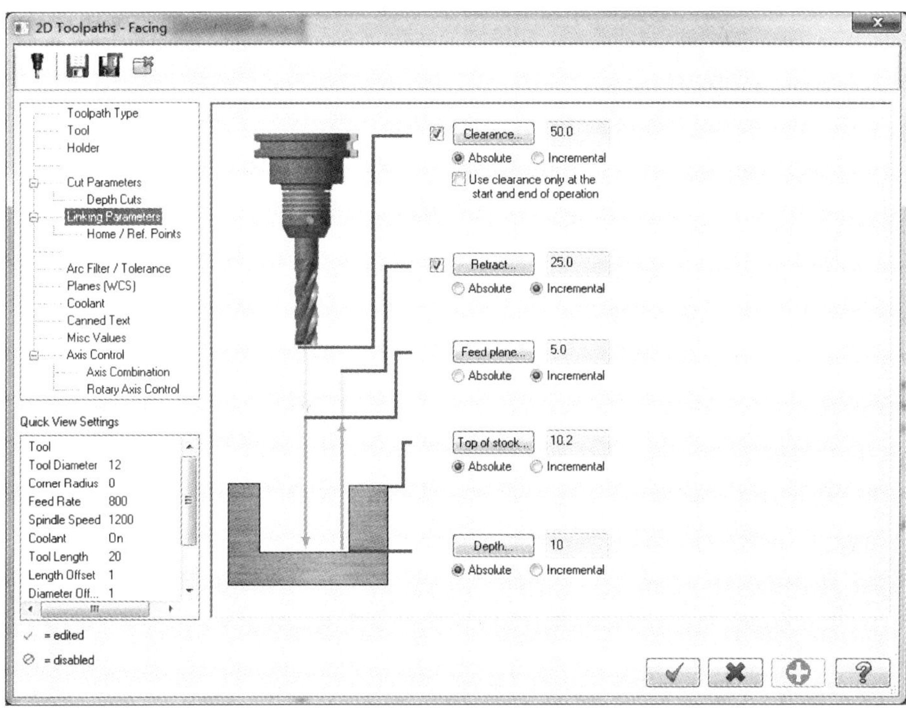

图 15-40　“关联参数”设置对话框

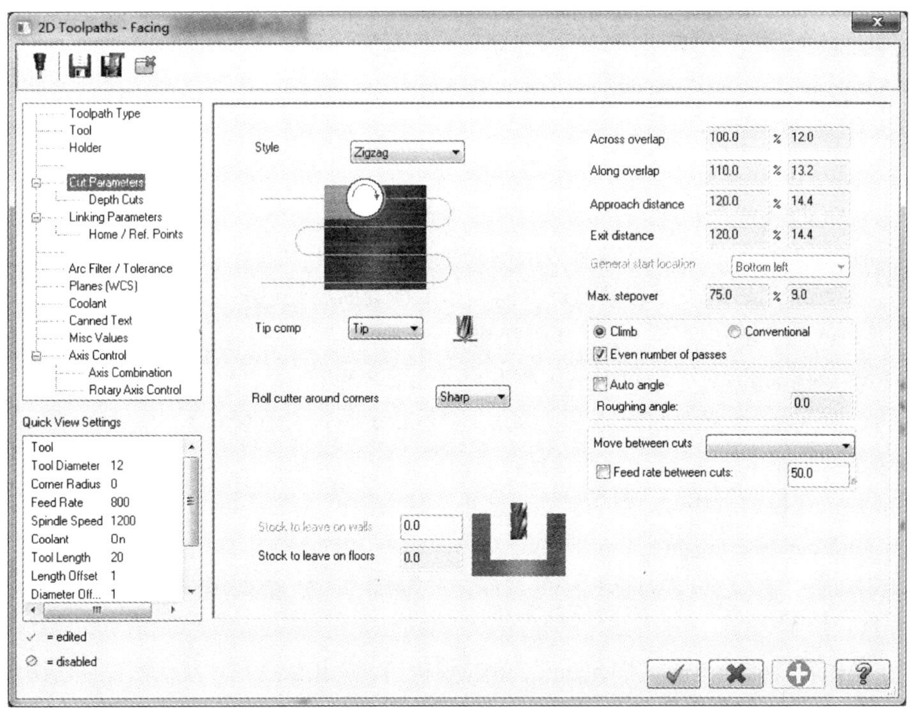

图 15-41　“面铣削参数”设置对话框

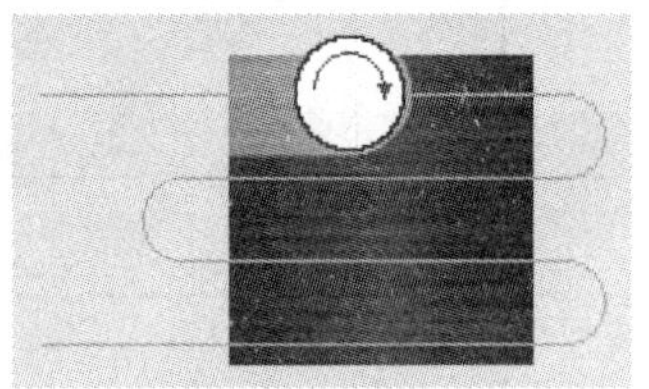

a）Zigzag（返均加工）

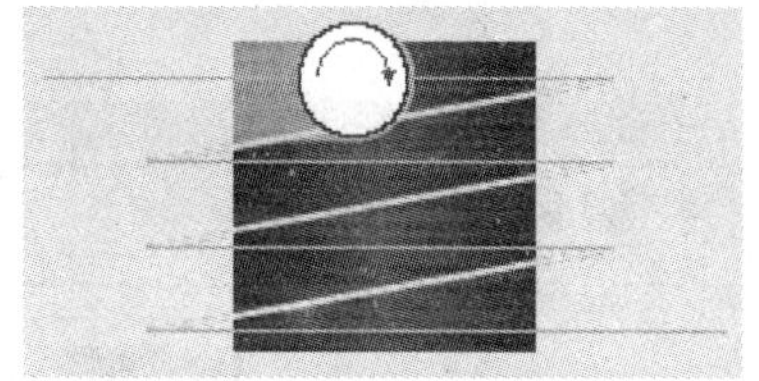

b）One way（单向加工，返回时不加工 ）

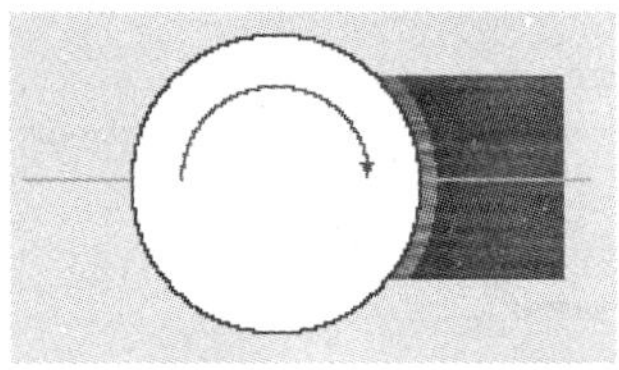

c）One pass（只铣一次）

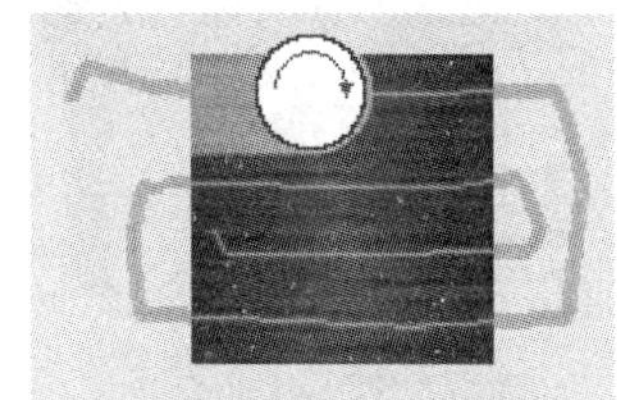

d）Dynamic（动态加工）

图 15-42　面铣削切削方式

② Tip comp：面铣削刀尖补偿，如图 15-43 所示。

Center：指刀具中心补偿；Tip：指刀尖补偿。

图 15-43　“面铣削刀尖补偿”对话框

③刀具超出量：面铣削刀具超出量设置包括以下 4 个方面的设置。

Across overlap：Y 方向切削刀路超出面铣削轮廓的量。

Along overlap：X 方向切削刀路超出面铣削轮廓的量。

Approach：面铣削导引入切削刀路超出面铣削轮廓的量。

Exit distance：面铣削导引出切削刀路超出面铣削轮廓的量。

④ Max.Stepove：指切削间距。切削加工时，刀具会一行一行地切削，两行之间的距离即为切削间距，切削间距应比刀具直径小。切削间距用刀具直径的百分数表示，如刀具直径为 10mm，若将切削间距设置为 50%，则切削间距的实际尺寸是 10mm × 50% =5mm。

⑤ Auto angle/Rough angle：自动计算角度和粗切角度。

所谓角度指刀具前进方向与 X 轴方向的夹角，它决定了刀具是平行于工件的某条边切削还是斜着切，影响加工后的表面切削痕迹方向。如果该表面要经过多次切削，最好使切削痕迹交错，也就是每次加工的角度不一致，常错开 90° 。

⑥ Move between cuts：跨行时的过渡方式有如下 3 种。

High speed loops：高速回圈加工。切完一行后，走圆弧快速移到下一行；

Linear：线性移动。切完一行后走直线移到下一行再加工；

Rapid：快速移动。切完一行后，走直线快速移到下一行再加工。

⑦ Feed rate between cuts：跨行时的进给率。

6）单击面铣削参数设置对话框中的“确定”按钮 ✔，结束面铣削参数设置，产生的刀路如图 15-44 所示。

7）在操作管理器中单击“4-Facing”，单击 按钮，弹出 Backplot 对话框。单击键盘的〈R〉键，模拟刀路，检查铣削刀路有无问题。刀路如图 15-45 所示。

8）在操作管理器中单击 ≋ 按钮（隐藏 / 显示刀路），使图标变成灰色，关闭当前的刀路显示。按〈Alt+A〉保存 2D 外形零件的文件。

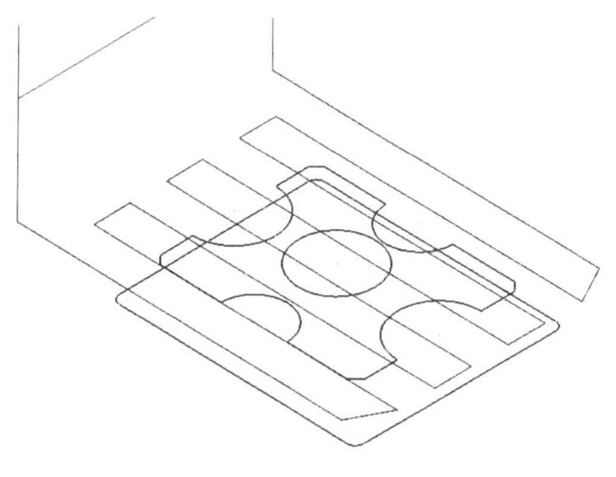

图 15-44　面铣削刀路

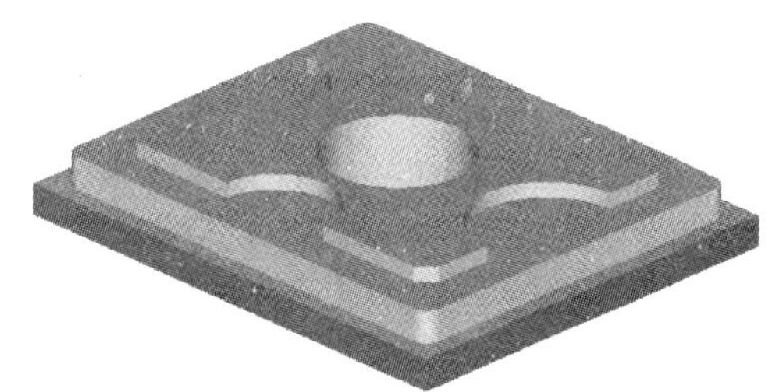

图 15-45　实体模拟加工效果图

9）在加工操作管理器图中单击按钮，选择所有的加工程序，单击按钮，系统弹出 Verify（实体模拟）对话框，单击按钮，完成实体模拟加工。图 15-45 是工件的实体模拟加工效果图。

15.5　2D 综合零件的加工

编程铣削加工图 15-46 所示的零件，零件尺寸如图所示。材料为铝材，毛坯尺寸为 65mm × 55mm × 10mm，用台虎钳装夹，装夹高度 3.5mm。中间曲线槽深 3.0mm，中间“数控”二字深 0.5mm，“N 和 C”深 0.3mm，ϕ8mm 台阶孔深 1.5mm。

首先绘制要加工的 3D 外形框架。注意：2D 加工时，不一定要绘制 3D 实体。如图 15-47 所示，X、Y 方向分中绘制，Z 方向的 0 点在零件的底部。

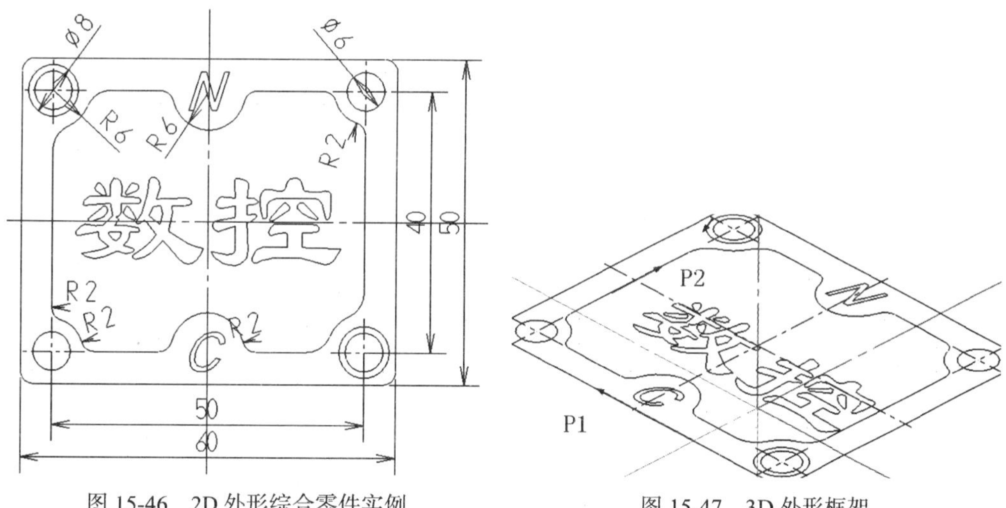

图 15-46　2D 外形综合零件实例

图 15-47　3D 外形框架

1）选取 ϕ12mm 平铣刀，采用 2D 外形加工刀路对零件下部 60mm × 50mm 的平台进行粗加工。

① 单击菜单栏中的 Machine Type/Mill/Default 命令，选择机床制造类型。单击菜单栏中的 Toolpaths/Contour Toolpath 命令，系统提示“选择串连外形”，系统弹出 Chaining 对话框。在绘图区采用串连方式选择图 15-47 中的 P1，注意串联箭头的指向。单击对话框中的“确定”按钮

✔，结束串连外形的选择。

② 系统弹出“外形铣削参数”对话框，在刀具栏空白区内单击鼠标右键，在弹出的菜单中选择“从刀具库选择刀具”Tool manager 命令，系统弹出“刀具库”对话框，选择 ϕ12mm 平底高速钢刀（白钢刀），Spindle 取“1500”，Feed rate 取“800”，plunge 取“500”，Retract 取“2000”（刀具的品质不同，此参数可变化）。

③ 单击 Linking Parameters 选项，设置相关参数。Retract（退刀高度）取“30.0”（绝对尺寸），Feed plane（进给平面）取“5.0”（相对尺寸），Top of stock 取“10.0”（绝对尺寸），Depth 取“4.0”（绝对尺寸，台虎钳装夹高度 3.5mm）。外形的加工深度取“6.0”。

④ 单击 Cut Parameters 选项，进入“2D 外形铣削参数”设置对话框，如图 15-48 所示，设置相关参数。

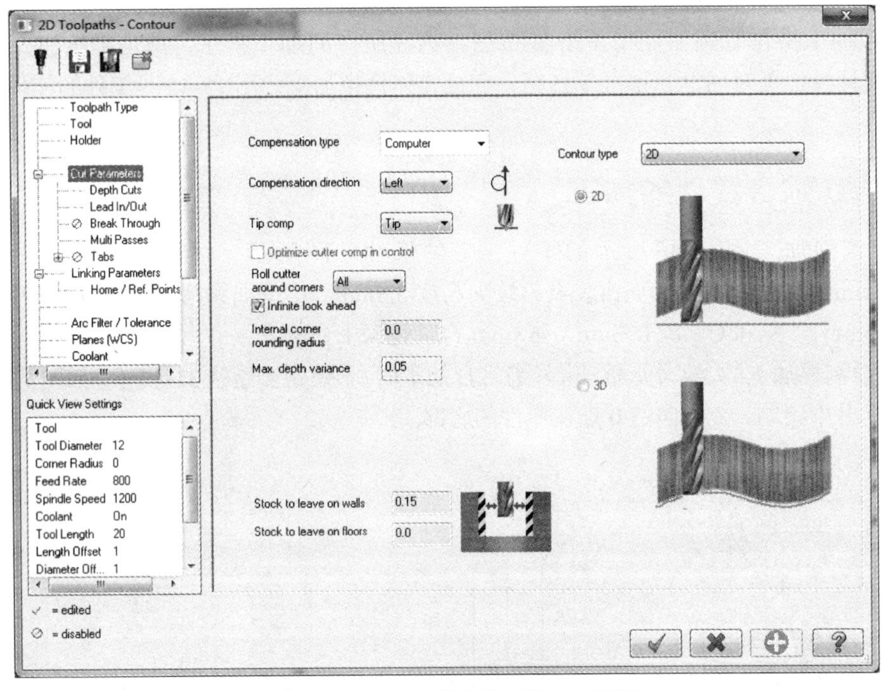

图 15-48 “2D 外形铣削参数”对话框

⑤ 单击“外形铣削参数”下 Cut Parameters/Multi Passes 命令，打开“外形分层铣削”Multi Passes 设置对话框，如图 15-49 所示，设置相关参数，单击“确定”按钮 ✔。

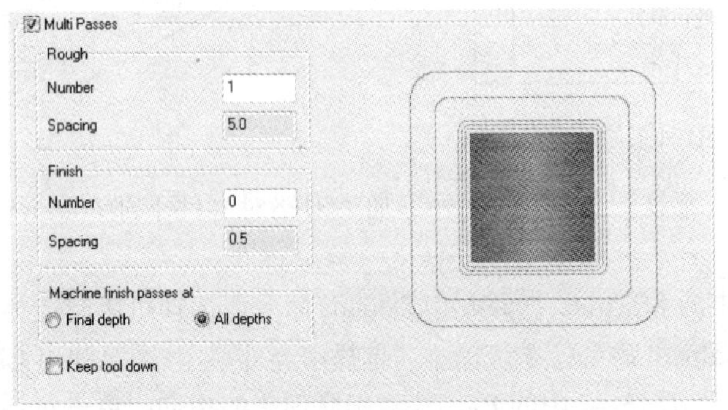

图 15-49 “外形分层铣削”设置对话框

⑥ 单击“外形铣削参数”下 Cut Parameters/Depth Cuts 命令，打开“深度分层铣削”设置对话框，如图 15-50 所示，设置相关参数，单击“确定”按钮 ✔。

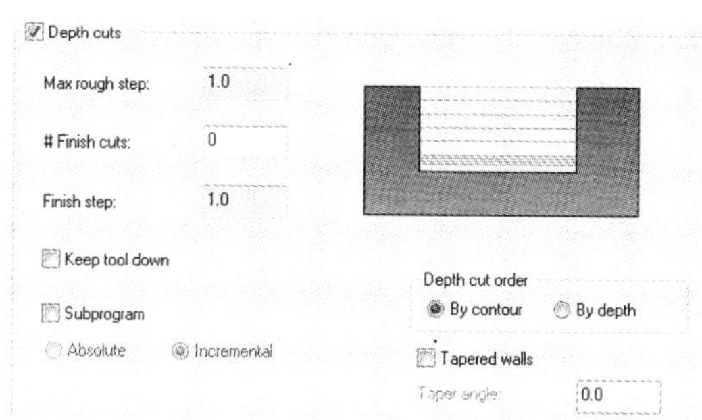

图 15-50　“深度分层铣削”设置对话框

⑦ 此工序无需设置“深度贯穿铣削”Break Through。

⑧ 单击“外形铣削参数”下 Cut Parameters / Lead In/Out 命令，系统弹出图 15-51 所示“导引入 / 导引出”设置对话框。设置相关参数，单击“确定”按钮 ✔。

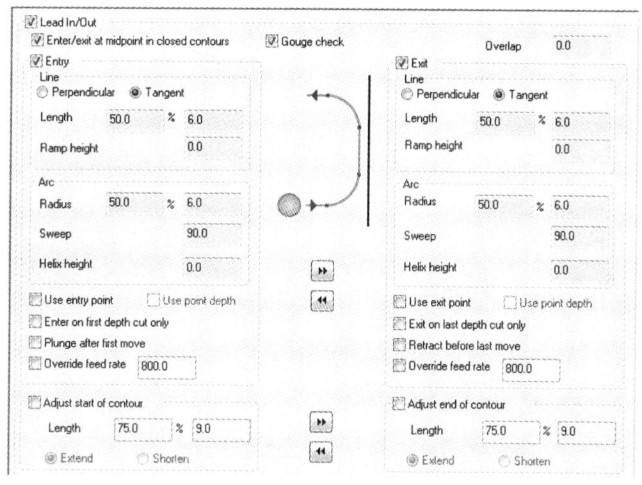

图 15-51　“导引入 / 导引出”设置对话框

⑨ 单击“外形铣削参数”设置对话框中的“确定”按钮 ✔，结束外形参数的设置，产生的刀路如图 15-52 所示。

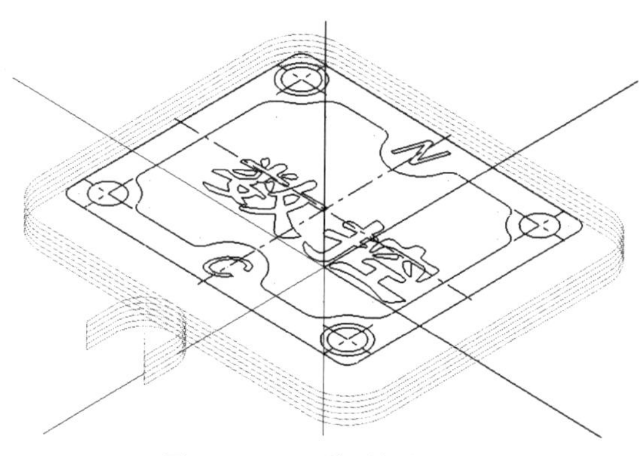

图 15-52　2D 外形铣削刀路

⑩ 在图 15-53 所示的加工操作管理器中选择“工件设置”命令 Stock setup，系统弹出图 15-54 所示的“工件毛坯参数设置”对话框，设置工件毛坯尺寸。

⑪ 在加工操作管理器中单击“1-Contour(2D)”，单击按钮，弹出 Backplot 对话框。单击键盘的〈R〉键，模拟刀路，检查刀具铣削路径有无问题。刀路如图 15-52 所示。

⑫ 在加工操作管理器中单击按钮（隐藏 / 显示刀路），使图标变成灰色，关闭当前的刀路显示。按〈Alt+A〉保存 2D 综合零件的文件。

2）继续选取 φ12mm 平铣刀，采用 2D 外形加工刀路对零件下部 60mm × 50mm 的平台进行精加工。加工中，其他参数无需改变，只需更改下列参数。

① 打开“外形分层铣削”Multi Passes 设置对话框，设置 XY 平面内的切削次数和切削用量。“粗加工次数”确定为“1”，“粗加工步进值”确定为“0.1”。“刀具的精加工次数”确定为“1”，“精加工步进值”确定为“0.1”。

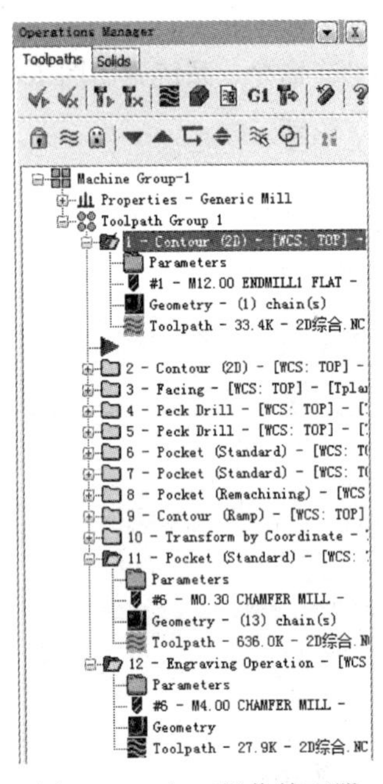

图 15-53 加工操作管理器

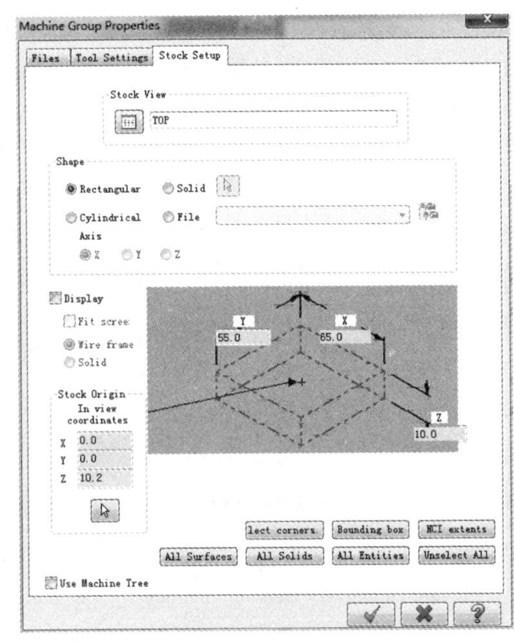

图 15-54 “工件毛坯参数设置”对话框

② 单击 Cut Parameters/Depth Cuts 命令，打开“深度分层铣削”设置对话框，设定每次粗加工的切削深度，“粗切削步距每步”设为“2.0”。产生的刀路如图 15-55 所示。

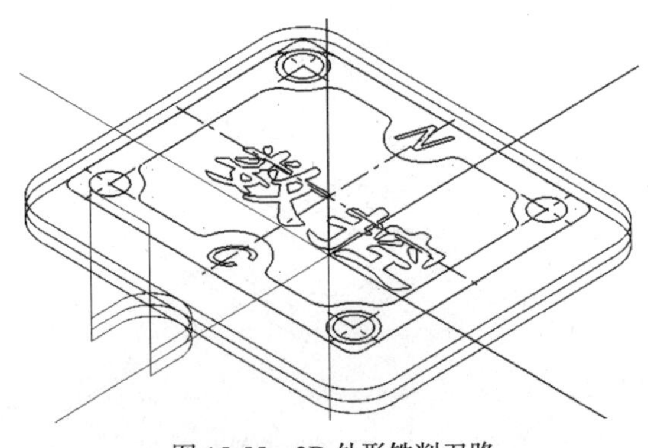

图 15-55 2D 外形铣削刀路

3）选取 ϕ12mm 平铣刀，采用面铣削加工刀路对零件顶部表面进行粗、精加工。

① 单击系统菜单栏中的 Toolpaths/Face 命令，选择面铣削刀路。

② 系统提示“选择串连外形”，弹出 Chaining 对话框。在绘图区采用串连方式选择图 15-47 中的 P1 串连外形。单击对话框中的“确定”按钮 ✔，结束串连外形的选择。

③ 系统弹出外形铣削对话框，选择 ϕ12mm 平铣刀，刀具参数同前设置。

④ 单击 Linking Parameters 选项，设置面铣削关联参数。这一工序是粗、精加工零件的顶面，将 Top of stock（工件表面位置）设置为“10.2”，Depth（最后切深）设置为 10.0，加工余量为（10.2mm－10.0mm）=0.2mm。

⑤ 单击 Cut Parameters 选项，进入“面铣削参数”设置对话框，如图 15-56 所示。

⑥ 单击“外形铣削参数”下 Cut Parameters/Depth Cuts 命令，打开“深度分层铣削”设置对话框，如图 15-57 所示，设置相关参数，单击“确定”按钮 ✔。

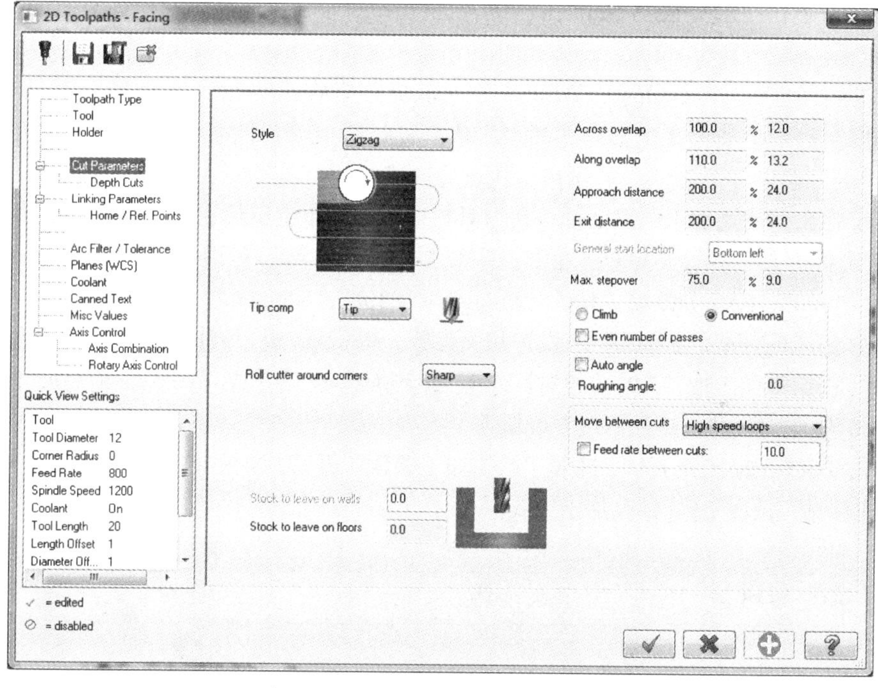

图 15-56 “面铣削参数”设置对话框

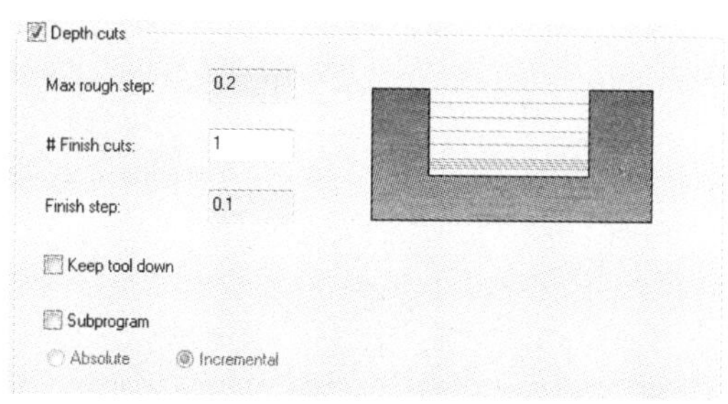

图 15-57 “深度分层铣削参数”设置对话框

⑦ 单击“面铣削参数”设置对话框中的“确定”按钮 ✔，结束面铣削参数的设置，产生的刀路如图 15-58 所示。

⑧ 在图 15-53 的加工操作管理器中选择“3-Facing”，单击按钮，弹出 Backplot 对话框。单击键盘的〈R〉键，模拟刀路，检查刀具铣削路径有无问题。刀路如图 15-58 所示。

⑨ 在加工操作管理器中单击按钮（隐藏 / 显示刀路），使图标变成灰色，关闭当前的刀路显示。按〈Alt+A〉保存 2D 综合零件的文件。

4）选取 ϕ4mm 中心钻，采用“深孔啄钻”Peck Drill 刀路钻削 4 个 ϕ6mm 孔的中心孔。避免钻 ϕ6mm 孔时，钻头走偏。

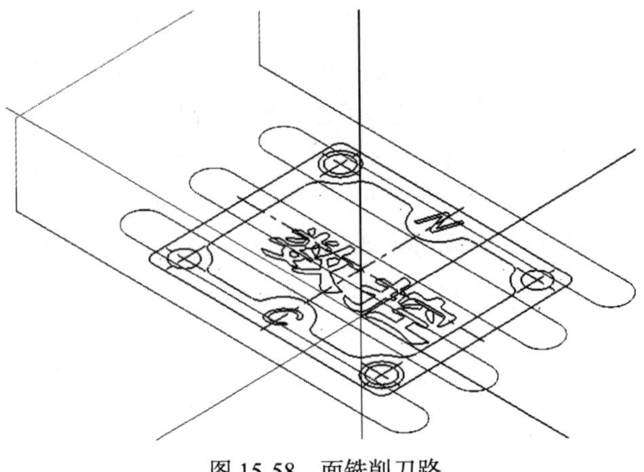

图 15-58 面铣削刀路

① 单击菜单栏中的 Toolpaths/Drill 命令，系统首先弹出“钻孔点选择”对话框，单击按钮，用手动方式选择存在的点，依次选择图 15-47 中的 4 个 ϕ6mm 孔的圆心。单击对话框中的“确定”按钮，结束钻孔点的选择。

② 系统弹出“钻孔加工”对话框，在刀具栏空白区内单击鼠标右键，在弹出的菜单中选择“从刀具库选择刀具”Tool manager 命令，系统弹出“刀具库”对话框，选择 ϕ4mm 中心钻，Spindle 取“3000”，Feed rate 取“100”，Plunge 取“300”，Retract 取“1200”。

③ 单击 Linking Parameters 选项，设置相关参数。Retract（退刀高度）取“30.0”（绝对尺寸），Feed plane（进给平面）取“5.0”（相对尺寸）。Top of stock 设置成“10.0”（绝对尺寸），Depth 设置成“8.0”（绝对尺寸，钻孔深度 2.0mm）。

④ 单击 Cut Parameters 选项，进入“钻孔加工参数”界面，如图 15-59 所示，设置相关参数。选择“深孔啄钻”Peck Drill 钻孔加工方式。

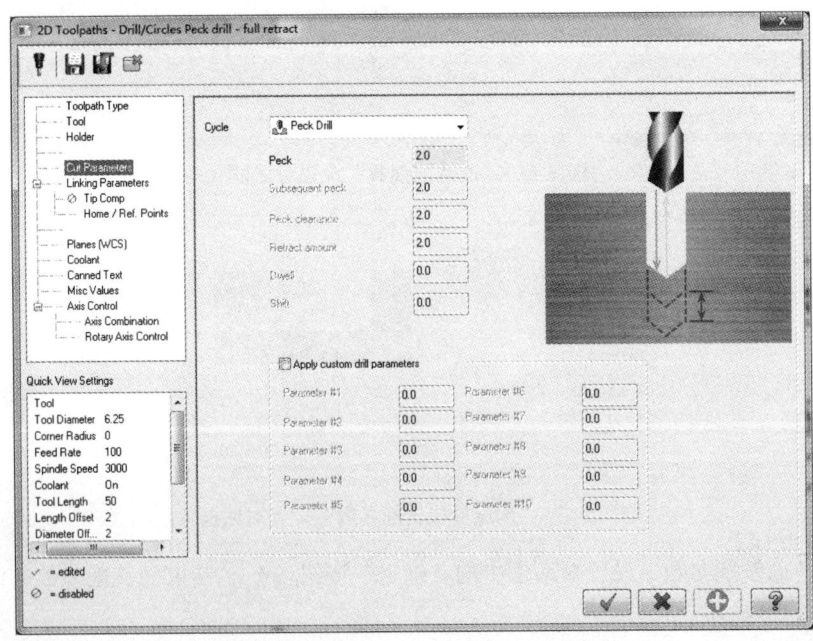

图 15-59 “钻孔加工参数”设置对话框

⑤ 此工序无需进行刀尖补偿的设置。

⑥ 单击对话框中的“确定”按钮 ✔，结束钻孔参数设置，产生的刀路如图 15-60 所示。

⑦ 在图 15-53 所示的加工操作管理器中选择“4-Peck Drill”，单击 ≋ 按钮，弹出 Backplot 对话框。单击键盘的〈R〉键，模拟刀路，检查刀具铣削路径有无问题。

⑧ 在加工操作管理器中单击 ≋ 按钮（隐藏 / 显示刀路），使图标变成灰色，关闭当前的刀路显示。按〈Alt+A〉保存 2D 综合零件的文件。

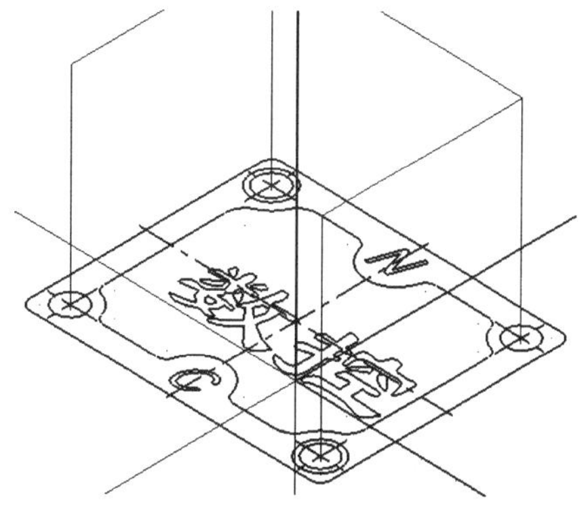

图 15-60　钻孔加工刀路

5）选取 ϕ6mm 麻花钻，采用“深孔啄钻”Peck Drill 刀路钻削 4 个 ϕ6mm 孔。

① 在加工操作管理器区域中单击鼠标右键，依次单击 Copy/Paste 命令，将第 4 步的钻中心孔程序复制。

② 在“钻孔加工”对话框，在刀具栏空白区内单击鼠标右键，在弹出的菜单中选择从“刀具库选择刀具”Tool manager 命令，系统弹出“刀具库”对话框，选择 ϕ6mm 麻花钻，Spindle 取“1500”，Feed rate 取“60”，Plunge 取“200”，Retract 取“1000”。

③ 单击 Linking Parameters 选项，设置相关参数。Retract（退刀高度）取“30.0”（绝对尺寸），Feed plane（进给平面）取“5.0”（相对尺寸）。Top of stock 设置成“10.0”（绝对尺寸），Depth 设置成“－5.0”（绝对尺寸，钻孔深度 15.0mm，钻穿零件）。

④ 单击 Cut Parameters 选项，进入“钻孔加工参数”界面，相关参数的设置同上一工序。

⑤ 因为设置钻孔深度时，已将钻孔深度设置成钻穿工件 5.0mm，所以无需再进行刀尖补偿的设置。

⑥ 单击对话框中的“确定”按钮 ✔，结束钻孔参数的设置，产生的刀路如图 15-61 所示。

⑦ 在图 15-8 所示的加工操作管理器中选择“5-Peck Drill”，单击 ≋ 按钮，弹出 Backplot 对话框。单击键盘的〈R〉键，模拟刀路，检查刀具铣削路径有无问题。

⑧ 在加工操作管理器中单击 ≋ 按钮（隐藏 / 显示刀路），使图标变成灰色，关闭当前的刀路显示。按〈Alt+A〉保存 2D 综合零件的文件。

6）零件中间曲线槽的深度为 3.0mm，最小内凹圆角半径为 R2mm，但若采用 ϕ4mm 立铣刀加工此槽，费时耗刀。经权衡，首先采用 ϕ8mm 立铣刀用 2D 挖槽加工刀路对零件中间的曲线槽进行粗加工。

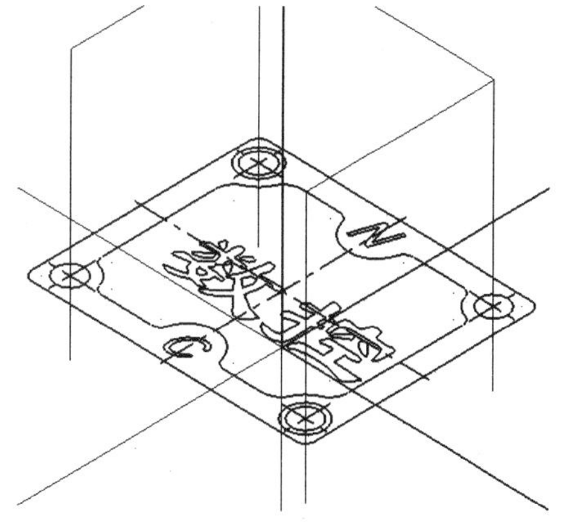

图 15-61　钻孔加工刀路

① 单击菜单栏中的 Toolpaths/Pocket 命令，系统提示选择“串连外形”，弹出 Chaining 对话框。在绘图区采用串连方式选取图 15-47 的 P2，单击对话框中的“确定”按钮 ✔，结束串连外形的选择。

② 系统弹出“2D 挖槽铣削”对话框。在刀具栏空白区内单击鼠标右键，在弹出的菜单中选择“从刀具库选择刀具”Tool manager 命令，系统弹出“刀具库”对话框，选择 ϕ8mm 平铣刀，

Spindle 取“2000”，Feed rate 取“400”，Plunge 取“400”，Retract 取“1500”。

③ 单击 Linking Parameters 选项，设置相关参数。Retract 取“30.0”（绝对尺寸），Feed plane 取“5.0”（相对尺寸）。Top of stock 设置成“10.0”（绝对尺寸），Depth 设置成“7.0”（绝对尺寸）。挖槽深度取“3.0”。

④ 单击 Cut Parameters 选项，进入“2D 挖槽铣削参数”界面，如图 15-62 所示，设置相关参数。选择 Standard“标准挖槽铣削”方式。

⑤ 单击“外形铣削参数”下 Cut Parameters/Depth Cuts 命令，打开“深度分层铣削”设置对话框，设定每次粗加工的切削深度。“粗切削步距”每步取“0.6”。

⑥ 选择 Roughing 复选框，系统启动“粗加工”方式及其相关参数设置选项。设置相关参数，采用“环切并清角”Parallel Spiral 切削方式，“粗切削间距”取“75%”，“粗切削间距值”取“6.0”。

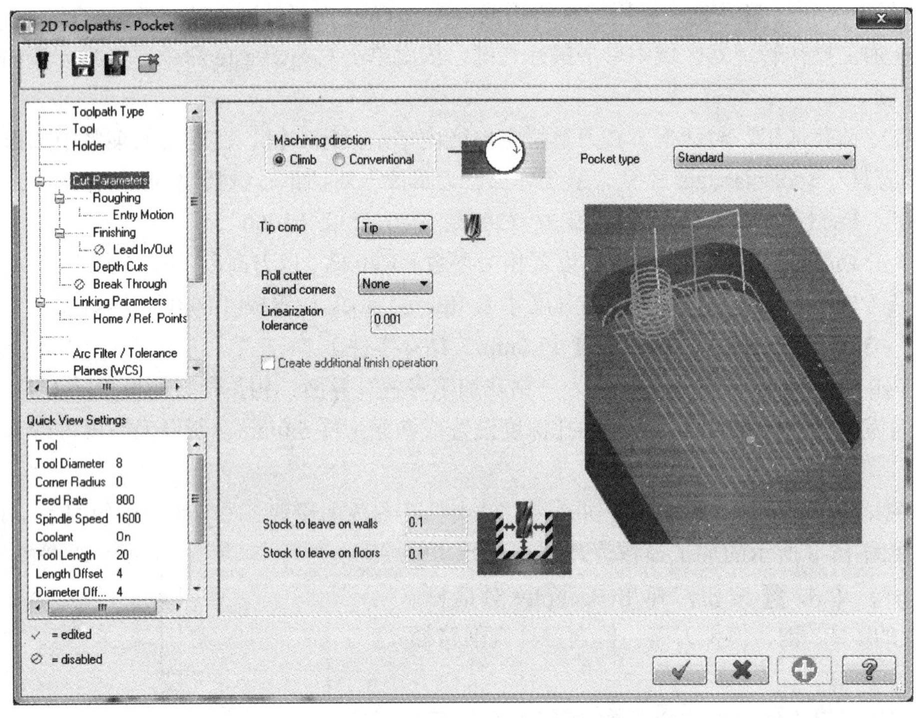

图 15-62 “2D 挖槽铣削参数”设置对话框

⑦ 选择 Entry Motion 复选框，系统弹出图 15-63 所示“螺旋 / 斜线下刀参数”设置对话框。设置相关参数。

⑧ 选择 Finish 复选框，启动“精加工”方式及其相关参数设置选项，设置精加工参数，“精加工次数”取“1”，“精加工量”取“0.25”。

⑨ 此工序无需设置精加工的导引入 / 导引出方式。

⑩ 单击“2D 挖槽铣削参数”设置对话框中的“确定”按钮 ✔，结束挖槽参数的设置，产生的刀路如图 15-64 所示。

⑪ 在加工操作管理器中选择“6-Pocket(Standard)”，单击按钮，弹出 Backplot 对话框。按键盘的〈R〉键，模拟刀路，检查刀具铣削路径有无问题。刀路如图 15-65 所示。

⑫ 在加工操作管理器中单击≋按钮（隐藏 / 显示刀路），使图标变成灰色，关闭当前的刀

路显示。按〈Alt+A〉保存 2D 综合零件的文件。

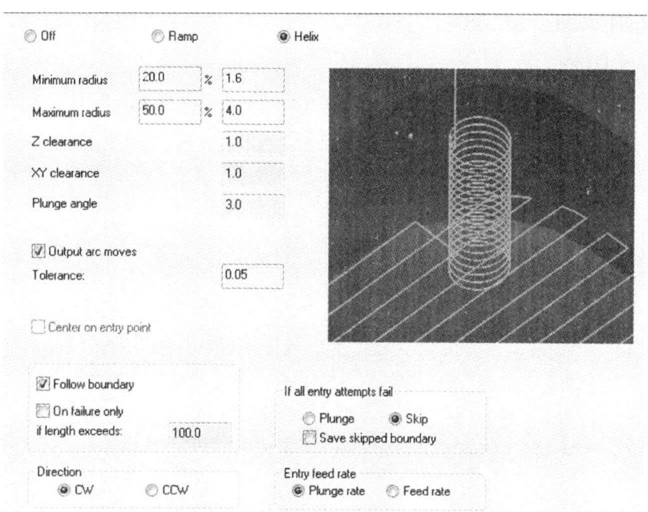

图 15-63　“螺旋 / 斜线下刀参数”设置对话框

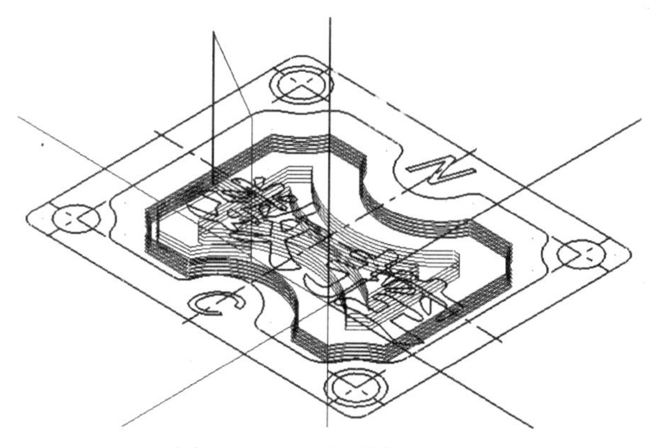

图 15-64　2D 挖槽铣削刀路

7）继续采用 ϕ8mm 立铣刀，采用 2D 挖槽加工刀路对零件中间的曲线槽进行精加工。

① 在加工操作管理器区域中单击鼠标右键，依次单击 Copy/Paste 命令，将第 6 步的 2D 挖槽加工刀路程序复制。

② 打开“2D 挖槽铣削”对话框，刀具及刀具参数同上一工序设置。

③ 单击 Linking Parameters 选项，设置相关参数。Retract（退刀高度）取“30.0”（绝对尺寸），Feed plane（进给平面）取“5.0”（相对尺寸）。Top of stock 设置成“7.2”（绝对尺寸），Depth 设置成“7.0”（绝对尺寸）。挖槽深度取“0.2”。

④ 单击 Cut Parameters 选项，进入“2D 挖槽铣削参数”界面，设置相关参数。选择 Standard“标准挖槽铣削”方式。槽底及槽四壁的加工余量都取“0”。

⑤ 单击“外形铣削参数”下 Cut Parameters/Depth Cuts 命令，打开“深度分层铣削”设置对话框，设定每次粗加工的切削深度。“粗切削步距”每步取“0.2”，“精切削步距”每步取“0.1”。

⑥ 粗加工方式及其相关参数、螺旋 / 斜线下刀参数的设置同前一工序。

⑦ 精加工参数的设置也同前一工序。

⑧ 无需设置精加工的导引入 / 导引出方式。

⑨ 单击“2D 挖槽铣削参数”设置对话框中的“确定”按钮 ✓ ，结束挖槽参数的设置，产生的刀路如图 15-64 所示。

⑩ 在加工操作管理器中选择“7-Pocket(Standard)”，单击按钮，弹出 Backplot 对话框。按键盘的〈R〉键，模拟刀路，检查刀具铣削路径有无问题。刀路如图 15-65 所示。

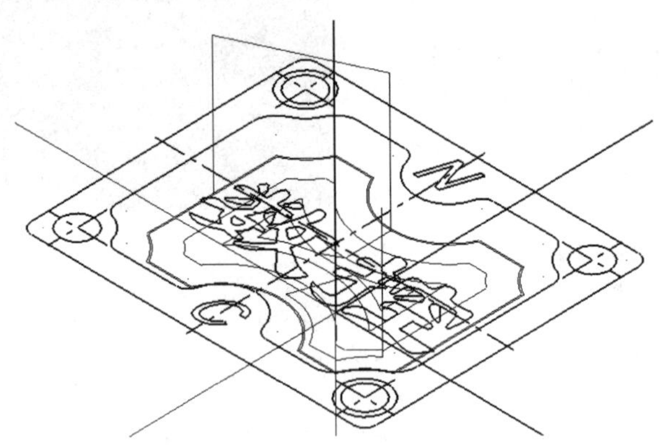

图 15-65　2D 挖槽铣削刀路

⑪ 在加工操作管理器中单击按钮（隐藏 / 显示刀路），使图标变成灰色，关闭当前的刀路显示。按〈Alt+A〉保存 2D 综合零件的文件。

8）前面工序采用 ϕ8mm 立铣刀加工曲线槽，但曲线槽的最小内凹半径是 R2mm，必须采用 ϕ4mm 立铣刀进行清角才能达到图样的要求。用 ϕ4mm 立铣刀，采用 2D 挖槽加工刀路残料加工方式对零件中间的曲线槽进行清角精加工。

① 在加工操作管理器区域中单击鼠标右键，依次单击 Copy/Paste 命令，将第 6 步的 2D 挖槽加工刀路程序复制。

② 打开系统的“2D 挖槽铣削”对话框，在刀具栏空白区内单击鼠标右键，在弹出的菜单中选择“从刀具库选择刀具”Tool manager 命令，系统弹出“刀具库”对话框，选择 ϕ4mm 平铣刀，Spindle 取“3600”，Feed rate 取“300”，Plunge 取“400”，Retract 取“1500”。

③ 单击 Linking Parameters 选项，设置相关参数。Retract 取“30.0”（绝对尺寸），Feed plane 取“5.0”（相对尺寸）。Top of stock 设置成“10.0”（绝对尺寸），Depth 设置成“7.0”（绝对尺寸）。挖槽清角的深度取“3.0”。

④ 单击 Cut Parameters 选项，进入“2D 挖槽铣削参数”界面，如图 15-66 所示，设置相关参数。选择 Remachining“残料铣削”方式。槽底及槽四壁的加工余量都取“0”。

⑤ 单击“外形铣削参数”下 Cut Parameters/Depth Cuts 命令，打开“深度分层铣削”设置对话框，设定每次粗加工的切削深度。“粗切削步距”每步取“0.25”，“精切削步距”每步取“0.1”。

⑥ 选择 Roughing 复选框，系统启动“粗加工”方式及其相关参数设置选项。设置相关参数。采用“环切并清角”Parallel Spiral 切削方式，“粗切削间距”取“50%”，“粗切削间距值”取“2.0”。

⑦ 此工序无需进行螺旋 / 斜线下刀参数的设置。

⑧ 选择 Finish 复选框，启动“精加工”方式及其相关参数设置选项，设置精加工参数，“精加工次数”取“1”，精加工量取“0.25”。

⑨ 单击 Lead In/Out，设置精加工的“导引入 / 导引出”方式，如图 15-67 所示。

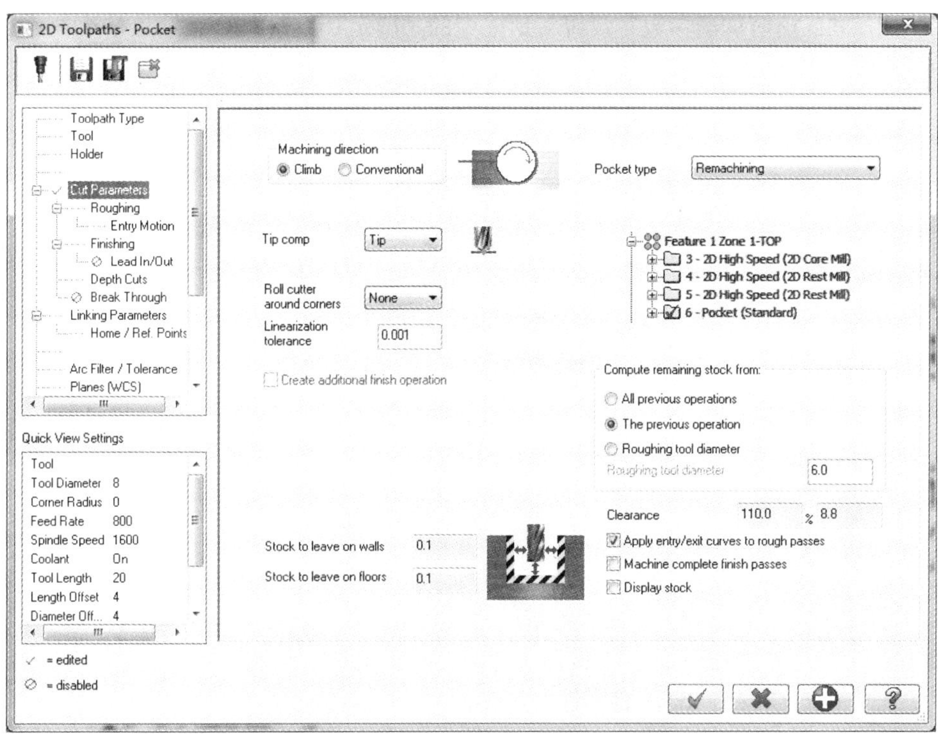

图 15-66　“2D 挖槽残料铣削方式参数”设置对话框

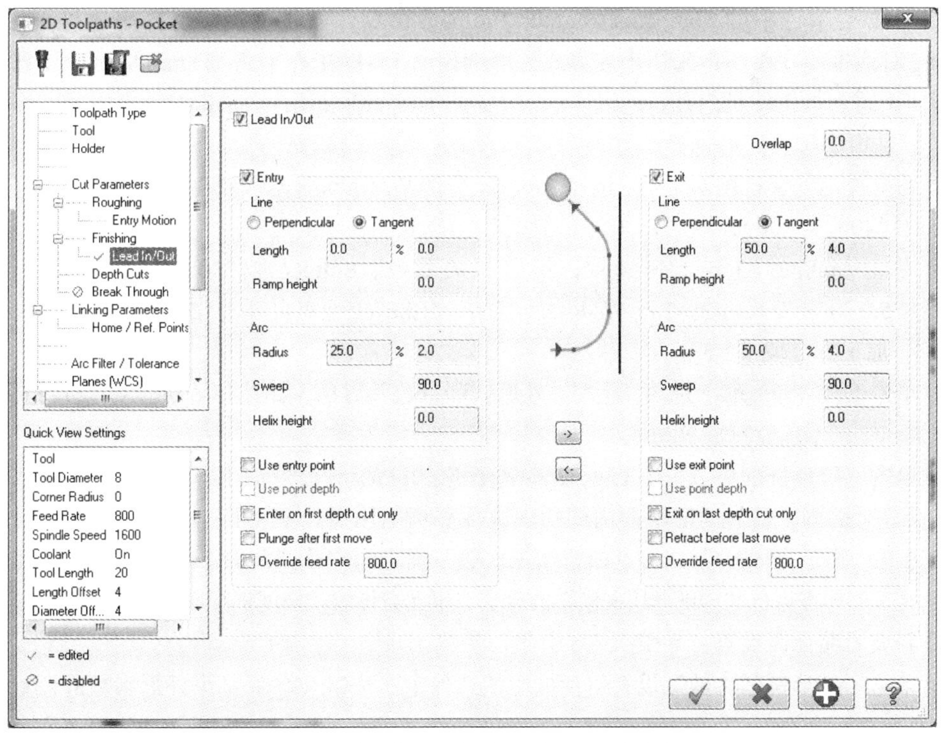

图 15-67　“导引入 / 导引出参数”设置对话框

⑩ 单击“2D 挖槽铣削参数”设置对话框中的“确定”按钮 ✓ ，结束挖槽参数的设置，产生的刀路如图 15-68 所示。

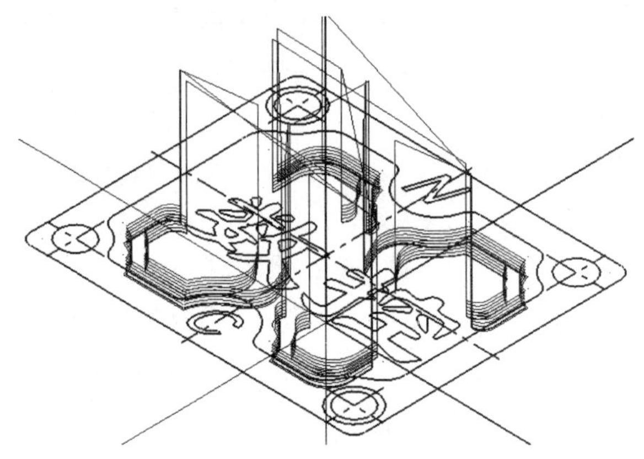

图 15-68　2D 挖槽铣削刀路

⑪ 在加工操作管理器中选择“8-Pocket(Remachining)”，单击按钮，弹出 Backplot 对话框。按键盘的〈R〉键，模拟刀路，检查刀具铣削路径有无问题。刀路如图 15-68 所示。

⑫ 在加工操作管理器中单击≋按钮（隐藏 / 显示刀路），使图标变成灰色，关闭当前的刀路显示。按〈Alt+A〉保存 2D 综合零件的文件。

9）选取 ϕ6mm 平铣刀，采用 2D 外形斜线加工刀路对零件左上角直径 ϕ8mm、深度 1.5mm 的台阶圆孔进行粗、精加工。

① 单击菜单栏中的 Toolpaths/Contour Toolpath 命令，系统提示“选择串连外形”，弹出 Chaining 对话框。在绘图区采用串连方式选取选择图 15-47 中左上角 ϕ8mm 的圆，注意串联箭头的指向（因为加工的是内孔，所以串联的方向和加工外形相反）。单击对话框中的“确定”按钮 ✓ ，结束串连外形的选择。

② 系统弹出外形铣削对话框，选择 ϕ6mm 平铣刀，Spindle 取“2500”，Feed rate 取“400”，Plunge 取“400”，Retract 取“1500”。

③ 单击 Linking Parameters 选项，设置相关参数。Retract 取“30.0”（绝对尺寸），Feed plane 取“5.0”（相对尺寸）。Top of stock 设置成“10.0”（绝对尺寸），Depth 设置成“8.5”（绝对尺寸）。加工深度取“1.5”。

④ 单击 Cut Parameters 选项，进入“外形铣削参数”界面，如图 15-69 所示，设置相关参数。这里将 Contour type 设置成 Ramp。

⑤ 单击“外形铣削参数”下 Cut Parameters/Multi Passes 命令，打开“外形分层铣削”Multi Passes 设置对话框，设置 XY 平面内的切削次数和切削用量。“粗加工次数”确定为“1”，“粗加工步进值”确定为“0.1”。“刀具的精加工次数”确定为“1”,“精加工步进值”确定为“0.1”。

⑥ 此工序无需进行“深度分层铣削”的设置，也无需设置“深度贯穿铣削”Break Through。

⑦ 斜坡刀路无需设置“导引入 / 导引出”参数。

⑧ 单击“外形铣削参数”设置对话框中的“确定”按钮 ✓ ，结束外形参数的设置，产生的刀路如图 15-70 所示。

⑨ 在操作管理器中选择“9-Contour(Ramp)”，单击按钮，弹出 Backplot 对话框。按键盘的〈R〉键，模拟刀路，检查刀具铣削路径有无问题。刀路如图 15-70 所示。

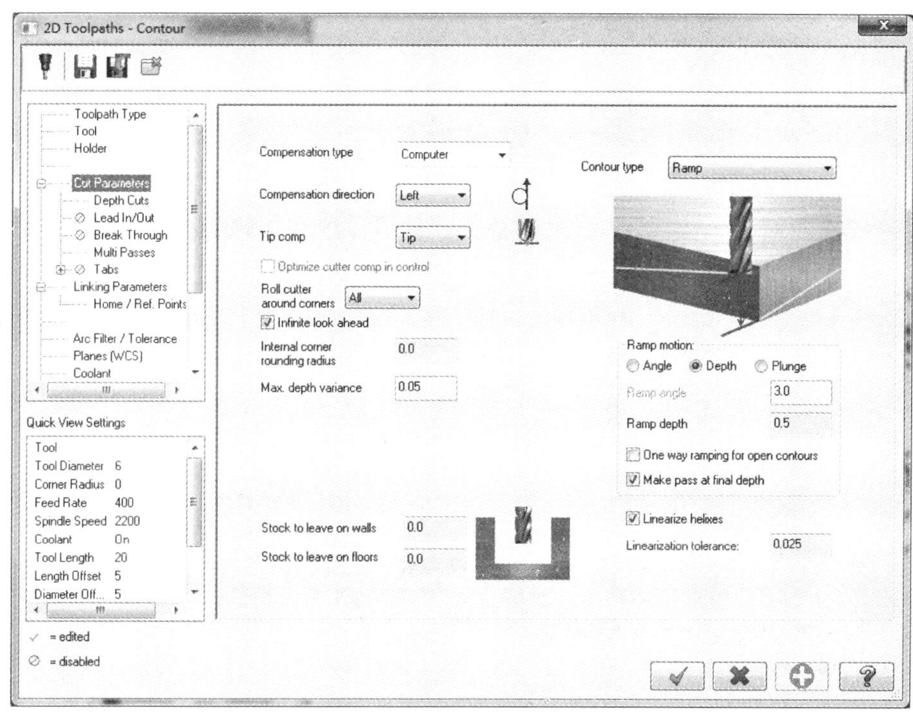

图 15-69　“外形铣削参数”设置对话框

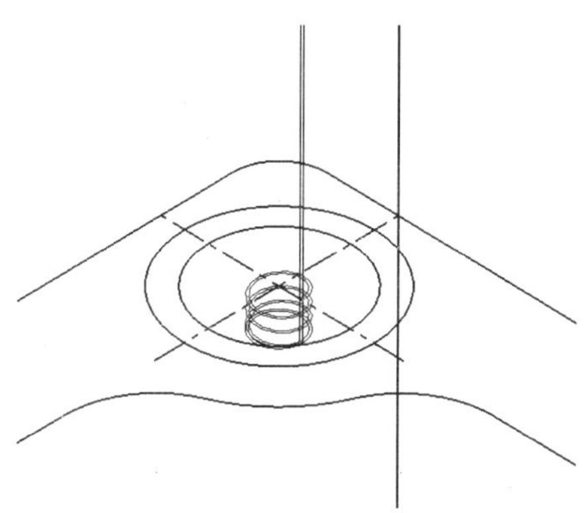

图 15-70　2D 外形斜坡铣削刀路

⑩ 在加工操作管理器中单击≋按钮（隐藏 / 显示刀路），使图标变成灰色，关闭当前的刀路显示。按〈Alt+A〉保存 2D 综合零件的文件。

10）采用刀路平移转换方法，平移第 9 步刀路，对零件右下角的 ϕ8mm、深度 1.5mm 的台阶圆孔进行粗、精加工。

① 单击菜单栏中的 Toolpaths/Tranform“刀路转换”命令，系统弹出图 15-71 所示 Transform Operation Parameters“刀路转换参数”设置对话框，选择 Translate“平移操作”复选框。

② 在对话框中单击 Translate“平移操作”选项，“平移”对话框如图 15-72 所示。将刀路在两圆心之间平移。

③ 单击“刀路转换”对话框中的“确定”按钮 ✔，结束参数的设置，产生的刀路如图 15-73 所示。

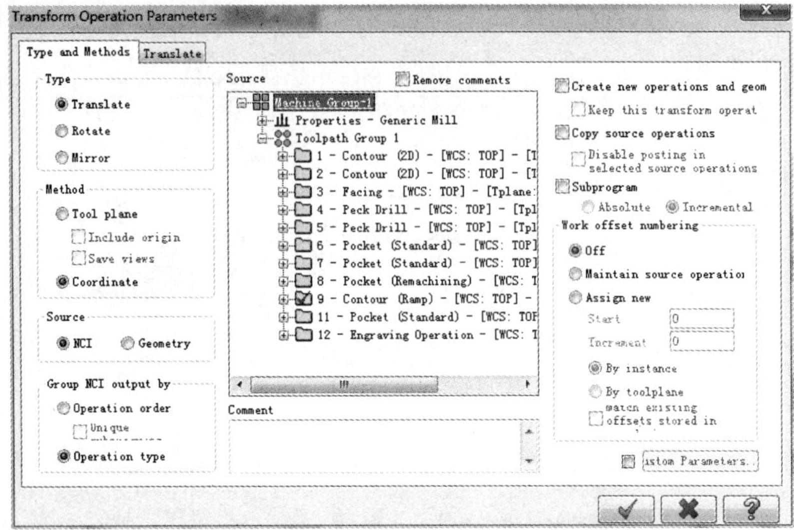

图 15-71 “刀路转换参数”设置对话框

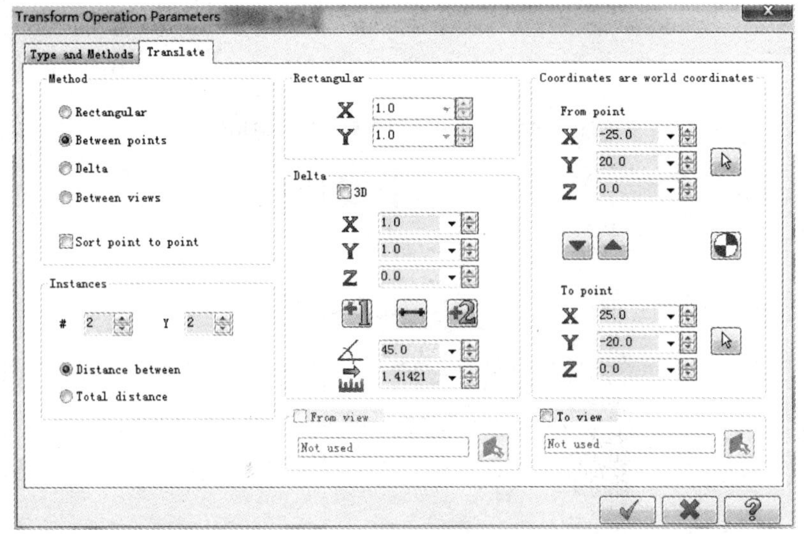

图 15-72 “平移”对话框

④在加工操作管理器中选择“10-Transform by Coordinate–Translate between points”，单击按钮，弹出 Backplot 对话框。按键盘的〈R〉键，模拟刀路，检查刀具铣削路径有无问题。刀路如图 15-73 所示。

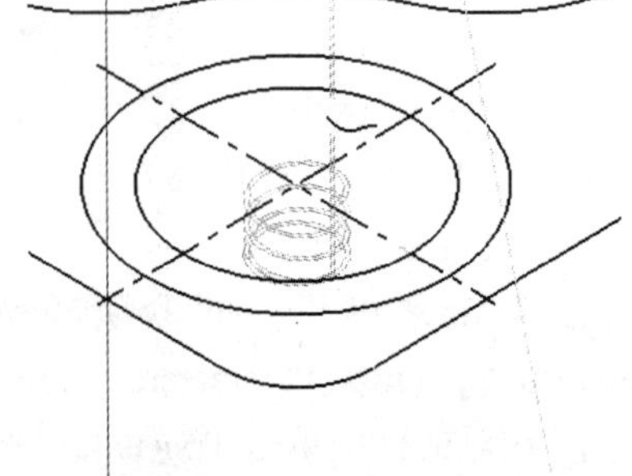

图 15-73 平移后的刀路

⑤ 在加工操作管理器中单击按钮（隐藏 / 显示刀路），使图标变成灰色，关闭当前的刀路显示。按〈Alt+A〉保存 2D 综合零件的文件。

11）零件中间的“数控”二字的最小内凹半径很小，很难保证。这里采用自行磨制的 ϕ4mm、R0.3mm 雕刻尖刀，采用 2D 挖槽加工刀路对零件中间的“数控”二字加工。

① 单击菜单栏中的 Toolpaths/Pocket 命令，系统提示“选择串连外形”，在绘图区采用窗口框选方式选取图 15-47 零件中间的“数控”二字，单击对话框中的“确定”按钮 ✔，结束串连外形选择。

② 打开系统“2D 挖槽铣削参数”对话框，在刀具栏空白区内单击鼠标右键，在弹出的菜单中选择“从刀具库选择刀具”Tool manager 命令，系统弹出“刀具库”对话框，选择自行磨制的 φ4mm、R0.3mm 雕刻尖刀（倒角刀形式），Spindle 取“5000”（最高转速需参考所使用机床的主轴转速），Feed rate 取“400”，Plunge 取“400”，Retract 取“1500”。

③ 单击 Linking Parameters 选项，设置相关参数。Retract 取“30.0”（绝对尺寸），Feed plane 取“5.0”（相对尺寸）。Top of stock 设置成“7.0”（绝对尺寸），Depth 设置成“6.5”（绝对尺寸）。字深取“0.5”。

④ 单击 Cut Parameters 选项，进入“2D 挖槽铣削参数”界面，如图 15-74 所示，设置相关参数。选择 Standard“标准挖槽铣削”方式。

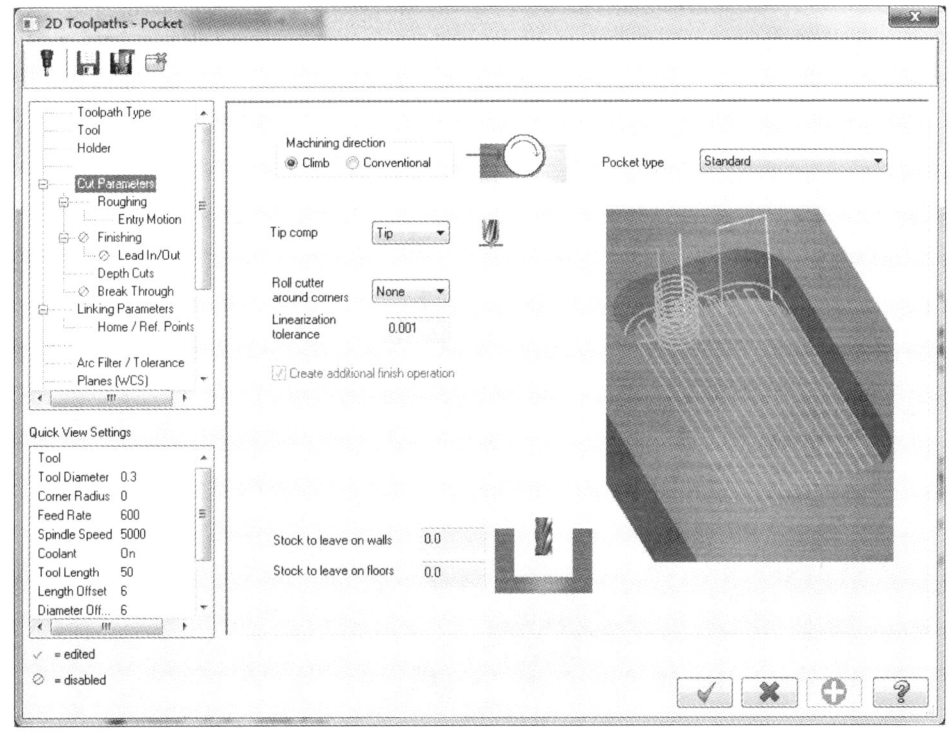

图 15-74　“2D 挖槽铣削参数”设置对话框

⑤ 单击“外形铣削参数”下 Cut Parameters/Depth Cuts 命令，打开“深度分层铣削”设置对话框，设定每次粗加工的切削深度。“粗切削步距”每步取“0.15”。

⑥ 选择 Roughing 复选框，启动“粗加工”方式及其相关参数设置选项，设置相关参数。采用“环切并清角”Parallel Spiral 切削方式，“粗切削间距”取“50%”，“粗切削间距值”取“0.15”。

⑦ 选择 Entry Motion 复选框，系统弹出图 15-75 所示“螺旋 / 斜线下刀参数”设置对话框。设置相关参数。

⑧ 选择 Finish 复选框，启动“精加工”方式及其相关参数设置选项，设置精加工参数，“精加工次数”取“1”，“精加工量”取“0.25”。

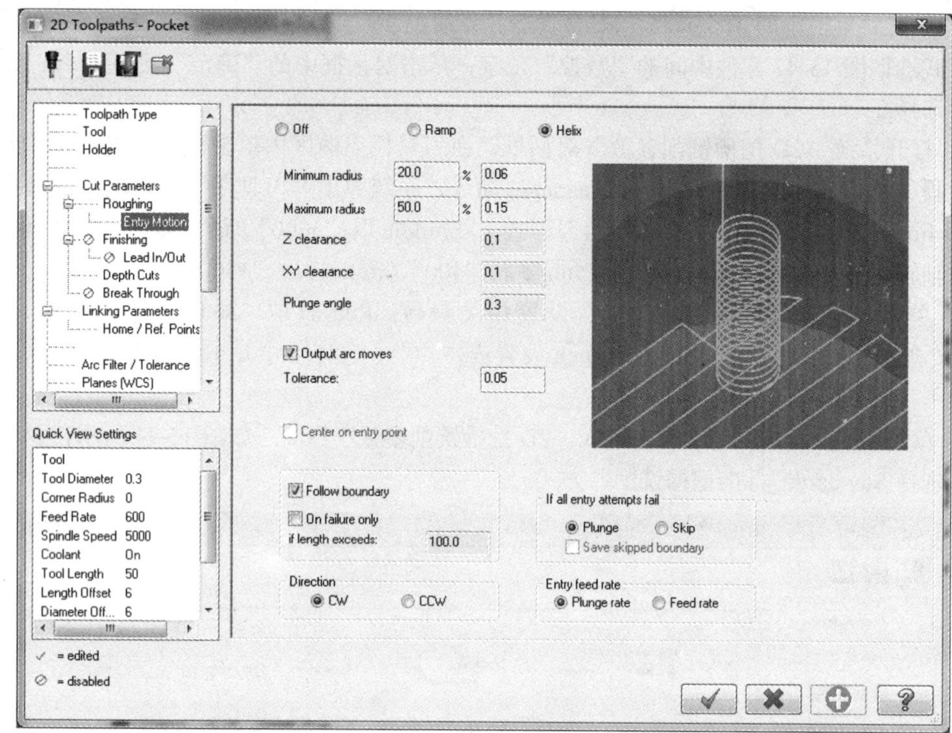

图 15-75 “螺旋 / 斜线下刀参数”设置对话框

⑨ 此工序无需设置精加工的“导引入 / 导引出”方式。

⑩ 单击“2D 挖槽铣削参数”设置对话框中的“确定”按钮 ✔，结束挖槽参数的设置，产生的刀路如图 15-76 所示。

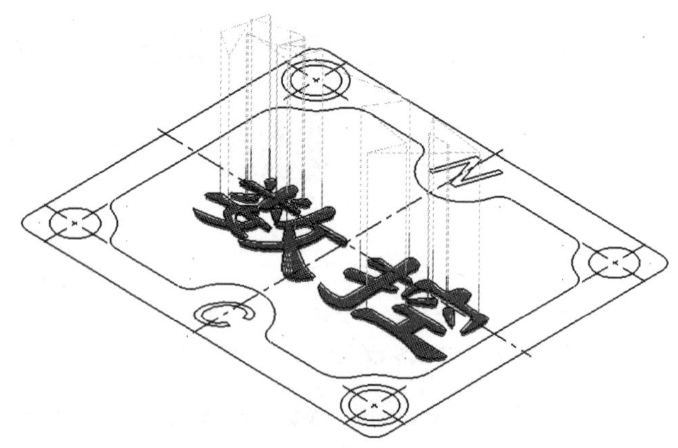

图 15-76 2D 挖槽铣削刀路

⑪ 在加工操作管理器中选择“11-Pocket(Standard)”，单击按钮，弹出 Backplot 对话框。按键盘的〈R〉键，模拟刀路，检查刀具铣削路径有无问题。刀路如图 15-76 所示。

⑫ 在加工操作管理器中单击按钮（隐藏 / 显示刀路），使图标变成灰色，关闭当前的刀路显示。按〈Alt+A〉保存 2D 综合零件的文件。

12）继续选用自行磨制的 ϕ4mm、R0.3mm 雕刻尖刀，采用雕刻加工刀路对零件中间的零件顶面“Z10”处中间的“NC”二字雕刻加工。

① 单击菜单栏中的 Toolpaths/Engraving“雕刻”命令，系统提示“选择串连外形”，弹出 Chaining 对话框，在绘图区采用窗口方式框选图 15-47 中的“NC”二字，单击对话框中的“确定”按钮 ✔，结束串连外形选择。

② 系统弹出 Engraving 对话框，继续选用自行磨制的 φ4mm、R0.3mm 雕刻尖刀。

③ 单击 Engraving 选项卡，设置雕刻参数，如图 15-77 所示。

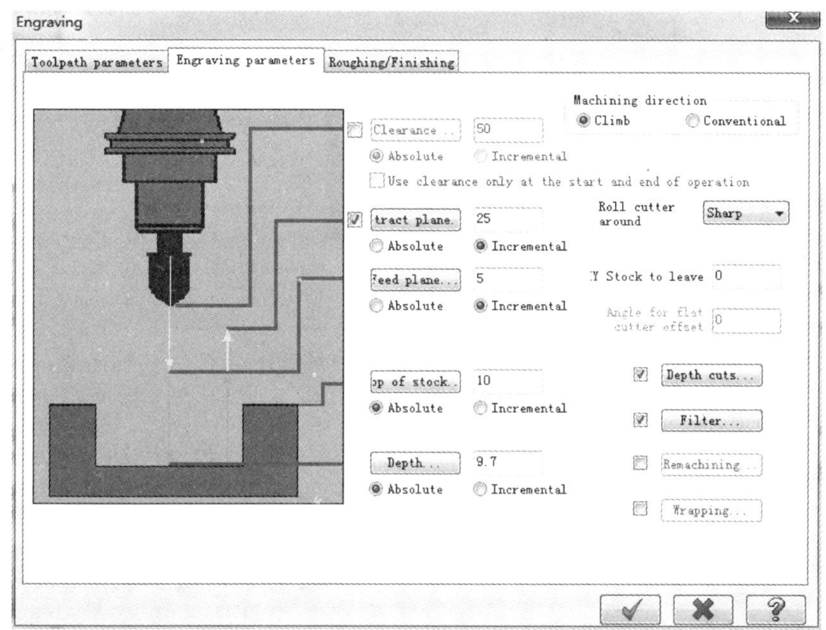

图 15-77　“雕刻参数”对话框

④ 单击 Depth cuts“深度切削分层”按钮，弹出 Depth cuts 对话框，如图 15-78 所示。

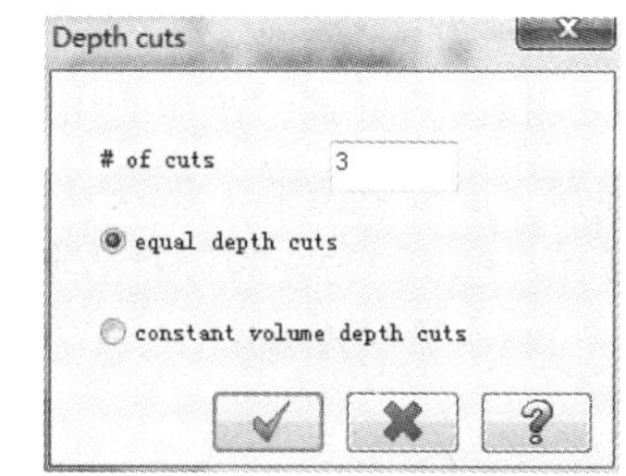

图 15-78　“深度切削分层”对话框

⑤ 单击 Roughing/Finishing 选项卡，系统弹出 Roughing/Finishing“粗 / 精加工”选项卡，设置粗 / 精加工参数，如图 15-79 所示。

⑥ 单击 Entry-ramp“倾斜下刀”按钮，系统弹出 Entry-ramp“倾斜下刀”对话框，将“下刀倾斜角度”设置为“30”。

⑦ 单击“雕刻加工参数”设置对话框中的“确定”按钮 ✔，结束雕刻参数的设置，产生的刀路如图 15-80 所示。

⑧ 在加工操作管理器中选择“12-Engraving Operation”，单击按钮，弹出 Backplot 对话框。按键盘的〈R〉键，模拟刀路，检查刀具铣削路径有无问题。

⑨ 在加工操作管理器中单击按钮（隐藏 / 显示刀路），使图标变成灰色，关闭当前的刀路显示。按〈Alt+A〉保存零件的文件。

13）在加工操作管理器图中单击按钮，选择所有的加工程序，单击按钮，系统弹出 Verify（实体模拟）对话框，单击▶按钮，完成实体模拟加工。图 15-81 是工件实体模拟加工效果图。

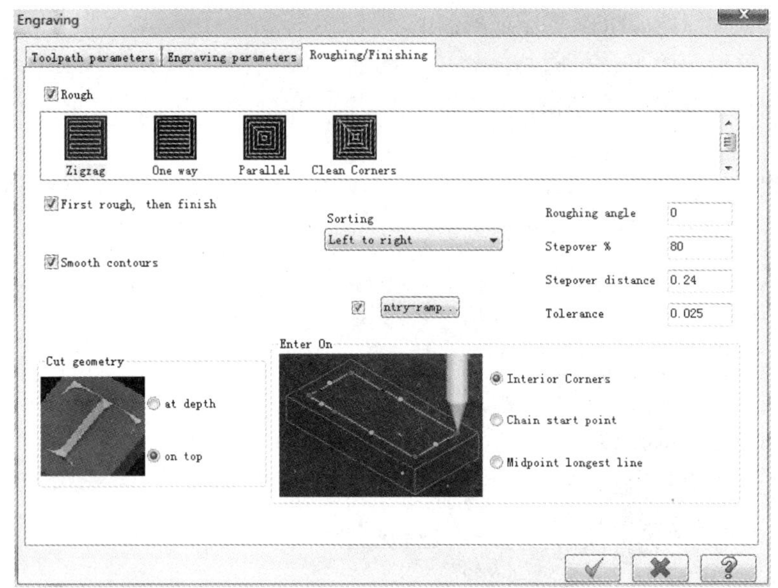

图 15-79 “粗 / 精加工”选项卡

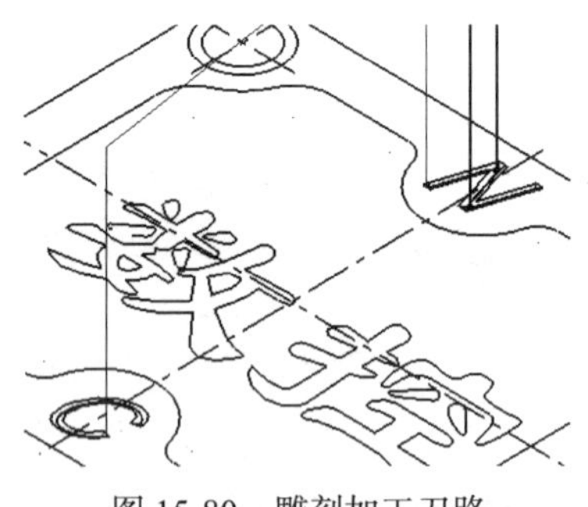

图 15-80 雕刻加工刀路

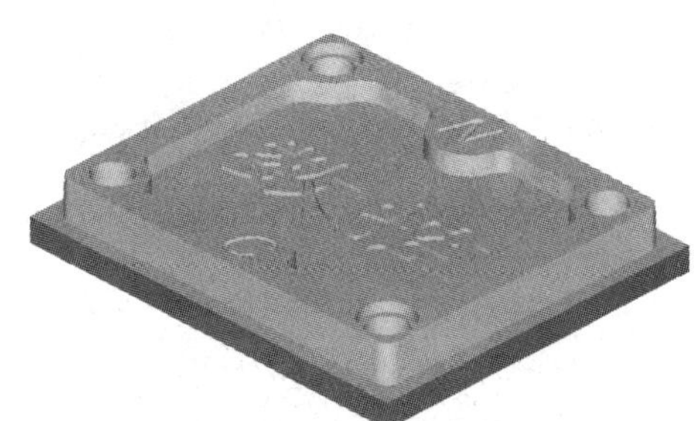

图 15-81 实体模拟加工效果

14）后处理，产生 CNC 加工程序。当模拟完成，各方面都比较满意时，进入加工操作管理器，依次单击 / G1按钮，出现 Post Processing 对话框，选择所需的后置处理器，单击按钮，弹出“另存为”对话框，单击“保存”按钮，将所计算的程序输送至数控铣床即可加工。

15）按〈Alt+A〉保存零件的文件。

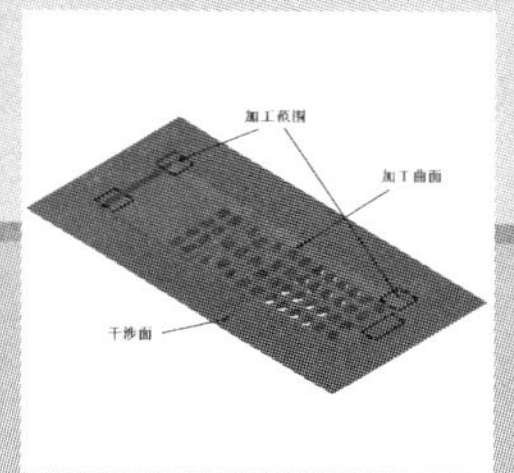

第 16 章 曲面加工

曲面加工是 Mastercam X7 加工模块中的核心部分。前面讲述的二维加工中，很多图形也可以利用手工编程的方法来实现，但对于三维曲面的加工，使用手工编程就有些力不从心了，需借助 Mastercam X7 强大的曲面粗／精加工功能来实现，如图 16-1 所示。

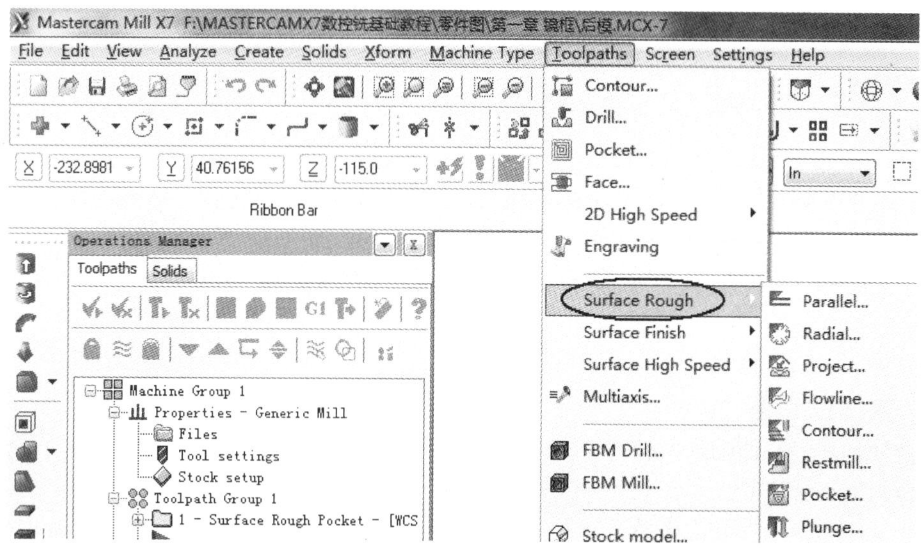

图 16-1　曲面加工界面

Mastercam X7 的曲面加工方法包括“曲面粗加工”Surface Rough 和“曲面精加工”Surface Finish 两大类型。曲面粗加工主要用于快速去除坯料的大部分材料，以方便后面的曲面精加工，因此，曲面粗加工往往采用大直径刀具、较大的进给速度及大的加工误差。而曲面精加工主要是为了获取好的加工质量，通常采用高转速、小的进给速度及小的加工误差。

曲面粗加工提供了 8 种粗加工方法和 11 种曲面精加工方法。

16.1　曲面加工共同参数的设置

Mastercam X7 的曲面加工除了包括“共同刀具参数”Toolpath Parameters 外，还包括“共同曲面参数”Surface Parameters 和一组特定铣削方式专用的设置参数（与选择的铣削方式相对应），如图 16-2 所示。

曲面加工的共同参数包括高度设置、进／退刀向量、刀具补偿位置、加工曲面／干涉面／加工区域设置、预留量设置及刀具加工范围设置，如图 16-2 所示。

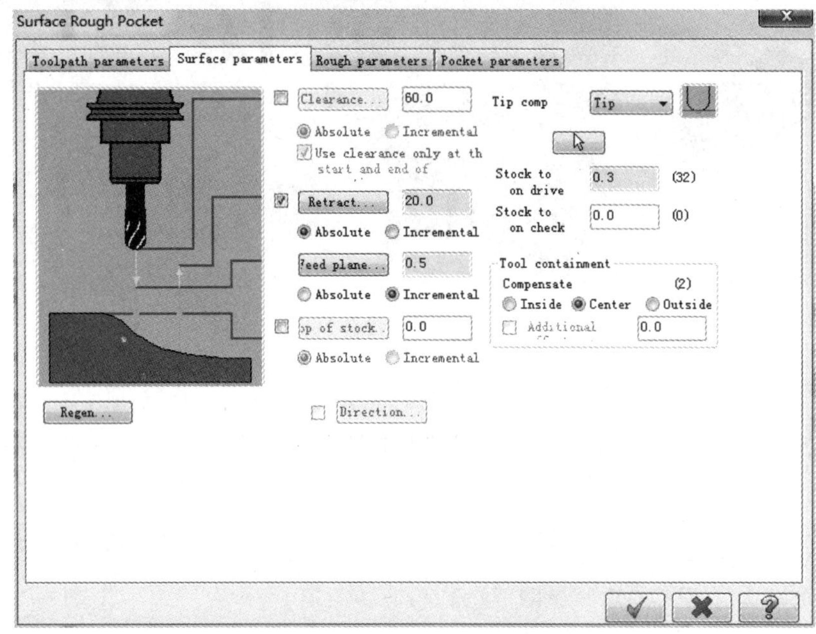

图 16-2 “曲面加工共同曲面参数”对话框

16.1.1 高度设置

曲面加工的高度设置与二维加工的高度设置基本相同，也包括“安全高度”Clearance、“参考高度”Retract、“下刀位置”Feed plane 及“工件表面”Top of stock，只是少了“最后切削深度”选项 Depth，因为曲面加工的最后切削深度由曲面外形自动决定，不需要设置。

16.1.2 进／退刀向量

该按钮用于设置曲面加工时刀具的切入与退出方式，单击此按钮，系统弹出图 16-3 所示对话框。各选项含义如下。

其中，Plunge direction 选项用于设置进刀向量，Retract direction 选项用于设置退刀向量，两者设置参数的含义相同。

Plunge angle ／ Retract angle：设置进刀和退刀的角度。

XY angle：设置进／退刀线与 XY 轴的相对角度。

Plunge length ／ Retract length：设置进／退刀线的长度。

Relative to：设置进／退刀线的参考方向，选择 Cut Direction 选项时，进／退刀线所设置的参数是相对于切削方向来度量，选择 Tool Plane X axis 选项时，进／退刀线所设置的参数是相对于所处刀具平面的 X 轴方向来度量。

Vector...：单击此按钮，系统弹出图 16-4 所示对话框，用户可以输入 X、Y、Z 三个方向的向量来确定进／退刀线的长度和角度。

Line...：单击此按钮，用户可以选择存在的线段来确定进／退刀线的位置、长度和角度。

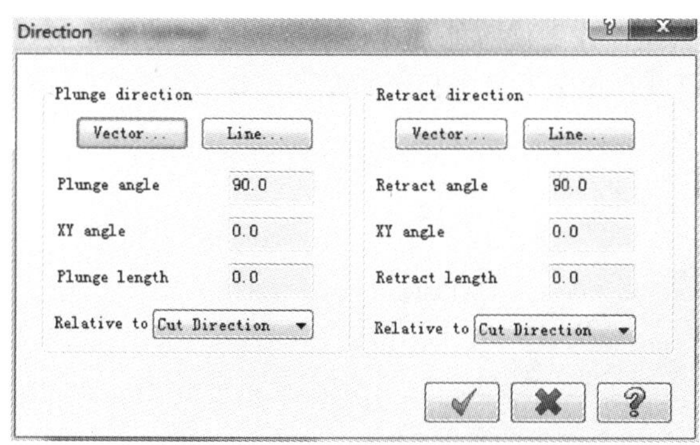

图 16-3　“进 / 退刀向量”对话框

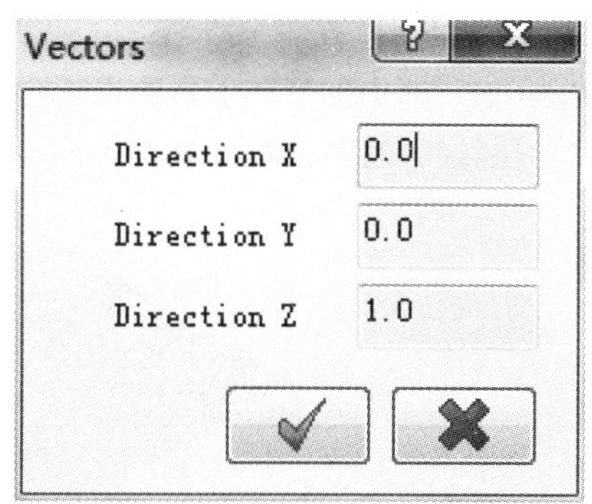

图 16-4　Vectors 对话框

16.1.3　刀具补偿位置

Tip comp：如图 16-5 所示，此列表供用户选择刀具补偿的位置为“刀尖”Tip 或“球心”Center，选择“刀尖”Tip 补偿时，产生的刀路显示为刀尖所走的轨迹，选择“球心”Center 补偿时，产生的刀路显示为球心所走的轨迹。

图 16-5　刀具补偿位置

16.1.4　加工曲面、干涉面、加工区域设置

按钮用于设置加工曲面、干涉面（检查面）及加工范围，单击此按钮，系统弹出图 16-6 所示对话框，用户可以修改加工曲面、干涉面及加工范围。各选项含义如下。

Drive：加工曲面。

【32】：显示已经选择的加工曲面数量。

：增加或减少加工曲面。

：取消所有的加工曲面。

【0】：显示已经选择的 STL 文件数量。

CAD file...：选择 STL 文件作为加工曲面。

：取消所有的 STL 文件。

Show...：显示加工曲面模型。

Check：干涉面（检查面）。

【0】：显示已经选择的加工曲面数量。

：增加或减少干涉曲面。

：取消所有的干涉曲面。

Show...：显示干涉曲面模型。

Containment boundary：加工范围。

【2】：显示已经选择的加工范围数量。

：增加或减少加工范围。

：取消所有的加工范围。

Entry point：进刀点。

：设置刀路的起点。

：取消选择的刀路起点。

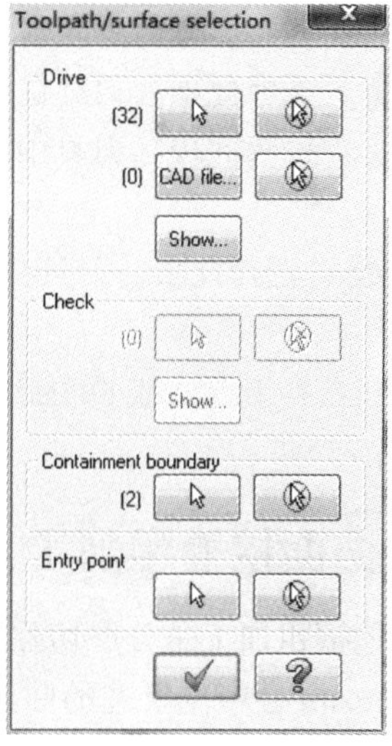

图 16-6　“加工曲面、干涉面及加工范围”设置对话框

曲面加工时，充分理解加工曲面、干涉面和加工范围是非常重要的。加工曲面指需要加工

的曲面；干涉面（检查面）指不需要加工的曲面（或者说不能加工的、受到保护的曲面）；加工范围指在加工曲面的基础上再给出某个范围进行加工，目的是针对某个结构进行加工，减少空走刀，提高加工效率，如图 16-7 所示。

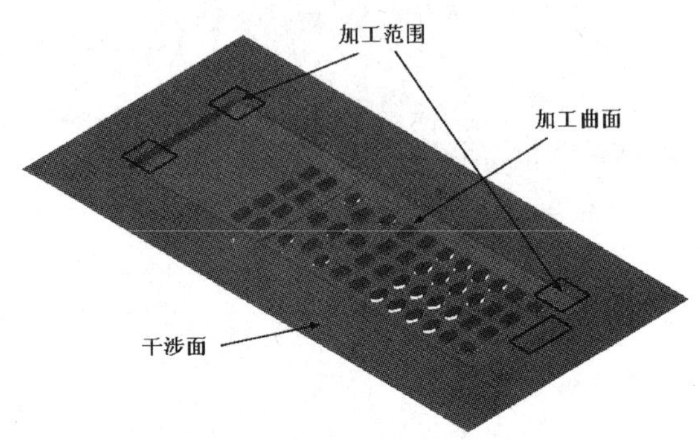

图 16-7　加工曲面、干涉面及加工范围示意图

16.1.5　预留量设置

预留量设置包括“加工曲面的预留量” Stock to on drive 及“加工刀具避开干涉面的距离” Stock to on check。进行粗加工时，一般需要设置“加工曲面的预留量” Stock to on drive，此值一般为 0.3~0.5，也就是后续精加工的加工量。而设置“加工刀具避开干涉面的距离” Stock to on check 可以防止刀具碰撞干涉面。

16.1.6　刀具补偿范围

曲面加工时，经常需要限定加工范围，Mastercam X7 提供了 3 种补偿范围方式。

In side：选择此项，刀具在加工区域内侧切削，即切削范围就是选择的加工区域。

Center：选择此项，刀具中心走加工区域的边界，即切削范围比选择的加工区域多一个刀具半径。

Outside：选择此项，刀具在加工区域外侧切削，即切削范围比选择的加工区域多一个刀具直径。

当用户选择 Inside 或 Outside 刀具补偿范围方式时，还可以在 Additional offset 栏输入额外的补偿量。

16.2　曲面挖槽粗加工

曲面挖槽粗加工是分层切除曲面与加工范围之间的所有材料，加工完毕的工件表面呈梯田状。Mastercam 会根据所选的曲面或实体在不同高度的截面形状，计算出各层的刀路，图 16-8 是曲面挖槽刀路的一个例子。曲面挖槽粗加工效率高，刀具受力均匀，常作为三维曲面粗加工的首选方案。

1. Rough parameters “粗加工参数”（图 16-9）

1）进刀方式（图 16-10）

Entry-Helix：螺旋下刀，主要用于设置螺旋下刀或斜插式下刀方式，其参数设置在 13.2.3 的第四项中有详细介绍，在此不再叙述。

Use entry point：指定进刀点，操作者可以指定刀路的起始点，系统以指定的点作为切削起点，再进入切削。

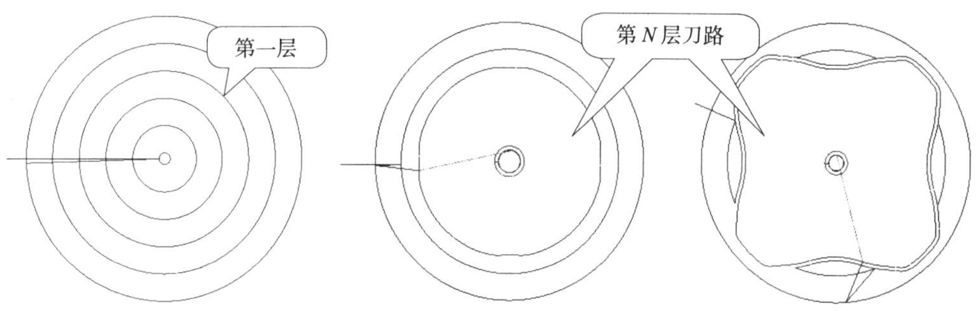

图 16-8　曲面挖槽粗加工刀路示意

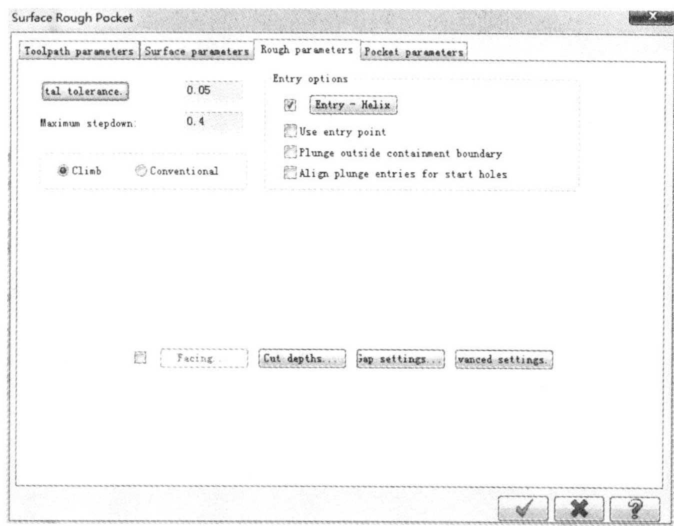

图 16-9　“曲面挖槽粗加工参数”设置对话框

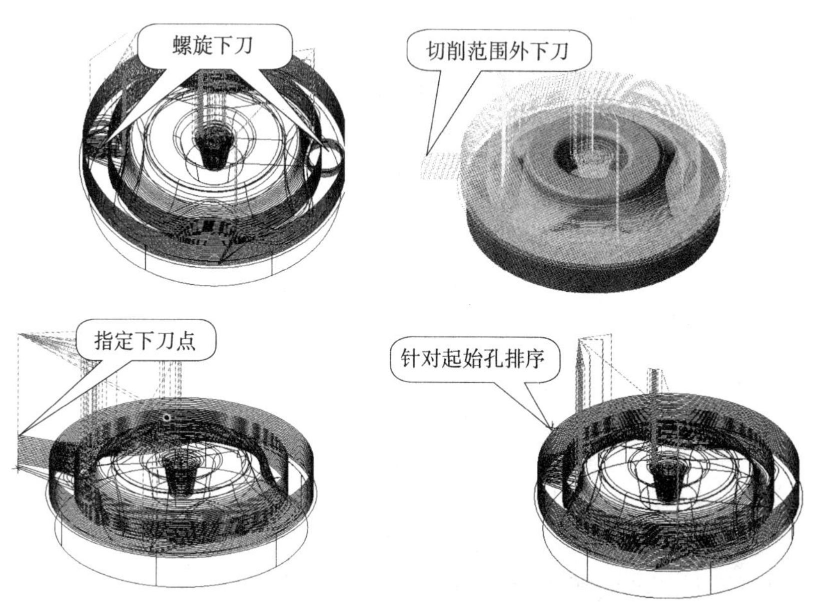

图 16-10　进刀方式示意图

Plunge outside containment boundary：在切削范围外下刀，在毛坯材料以外区域快速下刀，再横向切削进刀。一般用于型芯的粗加工，有利于提高刀具使用寿命。

Align plunge entries for start holes：下刀位置针对起始孔排序，指定多个下刀起始点，系统按指定的起始点顺序安排切削区域顺序。一般用于使用压板装夹的工件加工，可有效避免进刀时与压板夹具间发生碰撞。

2）Cut Depths“粗加工深度”。单击此按钮，系统弹出图 16-11 所示“粗加工深度”对话框，用户可以设置加工深度距离曲面顶面及底面的距离。加工深度示意图如图 16-12 所示。

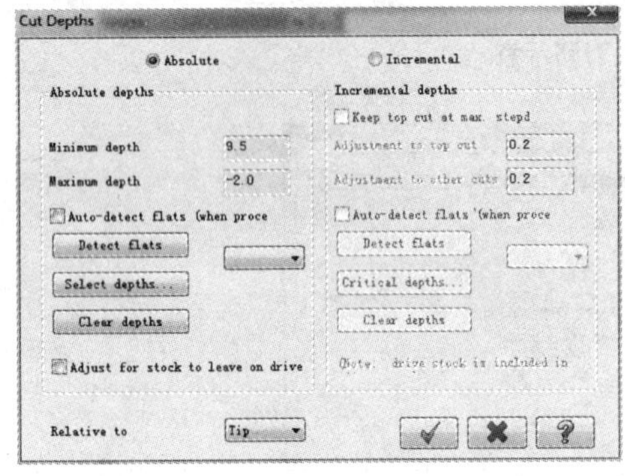

图 16-11 “粗加工深度”对话框

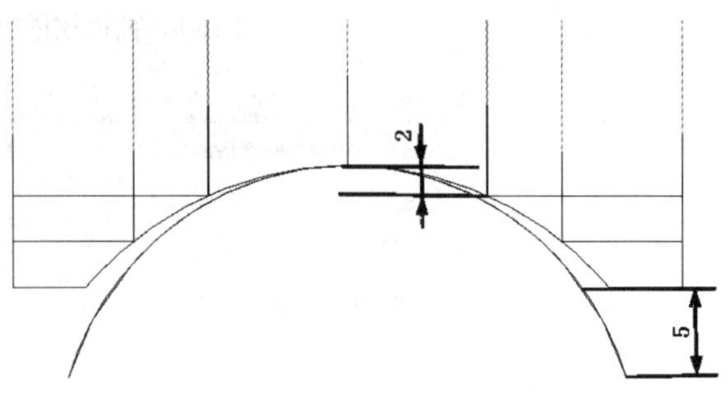

图 16-12 加工深度示意图

3）Gap settings“间隙设置”。间隙即曲面间不连续相连的空白区域，它有大于允许间隙和小于允许间隙的情况。间隙设置是用来设置刀具遇到大于允许间隙和小于允许间隙时的刀具移动情况。大于允许间隙时，刀具提刀移动；小于允许间隙时，刀具不提刀移动，可以选择系统提供的 4 种移动方式，间隙示意图如图 16-13 所示。

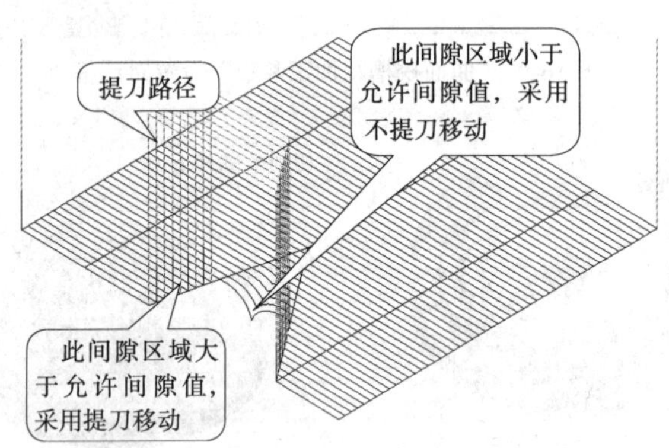

图 16-13 间隙示意图

单击 ap settings... 按钮，系统弹出图 16-14 所示的“间隙设置”对话框，用户可以设置曲面允许的间隙值、小于间隙值的刀具移动方式及刀路的延伸量等参数。各选项含义如下。

Gap size：设置曲面允许的间隙值，有两种设置方式。

Distance：直接输入曲面允许的间隙值。

% of step over：曲面允许间隙值为加工工具步进量的百分比。

Motion < Gap size，keep tool down：设置当刀具移动量小于曲面间设定的间隙值时，刀具在不提刀情况下的移动方式有 4 种供选择。

① Direct：刀具直接越过曲面间隙，即刀具直接从一曲面刀路终点直接移到另一曲面刀路起点。

② Broken：刀具首先从一曲面刀路的终点沿 Z 方向移动，再沿 XY 方向移到另一曲面刀路的起点。

③ Smooth：刀具以平滑方式从一曲面刀路的终点移到另一曲面刀路的起点，此方式常用于高速加工。

④ Follow surface（s）：刀具以沿曲面上升或下降的方式越过曲面间隙。4 种移动方式的对比情况如图 16-15 所示。

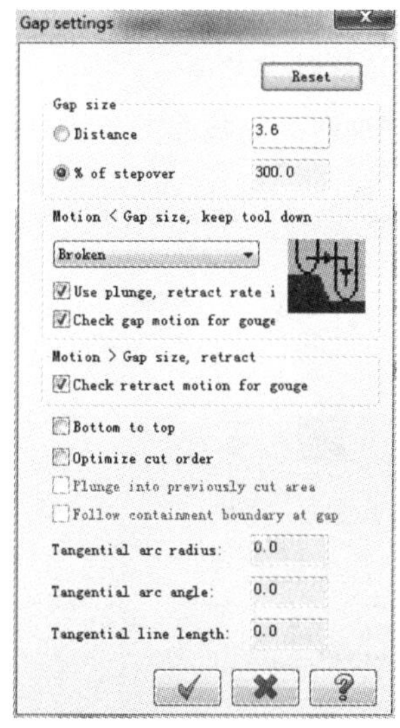

图 16-14 “间隙设置”对话框

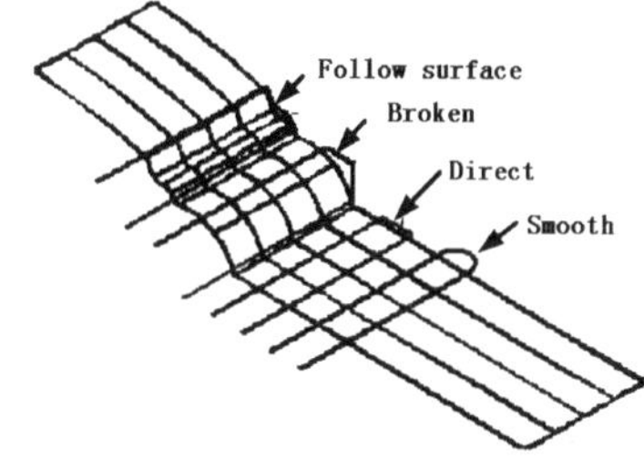

图 16-15 刀具的移动量小于允许间隙值时刀具的移动方式

Use plunge，retract rate in gap：刀具以下刀或回刀的速率越过曲面间隙，否则为平面进给速率。

Check gap motion for gouge：启动过切检查。

Motion > Gap size，retract：当刀具的移动量大于设置的曲面允许间隙值时，设置刀具在提刀情况下的移动方式，有以下 4 种方式。

① Check retract motion for gouge：启动过切检查。

② Optimize cut order：优化切削顺序，减少不必要的反复移动。

③ Plunge into previously cut area：刀具从加工过的区域下刀。

④ Follow containment boundary at gap：刀具以一定间隙沿边界切削。

Tangential arc radius：边界处刀路延伸的切弧半径。

Tangential arc angle：边界处刀路延伸的切弧扫掠角度。

Tangential line length：边界处刀路延伸的切线长度。

4）Advanced settings“高级设置”。单击 vanced settings. 按钮，系统弹出图 16-16 所示“高级设置”对话框，用户可以进行边界设置。各选项含义如下。

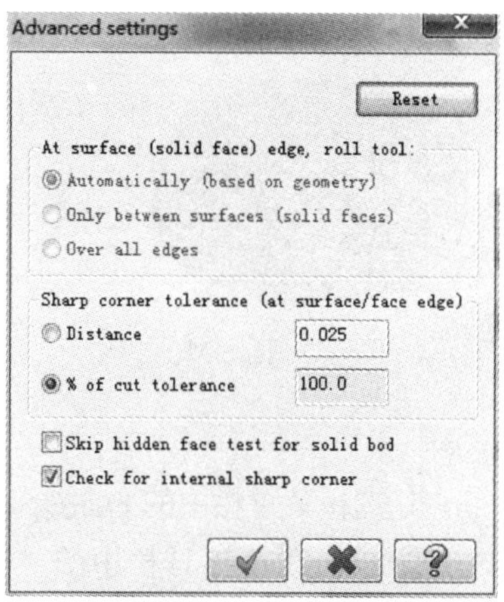

图 16-16 “高级设置”对话框

At surface(solid face)edge, roll tool：设置曲面边界走圆角刀路的方式，有 3 种方式可供选择。

① Automatically (based on geometry)：系统根据曲面的实际情况自动决定是否在曲面边界走圆角刀路。

② Only between surfaces (solid faces)：刀具只在曲面间走圆角刀路，即当刀具从一个曲面的边界移动到另一个曲面时，在边界处走圆角刀路。

③ Over all edges：刀具在所有曲面边界走圆角刀路。

Sharp corner tolerance (at surface / face edge)：此项用于设置刀具圆角走向移动量的误差，有两种设置方式。

① Distance：直接输入圆角移动的误差值。

②% of cut tolerance：以切削误差值的百分比来确定圆角移动误差值。

Skip hidden face test for solid bodies：当实体中存在隐藏面时，隐藏面不产生刀路。

Check for internal sharp comer：启动锐角检测。

5）Pocket parameters“挖槽参数”（见图 16-17）。

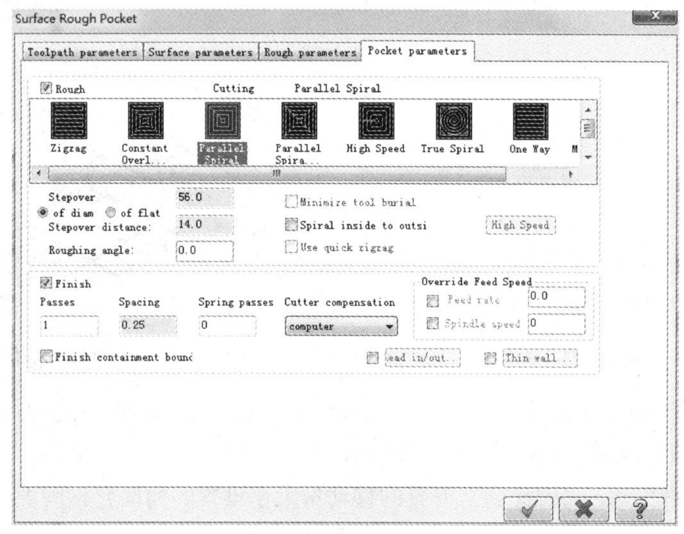

图 16-17 “挖槽参数”设置对话框

曲面挖槽粗加工实例，如图 16-18 所示。操作步骤如下。

a）曲面模型

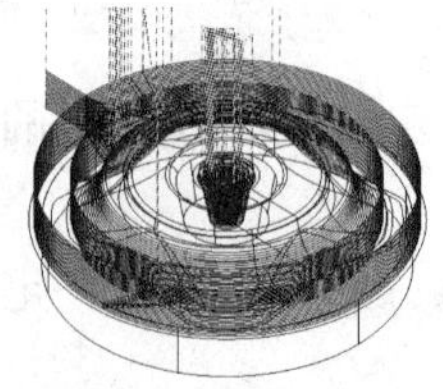

b）曲面挖槽粗加工刀路

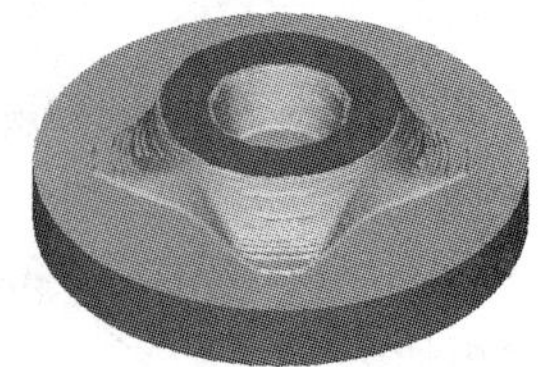

c）实体加工模拟结果

图 16-18 曲面挖槽加工实例

① 选择菜单栏中的 File/Open 命令，打开练习文件“曲面挖槽加工 .mcx”，如图 16-18a 所示。

② 单击顶部工具栏中的“俯视构图面”按钮，系统提示：Set planes to TOP relative to your WCS。

③ 选择菜单栏中的 Tool paths/Surface Rough/Pocket（曲面挖槽粗加工）命令，系统提示选择加工曲面，框选图 16-18a 的所有曲面为加工曲面，按〈Enter〉键确定。

④ 系统弹出“加工曲面、干涉面及加工范围设置”对话框，单击 Containment 选项中的按钮，选择图 16-18a 所示的圆弧为加工边界，单击按钮确定。

⑤ 系统弹出“曲面挖槽粗加工”对话框，在刀具栏空白区单击鼠标右键，从刀具库里选择 ϕ10mm、R0.8mm 的圆鼻刀，并设置图 16-19 所示刀具参数。

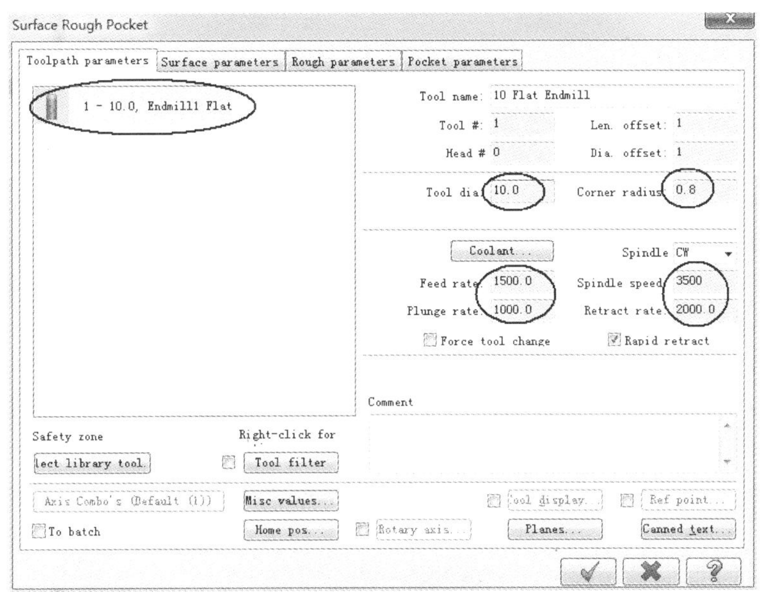

图 16-19　“刀具参数”对话框

⑥ 单击图 16-19 中的 Surface parameters “曲面参数”选项卡，对话框界面切换至 Surface parameters 界面，并设置图 16-20 所示刀具参数。

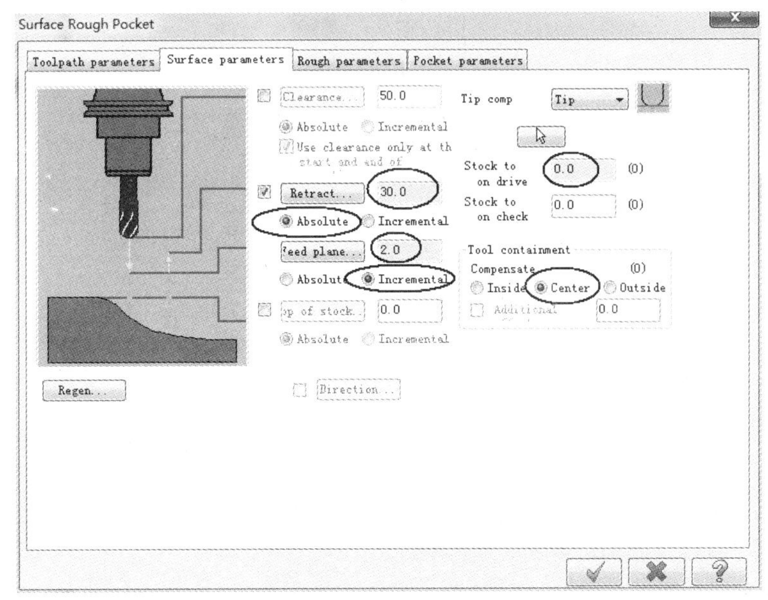

图 16-20　“曲面参数”对话框

⑦ 单击图 16-20 中的 Rough parameters “粗加工参数”选项卡，对话框界面切换至 Rough parameters 界面，并设置图 16-21 所示刀具参数。

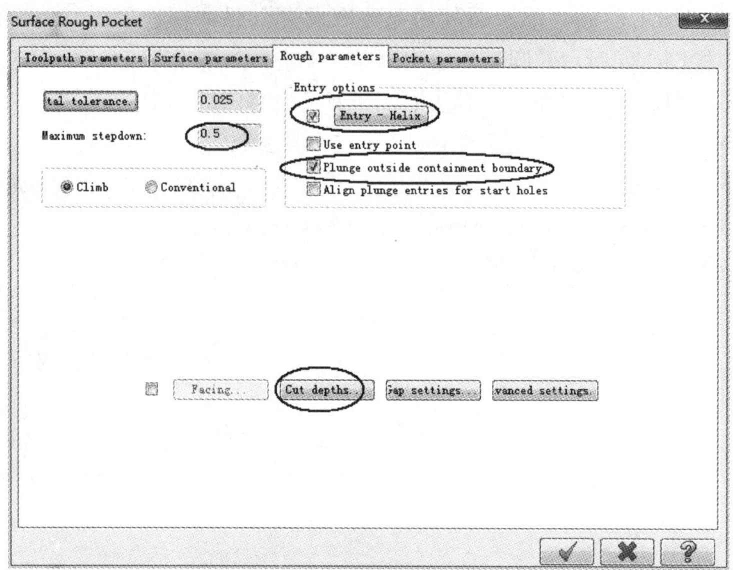

图 16-21 “粗加工参数”对话框

⑧ 单击图 16-21 中的 Entry-helix “螺旋下刀”复选框，系统弹出“螺旋下刀”对话框，并设置图 16-22 所示刀具参数。

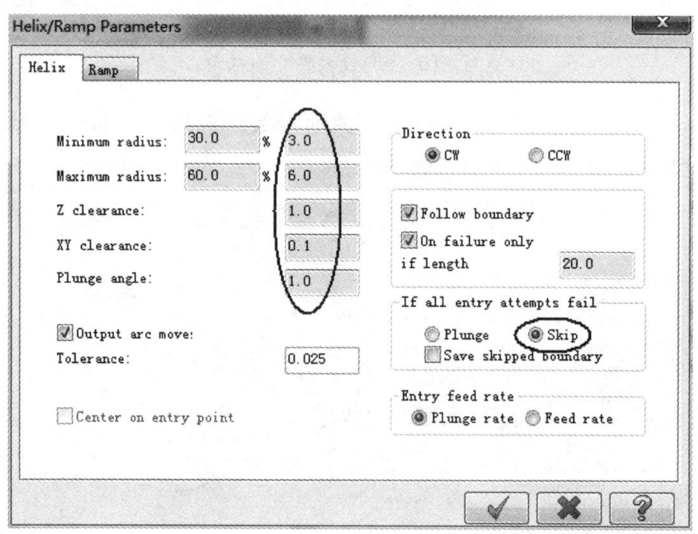

图 16-22 “螺旋下刀参数”对话框

⑨ 单击图 16-21 中的 Cut depths “加工深度”按钮，系统弹出“加工深度”对话框，并设置图 16-23 所示刀具参数。

⑩ 单击图 16-21 中的 Pocket parameters “挖槽参数”选项卡，对话框界面切换至 Pocket parameters 界面，并设置图 16-24 所示刀具参数。

⑪ 单击图 16-24 中 ✔ 按钮，计算曲面挖槽粗加工的刀路，如图 16-18b 所示。单击加工操作管理器中的按钮，进行实体模拟，模拟结果如图 16-18c 所示。

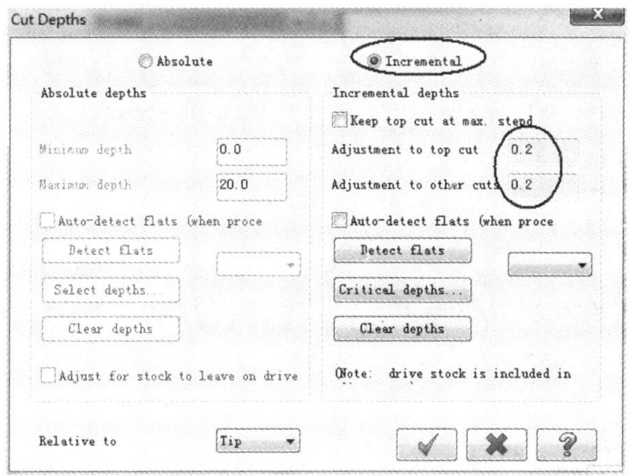

图 16-23　“加工深度”对话框

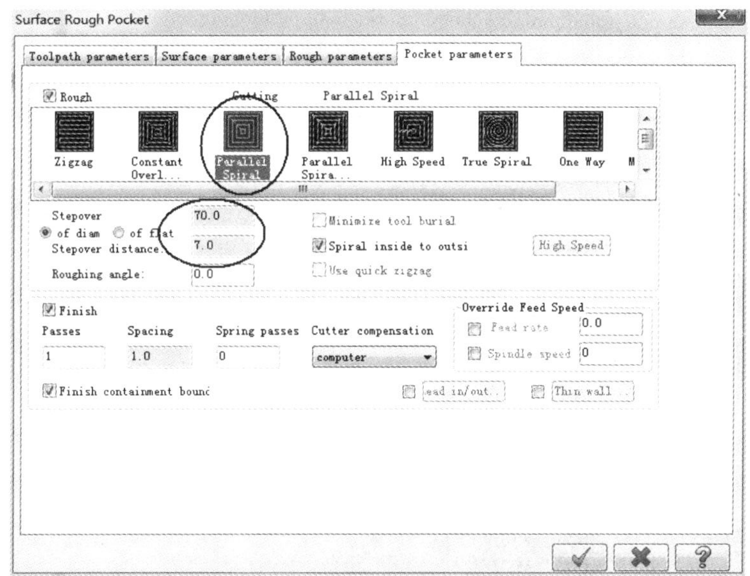

图 16-24　“挖槽参数”对话框

16.3　曲面残料粗加工

“残料粗加工” Restmill 是根据已加工刀路数据做进一步加工以清除残料，生成刀路时间较长，可以用来二次开粗，缺点是抬刀次数过多。下面对主要两个参数对话框进行说明。

残料加工参数与等高外形加工参数的特征几乎一样，在此不再叙述，如图 16-25 所示。

Step over：刀路之间行间距。

Extension distance：切削时进刀或退刀的引线长度。

Restmaterial parameters “残料参数”设置对话框如图 16-26 所示。

（1）“剩余材料的计算来自”选项

① All previous operations：针对前面所有的加工操作进行残料计算。

② One other operation：针对右侧加工操作栏中的某一个刀路进行残料计算。

③ Roughing tool：针对刀具参数来进行残料计算。Diameter 为刀具直径，Corner 为刀具圆

角半径（适用于圆鼻刀）。

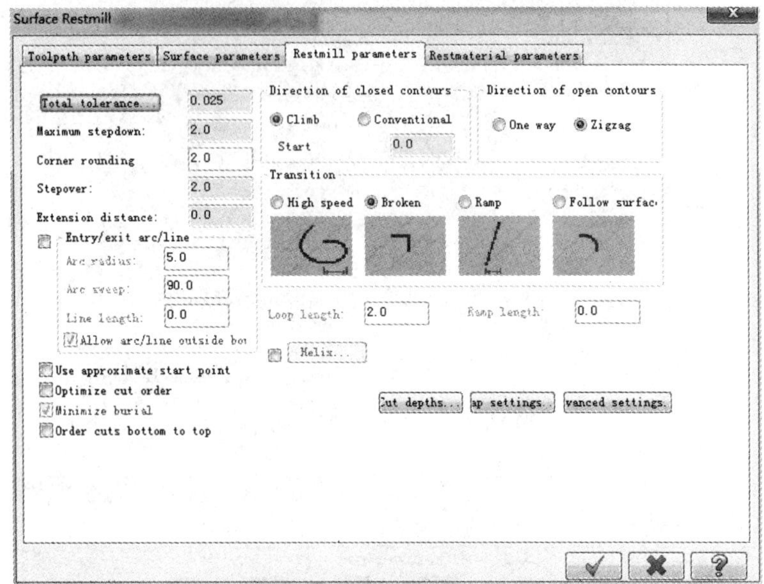

图 16-25 “残料加工参数”设置对话框

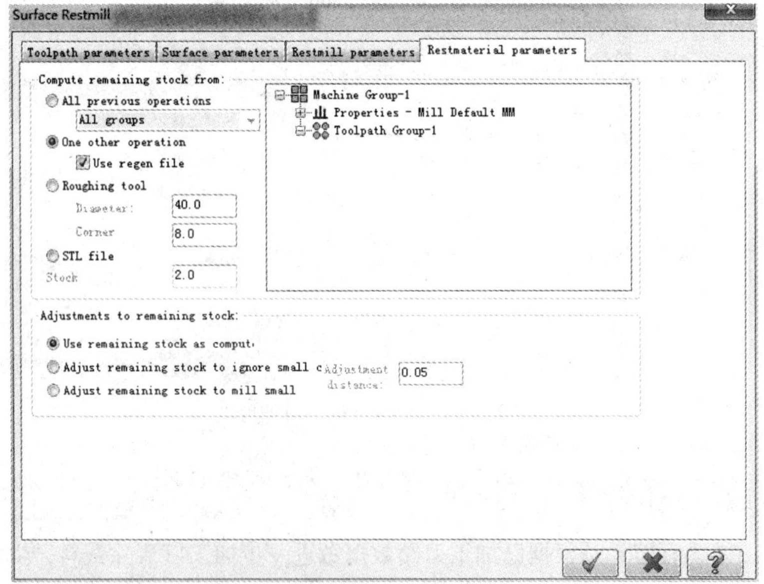

图 16-26 “残料参数”设置对话框

STL file：针对 STL 文件进行残料计算。

Stock：是材料的分析度，此数值将影响残料加工的质量和速度，数值小能产生好的残料加工质量，数值大能加快残料加工速度。

（2）“剩余材料的调整”选项

① Use remaining stock as computer：直接使用剩余材料的范围。

② Adjust remaining stock to ignore small：减少剩余材料的范围。

③ Adjust remaining stock to mill small：增加剩余材料的范围。

曲面残料粗加工实例，如图 16-27 所示。操作步骤如下。

1）选择菜单栏中的 File/Open 命令，打开练习文件“曲面残料粗加工 .mcx”，如图 16-27a 所示。

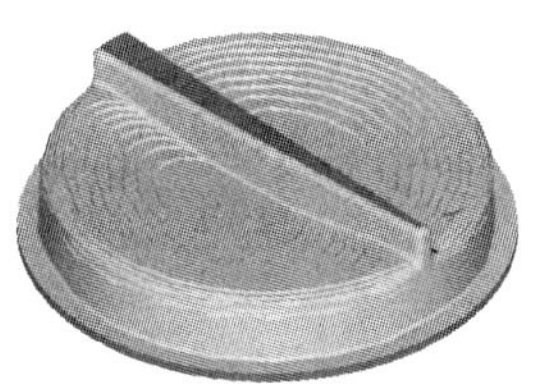

a）一次开粗后曲面模型

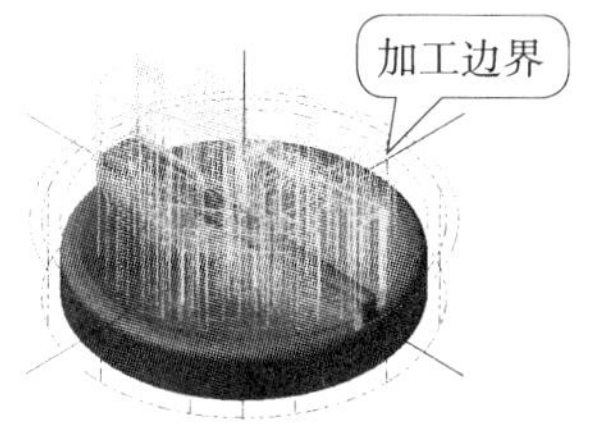

b）曲面残料粗加工刀路

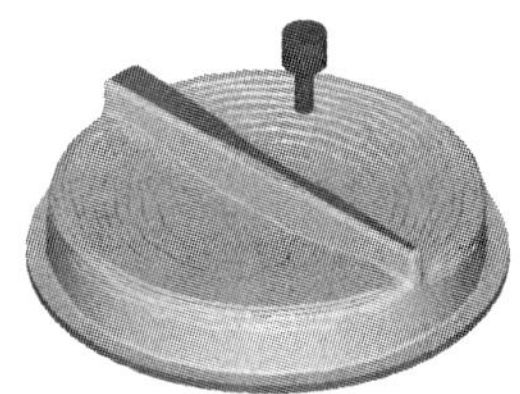

c）实体加工模拟结果

图 16-27　曲面残料粗加工实例

2）单击顶部工具栏中的“俯视构图面”按钮，系统提示：Set planes to TOP relative to your WCS。

3）选择菜单栏中的 Toolpaths/Surface Rough/Restmill（曲面残料粗加工）命令，系统提示选择加工曲面，框选图 16-27b 中所有曲面为加工曲面，按〈Enter〉键确定。

4）系统弹出“加工曲面、干涉面及加工范围设置”对话框，单击 Containment 选项中的按钮，选择图 16-27b 所示的圆弧为加工边界，单击按钮确定。

5）系统弹出“曲面残料粗加工”对话框，在刀具栏空白区单击鼠标右键，从刀具库里选择 ϕ4mm 平铣刀，并设置图 16-28 所示刀具参数。

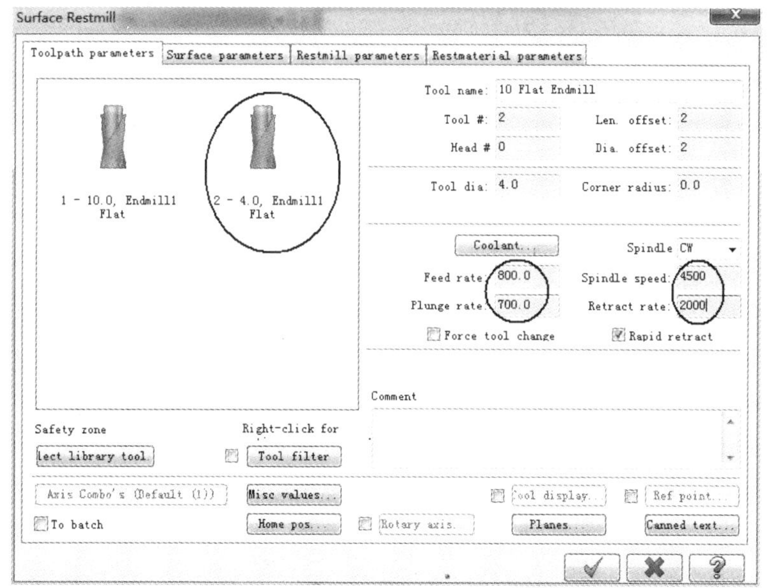

图 16-28　“刀具参数”设置对话框

6）单击图 16-28 中的 Surface parameters“曲面参数”选项卡，对话框界面切换至 Surface parameters 界面，并设置图 16-29 所示刀具参数。

7）单击图 16-29 中的 Restmill parameters“残料粗加工参数”选项卡，对话框界面切换至 Restmill parameters 界面，并设置图 16-30 所示刀具参数。

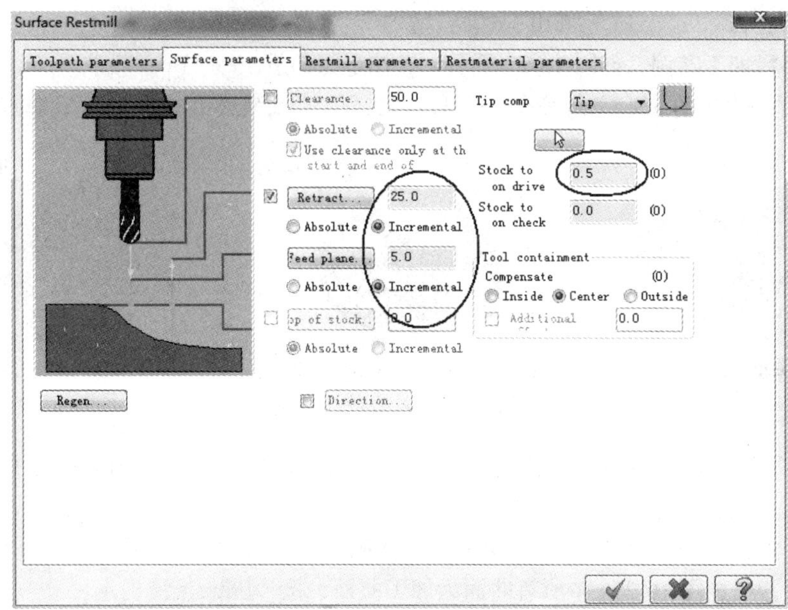

图 16-29 “曲面参数”对话框

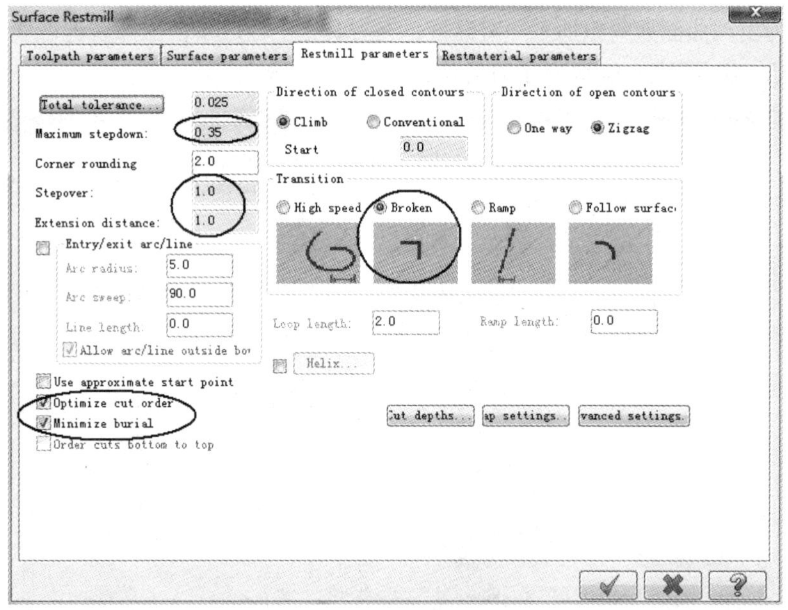

图 16-30 “残料粗加工参数”对话框

8）单击图 16-30 中的 Cut depths“加工深度”按钮，系统弹出“加工深度”对话框，并按图 16-31 所示参数进行设置。

9）单击图 16-30 中的 Restmaterial parameters“剩余材料参数”选项卡，对话框界面切换至 Restmaterial parameters 界面，并设置图 16-32 所示刀具参数。

10）单击图 16-32 所示中 ✔ 按钮，计算曲面残料粗加工的刀路，如图 16-27b 所示。单击加工操作管理器中的 按钮，进行实体模拟，模拟结果如图 16-27c 所示。

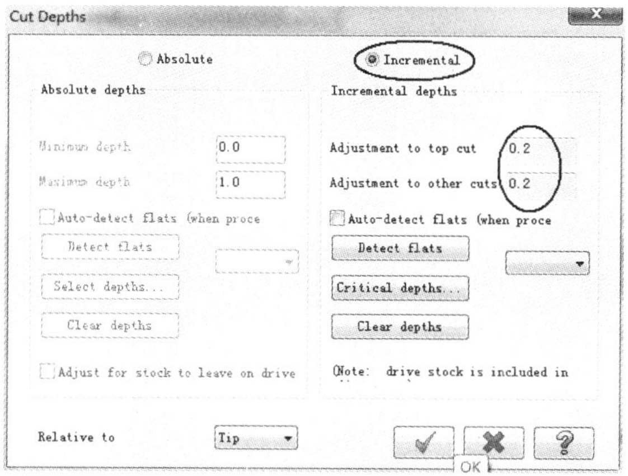

图 16-31　“加工深度”对话框

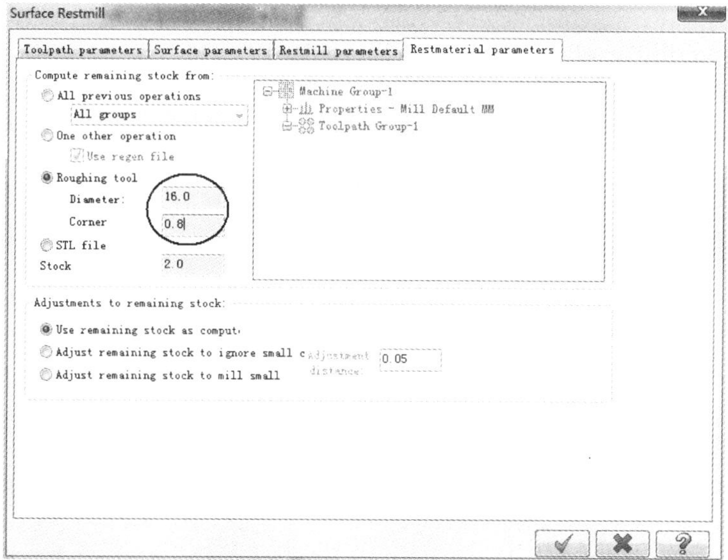

图 16-32　“剩余材料参数”对话框

16.4　曲面平行铣削精加工

“曲面平行精加工”Rough Parallel Toolpath 能产生平行的切削刀路，其特有的加工参数设置选项卡“Finish parallel parameters”如图 16-33 所示。

1. 粗加工误差

Total tolerance：平行粗加工误差，一般为 0.025~0.2mm。

2. 切削方式

Cutting method：选择切削方式。

Zigzag：双向切削，即刀具来回切削材料。

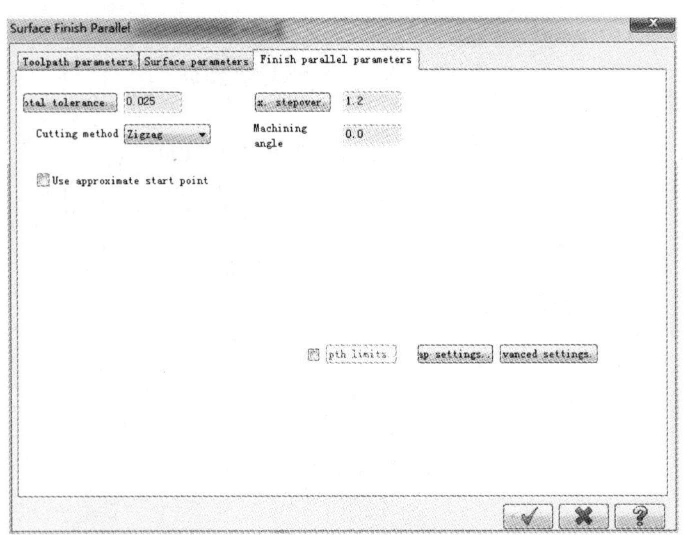

图 16-33 平行加工参数设置

One way：单向切削，即刀具只从一个方向切削材料。

采用双向切削时，刀具从圆弧曲面的左侧切削至右侧，再从右侧切削至左侧，如此反复切削。而采用单向切削时，刀具从圆弧曲面的左侧切削至右侧后跳回左侧，再从左侧切削至右侧。总是从单一的左侧方向切削，这样势必浪费一定的加工时间，所以除非特殊情况，一般采用双向切削。

3. 切削距离

Max stepover：相邻两刀路（即砂平面方向）的进给量，一般为刀具直径的 50% ~75%。

平面进给量大，产生的粗加工行数少、加工效率高，但加工表面粗糙，同时要求刀具直径大、刚性好；平面进给量小，产生的粗加工行数多，但加工的曲面平滑，如图 16-34 所示。

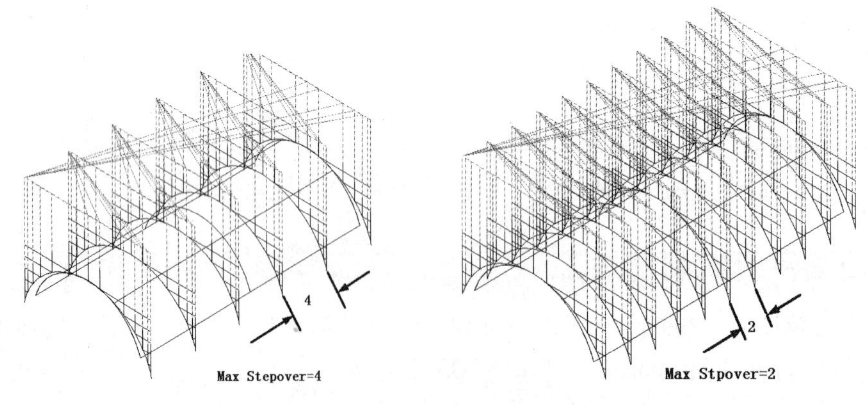

图 16-34 平面进给量

4. 切削角度

Machining angle：此栏用于输入刀路的切削角度，如图 16-35 所示。

曲面平行铣削精加工实例如图 16-36 所示，操作步骤如下。

1）选择菜单栏中的 File/Open 命令，打开练习文件“曲面平行铣削精加工 .mcx”，如图 16-36a 所示。

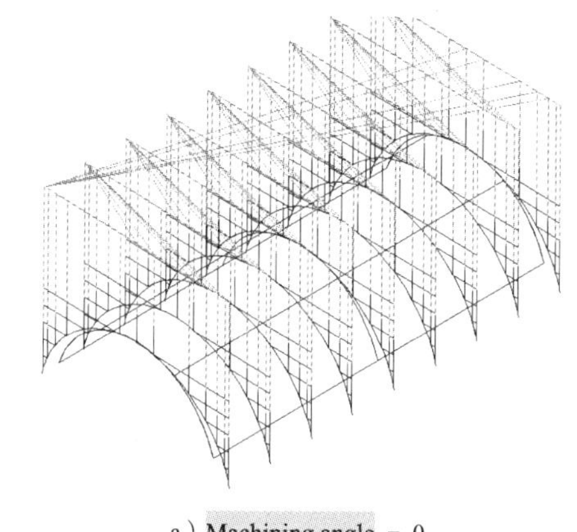

a）Machining angle ＝ 0

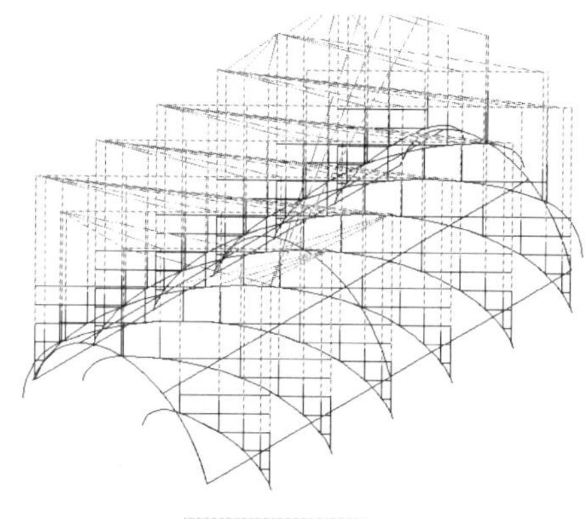

b）Machining angle ＝ 45°

图 16-35 切削角度

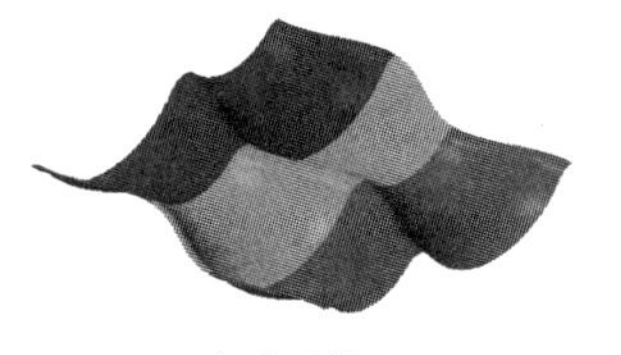

a）曲面模型

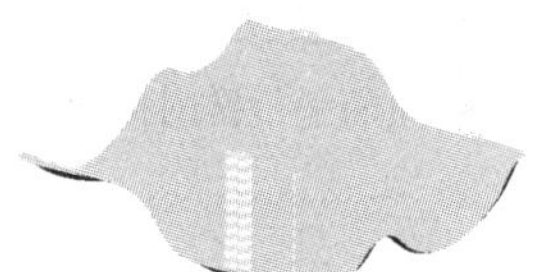

b）曲面平行铣削精加工刀路

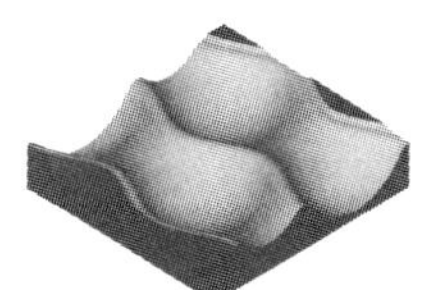

c）实体加工模拟结果

图 16-36 曲面平行铣削精加工实例

2）单击顶部工具栏中的“俯视构图面”按钮，系统提示：Set planes to TOP relative to your WCS。

3）选择菜单栏中的 Toolpaths/Surface Finish/Parallel（曲面平行铣削精加工）命令，系统提示选择加工曲面，框选图 16-36a 的所有曲面为加工曲面，按〈Enter〉键确定。

4）系统弹出“加工曲面、干涉面及加工范围设置”对话框，单击 ✔ 按钮确定。

5）系统弹出“曲面平行铣削精加工”对话框，在刀具栏空白区单击鼠标右键，从刀具库里选择 ϕ10mm、R5mm 的球头铣刀，并设置图 16-37 所示刀具参数。

6）单击图 16-37 中的 Surface parameters“曲面参数”选项卡，对话框界面切换至 Surface parameters 界面，并设置图 16-38 所示刀具参数。

7）单击图 16-38 中的 Finish Parallel parameters“平行铣削精加工参数”选项卡，对话框界面切换至 Finish Parallel parameters 界面，并设置图 16-39 所示刀具参数。

8）单击图 16-39 中 ✔ 按钮，计算曲面等高外形加工的刀路，如图 16-36b 所示。单击加工操作管理器中的按钮，进行实体模拟，模拟结果如图 16-36c 所示。

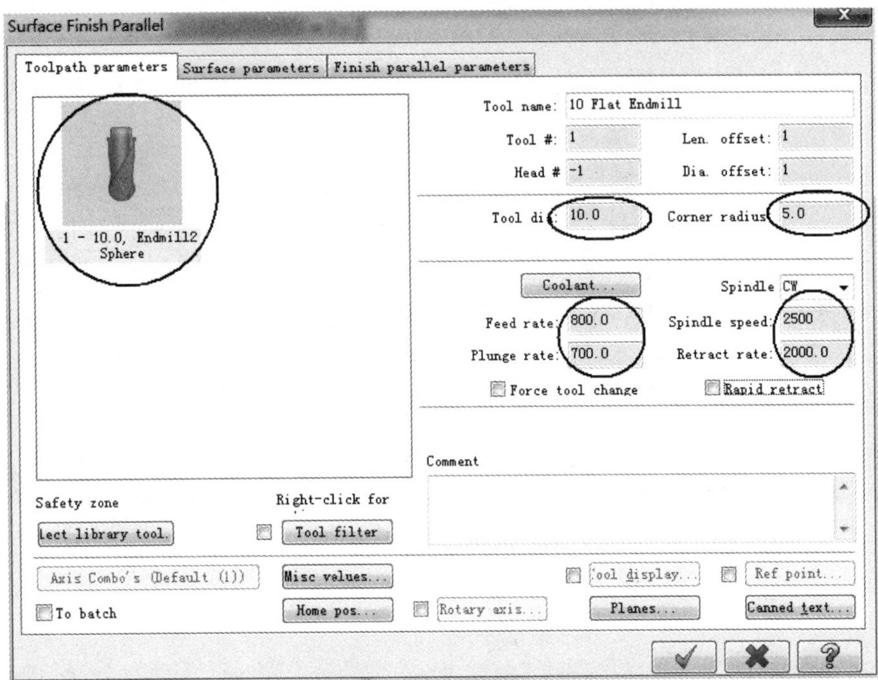

图 16-37 “曲面平行铣削精加工”对话框

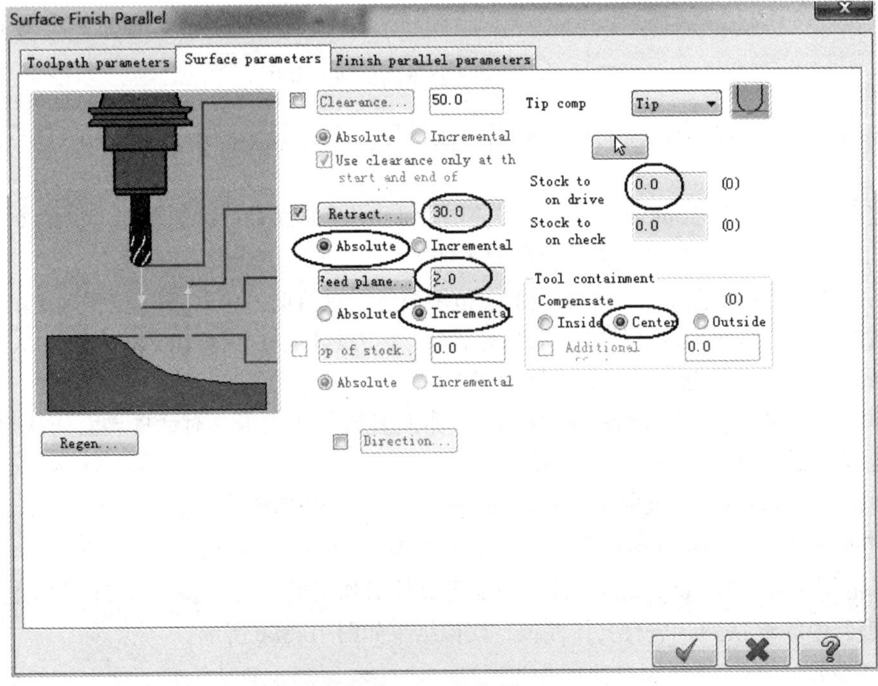

图 16-38 “曲面参数”对话框

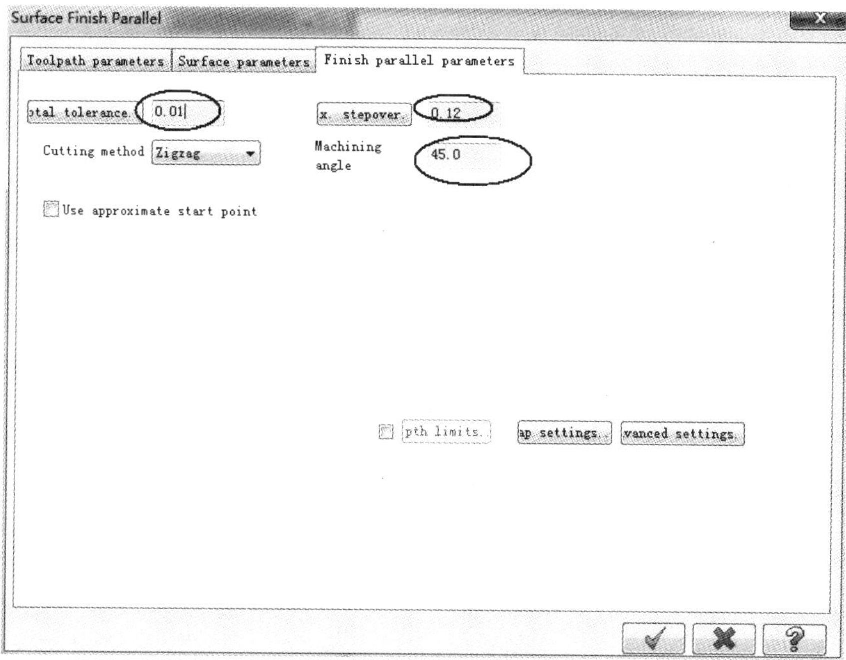

图 16-39　“平行铣削精加工参数”对话框

16.5　曲面等高外形加工

“等高外形加工” Contour 能围绕曲面外形产生逐层梯田状切削刀路，一般用于铸件的粗加工。其特有的加工参数设置 Contour Parameters，如图 16-40 所示。

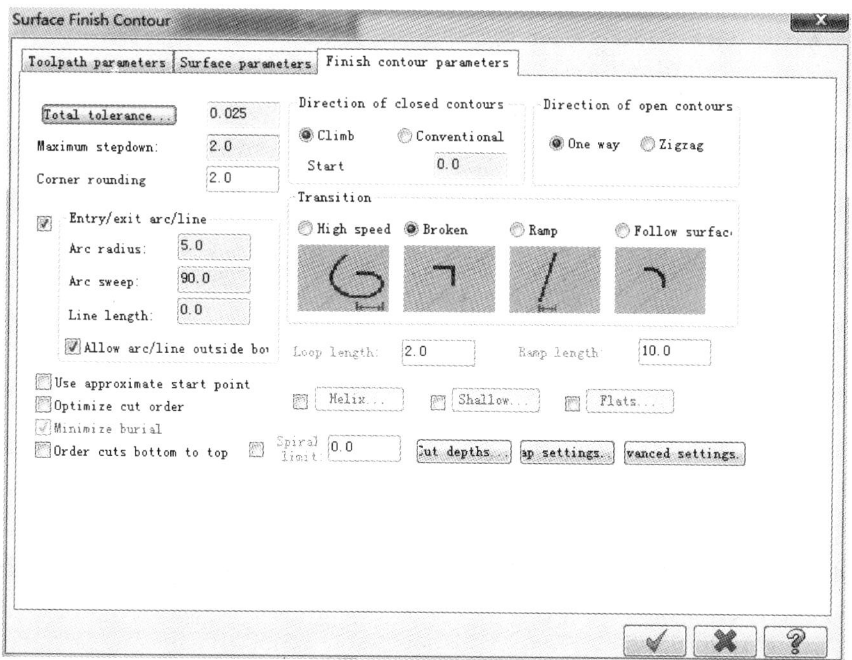

图 16-40　“等高外形粗加工参数”设置对话框

1. 切削方式

Climb：采用顺时针方向走刀方式。

Conventional：采用逆时针方向走刀方式。

Start：能够使每层的刀路加入一定长度的进 / 退刀向量，避免直接下刀。

2. 两区段间的过渡方式

用于设置当刀具移动量（垂直于刀具前进方向）小于设定的间隙时，刀具如何从这一条路径过渡到另一条路径上。此项分别提供了 High speed（高速回转）、Broken（打断）、Ramp（斜插）、Follow surface（沿着曲面）四种过渡加工方式，如图 16-41 所示。

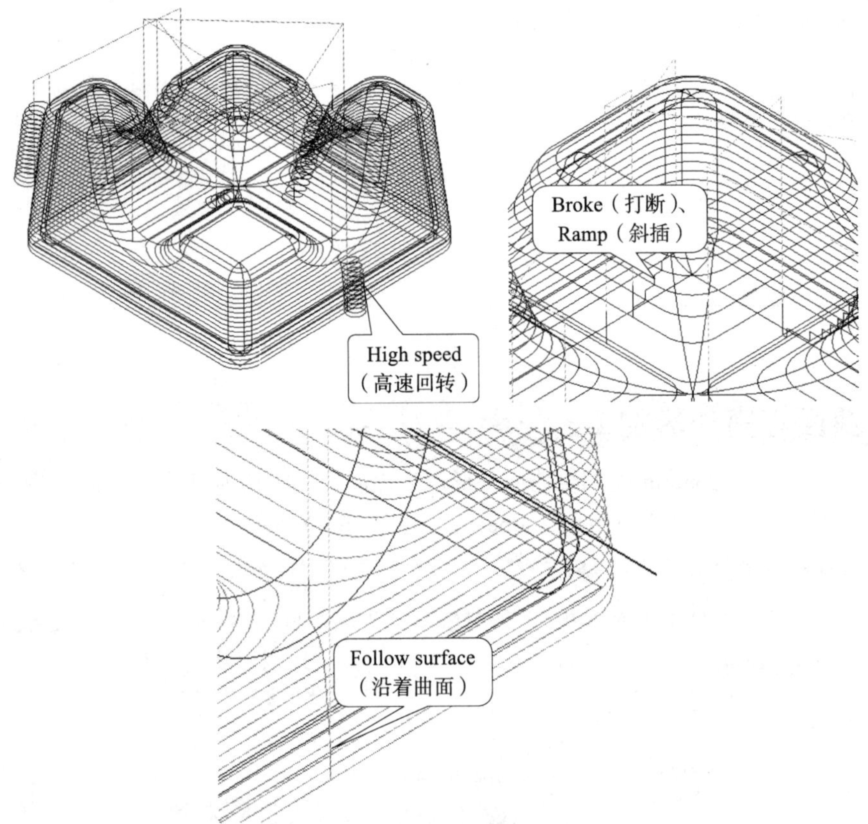

图 16-41　过渡方式加工示意图

High speed：刀具以平滑方式越过曲面间隙，常用于高速加工。

Broken：刀具以打断方式越过曲面间隙。

Ramp：刀具直接越过曲面间隙。

Follow surface：刀具以沿着曲面上升 / 下降方式越过曲面。

3. 螺旋下刀

单击 Helix 按钮，系统弹出图 16-42 所示的“螺旋下刀”对话框，用户可以设置螺旋下刀的参数。各选项含义如下。

Radius：指螺旋半径。

Z clearance：Z 轴方向开始的螺旋位置，此值为增量。

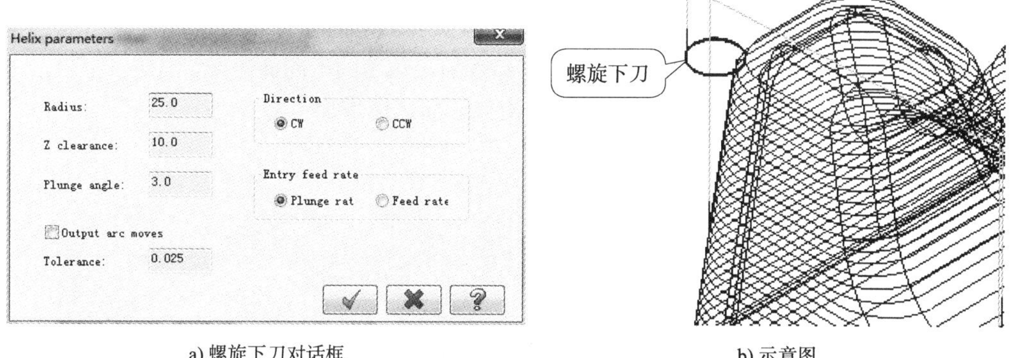

a) 螺旋下刀对话框　　b) 示意图

图 16-42　螺旋下刀

Plunge angle：指进刀角度。

Output arc moves：以圆弧进给（G02、G03 输出）。选中此项时，则进刀时刀路虽为螺旋线，但按圆弧指令（G02、G03）输出圆弧刀路。否则按其下的 Tolerance 输入框中设置的公差采用线型(直线指令 G01)刀路。公差值决定了代替螺旋线的直线与理想的螺旋线的接近程度，越小则越近螺旋线。

Tolerance：指公差。当选中 Output arc moves 选项，此项功能则无效。

4. 浅平面

单击 Shallow 按钮，系统弹出“浅平面”对话框如图 16-43 所示，该项用于在等高外形加工路径中增加或去除浅平面刀路。为保证曲面上浅平面处（指曲面上比较平坦部分）的加工质量，应在此处增加刀路。各选项含义如下。

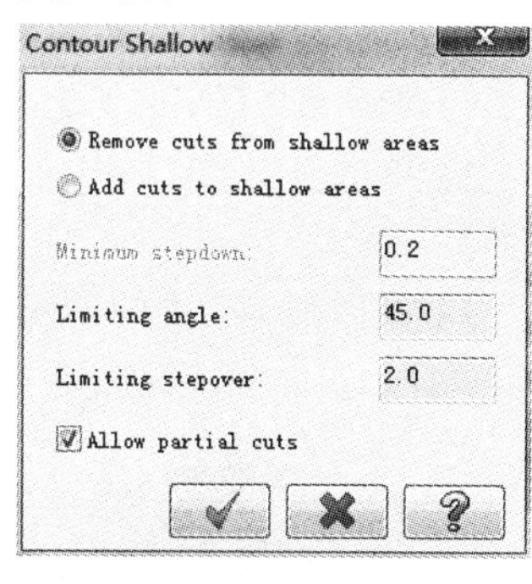

图 16-43　“浅平面”对话框

Remove cuts from shallow areas：移除浅平面区域的刀路，如图 16-44 所示。

Add cuts from shallow areas：增加浅平面区域的刀路，如图 16-45 所示。

Minimum step down：最小切削深度，当选中 Add cuts from shallow areas 选项，此功能才能激活。

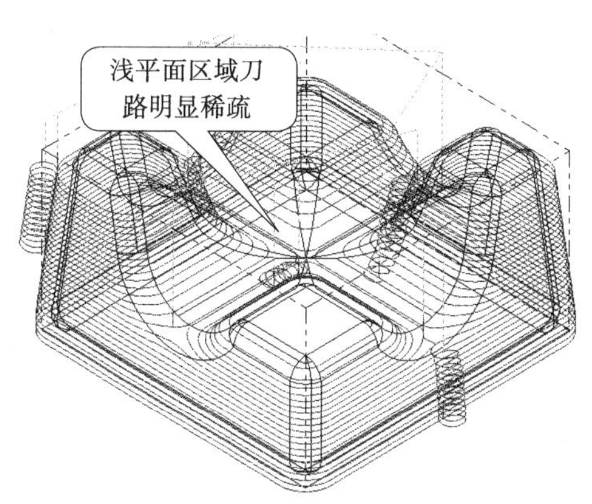

图 16-44　移除浅平面区域刀路

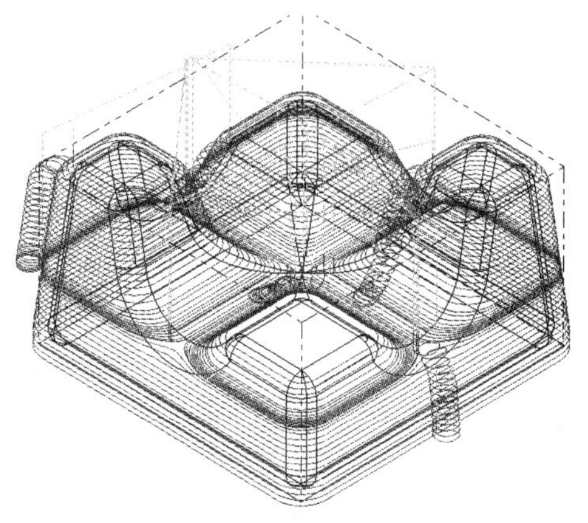

图 16-45　增加浅平面区域刀路

Limiting angle：加工角度的极限，该取值范围为 0°~90° 。曲面陡坡小于该角则认为是浅平面，不同加工角度的极限值，刀路也不一样，如图 16-46 所示。

Limiting step over：步进量的极限，此值将随着加工角度的不同而改变。

Allow partial cuts：允许局部切削。该项只对浅平面区域增加刀路。

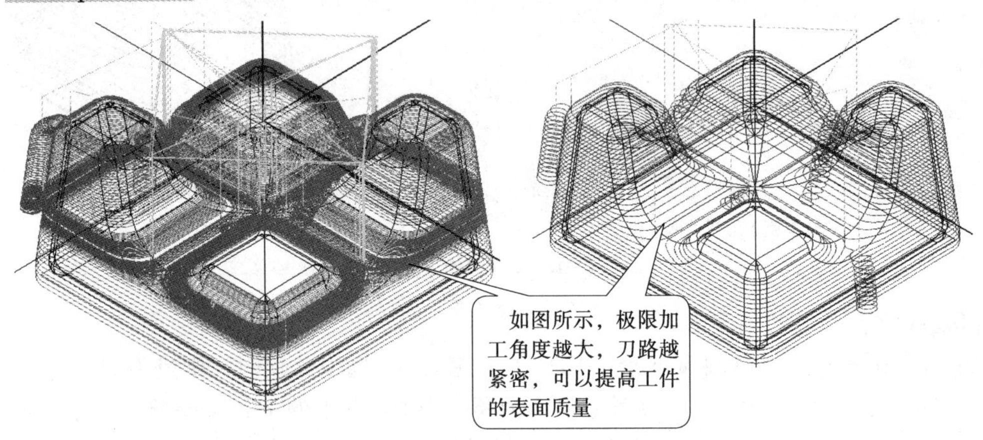

图 16-46　移除浅平面区域刀路

曲面等高外形加工实例，如图 16-47 所示。操作步骤如下。

1）选择菜单栏中的 File / Open 命令，打开练习文件“曲面等高外形 .mcx”，如图 16-47a 所示。

2）单击顶部工具栏中的“俯视构图面”按钮，系统提示：Set planes to TOP relative to your WCS。

3）选择菜单栏中的 Toolpaths / Surface Rough / Contour（等高外形粗加工）命令，系统提示选择加工曲面，框选图 16-47a 的所有曲面为加工曲面，按〈Enter〉键确定。

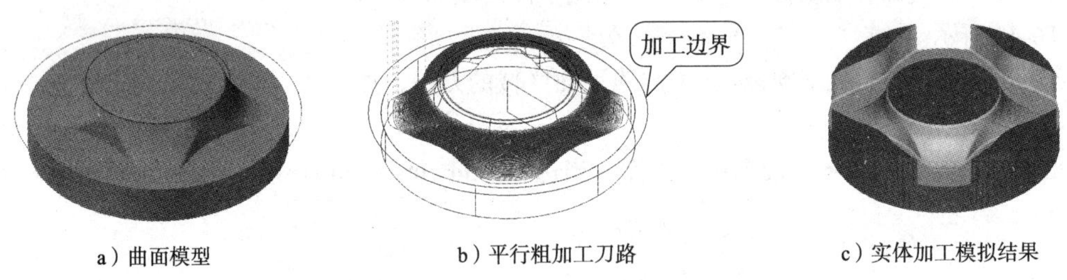

图 16-47　曲面等高外形加工实例

4）系统弹出“加工曲面、干涉面及加工范围设置”对话框，单击 Containment 选项中的按钮，选择图 16-47b 所示的圆弧为加工边界，单击按钮确定。

5）系统弹出“曲面等高外形加工”对话框，在刀具栏空白区单击鼠标右键，从刀具库里选择 ϕ10mm、R0.8mm 的圆鼻刀，并设置图 16-48 所示刀具参数。

6）单击图 16-48 中的 Surface parameters“曲面参数”选项卡，对话框界面切换至 Surface parameters 界面，并设置图 16-49 所示刀具参数。

7）单击图 16-49 中的 Finish contour parameters“等高外形粗加工参数”选项卡，对话框界面切换至 Finish contour parameters 界面，并设置图 16-50 所示刀具参数。

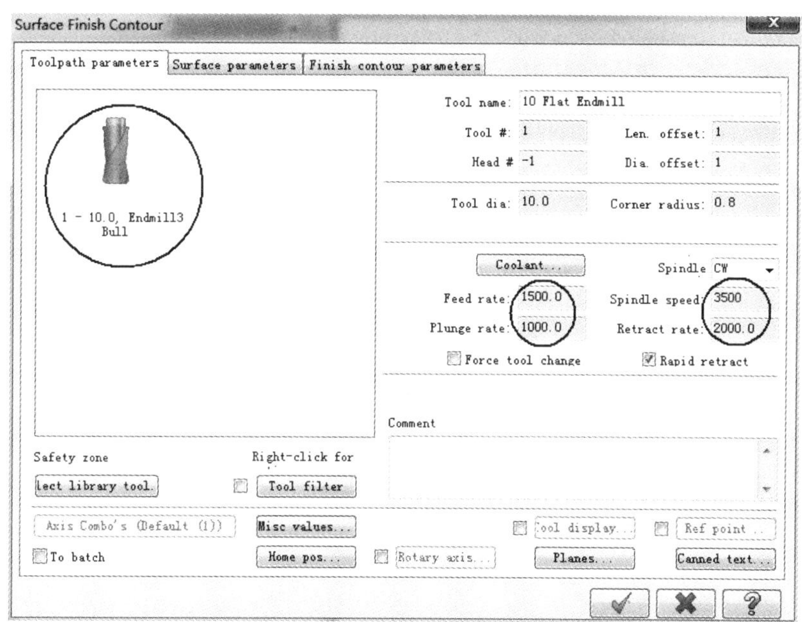

图 16-48　“曲面等高外形加工参数”对话框

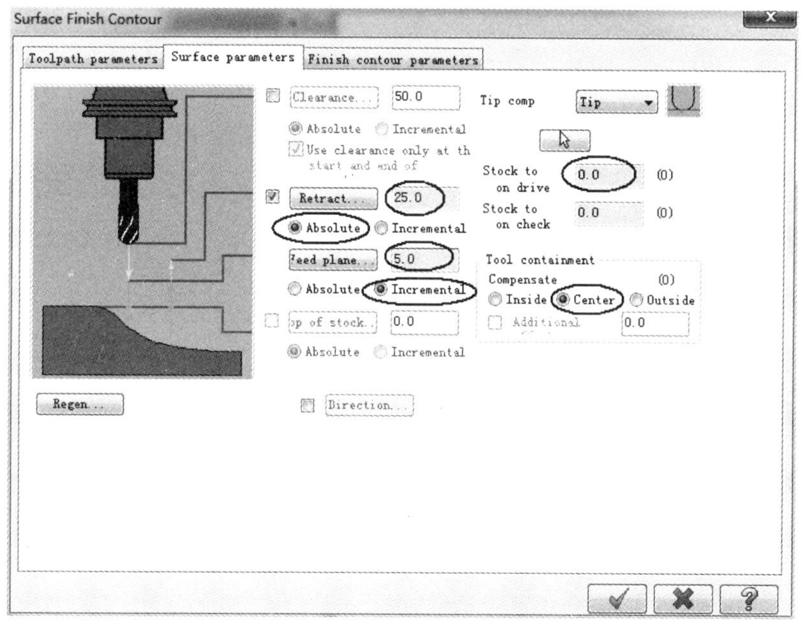

图 16-49　“曲面参数”对话框

8）单击图 16-50 中的 Shallow “浅平面”按钮，系统弹出“浅平面”对话框，并设置图 16-51 所示刀具参数。

9）单击图 16-50 中的 Cut depths “加工深度”按钮，系统弹出“加工深度”对话框，并设置图 16-52 所示刀具参数。

10）单击图 16-50 中 ✓ 按钮，计算曲面等高外形加工的刀路，如图 16-47b 所示。单击加工操作管理器中的按钮，进行实体模拟，模拟结果如图 16-47c 所示。

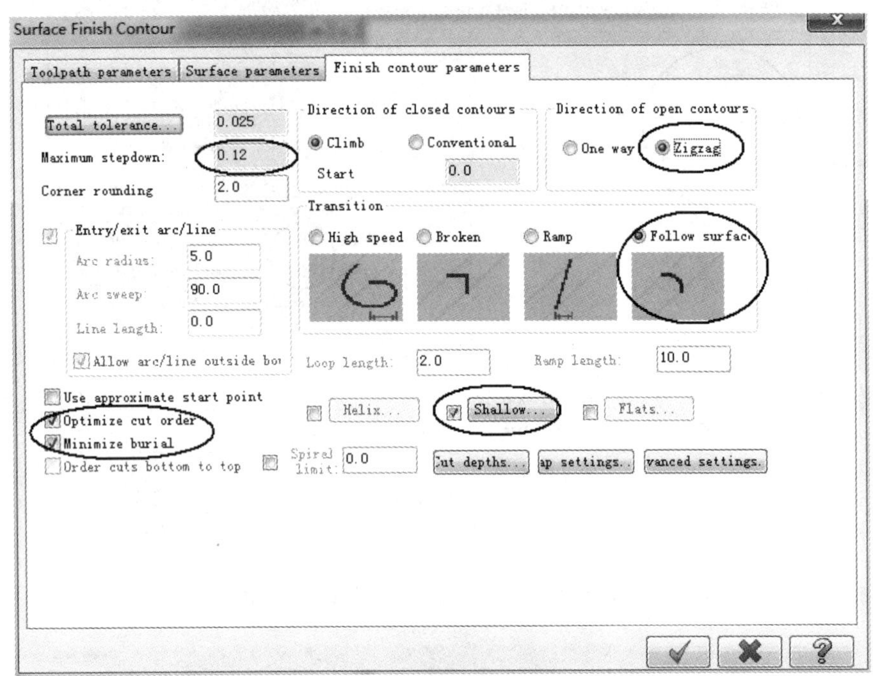

图 16-50 “等高外形粗加工参数”对话框

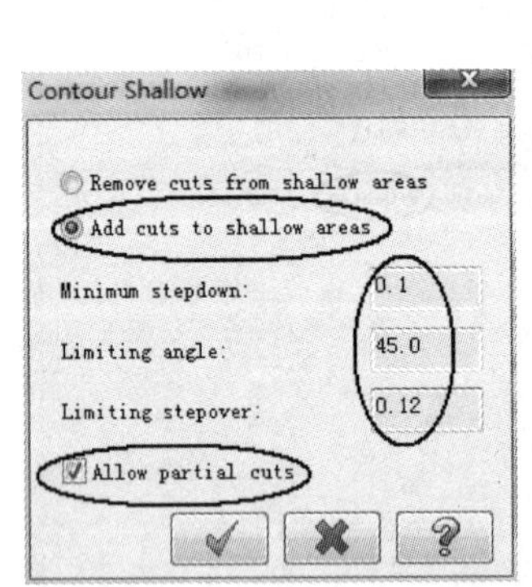

图 16-51 “浅平面”对话框

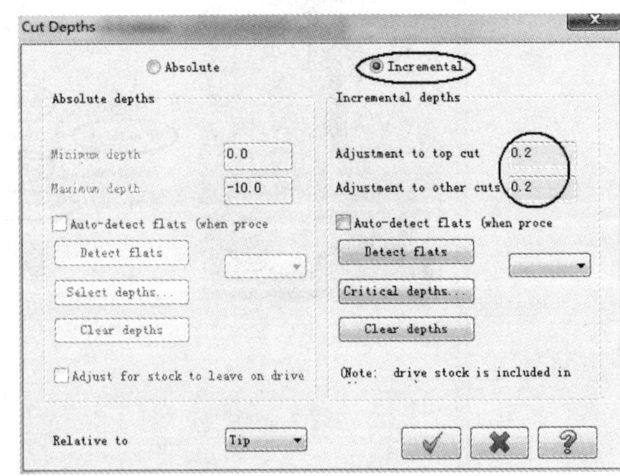

图 16-52 “加工深度”对话框

16.6 曲面放射式加工

“放射式加工” Radial 是围绕一个旋转中心点向外产生圆周形放射状切削的刀路。旋转中心点可以在图形上满意的位置单位选取，作为旋转中心。与点的高低无关，只要在旋转中心上就行。放射式加工适合加工对称或近似对称的表面，特别是回转面。其特有的加工参数选项卡 Finish radial parameters 如图 16-53 所示。各选项含义如下。

Start inside：由内而外切削，即刀具从中心点向圆周呈放射式切削。

Start outside：由外而内切削，即刀具从圆周向中心点呈放射式切削。

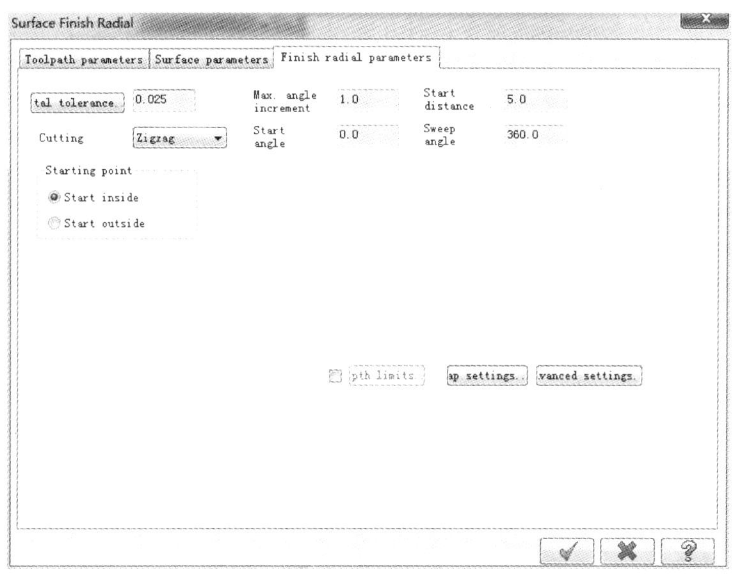

图 16-53 “放射式加工参数”对话框

Max. angle increment：用于设置放射式切削刀路的角度（此为增量值）。如图 16-54 所示，此角度为相邻两条刀路之间的角度，因而越到中间刀路越密集，越到外围则越稀疏。若角度设置得较大，则外围有些地方会加工不到，或表面比较粗糙。若角度设置较小，则刀具往返次数较多，中心部分切削重复，且计算与加工耗时也多，不利于加工。因此，应根据零件大小和表面质量酌情选择。

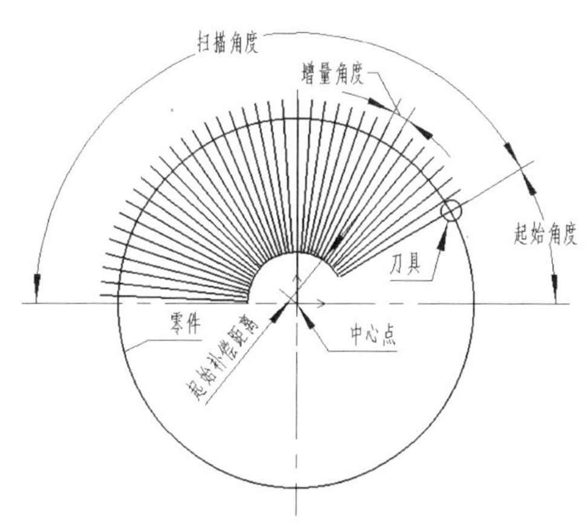

图 16-54 放射式加工示意图

Start angle：用于设置放射式刀路的起始角度，生成逆时针方向的刀路。从 X 轴正方向起，逆时针方向为正值，开始值可取负值。

Sweep angle：用于设置放射式刀路的扫描角度，用来定义放射式加工刀路的覆盖范围。扫描角度值可取负值，则生成顺时针方向的刀路。

Start distance：用于设置放射式刀路起切点与中心点的距离，可以取零值，则表示从中心点开始加工。

曲面放射式加工实例，如图 16-55 所示。操作步骤如下。

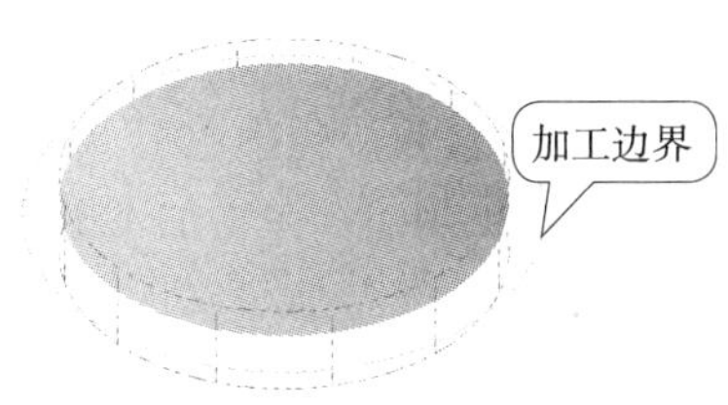

a）曲面模型

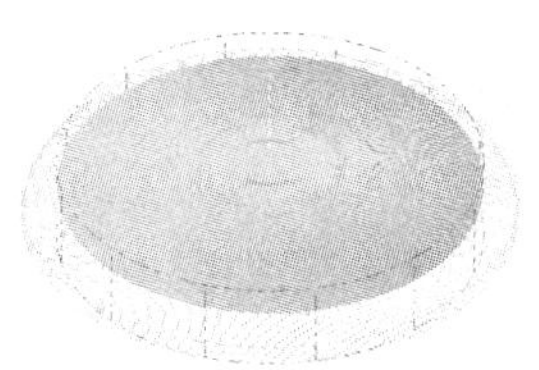

b）曲面放射式刀路

c）实体加工模拟结果

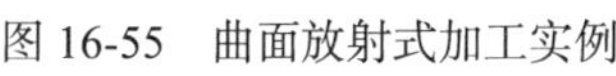

图 16-55 曲面放射式加工实例

1）选择菜单栏中的 File/Open 命令，打开练习文件“曲面放射式加工 .mcx”，如图 16-55a 所示。

2）单击顶部工具栏中的“俯视构图面”按钮，系统提示：Set planes to TOP relative to your WCS。

3）选择菜单栏中的 Toolpaths/Surface Finish/radial（曲面放射式加工）命令，系统提示选择加工曲面，框选图 16-55a 的所有曲面为加工曲面，按〈Enter〉键确定。

4）系统弹出“加工曲面、干涉面及加工范围设置”对话框，单击 Containment 选项中的按钮，选择图 16-55a 所示的圆弧为加工边界，单击按钮确定。

5）系统弹出“曲面放射式加工”对话框，在刀具栏空白区单击鼠标右键，从刀具库里选择 ϕ8mm、R4mm 的球头铣刀，并设置图 16-56 所示刀具参数。

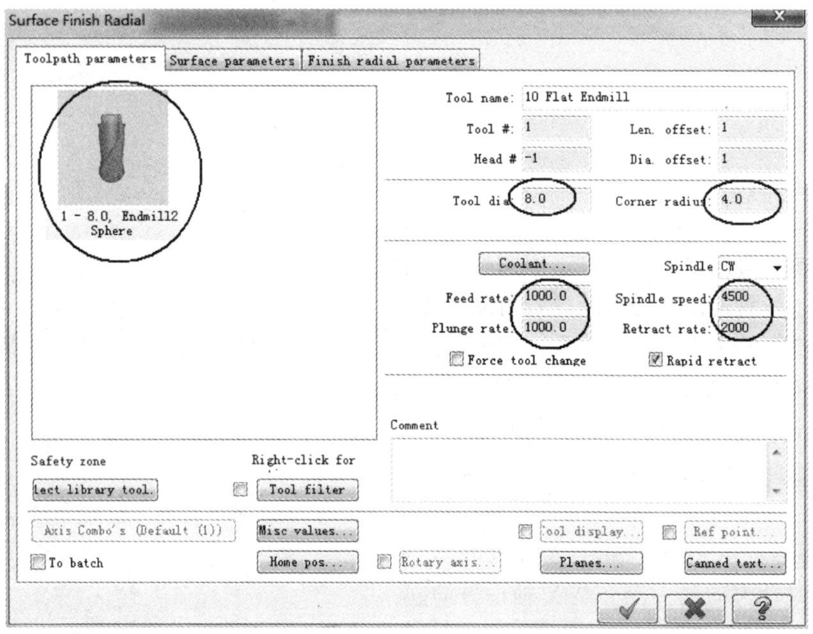

图 16-56 “刀具参数设置”对话框

6）单击图 16-56 中的 Surface parameters“曲面参数”选项卡，对话框界面切换至 Surface parameters 界面，并设置图 16-57 所示刀具参数。

7）单击图 16-57 中的 Finish radial parameters“放射加工参数”选项卡，对话框界面切换至 Finish radial parameters 界面，并设置图 16-58 所示刀具参数。

8）单击图 16-58 所示中按钮，系统提示：Enter rotation point（输入旋转中心），单击选中原点为旋转中心，计算机自动计算曲面放射加工的刀路，如图 16-55b 所示。单击加工操作管理器中的按钮，进行实体模拟，模拟结果如图 16-55c 所示。

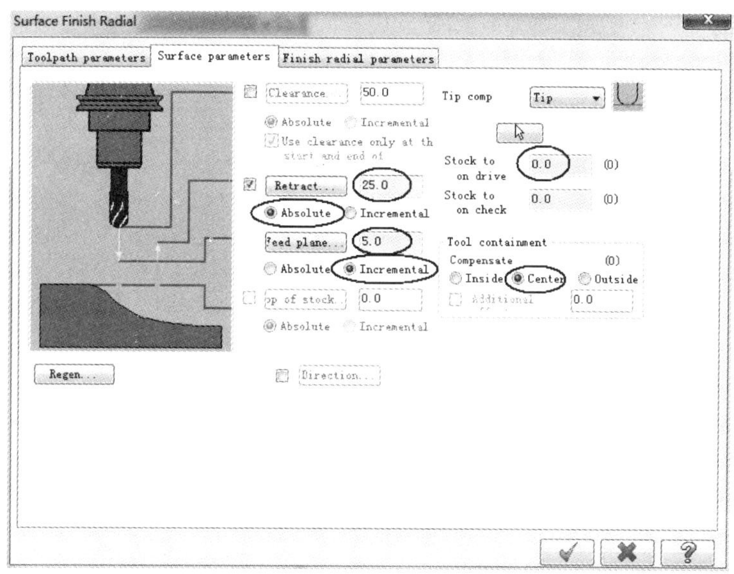

图 16-57　“曲面参数”对话框

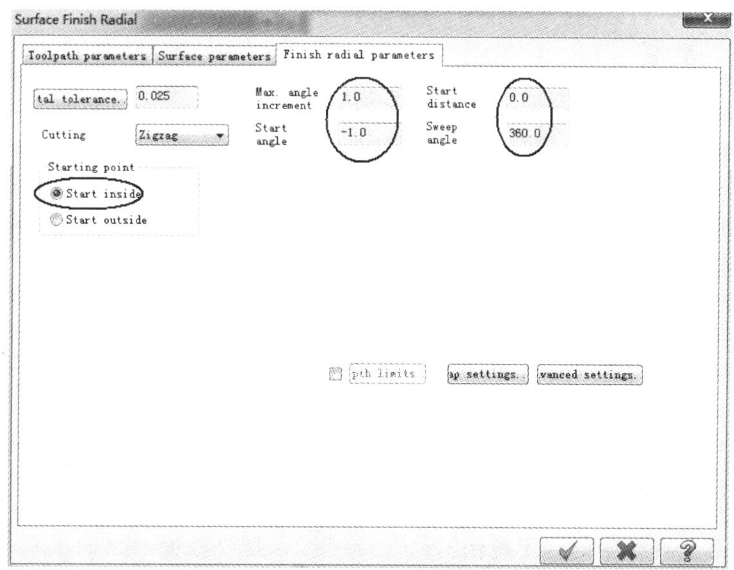

图 16-58　“放射加工参数参数”对话框

16.7　曲面投影精加工

“投影精加工”Finish Project Toolpath 是将已经产生的刀路或几何图形（曲线、点等）投影到要加工的曲面上来切削曲面。投影加工可以应用于曲面上的文字雕刻等，其特有的加工参数选项卡 Finish project parameters 如图 16-59 所示。各选项含义如下。

NCI：可以用已产生的刀路（NCI 文件）投射到曲面上进行加工。

Curves：选择曲线，可以用已绘制好的几何图形（直线、圆弧和曲线等）投影到曲面上进行加工。

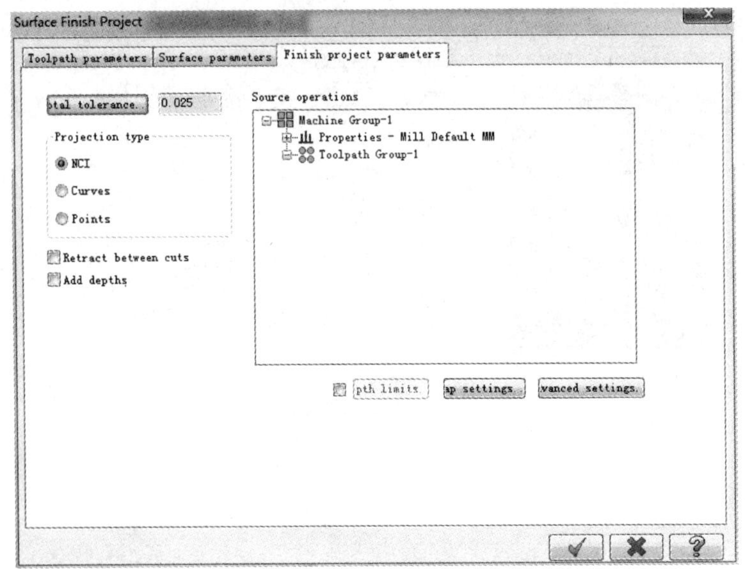

图 16-59 “投影加工参数”设置对话框

Points：选择点，可以用已绘制好的点投影到曲面上进行加工。

Retract between cuts：两切削间提刀，可以避免在加工时出现过切工件现象。

Add depths：增加深度，此项只对 NCI 投影方式有效。

曲面投影加工实例，如图 16-60 所示。操作步骤如下。

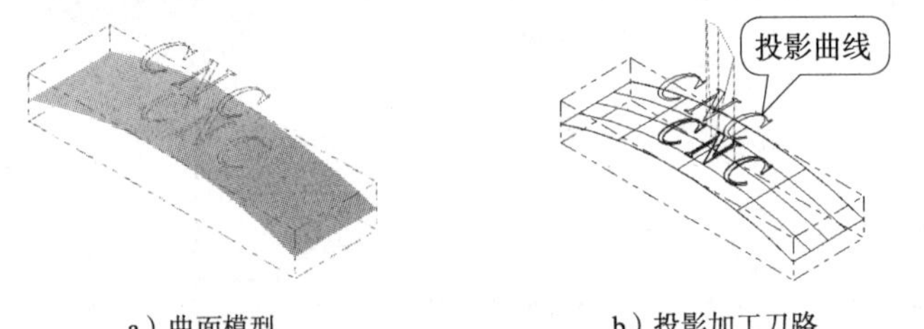

a）曲面模型　　b）投影加工刀路　　c）实体加工模拟结果

图 16-60 曲面等高投影加工实例

1）选择菜单栏中的 File/Open 命令，打开练习文件“曲面投影加工.mcx”，如图 16-60a 所示。

2）单击顶部工具栏中的“俯视构图面”按钮，系统提示：Set planes to TOP relative to your WCS。

3）选择菜单栏中的 Toolpaths/Surface Finish/Project（曲面投影加工）命令，系统提示选择加工曲面，框选图 16-60a 的所有曲面为加工曲面，按〈Enter〉键确定。

4）系统弹出“加工曲面、干涉面及加工范围设置”对话框，单击 ✔ 按钮确定。

5）系统弹出“曲面投影加工”对话框，在刀具栏空白区单击鼠标右键，从刀具库里选择 ϕ2mm、R1mm 的球头铣刀，并设置图 16-61 所示刀具参数。

6）单击图 16-61 中的 Surface parameters“曲面参数”选项卡，对话框界面切换至 Surface parameters 界面，并设置图 16-62 所示刀具参数。

7）单击图 16-62 中的 Finish project parameters“投影加工参数”选项卡，对话框界面切换至 Finish project parameters 界面，并设置图 16-63 所示刀具参数。

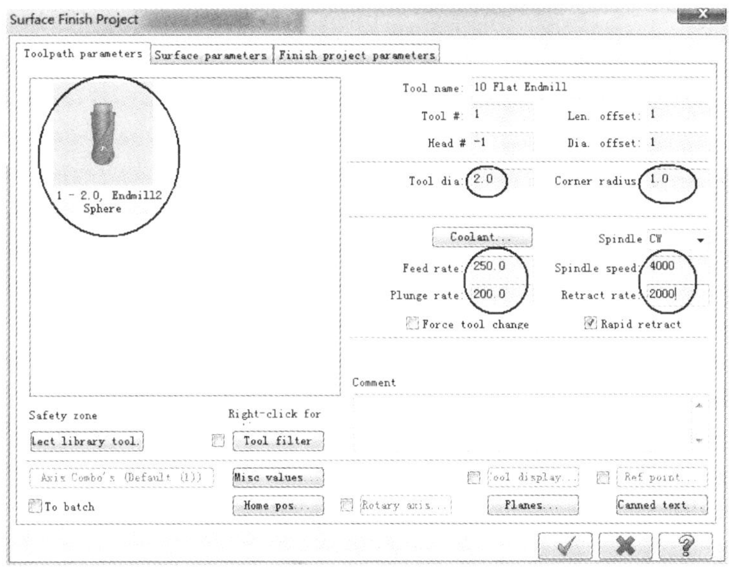

图 16-61　“刀具参数”对话框

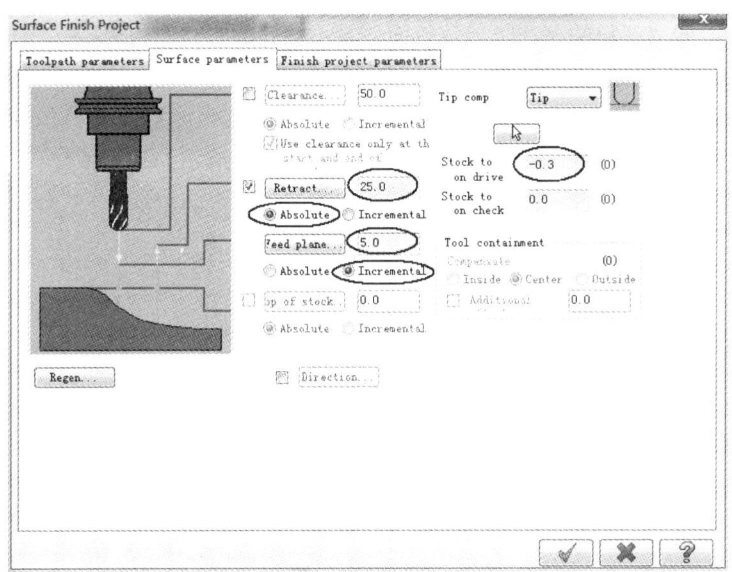

图 16-62　“曲面参数”对话框

8）单击图 16-63 中按钮，系统提示：Select curves to project 1（选择投影曲线），单击“串联”对话框中的按钮，窗选图 16-60b 所示的曲线为投影曲线。

9）单击按钮，计算曲面等投影加工的刀路，如图 16-60b 所示。单击加工操作管理器中的按钮，进行实体模拟，模拟结果如图 16-60c 所示。

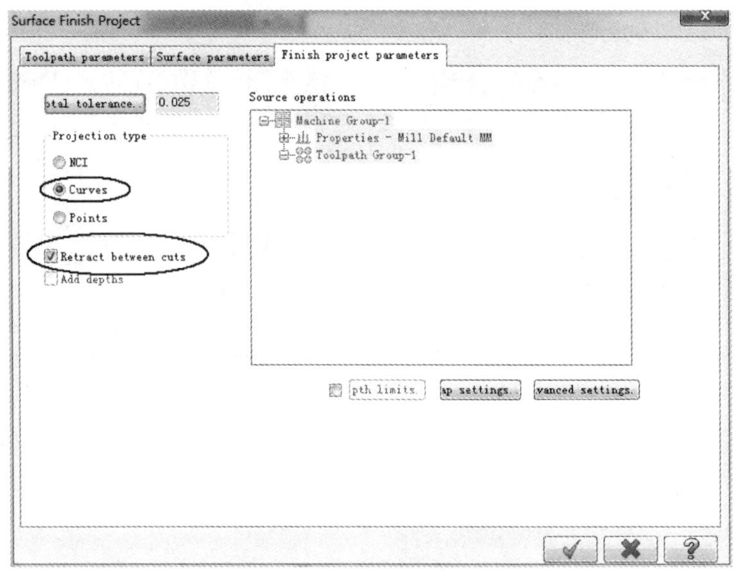

图 16-63 “投影加工参数”对话框

16.8 曲面流线式精加工

“流线式加工”Flowline 能够沿着曲面的流线方向生成刀路，刀路的间距可以根据残留高度来设定（加工表面残留坯料的存在是导致表面质量不够好的主要原因），因而可以得到较精细的加工表面质量。该刀路常用于曲率半径较大（即曲面较为平坦，没有剧烈的起伏）的曲面或某些较复杂且加工质量要求较高的关键表面加工。当然，残留高度定得越小，计算量就越大。其特有的加工参数选项卡 Finish flowline Toolpath，如图 16-64 所示。各选项含义如下。

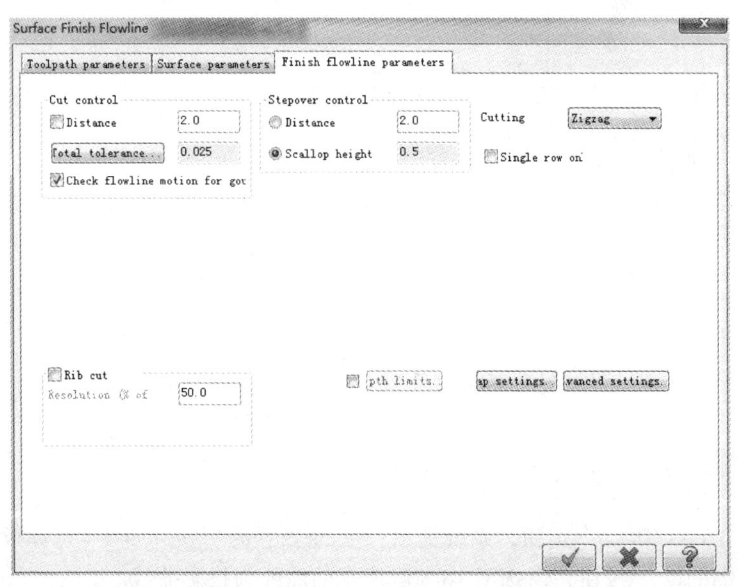

图 16-64 “流线加工参数”设置对话框

注意：如果同时对相连或相距不远的多个曲面进行加工，应逐个选取相邻曲面，防止流线方向不一致而造成加工困难。

1. 切削方向控制

Distance：按距离，可直接设置进刀量。

Total tolerance：整体公差，按设置的总公差来自动计算进刀量。

2. 截断方向控制

Distance：按距离，作为截断方向的进刀量，即相邻两条刀路之间的距离。

Scallop height：按残留高度，由系统自动计算该方向的进刀量值。例如：表面粗糙度值为 Ra3.2μm，则设置成“0.0032”。

3. 切削方式

One way：单向切削。

Zigzag：双向切削。

Spiral：螺旋形切削。

Single row on：仅为单向，在相邻曲面的一行（而不是在相邻曲面的一个小区）上方创建流线加工刀路。

Check flowline motion for gou：检查几何体流线运动，如发现可能有过切现象发生，则系统会自动调整刀路以避免过切。如果刀路移动量大于设定的总公差值，则会用自动提刀的方式避免过切。

曲面流线式精加工实例如图 16-65 所示。操作步骤如下。

a）曲面模型

b）曲面流线式加工刀路

c）实体加工模拟结果

图 16-65　曲面流线式精加工实例

1）选择菜单栏中的 File/Open 命令，打开练习文件“曲面流线式加工 .mcx”，如图 16-65a 所示。

2）单击顶部工具栏中的“俯视构图面”按钮，系统提示：Set planes to TOP relative to your WCS。

3）选择菜单栏中的 Toolpaths/Surface Finish/Flowline（曲面流线式精加工）命令，系统提示选择加工曲面，单击鼠标选择图 16-65b 的曲面为加工曲面，按〈Enter〉键确定。

4）系统弹出“加工曲面、干涉面及加工范围设置”对话框，单击 Flowline 选项中的按钮，系统弹出“流线设置”对话框，单击 Offset/Cut direction 按钮，确保流线方向与补正方向，如图 16-66 所示，单击按钮确定。

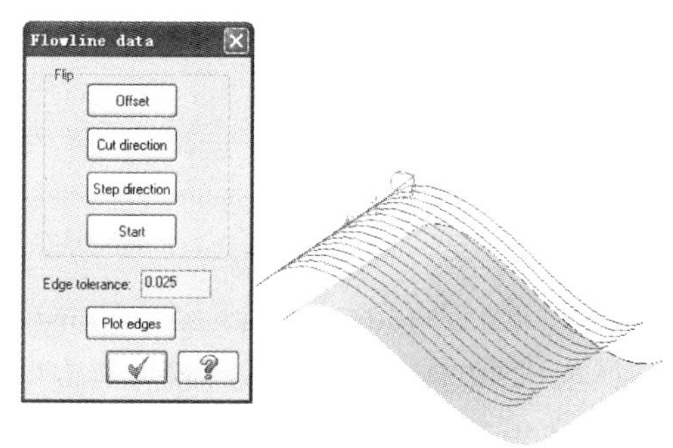

图 16-66　流线设置

5）系统弹出“曲面流线式精加工”对话框，

在刀具栏空白区单击鼠标右键，从刀具库里选择 ϕ10mm、R5mm 的球头铣刀，并设置图 16-67 所示刀具参数。

6）单击如图 16-67 中的 Surface parameters “曲面参数”选项卡，对话框界面切换至 Surface parameters 界面，并设置图 16-68 所示刀具参数。

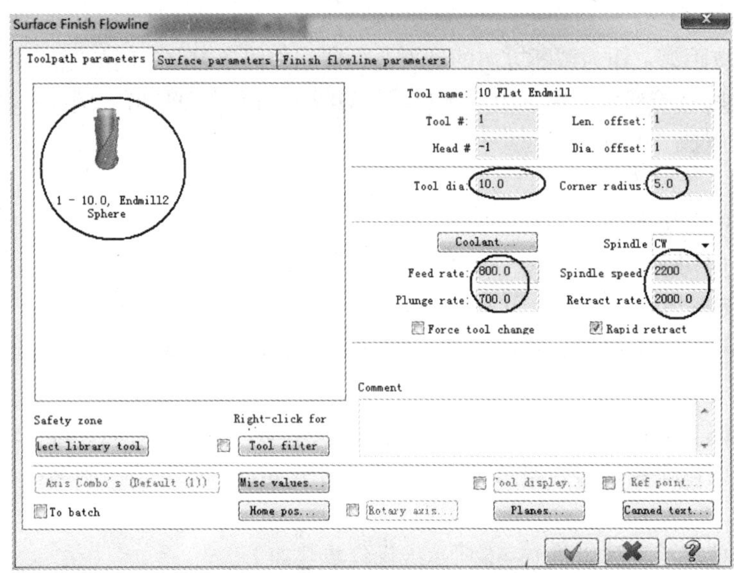

图 16-67 “刀具参数”对话框

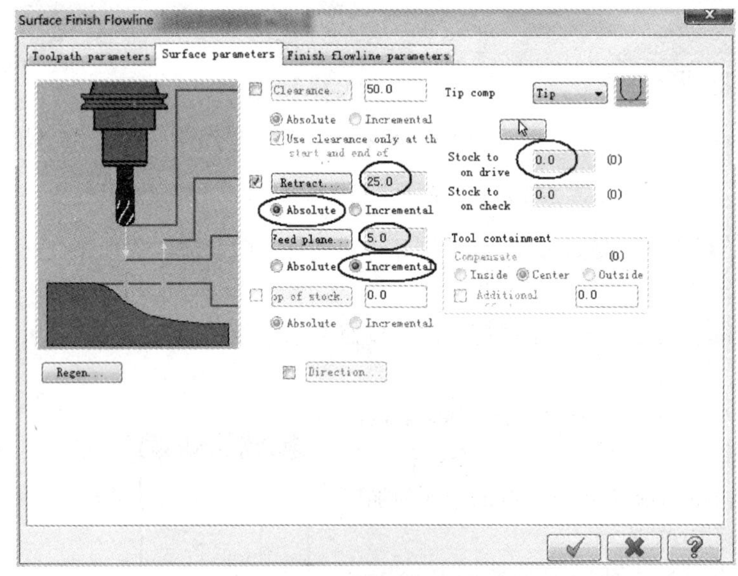

图 16-68 “曲面参数”对话框

7）单击图 16-68 中的 Finish flowline parameters “流线式精加工参数”选项卡，对话框界面切换至 Finish flowline parameters 界面，并设置图 16-69 所示刀具参数。

8）单击图 16-69 中 ✓ 按钮，计算曲面流线式精加工的刀路，如图 16-65b 所示。单击加工操作管理器中的按钮，进行实体模拟，模拟结果如图 16-65c 所示。

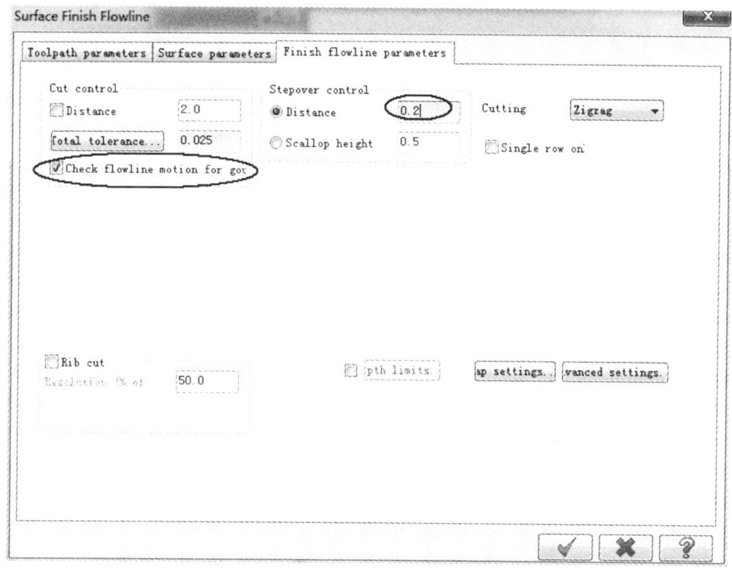

图 16-69　“流线式精加工参数”对话框

16.9　曲面加工实例

1. 零件结构分析（图 7-79）

零件材料为铝材，毛坯为 ϕ110mm×20mm 的圆棒料，采用数控机床加工，机床的最高转速为 8000r/min，工件的装夹方式为自定心卡盘装夹。将零件顶面对称中心设定为加工坐标原点（0，0），方便在加工时通过分中方法找到零件的加工原点。

2. 加工工艺分析

此零件由多个曲面组成，先用曲面挖槽粗加工的方法进行粗加工，快速去除多余坯料，加工刀具采用 ϕ12mm 的平铣刀，加工余量为 0.3mm；接着用 2D 外形铣削刀路对四周侧面进行精加工，对两个曲面（扫描曲面与旋转曲面）的精加工采用平行铣削和放射性精加工刀路；最后用平面铣削加工刀路进行顶平面精加工。加工工艺流程如图 16-70 所示。

1）整体粗加工，采用曲面挖槽粗加工刀路，采用 ϕ12mm 平铣刀，余量 0.3mm

2）四周外形精加工，采用 2D 外形铣削刀路，采用 ϕ12mm 平铣刀，余量 0

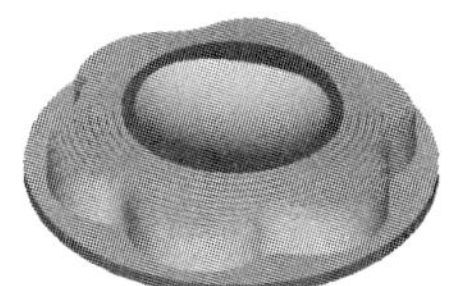

3）扫描曲面精加工，采用曲面平行铣削刀路，采用 ϕ6mm、R3mm 球头铣刀，余量 0

4）圆弧曲面精加工，采用曲面放射式加工刀路，ϕ6mm、R3mm 球头铣刀，余量 0

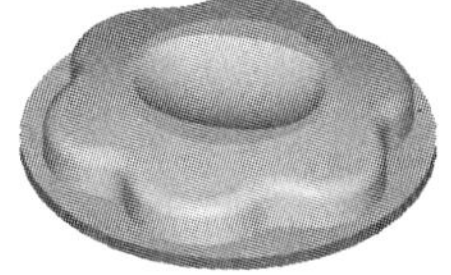

5）顶平面精加工，采用平面铣削加工刀路，采用 ϕ12mm 平铣刀，余量 0

图 16-70　加工工艺流程

3. 绘制加工范围

单击菜单栏中的 Create/Arc/Circle Center Point 命令，绘制 ф120mm 的圆弧作为加工范围，如图 16-71 所示。

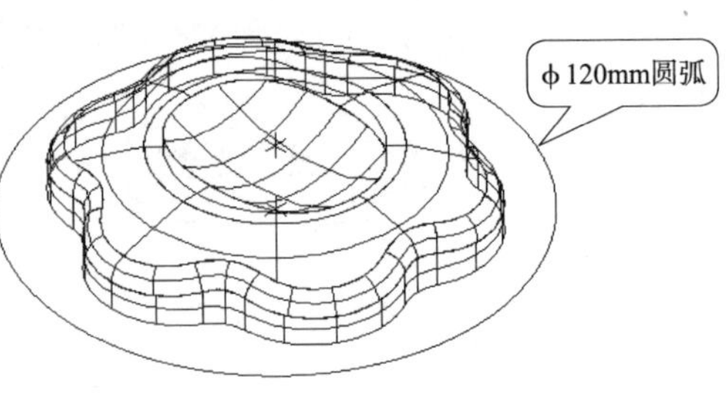

图 16-71 加工范围

4. 环境设置

1）单击顶部工具栏中的“俯视构图面”按钮，系统提示：Set planes to TOP relative to your WCS，视图设置为 Isometric（WCS）。

2）单击菜单栏中的 Machine Type/Mill/Default 命令，选择铣床为机床制造类型。

3）单击加工操作管理器中的 Properties-Generic Mill/Stock setup（毛坯设置）命令，系统弹出“毛坯设置”对话框，如图 16-72 所示。设置毛坯类型为 Cylindrical（圆柱体），旋转轴为 Z 轴，毛坯尺寸为 ф110mm×20mm，工件原点为（X 0 Y 0 Z −19.5），单击 ✓ 按钮，完成毛坯设置。

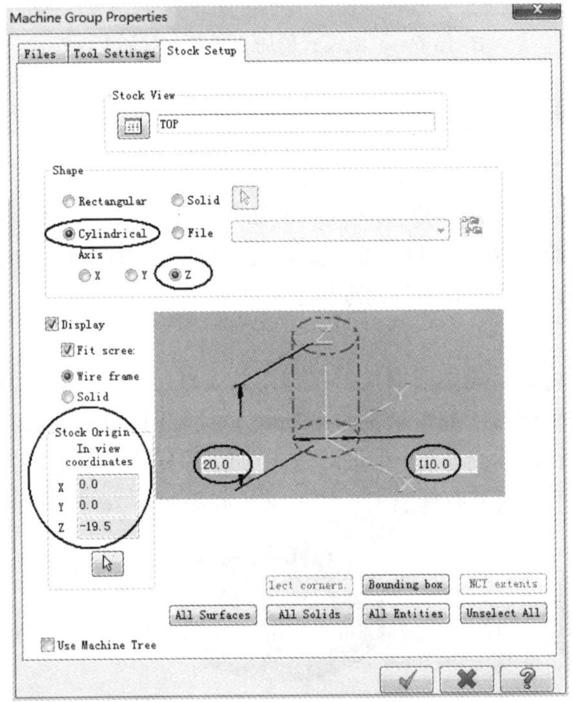

图 16-72 “毛坯设置”对话框

5. 粗加工—曲面挖槽粗加工

选取 ф12mm 平铣刀，采用 3D 挖槽加工刀路对零件进行整体粗加工。

1）选择菜单栏中的 Toolpaths/Surface Rough/Pocket（曲面挖槽粗加工）命令，系统提示选择加工曲面，单击鼠标左键窗选所有曲面为加工曲面，按〈Enter〉键确定。

2）系统弹出“加工曲面、干涉面及加工范围设置”对话框，单击 Containment 选项中的按钮，选择图 16-71 所示的圆弧为加工边界，单击 ✓ 按钮确定。

3）系统弹出“曲面挖槽粗加工”对话框，新建一把 ф12mm 平铣刀。Spindle rate（转速）设置成“1500”，Feed rate（进给量）设置成“1200”，Plunge rate（下刀速率）设置成“1000”，

Retract rate（提刀速率）设置成“2000”。

4）单击 Surface parameters“曲面参数”选项卡，设置相关参数。Clearance plane（安全高度）设置成“100.0”（绝对坐标），Retract plane（退刀高度）设置成“30.0”（相对坐标），Feed plane（进给平面高度）设置成“2.0”（相对坐标），Stock to on drive（加工曲面预留量）设置成“0.3”，参数设置如图 16-73 所示。

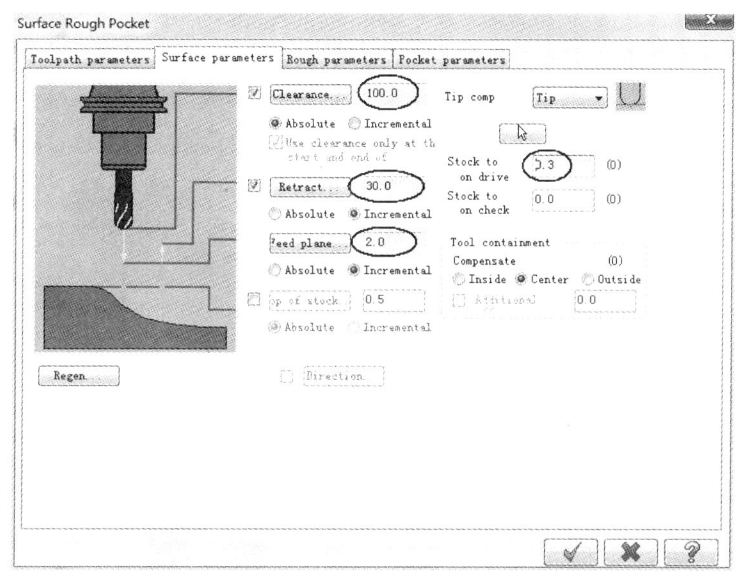

图 16-73 “曲面参数”对话框

5）单击 Rough parameters“粗加工参数”选项卡，设置相关参数。Maximum step down（Z 向最大下刀深度）设置成“0.5”，选择 Climb（顺铣）为加工方式，单击选中 Plunge outside containment boundary（由边界外进刀）选项和 Entry Helix（螺旋下刀）选项，参数设置如图 16-74 所示。

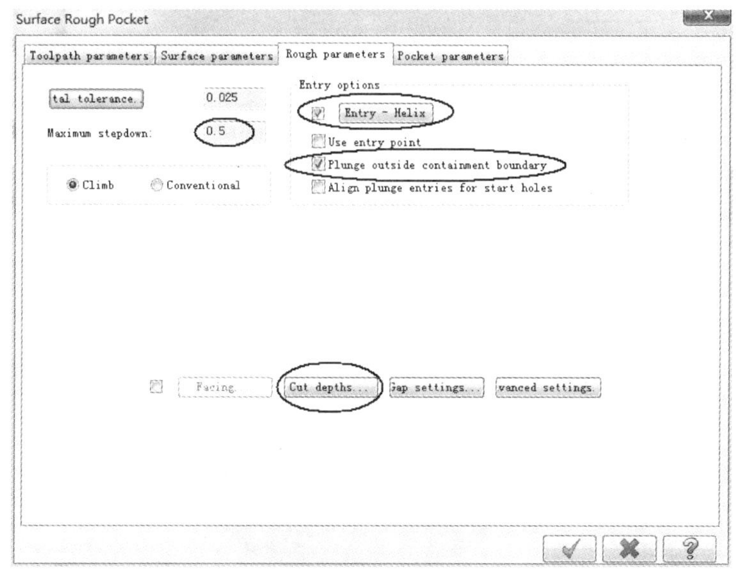

图 16-74 “粗加工参数”对话框

6)进入“螺旋下刀设置”对话框,设置相关参数。Minimum radius(最小圆弧)设置成“30%,3.6”,Maximum radius(最大圆弧)设置成“50%,6.0”,Z clearance(Z 轴的螺旋位置)设置成“0.5”,XY clearance(XY 预留量)设置成“0.3”,Plunge angle(进刀角度)设置成“1.0”。在 IF all entry attempts fail(如果下刀失败)选项中选择 Skip(中断程序)。

7)进入“加工深度参数设置”对话框,设置相关参数。选择 Absolute(绝对坐标)选项,Maximum depth(最高的位置)设置成“0”,Minimum depth(最低的位置)设置成“-16.0”。

8)单击 Pocket parameters(挖槽参数)选项卡,设置相关参数。选择 Parallel Spiral(平行环切)为切削方式。Step over(切削间距直径)设置成“70.0”,采用 of diam(刀具外径)方法来进行计算。Step over distance(切削距离)设置成“7.0”。参数设置如图 16-75 所示。

9)单击图 16-75 中 ✓ 按钮,计算曲面挖槽粗加工的刀路,如图 16-76 所示。

10)单击加工操作管理器中的按钮,进行实体模拟,模拟结果如图 16-77 所示。

6. 四周外形精加工—外形铣削加工

选取 φ12mm 平铣刀,采用外形铣削加工对零件梅花形的轮廓进行精加工。

1)单击辅助菜单栏中的 Level 按钮,系统弹出“层别设置”对话框,打开图层 1,并关闭其余图层,绘图区将显示梅花形外形,如图 16-78 所示。

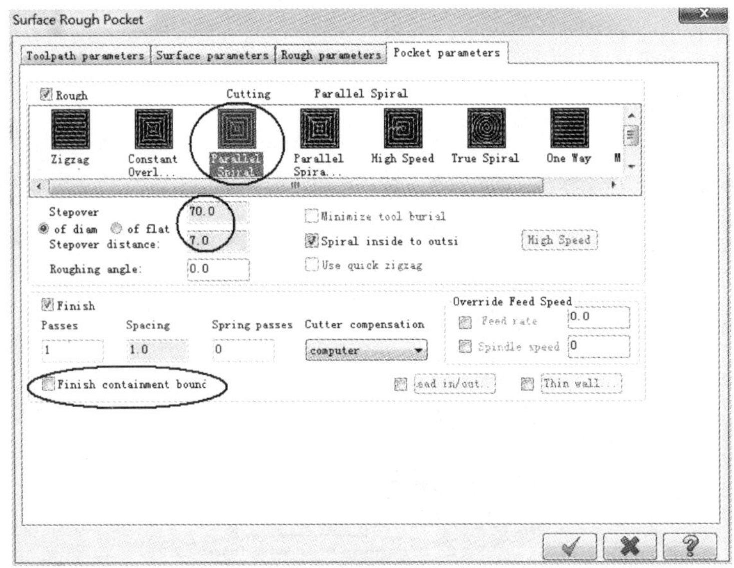

图 16-75 “挖槽参数”对话框

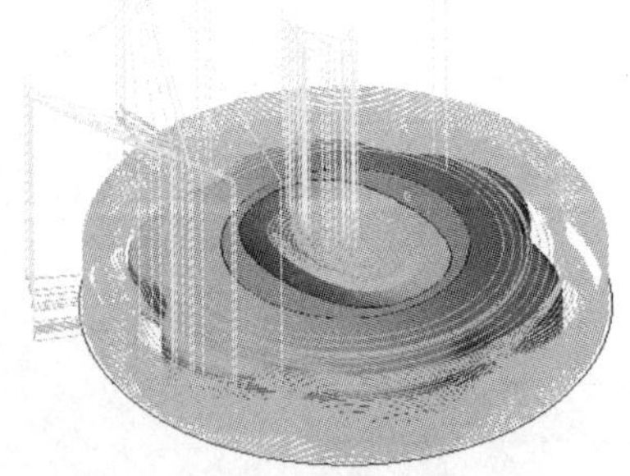

图 16-76 曲面挖槽粗加工刀路

图 16-77 实体模拟加工效果

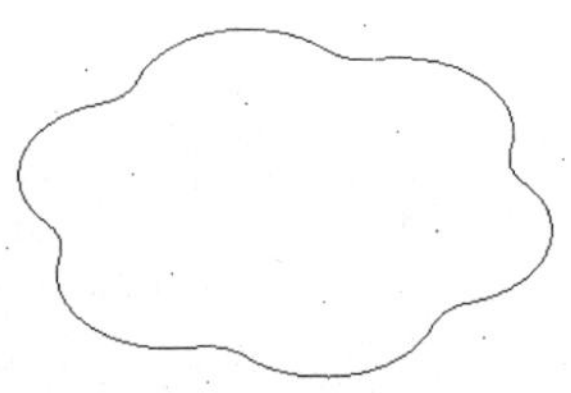

图 16-78 梅花形外形

2）单击菜单栏中的 Toolpaths/Contour（外形铣削）命令，系统弹出“串联”对话框。单击按钮，采用串连方式选取图 16-78 中的梅花形轮廓，方向为顺时针方向，单击对话框中的按钮确定，结束串连外形选择。

3）系统弹出“外形铣削”对话框，新建一把 ϕ12mm 平铣刀。Spindle rate（转速）设置成“2200”，Feed rate（进给量）设置成“500”，Plunge rate（下刀速率）设置成“400”，Retract rate（提刀速率）设置成“2000”。

4）单击 Linking Parameters“共同参数”选项，设置相关参数。Retract plane（退刀高度）设置成“30.0”（绝对尺寸），Feed plane（进给平面高度）设置成“2.0”（相对尺寸），Top of stock（工件表面）设置成“－16.5”（绝对尺寸），Depth（加工深度）设置成“－16.5”（绝对尺寸）。参数设置如图 16-79 所示。

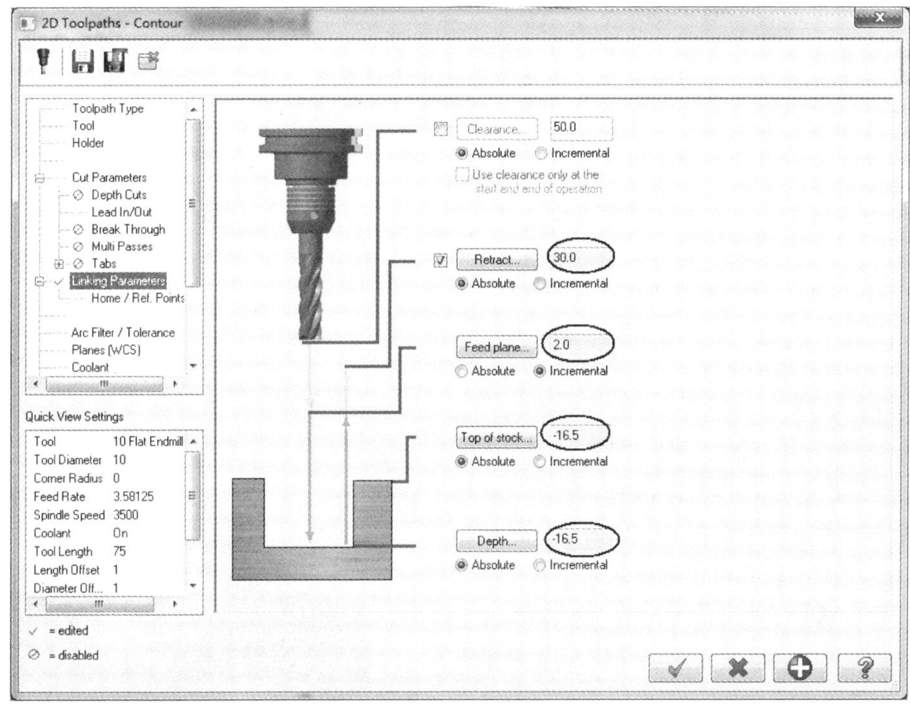

图 16-79 “共同参数”对话框

5）单击 Cut Parameters“切削参数”选项，设置相关参数。Compensation type（补正类型）设置成 Computer（计算机），Compensation direction（补正方向）设置成 Left（左），Stock leave on walls（侧边预留量）设置成“0”，Stock to leave on floors（底部预留量）设置成“0”。参数设置如图 16-80 所示。

6）单击 Cut Parameters“外形铣削”选项下的子目录 Multi Passes“分层切削”，设置相关参数。Finish Number（精加工次数）设置成“2”，Finish Spacing（精加工间距）设置成“0.1”，Machine finish passes at（执行精修的时机）选项中设置成 Final depth（最后深度），单击选中 Keep tool down“不提刀”选项。

7）单击 Cut Parameters“切削参数”选项下的子目录 Lead In/Out“进 / 退刀设置”，设置相关参数。单击选中 Enter/exit at midpoint in closed contours“封闭轮廓由中点位置执行进刀 / 退刀项”选项，设定进刀点。设定进刀的点为封闭的轮廓中心点，而非串联的起点。Line/Length（进刀向量的引线长）设置成“0”，Arc / Radius（圆弧半径）设置成“50.0%，6.0”。单击 按钮，将进刀向量的设置复制到退刀向量栏。

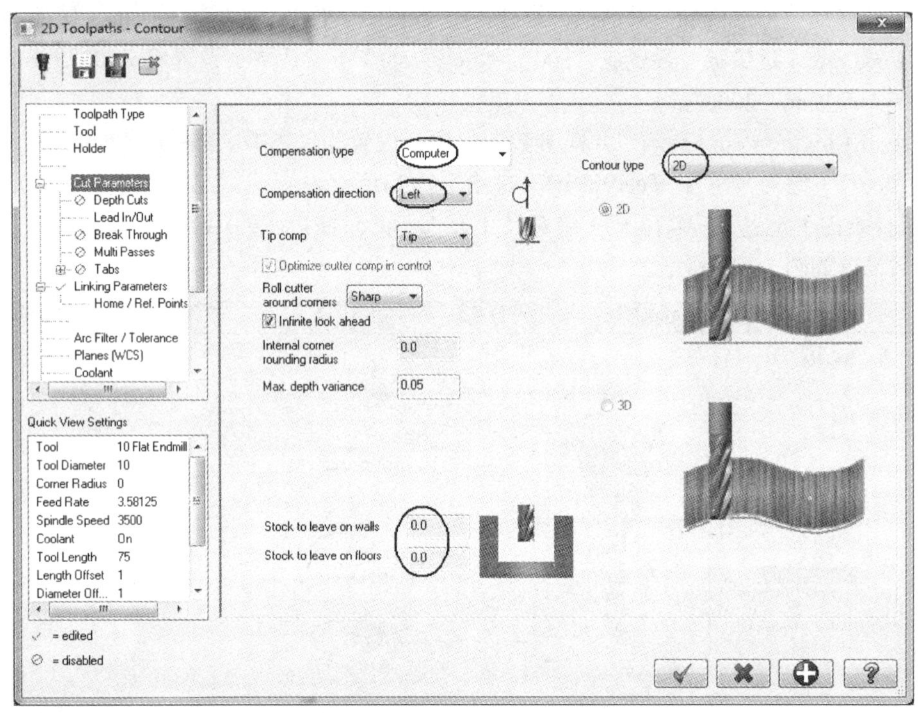

图 16-80 “2D 外形铣削参数”设置对话框

8）单击图 16-80 中的 按钮确定，结束外形参数的设置，产生的刀路如图 16-81 所示。

7. *扫描面精加工—曲面平行铣削*

1）单击辅助菜单栏中的 Level 按钮，系统弹出“层别设置”对话框，打开图层 9，并关闭其余图层，绘图区将显示所有的曲面与加工边界，如图 16-82 所示。

2）选择菜单栏中的 Toolpaths/Surface Finish/ Parallel（曲面平行铣削加工）命令，系统提示选择加工曲面，选择图 16-82 中的扫描曲面为加工曲面，按〈Enter〉键确定。

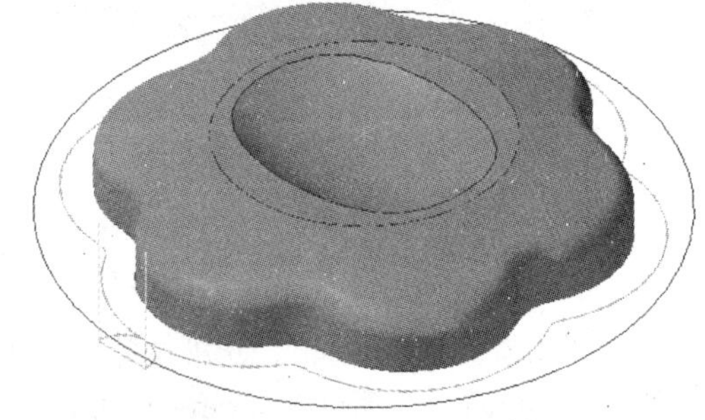
图 16-81 2D 外形铣削刀路

3）系统弹出“曲面平行铣削加工”对话框，新建一把 φ6mm、R3mm 的球头铣刀，Spindle rate（转速）设置成“3500”，Feed rate（进给量）设置成“800”，Plunge rate（下刀速率）设置成“700”，Retract rate（提刀速率）设置成“2000”。

4）单击图 16-83 中的 Surface parameters “曲面参数”选项卡，设置相关参数。设置 Retract plane（退刀高度）为“50.0”（绝对尺寸），Feed plane（进给平面高度）为“2.0”（相对尺寸），Stock to on drive（加工曲面预留量）为“0”，参数设置如图 16-83 所示。

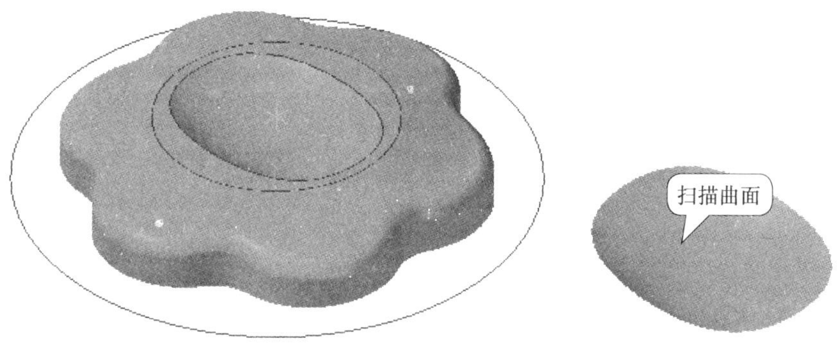

图 16-82 加工曲面

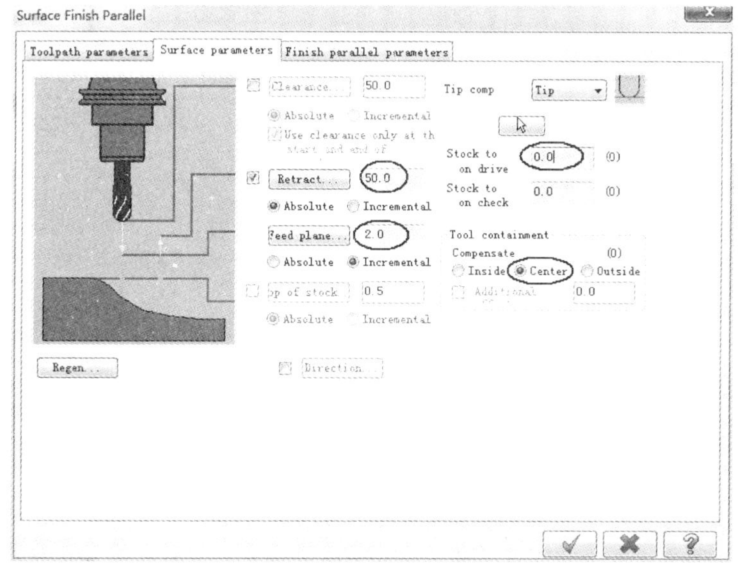

图 16-83 “曲面参数”对话框

5）单击图 16-83 中的 Finish parallel parameters“平行铣削参数”选项卡，设置相关参数。设置 Total tolerance（整体误差）为“0.01”，x. step over（切削间距）为“0.12”，参数设置如图 16-84 所示。

6）单击图 16-84 中的 ✓ 按钮确定，结束平行铣削参数的设置，产生的刀路如图 16-85 所示。

7）单击加工操作管理器中的按钮，进行实体模拟，模拟结果如图 16-86 所示。

8. 圆弧曲面精加工—曲面放射式精加工

1）选择菜单栏中的 Toolpaths/Surface Finish/radial（曲面放射式加工）命令，系统提示选择加工曲面，选择图 16-87 中的旋转曲面与倒圆角为加工曲面，按〈Enter〉键确定。

2）系统弹出“曲面放射式加工”对话框，使用操作三的 ϕ6mm、R3mm 球头铣刀，刀具参数不变。

3）单击 Surface parameters“曲面参数”选项卡，设置相关参数。设置 Retract plane（退刀高度）为“50.0”（绝对尺寸），Feed plane（进给平面高度）为“2.0”（相对尺寸），Stock to on drive（加工曲面预留量）为“0”。

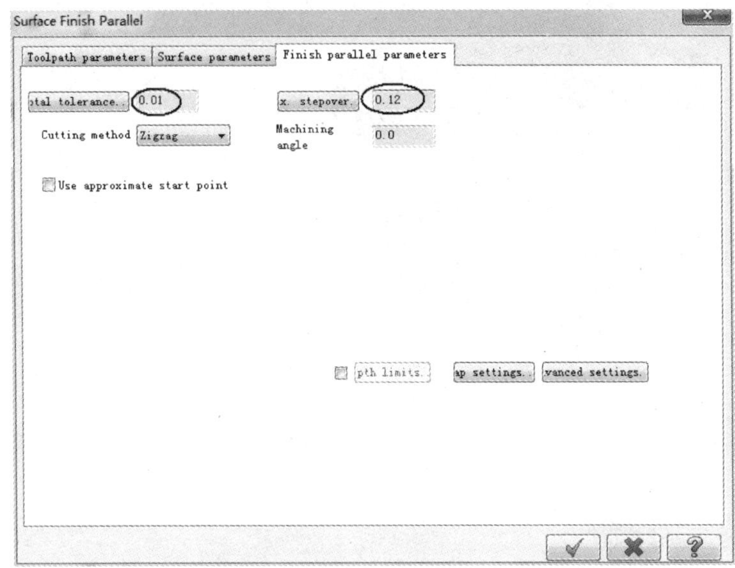

图 16-84 “平行铣削参数”对话框

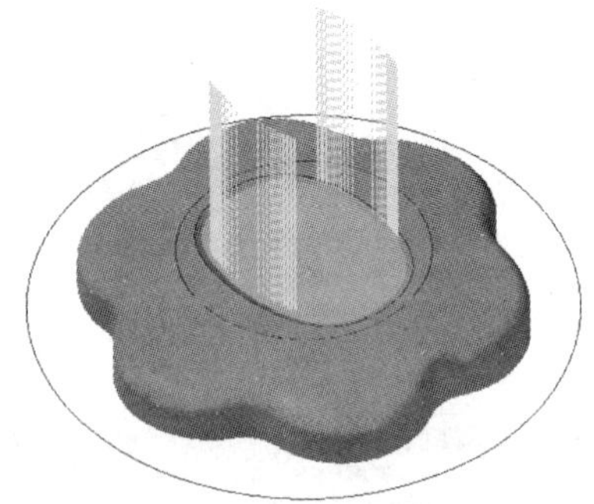

图 16-85 曲面平行铣削刀路

图 16-86 实体模拟加工效果

图 16-87 加工曲面

4）单击 Finish radial parameters“放射式参数”选项卡，设置相关参数。Total tolerance（整体误差）设置成“0.01”，Max angle increment（最大角度）为“0.2”，Start distance（起始补正距离）为“28.0”，Start angle（开始角度）设置成“-1.0”，Start angle（扫描角度）设置成“360.0”，参数设置如图 16-88 所示。

5）单击图 16-88 中的 ✔ 按钮确定，结束放射式加工参数的设置，产生的刀路如图 16-89 所示。

6）单击操作管理器中的 按钮，进行实体模拟，模拟结果如图 16-90 所示。

9. 顶平面精加工—面铣加工

1）单击辅助菜单栏中的 Level 按钮，系统弹出“层别设置”对话框，打开图层 1，并关闭其余图层，绘图区将显示梅花形外形。

2）单击菜单栏中的 Toolpaths/Face 命令，系统弹出“串联”对话框。单击对话框中的 按钮，选中梅花形的轮廓，方向为顺时针方向。单击对话框中的 ✔ 按钮确定，结束串连外形的选择。

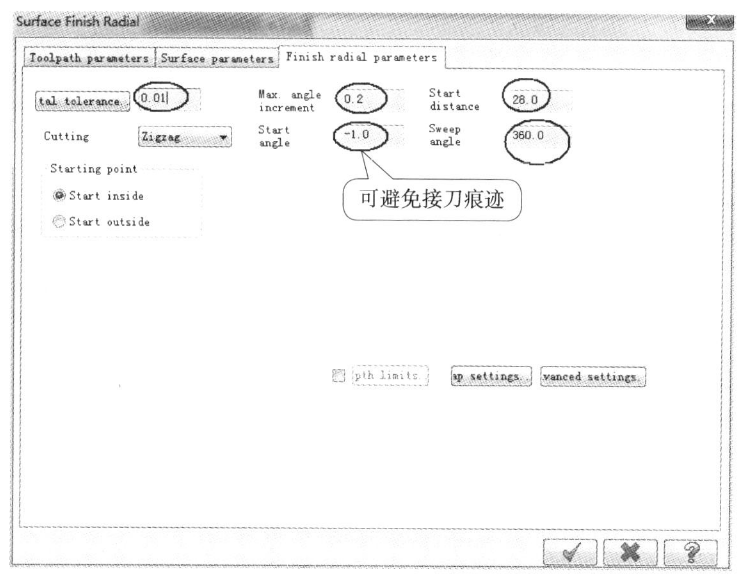

图 16-88　“放射式参数”对话框

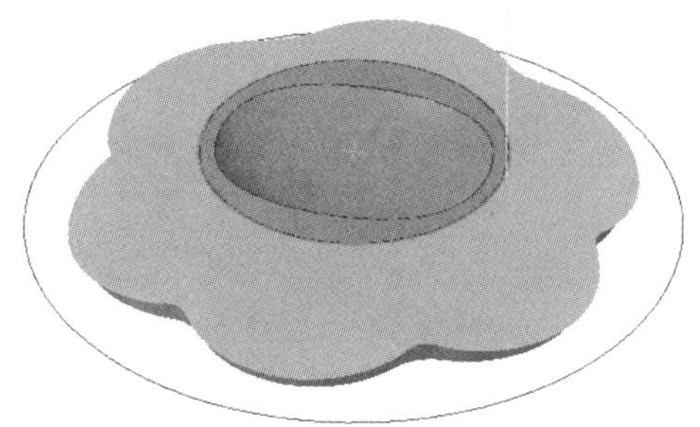

图 16-89　曲面放射式加工刀路

图 16-90　实体模拟加工效果

3）系统弹出“外形铣削”对话框，继续使用操作二外形铣削精加工的 ϕ12mm 平铣刀，刀具参数不变。

4）单击 Linking Parameters“共同参数”选项，设置相关参数。Retract plane（退刀高度）设置成“30.0”（绝对尺寸），Feed plane（进给平面高度）设置成“2.0”（相对尺寸），Top of stock（工件表面）设置成“0”（绝对坐标），Depth（加工深度）设置成“0”（绝对尺寸）。

5）单击 Cut Parameters“切削参数”选项，设置相关参数。Style（类型）设置成 Zigzag（双向），Move between cuts（切削间位移）设置成 High speed loops（高速回转），Stock to leave on floors（底面预留量）设置成“0”，其余为默认值。参数设置如图 16-91 所示。

6）单击图 16-91 中的 ✔ 按钮确定，结束面铣削参数的设置，产生的刀路如图 16-92 所示。

10. 实体模拟

1）单击加工操作管理器中的按钮，选择所有的刀路。

2）单击加工操作管理器中的按钮，系统弹出“实体模拟”对话框，单击▶按钮进行实体模拟，结果如图 16-93 所示。

11. 保存

单击菜单栏中的保存按钮，对文件进行保存。

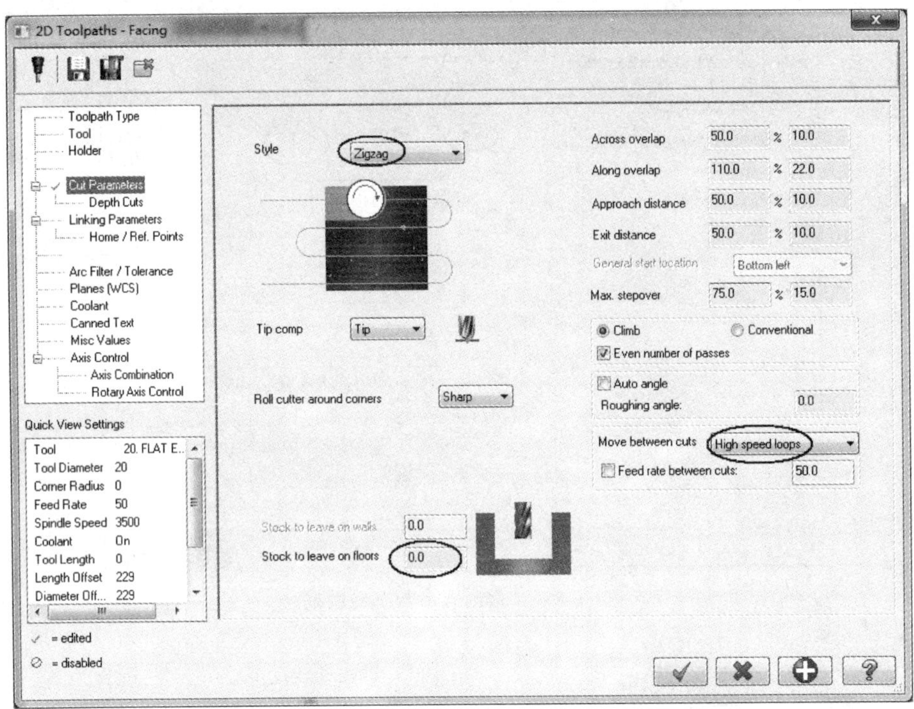

图 16-91 “面铣削参数”设置对话框

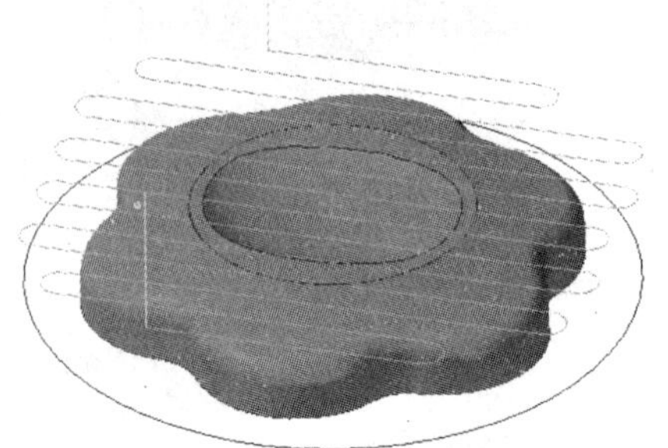

图 16-92 面铣削刀路

图 16-93 实体模拟加工效果

16.10 心形加工实例

1. 零件结构分析（图 7-106）

图 16-94 心形模型

心形模型如图 16-94 所示，毛坯为 45mm × 45mm × 30mm 的长方体铝材，装夹方式为平口虎钳装夹。心形模型的设计原点在零件上表面的对称中心，加工原点也对应设在同样的位置。加工原点设在上表面方便加工，在机床上建立 G54 加工坐标系。

2. 加工工艺分析

心形模型分别由网格曲面和直纹曲面组成，先用曲面挖槽粗加工的方法进行粗加工，快速去除多余坯料，加工刀具采用 ϕ12mm 平铣刀，加工余量为 0.3mm；接着用 2D 外形铣削刀路对直纹曲面的四周轮廓进行精加工；然后，网格曲面的精加工可采用曲面平行铣削或曲面等高外形加工刀路，文字雕刻将采用投影加工。加工工艺流程图如图 16-95 所示。

1）整体粗加工，采用曲面挖槽粗加工刀路，采用 ϕ12mm 平铣刀，余量 0.3mm

2）底面四周外形精加工，采用 2D 外形铣削刀路，采用 ϕ12mm 平铣刀，余量 0

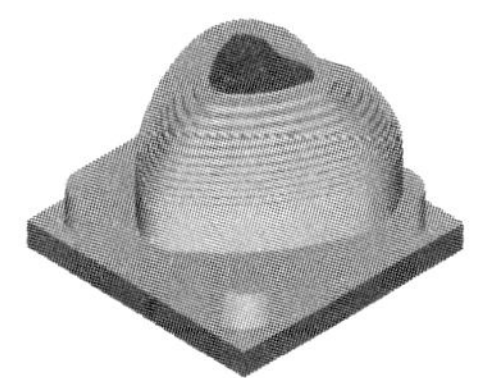

3）心形四周外形精加工，采用 2D 外形铣削刀路，采用 ϕ12mm 平铣刀，余量 0

4）网格曲面精加工，采用曲面平行铣削刀路，采用 R3mm 球头铣刀，余量 0

5）文字雕刻，采用曲面投影精加工刀路，采用 ϕ1mm 雕刻刀，余量 -0.3

图 16-95　加工工艺流程

3. 绘制加工范围

1）单击辅助菜单栏中的 Level 按钮，新建“图层 10”，命名为“加工范围”。

2）单击菜单栏中的 X from/Offset Contour 命令，系统弹出“串联”对话框，单击按钮，串联心形的外形轮廓（箭头方向为顺时针方向），如图 16-96 所示。

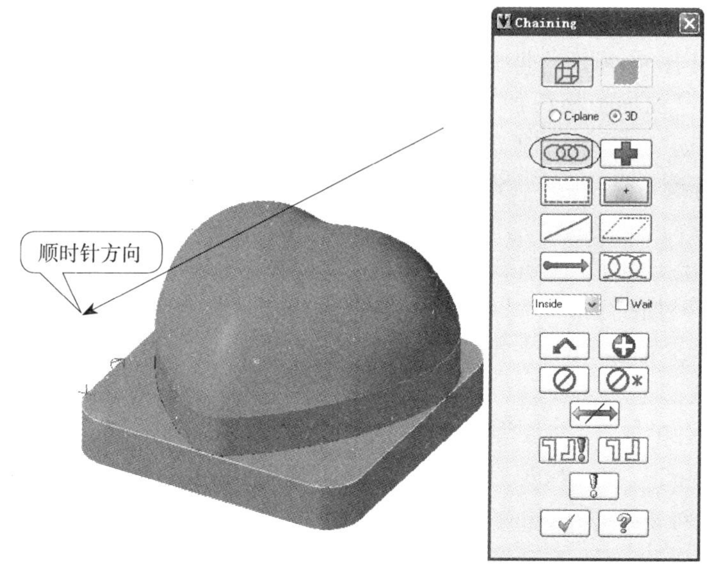

图 16-96　串联

3）单击按钮，系统弹出“串联补正”对话框，如图 16-97 所示。单击选择补正类型为 Copy

“复制”，（补正距离）设置成“7.5”。单击 按钮，完成加工范围的创建。

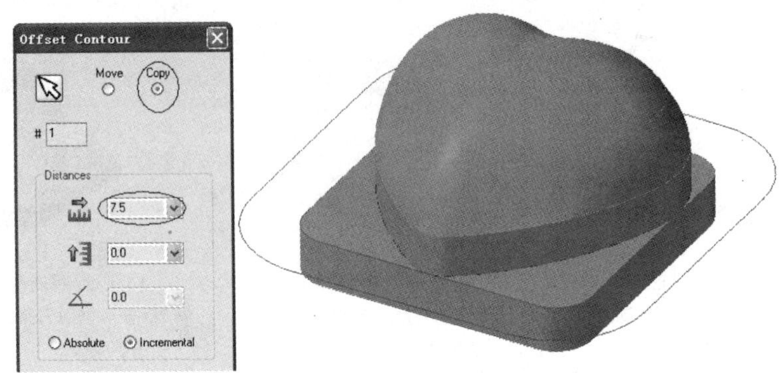

图 16-97　串联补正

4. 环境设置

1）单击顶部工具栏中的“俯视构图面”按钮，系统提示：Set planes to TOP relative to your WCS，视图设置为 Isometric（WCS）。

2）单击菜单栏中的 Machine Type/Mill/Default 命令，选择 mill“铣床”为机床制造类型。

3）单击加工操作管理器中的 Properties-Generic Mill/Stock setup 命令，系统弹出“毛坯设置”对话框，如图 16-98 所示。设置毛坯类型为 Rectangular（长方体），毛坯尺寸为 45mm × 45mm × 30mm，工件原点为（X　0Y　0　Z19.5），单击 按钮，完成毛坯的设置。

5. 粗加工—曲面挖槽粗加工

选取 ϕ12mm 平铣刀，采用 3D 加工刀路对零件进行整体粗加工。

1）选择菜单栏中的 Tool paths/Surface Rough/Pocket（曲面挖槽粗加工）命令，系统提示选择加工曲面，单击鼠标左键窗选所有曲面为加工曲面，按〈Enter〉键确定。

2）系统弹出“加工曲面、干涉面及加工范围设置”对话框，单击 Containment 选项中的 按钮，选择图 16-98 所示的曲线为加工边界，单击 按钮确定。

3）系统弹出“曲面挖槽粗加工”对话框，新建一把 ϕ12mm 平铣刀。Spindle rate（转速）设置成“1500.0”，Feed rate（进给量）设置成“1200.0”，Plunge rate（下刀速率）设置成“1000.0”，Retract rate（提刀速率）设置成“2000.0”。

4）单击 Surface parameters“曲面参数”选项卡，设置相关参数。Clearance plane（安全高度）设置成“100.0”（绝对坐标），Retract plane（退刀高度）设置成“30.0”（相对坐标），Feed plane（进给平面高度）设置成“2.0”（相对坐标），Stock to on drive（加工曲面预留量）设置成“0.3”。

5）单击 Rough parameters“粗加工参数”选项卡，设置相关参数。Maximum step down 设置成“1.0”，选择 Climb（顺铣）为加工方式，单击选中 Plunge outside containment boundary“由边界外进刀”选项，参数设置如图 16-99 所示。

6）单击 Cut depths（加工深度）按钮，系统弹出“加工深度参数设置”对话框，设置相关参数。选择 Absolute（绝对坐标），Maximum depth（最高的位置）设置成“19.0”，Minimum depth（最低的位置）设置成“－6.0”。

7）单击 Pocket parameters“挖槽参数”选项卡，设置相关参数。选择 Parallel Spiral（平行环切）为切削方式，Step over（切削间距 / 直径）设置成“70.0”，采用 of diam（刀具外径）计算，Step over distance（切削距离）设置成“8.4”。

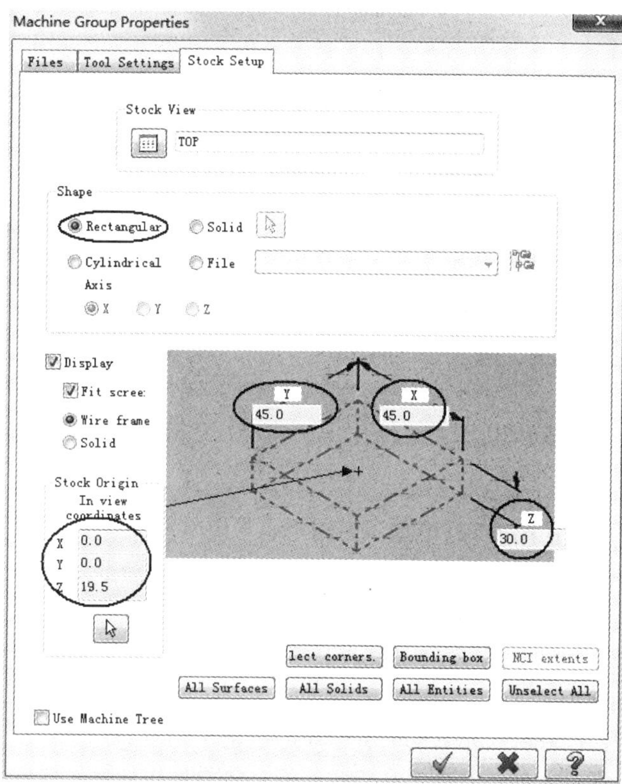

图 16-98　毛坯设置对话框

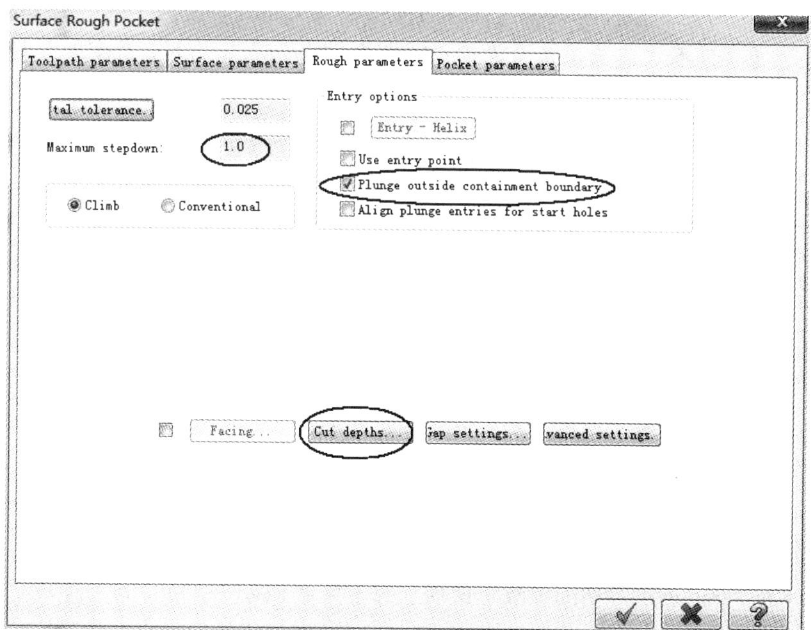

图 16-99　“粗加工参数”对话框

8）单击图 16-100 中 ✔ 按钮，计算曲面挖槽粗加工的刀路，如图 16-100 所示。

9）单击加工操作管理器中的 按钮，进行实体模拟，模拟结果如图 16-101 所示。

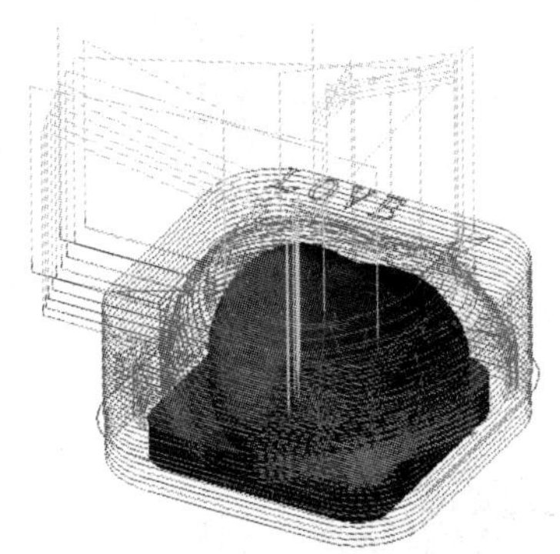

图 16-100　曲面挖槽粗加工刀路

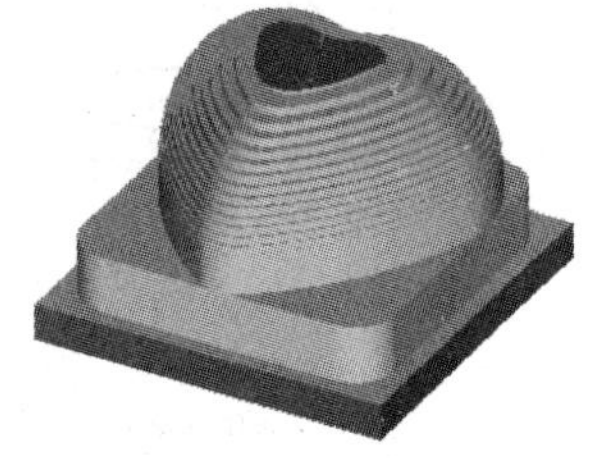

图 16-101　实体模拟加工效果

6. 底座四周外形精加工—2D 外形加工

选 φ12mm 平铣刀，采用 2D 外形加工刀路对心形底座的外形进行精加工。

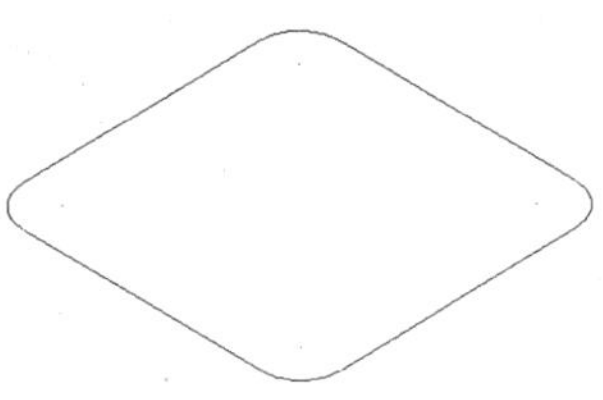

图 16-102　心形底座的外形

1）单击辅助菜单栏中的 Level 按钮，系统弹出“层别设置”对话框，打开“图层 1”，并关闭其余图层，绘图区将显示心形底座的外形，如 16-102 所示。

2）单击菜单栏中的 Tool paths/Contour（外形铣削）命令，系统提示选择串连外形，弹出“串联”对话框。单击按钮选择心形底座外形轮廓，方向为顺时针方向。单击对话框中的按钮确定，结束串连外形的选择。

3）系统弹出“外形铣削”对话框，新建另外一把 φ12mm 平铣刀。Spindle rate（转数）设置成“2200.0”，Feed rate（进给量）设置成“500.0”，Plunge rate（下刀速率）设置成“400.0”，Retract rate（提刀速率）设置成“2000.0”。

4）单击 Linking Parameters“共同参数”选项，设置相关参数。设置 Retrace plane（退刀高度）为“50.0”（绝对尺寸），Feed plane（进给平面高度）为“2.0”（相对尺寸），Top of stock（工件表面）为“－6.0”（绝对尺寸），Depth（加工深度）为“－6.0”（绝对尺寸）。

5）单击 Cut parameters“切削参数”选项，设置相关参数。设置 Compensation type（补正类型）为 computer（计算机），Compensation direction（补正方向）为 Left（左），Stock to leave on walls（侧边预留量）为“0”，Stock to leave on floors（底部预留量）为“0”。参数设置如图 16-103 所示。

6）单击 Cut parameters“切削参数”选项下的子目录 Multi Passes“分层切削”，设置相关参数。设置 Finish Number（精加工次数）为“2”，Finish Spacing（精加工间距）为“0.1”。在 Machine finish passes at“执行精修的时机”选项中设置成 Final depth（最后深度），单击选中 keep tool down“不提刀”选项。

7）单击 Cut Parameters“切削参数”选项下的子目录 Lead In/Out“进 / 退刀设置”，设置相关参数。单击选中 Enter/exit at midpoint in closed contours“封闭轮廓由中点位置执行进刀 / 退刀”选项，设定进刀点，设定进刀的点为封闭的轮廓中心点，而非串联的起点。Line / Length（进刀向量的引线长）设置成“0”，Arc/Radius（圆弧半径）设置成“50.0%，6.0”。单击中间的按钮，将进刀向量的设置拷贝到退刀向量栏。

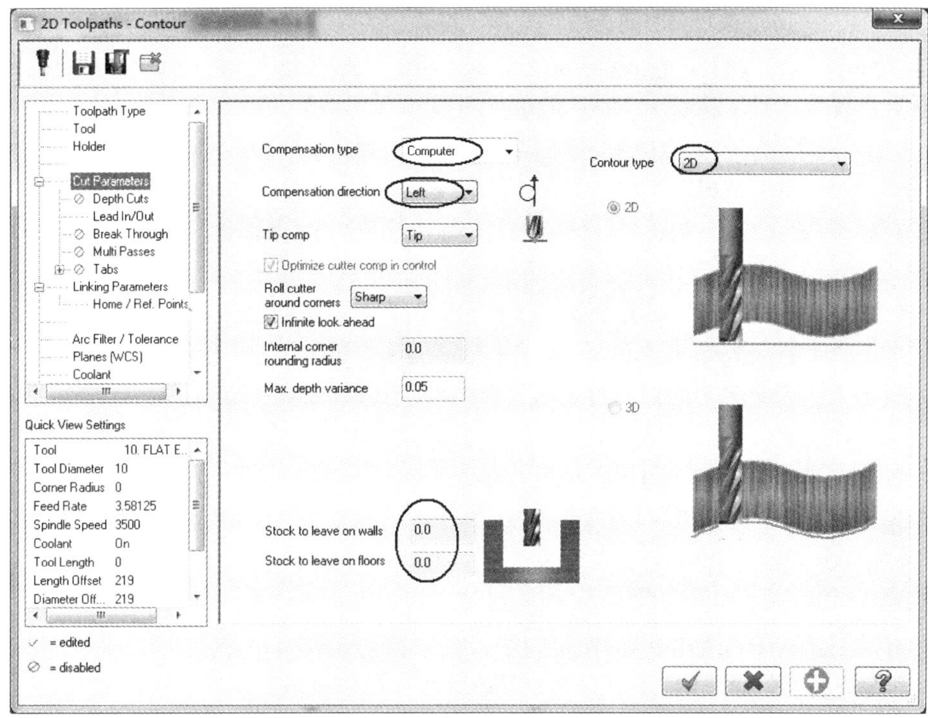

图 16-103 “2D 外形铣削参数”设置对话框

8）单击图 16-103 中的 ✓ 按钮确定，结束外形参数的设置，产生的刀路如图 16-104 所示。

7. 底座四周外形精加工—2D 外形加工

选 ϕ12mm 平铣刀，采用 2D 外形加工刀路对心形外形进行精加工。

1）单击辅助菜单栏中的 Level 按钮，系统弹出“层别设置”对话框，打开“图层 2”，并关闭其余图层，绘图区将显示心形外形，如图 16-105 所示。

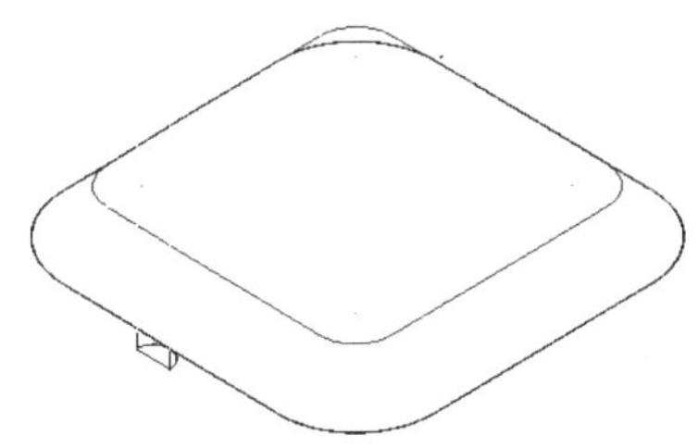

图 16-104 2D 外形铣削刀路

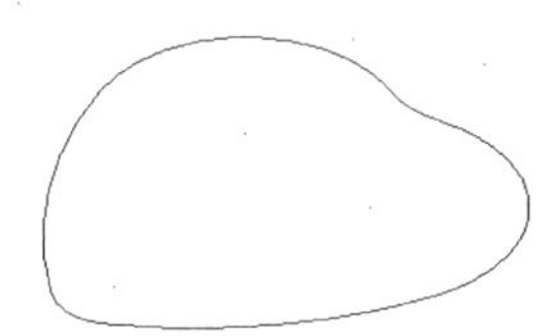

图 16-105 心形外形

2）单击菜单栏中的 Toolpaths/Contour（外形铣削）命令，系统提示选择串连外形，弹出“串联”对话框。单击按钮选择心形轮廓为串联，方向为“顺时针方向”。单击 ✓ 按钮，结束串连外形选择。

3）系统弹出“外形铣削”对话框，继续使用操作二中的 ϕ12mm 平铣刀，参数不变。

4）单击 Linking Parameters “共同参数”选项，设置相关参数。Retract plane（退刀高度）设置成“50.0”（绝对尺寸），Feed plane（进给平面高度）设置成“2.0”（相对尺寸），Top of stock（工件表面）设置成“0”（绝对尺寸），Depth（加工深度）设置成“0”（绝对尺寸）。

5）单击 Cut Parameters“切削参数”选项，设置相关参数。Compensation type（补正类型）设置成 computer，Compensation direction（补正方向）设置成 Left，Stock to leave on walls（侧边预留量）设置成“0”，Stock to leave on floors（底部预留量）设置成“0”。

6）单击 Cut Parameters“切削参数”选项下的子目录 Multi Passes“分层切削”，设置相关参数。Finish Number（精加工次数）设置成“2”，Finish Spacing（精加工间距）设置成“0.1”。在 Machine finish passes at“执行精修的时机”选项中设置成 Final depth（最后深度）。单击选中 Keep tool down“不提刀”选项。

7）单击 Cut Parameters“切削参数”选项下的子目录 Lead In/Out“进 / 退刀设置”，设置相关参数。单击选中 Enter/exit at midpoint in closed contours“封闭轮廓由中点位置执行进刀 / 退刀”项，设定进刀点，设定进刀的点为封闭的轮廓中心点，而非串联的起点。Line/Length（进刀向量的引线长）设置成“0”，Arc/Radius（圆弧半径）设置成“50.0%，6.0”。单击中间的 ▸▸ 按钮，将进刀向量的设置复制到退刀向量栏。

8）单击 ✓ 按钮，结束外形参数的设置，产生的刀路如图 16-106 所示。

图 16-106　2D 外形铣削刀路

8. 网格面精加工—曲面平行铣削

1）单击辅助菜单栏中的 Level 按钮，系统弹出“层别设置”对话框，打开“图层 4”，并关闭其余图层，绘图区将显示所有的曲面与加工边界，如图 16-107 所示。

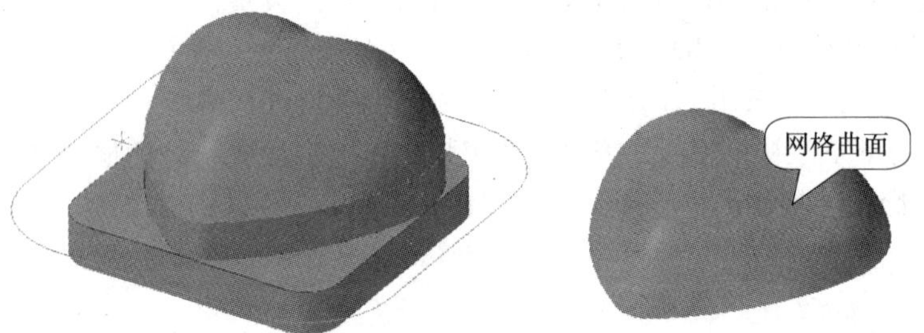

图 16-107　加工曲面

2）选择菜单栏中的 Tool paths/Surface Finish/Parallel（曲面平行铣削加工）命令，单击鼠标左键选择图 16-107 中的网格曲面为加工曲面，按〈Enter〉键确定。

3）系统弹出“加工曲面、干涉面及加工范围设置”对话框，单击 ✓ 按钮确定。

4）系统弹出“曲面平行铣削加工”对话框，新建一把 ϕ6mm、R3mm 球头铣刀，Spindle rate（转速）设置成“3500.0”，Feed rate（进给量）设置成“800.0”，Plunge rate（下刀速率）设置成“700.0”，Retract rate（提刀速率）设置成“2000.0”。

5）单击 Surface parameters“曲面参数”选项卡，设置相关参数。Retract plane（退刀高度）设置成“50.0”（绝对尺寸），Feed plane（进给平面高度）设置成“2.0”（相对尺寸），Stock to on drive（加工曲面预留量）设置成“0”。

6）单击 Finish parallel parameters“平行铣削参数”选项卡，对话框界面切换至 Finish parallel parameters 界面，设置相关参数。Total tolerance（整体误差）设置成“0.01”，x. step over（切削间距）设置成“0.12”，参数设置如图 16-108 所示。

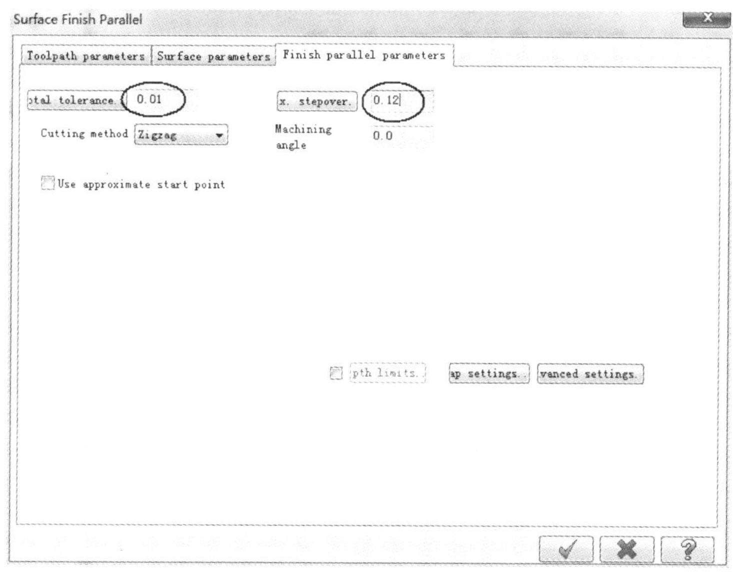

图 16-108　“平行铣削参数”对话框

7）单击图 16-108 中的 ✓ 按钮确定，结束平行铣削参数的设置，产生的刀路如图 16-109 所示。

8）单击加工操作管理器中的 按钮，进行实体模拟，模拟结果如图 16-110 所示。

9. 曲面雕刻—曲面投影精加工

1）选择菜单栏中的 Toolpaths/Surface Finish/Project（曲面投影加工）命令，选择图 16-111 中的网格曲面，按〈Enter〉键确定。

图 16-109　曲面平行铣削刀路

图 16-110　实体模拟加工效果

图 16-111　加工曲面

2）系统弹出“加工曲面、干涉面及加工范围设置”对话框，单击 ✓ 按钮确定。

3）系统弹出“曲面投影精加工”对话框，新建一把 ϕ1mm 雕刻刀，Spindle rate（转数）设置成“4000.0”，Feed rate（进给量）设置成“250.0”，Plunge rate（下刀速率）设置成“200.0”，Retract rate（进刀速率）设置成“2000.0”。

4）单击 Surface parameters“曲面参数”选项卡，设置相关参数。Retract plane（退刀高度）设置成“50.0”（绝对尺寸），Feed plane（进给平面高度）设置成“2.0”（相对尺寸），Stock to on drive（加工曲面预留量）设置成“－0.3”，参数设置如图 16-113 所示。

5）单击 Finish radial parameters“投影参数”选项卡，设置相关参数。Total tolerance（整体误差）设置成“0.01”，Projection type（投影方式）设置成 Curves（曲线），参数设置如图

16-113 所示。

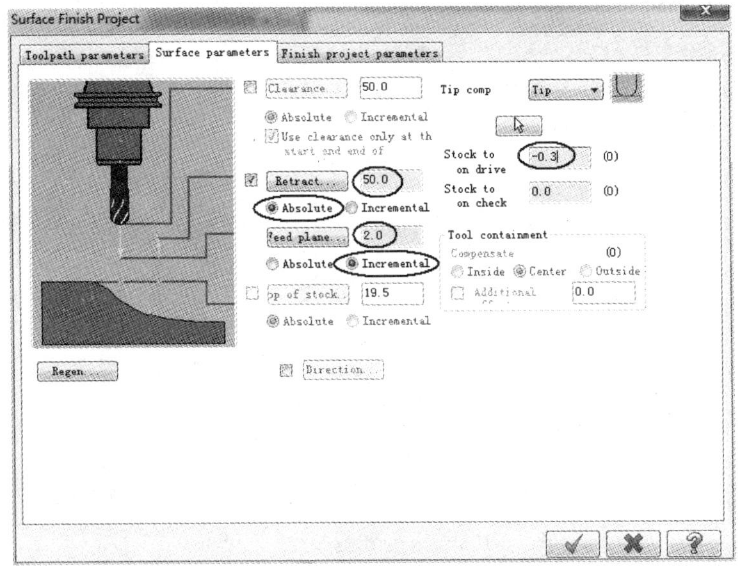

图 16-112 “曲面参数”对话框

6）单击 按钮，结束投影加工参数的设置，系统弹出“串联”对话框，单击 按钮，选择文字为“串联”。

7）单击 按钮，产生的刀路如图 16-114 所示。

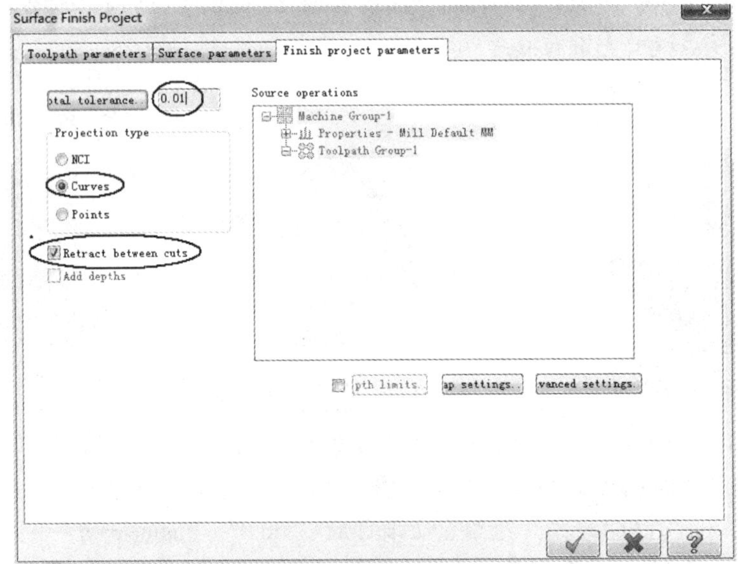

图 16-113 “投影参数”对话框

10. 实体模拟

1）单击加工操作管理器中的 按钮，选择所有的刀路。

2）单击加工操作管理器中的 按钮，系统弹出实体模拟的对话框，单击 按钮，进行实体模拟，结果如图 16-115 所示。

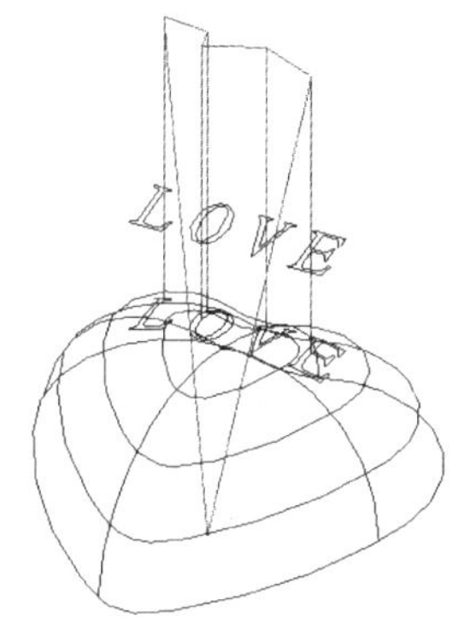

图 16-114　曲面投影加工刀路

图 16-115　实体模拟加工效果

11. 保存

单击菜单栏中的保存按钮，对文件进行保存。

参 考 文 献

[1] 李锦标，沈宠棣 . 精通 Mastercam X2 产品模具设计 [M]. 北京：清华大学出版社，2009.

[2] 蒋建强. 中文 Mastercam X2 基础与进阶 [M]. 北京：机械工业出版社，2009.

[3] 谭雪松，张延敏. Mastercam X2 中文版数控加工 [M]. 北京：人民邮电出版社，2009.

[4] 钟日铭. MasterCAM X3 三维造型与数控加工 [M]. 北京：清华大学出版社. 2009.

[5] 高长银. MasterCAM X3 中文版入门与提高 [M]. 北京：清华大学出版社，2011.

[6] 孙晓非，王立新，温玲娟. Mastercam X3 中文版标准教程 [M]. 北京：清华大学出版社，2010.

[7] 阎伍平，胡仁喜，李晴. CAD/CAM 软件入门与提高—Mastercam X3 中文版数控加工入门与提高 [M]. 北京：化学工业出版社，2010.

[8] 周鸿斌. Mastercam X4 基础教程 [M]. 北京：清华大学出版社，2010.

[9] 何满才. Mastercam X4 基础教程 [M]. 北京：人民邮电出版社，2010.

[10] 刘铁铸，阎伍平. Mastercam X4 中文版数控加工基础与典型范例 [M]. 北京：电子工业出版社，2011.

[11] 胡仁喜，刘昌丽，董荣荣. Mastercam X4 中文版标准实例教程 [M]. 北京：机械工业出版社，2010.